建筑设备技术

高明远 主编

中国建筑工业出版社

图书在版编目(CIP)数据

建筑设备技术/高明远主编．–北京:中国建筑工业出版社,1998
ISBN 7–112–03430–2

Ⅰ.建… Ⅱ.高… Ⅲ.房屋建筑设备 Ⅳ.TU8

中国版本图书馆 CIP 数据核字(97)第 24049 号

　　本书面向建筑业发展的需要,阐述了建筑给水、建筑排水、建筑供暖、通风、空气调节、室内热水供应、燃气供应、建筑电气等建筑设备的基本知识和实用技术,以及掌握这些基本知识和技术所必备的基本原理、基础理论和与建筑设备技术相关的工程技术知识;同时还介绍了近年来国内、外建筑设备工程的新产品、新设备和新技术;着重介绍了建筑设备技术与建筑设计、施工之间,相互协调所应该具备的工程技术内容。

　　本书按照国家新颁布的有关技术规范、规程等要求编写,可供从事建筑工程设计、施工和管理工作的工程技术人员、管理人员和大专院校师生阅读。

＊　　　　＊　　　　＊

　　　责任编辑： 俞辉群
　　　责任设计： 刘玉英
　　　责任校对： 骆玉华

建 筑 设 备 技 术

高明远　主编

＊

中国建筑工业出版社出版、发行(北京西郊百万庄)

新 华 书 店 经 销

北京市兴顺印刷厂印刷

＊

开本:787×1092 毫米　1/16　印张:27¼　字数:663 千字
1998 年 3 月第一版　　2004 年 7 月第二次印刷
印数:4001—5000 册　　定价:**35.00** 元

ISBN 7–112–03430–2
TU·2654　(8600)

前　言

《建筑设备技术》主要介绍建筑给水工程、建筑排水工程、供暖、通风、空气调节、建筑热水供应、燃气供应、建筑电气等的基本知识和技术。

近年来我国建筑业快速发展、人民生活水平不断提高,对建筑设备工程的标准、质量、功能等也要求日益提高和完善。从事建筑设计、施工和管理工作的人员就必须进一步掌握有关建筑设备的工程知识和实用技术。为适应经济建设的需求,便于建筑工程界各领域工作人员能迅速、有效且深入地掌握建筑设备技术领域的知识和技能,本书首次力求以"少而精"的原则介绍建筑设备技术中各工程学科所需的基础理论、前期工程常识、通用器材、设备知识(如流体力学、电学基础理论知识)、城市供热、燃气供应、城镇供电、管材、管件以及各种卫生器具等。

众所周知,《建筑设备技术》是多种工程技术学科的组合。这些工程设施共同置于建筑物内部或小区,为各类建筑创造舒适、有效、防灾、安全的生活和生产环境,因此建筑设备各工种之间及与建筑之间,均存在互相协调关系。本书着重介绍了各种设备工程管道综合设计要求、各设备工种与建筑设计相协调的设计要求,以及建筑设备管道综合布置与敷设,建筑设备工程对建筑设计要求等内容。

近年来,《建筑设备技术》领域不断拓宽,技术飞速发展,开发了不少新产品、新设备,为便于读者掌握国内、外建筑设备新技术,本书编入了园林绿化喷灌供水技术、室内水景、卫生器具节水型冲水设备、国外新型卫生洁具、建筑节水技术、建筑中水工程技术、高层建筑通风空调防火排烟、设备减振防噪声技术、建筑电气中多种信息设施、电子装置新技术等等。

《建筑设备技术》与建筑工程的设计、施工、管理密切相关,好的设计能为施工创造有利条件,好的施工工程可以减轻管理工作量,而先进的管理经验又可为优化设计提出改进课题。为了适应建筑业上述三者需要,书中编入了建筑设备工程的施工与安装知识、安全供电、建筑电气与建筑的关系等内容。

《建筑设备技术》各工种领域都有各自的工程技术规范和规程,书中所介绍的内容和资料都力求符合新颁布的技术规范和规程,如高层建筑消防给水、建筑给水、排水工程水量定额、室内热水供应水质标准、水量定额和高层建筑通风空调防火排烟设计要求等等。

本书1.1、1.2由吴锡福编写,绪论、1.3、1.4、1.5由高明远编写,1.5-5由高明远、谷晋龙合编,2.1、2.2、2.3由曾雪华编写,3.1、3.2、3.3由岳秀萍编写,4.1、4.2、4.3、4.4由谷晋龙编写。全书由高明远主编,于小琴、盛德庄主审。

本书编写过程中曾得到许多同行专家的指正和帮助,编者对所提意见均作了认真对待,并致以诚挚的谢意。但限于编者水平,尚望诸多前辈和读者对本书中存在的缺点、错误和不足之处给予指教。

目　　录

绪　　论

　　《建筑设备技术》主要介绍建筑给水、建筑排水、建筑供暖、通风与空气调节、热水供应、供燃气、建筑电气等基本知识和技术,以及近年来国内外相继出现的新产品、新设备和新技术,以及建筑设备各工种之间、各设备工种与建筑之间的互相协调关系等内容。

　　随着我国建筑业的发展,无论在生产和生活方面,对建筑内部供水、供热、供气和供电等建筑设备的要求和标准日益提高。例如:建筑卫生设施要求功能完善,形式多样,对室内人工气候卫生条件的要求不断提高,多种功能电器设备和信息电子装置逐步进入千家万户,这一切都促使从事建筑业的工程技术人员、管理人员要尽快了解和掌握建筑设备工程的基础知识和技术,以适应社会发展的需要,高效、优质地完成所承担的设计、施工或管理工作。

　　近年来,我国建筑设备领域取得了许多可喜的成绩。美观、适用、多种功能的新型设备日新月异。例如:节水型卫生洁具的开发和推广使用;高效节能新型换热设备的创新;变频调速泵的应用;各种通风空调设备的普及;种类繁多、功能多样的家用电器和电子技术设备进入家庭等等。这些产品、设备和技术正在不断完善着建筑物的功能,迅速提高人们的生活质量。

　　《建筑设备技术》涉及到许多工程学科,各工程学科都有其基础理论和独立系统,而各独立系统与其相关系统有密切联系,例如:建筑给水是城镇供水的"用户";室内消防给水是建筑防灾的重要手段之一;建筑排水是城镇排水的"起点";建筑供暖、热水供应是集中供热工程组成部分;室内燃气供应是室外燃气供应的延续;通风及空气调节是现代建筑物内人工气候的重要技术措施;而建筑电气则是城市供电的"电用户"……。为了基本掌握上述众多工种技术知识的内容,首先应当对各工程技术系统的分类、组成、布置与敷设有一个基本的了解。又因这些工程技术系统共同设置于同一幢建筑物内,其设备系统在设计、施工或管理阶段都不可避免地会相互联系、产生矛盾、发生冲突,所以必须协调好各工程技术之间及各工种与建筑设计、施工和管理方面的关系,才能保证各设备系统保持良好的运行工况、提高建筑物的使用质量。

　　《建筑设备技术》集水、暖、电于一册成书,就国外情况而言,仅日本有这方面的专著,一般称为《建筑设备》。随着建筑设备技术的不断更新和完善,编写一本集建筑设备技术基本知识和现代建筑设备技术发展和应用状况于一体的书籍,实为当前建筑工程界所需。建筑设备技术在我国将会持续不断地向前发展,只有及时认真研究和开发建筑设备技术的理论、技术、产品,吸收并掌握世界上这方面的先进技术,才能把建筑设备技术提高到更新的水平。

1　建筑设备技术基础知识

1.1　流体运动的基本规律

物质通常见到的有固体、液体和气体。流体是液体和气体的统称。流体运动的基本规律是指流体平衡和运动时的力学规律，以及这些规律在工程技术中的应用。

1.1.1　流体的主要物理性质

在日常生活中遇到许多流体的运动，如水在江河中流动，燃气在管道中输送，空气从喷嘴中喷出等，都表现流体具有易流动性。流体不能承受拉力，静止流体不能抵抗切力。但是流体能承受较大的压力。

下面介绍流体的主要物理性质。

一、质量密度和重力密度

流体和固体一样，也具有质量和重量，工程上分别用质量密度 ρ 和重力密度 γ 表示。

对于均质流体，单位体积的质量称为流体的密度，即

$$\rho = \frac{M}{V} \quad (\text{kg/m}^3) \tag{1.1-1}$$

式中　M——流体的质量（kg）；

　　　V——流体的体积（m^3）。

对于均质流体，单位体积的重量，称为流体的重力密度。即

$$\gamma = \frac{G}{V} \quad (\text{N/m}^3) \tag{1.1-2}$$

式中　G——流体的重量（N）；

　　　V——流体的体积（m^3）。

由牛顿第二定律知道：$G = Mg$。因此

$$\gamma = \frac{G}{V} = \frac{Mg}{V} = \rho g \tag{1.1-3}$$

式中　g——重力加速度 $g = 9.807(\text{m/s}^2)$。

流体的质量密度和重力密度随外界压力和温度而变化，例如水在标准大气压和 4℃ 时其 $\rho = 1000\text{kg/m}^3$、$\gamma = 9.81\text{kN/m}^3$。水银在标准大气压和 0℃ 时，质量密度和重力密度是水的 13.6倍。干空气在温度为 20℃、压强为 760mmHg 时 $\rho_a = 1.2\text{kg/m}^3$；$\gamma_a = 11.80\text{N/m}^3$。

二、流体的粘滞性

流体的粘滞性可以由下列实验和分析了解到，用流速仪测出管道中某一断面的流速分布，如图 1.1-1 所示。流体沿管道直径方向流速不同，并按某种曲线规律连续变化，管轴心的流速最大，向着管壁的方向递减，直到管壁处的流速为零。

如图 1.1-1 所示，取流速方向的坐标为 u，垂直流速方向的坐标为 n，若令水流中某一

流层的速度为 u,则与其相邻的流层为 $u+du$,du 为相邻两流层的速度增值。令流层厚度为 dn,沿垂直流速方向单位长度的流速增值 $\dfrac{du}{dn}$,叫做流速梯度。由于流体各流层的流速不同,相邻流层间有相对运动,便在接触面上产生一种相互作用的剪切力,这个力叫做流体的内摩擦力,或称粘滞力。流体在粘滞力作用下,具有抵抗流体的相对运动(或变形)的能力,称为流体的粘滞性。对于静止流体,由于各流层间没有相对运动,粘滞性不显示。

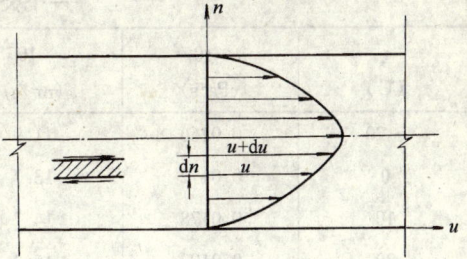

图 1.1-1 管道中断面流速分布

牛顿在总结实验的基础上,首先提出了流体内摩擦力的假说——牛顿内摩擦定律。如用切应力表示,可写为

$$\tau = \frac{F}{S} = \mu \frac{du}{dn} \tag{1.1-4}$$

式中 F——内摩擦力(N);

      S——摩擦流层的接触面面积(m^2);

      τ——流层单位面积上的内摩擦力,又称切应力(N/m^2),简称帕(Pa);

      μ——与流体种类有关的系数,称为动力粘度($N\cdot S/m^2$)或($Pa\cdot s$);

      $\dfrac{du}{dn}$——流速梯度。表示速度沿垂直于流速方向的变化率(1/s)。

流体粘滞性的大小,可用粘度表达。除用动力粘度 μ 外,常用运动粘度 $\nu = \dfrac{\mu}{\rho}$,单位为 m^2/s,简称斯。μ 受温度影响大,受压力影响小。水及空气的 μ 值及 ν 值如表1.1-1及1.1-2所示。

流体的粘滞性对流体运动有很大影响,因为内摩擦力作为负功,ν 不断损耗运动流体的能量,从而成为实际工程水力计算中必须考虑的一个重要问题。对此,将在后面有关部分讨论。

水 的 粘 度   表 1.1-1

t (℃)	$\mu \times 10^{-3}$ (Pa·s)	$\nu \times 10^{-6}$ (m^2/s)	t (℃)	$\mu \times 10^{-3}$ (Pa·s)	$\nu \times 10^{-6}$ (m^2/s)
0	1.792	1.792	40	0.656	0.661
5	1.519	1.519	50	0.549	0.556
10	1.308	1.308	60	0.469	0.477
15	1.140	1.140	70	0.406	0.415
20	1.005	1.007	80	0.357	0.367
25	0.894	0.897	90	0.317	0.328
30	0.801	0.804	100	0.284	0.296

三、流体的压缩性和热胀性

流体压强增大体积缩小的性质,称为流体的压缩性。流体温度升高体积膨胀的性质,称

t ($℃$)	$\mu \times 10^{-3}$ (Pa·s)	$\nu \times 10^{-6}$ (m^2/s)	t ($℃$)	$\mu \times 10^{-3}$ (Pa·s)	$\nu \times 10^{-6}$ (m^2/s)
-20	0.0166	11.9	70	0.0204	20.5
0	0.0172	13.7	80	0.0210	21.7
10	0.0178	14.7	90	0.0216	22.9
20	0.0183	15.7	100	0.0218	25.8
30	0.0187	16.6	150	0.0239	29.6
40	0.0192	17.6	200	0.0259	35.8
50	0.0196	18.6	250	0.0280	42.8
60	0.0201	19.6	300	0.0298	49.9

为流体的热胀性。在这两种性质上,液体和气体差别很大,因此分别介绍。

1. 流体的压缩性和热胀性都很小。例如,水从一个大气压增加到 100 个大气压时,每增加 1 个大气压,水的密度增加 1/20000。水在温度较低(10~20℃)时,温度每增加 1℃,水的密度减小 1.5/10000,当温度较高(90~100℃)时,温度每增加 1℃,水的密度减小也只为 7/10000,因此,在很多工程技术领域中忽略密度变化所带来的误差。例如在建筑设备工程技术中,除管中水击和热水循环系统等外,一般不考虑液体的压缩性和热胀性,这种理想的液体称为不可压缩性液体。

2. 气体具有显著的压缩性和热胀性。从物理学中已知:

(1) 理想气体状态方程适用于气体在温度不过低,压强不过高时,密度、压强和温度三者之间的变化关系为:

$$\frac{p}{\rho} = RT \tag{1.1-5}$$

式中 p——气体的绝对压强(N/m^2);

ρ——气体的密度(kg/m^3);

T——气体的绝对温度(K);

R——气体常数($J/kg·K$)。

R 的物理意义是,1kg 质量的气体在定压下,加热升高 1℃ 时所作的膨胀功。对于空气 $R = 287$;对于其它气体 $R = \frac{8314}{N}$,N 为该气体的分子量。

(2) 等温过程 在气体状态变化过程中,如温度保持不变时,称为等温过程。式 1.1-5 可写为

$$\frac{p}{\rho} = \frac{p_0}{\rho_0} = C \quad (常数) \tag{1.1-6}$$

上式表明,密度与压强成正比关系变化。此即波义耳定律。

凡是气体状态变化缓慢,或气流速度较低时,气体与外界能进行充分的热交换,而视为与外界温度相等,即可按等温过程处理。例如缓变充气或排气时贮气缸中气体就是缓慢压缩或缓慢膨胀过程,均可视为等温过程。

(3) 等压过程 在气体状态变化过程中,压强保持不变时,称为等压过程。从式(1.1-5)可

写为

$$\rho = \rho_0 \frac{T_0}{T_0 + t} \quad \text{或} \quad \gamma^2 = \frac{\gamma_0}{1 + \beta t} \tag{1.1-7}$$

式中 $\beta = \frac{1}{273} K^{-1}$，是气体的体积膨胀系数。

上式表明，在等压过程中，密度与温度成反比(或比容与温度成正比)关系变化，此即盖·吕萨克定律。

(4) 绝热过程 在气体状态变化过程中，与外界没有热交换，称为绝热过程。绝热方程为

$$\left.\begin{array}{c} \dfrac{p}{\rho^k} = \dfrac{p_0}{\rho_0^k} = C \quad (\text{常数}) \\[3mm] \rho = \rho_0\left(\dfrac{p}{p_0}\right)^{1/k}, \quad \gamma = \gamma_0\left(\dfrac{p}{p_0}\right)^{1/k} \end{array}\right\} \tag{1.1-8}$$

或

式中 K——绝热指数，是定压比热 C_p 与定容比热 C_v 的比值。对于空气 $K = 1.4$。

例如有的气动设备，其进、排气过程进行得很快，气体来不及与外界进行热交换，这类问题即可按绝热过程对待。

(5) 多变过程 多变过程方程为

$$\frac{p}{\rho^n} = C \quad (\text{常数}) \tag{1.1-9}$$

其中 n 称为多变指数。当 $1 < n < K$ 时，气体是属于不完全冷却下的压缩，或不完全加热下的膨胀；当 $n > K$ 时，相当于气体被加热压缩或被冷却膨胀。如水冷式压气机所压缩的气体属于 $n < K$ 的多变过程；其它小型鼓风机，则属于 $n > K$ 的多变过程。

在流体运动的分类中，把速度较低的(远小于音速)的气体，其压强和温度在流动过程中变化较小，密度可视为常数，称为不可压缩气体。在流动过程中密度变化很大(当速度等于 50m/s 时)，密度变化为 1%，也可以当作不可压缩气体对待。反之把流速较高(接近或超过音速)的气体则 ρ 不能视为常数，称为可压缩气体。

综合上述流体的各项主要物理性质，当流体速度均较低，因而在流动过程中密度变化不大，可视为常数，而将这种液体和气体认为是不可压缩的流体。

在研究流体运动规律中，还需了解"连续介质"概念。所谓连续介质是把流体看成是全部充满的、内部无任何空隙的质点所组成的连续体。作为研究单元的质点，也认为是由无数分子所组成；并具有一定体积和质量。这样，不仅从客观上摆脱了分子运动的研究，而且能运用数学的连续函数工具，分析流体运动规律。

1.1.2 流体运动的参数、分类和模型

一、描述流体运动的几个主要物理参数

1. 压力(p) 对于理想流体间相互的作用力是以压力表达。单位面积上的压力称为压强。流体运动时的压强称为动压强。若流体处于静止(仅有重力作用下)，流体间相互作用力则称为静压力。压强对于理想流体因不考虑其粘滞力，而忽略其切应力，则动压强方向必然垂直指向其所作用的平面，此时与静压强作用方向是相同的。对于实际流体间相互作用的压力，其大小应为动压力与粘滞力形成切应力(τ)的合力。压强单位是以 N/m^2 表达。

2. 流量 流体运动时，单位时间内通过流体过流断面的流体体积称为体积流量。用符

号 Q 表示。单位是 m^3/s 或 L/s。一般的流量指的是体积流量,但有时也引用重量流量或质量流量。质量流量的单位为 kg/s。

3. 断面平均流速(v)　流体流动时,断面各点流速一般不易确定,而工程中又无必要确定时,可采用断面平均流速来简化流动。如图 1.1-2 所示。断面平均流速是这样定义的:过流断面面积乘断面平均流速 v 所得到的流量,等于该断面以实际流速通过的流量。即

$$Q = v\omega = \int \omega u \, d\omega$$

显然,断面平均流速计算式为

$$v = \frac{\int \omega u \, d\omega}{\omega} = \frac{Q}{\omega} \qquad (1.1\text{-}10)$$

计算式(1.1-10)表达了流量、过流断面和平均流速三者之间的关系。

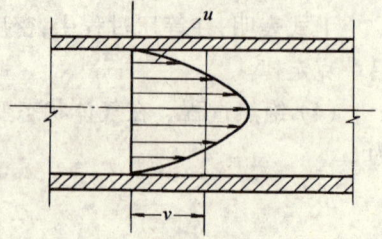

图 1.1-2　断面流速

此外,尚有水深(h)、湿周(χ)等参数,将在有关内容中介绍。

二、流体运动的分类与模型

(一)压力流与无压流

1. 压力流　流体在压差作用下流动时,流体和其固体壁周围都接触,流体无自由表面,如供热工程中管道输送有压的汽、水载热体,风道中气体,给水管中水的输配等都是压力流。

2. 无压流　液体在重力作用下流动时,液体的一部分周界与固体壁相接触,另一部分周界与空气相接触,形成自由表面。如天然河流,明渠流等是无压流动,也称重力流。

(二)恒定流与非恒定流

1. 恒定流　流体运动时,其各点的压强和流速等运动要素不随时间变化的流动称为恒定流动。如图 1.1-3(a)所示。

2. 非恒定流　流体运动时其各点的压强和流速等运动要素随时间和空间位置而变化的流动称为非恒定流。如图 1.1-3(b)所示。

自然界中非恒定流是普遍的,工程中常将变化缓慢的非恒定流视为恒定流。

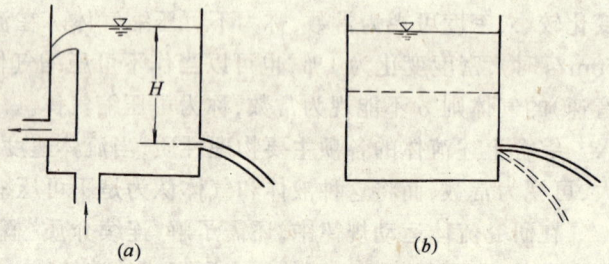

(a)　　　　　　　　　(b)

图 1.1-3　恒定流与非恒定流
(a)恒定流;(b)非恒定流

(三)流线与迹线

1. 流线　流体运动时,在某一时刻流体中通过连续质点绘制的曲线,它上面所有流体质点在该时刻的流速矢量都与这条曲线相切,这条曲线就称为该时刻的一条流线。如图 1.1-5 所示。

2. 迹线　流体运动时,流体中某一个质点在连续时间内的运动轨迹称为迹线。流线与迹线是两个完全不同的概念。非恒定流时流线与迹线不相重合,在恒定流时流线与迹线相重合。

(四)均匀流与非均匀流

1. 均匀流　流体运动时,流线是平行直线的流动称为均匀流。如等截面长直管中的流

6

动属于均匀流。

2. 非均匀流　流体运动时,流线不是平行直线的流动称为非均匀流。如流体在收缩管扩大管或弯管中流动等。非均匀流又可分为:

(1) 渐变流　流体运动中流线接近于平行直线的流动称为渐变流。如图 1.1-4A 区。

(2) 急变流　流体运动中流线不能视为平行直线的流动称为急变流。如图 1.1-4B、C、D 区。

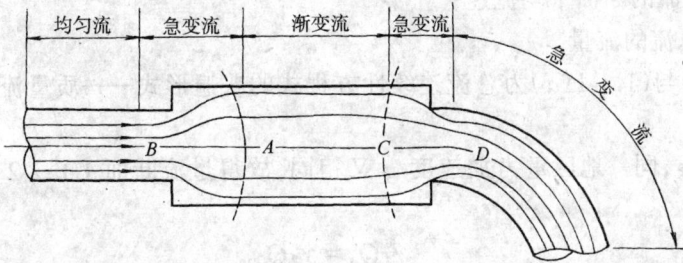

图 1.1-4　均匀流和非均匀流

(五) 元流与总流及流动模型

1. 元流　流体运动时,在流体中取一垂直于流速方向的微小面积 $d\omega$,并在 $d\omega$ 面积上各点引出流线而形成了一股由流线组成的流束称为元流,如图 1.1-5 所示。在元流内流体不会通过流线流到元流外面,在元流外面的流体亦不会通过流线流进元流中去。

2. 总流　流体运动时,无数元流的总和称为总流。

3. 流动模型　在研究流体运动基本规律中所取总流代表实际流体,并且忽略其粘滞性以及在一定条件下不计流体压缩性和热胀性称为不可压缩性流体,或计及压缩性和热胀性称为可压缩性流体。理论上称这些流体为流动模型。

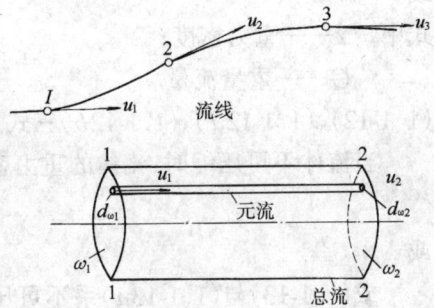

图 1.1-5　元流与总流

1.1.3　一元流体恒定流的连续性方程

恒定流连续性方程是流体运动的基本方程之一,应用极为广泛。

在恒定总流中任取一元流,如图 1.1-5 所示,元流在 1-1 过流断面上的面积为 $d\omega_1$,流速为 u_1;在 2-2 过流断面上的面积为 $d\omega_2$,流速为 u_2。并考虑到:

(1) 由于流动是恒定流,元流形状及空间各点的流速不随时间变化。

(2) 流体是连续介质。

(3) 流体不能从元流侧壁流入或流出。

因此,应用质量守恒定律,流进 $d\omega_1$,断面的质量必然等于流出 $d\omega_2$ 断面的质量。令流进流体密度为 ρ_1,流出的密度为 ρ_2,则在 dt 时间内流进与流出的质量相等:

$$\rho_1 u_1 d\omega_1 dt = \rho_2 u_2 d\omega_2 dt$$

或

$$\rho_1 u_1 d\omega_1 = \rho_2 u_2 d\omega_2$$

推广到总流,得

7

$$\int_{\omega_1} \rho u_1 \mathrm{d}\omega_1 = \int_{\omega_2} \rho u_2 \mathrm{d}\omega_2$$

由于过流断面上质量密度 ρ 为常数，以 $\int_\omega u\mathrm{d}\omega = Q$ 代入上式，得：

$$\rho Q_1 = \rho Q_2 \tag{1.1-11}$$

或

$$\rho_1 \omega_1 v_1 = \rho_2 \omega_2 v_2 \tag{1.1-11a}$$

式中　ρ——质量密度；

　　　ω——总流过流断面面积；

　　　v——总流的断面平均流速；

　　　Q——总流的流量。

式(1.1-11)与(1.1-11a)为总流连续性方程式的普遍形式——质量流量的连续性方程式。

由于 $\gamma = \rho g$，同一地区重力加速度 g 又相同，故得过流断面 1-1、2-2 总流的重量流量为：

$$\gamma_1 Q_1 = \gamma_2 Q_2 \tag{1.1-12}$$

或

$$\gamma_1 \omega_1 v_1 = \gamma_2 \omega_2 v_2 \tag{1.1-12a}$$

或

$$G_1 = G_2 \tag{1.1-12b}$$

式中　γ——重力密度；

　　　G——重量流量。

(1.1-12)、(1.1-12a)、(1.1-12b)三式系总流重量流量的连续性方程式。

当流体不可压缩时，流体的重力密度 γ 不变，上式为：

$$Q_1 = Q_2 \tag{1.1-13}$$

或

$$v_1 \omega_1 = v_2 \omega_2 \tag{1.1-13a}$$

或(1.1-13)与(1.1-13a)系不可压缩流体的总流连续性方程——体积流量的连续性方程式。

若在工程上遇到可压缩流体，可用总流重量流量的连续性方程式或质量流量的连续性方程式。即公式(1.1-12)或(1.1-11)。

1.1.4　一元流恒定总流能量方程

能量守恒及其转化规律是物质运动的一个普遍规律。应用此规律来分析流体运动，可以揭示流体在运动中压强、流速等运动要素随空间位置的变化关系——能量方程式。从而为解决许多工程技术计算奠定了基础。

（一）恒定总流实际液体的能量方程

1738 年瑞士科学家达·伯努里（$Daniel\ Bernoulli$）根据功能原理建立了不考虑粘性作用、理想液体、运动参数仅沿一个方向变化的一元理想液体的能量方程式，然后，考虑液体的粘性影响，推演出 1-1 和 2-2 断面间实际液体恒定总流的能量方程，亦即伯努里方程式。如式(1.1-14)所示：

$$z_1 + \frac{p_1}{\gamma} + \frac{\alpha_1 v_1^2}{2g} = z_2 + \frac{p_2}{\gamma} + \frac{\alpha_2 v_2^2}{2g} + h_{\omega_{1\text{-}2}} \tag{1.1-14}$$

根据图 1.1-6 对式中各项的意义解释如下：

　　　z_1、z_2——过流断面 1-1、2-2 上单位重量液体位能，也称位置水头；

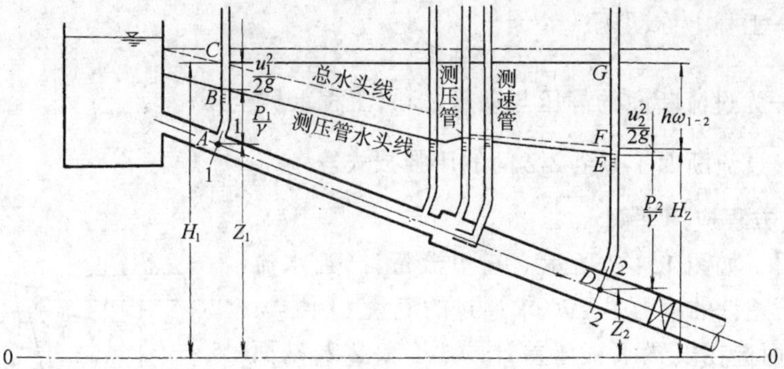

图 1.1-6 圆管中有压流动的总水头线与测压管水头线

$\dfrac{p_1}{\gamma}$、$\dfrac{p_2}{\gamma}$——过流断面 1-1、2-2 上单位重量液体压能，也称压强水头；

$\dfrac{\alpha_1 v_1^2}{2g}$、$\dfrac{\alpha_2 v_2^2}{2g}$——过流断面 1-1、2-2 上单位重量液体功能，也称流速水头；

$h_{\omega_{1-2}}$——单位重量液体从 1-1 断面到 2-2 断面流段的能量损失，也称水头损失。

公式(1.1-14)中 α 为动能修正系数。为对用断面平均流速 v 代替质点流速 u 计算动能所造成误差的修正。一般 $\alpha=1.05\sim1.1$，工程计算上，常取 $\alpha=1.0$。

能量方程式中每一项的单位都是长度，都可以在断面上用铅直线段在图中表示出来。

如果把各断面上的总水头 $H=z+\dfrac{p}{\gamma}+\dfrac{2v^2}{2g}$ 的顶点连成一条线，则此线称为总水头线，如图 1.1-6 中虚线所示。在实际水流中，由于水头损失 $h_{\omega_{1-2}}$ 的存在，所以总水头线总是沿流程下降的倾斜线。总水头线沿流程的降低值 $h_{\omega_{1-2}}$ 与沿程长度的比值，称为总水头坡度或水力坡度，它表示沿流程单位长度上的水头损失，用 i 表示，即：

$$i=\frac{h_{\omega}}{l} \tag{1.1-15}$$

如果把各过流断面的测压管水头 $(z+\dfrac{p}{\gamma})$ 连成线，如图 1.1-6 实线所示，称之为测压管水头线。测压管水头线可能上升，可能下降，也可能水平，可能是直线也可能是曲线，要根据液流沿程圆管构造情况确定。

（二）实际气体恒定总流的能量方程

对于不可压缩的气体，流体能量方程式同样可以适用，由于气体容重很小，式中重力作功可以忽略不计。这样，实际气体总流的能量方程式为：

$$\frac{p_1}{\gamma}+\frac{v_1^2}{2g}=\frac{p_2}{\gamma}+\frac{v_2^2}{2g}+h_{\omega_{1-2}} \tag{1.1-16}$$

或者写为

$$p_1+\frac{\gamma v_1^2}{2g}=p_2+\frac{\gamma v_2^2}{2g}+\gamma h_{\omega_{1-2}} \tag{1.1-16a}$$

实际气体总流的能量方程与液体总流的能量方程比较，除各项单位以压强来表达气体单位体积平均能量外，对应项意义基本相近，即：

p——为过流断面相对压强。工程上称静压；

9

$\dfrac{\gamma v^2}{2g}$——工程上称动压;

$p + \dfrac{\gamma v^2}{2g}$——为过流断面的静压与动压之和,工程上称全压;

$\gamma h_{\omega_{1-2}}$——过流断面 1-1 至 2-2 间的压强损失。

(三) 能量方程应用举例

【例 1.1-1】 如图 1.1-7 所示文丘里流量计,当水流通过时,水银压差计的读数是 Δh,求通过的流量 Q 值。

【解】 断面选在安置水银压差计的 1-1 和 2-2,基面选为文丘里轴线,则列断面 1-1,2-2 之能量方程式为:

$$z_1 + \frac{p_1}{\gamma} + \frac{\alpha_1 v_1^2}{2g} = z_1 + \frac{p_2}{\gamma} + \frac{\alpha_2 v_2^2}{2g} + h_{\omega_{1-2}}$$

取 $\alpha_1 = \alpha_2 = 1.0$,因管路很短,水头损失很小,可取 $h_{\omega_{1-2}} \approx 0$。又由于文丘里管水平设置,采用的为水银比压计,故 $z_1 = z_1 = 0$;$\dfrac{p_1}{\gamma} - \dfrac{p_2}{\gamma} = 12.6\Delta h$。

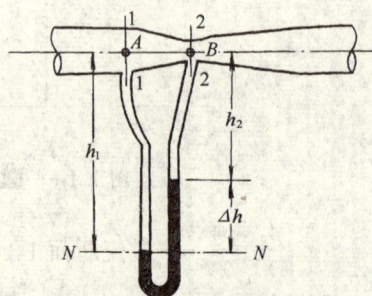

图 1.1-7 文丘里流量计

将上述诸值代入上列计算式可得:

$$12.6\Delta h = \frac{v_2^2}{2g} - \frac{v_1^2}{2g} \tag{1}$$

根据连续方程式得

$$v_2 = v_1 \frac{d_1^2}{d_2^2} \tag{2}$$

(1)(2)联立得:

$$12.6\Delta h = \frac{v_1^2}{2g}\left(\frac{d_1^4}{d_2^4} - 1\right)$$

或

$$v_1 = \sqrt{\frac{2g(12.6\Delta h)}{d_2^4/d_2^4 - 1}}$$

所以

$$Q' = \omega_1 v_1 = \frac{\pi d_1^2}{4}\sqrt{\frac{2g(12.6\Delta h)}{d_1^4/d_2^4 - 1}}$$

为了简化计算式取 $A = \dfrac{\pi d_1^2}{4}\sqrt{\dfrac{2g}{d_1^4/d_2^4 - 1}}$

则文丘里流量计算式为

$$Q' = A\sqrt{12.6\Delta h}$$

上式未计入水头损失,算出的流量会比管中实际流量略大。如果考虑水头损失,则应乘以小于 1 的系数 μ,称为文丘流量系数,实验中测得 μ 值一般在 $0.97 \sim 0.99$ 之间,因此,实际流量为:

$$Q = \mu A\sqrt{12.6\Delta h}$$

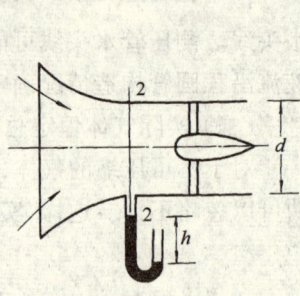

图 1.1-8 轴流风机简图

【例 1.1-2】 如图 1.1-8 所示为一轴流风机。直径 $d = 200$mm,吸入管的测压管水柱高 $h = 20$mm,空气容重 $\gamma_a = 11.80$N/m^3,求轴流风机的风量(假定进口能量损失很小而忽略不计)。

10

【解】 风机在实际工作中从进风口吸入空气,经工作轮加压,经出风口送到需要的地方。本题风机的吸入管段的流量 $Q = \omega v$,其中 ω 为已知,故只需求出过流断面 ω 上流速 v,即可知风机的风量。今取气体为不可压缩性气体,故取过流断面 1-1(取在离进口断面较远处)和 2-2(取在测压计所在过流断面上)之伯努里方程,并以风机轴线为基线,则在流断面 1-1 上 $\frac{v_1^2}{2g} \approx 0$,其相对压强 $p_1 \approx 0$,过流断面 2-2 上相对压强依已知条件应为:

$$p_2 = -\gamma h = -9800\text{N/m}^3 \times 0.02\text{m} = -196\text{N/m}^2$$

代入气体能量方程(1.1-16a)式并化简得:

$$0 + 0 = -196 + 11.80 \times \frac{v_2^2}{2 \times 9.8} + 0$$

所以

$$v_2 = \sqrt{\frac{2 \times 9.8 \times 196}{11.80}} = 18\text{m/s}$$

$$Q = v_2 \omega_2 = 18 \times \frac{1}{4} \pi \times 0.2^2 = 0.565\text{m}^3/\text{s}$$

1.1.5 流动阻力和流动状态

一、流动阻力和水头损失的两种形式

按照流体的能量方程式来解决各种工程技术中流体计算问题,就得确定水头损失 $h_{\omega_{1-2}}$,本节将介绍恒定流动时各种流态下的水头损失的计算。

流动阻力和水头损失有两种形式:

(一)沿程阻力和沿程水头损失

流体在长直管(或明渠)中流动,所受的摩擦阻力称为沿程阻力。为了克服沿程阻力而消耗的单位重量流体的机械能量,称为沿程水头损失 h_f。

(二)局部阻力和局部水头损失

流体的边界在局部地区发生急剧变化时,迫使主流脱离边壁而形成漩涡,流体质点间产生剧烈地碰撞,所形成的阻力称局部阻力。为了克服局部阻力而消耗的单位重量流体的机械能量称为局部水头损失 h_j。

图 1.1-9 为一给水管示意图,管道上有弯头、突然扩大、突然缩小、闸门等。在管径不变

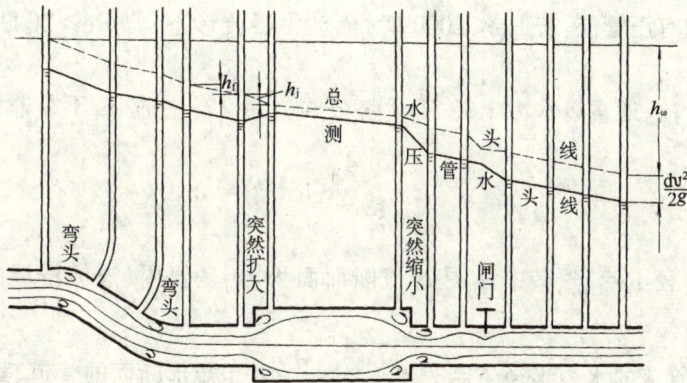

图 1.1-9 给水管道沿程和局部水头损失

的直管段上,只有沿程水头损失 h_f。在弯头、突然扩大;缩小、阀门等处产生局部阻力 h_j,显

然整个管道总水头损失 $h_{\omega} = \Sigma h_f + \Sigma h_j$。

二、流体流动的两种形态——层流和紊流

流体在流动过程中，呈现出两种不同的流动形态。

图 1.1-10(a)所示为一玻璃管中水的流动。若不断投加红颜色水于液体中。当液体流速较低时，将看到玻璃管内有股红色水流的细流，如一条线一样，为图 1.1-10(b)所示，水流是成层成束的流动，各流层间并无质点的掺混现象，这种水流形态称为层流。如果加大管中水的流速，红色水随之开始动荡，成波浪形，如图 1.1-10(c)所示。继续加大流速，将出现红色水向四周扩散，质点或液团相互混掺，流速愈大，混掺程度愈烈，这种水流形态称为紊流，如图 1.1-10(d)所示。

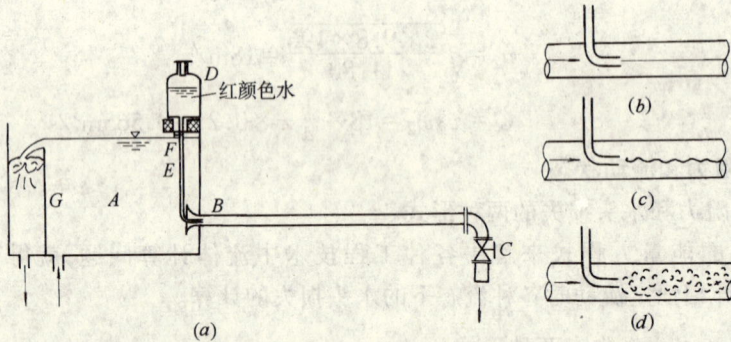

图 1.1-10 管中液流的流动形态

判断流动形态，雷诺氏用无因次量纲分析方法得到无因次量——雷诺数 Re 来判别。

$$Re = \frac{vd}{\nu} \tag{1.1-17}$$

式中　Re——雷诺数；

　　　v——圆管中流体的平均流速(m/s)，(cm/s)；

　　　d——圆管的管径(m)，(cm)；

　　　ν——流体的运动粘滞系数，其值可由表 1.1-1 与表 1.1-2 查得(m²/s)。

对于圆管的有压管流：若 Re<2000 时，流动为层流形态；若 Re>2000 时，流动为紊流形态。

对于非圆管流，通常以水力半径 R 代替公式(1.1-17)中的 d，于是非圆管流中的雷诺数为：

$$Re = \frac{vR}{\nu} \tag{1.1-18}$$

因为水力半径 $R = \frac{\omega}{\chi}$，其中 ω 是过流断面面积，χ 是湿周(液体浸湿的过流断面周边长)。例如有压管流的水力半径 $R = \frac{\omega}{\chi} = \frac{\frac{\pi d^2}{4}}{\pi d} = \frac{d}{4}$；对于矩形断面的管道，其 $R = \frac{ab}{2(a+b)}$。

若 Re<500 时，非圆管流为层流形态。

若 Re>500 时，非圆管流为紊流形态。

在建筑设备工程中，绝大多数的流体运动都处于紊流形态。只有在流速很小，管径很大

12

或粘性很大的流体运动时(如地下渗流、油管等)才可能发生层流运动。

三、沿程水头损失

流体运动时,不同流态的水头损失规律是不一样的。

工程中流体运动大多数是紊流。因此下面先介绍紊流形态下的水头损失。这类公式普遍表达为:

$$h_f = \lambda \frac{l}{d} \frac{v^2}{2g} \tag{1.1-19}$$

式中　h_f——沿程水头损失(m);

　　　　λ——沿程阻力系数;

　　　　d——管径(m);

　　　　l——管长(m);

　　　　v——管中平均流速。

对于气体管道,则可将式(1.1-19)写成压头损失的形式,即

$$p_f = \gamma \cdot \lambda \frac{l}{d} \frac{v^2}{2g} \tag{1.1-20}$$

式中　p_f——压头损失(N/m²)。

对于非圆形断面管,$d = 4R$,R 为水力半径,所以式(1.1-19)变为:

$$h_f = \lambda \frac{l}{4R} \frac{v^2}{2g} \tag{1.1-21}$$

在实际工程计算中,有的是已知沿程水头损失 h_f 和水力坡度 $i \left(i = \frac{h_f}{l} \right)$,而求流速 v 的大小,为此,将式(1.1-21)整理得到:

$$v = \sqrt{\frac{8g}{\lambda}} \sqrt{Ri} = C \sqrt{Ri} \tag{1.1-22}$$

公式(1.1-22)称为均匀流的流速公式也称谢才公式。式中 $C = \sqrt{\dfrac{8g}{\lambda}}$ 称为流速系数或谢才系数。该公式在非圆管流中应用很广。

四、沿程阻力系数和流速系数 C 的确定

(一)尼古拉兹实验曲线

沿程阻力系数 λ 是反映边界粗糙情况和流态对水头损失影响的一个系数。层流中沿程阻力系数 λ 与雷诺数 Re 关系为 $\lambda = f(\mathrm{Re})$;在紊流中 λ 与雷诺数及粗糙度之间的关系,在理论上还没有完善解决。为了确定沿程阻力系数 $\lambda = f(\mathrm{Re}, \frac{\Delta}{d})$ 的变化规律。尼古拉兹在圆管内壁用胶粘上经过筛分具有同一粒径 Δ 的砂粒,制成人工均匀颗粒粗糙度。然后对不同粗糙度的管道进行过水实验,于 1933 年尼古拉兹发表了反映圆管流动情况的实验成果。

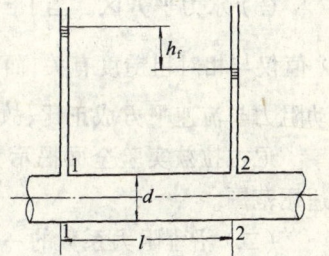

图 1.1-11　圆管中恒定流动

尼古拉兹实验装置如图 1.1-11 所示。实验是在恒定流动的条件下进行的。在管段 1-1 和 2-2 的两个过流断面上装有测压管,当管中平均流速为 v

时，两测压管的水面高差等于1-2管段的沿程水头损失 h_f。然后按照公式 $h_f = \lambda \dfrac{l}{d} \dfrac{v^2}{2g}$ 计算 λ 值。调节实验管段尾部阀门不同开启度，可得到不同的 Q、v、Re 和 λ 值。并将实验数据绘在对数坐标纸上，横坐标以 $\lg Re$ 表示。纵坐标以 $\lg(100\lambda)$ 表示。用几种不同相对粗糙度 Δ/d 的管子进行同样的实验，最后得出如图 1.1-12 所示的结果。分析这些曲线，可得出以下一些结论。

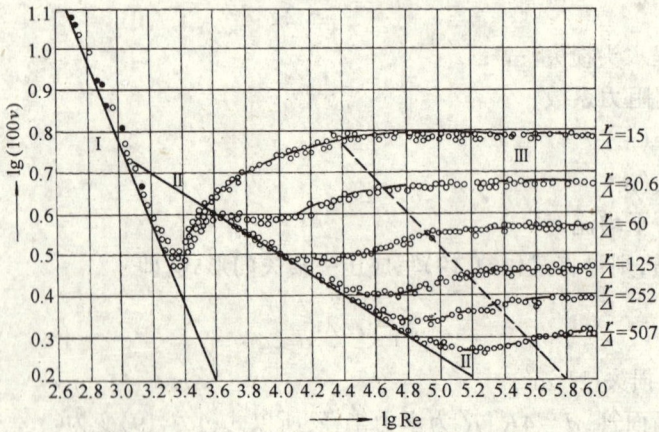

图 1.1-12　圆管中不同相对粗糙度的 Re 与 λ 关系

1．层流区。当 $Re < 2000$ 时，所有试验点聚积在直线 I 上，说明 λ 与相对粗糙度（$\dfrac{\Delta}{d}$ 或 $\dfrac{r}{\Delta}$）无关，并且 λ 与 Re 的关系符合 $\lambda = \dfrac{64}{Re}$，此方程为圆管层流理论公式的成果。同时，此实验亦证明了绝对粗糙度 Δ 不影响临界雷诺数 $Re = 2000$ 值。

2．层流转变为紊流的过渡区。当 $2000 < Re < 4000$ 时，λ 值仅与 Re 有关。

3．紊流区。$Re > 3000$ 后形成，根据 λ 的变化规律，此区流动又可分为如下 3 个流区。

(1) 水力光滑区。当 $Re > 4000$ 时，所有的试验点聚集在线 II-II 上，沿程阻力系数 λ 与 Re 有关，而与相对粗糙度无关。反映此区的代表性方程 $\lambda = \dfrac{0.3164}{Re^{1/4}}$。

(2) 水力过渡区。接于水力光滑区之后，此区沿程阻力系数与雷诺数 Re 和相对粗糙度 (Δ/d) 都有关。

(3) 水力平方区。当 Re 数增加到相当大时，实验曲线成为与横轴平行的直线，这说明 λ 值仅与相对粗糙度有关，而与 Re 无关。此区的代表方程为 $\lambda = 0.11\left(\dfrac{\Delta}{d}\right)^{0.25}$。此区的流动阻力与流速平方成正比，故称阻力平方区。

尼古拉兹实验全面揭示了不同流态下 λ 和 Re 数及相对粗糙度的关系，和 λ 计算式的适用范围。

(二) 沿程阻力系数的一些经验公式

1．对于通风管道，采用柯列勃洛克公式

$$\lambda = -2\lg\left(\frac{\Delta}{3.7d} + \frac{2.51}{Re\sqrt{\lambda}}\right) \tag{1.1-23}$$

2．对于给排水的旧钢管和旧铸铁管采用谢维列夫公式

14

当 $v \geqslant 1.2\mathrm{m/s}$ 时, $\lambda = \dfrac{0.021}{d_{\mathrm{j}}^{0.3}}$ （1.1-24）

当 $v < 1.2\mathrm{m/s}$ 时, $\lambda = \dfrac{0.0179}{d_{\mathrm{j}}^{0.3}}\left(1+\dfrac{0.867}{v}\right)^{0.3}$ （1.1-25）

式中 d_{j}——管道计算内径(m)。

以上介绍的是计算 λ 值常用的经验公式。此外,也可以查用于工业管道的计算用表,直接由 Re 大小查得 λ 值。莫迪图的编制是以柯列勃洛克氏对大量的工业管道实验资料所提出的柯氏公式为基础,由莫迪氏绘制的 Re、Δ/d 和 λ 关系图。

(三) 流速系数 C 的经验公式

1. 曼宁公式:前面介绍的均匀流的流速公式(1.1-22),在给排水管道、明渠中应用极广。公式中流速系数 C 的经验公式也较多,常用的有曼宁公式:

$$C = \frac{1}{n}R^{1/6}$$ （1.1-26）

式中 n——粗糙系数、视管壁、渠壁材料粗糙程度而定,见表1.1-3。

2. 海澄——威廉公式:适用于常温下的管径大于 0.05m,流速小于 3m/s 的管中水流,为美、英给水工程上所采用的海澄——威廉公式

$$v = 0.85CR^{0.63}i^{0.54} \quad (\mathrm{m/s})$$ （1.1-27）

式中 v——管中平均流速(m/s);

C——流速系数可由表1.1-4选用;

R——水力半径(m);

i——水力坡度。

给排水工程中常用管、渠材料的 n 值 表1.1-3

管 渠 材 料	n	管 渠 材 料	n
钢管、新的接缝光滑铸铁管	0.011	粗糙的砖砌面	0.015
普通的铸铁管	0.012	浆砌块石	0.020
陶土管	0.013	一般土渠	0.025
混凝土管	0.013~0.014	混凝土渠	0.014~0.017

C 值 表1.1-4

管 材	C	管壁材料	C
非常光滑的直管,石棉水泥管	140	铆接钢管(用旧)	95
		用旧水管,积垢情况很差	60~80
很光滑管、混凝土管、粉土、铸铁管	130	鞍钢焊接黑铁管	
		$DN15$	93
刨光木板、焊接钢管	120	$DN20~100$	127
缸瓦管(带釉),铆接钢管	110		
铸铁(用旧)、砖砌管	100		

在实际水力计算中,局部水头损失可以采用流速水头乘以局部阻力系数后得到,即

$$h_{\mathrm{f}} = \xi\frac{v^2}{2g}$$ （1.1-28）

式中　　ξ——局部阻力系数。ξ 值多是根据管配件、附件不同，由实验测出。各种局部阻力 ξ 值可查阅有关手册得到；

　　　　v——过流断面的平均流速；它应与 ξ 值相对应。除注明外，一般用阻力后的流速；

　　　　g——重力加速度。

以上分别讨论了沿程和局部水头损失的计算，从而解决了流体运动中任意两过流断面间的水头损失计算问题，即

$$h\omega = \Sigma h_{\rm f} + \Sigma h_{\rm j} = \Sigma \lambda \frac{l}{d}\frac{v^2}{2g} + \Sigma \xi \frac{v^2}{2g}$$

1.1.6　应用举例

【例 1.1-3】　有一水煤气焊接钢管，长度 $l = 200\mathrm{m}$，直径 $d = 100\mathrm{mm}$。试求流量 $Q = 20\mathrm{L/s}$，水温 15℃ 时，该管的沿程水头损失是多少？

【解】　采用谢维列夫公式计算沿程水头损失：

因为

$$v = \frac{Q}{\omega} = \frac{Q}{\frac{\pi d^2}{4}} = \frac{20000}{\frac{3.14}{4} \times 10^2} = 255\mathrm{cm/s}$$

又查表 1.1-1 得

$$\nu = 1.14 \times 10^{-6}\mathrm{m^2/s} = 0.0114\mathrm{cm^2/s}$$

雷诺数：

$$\mathrm{Re} = \frac{vd}{\nu} = \frac{255 \times 100}{0.0114} = 223700 \gg 2000$$

故可知管中水流为紊流形态。

又因为 $v = 2.55\mathrm{m/s} > 1.2\mathrm{m/s}$，按公式 1.1-24 计算沿程阻力系数：

$$\lambda = \frac{0.021}{d^{0.3}} = \frac{0.021}{0.1^{0.3}} = \frac{0.021}{0.501} = 0.0419$$

所以

$$h_{\rm f} = \lambda \frac{l}{d}\frac{v^2}{2g} = \frac{0.0419 \times 200}{0.1} \times \frac{2.55^2}{2 \times 9.81} = 27.77\mathrm{m}$$

【例 1.1-4】　如图 1.1-13 所示一卧式压力罐 A，通过长度为 50m，直径为 150mm 的铸铁管，向高架水箱 B 供应冷水，水温 10℃。已知 $h_1 = 1.0\mathrm{m}$，$h_2 = 5.0\mathrm{m}$。管路上有 3 个 90° 圆弯头（$d/R = 1.0$），1 个球形阀，压力罐上压力表读数为 $1\mathrm{kgf/cm^2}$，用国际单位制表示为 $98000\mathrm{N/m^2} = 10\mathrm{mH_2O}$，求供水流量。查得 $\lambda = 0.0315$　$\Sigma\xi = 14.4$

【解】　由于流量未知，无法判定流动区域，只能采用试算法。先假定是充分紊流。取过流断面 1-1、2-2 之间能量方程，以地面为基准面，则其总水头损失为：

$$h_{\omega_{1-2}} = \left(z_1 + \frac{p_1}{\gamma} + \frac{\alpha_1 v_1^2}{2g}\right) - \left(z_2 + \frac{p_2}{\gamma} + \frac{\alpha_2 v_2^2}{2g}\right)$$

$$= (1 + 10 + 0) - (5 + 0 + 0) = 6\mathrm{m}$$

又因为

$$h_{\omega_{1-2}} = \lambda \frac{l}{d}\frac{v^2}{2g} + \Sigma\xi \frac{v^2}{2g}$$

$$6 = \left(0.0315 \times \frac{50}{0.15} + 14.4\right)\frac{v^2}{2g}$$

所以　　　　$v = 2.18\mathrm{m/s}$

$$Q = v \times \frac{\pi d^2}{4} = 2.18 \times \frac{3.14}{4} \times 0.15^2 = 0.0384\mathrm{m^3/s} = 138\mathrm{m^3/h}$$

最后校核假定为充分紊流是否有效，由表 1.1-1 查得：

$$\nu = 1.308 \times 10^{-6}\mathrm{m^2/s} = 1.308 \times 10^{-2}\mathrm{cm^2/s}$$

故
$$\mathrm{Re}=\frac{vd}{\nu}=\frac{218\times15}{1.308\times10^{-2}}=2.5\times10^5\gg2000$$

由此可知流动型态确为充分紊流型,以上计算有效。

【例 1.1-5】 水泵吸水管装置如图 1.1-14 所示。设水泵的最大许可真空度为 $\dfrac{p_k}{T}=$ 7mH$_2$O,工作流量 $Q=8.3$L/s,吸水管直径 $d=80$mm,长 $l=10$m,$\lambda=0.04$,弯头局部阻力系数 $\xi_{弯头}=0.7$,底阀 $\xi_{底阀}=8$,求水泵的最大许可安装高度 H_s。

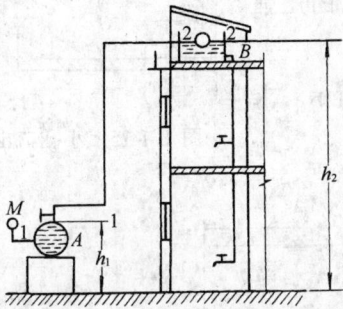

图 1.1-13　例 1.1-4 计算用图

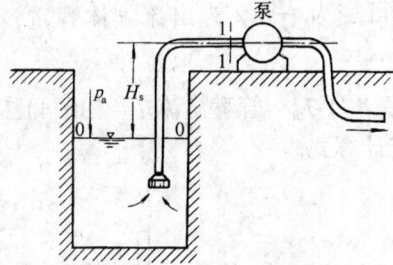

图 1.1-14　例 1.1-5 计算用图

【解】 以吸水井的水面为基准面,列断面 0-0 与 1-1 的能量方程式为:

$$0+\frac{p_a}{\gamma}+0=H_s+\frac{p_1}{r}+\frac{\alpha_1 v_1^2}{2g}+h_\omega$$

得
$$H_s=\frac{p_a-p_1}{\gamma}-\frac{\alpha_1 v_1^2}{2g}-h_\omega$$

因为 $\quad\dfrac{p_a-p_1}{\gamma}=\dfrac{p_k}{\gamma}=7mH_2$O,$\quad v_1=\dfrac{Q}{\omega_1}=\dfrac{0.0083}{\dfrac{\pi}{4}\times(0.08)^2}=1.65$m/s

$$h_\omega=\left(\lambda\frac{l}{d}+\xi_{弯头}=\xi_{底阀}\right)\frac{v_1^2}{2g}=\left(0.04\frac{10}{0.08}+0.7+8\right)\frac{1.65^2}{2\times9.81}=1.91\text{mH}_2\text{O}$$

所以
$$H_s=7-\frac{1.65^2}{2\times9.81}-1.91=4.95\text{m}$$

【例 1.1-6】 (一)薄壁圆形小孔口的液体自由出流。如图 1.1-15 所示,已知过流断面为 ω,收缩断面为 ω_c,收缩系数 $\varepsilon=\dfrac{\omega_c}{\omega}=0.63\sim0.64$,又知水深为 H,求其出流计算式。

【解】 以收缩断面形心作基准面 0-0,到 1-1 与 $c-c$ 过流断面间的能量方程式,经化简后可得:

$$v_c=\frac{1}{\sqrt{1+\xi_c}}\sqrt{2gH_0}=\varphi\sqrt{2gH_0}$$

式中　H_0——孔口的作用水头,m。$H_0=H+\dfrac{\alpha_1 v_1^2}{2g}$。

可得　$Q=\omega_c v_c=\varepsilon\omega\varphi\sqrt{2gH_0}=\mu_h\omega\sqrt{2gH_0}$

式中　μ_h——孔口的流量系数,实验得到 $\mu_h=0.60\sim0.62$;

ω——孔口面积,m^2。

（二）淹没出流如图 1.1-16 所示。已知 $H_0 = H_1 - H_2$ 求液体孔口淹没出流的流量计算式。

【解】 由题意可用上述小孔口自由出流计算式,以 $H_1 - H_2$ 代替 H_0 即可。

若为气体的孔口出流,仍可用上述淹没出流计算式,唯式中 H_0 可变为 $\dfrac{\Delta p}{\gamma}$（γ 为出流气体容重,Δp 为孔口前后的压强差）。

【例 1.1-7】 管嘴出流 $l = (3\sim4)d$ 如图 1.1-17 所示。求其出流计算式。

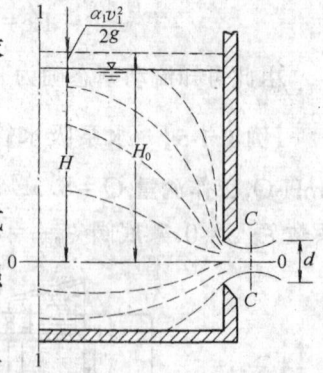

图 1.1-15 小孔口出流

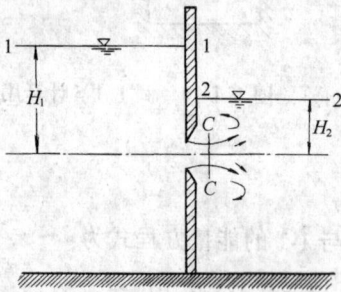

图 1.1-16 淹没孔口出流

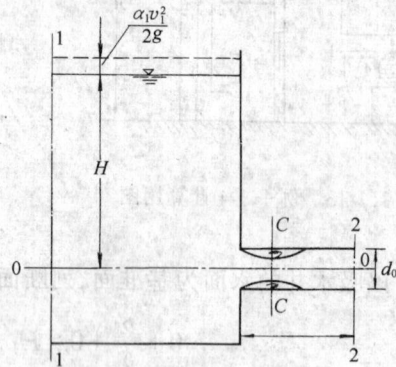

图 1.1-17 管嘴出流

【解】 过管嘴轴线作基准面 0-0,写出 1-1 与 2-2 过流断面的能量方程,经化简整理可得:

$$v_2 = \frac{1}{\sqrt{1 + \xi_\mathrm{j}}} \sqrt{2gH_0} = \mu_\mathrm{j} \sqrt{2gH_0}$$

式中　ξ_j——管嘴局部阻力系数,实验知直角锐缘进口的 $\xi_\mathrm{j} = 0.5$

μ_j——管嘴流量系数,对于直角锐缘进口的 $\mu_\mathrm{j} = \dfrac{1}{\sqrt{1 + \xi_\mathrm{j}}} = \dfrac{1}{\sqrt{1 + 0.5}} = 0.82$。

所以可得 $Q = \omega v_2 = \mu_\mathrm{j} \omega \sqrt{2gH_0}$

1.2　传热原理知识

从物理学中得知,热学是采用宏观方法研究热现象的理论。其中当采用观察与实验方法得到的热能性质及其与其它能量转换规律称为热力学。对于采用相同方法总结得到的热量传递过程规律则称为传热学。本章仅介绍建筑设备工程必需的热量传递的某些知识。由物理学知道热量的传递有三种基本方式:即热传导（导热）、热对流和热辐射。但在实际工程遇到的热传递现象,往往是两种或三种基本方式同时出现综合组成的传热过程,下面简要介绍这些基本方式和传热过程。

1.2.1 导热(热传导)

导热是指温度不同的物体直接接触时,或同一物体温度不同的相邻部分之间所发生的热传递现象。热之所以能通过导热方式传递,是由于组成物体的微观粒子运动的结果。在气体中,热传导主要依靠原子、分子的热运动;在液体中,热传导主要依靠弹性波的作用;而在固体中热传导主要依靠晶格振动和自由电子的运动。

固体平壁中进行的导热过程最为简单。可以想象,当平壁内各部分温度不随时间变化,而处于稳定导热时,如图 1.2-1 所示,平壁内外两侧面的温度差 $\tau_1 - \tau_2$(当 $\tau_1 > \tau_2$ 时)越大,平壁厚度 δ 越薄,壁的面积 F 越大,则在单位时间内通过此平壁的导热量就越多,可以列出平壁导热公式为

$$Q = \lambda \frac{\tau_1 - \tau_2}{\delta} \cdot F \qquad \text{(J/s 或 W)}$$

$$\text{或} \qquad q = \frac{Q}{F} = \lambda \frac{\tau_1 - \tau_2}{\delta} \qquad \text{(J/(s·m}^2\text{)或 W/m}^2\text{)} \qquad (1.2\text{-}1)$$

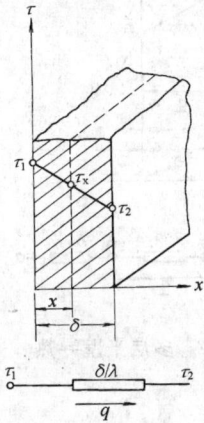

图 1.2-1 平壁
导热图

式中　Q——单位时间由导热体传递的热量,称为热流量(J/s)或(W);

λ——比例系数,称为导热系数,其意义是当沿着导热方向每米长度上温度降落 1K 时,单位时间通过每平方米面积所传导的热量(W/m·K)。

由式(1.2-1)可知导热系数 λ 是表征该材料导热能力的物理量。材料的导热系数越大,则表示其导热性越好。不同材料的导热系数是不同的;即使对于同一种材料,导热系数的数值也随所处状态不同而有差异。各种材料的 λ 值在有关热工手册中可查到。

如果对式(1.2-1)写成一般的微分形式,就获得一维稳定导热的傅立叶定律表达式:

$$Q = -\lambda \frac{\mathrm{d}\tau}{\mathrm{d}x} \cdot F \qquad \text{(J/s 或 W)}$$

$$\text{或} \qquad q = -\lambda \frac{\mathrm{d}\tau}{\mathrm{d}x} \qquad \text{(J/(m}^2\text{·s)或 W/m}^2\text{)} \qquad (1.2\text{-}2)$$

式中　$\dfrac{\mathrm{d}\tau}{\mathrm{d}x}$——沿 x 方向面积为 F 处的温度梯度。

其它符号意义与式(1.2-1)相同

式中负号"$-$"表示导热量和温度梯度方向相反。将式(1.2-2)分离变量后可得

$$q\mathrm{d}x = -\lambda\mathrm{d}\tau \qquad (1.2\text{-}3a)$$

将上式积分,并代入边界条件:当 $x = 0$ 时,$\tau = \tau_1$;$x = x$ 时,$\tau = \tau_\mathrm{x}$,则得

$$q \int_0^x \mathrm{d}x = -\lambda \int_{\tau_1}^{\tau_\mathrm{x}} \mathrm{d}\tau$$

所以　　　　　　　　　　　$q_\mathrm{x} = -\lambda(\tau_\mathrm{x} - \tau)$

即　　　　　　　　　　　　$\tau_\mathrm{x} - \tau_1 = \dfrac{q_\mathrm{x}}{\lambda}$

$$\text{或} \qquad\qquad \tau_\mathrm{x} = \frac{q}{\lambda}x + \tau_1 \qquad (1.2\text{-}3)$$

由此可见,求解方程(1.2-3)后,就可求得平壁内部任意位置上的温度值。通常 $\left(-\dfrac{q}{\lambda}\right)$ 和 τ_1 均为常数,所以平壁中的温度分布是直线(如图 1.2-1 中 τ_1 到 τ_2 直线)。

应说明式(1.2-1)及(1.2-3)仅适用于计算物体为单层无限大平面壁的热流量。若工程计算中遇到：

（一）多层平壁。如房屋以红砖为主体砌成，墙壁内为白灰层，外抹水泥砂浆、磁砌罩面等均为多层平壁。如三层平壁导热，两侧表面均能维持稳定温度 τ_1 和 τ_4，且各层之间结合严密，接触面温度分别为 τ_2 和 τ_3（见图 1.2-2），在稳定情况，通过各层的热流量是相等的，对图 1.2-2 中三层平壁的每层可分别写出

$$\left.\begin{array}{l} Q = \lambda_1 \dfrac{\tau_1 - \tau_2}{\delta_1} \cdot F = \dfrac{\tau_1 - \tau_2}{\delta_1/\lambda_1 \cdot F} = \dfrac{1}{R_{\lambda,1}}(\tau_1 - \tau_2) \\[2mm] Q = \lambda_2 \dfrac{\tau_2 - \tau_3}{\delta_2} \cdot F = \dfrac{\tau_2 - \tau_3}{\delta_2/\lambda_2 \cdot F} = \dfrac{1}{R_{\lambda,2}}(\tau_2 - \tau_3) \\[2mm] Q = \lambda_3 \dfrac{\tau_3 - \tau_4}{\delta_3} \cdot F = \dfrac{\tau_3 - \tau_4}{\delta_3/\lambda_3 \cdot F} = \dfrac{1}{R_{\lambda,3}}(\tau_3 - \tau_4) \end{array}\right\} \quad (1.2\text{-}4a)$$

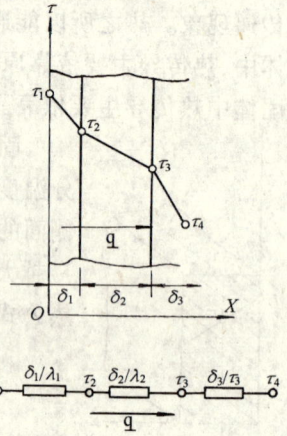

图 1.2-2　多层平壁导热

式中　λ_1、λ_2、λ_3——各层平壁导热系数；

　　　δ_1、δ_2、δ_3——各层平壁厚度；

$R_{\lambda,1}$、$R_{\lambda,2}$、$R_{\lambda,3}$——各层平壁导热热阻。

化简(1.2-4a)可得

$$\left.\begin{array}{l} \tau_1 - \tau_2 = R_{\lambda,1}Q \\ \tau_2 - \tau_3 = R_{\lambda,2}Q \\ \tau_3 - \tau_4 = R_{\lambda,3}Q \end{array}\right\} \qquad (1.2\text{-}4b)$$

把式(1.2-4b)各等式前后相加并整理可得

$$Q = \frac{\tau_1 - \tau_4}{R_{\lambda,1} + R_{\lambda,2} + R_{\lambda,3}} = \frac{\tau_1 - \tau_4}{\sum\limits_{i=1}^{3} R_{\lambda,i}} \quad (\text{W}) \qquad (1.2\text{-}4c)$$

式中 $\sum\limits_{i=1}^{3} R_{\lambda,i}$——为三层平壁总热阻。

对于 n 层平壁导热，则可直接写出

$$Q = \frac{\tau_1 - \tau_{n+1}}{\sum\limits_{i=1}^{n} R_{\lambda,i}} \quad (\text{W}) \qquad (1.2\text{-}4)$$

（二）单层非平行壁面导热　如圆管的稳定导热热流量时，则式(1.2-1)应为

$Q = -\lambda \dfrac{\mathrm{d}\tau}{\mathrm{d}r} 2\pi r l$，通过分离变量积分等运算后，可得圆管稳定导热计算式为

$$Q = \frac{2\pi\lambda l}{\ln\dfrac{d_2}{d_l}}(\tau_1 - \tau_2) \qquad (\text{J/s 或 W}) \qquad (1.2\text{-}5a)$$

或通过单位长度管状的热流量

$$q_l = \frac{Q}{l} = \frac{\tau_1 - \tau_2}{\dfrac{1}{2\pi\lambda}\ln\dfrac{d_2}{d_l}} \qquad (1.2\text{-}5b)$$

20

式中　l——管长(m)；

d_1、d_2——管内径和外径(mm)。

【例 1.2-1】 某一供热锅炉炉墙由三层砌成，内层为耐火砖层厚 $\delta_1 = 230\text{mm}$，其导热系数 $\lambda_1 = 1.1\text{W}/(\text{m} \cdot \text{K})$，最外层为红砖层厚 $\delta_3 = 240\text{mm}$，其导热系数 $\lambda_3 = 0.58\text{W}/(\text{m} \cdot \text{K})$，内外层之间填石棉隔热层，原 $\delta_2 = 50\text{mm}$，其导热系数 $\lambda_2 = 0.10\text{W}/(\text{m} \cdot \text{K})$，已知炉墙最内和最外两表面温度 $\tau_1 = 500℃$ 和 $\tau_4 = 50℃$。求通过炉墙的导热热流量值。

【解】 依题意，先计算各层面导热热阻值，可得

$$R_{\lambda,1} = \frac{\delta_1}{\lambda_1} = \frac{0.23}{1.1} = 0.21 \quad \frac{\text{m}^2 \cdot \text{K}}{\text{W}}$$

$$R_{\lambda,2} = \frac{\delta_2}{\lambda_2} = \frac{0.05}{0.1} = 0.5 \quad \frac{\text{m}^2 \cdot \text{K}}{\text{W}}$$

$$R_{\lambda,3} = \frac{\delta_3}{\lambda_3} = \frac{0.024}{0.58} = 0.41 \quad \frac{\text{m}^2 \cdot \text{K}}{\text{W}}$$

将上式式(1.2-4)可得单位面积热流量为：

$$\frac{Q}{F} = \frac{500 - 50}{0.21 + 0.50 + 0.41} = 401.78\text{W}/\text{m}^2$$

1.2.2　热对流和对流换热

温度不同的流体各部分之间发生相对位移，把热量从高温处带到低温处的热传递现象，称为热对流。所以热对流只能发生在流体中，与流体的流动有关。由于流体质点位移在改变空间位置时不可避免的要和周围流体相接触，因而热对流的同时一定伴有导热存在。

工程上最关心的是流动着的流体与温度不同的壁面接触时，它们之间所发生的热传递现象，例如管内流动的热水与管内壁面间的换热，称之为对流换热。对流换热过程是热对流和导热的综合过程。

对流换热又分为受迫对流和自然对流(或称自由对流)换热。受迫对流是指流体在外力如风扇、泵等的作用下，流过固体表面。自然对流则是与固体邻接的较热(或较冷)的流体内各处温度不同引起密度的不同而产生的循环运动。

对流换热的计算，是牛顿在 1701 年首先提出来的，称为牛顿冷却定律，其方程式为

$$\left. \begin{array}{l} Q = \alpha \cdot \Delta T \cdot A \quad (\text{J}/\text{s}\ \text{或}\ \text{W}) \\ \text{或} \qquad q = \alpha \cdot \Delta T \qquad (\text{J}/(\text{s} \cdot \text{m}^2)\ \text{或}\ \text{W}/\text{m}^2) \end{array} \right\} \tag{1.2-6}$$

式中　Q——对流换热量(W)或(J/s)；

A——与流体接触的壁面换热面积(m^2)；

ΔT——流体和壁面之间的温差(K)或(℃)；

α——对流换热系数或放热系数[$\text{J}/(\text{s} \cdot \text{m}^2 \cdot \text{K})$]；或 $\text{W}/(\text{m}^2 \cdot \text{K})$，它表示在单位时间内，当流体与壁面温差为 1K 时，流体通过壁面单位面积所交换的热量。其大小表征对流换热的强弱。

对于对流换热系数或放热系数的物理意义，一般说来，α 可认为是系统的几何形状，流体的物性和流体流动的状况(如层流，紊流及层流边界层等)以及温差 ΔT 的函数。近似计算时，可参照表 1.2-1 选取。

换热机理	$\alpha[\text{W}/(\text{m}^2 \cdot \text{K})]$	换热机理	$\alpha[\text{W}/(\text{m}^2 \cdot \text{K})]$
空气自由对流	5～50	水蒸汽凝结	5,000～100,000
空气受迫对流	25～250	墙壁内表面	8.72
水受迫对流	250～15,000	墙壁外表面	
水沸腾	2500～25,000		

注:墙壁内外表面的 α 值均已计入壁面与周围环境之间的辐射换热。

1.2.3 热辐射及辐射换热

凡物理温度高于绝对零度,由物体的热状态促使其分子及原子中的电子不间断的振动和激发结果,它就不间断地转化本身的内热能,以电磁波(波长主要在 $0.1～100\mu m$)热射线形式,向周围空间辐射能量,当它达到另一物体表面被其吸收时,又重新转换为内热能,这种热射线传播过程称为热辐射。物体的温度愈高,辐射的能力愈强。温度相同而物体性质和表面情况不同,辐射能力也不同。

辐射能投射到物体上的能量,一般说来,部分可能被吸收,部分可能被反射,另部分可能穿透过物体。三者的百分比如以 α、ρ、τ 表示,则

$$\alpha + \rho + \tau = 1$$

α、ρ 和 τ 分别称为物体的吸收率、反射率和透射率。绝大多数固体和液体,热幅射线不能透过,可以认为其透射率 $\tau = 0$,则 $\alpha + \rho = 1$。

对于透射于其上的各种波长的能量,能全部吸收(即 $\alpha = 1$)的理想物体称为绝对黑体,简称黑体,试验和理论分析证明:黑体的辐射能为

$$E_0 = \sigma_0 T^4 \tag{1.2-7}$$

式中　E_0——黑体单位时间内单位面积向外辐射时的能量(W/m^2),称为黑体的辐射力;

　　　　σ_0——黑体的辐射常数 $\sigma_0 = 5.67 \times 10^{-8}$　$\text{W}/(\text{m}^2 \cdot \text{K}^4)$;

　　　　T——绝对温度(K)。

式(1.2-7)称为斯蒂芬——波次曼定律。又称为四次方定律,为便于工程应用,上式可改写成以下形式:

$$E_0 = C_0 \left(\frac{T}{100}\right)^4$$

式中　C_0——称为黑体的辐射系数,$C_0 = 5.67\text{W}/(\text{m}^2 \cdot \text{K}^4)$。

实际物体是很复杂的。人们引出灰体概念。灰体即是对投射来的各种波长的射线均同程度吸收的物体,也即是其表面吸收率与波长无关的物体。大多数实际固、流体表面很接近灰体的性质,因而人们把实际物体当作灰体处理,则实际物体的幅射力为:

$$E = C \left(\frac{T}{100}\right)^4 \tag{1.2-8}$$

式中　C——被称为灰体实际物体的幅射系数,介于 0～5.67 之间。

引入物体的辐射率,上式也可写成:

$$E = \varepsilon \cdot C_0 \left(\frac{T}{100}\right)^4 = \varepsilon \cdot E_0 \tag{1.2-9}$$

式中　ε——物体的辐射率,又称为黑度,数值在0～1之间,取决于物体的种类、表面状况和物体温度,由实验确定。

很显然,对黑体而言,$\alpha = \varepsilon = 1$、$C_0 = 5.67$。而对灰体(实际固、流体表面)$\alpha = \varepsilon < 1$、$C = \varepsilon C_0 < 5.67$。

由上述可见,物体有好的吸收能力,就一定有好的辐射能力。也就是说,物体都只能吸收其自身所能辐射的辐射能。

不同温度的两物体(或数个物体)间互相进行着热幅射和吸收,由此引起相互间的热传递现象称为辐射换热。

最简单的情况是两大平面之间的幅射换热,如图1.2-3所示。设Q_1、Q_2分别为大平面1和2表面向对方发射出去的总热幅射热量(包括反射辐射),ε_1、ε_2为其辐射率(黑度),T_1、T_2为其温度,α_1、α_2为其吸收率。

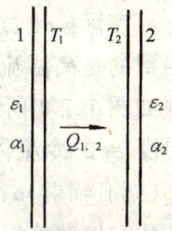

按上述定义结合斯蒂芬——波次曼定律可知:

$$Q_1 = \varepsilon_1 C_0 \left(\frac{T_1}{100}\right)^4 \cdot F + Q_2(1 - \alpha_1)$$

$$Q_2 = \varepsilon_2 C_0 \left(\frac{T_2}{100}\right)^4 \cdot F + Q_1(1 - \alpha_2)$$

图1.2-3
两平面间热辐射
传热图

上面两式中F为大平面面积,$Q_2(1 - \alpha_1)$及$Q_1(1 - \alpha_2)$为两大平面反射辐射,如果$T_1 > T_2$,则所传递的热量为:

$$Q = Q_1 - Q_2$$

从前面两式求出Q_1及Q_2,并代入$\varepsilon_1 \cdot C_0 = C_1$,$\varepsilon_1 = \alpha_1$及$\varepsilon_2 \cdot C_0 = C_2$,$\varepsilon_2 = \alpha_2$以后,经过运算可得出下列公式:

$$Q = \frac{1}{\frac{1}{C_1} + \frac{1}{C_2} - \frac{1}{C_0}} \left[\left(\frac{T_1}{100}\right)^4 - \left(\frac{T_2}{100}\right)^4\right] F \qquad (1.2\text{-}10a)$$

式中　$\dfrac{1}{\frac{1}{C_1} + \frac{1}{C_2} - \frac{1}{C_0}} = \dfrac{C_0}{\frac{1}{\varepsilon_1} + \frac{1}{\varepsilon_2} - 1}$——大平面的系统辐射系数,用$C_n$表示则

$$\left. \begin{aligned} Q &= C_n \left[\left(\frac{T_1}{100}\right)^4 - \left(\frac{T_2}{100}\right)^4\right] F \\ q &= \frac{Q}{F} = C_n \left[\left(\frac{T_1}{100}\right)^4 - \left(\frac{T_2}{100}\right)^4\right] \end{aligned} \right\} \qquad (1.2\text{-}10)$$

或

对于非大平面以外其它较复杂的辐射换热,只要求出各系统的系统辐射系数,传递的热量就可以用式(1.2-10)求出。

【例1.2-2】 设有两大平行平壁间为空气间层,平壁1的表面温度$t_1 = 300℃$,冷平壁2的表面温度为$t_2 = 50℃$,两平壁的辐射率为$\varepsilon_1 = \varepsilon_2 = 0.85$,求此间层单位表面积的辐射换热量。

【解】 由题意知两大平行平壁面积远大于其空气间层厚度,故其辐射换热量可应用

(1.2-10)式计算。即　$q = \dfrac{Q}{F} = C_n \left[\left(\dfrac{T_1}{100}\right)^4 - \left(\dfrac{T_2}{100}\right)^4\right]$　W/m^2

根据已知条件得到：

$$C_n = \frac{C_0}{\dfrac{1}{\varepsilon_1} + \dfrac{1}{\varepsilon_2} - 1} = \frac{5.67}{\dfrac{1}{0.85} + \dfrac{1}{0.85} - 1} = 4.19 \quad W/(m^2 \cdot K^4)$$

$$T_1 = t_1 + 273 = 573 \quad K$$

$$T_2 = t_2 + 273 = 323 \quad K$$

所以
$$q = 4.19\left[\left(\frac{573}{100}\right)^4 - \left(\frac{323}{100}\right)^4\right] = 4060 \quad W/m^2$$

1.2.4 传热过程及传热系数

实际换热过程往往是两种或三种基本换热方式同时出现的复杂过程。工程领域内经常遇到的是高温流体通过固体壁把热量传给低温流体。这种过程称为传热过程。例如有一墙壁如图 1.2-4 所示。其壁厚为 δ，面积为 F，墙壁一侧有温度 t_1 的热流体在流动，另一侧有温度 t_2 的冷流体在流动，其两侧的对流换热系数分别为 α_1 和 α_2（如有辐射，α 应是对流换热和辐射换热共同作用的结果），在流体和墙壁的温度不随时间变化的稳定传热情况下，则墙一侧表面的对流换热，墙壁的导热量以及墙另一侧表面的对流换热量，三者均应相等，所以根据式（1.2-1）及（1.2-6）可列出三个等式：

$$q = \alpha_1(t_1 - \tau_1) \quad 即 \frac{q}{\alpha_1} = t_1 - \tau_1$$

$$q = \frac{\lambda}{\delta}(\tau_1 - \tau_2) \quad 即 \frac{q}{\lambda/\delta} = \tau_1 - \tau_2$$

$$q = \alpha_2(\tau_2 - t_2) \quad 即 \frac{q}{\alpha_2} = \tau_2 - t_2$$

图 1.2-4 通过墙壁的传热

由于上 3 式 q 相等，则上 3 式相加可得

$$q\left(\frac{1}{\alpha_1} + \frac{\delta}{\lambda} + \frac{1}{\alpha_2}\right) = t_1 - t_2$$

所以
$$q = \frac{t_1 - t_2}{\dfrac{1}{\alpha_1} + \dfrac{\delta}{\lambda} + \dfrac{1}{\alpha_1}} = K(t_1 - t_2) \quad 即(W/m^2) \tag{1.2-11}$$

式中
$$K = \frac{1}{\dfrac{1}{\alpha_1} + \dfrac{\delta}{\lambda} + \dfrac{1}{\alpha_2}} \quad [W/(m^2 \cdot K)] \tag{1.2-12}$$

K 被命名为传热系数。K 值的意义是当壁面两侧流体的温度差为 1K 时，单位时间内通过每平方米的壁面所传的热量。K 值越大，传热量越多，因此 K 值表示了热流体的热量通过墙壁传给冷流体的能力。

当壁面面积为 $F(m^2)$ 时，总的传热量为

$$Q = KF(t_1 - t_2) \quad (J/s 或 W) \tag{1.2-13}$$

式（1.2-13）不仅能计算冷、热流体通过平壁的传热，对于一切冷、热流体通过固体壁面的传热过程都是适用的。所不同的在于各种情况下传热系数计算式不一样，式（1.1-12）是平面壁单位面积的传热系数 K 值的计算式，对圆管等其他情况的传热系数计算式，可在有

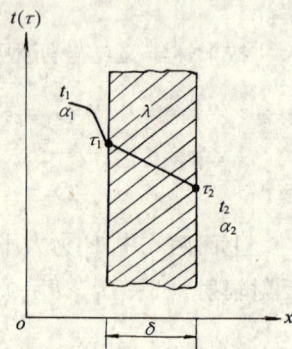

24

关传热学书中找到。

1.3 电工基本知识

电能在建筑电气中的利用是多方面的。对于建筑电气工程中所需要的电工知识,本章简要介绍的内容有电流、电压、电阻与电功率,电流的磁效应与电磁感应,直流与交流电路等基础知识。

1.3.1 电流、电压、电阻与电功率

一、电流(I) 由物理学中获知,电流是带电质点在物体中作有规则的运动。其度量单位为安培(A)。人们习惯规定电流流动方向为正电荷运动方向,而与电子流动方向相反。在规定电流流动的正方向后,其符号"+""−"才有意义。电流在物体内流动过程中,其数值大小和方向不随时间变化称为直流电,当数值大小和方向随时间作周期性变化则称为交流电。

导体和电解液中电流会产生化学效应、热效应、光效应和力效应等。如工业中电解技术为化学效应,灯具发光为光效应、电炉烘炼为电热效应,而电动机、自动化元件等又都是力效应的应用实例。产生化学效应、热效应及力效应等用电设备可统称为电气负载。

二、电压(U)与电动势(E)

由物理学还知,电流是由电源产生的。这是因为电源两个极上堆积有大量的正、负电荷所形成的电位差(电压),电源内部这种分离电荷的势力以维持电位差的能力称为电动势(E)。电动势的度量单位为伏特(V)。电动势方向是由电源负极指向正极(电位升的方向)。直流电源的电动势(E)大小、方向不随时间而变化,交流电源电动势(e)的大小、方向随时间发生周期性变化。也存在只有规定 e 的正方向后,其符号"+""−"才有意义。

当电源正、负极之间外接负载时,则在此电源两极间电位差作用下,必使电流中产生电场力推动电荷作功。这种电场力推动电荷在电路中作功的本领用电压表达。两点间的电压总是从正极指向负极,即电位降的方向。直流电压(U)在时间过程不变化,交流电压(u)则随时间发生周期性变化。也只有规定 u 的正方向的前提下,符号"+""−"才有意义。

在电源正、负极之间若不接负载,处于开路状态,则电源不会有电荷移动。此时,电源的负极到正极电动势的数值必等于电源正极到负极的数值,即 $E = U$。

电路处于闭路状态时,则电动势的数值因电源有内阻,不等于电压数值。在直流情况下,端电压等于电动势减去内压降即 $U = E - IR_0$。

三、电阻(R) 导体中存在着阻碍电流通过,并形成能量消耗的电阻。物体性质不同,其电阻也不同,因而有导体、半导体和绝缘体之分。电阻的度量可以导线两端为 1 伏特电压而产生 1 安培电流而命名为 1 欧姆(Ω)。导线中电阻(R)根据实验总结得知:电阻与物体导电性能、截面积、导线长度和温度有关。当温度处于常温并保持不变时有下列关系式:

$$R = \rho \frac{L}{S} \tag{1.3-1}$$

式中 R——物体的电阻(Ω);

l——物体(导线)长度(m);

S——物体截面积(mm^2);

ρ——物体的电阻系数,称电阻率$[(\Omega \cdot mm^2)/m]$。

上式中电阻率倒数称为电导率(γ)

当温度变化时,金属导体的电阻与温度的变化关系,根据实验总结后得到下式:

$$\alpha = \frac{\rho_2 - \rho_1}{\rho_1(t_2 - t_1)} \tag{1.3-2}$$

式中 α——电阻温度系数($\frac{1}{\text{℃}}$);

t_1、t_2——温度由 t_1 变化到 t_2(℃);

ρ_1、ρ_2——温度为 t_1、t_2 时物体相应的电阻率$((\Omega \cdot mm^2)/m)$。

式(1.3-2)可变化为

$$\rho_2 = \rho_1[1 + \alpha(t_2 - t_1)] \quad ((\Omega \cdot mm^2)/m) \tag{1.3-2a}$$

对同一种类两根导线,当其长度和截面积相同,在不同温度时,其电阻按(1.3-1)式,应

分别列出 $R_1 = \rho_1 \dfrac{l}{A}$,$R_2 = \rho_2 \dfrac{l}{A}$,即 $\dfrac{R_1}{R_2} = \dfrac{\rho_1}{\rho_2}$代入(1.3-2a)

可得
$$R_2 = R_1[1 + \alpha(t_2 - t_1)] \quad (\Omega) \tag{1.3-3}$$

式中符号意义同前。

对于半导体的电阻是随温度增加而减少的。

四、电路 电流通过的路径称为电路,包括电源、负载和中间环节,如图 1.3-1 所示,当

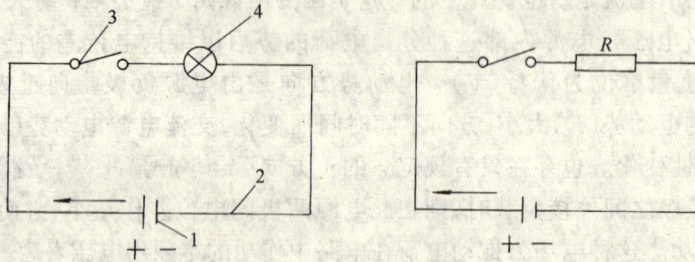

图 1.3-1 简单电路图示
1—电源;2—导线闭合回路;3—开关;4—负载

电路闭合并有电流能够流通时,就称为闭合电路也称全电路。即全电路处于通路时,则电动势、电压、电流、电阻和负载同时存在。在电工图中闭合直流电路中负载常以电阻形式表达。除电源以外的电路称为外电路,而电源内部称为内电路。全电路由内电路和外电路组成。

电路中的电流如为直流电则称为直流电路,如为交流电流则称为交流电路。

电路有三种状态,即通路、断路和短路。所谓短路是指电路中某两点被导体直接联通。如电源两端发生短路,则是一种严重故障。

五、欧姆定律 有三种形式的欧姆定律。

1. 一段无源电路(图 1.3-2a)的欧姆定律

从实验观察到,上述具有两极导线的电路其间没有电源,而且 U、I 正方向相一致时,则其电流、电压与电阻关系为:

$$I = \frac{U}{R} \quad (A) \tag{1.3-4}$$

2. 一段有源电路的欧姆定律(图 1.3-2b、c)其电流、电动势、电压与电阻的关系为

$$I = \frac{\pm E \pm U}{R} \quad (A) \tag{1.3-5}$$

式中的电动势和电压的正方向如果和电流方向一致,则取正号,否则取负号。

3. 单一闭合回路(图 1.3-2d)的欧姆定律

按图 1.3-2d 分析可得,由于:

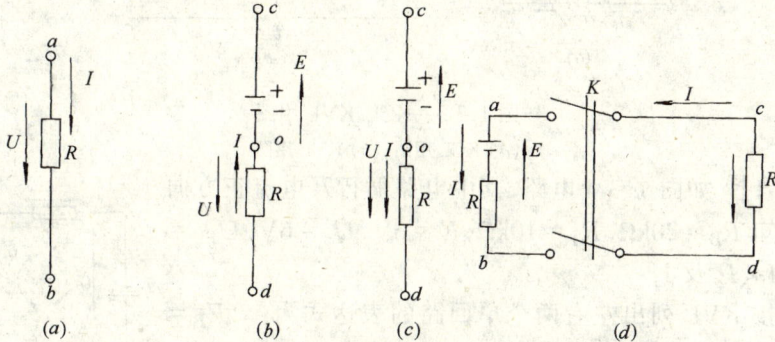

图 1.3-2　电路图

(a)一段无源电路;(b)、(c)一段有源电路;(d)单一闭合回路

$U = E - IR_0$ 及 $U = IR$,即 $I = \dfrac{E}{R_0 + R}$。若为多电源,则前式可写为:

$$I = \frac{\Sigma E}{\Sigma R} \quad (A) \tag{1.3-6}$$

式中分母为回路总电阻,分子为代数和,代数和中"+""−"号也是以 I 的正方向为准的。

六、克希荷夫定律

克希荷夫总结得出解决节点电流规律和回路电压规律。节点必有三条或三条以上支路联结,其联结点电流的定律(KCL)表达方式为:流入任何节点的电流之和,必等于流出该节点的电流之和,即

$$\Sigma I_{入} = \Sigma I_{出} \text{ 或 } \Sigma I = 0 \tag{1.3-7}$$

上式表明同一时间在同一瞬时和同一节点相联的各支路电流的代数和恒等于零,如规定流入节点电流为正则流出该节点电流为负。

图 1.3-3(a)中节点 a 的 KCL 具体表达式为 $I_1 + I_2 - I = 0$

克希荷夫第二定律是关于回路的电压定律(KVL),其表达方式为:在任一闭合回路中,其电动势的代数和等于电阻上电压降的代数和,即

$$\Sigma E = \Sigma IR \tag{1.3-8}$$

具体应用(1.3-8)式,首先是设定回路绕行方向和电流的正流向。即按某一回路中电动势方向,当与回路绕行方向一致时为正,反之为负。按回路中电流正方向与回路绕行方向一致时,则电压降 IR 为正,反之为负。然后把回路中电动势代数和、电阻上电压降代数和代入(1.3-8)式即可求解。

按照上述方法,对图 1.3-3(b)中回路 $cabdc$ 的 KVL 具体表达式为 $E_1 - E_2 = I_1 R_1 - I_2 R_2$;回路 $aefba$ 的 KVL 具体表达式为 $E_2 = I_2 R_2 + IR_1$;回路 $caefbd$ 的 KVL 具体表达式为 $E_1 = I_1 R_1 + IR_1$。

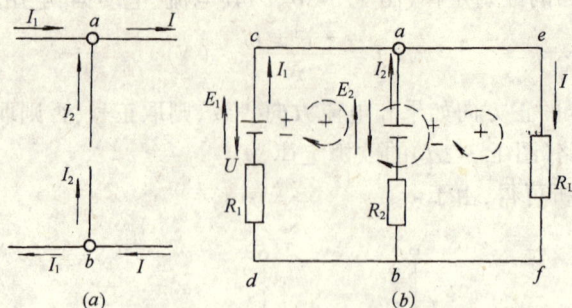

图 1.3-3 KCL、KVL 用图

(a) KCL 用图；(b) KVL 用图

【例 1.3-1】 如图 1.3-4 电路，其中电路循行及电流正方向如图示。已知 $R_B = 20\text{k}\Omega$，$R_1 = 10\text{k}\Omega$，$E = 6\text{V}$，$U_s = 6\text{V}$，$U_{BE} = 0.3\text{V}$，试求 I_B、I_2 及 I_1

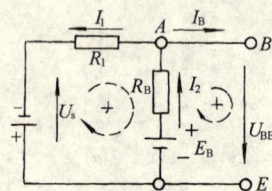

图 1.3-4 例 3-1 电路

【解】 按 KVL 列出左右两个单回路的表达式为： $E_B = I_2 R_B + U_{BE}$，$-E_B = -I_1 R_1 - I_2 R_2 + U_S$

按 KCL 列出节点 A 的表达式为：

$$I_2 - I_1 - I_B = 0$$

分别将已知数据代入上列三式，求解可得 $I_1 = 0.57\text{mA}$，$I_2 = 0.315\text{mA}$，$I_B = -0.255\text{mA}$。

具体应用 KCL 和 KVL 时应注意：列方程时，必须是独立节点及独立回路方程（含有新支路），如节点数为 n 可列 $(n-1)$ 个独立节点方程，有 l 个网孔则有 l 个独立回路方程

七、电功率(P)

电流在一定时间内通过电路中负载所消耗的功。其实质相当于在时间(t)内；该电路中电压、电流形成的电场力所作的功。这种电流在电路中通过负载作功称为电功。电功的大小显然应为：

$$W = UIt = I^2 Rt \tag{1.3-9}$$

电功的度量为焦尔(J)，即 1J 等于单位时间 1s(秒)内在电路的电压为 1V(伏特)通过 1A(安培)的电流。

根据实验又知 1J 作功的能量相当 0.24cal(1cal = 4.19J)的热量，故(1.3-9)或以热功当量 0.24cal 乘之，则可用热量计算式表达：

$$Q = 0.24 I^2 Rt \quad (卡)(\text{cal}) \tag{1.3-9a}$$

电功率(P)是单位时间内电流在电路中所作的功，其度量单位显然为 J/s 称瓦特(W)或千瓦(kW)。瓦特简称瓦

$$P = \frac{W}{t} = \frac{UIt}{t} = UI \quad (\text{J/s 或 W}) \tag{1.3-10}$$

以 $I = \dfrac{U}{R}$ 或 $U = RI$ 代入(1.3-10)式；又可得到电功率另外表达式为：

$$P = I^2 R = \frac{U^2}{R} \quad (\text{W}) \tag{1.3-10a}$$

28

【例 1.3-2】 图 1.3-5 所示电路具有相同电压和通过相同电流,只是所标出方向有别,试用欧姆定律列出每种电路图电阻计算式及其值。

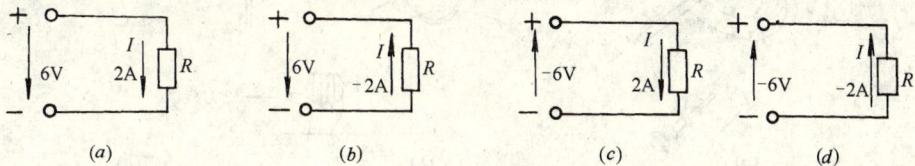

$$(a) \qquad\qquad (b) \qquad\qquad (c) \qquad\qquad (d)$$

图 1.3-5　例 3-2 用图

【解】 应用式(1.3-4)欧姆定律可得

$$图 1.3-5\ a：\quad R = \frac{U}{I} = \frac{6}{2} = 3\Omega$$

$$图 1.3-5\ b：\quad R = \frac{U}{I} = -\frac{6}{2} = 3\Omega$$

$$图 1.3-5\ c：\quad R = \frac{U}{I} = -\frac{6}{2} = 3\Omega$$

$$图 1.3-5\ d：\quad R = \frac{U}{I} = \frac{-6}{-2} = 3\Omega$$

【例 1.3-3】 有 220V 电源上接有 60W 灯泡(220V),求通过此灯泡的电流和电阻。

【解】 依题意,按电功率计算式 $P = UI = I^2 R = \dfrac{U^2}{R}$　可得

$$I = \frac{P}{U} = \frac{60}{220} = 0.273\text{A}$$

$$R = \frac{U}{I} = \frac{220}{0.273} = 806\Omega$$

1.3.2　电磁效应与电磁感应

一、电磁效应

由物理学可知磁体产生磁场,载流导体周围也同样存在磁场,这种现象称为电流的磁效应。磁场可以用磁力线表达。磁场的强弱,是以磁场中垂直穿过某一截面 S 的磁力线总数的磁通(ϕ)表达。磁通的度量单位在国际单位制中为韦伯(Wb)即 $1\text{Wb} = 1\text{V} \cdot S$。如果单位面积所通过磁通则称为磁通密度或磁感应强度(B),显然磁感应强度(磁通密度)与磁通二者的关系为 $B = \dfrac{\phi}{S}$,磁通密度的度量单位当为 Wb/m^2 或 $\text{V} \cdot \text{s/m}^2$,简称为特斯拉(T)。磁通密度 B 的度量单位可用高斯 Gs,磁通在工程上有时也用麦克斯韦(Mx)表达,$1\text{T} = 10^4\text{Gs}$,$1\text{Wb} = 10^8\text{Mx}$。

由物理学还知以下三种电磁效应:

1. 导体如有电流通过,则此导体周围必产生磁场,电流方向变化,组成磁场的磁力线方向也随之变化,变化规律如图 1.3-6 所示:即电流通过直导线新产生磁场方向用右手螺旋定则来确定,用右手握住导线,大拇指指向电流方向,其余四指弯曲方向就是磁力线方向(即磁场方向),如图 1.3-6a 所示。当电流沿闭合环形式螺旋管导线通过时,右手弯曲四指指向和电流方向一致,伸直的大拇指就表示螺旋管内部磁力线方向,如图 1.3-6b、c 所示。

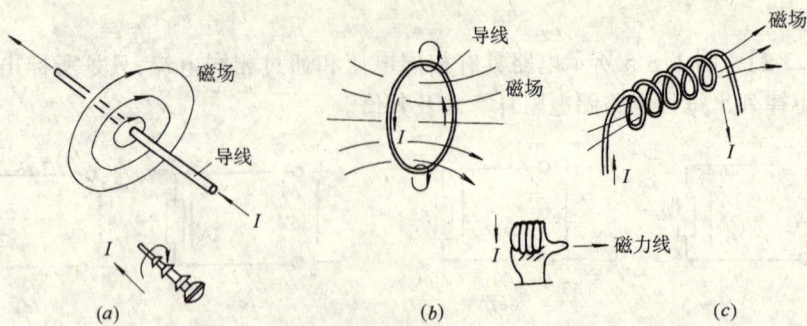

图 1.3-6　电流沿导线方向变化与磁场方向变化的规律

2. 螺旋管线圈内置一铁芯如图 1.3-7 所示,当此线圈接通电源而产生电流时,则铁芯会被磁化而且有磁性,切断电源,铁芯也失掉了磁性。被磁化的铁芯称为电磁铁。在一定范围内电磁铁磁性强弱则与线圈通过电流大小和线圈匝数成正比。电磁铁具有吸力,可使衔铁靠近铁芯（图 1.3-7）,当切断电源铁芯也就失掉吸力。电磁铁吸力大小与铁芯的两极面积和间隙内磁通密度(B)的平方成正比。

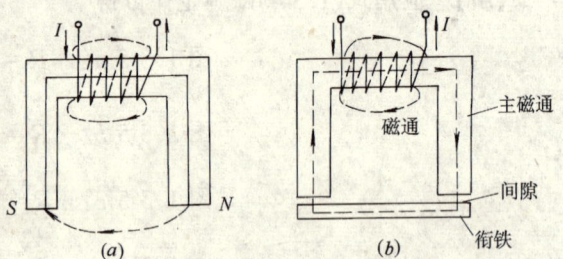

图 1.3-7　电磁铁

利用电流的磁效应制成的电磁铁在工程技术上得到广泛的应用,例如:接触器、继电器各种电动阀门、电铃、扬声器等等。

3. 如图 1.3-8 装置,实验观察到置磁场中导线,如不通电流时,导线并不受力,若通以电流(如图 1.3-8a 所示),则直导线会发生图中所示电磁力 F 方向的移动,如果电流方向相反,导线所产生力效应的方向也相反。这种电流、磁通与电磁力三者的方向,遵守左手定则,如同 1.3-8c 所示。这种电磁效应也称电流的力效应是直流电动机工作原理。产生这种效应的原因,可按图 1.3-8b 作如下说明:

图 1.3-8b-1 为不通电流导线置于均匀磁场中,图中 b-2 为通电流的导线不置于均匀磁场中按右手定则产生的磁场。图 1.3-8b-3 为通以电流的导线并置于均匀磁场中,恰如图 b-1、b-2 的合成效应,必然产生磁场力 F 而推动导线移动。

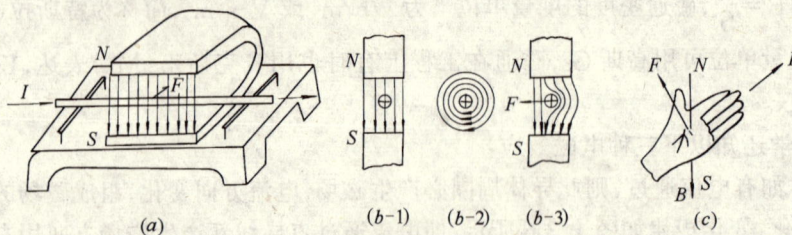

图 1.3-8　电动机工作原理

二、电磁感应

1. 如图 1.3-9(a)的实验装置示意图,在磁铁所形成的均匀磁场中;置一不通电流的闭

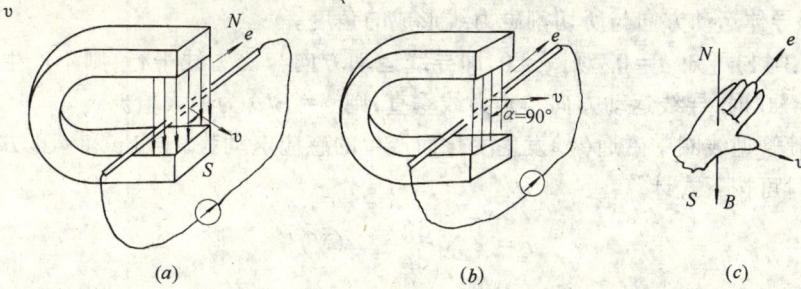

图 1.3-9　闭合直导线的电磁感应

合直导线,此导线若与磁力线成任意 α 角,并以速度 v 作切割磁力线运动。或者相反,导线不动而移动磁场,则会发现这两种工况的情况下,导线中会发生感应电动势而产生感应电流(由闭合直导线中装置的电流表可以测得)。同样,若用螺旋管型组成的闭合导线与永磁铁或人工磁铁如图 1.3-10 所示,两者中一方位置不动,而使另一方运动;形成切割磁力线作用,也会发现在导线中发生电动势(e);而产生感应电流。

上述电磁感应中磁体运动、磁场与感应电动势三者的方向,可按右手定则确定如图 1.3-9(c)所示。即磁力线指向右手手心,大拇指指向导体相对运动方向,则四指指向感应电动势的方向。

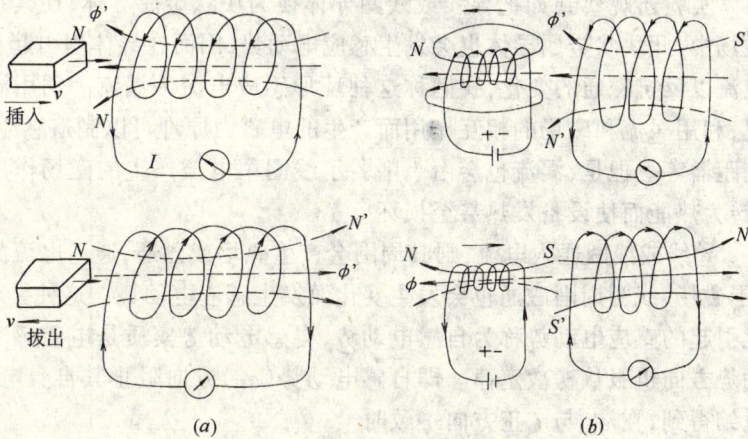

图 1.3-10　螺旋管型线圈的电磁感应

总之法拉第经过实验总结得出:移动在电路附近磁铁或移动在电路附近的另一通有电流的电路,只要这类移动能形成切割磁力线,都可以在闭合导线中产生感应电动势;由感应电动势产生的电流称为感应电流。

导线切割磁力线的实验发现:感应电动势大小与导体切割磁通的速率成正比。或与穿过线圈电路的磁通变化率成正比,可得如下计算式:

$$e = Blv\sin\alpha \tag{1.3-11}$$

式中　e——感应电动势(V);

　　　B——磁感应强度(磁密)(T)或(V·s/m^2);

　　　l——直导线长度(m);

v——导体相对移动速度(m/s);

α——导体运动方向与所切割磁力线形成的角度。

从式(1.3-11)可知 $\alpha=0$ 则 $e=0$,即导线运动方向与磁力线平行,则不产生感应电动势。而当 $\alpha=90°$ 时,导线运动方向与磁力线垂直,则 $e=Blv$ 为最大值。

对于螺旋管型线圈中磁通(ϕ)发生变化而产生的感应电动势 e,如 e 和 ϕ 正方向附合右手螺旋定则时可按下式计算:

$$e = -N\frac{\mathrm{d}\phi}{\mathrm{d}t} \qquad (\text{V}) \tag{1.3-12}$$

式中　N——线圈匝数;

$\dfrac{\mathrm{d}\phi}{\mathrm{d}t}$——磁通变化率(Wb/s)。

上述电磁感应在工程上是发电机、变压器等的工作原理。

对于螺旋管型线圈中产生的感应电动势和电流方向的关系;可用楞次定律说明:当线圈导体与磁场有相对的运动时,则在线圈导体中产生感应电势形成电流所产生的磁场总是阻止产生其感应电流磁场的变化,具体可参阅图 1.3-10,其中应注意感应电流方向与感应电流所产生的磁场方向,仍按右手螺旋定则。此外,还应注意磁场方向及相对运动使原磁场加强还是减弱。

2. 涡流、自感与互感

(1)涡流　实验还观察到如把导线或线圈导体换为块状金属导体;使其在磁场中运动或处在变化磁场中,此块状金属导体也会发生感应电动势,因而在导体内引起自成闭合回路的环形感应电流以反抗磁通的变化,我们称这种环形感应电流为涡流。利用涡流的热效应可以冶炼金属,利用涡流和磁场的相互作用而产生的电磁力原理可以制造感应式仪器、滑差电机及涡流测距器等。但是,涡流也会由于削弱了线圈中电流产生的磁场作用而使设备效率降低,由于转为热能而使设备发热甚至损坏。

(2)自感　导线或线圈通入电流,则其周围会产生磁场或磁通,通入电流如大小发生变化,则导线周围磁场、线圈周围磁通也会发生变化而发生感应电动势。这种导线或线圈自身电流大小变化引起的感应电动势称为自感电动势,自感电动势实质是电磁感应而被称为自感。自感电动势方向也服从楞次定律。即自感电动势(e_L)方向阻止其自身电流变化,其计算式经实验总结得到,在 e_L 与 i 正方向一致时

$$e_\text{L} = -L\frac{\Delta i}{\Delta t} \quad 或 \quad e_\text{L} = -L\frac{\mathrm{d}i}{\mathrm{d}t} \tag{1.3-13}$$

式中　　　e_L——自感电动势(V);

$\dfrac{\Delta i}{\Delta t}$ 或 $\dfrac{\mathrm{d}i}{\mathrm{d}t}$——电流变化率(A/s);

L——自感系数　亨[利](H)。

上述自感系数与线圈形状、匝数多少、截面大小和长度、周围介质及其中是否有铁芯等有关$\left(L=\mu\dfrac{N^2}{l\cdot s}\right)$。当无铁芯时,则自感系数不大,且为常数,否则相反。其计量单位是导出单位 $\dfrac{\text{V}\cdot\text{S}}{\text{A}}$ 或 $\dfrac{\text{Wb}}{\text{A}}$ 称为亨[利](H)。式(1.3-13)中负号是表达自感电动势总是阻止电流变化。

线圈内形成自感而阻止电流变化的特性是许多电气设备的工作原理。如日光灯的镇流

器、感应电机起动电抗器、交流焊机限制电流的电抗器等都是利用自感的特性制成的。自感在电路图中符号为"L"。

（3）互感　法拉第根据实验总结出：两个相邻线圈如图 3-11 所示，其中一个线圈中通过大小变化的电流时，其邻近线圈必产生感应电动势。这种现象称为互感。产生互感电势（e_M）的线圈只能由其相邻的线圈电流变化时产生，其互感电势大小与电流变化率成正比，计算式为

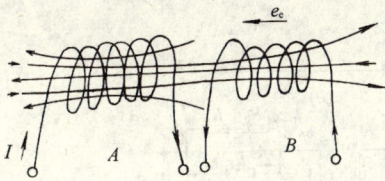

图 1.3-11　互感

$$e_{MA} = -M\frac{di_A}{dt} \qquad (1.3\text{-}14)$$

$$e_{MB} = -M\frac{di_B}{dt} \qquad (1.3\text{-}15)$$

式中　e_{MA}——电流 i_A 变化在线圈 B 中的互感电势（V）；

　　　e_{MB}——电流 i_B 变化在线圈 A 中的互感电势（V）；

　　　M——互感系数（H）。

1.3.3　直流与交流电路

一、直流电路

1. 直流电路的基本类型

在直流闭合电路中按其电源数量有单电源和多电源闭合电路之分，按闭合电路中外电路上电阻联结方式有串联、并联、串并联和混联之分。凡是能够用串、并联的方法简化为单一闭合回路的电路称为简单电路。凡是不能够用串、并联的方法简化为单一闭合回路的电路称为复杂回路。简单电路可以串、并联的方法和欧姆定律来解决。复杂电路则必须用 KCL、KVL 或其它方法来解决。图 1.3-12 为几种基本类型的直流闭合电路。

2. 电阻的串联和并联

（1）电阻串联如图 1.3-13a 所示，电阻 R_1、R_2······R_n 串联于直流电路 $1-n$（电压为 U），这种外电路上电阻串联工况，很明显，其经过各电阻的电流均为 I 值，电路总电压应等于各段电压之总和即 $U_{1-n} = U_{1-2} + U_{2-3} + \cdots\cdots + U_{x-n}$。因此，利用欧姆定律的表达式又可得到

$$I = \frac{U_{1-n}}{R} = \frac{U_{1-2} + U_{2-3} + \cdots\cdots + U_{x-n}}{R}$$

但　$U_{1-2} = IR_1, U_{2-3} = IR_2 \cdots\cdots U_{x-n} = IR_n$　代入上式得到

$$R = \frac{(R_1 + R_2 + \cdots\cdots + R_n)I}{I} = R_1 + R_2 + \cdots\cdots + R_n \qquad (1.3\text{-}16)$$

即串联电路的等效电阻等于串联各电阻之和。

串联电路上各个电阻上的电压应分别为：

$$\left.\begin{aligned}
U_{1-2} &= IR_1 = \frac{U_{1-n}}{R}R_1 = \frac{R_1}{R}U_{1-n} \\
U_{2-3} &= IR_2 = \frac{U_{1-n}}{R}R_2 = \frac{R_2}{R}U_{1-n} \\
&\vdots \\
U_{1-n} &= IR_n = \frac{U_{1-n}}{R}R_n = \frac{R_n}{R}U_{1-n}
\end{aligned}\right\} \qquad (1.3\text{-}17)$$

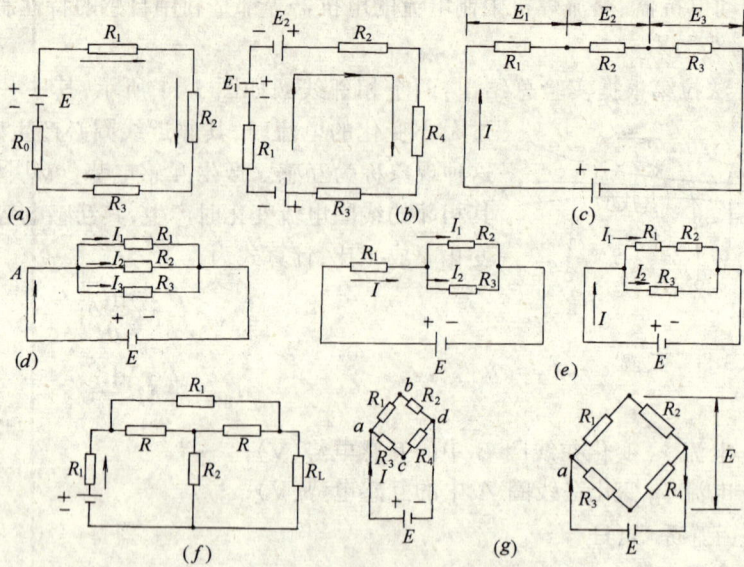

图 1.3-12　几种基本直流闭合电路

(a)单一电源电路;(b)多电源电路;(c)串联电路;(d)并联电路;

(e)串、并联电路;(f)复杂电路;(g)电桥电路

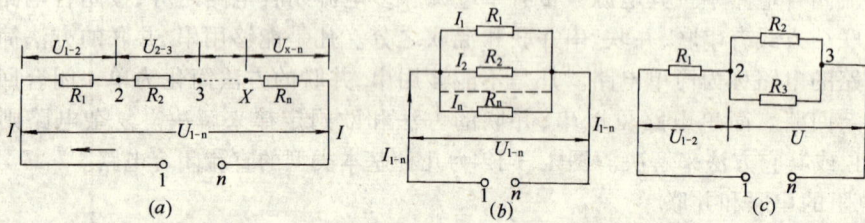

图 1.3-13　串联、并联及串并联电路

(a)串联电路;(b)并联电路;(c)串、并联电路

在电工电路中,利用串联电阻的增加或减少,可以改变输出电压达到限流和分压的目的。

(2) 电阻并联如图 3-13b 所示。很显然,并联电路上每个并联电阻间的电压是相同的,即:$U_1 = U_2 = \cdots\cdots = U_{1-n}$。此外,电路总电流等于各并联支路中电流之和,即:$I_{1-n} = I_1 + I_2 + \cdots\cdots + I_n$。

因此,并联电路欧姆定律表达式为:

$$R = \frac{U_{1-n}}{I} = \frac{U_{1-n}}{I_1 + I_2 + \cdots + I_n}$$

但　$I_1 = \dfrac{U_{1-n}}{R_1}, I_2 = \dfrac{U_{1-n}}{R_2}, \cdots\cdots I_n = \dfrac{U_{1-n}}{R_n}$　代入上式整理化简得到:

$$\left. \begin{aligned} \frac{1}{R} &= \frac{1}{R_1} + \frac{1}{R_2} + \cdots\cdots + \frac{1}{R_n} \\ R &= \frac{R_1 \cdot R_2 \cdots\cdots \cdot R_n}{R_1 + R_2 + \cdots\cdots + R_n} \end{aligned} \right\}$$

或

(1.3-18)

上式说明并联电路上并联电阻越多,等效电阻 R 值越小。工程上电力网中各种电器负载,一般所以采用并联相结的道理,就是因为并联负载愈多,虽然电源供给的电流大了,但等效电阻则越小了。

(3) 混联电路如图 1.3-13c 所示。

这种电路计算法,可先算出并联电阻部分的总电阻,使其变为相等效应的串联电路;然后再按串联电路计算,即可得出串、并混联电路所需的成果。

【例 1.3-4】 为图 1.3-14(a) 为一串、并联直流电路图,已知电阻 $R_1 = 10\Omega$,$R_2 = 5\Omega$,$R_3 = 2\Omega$,$R_4 = 3\Omega$,电源的电压为 125V,试求电流 I_1、I_2、I_3 值。

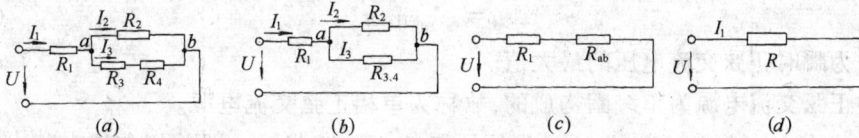

图 1.3-14　例 3-4 电路图

【解】 依题意,先在图 1.3-14 算出串联电路的电阻 $R_{3,4} = R_3 + R_4 = 2 + 3 = 5\Omega$(如图 1.3-14$b$)。再算出并联电路 $R_{ab} = \dfrac{R_2 \cdot R_{3,4}}{R_2 + R_{3,4}} = \dfrac{5 \times 5}{5 + 5} = 2.5\Omega$(如图 1.3-14$c$)。再算出串联电路 $R = R_1 + R_{ab} = 10 + 2.5 = 12.5\Omega$(如图 3-14$d$)。最后按欧姆定律得 $I_1 = \dfrac{U}{R} = \dfrac{125}{12.5} = 10A$。

由图(b)中可知 I_2、I_3 为并联电路 $a-b$ 上的电流,依并联电路欧姆定律可得 $I_2 R_2 = I_3 R_{3,4}$,但又知 $I_1 = I_2 + I_3$,故代入已知数值可得 $I_2 = I_3$、$I_2 + I_3 = 10$ 联立求解两式后可得 $I_2 = I_3 = 5A$。

二、交流电源与交流电路

1. 单相正弦交流电源

由前述电磁感应中获知,当导线线圈在磁场中以等角速度 ω 旋转,如图 1.3-15a 所示,依右手定则,在线圈导线中必有电动势和电流产生。其感应电动势依式(1.3-12)为 $e = -N\dfrac{\mathrm{d}\phi}{\mathrm{d}t}$。式中磁通量的数值与线圈旋转位置有关,如图 1.3-15(b)所示。线圈从通过磁通为零位置开始,而后经过 t 秒,则线圈旋转 $\alpha = \omega t$ 弧度,此时通过磁通量为 $\phi \cos\omega t$,其电动

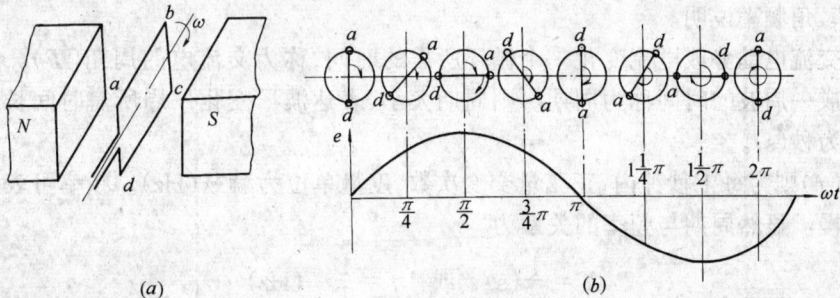

图 1.3-15　交流电的发生原理示意图

势 $e = -N\dfrac{\mathrm{d}\phi}{\mathrm{d}t} = -N\dfrac{\mathrm{d}}{\mathrm{d}t}(\phi\cos\omega t)$。当 $\omega t = \dfrac{\pi}{2}$ 时,则 $e = N\omega\phi$ 为最大值,令 $e = E_{\mathrm{m}}$ 则得

$$e = E_\mathrm{m} \sin\omega t \quad (\mathrm{V}) \tag{1.3-19}$$

或(1.3-19)表明线圈两端发生的电动势是按通过坐标原点的正弦波变化(如图 3-15b 所示)。

对瞬时电流(i),瞬时电动势(e)和电阻(R)按欧姆定律应为 $i = \dfrac{e}{R}$,将(1.3-19)e 值代入则得 $i = \dfrac{E_\mathrm{m}}{R} \sin\omega t$,因为电阻 R 为常数,故 $\dfrac{E_\mathrm{m}}{R} = I_\mathrm{m}$ 为瞬时正弦交流电流最大值。所以

$$i = I_\mathrm{m} \sin\omega t \tag{1.3-20}$$

同理,也可得到瞬时正弦交流电压表达为

$$u = U_\mathrm{m} \sin\omega t \tag{1.3-21}$$

式中 U_m 为瞬时正弦交流电压的最大值。

上述正弦交流电源为单线圈构成的,故称为单相正弦交流电源。

式(1.3-19)~(1.3-21)均为通过坐标原点的正弦波曲线。即单相交流电的电动势(电压)和电流大小、方向变化,是按正弦波变化的(图 1.3-16)。从数学可知正弦函数的变化频率、初始角和振幅三个基本物理参数,可表达正弦波基本特征。但就一般而论,当某单相正弦交流电路中某瞬时电动势、电压与瞬时电流并不一定都通过坐标原点,可发生在波形坐标系的 e、i 轴上任一点,此种工况,表明线圈与中性面间具有夹角 φ,这种具有普遍意义的正弦交流电数学式为:

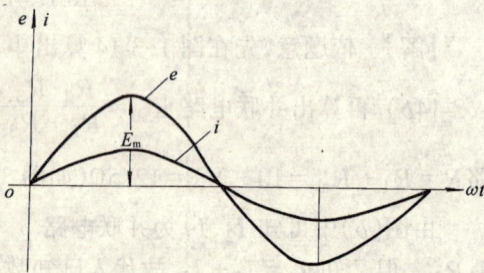

图 1.3-16　单相正弦交电压与电流曲线

$$\left. \begin{array}{l} e = E_\mathrm{m} \sin(\omega t + \varphi_e) \\ u = U_\mathrm{m} \sin(\omega t + \varphi_\mathrm{u}) \\ i = I_\mathrm{m} \sin(\omega t + \varphi_i) \end{array} \right\} \tag{1.3-22}$$

下面进一步介绍正弦交流电三个基本物理参数:频率、初相角和最大值,瞬时值、有效值。

(1)频率　在正弦交流电中为了反映其电动势、电压及电流大小和方向变化快慢,是以周期、频率、角频率说明。

正弦交流电动势或电流变化一个循环所需的时间,称为交流电的周期(T)。或者正弦交变量完成一周波的时间称为周期。则周期大小、表达波形变化一周所需时间长短。周期度量单位为秒(s)。

频率(f)则为每 1 秒钟内,正弦量交变次数,度量单位为赫兹(Hz)。频率可表达交流电交变的快慢。显然周期与频率的关系为

$$T = \frac{1}{f}(\mathrm{s}) \quad 或 \quad f = \frac{1}{T} \quad (\mathrm{Hz}) \tag{1.3-23}$$

角频率(ω)则为每秒交流电变化的电角度。因为正弦交流电变化一个周期,相当正弦波变化 2π 弧度。故角频率的度量单位为弧度/秒(rad/s)即:

$$\omega = \frac{2\pi}{T} = 2\pi f \quad (\mathrm{rad/s}) \tag{1.3-24}$$

(2) 初相角

由于正弦交流电量在不同时刻对应有不同电角度,从(1.3-22)式可获得不同时刻瞬时值。式(1.3-22)中($\omega t + \varphi$)则反映交变过程中瞬时变化情况,称($\omega t + \varphi$)为相位。显然,相位是随时间变化而变化,故称相位角。当 $t=0$ 时,则公式(1.3-22)中 $\omega t + \varphi = \varphi$ 称为初相位。以正弦交流电压为例,其正弦波形图上初相位,如图 1.3-17 所示,当其初相角 $\varphi_u=0$、$\varphi_u>0$、$\varphi_u<0$时,其数学表达式相应为:$u = U_m\sin\omega t$、$u = U_m\sin(\omega t + \varphi_u)$、$u = U_m\sin(\omega t - \varphi_u)$相位角与初相位度量单位相同,可以用弧度或度。初相位能说明初始状态。

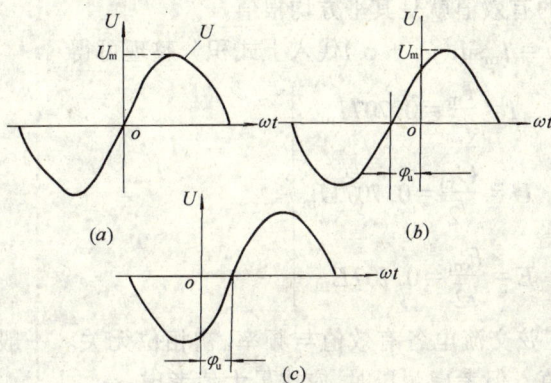

图 1.3-17 初相位

在实际工程中,为反映两个同频率正弦交流电到达最大值或最小值时;在时间上先后,常以相位差作依据。所谓相位差(φ)是指两个同频率正弦交流电初相角之差。例如两个频率相同的交流电压、瞬时电流的数学表达式分别为 $u = U_m\sin(\omega t + \varphi_u)$、$i = I_m\sin(\omega t + \varphi_i)$,则其相位差为

$$\varphi = (\omega t + \varphi_u) - (\omega t + \varphi_i) = \varphi_u - \varphi_i \tag{1.3-25}$$

(3) 最大值、瞬时值和有效值

因为正弦交流电的大小及方向在时间过程是按正弦波变化,因此把交流电动势、电压和电流在某一瞬间的数值称为瞬时值。以 e、u、i 表达。

正弦交流电在一个周期内最大的电动势、电压及电流值称为最大值。以 E_m、U_m、I_m 表达。

由于在量测和使用上,采用瞬时值和最大值都不能确切表达交流电路中的交流电效应,因此,用有效值确切表达交流电量的量值,有效值是从电流的热效应来规定的,交流电流的有效值实际就是一个具有同样热效应的直流电数值。

交流电的有效值是这样确定的:当某一交流电的电流通过电阻为 R 的电路,其在一个周期时间内作功所产生的热量 Q_a 与一直流电在相同时间内通过电路;具有相同电阻 R 所产生的热量 Q_d 相等,则称此交流电流大小与那个恒定的直流电流大小为等效的。由此在数值上把此直流电流 I 定为交流电流 i 的有效值。

因为正弦交流电流 i 通过电阻 R 的电路上一个周期 T 所产生的热量,按电功率式(1.3-9)概念应为:

$$Q_a = 0.24 \int_0^T i^2 R\,dt \quad (\text{cal}, 1\text{cal}=4.19\text{J}) \tag{1.3-26a}$$

而直流电流 I 通过同样电阻 R 电路、时间 T 所产生的热量为：

$$Q_d = 0.24 I^2 R T \quad (\text{cal})$$ (1.3-26b)

按热效应相等条件：

$$Q_a = Q_d$$

把 (1.3-26a)、(1.3-26b) 的 Q_a、Q_b 值代入，经整理化简得：

$$I = \sqrt{\frac{1}{T} \int_0^T i^2 dt}$$ (1.3-26)

上式说明交流电的有效值就是其平方均根值。

因为正弦交流电 $i = I_m \sin(\omega t + \varphi_i)$ 代入上式积分整理可得

$$I = \frac{I_m}{\sqrt{2}} = 0.707 I_m$$

同理可得 $\qquad U = \frac{U_m}{\sqrt{2}} = 0.707 U_m \Bigg\}$ (1.3-27)

$$E = \frac{E_m}{\sqrt{2}} = 0.707 E_m$$

式 (1.3-27) 表明正弦交流电各有效值与频率、初相位无关。一般交流电器设备、电压、电流表等均采用有效值。但考虑耐压时，应按最大值考虑。

【例 1.3-5】 某一电路其正弦电压 $U = 220\sqrt{2}\sin\left(314t + \frac{\pi}{4}\right)(V)$。试求其最大值、有效值、角频率、周期和初相位。

【解】 根据正弦交流电压的普遍表达式：$U = U_m \sin(\omega t + \varphi_u)$ 与题中所提的表达式相比较后可得到：

最大值　$U_m = 220\sqrt{2} = 311(V)$；

有效值　$U = 0.707 U_m = 220(V)$；

角频率　$\omega = 314(\text{Rad/s})$；

频　率　$f = \frac{\omega}{2\pi} = \frac{314}{2 \times 3.14} = 50(\text{Hz})$；

周　期　$T = \frac{1}{f} = \frac{1}{50}\text{s} = 0.02(\text{s})$；

初相位　$\varphi_u = \frac{\pi}{4}(\text{Rad})$。

2. 单相交流电路

由本节介绍的直流电路可知，这种电路中只有电阻一种元件影响着电压和电流的关系。但交流电路则不仅有电阻，而且还有电感、电容三种单一或组合元件构成多种多样的电路，这些交流电路中电压与电流关系就比直流电路复杂多了。限于篇幅，仅对分析交流电路基础的纯电阻、纯电感、纯电容和电阻、电感串联电路作简要介绍。

(1) 纯电阻交流电路

图 1.3-18a 为一纯电阻正弦交流电路，其电流 (i) 和电压 (u_R) 正方向如图所示。$R =$ 常数。根据实验得到这种电路中 u_R、i 和 R 关系，仍服从欧姆定律，即：

$$i = \frac{u_R}{R} \quad (\text{A})$$ (1.3-28)

取正弦交流电中电流初相位为零;且经过零值并向正值增加作为计时起点,则知 $i = I_m\sin\omega t$ 代入(1.3-28)得:

$$u_R = RI_m\sin\omega t = U_{Rm}\sin\omega t \tag{1.3-29}$$

式(1.3-29)波形图如图 1.3-18b 所示。

因为式中取 $U_{Rm} = I_m R$ 即

$$R = \frac{U_{Rm}}{I_m} = \frac{U_{Rm}/\sqrt{2}}{I_m/\sqrt{2}} = \frac{u_R}{I} \tag{1.3-30}$$

上式说明纯电阻电路中电压最大值与电流最大值的比值或电压有效值与电流有效值的比值就是电阻 R。

电压与电流是同相位的可用向量表示。

纯电阻的功率由(1.3-10)可知,其瞬时功率取为 $p_R = u_R i$,将上述 $u_R i$ 值代入可得:

$$p_R = u_R i = U_{Rm}I_m\sin^2\omega t = \frac{U_{Rm}}{\sqrt{2}} \cdot \frac{I_m}{\sqrt{2}}(1 - \cos2\omega t) = U_R I(1 - \cos2\omega t) \tag{1.3-31}$$

上式波形图如图 1.3-18 所示。因为纯电阻电路中电压、瞬时电流的初相相同;且同为正值或负值,故瞬时功率 P_R 总为正值。

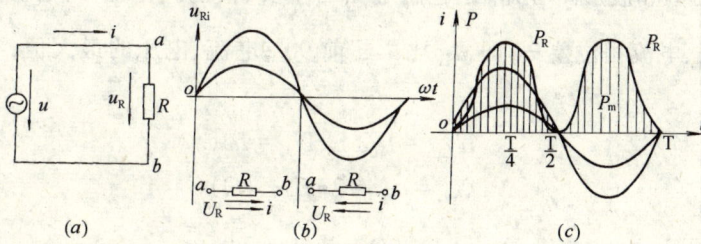

图 1.3-18 纯电阻电路
(a)电阻电路;(b)电流、电压波形图;(c)功率波形图

工程实践中计算电路消耗功率是按一定时间内平均功率(有功功率)计量,故取一个周期的瞬时功率平均值,应为:

$$P_R = \frac{1}{T}\int_0^T P_R dt = \frac{1}{T}\int_0^T (U_R I - U_R I\cos2\omega t)dt = U_R I$$

因为 $u_R = IR$ 代入上式得

$$P_R = U_R I = I^2 R = \frac{u_R^2}{R} \quad \text{(W)} \tag{1.3-32}$$

注意上式中电流、电压均为有效值。

(2)纯电感交流电路 在闭合电路中仅有线圈自感阻抗,忽略电路的电阻,如图 1.3-19a 所示,则称这种电路为纯电感交流电路。这种电路的电流、电压计算式,可由电磁自感电动势计算式和交流电路中初相角为零的电流计算式得到,即在 u_L、e_L、i 正方向一致时

∴ $u = -e_L$

所以

$$\left.\begin{aligned} e_L &= -L\frac{di}{dt} \\ u_L &= L\frac{di}{dt} \end{aligned}\right\} \tag{1.3-33a}$$

39

$$i = I_\mathrm{m}\sin\omega t \qquad\qquad (1.3\text{-}33b)$$

将$(1.3\text{-}33b)$代入$(1.3\text{-}33a)$中,经运算可得,

$$\left.\begin{aligned} e_\mathrm{L} &= \omega L I_\mathrm{m}\sin\left(\omega t - \frac{\pi}{2}\right) \\ u_\mathrm{L} &= \omega L I_\mathrm{m}\sin\left(\omega t + \frac{\pi}{2}\right) \end{aligned}\right\} \qquad (1.3\text{-}33)$$

绘出式$(1.3\text{-}33)$及$(1.3\text{-}33b)$的波形图如图$1.3\text{-}19b$所示。

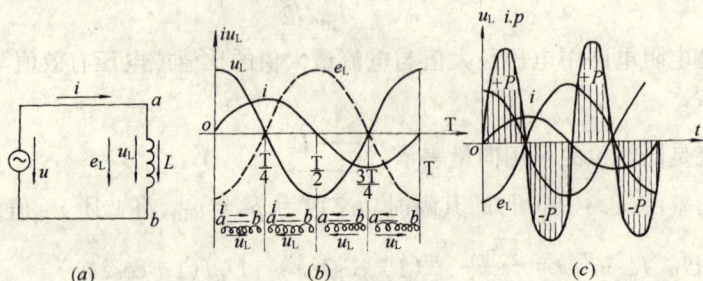

图 1.3-19 纯电感电路

(a)电路图;(b)电压、电流波形图;(c)瞬时功率波形图

由式$(1.3\text{-}33)$和波形图可知,纯电感电路的主要特性为:电流 i、电动势 e_L 和电压 u_L 频率相同;电压、电流相位差$\frac{\pi}{2}$,即 u_L 比 i 超前 $90°$;电流、电压的最大值,有效值关系分别为

$$U_\mathrm{Lm} = I_\mathrm{m}\omega L、U_\mathrm{L} = I\omega L \qquad (1.3\text{-}34)$$

令 $$X_\mathrm{L} = \omega L = 2\pi f L \quad (\Omega)$$

则 $$U_\mathrm{L} = I X_\mathrm{L} \ \text{或}\ I = \frac{U_\mathrm{L}}{X_\mathrm{L}} \qquad (1.3\text{-}35)$$

式中 X_L 称为感抗。在纯电感电路中,若把感抗 X_L 作为参数对待,则式$(3\text{-}35)$的表达形式与欧姆定律表达式一致。

纯电感的电压超前电流也可用相量表示 $\begin{array}{l}\uparrow\dot{U}\\ \underline{\qquad}\to\ i\end{array}$

纯电感电路的瞬时功率应为 $p_\mathrm{L} = u_\mathrm{L} i$。将上述 u_L 及 i 值代入并经整理化简可得:

$$p_\mathrm{L} = u_\mathrm{L} I \sin 2\omega t \qquad (1.3\text{-}36)$$

其波形图如图 $1.3\text{-}19c$ 所示。从图中可知,在第 1、3 周期 $P_\mathrm{L} > 0$ 为电感从电源中吸取能量。在第 2、4 周期 $P_\mathrm{L} < 0$ 为电感放出能量。纯电感电路平均功率为

$$P_\mathrm{L} = \frac{1}{T}\int_0^T p_\mathrm{L}\mathrm{d}t = \frac{1}{T}\int_0^T u_\mathrm{L} I\sin 2\omega t\,\mathrm{d}t = 0。$$

此式说明纯电感交流电路只是吸收和放出能量,不消耗电能。所以电感元件称为贮能元件。

从式$(1.3\text{-}36)$还获知,电感交流电路中瞬时功率最大值(Q_L)为 $Q_\mathrm{L} = u_\mathrm{L} I = I^2 X_\mathrm{L}$

$$\qquad (1.3\text{-}37)$$

把式$(1.3\text{-}37)$与式$(1.3\text{-}32)$(纯电阻电路有功功率 $P_\mathrm{R} = I^2 R$)比较,发现两式的形式非常相似。但纯电阻交流电路的 P_R 是实在消耗的电功率,而纯电感电路中 Q_L,如上述并不

消耗电能,它表示电源与电感之间能量交换规模的大小,因此把 Q_L 命名为无功功率。其度量单位为乏(var)或仟乏(kvar)。

(3) 纯电容交流电路　最简单的电容器是由两块金属板间内夹绝缘介质构成。其功能是积累电荷(q)储存电场能量。仅由电源和电容器组成的闭合电路;并忽略电路的电阻,称为纯电容交流电路,如图 1.3-20(a)所示。

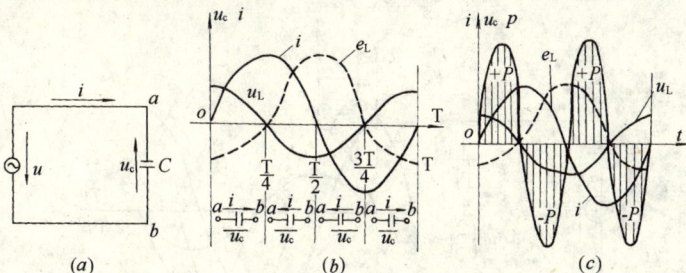

图 1.3-20　纯电容电路

(a)电路图;(b)电压电流波形图;(c)瞬时功率波形图

实验得出电容器积累电荷量 q 与电压 u_c 关系为 $q = Cu_c$。式中 C 称为电容、度量单位为法拉(F)。又因 $u_c = u_{cm}\sin\omega t$,代入 $q = Cu_c$ 可得 $q = Cu_{cm}\sin\omega t$。

因为电容器是在交流电源的电路中,在电压周期变化情况下,电容器也处于周期性充电和放电,势必使电路产生周期性交变电流,其瞬时电流表达式必为 $i = \dfrac{\mathrm{d}q}{\mathrm{d}t}$。因为 $q = Cu_{cm} \times \sin\omega t$,代入前式,经微分运算得:

$$i = \frac{\mathrm{d}}{\mathrm{d}t}(Cu_{cm}\sin\omega t) = Cu_{cm}\omega\cos\omega t$$

$$= Cu_{cm}\omega\sin\left(\omega t + \frac{\pi}{2}\right) = I_m\sin\left(\omega t + \frac{\pi}{2}\right) \tag{1.3-38}$$

式(1.3-38)波形图见图 1.3-20b。此波形图与电压波形图比较可知,电流相位起前电容电压 $\dfrac{\pi}{2}$。

从式(1.3-38)、$u_c = u_{cm}\sin\omega t$ 及图 1.3-20b 比较分析中可知:纯电容电路的电流、电压频率相同;最大电流值和电压最大值之关系为 $I_m = u_{cm}C\omega$,其有效值之关系为 $I = u_c\omega C$。所以 $\dfrac{U_c}{I} = \dfrac{1}{\omega C}$,令 $X_c = \dfrac{1}{\omega C}$,称 X_c 为容抗,显然

$$X_c = \frac{1}{\omega C} = \frac{1}{2\pi f C} \quad (\Omega) \tag{1.3-39}$$

从式(1.3-39)知:当 $C =$ 常数,X_c 与频率成反比,当 $f \to \infty$ 时,$X_c \to 0$,这时电容相当于短路,即高频电流容易通过电容。当 $f = 0$ 时 $X_c \to \infty$,所以对直流来说,电容器相当于开路,它具有隔直流作用。

电容的瞬时功率、平均功率和无功功率为:

$$p_c = u_c i = u_{cm}\sin\omega t \cdot I_m\sin\left(\omega t + \frac{\pi}{2}\right) = \frac{1}{2}u_{cm}I_m\sin 2\omega t = u_c I\sin 2\omega t$$

$$p_c = \frac{1}{T}\int_0^T p_c \mathrm{d}t = \frac{1}{T}\int_0^T u_c I\sin 2\omega t \cdot \mathrm{d}t = 0$$

41

所以
$$Q_c = -U_c I = -I^2 X_C \quad \text{(var)} \tag{1.3-40}$$

（4）电阻、电感串联交流电路

实际电路都是电阻、电感、电容组合形成的众多的实际电路。其中电阻、电感串联电路是常见的一种。例如电路中照明荧光灯、异步电动机、实际的线圈等均属电阻与电感串联交流电路，也称感性电路。这种电路图如图 1.3-21a 所示。其电流、电压计算式可用下述方法确定：

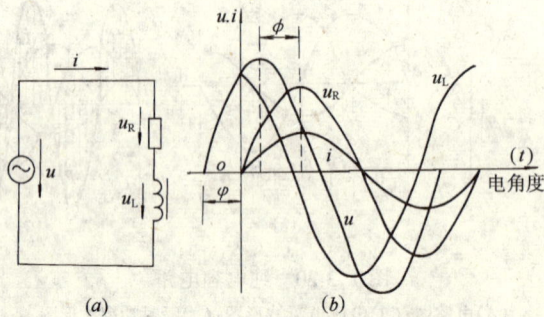

图 1.3-21　电阻、电感串联交流电路
(a)R、L 电路；(b)R、L 波形图

取 $i = I_m \sin\omega t$、$u_R = U_{Rm} \sin\omega t$、$u_L = U_{Lm} \sin\left(\omega t + \dfrac{\pi}{2}\right)$ 并绘出其波形图如图 1.3-21b 所示。电压超前电流 φ 角。

根据 KVL 知，加于此种电路的总瞬时电压值等于各瞬时电压之和，即 $u = u_R + u_L$。将已知 u_R、u_L 值代入后，经运算可得电压最大值和相位角为：

$$U_m = \sqrt{U_{Rm}^2 + U_{Lm}^2} \tag{1.3-41}$$

$$\text{tg}\varphi = \frac{U_{Lm}}{U_{Rm}} \quad \cos\varphi = \frac{U_R}{U} \tag{1.3-42}$$

其有效值为：

$U = \sqrt{U_R^2 + U_L^2}$ 代入 $U_R = IR$、$U_L = IX_L$ 可得：$U = \sqrt{(IR)^2 + (IX_1)^2} = I\sqrt{R^2 + X_L^2} = Iz$。若把 z 当为参数并命名为串联电路阻抗，则度量单位仍为(Ω)即：欧姆定律为：

$$I = \frac{U}{z} \quad (A) \tag{1.3-43}$$

电感、电阻串联交流电路的总电功率和瞬时功率为

$p = p_R + p_L = ui = u_m I_m \sin\omega t \cdot \sin(\omega t + \varphi)$。其平均功率

$P = P_R + P_L = P_R = U_R I = \dfrac{U_R^2}{R}$（因为纯电感交流电路的平均功率 $P_L = 0$），又由式

1.3-43知 $\cos\varphi = \dfrac{U_R}{U}$ 即

$$P = U_R I = UI\cos\varphi \tag{1.3-44}$$

式中 $\cos\varphi$ 称为交流电路的功率因数，UI 为电压、电流有效值乘积称为视在功率(S)即 $S = UI$，其度量单位为了与有效功率、无功功率相区别而采用伏安($V \cdot A$)。

【例 1.3-6】 50Hz 频率交流电路中接入一线圈，其有效电阻 $R = 10\Omega$，电感 $L = 64\text{mH}$，电流的表达式为 $i = 7\sin314t\,(A)$，求此线圈端电压、电流与电压之间相位角。

【解】 线圈虽兼有电感、电容作用,但在 50Hz 工频交流电路中,其电容作用很小,可取 $X_c = 0$,即按电感、电阻串联交流电路求解。

∵ 线圈的感抗 $X_L = \omega L = 314 \times 64 \times 10^{-3} = 20\Omega$

线圈感抗上的电压降为

$$U_L = IX_L = \frac{7}{\sqrt{2}} \times 20 = 99V$$

U_L 在相位上导前于电流 90°。

线圈电阻的电压降为

$$U_R = IR = \frac{1}{\sqrt{2}} \times 10 = 49.5V。$$

U_R 在相位上与电流同相

∴ 线圈端电压 $U = \sqrt{U_R^2 + U_L^2} = \sqrt{49.5^2 + 99^2} = 110V$

相位差角 $\varphi = \mathrm{tg}^{-1}\frac{U_L}{U_R} = \mathrm{tg}\frac{99}{49.5} = 63.4°$

3. 三相交流电源、电压和负载接法

(1) 三相交流电源

工程实践表明,为提高电源的利用,当今普遍的都把三个相同单相正弦交流电源按图 1.3-22a 方式组合在一起。即由固定在发电机定子铁芯内侧槽中三个大小、形状和匝数相同;空间位置相互对称相差 120° 的线圈,和一定数量的磁极(有 2、4、8 等);这些磁极置于旋转的发电机的转子中所构成。这样,当发电机转子以等角速度 ω 旋转,就会形成三个相互相差 120° 的单相正弦交流电动势,以解析式(具体和普遍)表达为:

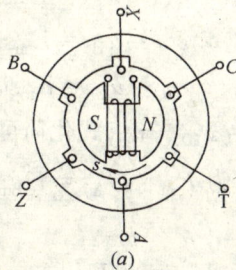

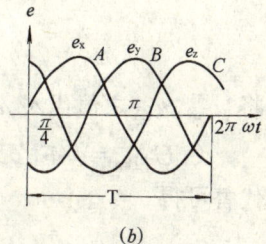

图 1.3-22　三相交流电源示意图

$$\left.\begin{array}{l} e_{XA} = E_m\sin\omega t \\ e_{YB} = E_m\sin(\omega t - 120°) \\ e_{ZC} = E_m\sin(\omega t - 240°) \end{array}\right\} \tag{1.3-45}$$

按上述方程式可给出三相交流电动势曲线如图 1.3-22b 所示。按这类发电原理所产生的电源,被称为三相交流电。

按上述作法制造发电机,其三相绕组结构相同、绕组在空间位置相互差 120°,所以,其产生的电动势幅值 $E_{Am} = E_{Bm} = E_{cm} = E_m$;频率相同,三个电动势相位差 $\frac{2\pi}{3}$;其三相交流电出现的顺相序(正幅值)为 $A-B-C$、逆相序为 $A-C-B$。

(2) 三相交流电压——三相四线供电及三相三线供电

基于三相交流电中每相都可作为独立电源,若把三相电源用导线各自独立连接负载,如图 1.3-23a 所示,形成 6 根导线的三相交流电路,这在工程上是不经济的。如果把三个线圈末端 X、Y、Z 连在一起,用一根公共导线与 3 个负载的 3 个端点连成 3 个回路,如图

1.3-23b所示,称为三相四线供电,其公共导线称为中线,中线常接地,故称为零线或地线。

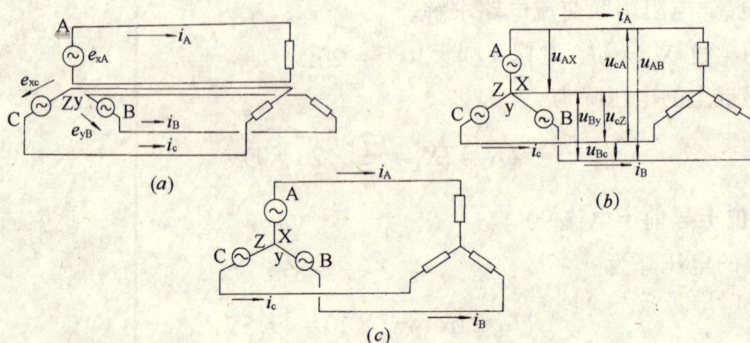

图 1.3-23　三相正弦交流电路
(a)三相电源中各相独立为三个单相电路;(b)三相四线制供电;
(c)三相三线制供电

三相四线供电,其各相(各火线)之间电压如图 1.3-23b 中 u_{AB}、u_{BC}、u_{BC},称为线电压。其各火线与中线之间电压如 u_{AX}、u_{BY}、u_{CZ} 称为相电压。相电压与线电压关系,根据图 1.3-23,以线电压 u_{AB} 为例,得到 $u_{AB}=u_{AX}-u_{BY}$,又由(1.3-45)知

$$\left.\begin{array}{l} e_{XA}=u_{AX}=E_m\sin\omega t \\ e_{YB}=u_{BY}=E_m\sin(\omega t-120°) \\ e_{ZC}=u_{CZ}=E_m\sin(\omega t-240°) \end{array}\right\} \tag{1.3-46}$$

将 u_{AX}、u_{BY} 之值代入 $u_{AB}=u_{AX}-u_{BY}$ 式化简可得 $u_{AB}=\sqrt{3}\cdot E_m\sin(\omega t+30°)$

令 $U_{ABm}=\sqrt{3}E_m$,又因为 $E_m=U_{Am}=U_{Bm}=U_{Cm}$,可得 $U_{ABm}=\sqrt{3}U_{Am}$,用电压有效值代替可得

同理可得
$$\left.\begin{array}{l} U_{AB}=\sqrt{3}U_A \\ U_{BC}=\sqrt{3}U_B \\ U_{CA}=\sqrt{3}U_C \end{array}\right\} \tag{1.3-47}$$

式(1.3-47)说明,三相电源如为图 1.3-23b 所示的绕组成 Y 形连接又称星形连接供电,则可供线电压和相电压两种电压。两种电压的关系为:线电压的有效值为其相电压的 $\sqrt{3}$ 倍。我国低压三相交流电源的相电压为 220V,所以其线电压值为 $\sqrt{3}\times220=380V$ 常记为 220/380V。

发电机绕组仍为星形连接,相位差角仍为 120°,在三相负载完全相同条件下,则三相的电流必相等,而且必存在

$$\left.\begin{array}{l} i_A=I_m\sin\omega t \\ i_B=I_m\sin(\omega t-120°) \\ i_C=I_m\sin(\omega t+240°) \end{array}\right\} \tag{1.3-48}$$

如取初相角 $\omega t=90°$ 时,代入(1.3-48)内并化简可得 $i_A=I_m$,$i_B=-\dfrac{1}{2}I_m$,$i_C=-\dfrac{1}{2}I_m$,即

$$i_A+i_B+i_C=0 \tag{1.3-49}$$

因为三相电流相等,且中线也无电流则可不必设置中线。这种供电称为三相三线供电,如图 1.3-23c 所示。

(3) 三相交流负载电路

三相交流电路中,按负载类型有单相、三相负载电路之分。前者如电路中照明各种灯具、电扇、电热等负载,后者如额定电压为 380V 三相电动机等。如按负载连接方式,则有星形(Y形)连接和三角形连结(△形)。在我国,当负载额定电压为 220V,则可接入 220/380V 三相四线制电源中任一相,但应尽可能作到每相负载量相同,此即为负载星形接法(也称 Y 形接法)。如负载额定电压为 380V,则应把三相电器设备的每相接到电源的三相相应的火线上。即△负载连接。

上述星形连接所构成的三相四线制电路,如图 1.3-24a 所示,具有以下几个特点:

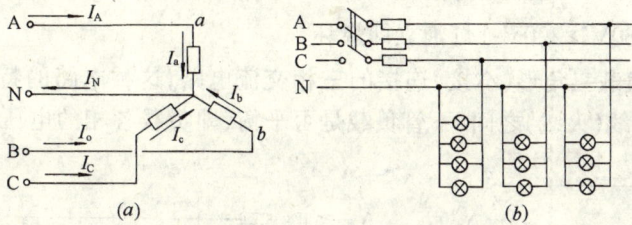

图 1.3-24 三相四线制电路

首先由于负载接于各相线(火线)与中线之间,形成三个独立的单相交流电路,即其各相电路计算与单相交流电路计算方法相同。其次是负载相电压总是保持对称而不变,其负载相电压($U_相$)与电源线电压($U_线$)关系为 $U_相 = \dfrac{1}{\sqrt{3}} U_线$。第三是电源相线中流过的电流($I_线$)与各相负载的相电流($I_相$)相等。即 $I_线 = I_相$。第四是三相四线制电路的中线不能断开,否则每相电压不平衡,不能正常工作,破坏供电正常运行,甚致损坏设备(参见例1.3-7)。第五,这种电路的电源供给的三相总功率为其各相功率($P_相$)的三倍即 $P = 3P_相 = 3U_相 I_相 \cos\varphi$,因为上述 $U_相 = \dfrac{1}{\sqrt{3}} U_线$、$I_相 = I_线$,代入前式得总功率 $P = \sqrt{3} U_线 I_线 \cos\varphi$。

【例 1.3-7】 图 1.3-25 所示为一三相交流电路,其电源的线电压为 380V,若负载以星

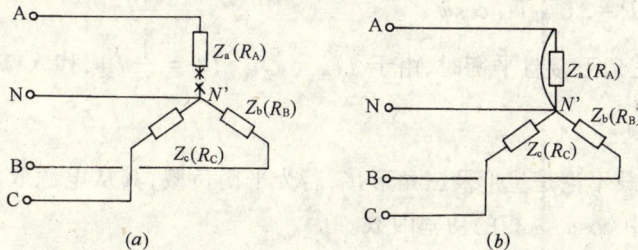

图 1.3-25 例 1.3-7 用图

形接入各相回路中,负载为额定电压 220V 白炽灯组成各相总电阻为 $R_A = 5\Omega$、$R_B = 10\Omega$、$R_C = 20\Omega$。试求(1)其中任一相断开情况下,该电路中线断开及不断开;(2)其中任一相发生短路,该电路中线断开及不断开时,其它两相所发生电压变化情况。

【解】 （1）如图设 A 相断开，则供电线路的相电压 $U_A = \dfrac{1}{\sqrt{3}}U_{AB} = \dfrac{380}{\sqrt{3}} = 220V$，当中线不断，由于 B、C 相负载的相电压对称等于 220V。当中线断开，B、C 相负载形成串联，而形成串联负载电路，其电流 $I = \dfrac{U_{BC}}{R_B + R_C} = \dfrac{380}{10 + 20} = 12.67A$ 即：

B 相电压 $U_B = IR_B = 12.67 \times 10 = 126.7V < 220V$，灯泡因电压不足而不亮。

C 相电压 $U_C = IR_C = 12.67 \times 20 = 253.4V > 220V$，灯泡因远超其额定电压而烧坏。

（2）如图设 A 相短路，当中线不断，B、C 相仍承受对称电压 220V。当中线断开，A 点相当于 O 点，则 B 相负载承受的相电压 U_A 为电源 A、B 线之间线电压 U_{AB}，C 相负载承受的相电压 U_C 为 C、A 线之间线电压，即：

$U_B = U_{AB} = 380V > 220V$ 灯泡立即烧坏

$U_C = U_{CA} = 380V > 220V$ 灯泡立即烧坏。

图 1.3-26 为负载三角形（△接）连接的三相交流电路，这种电路的特点：首先由于负载各相直接于电源相线（火线）之间，不管负载是否平衡，即负载各相的电压（$U_相$）等于相应电

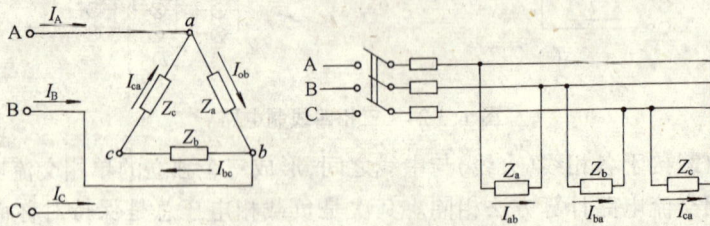

图 1.3-26　三相三线制电路

源的线电压（$U_线$），当线电压不变时其负载相电压总是保持不变，其次是负载平衡时，线电流（$I_线$）与负载相电流（$I_相$）之间关系经分析证明为 $I_线 = \sqrt{3}I_相$。第三是各相负载与电源间均独自构成回路，互不干扰，因此各相的计算可按单相交流电路方法进行。第四是电源供给的三相总功率（P）值要按下述工况确定。

负载不平衡时总功率 P 为各相功率（P_A、P_B、P_C）之和，即 $P = P_A + P_B + P_C$。

负载平衡时，$P = 3U_相 I_相 \cos\varphi$

三相负载为三角形接且平衡时，由于 $U_相 = U_线$，$I_相 = \dfrac{1}{\sqrt{3}}I_线$，代入 $P = 3U_相 I_相 \cos\varphi = \sqrt{3}U_线 I_线 \cos\varphi$。

上式说明，负载不论是星形及三角形接，若为平衡负载，其从电源取用的总功率 $P = \sqrt{3}U_线 I_线 \cos\varphi$。式中 $\cos\varphi$ 为相的功率因数。

1.3.4　变压器工作原理

在输配电系统中，变压器是用来把某一数值的交变电压变为另一数值的；同频率的交变电压的电器设备。如远距离输配电力的电力变压器、局部照明或控制用的控制变压器、电子设备用的电源变压器、均匀调压的自耦变压器，信息传递的耦合变压器等等。

变压器按其输入电源的相数有单相变压器和三相变压器，其中单相变压器工作原理是基础。变压器的功能可以升压、降压，前者称为升压变压器，后者称为降压变压器。

变压器种类虽然很多,但就其工作原理来说基本相同。兹简要介绍单相变压器工作原理。并概述三相变压器的构造原理。

变压器工作原理源于电磁感应原理。图 1.3-27a 为单相变压器原理图。图中铁芯两侧分别缠绕线圈(绕组)。左侧与电源相联线圈称为原绕组,或称初级绕组、一次绕组,右侧与

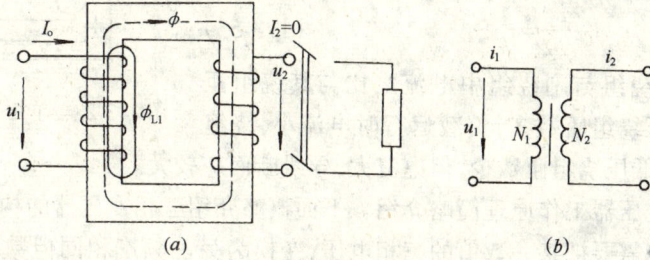

图 1.3-27 单相变压器空载运行
(a)原理示意;(b)图形符号

负载相联的线圈称副绕组,或称为次级绕组或二次绕组。设 e_1、e_2,u_1、u_2,i_1、i_2,N_1、N_2,i_1N_1、i_2N_2,分别代表原绕组的与副绕组的电动势、电压、电流、绕组匝数和磁动势。按照电磁感应原理,设变压器处于空载运行工况,当交流电源接通原绕组,铁芯中必产生由原、副绕组磁动势共同形成的合磁通 ϕ,此时原绕组中感应电动势为 $e_1 = -N_1\dfrac{\mathrm{d}\phi}{\mathrm{d}t}$。副绕组中的感应电动势 $e_1 = -N_2\dfrac{\mathrm{d}\phi}{\mathrm{d}t}$。

设穿过原绕组的磁通 $\phi = \phi_\mathrm{m}\sin\omega t$,将 ϕ 值表达式代入原绕组 $e_1 = -N_1\dfrac{\mathrm{d}\phi}{\mathrm{d}t} = -N_1\times$
$\dfrac{\mathrm{d}(\phi_\mathrm{m}\sin\omega t)}{\mathrm{d}t} = -N_1\omega\phi_\mathrm{m}\cos\omega t = 2\pi fN_1\phi_\mathrm{m}\sin\left(\omega t - \dfrac{\pi}{2}\right) = E_{1\mathrm{m}}\sin\left(\omega t - \dfrac{\pi}{2}\right)$。即 $E_{1\mathrm{m}} = 2\pi fN_1\phi_\mathrm{m}$ 此式有效值为

$$E_1 = \frac{E_{1\mathrm{m}}}{\sqrt{2}} = 4.44fN_1\phi_\mathrm{m} \tag{1.3-50}$$

同理可得副绕组产生的感应电动势的有效值为

$$E_2 = 4.44fN_2\phi_\mathrm{m} \tag{1.3-51}$$

若忽略原绕组在通电流后的绕组电阻值和其磁感抗值,即取 $U_1 \doteq E_1 = 4.44fN_1\phi_\mathrm{m}$,又因变压器空载工况其 $i_2 = 0$;副绕组电动势和副绕组端电压相等($E_2 = U_2$)则由式(1.3-50)、(1.3-51)可得:

$$\frac{U_1}{U_2} \doteq \frac{E_1}{E_2} = \frac{4.44fN_1\phi_\mathrm{m}}{4.44fN_2\phi_\mathrm{m}} = \frac{N_1}{N_2} = k \tag{1.3-52}$$

上式中 k 称为变压器的变压比。即变压器处于空载工况时,原、副绕组的电压比,近似等于其匝数比。

式(1.3-52)可以说明:当 $N_1 > N_2$ 时则 $k > 1$,即 $U_1 > U_2$,为降压变压。反之为升压变压。这就说明了升压和降压变压器工作原理。

变压器的副绕组若接通负载电路,则变压器处于负载运行,如图 1.3-28 所示。图中副绕组接通负载,副绕组内便会通过电流 i_2,此时原绕组内电流应由空载时电流 i_0 增大到 i_1,依电磁感应楞次定律知,增大的 i_1 值是由于 i_2 的影响。此时,若忽略原绕组侧电能传到副

绕组侧过程中功率损耗值(包括铜损及铁损),则变压器内输入功率(P_1)与输出功率(P_2)的关系为 $P_1 = P_2$ 即:

$$u_2 i_2 \approx u_1 i_1 \quad 或 \quad \frac{i_1}{i_2} = \frac{u_2}{u_1} = \frac{N_2}{N_1}$$

即: $$\frac{i_1}{i_2} = \frac{1}{k} \qquad (1.3\text{-}53)$$

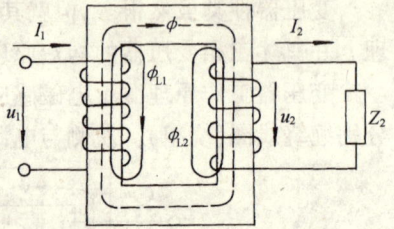

图 1.3-28　单相变压器负载运行

上式说明:原绕组与副绕组中电流之比与其绕组匝数成反比。即高压绕组匝数多,负载运行时电流小,绕组导线断面较小,而低压绕组匝数少,但电流大,导线断面应较大。

上述为单相变压器工作原理简略介绍。下面概略介绍三相变压器的构造原理。

当输配电系统需要把某一数值的三相电压,变换为另一频率相同但数值不同的三相电压时,可采用一台三相变压器(图 1.3-29a)或三台单相变压器组成,见图 1.3-29b 所示。

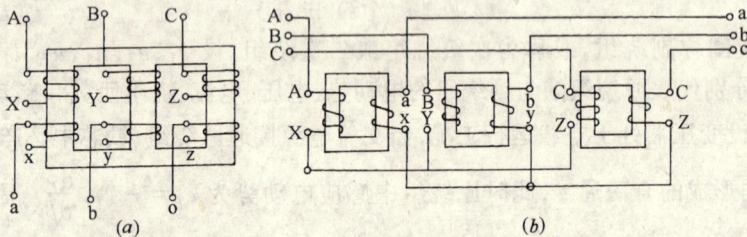

图 1.3-29　三相变压器构造原理图
(a)一台三相变压器构造原理图;(b)三相变压器组

图 1.3-29(a),为配电变压器的接法,即图中三个铁芯柱上各有一相原、副绕组构成。若把每相高压绕组末端 S、Y、Z 接为中点,起点 A、B、C 接到电源三根相线,此为星形(Y 形)接法。如果在低压绕组末端 X、Y、Z 接为一中点;并引出中线,则也为星形接法,以 Y_0 表达,这种配给用户电是三相四线供电。这种配电用三相变压器线路符号可记为 Y/Y_0。若记为 Y/Y 则一定是配给用户的线路是三相三线供电。这种三相变压器占地面积小,维护方便,多用于中、小容量的配电。

图 1.3-29(b)是把三台相同的单相变压器组成一组的构造示意图。图为 Y/Y 接法,这种变压器适用大容量配电用。优点是便于运输和安装。

1.4　常用管材、附件及卫生器具

本章主要介绍建筑设备工程中最常用的管材、管件及附件、水表、卫生器的种类、规格和选用等基本知识。

1.4.1　常用管材及管件

建筑设备工程中常用的管材及管件是用以输配各种液体及气体介质,或室内电气导线的暗敷套管。按材质有金属和非金属两大类。兹概要分述于下:

　　一、金属管材及管件

金属管材及管件最常用的有钢管、承压铸铁管、排水铸铁管。为表达管材规格、性能,除排水铸铁管以管内径区别不同规格外,钢管、承压铸铁管均以公称直径(DN)区别不同规格。公称直径也称公称通径均以 mm 计,是一种以称呼直径为名义的直径,其值既不等于实际内径,也不等于实际外径。此外,对于管材性能及设计选用,还以公称压力、试验压力和工作压力表达。

公称压力　由于管路输配的各种介质都有一定的压力和温度,而温度又影响管道的耐压力。为此,必须制定一个以某温度下,管材所承受的压力为判别标准,此温度称为基准温度。管道及管件在基准温度下的耐压强度叫公称压力(P_n)。钢制管材、管件基准温度为 200℃,铸铁和铜制管材、管件的基准温度为 120℃。

试验压力　管材及管件在出厂作为商品前,必须按国家标准进行各种试验,其中重要的一项是压力试验。按国家标准规定,对不同公称压力,作出相应的试验压力(P_s)的规定,其值见附录Ⅰ-1。

工作压力也称最大压力　选用管材、管件时,由于实际应用中并不是在基准温度下工作。前已述及,介质温度升高,将使管材、管件承压能力下降,因此,把某温度下的水压能力占公称压力的百分率称为该温度等级下的最大工作压力简称为工作压力。公称压力与工作压力关系如附录Ⅰ-2。

表 1.4-1 为建筑设备工程水、暖、电气用金属管的类型、介质参数及应用范围。表 1.4-2 为低压流体输送焊接镀锌钢管规格。

表 1.4-3 则为建筑设备工程中各工种管材选用表,表中所列选择适用范围可供参考。

管件　其功能是连接管道,如直线段连接、改变方向的连接、不同管径管道的连接、支出输入管段的连接、管道跨越连接等等都需要各种管件如图 1.4-1 所示。图中仅列出室内常用的连接管件,其它各种管件可参阅有关手册查阅。连接管件的选用方面,互补匹配性很强,应根据施工现场情况具体确定。如明装管道应注意各种管道综合要求选用合理的管件。

二、非金属管材及管件

用于建筑设备工程各工种的非金属管材种类、介质参数及使用范围可参阅表 1.4-4,其中石棉水泥管仍以公称管径划分管子规格,以管道标号作为选用依据。石棉水泥管道标号

水、暖、电气系统用金属管材　　表 1.4-1

| 管道类型 | 介质参数 | | 使 用 范 围 |
	工作压力 (MPa)	温度(℃) 不大于	
水煤气普通钢管	1	200	采暖、给水、供气系统
水煤气加强钢管	1.6	200	高压采暖、给水、供气管道
镀锌钢管	1	200	建筑给水、热水供应
冷拔、冷轧、热轧、无缝钢管	2.2	300	锅炉、过热蒸汽、水冷壁、盘管、高压热水器
电焊钢管	1.6	300	热力网、低压蒸汽管道、电线明敷潮湿场所或埋地敷设
螺旋缝电焊钢管	1.6	150	热水及冷水管道
螺旋缝电焊钢管	0.8	250	热力网
薄壁电焊钢管	1.6	300	加热器
薄黑铁管(电线管)			明设或暗敷于干燥场所、火灾和爆炸场所

49

公称直径(DN)		外径	普通管	加厚管	备　注
(mm)	(in)	(mm)	壁厚(mm)	壁厚(mm)	
6	⅙	10	2	2.50	1. 低压流体输送钢管分不镀锌(黑管)和镀锌钢管;带螺纹(锥形和圆形螺纹)和不带螺纹(光管)钢管;按壁厚分普通钢管、加厚钢管和薄壁钢管(较普通钢管壁厚薄0.75mm)
8	¼	13.50	2.25	2.75	
10	⅜	17.00	2.25	2.75	
15	½	21.25	2.75	3.25	
20	¾	26.75	2.75	3.50	
25	1	23.5	3.25	4.00	2. 钢管长度:焊接钢管一般为 4～10m 镀锌焊接钢管通常为 4～9m
32	1¼	42.25	3.25	4.00	
40	1½	48.00	3.50	4.25	
50	2	60.00	3.50	4.50	3. 钢管试验水压为:普通钢管和薄壁钢管 2MPa 加厚钢管　3MPa
70	2½	75.50	3.75	4.50	
80	3	88.50	4.00	4.75	
100	4	114.00	4.00	5.00	
125	5	140.0	4.50	5.50	
150	6	165.60	4.50	5.50	

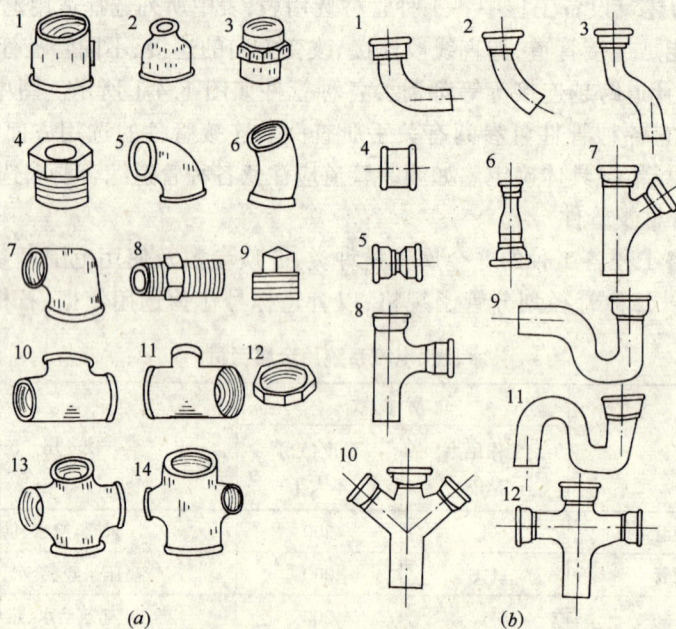

图 1.4-1　室内给水主要钢制管件及排水铸铁承插管件

（a）给水管件　　　　　　　　（b）排水铸铁管件

1—管箍;2—异径管箍;3—活接头;　　　1—90°弯头;2—45°弯头;3—乙字管;

4—补心;5—90°弯头;6—45°弯头;　　　4—套筒;5—双承管;6—大小头;

7—异径弯头;8—内管箍;9—堵头;　　　7—斜三通;8—正三通;9—P 存水弯;

10—三通;11—导径三通;12—根母;　　　10—斜四通;11—S 存水弯;12—正四通;

13—四通;14—异径四通

50

管材选择表　　　　　　　　　　　　　　　　　　　　　　　　表 1.4-3

管道种类	室内或室外	公称压力(p_n) MPa	公称直径 DN (mm)													
			15	20	25	32	40	50	70	80	100	125	150	200	250	≥300
给水	室内	≤1														
	室外		不宜使用								给水铸铁管					
热水	室内热水供应	≤0.8														
	室内外热水采暖	t≤130℃	水煤气管							无缝钢管						
蒸汽	室内	≤0.6														
		>0.6	无缝钢管													
	室外	≤1.3	不宜使用													
冷凝水	室内	≤0.8	水煤气管													
	室外		不宜使用													
压缩空气	室内	≤0.8	水煤气管					无缝钢管								
	室外		不宜使用													
煤气	室内、外	高、中、低压	水煤气管							无缝钢管			螺旋电焊管			
电导穿气线管	室内、外	/	钢管(薄、厚壁)、硬、半硬塑料管													

水、暖、电气系统用非金属管材　　　　　　　　　　　　　　表 1.4-4

管道类型	介质参数		使用范围
	最大工作压力 (MPa)	温度(℃) 不大于	
石棉水泥压力管	0.3～1.2	50	室外给水管、压力排水管、压缩空气管
石棉水泥管	0.4	50	室外排水管、空气管
硬聚氯乙烯管	0.25～0.6	−15～60	给水管、排水管、腐蚀性液体和气体管道、电气套管
聚乙稀管	0.25～1	40～60	室内及室外给水管
耐酸陶瓷管	0.2		排水管
耐酸酚醛塑料管	0.1～0.6	−30～130	腐蚀性液体和气体管道

是我国部颁标准,有水 4.5、水 7.5 和水 10 分别代表工作压力为 0.45MPa、0.75MPa 和 1.0MPa。硬聚氯乙烯管我国部颁标准有电器套管和流体输送之别,但两者均以内径×壁厚区别不同规格。电器套管规格 1×0.4～40.0×1.8mm 共 26 种规格,颜色有本色、白、红、蓝、黑等色。流体输送硬塑料聚氯乙烯管则有 3×1～50×5mm16 种规格,颜色有本色、透明、半透明。这类管材均只限于常温下使用,工作压力应按厂家产品说明为准。软聚乙烯管我国部颁标准以外径×壁厚区别其规格,其中轻型有 2.5×1.5～400×12.0mm 19 种不同规格。而重型有 10×1.5～200×10mm17 种不同规格。软聚乙烯管的使用压力,对于内径 3～10mm 类允许使用压力为 0.25MPa,内径为 12～50mm 类允许使用压力为 0.2MPa,使用温度为 −40～+60℃。关于非金属管材的详细资料可参阅有关手册。

非金属管件功能,与金属管件功能相同,其类型和规格划分,由于材质差异,构造方面有许多不同之处,限于篇幅,不再赘述,可参阅有关手册查阅。

1.4.2 管道附件、给水配件及水表

管道附件是为解决管道中介质流量调节、介质除污、介质温度、压力和流量的计量、金属管路受热伸长补偿、凝水回收、冷水加热、系统排气、容积调节等等而制作的专用设施的总称。其中许多将在本书有关章节中介绍。本节仅简要介绍常用的几种功能不同的阀类、给水配件的水龙头、浮球阀和水表。

一、常用阀类

闸阀是建筑设备工程中除建筑电气、通风风道等以外常用的管道附件。阀类按功能划分有调节介质流量使用的各种闸阀,有阻止管中介质反向流动的止回阀,降低管中介质压力的减压阀、安全阀,通水阻气的疏水器等。由于管路中输送介质性质不同,温度高低有别、压力大小差异,使用功能不一,各种阀门构造很不相同,表1.4-5列出建筑设备工程中常用阀门名称、型号、适用介质和其温度。

常用阀类型号与其基本参数 表1.4-5

类别	阀类名称	型号	适用介质及温度(℃)	直径范围 DN (mm)	类别	阀类名称	型号	适用介质及温度(℃)	直径范围 DN (mm)
闸阀	内螺纹暗杆楔式闸阀	Z15T-10 Z15$\overline{W}$-10	水、蒸汽 120 煤气 100	15~70 15~70	止回阀	法兰升降式止回阀	H41T-16 H41H-25K	200 水、蒸汽 300	25~150 25~80
	明杆楔式单闸板闸阀	Z41T-10 Z41$\overline{W}$-10	水、蒸汽 200	50~450	旋塞	内螺纹旋塞	X13$\overline{W}$-10 X13T-10	煤气 100 水、蒸汽 200	15~50 15~50
	暗杆楔式单闸板闸阀	Z45T-10 Z45$\overline{W}$-10	水、蒸汽 200 煤气 100	50~700 50~400		法兰旋塞	X43W-10 X43T-10	煤气 100 水、蒸汽 200	25~150 25~150
	明杆平行式双闸板闸阀	Z44T-10 Z44W-10	水、蒸汽 200 煤气 100	50~400		法兰三通旋塞	X44W-6	煤气 100	25~100
	内螺纹截止阀	J11X-10 J11$\overline{W}$-10 J11T-16 J11W-16	水 60 水、蒸汽 200 煤气、水 100	15~70	安全阀	外螺纹弹簧或安全阀	A27$\overline{W}$-10T	空气 120	15~20
						外螺纹弹簧式带扳手安全阀	A27H-10K	水、蒸汽、空气-200	10~40
	法兰截止阀	J41X-10 J41T-16 J41W-16 J41T-25 J41H-25	水 60 水、蒸汽 200 煤气、水 100 水、蒸汽 300 水、蒸汽 300	25~70 15~150 15~150 25~80 25~80		弹簧带扳手安全阀	A47H-16 A47H-16C A47H-40	水、蒸汽空气 200 蒸汽空气 350 蒸汽空气 350	40~100 40~80 40~80
						外螺纹弹簧封闭式安全阀	A21H-16C A21H-40	空气、氨水、氢液 200	10~25 15~25
止回阀	内螺纹升降式止回阀	H11T-16 水、蒸汽 200		15~70		弹簧封闭式安全阀	A41H-40	空气、氨水、氢液 300	32~80
	法兰旋启式止回阀	H44X-10 水 60 H44T-10 水、蒸汽 200 H44H-25 蒸汽 250		50~600 50~600 200~500		活塞式减压阀	Y43H-10 Y43H-16 Y43H-16Q Y43H-45	200 300 蒸汽、空气 300 450	40~50 65~100 20~200 25~200
						波纹管式减压阀	Y44T-10	蒸汽、水、空气 200	20~25

52

二、给水配件

1. 水龙头(水嘴)是给水配水件的总称。按卫生器具的用途及使用要求有:洗面具水龙头及配件、洗涤盆水龙头及配件、浴盆水龙头及配件、淋浴器配件,便器配件、妇洗器配件,此外尚有皮带水龙头、长脖水龙头、热水龙头、三联化验水龙头、肘式、脚踏开关等多种,选用时要根据卫生洁具类型、功能和厂家产品规格、性能、价格等因素择优配套确定。表1.4-6为各种常用水龙头种类和规格,其他可参阅有关手册。

常用水龙头(水嘴)类型及规格 表1.4-6

名称	DN (mm)	公称压力 (MPa)	适用温度 (℃)	名称	DN (mm)	公称压力 (MPa)	适用温度 (℃)	名称	DN (mm)	公称压力 (MPa)	适用温度 (℃)
普通水嘴 (铁铜)	10 15 20 25	0.59	<50	单把肘开关不带淋浴头水嘴	15	0.59		长脖水嘴	15 20	0.59	<50
								热水嘴 (转心门)	10 15 20 25	0.098	≤100
单把肘开关带淋浴头水嘴	20	0.59		接管水嘴	15			YZG型延时自闭式节水型水嘴	15	0.59	≤60
				(螺口水嘴)	20 25	0.59	<50	停水自闭水嘴	15 20	0.59	

2. 浮球阀及水位控制阀 用于贮水池供水管端供水自动控制或作水位控制或作建筑物水箱自动给水。浮球阀有法兰接口和螺纹接口两种,前者适用于大型贮水池作为自动供水式控制水位,后者多用于高位水箱。单纯为控制水位,则可采用液压水位控制阀,具有安装简便,占有空间小等优点。表1.4-7浮球阀及水位控制阀类型和规格。

浮球阀及液压式水位控制阀类型及规格 表1.4-7

类型	型号	DN (mm)	公称压力 (MPa)	类型	型号	DN (mm)	公称压力 (MPa)	类型	型号	DN (mm)	公称压力 (MPa)
浮球阀	螺纹接口浮球阀	15 20 25 32 40 50 65	0.39	液压式水位控制阀	K774T-4Z (外壳铸铁、法兰接口)	50 80 100 150 200	0.49~0.39	液压式水位控制阀	SKF-50 (螺纹接口)	50	0.02~0.8
									SKF-75 (法兰接口)	75	
	法兰接口浮球阀	80 100 150 200 250	0.39						SKF-100 (法兰接口)	100	
									SKF-150 (法兰接口)	150	

3. 水表 建筑设备工程中冷热水供应需要装设水表。水表计量水量值的基本工作原理是体积式和流速式。前者记录时间过程流经水表容积,而流速式则是以流经水表断面流速大小记录流量。体积式水表因体积偏大,现很少应用。流速式水表现今应用很广。

由于流速快慢反映水流冲击力的强弱,其冲击水表中旋转叶片就有快慢之分,叶片经过一系列齿轮记录水流经水表的体积。流速式水表有旋翼式和螺翼式之分。前者水流方向与叶片垂直,后者则水流方向与叶片平行。

流速式水表按其计数盘是否浸水又分为干式和湿式两种。干式适用在水质浊度较高场合,而湿式水表要求水质不得含杂质。表 4-8 为国产部分冷水表的规格和性能。表 1.4-9 为国产部分热水表的规格和性能。

国产部分冷水旋翼式水表规格及性能 表 1.4-8

型号	DN (mm)	计量等级	最大流量	公称流量	分界流量	最小流量	始动流量	最小读数 (m^3)	最大读数 (m^3)	使用条件	特性
			(m^3/h)		(L/h)						
LXS-15E LXSL-15E	15	A/B	3	1.5	150/120	45/30	14/10	0.0001	9999	≤50℃ 1MPa	湿式指针字轮式,是 LXS-15C ~ 50C 型的改型
LXS-20E LXSL-20E	20	A/B	5	2.5	250/200	75/50	19/14	0.0001	9999		
LXS-25E	25	A/B	7	3.5	350/280	105/70	23/7	0.0001	9999		
LXS-32E	32	A/B	12	6.0	600/480	180/120	32/27	0.0001	9999		
LXS-40E	40	A/B	20	10	1000/800	300/200	56/46	0.001	99999		
LXS-50E	50	A	30	15	1500	450	75	0.001	99999		
LXS-100	100	A	100	50		1400	400			40℃ 1MPa	全国统一设计湿式指针字轮式
LXS-150	150	B	200	100		2400	500				

国产部分热水 LXR 型旋翼式水表规格及性能 表 1.4-9

口 径 (DN mm)		特性流量	最大流量	额定流量	最小流量	灵敏度	工作环境		备注
主表	副表			m^3/h			水温 (℃)	压力 (MPa)	
			误差	±2%	+7%				
15	—	3	1.5	1.0	0.06	0.035			$DN15 \sim 40$ 为管螺纹
20	—	5	2.5	1.6	0.09	0.050			$DN50 \sim 150$ 为法兰 ＊误差 5%
25	—	7	3.5	2.2	0.12	0.060			
40	—	20	10	6.3	0.24	0.180			
50	15		17	10	＊0.6	0.12	≤90	≤0.6	
80	20		20	13	＊2	0.30			
100	20		30	20	＊3	0.45			
150	25		50	33	＊5	0.75			

图 1.4-2 为旋翼式冷热水表外形图。

表 1.4-8、表 1.4-9 中水表性能中几个参数意义:

最大流量   为水表短历时内允许通过的上限流量,即通过水表水量使其水头损失达到 100kPa 时旋翼式水表(对螺翼式水表则为 10kPa)的流量称为最大流量(Q_{max})。设水表实际流过流量为 Q_B,则水表水头损失计算式为

$$H_B = \xi \frac{v^2}{2g} = \xi \frac{v^2 \omega^2}{2g\omega^2} = \frac{Q_B^2}{K_B} \tag{1.4-1}$$

按上述最大流量含义,对旋翼式水表:

$$K_B = \frac{Q_B^2}{H_B} = \frac{Q_{max\cdot s}^2}{100}$$

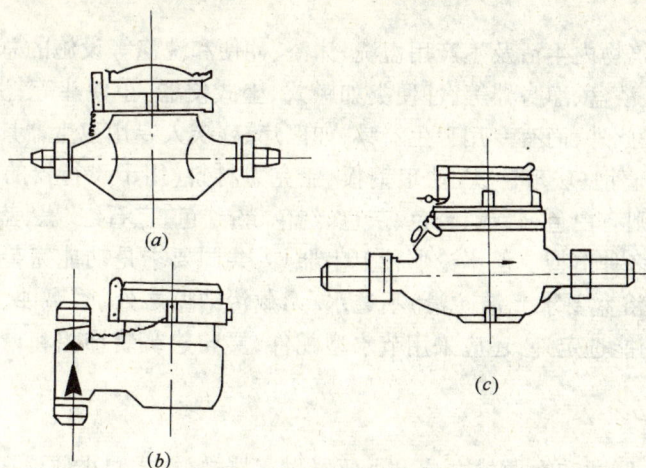

图 1.4-2　旋翼式冷、热水表

(a)旋翼式 DN15～40 冷水表；(b)旋翼式冷水 DN15～40 立式水表；

(c)旋翼式 DN15～40 热水水表

对水平螺翼式水表：

$$K_B = \frac{Q_B^2}{H_B} = \frac{Q_{max \cdot L}^2}{10}$$

式中　　H_B——通过水表的流量所产生的水头损失，kPa；

K_B——水表性能系数；

$Q_{max \cdot s}$——旋翼式水表的最大流量，m^3/h，从表 1.4-8、1.4-9 取值；

$Q_{max \cdot L}$——螺翼式水表的最大流量，m^3/h 可查建筑给排水设计手册取值；

100、10——分别为通过旋翼式、螺翼式水表最大流量时，水表的水头损失，kPa。

【例 1.4-1】　某住宅建筑室内供水，全楼及各户均装水表。经计算全楼总水表通过的设计秒流量为 $28.9 m^3/h$，每户水表通过设计秒流量为 0.43L/s，试选水表，并计算其水头损失。

【解】　因为每户设计秒流量 $q_g = 0.43 L/s = 1.55 m^3/h$，选 LXS－20E 型，查得其最大流量 $Q_{max \cdot s} = 5 m^3/h$，所以，水头损失为 $H_B = \frac{Q_B^2}{K_b} = \frac{Q_B^2}{100 Q_{max \cdot s}^2} = \frac{1.55^2 \times 100}{25} = 9.36 kPa$。

因为已知全楼总水表的 $Q_B = 28.9 m^3/h$ 选 LXL－80N（水平螺翼式水表）从《建筑给排水设计手册》查得 $Q_{max \cdot L} = 80 m^3/h$，则通过 $Q_B = 28.9 m^3/h$ 设计秒流量时水头损失应为

$$H_0 = \frac{Q_B^2}{\frac{Q_{max \cdot L}^2}{10}} = \frac{28.9^2 \times 10}{80^2} = 1.31 kPa$$

计算所得水表水头损失，不得超过水表允许的水头损失值。因为对水表来说，水头损失愈大，通过水流量愈大，即通过水表流速愈大，流量之大不能损坏水表机件，允许水头损失由生产水表厂家实验确定（表 1.4-10）。

国产水表按最大小时流量选用水表时的允许水头损失值（KPa）

表 1.4-10

表　型	正常用水时	消防时
旋翼式	<25	<50
螺翼式	<13	<30

55

1.4.3 卫生器具

卫生器具是建筑物内生活及生产用盥洗、沐浴、冲便和洗涤等设施的总称。按功能划分有盥洗类如洗脸盆、浴盆、净身器等,冲便类如蹲式、坐式便器、小便斗等,洗涤类如洗涤盆、化验盆、污水池等。此外,尚有专用卫生器具,如医疗、残疾人专用卫生器具。卫生器具按材质有陶瓷、塑料、玻璃钢、珐琅铸铁、珐琅钢板、亚克力材料(用于飞行器的一种新型窗口材料)等制品,按色彩则有白色、骨色、杏色、灰色、红色、粉红色、宝石红、黑、蓝、天蓝色等,每种卫生器具式样都有多种造型。但不论那种卫生器具,共同要求是功能完善、节水、造型及色彩美观、表面光滑(浴盆要求光洁防滑)不透水、无藏污纳垢之处、耐腐蚀、耐冷热有一定强度。选用时,除按功能选定外,还应采用节水型配件,要与建筑装饰相和谐。下面介绍几种常用卫生器具。

一、大、小便器

大便器有坐式、蹲式和大便槽之分。小便器也有挂式、立式和小便池 3 种。其中坐式便器多设于住宅、宾馆类建筑,其它多设于公共建筑。大便器冲洗有直接冲水式、虹吸式、冲洗、虹吸联合式、喷射虹吸式和旋涡虹吸式等多种。其中直接冲水式因粪便不易被冲洗净,且臭气向外逸出,家用已逐渐淘汰,在公共建筑尚有装置。当前广泛采用虹吸式冲洗方式。图 1.4-3 为常用的几种虹吸式坐便及蹲式便器构造示意图,其所采用的冲洗设备则有延时

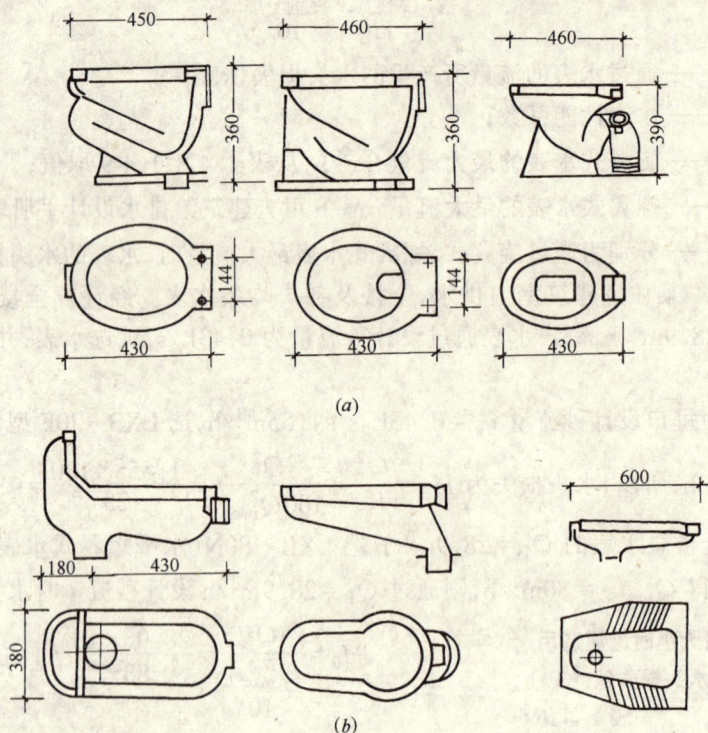

图 1.4-3　虹吸式坐便器及蹲式便器构造示意图
(a)坐便器;(b)蹲便器

自闭式冲洗阀、高位和低位冲洗水箱。选用时一定要选用符合我国部颁标准的产品如翻板、翻球、虹吸式等有防漏、节水效果的冲洗水箱。图 1.4-4 为坐便低水箱及蹲便高水箱的构造示意

图及安装简图。坐、蹲式便器式样还有许多,各种大便器安装详图可参阅国家有关标准图集。

卫生间大便槽多用于建筑标准不高的公共建筑,其冲洗设备最宜采用自动冲洗水箱定时冲洗。

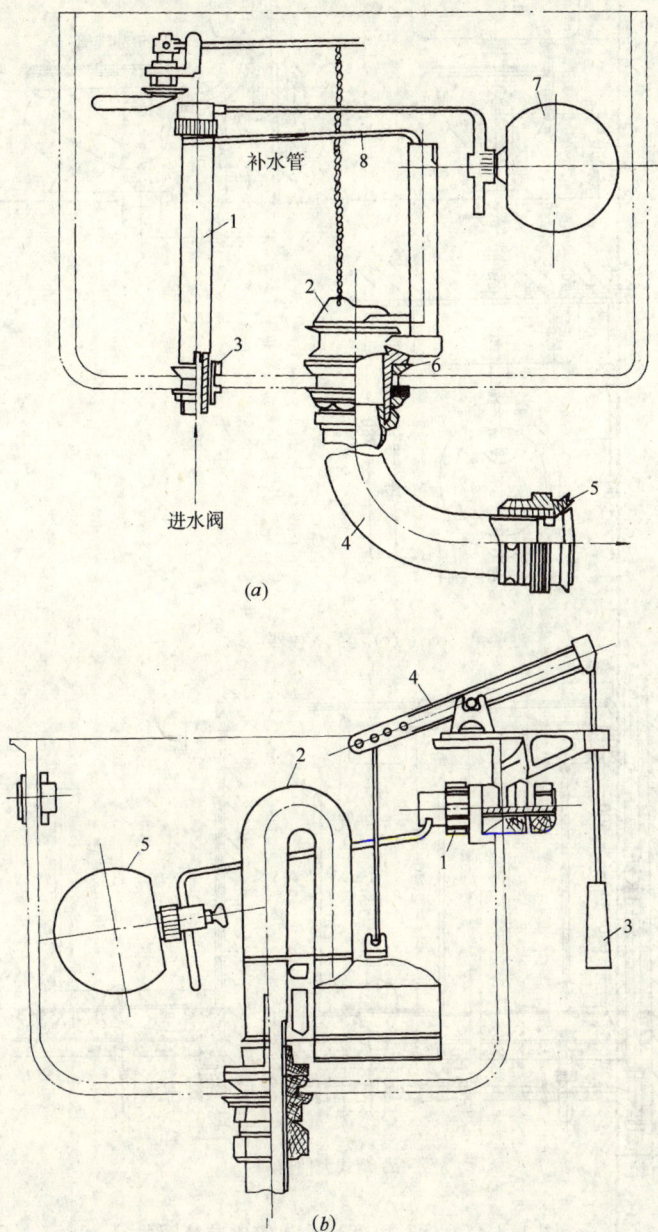

图 1.4-4 坐便、蹲便冲洗水箱安装简图(一)

(a)坐便器低水箱 (b)蹲便提水虹吸式高水箱

1—进水阀;2—排水阀;3—进水密 1—进水部位;2—排水部件;

封胶垫;4—弯管;5—锁口;6—排 3—拉把;4—提水部件;5—浮球

水密封胶垫;7—浮球;8—补水管

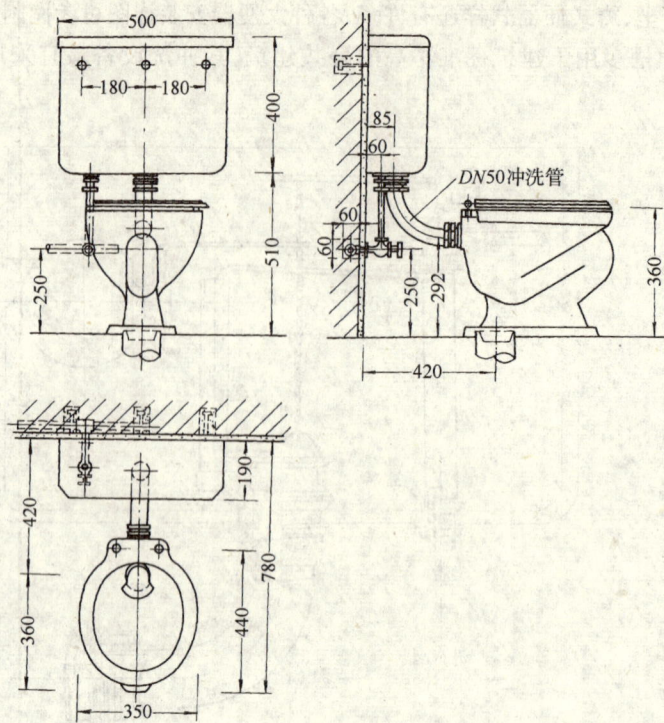

(c) 坐式大便器

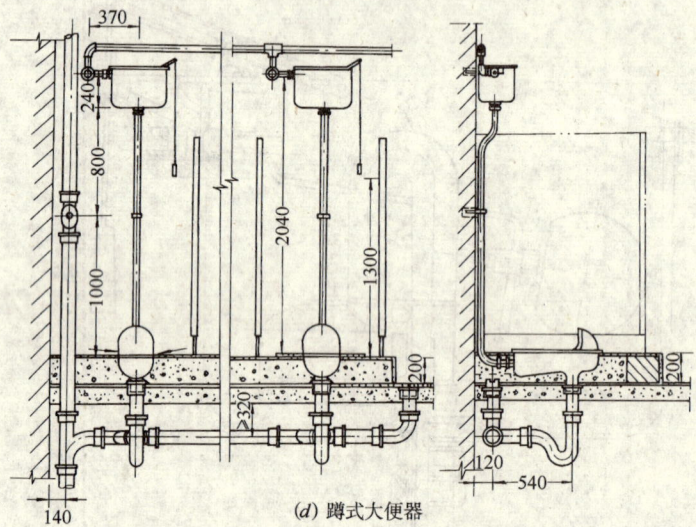

(d) 蹲式大便器

图 1.4-4　坐便、蹲便冲洗水箱安装简图(二)

(c)坐式大便器；(d)蹲式大便器

　　小便器如图 1.4-5 所示为挂式小便斗,其它立式、小便池等安装尺寸及冲洗水栓可参见国家标准图。

　　图 1.4-6 为瑞士生产的一种墙前隐蔽式冲洗设备大、小便器样图,具有安装简便、不破坏墙体构造、易于清扫等优点。

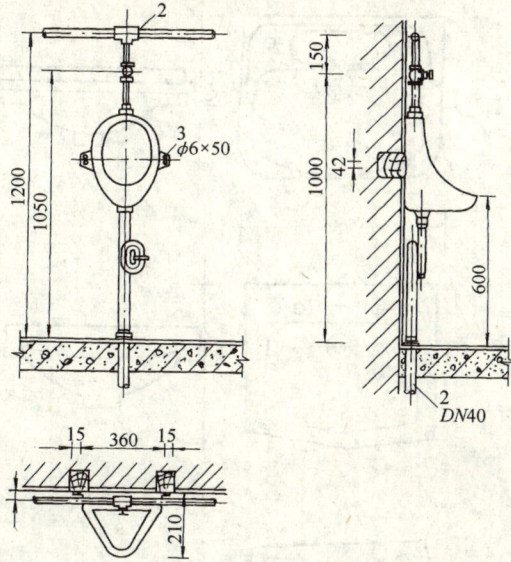

图 1.4-5　挂式小便斗
1—给水管；2—钢管；3—木螺栓

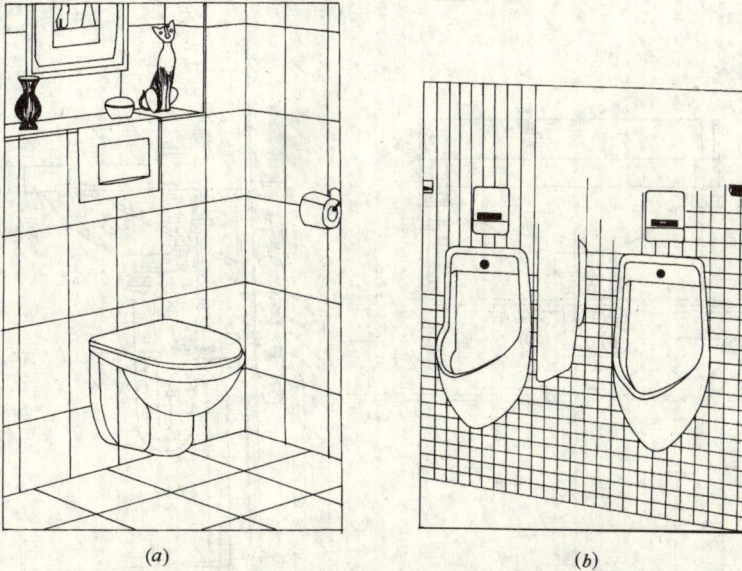

(a)　　　　　　　　　　　　　　(b)

图 1.4-6　墙前隐蔽式冲洗设备大、小便器样图
(a)大便器；(b)小便器

二、盥洗、沐浴用卫生器具

1．洗脸盆　按造形状有长方形、三角形、椭圆形等类型,按安装方式有墙式、柱角式、台式等。图 1.4-7 为广泛采用的单个墙架式脸盆。

2．盥洗槽　对卫生标准要求不高的公共建筑或集体宿舍多采用。有靠墙长条形盥洗槽和置于建筑物中间的圆形盥洗槽。详细安装图可参看国家标准图。

3．浴盆　按造形有长方形和方形,按浴盆龙头安装方式有一般冷、热水龙头方式、混合

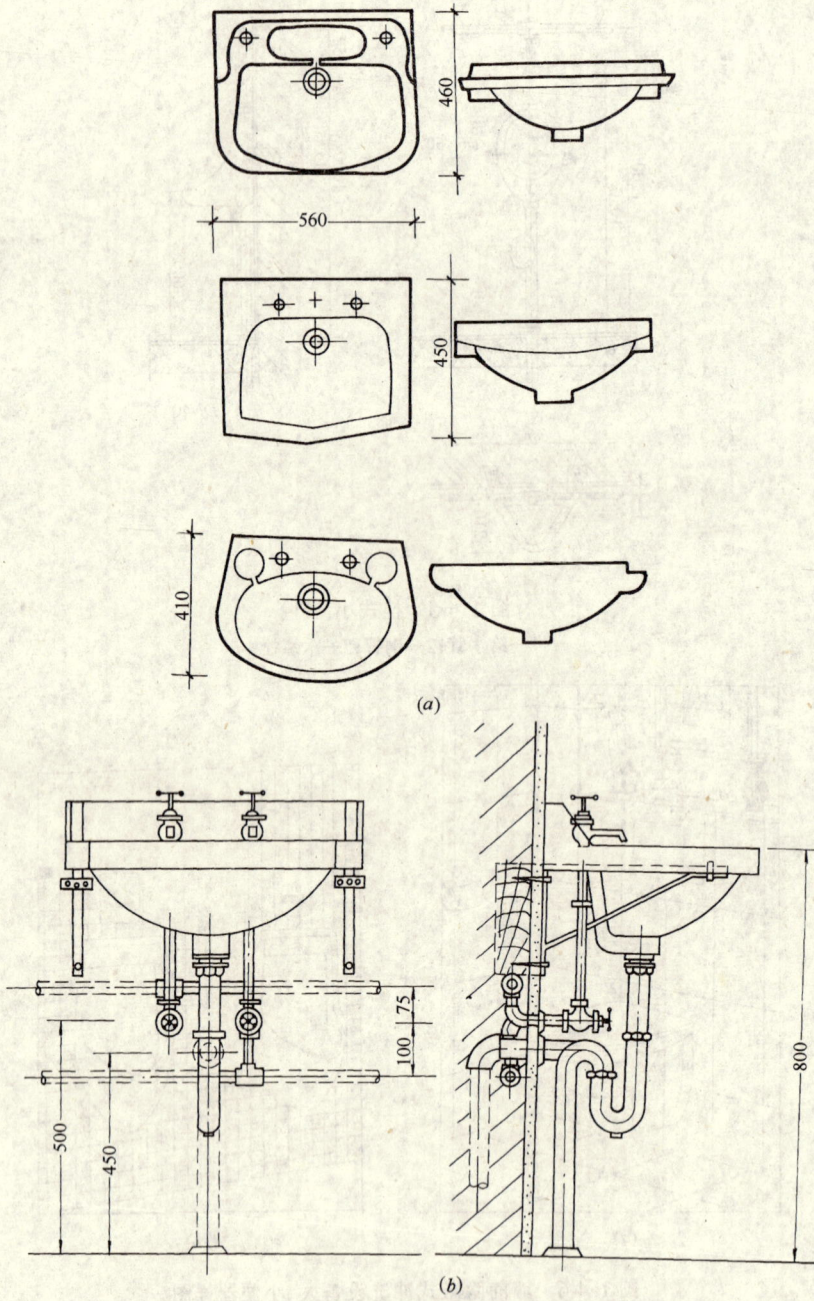

图 1.4-7　洗脸盆造形及墙架式脸盆安装图
(a)洗脸盆；(b)洗脸盆安装图

龙头式、固定淋浴器式、移动软管淋浴器式、单柄淋浴器混合龙头裙板式、三联混合龙头裙板式、三联恒温龙头裙板式、单柄暗装混合龙头裙板式等多种浴盆,各种浴盆具体安装可参阅国家标准图集。图 1.4-8 为一般冷、热水龙头长方形浴盆安装示意图。

　4.淋浴器　多用于公共浴室,与浴盆相比,具有占地面积小、费用低、卫生等优点。

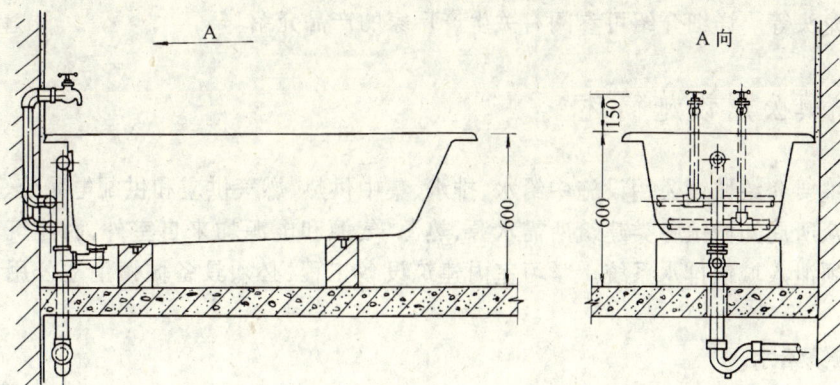

图 1.4-8 冷、热水龙头长方形浴盆安装图

三、洗涤用卫生器具

1. 洗涤盆 有家用和公共食堂使用洗涤盆,按安装方式有墙架式、柱脚式和台式三种,按构造则有单格、双格、有搁板、无搁板、有靠背、无靠背类型。图 1.4-9 为家用厨房平边式洗涤盆安装图。

2. 污水盆(池) 一般设在公共建筑厕所卫生间,供倾倒污水之用,其安装图如图 1.4-10 所示。

其它卫生器具如化验盆、妇女卫生盆、饮水器、地面排水地漏等可参阅有关国家标准图集。

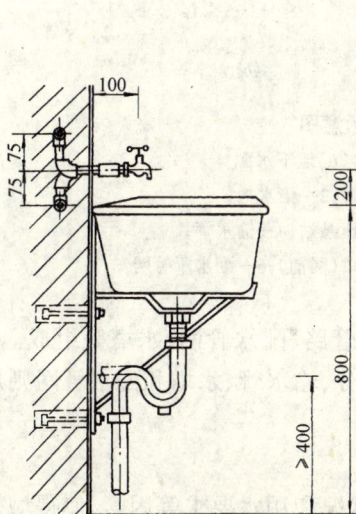

图 1.4-9 洗涤盆安装图

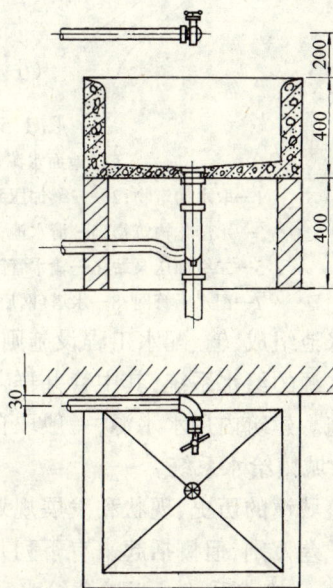

图 1.4-10 污水池安装图

四、新型卫生器具特点

我国近几年改革开放,在生产卫生洁具行业中,采用引进国外先进技术,自行改进创新,已开始生产出许多种类的新型卫生洁具,这类卫生洁具特点是:造型具有更多的不同风格、色彩多种多样、便于装配安装(如冲洗水箱可多方位接入进水管)、冲洗和清洗自动化(如无接触型清洗龙头、红外感应冲洗阀等)、节水功能更强(如采用可调节冲水量的冲水装置)、不

61

关自闭式龙头等。详细介绍可参阅有关生产厂家的产品介绍。

1.5 城镇公用设施简述

本章主要介绍城镇公用设施中给水、排水、集中供热、燃气供应和供配电系统、组成及布置形式。众所周知城镇各类建筑所需水源、热源、气源和电源均来自室外,而建筑内排放的污废水必须泄入城镇排水系统。学习室内建筑设备工程,必须具备城镇上述公用设施的一些知识。

1.5.1 城镇给水

一、城镇给水系统组成部分

城镇给水主要是供应城镇各类建筑所需的生活、生产、市政(如绿化、街道洒水)和消防用水。城镇给水的组成部分,一般是由取水、净水和输配水工程设施组成。图1.5-1为给水系统示意图。图中(a)为地面水源,其取水设施为取水构筑物、一级泵站,净水设施为净化

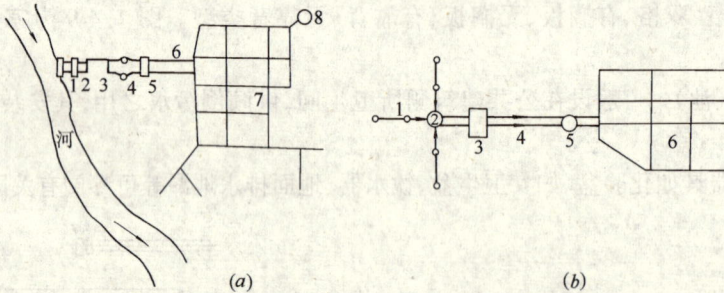

图 1.5-1　城镇给水系统示意图

(a)地面水源　　　　　　　　　　(b)地下水源
1—取水构筑物;2—一级加压泵站;　　　1—井群;2—集水池;
3—水净化构筑物;4—清水池;　　　　3—加压泵站;4—输水管;
5—二级加压泵站;6—输水管路;　　　5—水塔(网前);6—配水干管网
7—配水干管网;8—水塔(网后)

站和清水池组成,输、配水工程设施则由二级泵站输水管路、配水管网、水塔等组成。图(b)为地下水源的给水系统,其中管井群、集水池为水源部分,输水管、水塔和配水管网则属于输配水设施。建筑内用水水源,一般取自配水管网。

二、城镇给水系统

一座城镇的历史、现状和发展规划,其地形、水源状况和用水要求等因素,使得城镇给水系统是千差万别,但概括起来有下列几种。

1. 统一给水系统　当城镇给水系统的水质,均按生活用水标准统一供应各类建筑作生活、生产、消防用水,则称此类给水系统为统一给水系统。图1.5-1(a)、(b)均为单水源统一给水系统,而图1.5-2为多水源给水系统示意图。

这类给水系统适用于新建中、小城市、工业区或大型厂矿企业中用水户较集中、地形较平坦,且对水质、水压要求也比较接近的情况。

2. 分质给水系统

当一座城镇、或大型厂矿企业的用水,因生产性质对水质要求不同,特别对其大用水户,

其对水质的要求低于生活用水标准,适宜采用分质给水系统,如图1.5-3所示。这种给水系统优点,显然因分质供水而节省了净水运行费用,缺点是需设置两套净水设施和两套管网,管理工作复杂。选用这种给水系统应作技术、经济分析和比较。

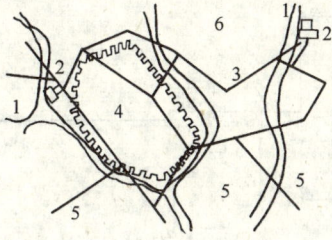

图 1.5-2 两水源统一给水系统

1—取水构筑物;2—自来水厂;
3—输、配水管网;4—旧城区;
5—新城区;6—远郊区

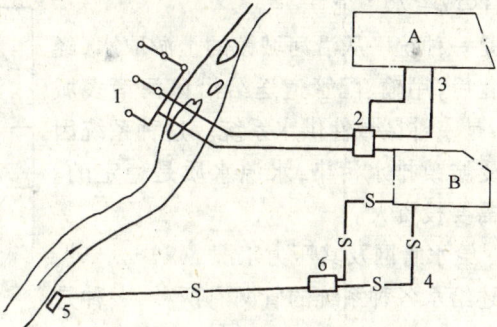

图 1.5-3 分质给水系统

A—居住区;B—工厂
1—井群;2—泵站;3—生活给水管网;
4—生产用水管网;5—地面水取水构筑物;
6—生产用净水厂

3.分压给水系统

当城镇或大型厂矿企业用水户要求水压差别很大,按统一供水,压力没有差别,势必造成高压用户压力不足而增加局部增压设备,这种分散增压不但增加管理工作量,而且能耗也大。如果采用分压给水系统是很合适的。分压给水可以采用并联和串联分压给水系统。图1.5-4为并联分压给水系统。根据高、低压供水范围和压差值由泵站水泵组合完成。串联分压仍多为低区给水管网向高区供水并加压到高区管网,而形成分压串联。

4.分区给水系统

图1.5-5为单水源分区供新工业区、新城区、旧城区用水。这种系统多用于大、中城镇面积比较辽阔、地形有明显高、低分区变化、城镇规划功能划分明确,具有分期建设的条件。为了保证供水可靠性,区间应有管道联通,以便能够区间互相支援灵活调度。

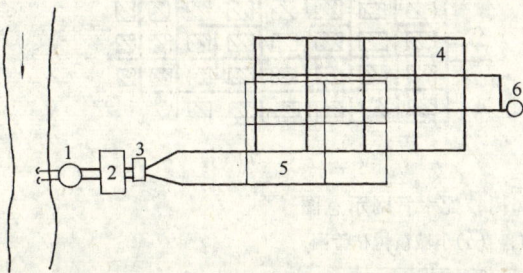

图 1.5-4 分压并联给水系统

1—取水构筑物;2—水净化构筑物;3—加压泵站;
4—低压管网;5—高压管网;6—网后水塔

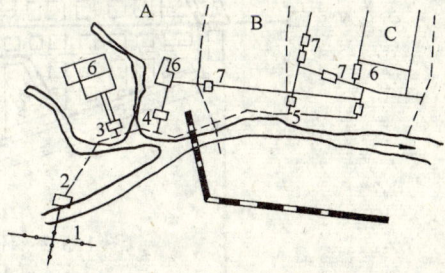

图 1.5-5 分区给水系统

A—新城区;B—工业区;C—旧城区
1—井群;2—低压输水管路;3—新城区加压
配水站;4—工业区加压配水站;5—旧城区
加压配水器;6—配水管网;7—加压站

5.循环和循序给水系统

当城市工业区中某些生产企业生产过程所排放的废水水质尚好,适当净化还可循环使用,或循序供其它工厂生产使用,无异这是一种节水给水系统。图1.5-6(a)为循环给水系统工艺流程,图(b)为循序给水系统示意图。

6.区域给水系统

这是一种统一从沿河城镇的上游取水,经水质净化后,用输、配管道送给沿该河诸多城镇使用,是一种区域性供水系统。这种系统因水源免受城镇排水污染,水源水质是稳定的。但开发需要投资大。

三、给水管网及其压力工况

前述给水各种系统的管网有两种,一种是输水管路,另外一种是配水管网。输水管路功能是把水源的水量输送到净水厂,当净水厂远离供水区时,从净水厂至配水管网间的干管也可作为输水管考虑。而配水管网则是把经过净化水量配送给各类建筑使用。因此,给水管网的压力工况,直接关系到建筑给水方案的确定。

配水管网有干管和支管之分,为了保证供水可靠和便于灵活调度,大、中城镇或大型厂矿企业配水干管都布置成环形,但在小城镇也可布置成树枝状。图1.5-7为城镇环状管网和树枝管网的示意图。

给水管网压力是根据城镇各用水户要求

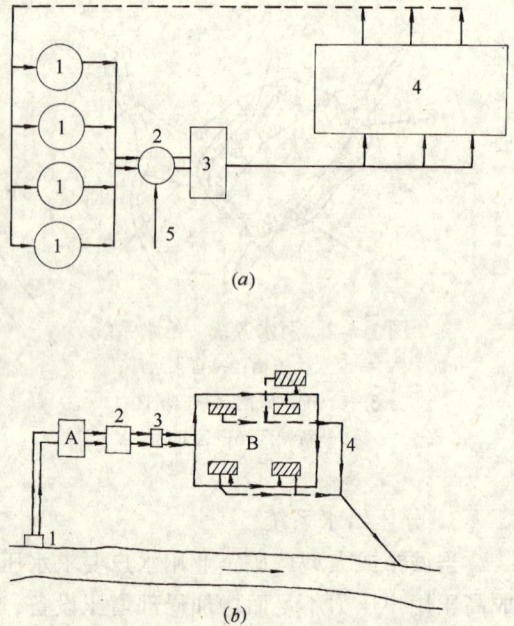

图1.5-6 循环与循序给水系统示意图
(a)循环给水系统工艺流程; (b)循序给水系统示意
1—冷却塔;2—吸水井; 1—取水构筑物;2—冷却塔;
3—加压泵站; 3—泵站;4—排水系统;
4—生产车间;5—补充水 A、B—生产车间

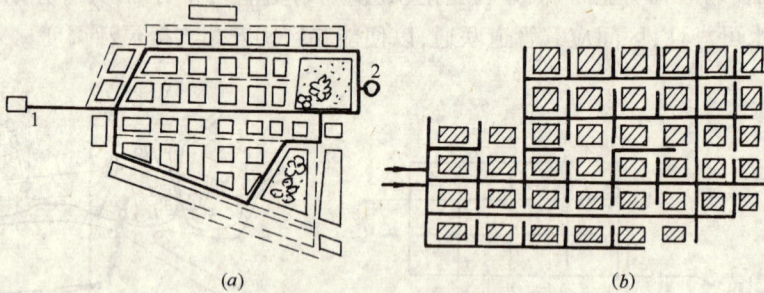

图1.5-7 环状和树枝配水管网示意图
(a)城市环状管网; (b)小城镇树枝管网
1—水厂;2—水塔

的水压确定,也称管网自由水头。因为管网都具有一定长度,输、配水过程都会产生水头损失,故无论树枝管网或环形管网的各处,其水压是不同的。当室内供水所需水压确定后,必须根据该建筑所在位置,对照该处给水的自由水头(建筑用水水源取自此处),正确选定建筑给水方式,才能保证用水安全可靠。配水管网的工作情况,决定着管网各处自由水头值。兹分有水塔工况和无水塔工况的情况作简要介绍。

1．无水塔配水管网工作情况

当配水管网中仅由二级泵站加压供水，则依图 1.5-8 所示，图中 AB 为其管网中要求水压最大的管路，此种管网中不设水塔情况，水泵全扬程 H_H 应为：

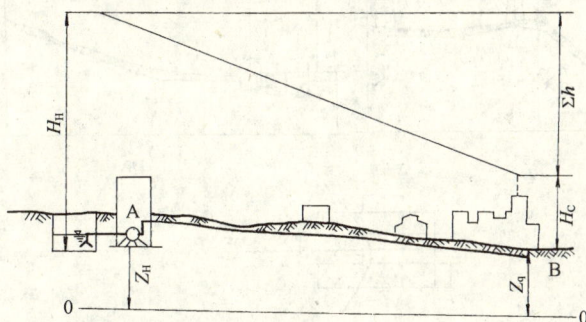

图 1.5-8　无水塔配水管网中要求水压最大管路的工况

$$H_H = (Z_a - Z_H) + H_c + \Sigma h + H_s \quad (\text{mH}_2\text{O}) \tag{1.5-1}$$

式中　Z_a——管网中要求水压最大管路末端的地面高程(m)；

Z_H——水泵轴心的高程(m)；

H_c——管网中要求水压最大管路末端的建筑给水需要的总水压(m)；

Σh——水泵出水口到要求水压最大管路末端之间管道总水头损失(m)；

H_s——水泵吸水高度(H_1)及吸水管中总水头损失(h_1)之和，即 $H_s = H_1 + h_1$(m)。

从图 1.5-8 中可以看出，管网中自水泵站开始水压线是沿管网向下坡降的。坡降陡、缓是根据配水量多少变化。当配水量大即用水高峰时，水力坡降则陡，否则水力坡降平缓。建筑物在进行室内给水设计时，必须调查其建筑所在地的市政给水管网于该处在配水低峰时的自由水头，以作为给水设计所需的基础资料。

2．有水塔配水管网工作情况

由于建筑用水不均匀性，致使管网配水量有多有少。为使泵站在高效率下运行，当城市建筑群用水低峰时，可使水泵供水多余量存于水塔，以备高峰需要。配水管设置水塔有在配水管网始端者称为前置水塔，而水塔置于配水管末端者称为后置水塔。水塔也可置于配水管中部。

图 1.5-9(a)为配水管网设前置水塔的水压变化工况。图中 A 点设为配水管网中水头损失最大，位置最不利，即要求水压最大的计算管路终点，则由图可知水塔水箱底的设置高度 H_b 应为

$$H_b = H_c + \Sigma h - (Z_B - Z_A) \quad (\text{m}) \tag{1.5-2}$$

式中　H_c——A 点所需水压(m)；

Σh——AB 计算管路总水头损失(m)；

Z_A、Z_B——A、B 点地形高程(m)。

由上式可知当 $H_b = 0$ 时，Z_B 标高应大，水塔变为地面贮水池。说明前置水塔宜选在地形较高处，可以节约水塔造价。但另外，由于水塔容积一经确定后，水量调节量不变，对于由于城市发展，用水增加，水量调节量也不断增大的情况，前置水塔则对调节量的变化是不能

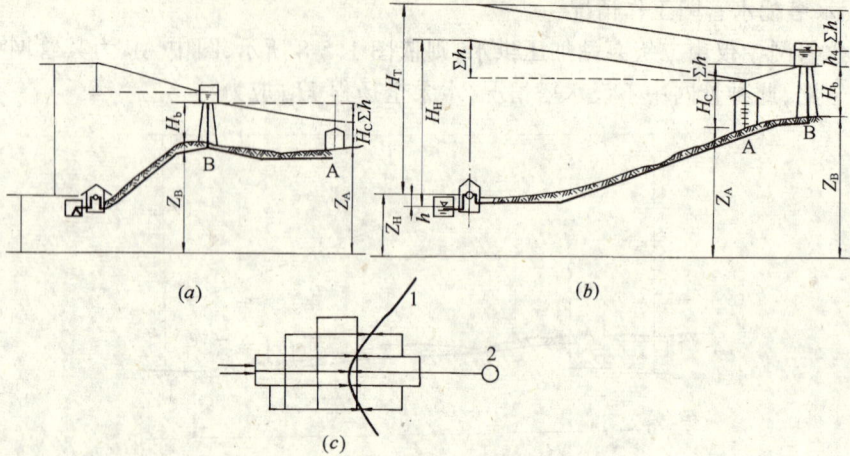

图 1.5-9　设水塔的配水管网工况
(a)配水管网设置前置水塔工况；(b)配水管网设置对置水塔工况；(c)管网供水等压线
1—等压线；2—水塔

适应的。即在该配水管网范围内，某处配水管网提供给建筑的水压，是由水塔供水工况的压力限定的。

图 1.5-9(b)为配水管网末端设置水塔的工况，即当用水非高峰时，泵站水压因配水管网流量没有供给建筑用水，部分会送到水塔内贮存。当用水高峰时，配水管网中水压会降低，当降低到低于水塔中贮存水位，水塔会送水到管网，此种工况，犹如双水源向配水管供水工况。这种工况一定会形成图 1.5-9(c)所示等压线(分界线)。建筑物设计所需配水管提供的水压，应取这种工况下的自由水头值。

四、管道布置及水塔和水池

1. 室外管道布置的输水管，当不允许断水时，宜不少于两条，其间应设置有阀门的连通管。配水干管一般应根据城镇规划，布置在用水量大的干道。管道埋深应根据当地气候及道路荷载，以不冻和压不坏为原则确定埋深。

2. 水塔设置位置应尽量设置在供水区内地势最高处和靠近大用水户，但也要避免水质被污染的可能(如烟囱或散发污染物工厂的下风向)。水塔一般都为钢筋混凝土制成。我国有钢筋混凝土水塔标准图，其有效容积有 $30\sim400\mathrm{m}^3$，有效高度 $15\sim32\mathrm{m}$ 多种，分保温和不保温类型，具体可参阅该标准图集。当地势能满足管网所需水压时，可设高地贮水池。贮水池也可作为室内清水池。清水池容积应由消防用水量、调节及储备水量之和确定。

五、规划要点

城镇给水规划主要内容包括下列几点

1. 用水量的确定　用水量包括生活、生产、消防和其它用水量。生活用水量以该城镇规划人口，按每居民每日用水标准计算，生产用水量应根据工业性质和其生产工艺要求确定，消防用水量是按同一时间内可能发生火灾次数一次火灾用水量确定，其它用水量是指诸如城镇某些公共建筑用水量，城市道路洒水、绿地浇水，工业事故用水以及其它未预见用水量(如城镇流动人口用水等)。

上述各项用水量定额、标准等可参阅有关手册、规范具体选用。

2．选定水源　水源首先应保证满足城镇用水量,保持有良好水质。水源应优先选用地下水,其次为地面水,此外选定水源还应考虑取水、输水便利和安全与经济。

3．净水工程选址　应根据经济、安全和管理方便原则,选在水源取水构筑物附近,或在取水口设水厂而靠近用水区分设消毒、加压配水厂。水厂选址一定选在不受洪水可能淹到和地质条件好的地方。

4．配水管网规划要根据城市地形、道路规划、水源位置、用户用水量分布和对压力要求等因素选用树枝或环状布置,一般均按远期环状规划,近期树枝敷设进行。

配水管网干管最好布置在地形高的一侧。城镇地形高低变化大时,应分设不同水压管网,即按低地形地区要求水压供水,在高地再加压。

1.5.2　城镇排水体制、组成和管网

一、城镇排水体制

城镇中排放的生活污水、生产污、废水和降雨(雪)迳流,是三种类型不同的污水。生活污水含有机杂质多,并含有病原微生物和虫卵等致病成份,生产污、废水与工厂生产的产品类别、生产工艺有关,其水质成分也多种多样,地面雨(雪)水径流,水质被污染一般较轻,但历时短、流量大,不及时排放会造成水害。

上述三种类型污水都需要及时、不污染环境、有组织的排放,城镇排水因而有分流制与合流制之分。图1.5-10(a)为分流制排水系统,这种体制的特点是把生活污水、工业污水和雨(雪)迳流用两套或两套以上管渠汇集和导流,一般把导流汇集的生活污水和水质与生活

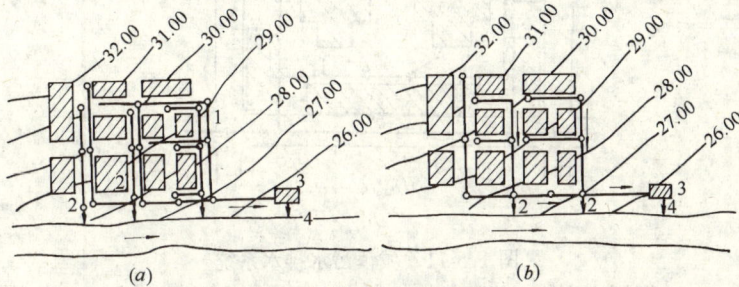

图1.5-10　城镇排水体制

(a)分流制排水体制;　　　　　　　(b)合流制中截流式排水体制

1—污水管道;2—雨水管渠;　　　　　1—合流管渠;2—溢流井;
3—污水厂;4—排放口　　　　　　　3—污水厂;4—排放口

污水水质相近的生产污水送到污水处理厂,经处理达到排放水体标准后,再送到水体(江、河、湖、海)。而雨(雪)水径流和部分污染较轻的工业废水经汇集就近排入水体。由于分流制排水体制对保护环境有利,为近代城市发展所采用,而旧城市的更新排水系统也逐步采用分流制排水系统。

合流制排水体制是把生活污水、生产污、废水和雨(雪)水只用一套管渠集流。其中若对混合水并不加处理,直接分散排入水体称为直泄式合流制。这种排水体系,随着城镇发展,对水体污染日渐严重,一般不再采用。合流制排水体制中若把合流的生活污水、生产废水和雨(雪)水先送到沿河截流干渠或干管,平时晴天水量较小,截流干管(渠)并不起截流作用,把水送到污水厂处理达标后排放水体。当降雨时合流管渠会在短时间内水量增加很多,此时原集流管渠中合流污水会被增加的雨水稀释,污染程度减轻,多出处理厂能够处理水量的

部分,会被截流排入河道水体,这种体制被称为截流式合流制排水体制,如图 1.5-10(b)所示。这种体制多为旧城排水合流制的改造和新城镇市政资金短缺情况下采用。

二、城镇排水系统的组成

仅就分流制中污水排水系统、工业废水排水系统及雨水排水系统分别介绍其组成部分。

1. 污水排水系统 是由建筑排水系统、庭院或街坊排水管网、污水提升泵站及压力排水管、污水处理厂、污水出口设施等 5 个部分组成,如图 1.5-11(a)所示。其中污水提升及压力排水管是在排水管网不能重力排放时才设置。

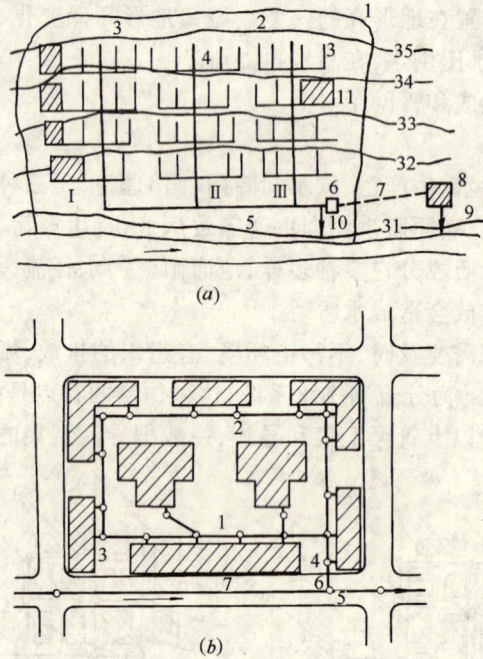

图 1.5-11 城镇污水排水系统

(a)城市污水排水系统总平面示意; (b)街坊污水管道平面布置示意

1—城市边界;2—排水流域分界; 1—污水管道;2—排水检查井;

3—支管;4—干管;5—主干管; 3—出户管;4—控制井;

6—总泵站;7—压力管道;8—污水厂;5—街道排水检查井;6—连接管;

9—出水口;10—事故排出口;11—工厂 7—街道污水管

庭院或街坊排水管道,是接纳和汇集建筑物内排放污水的起点和初始管路。进行建筑排水设计首先必须调查清楚该建筑所在街坊;允许排入污水管道的性质(污水管、雨水管)、位置、直径、管底埋深和坡度走向。图 1.5-11(b)为街坊排水管道的平面布置示意图。调查是否允许排入污水管道,同时还应了解该街坊地下其它管道如供热管道、电力、通讯电缆、燃气管道、雨水管道的位置、埋深等情况。

2. 工业废水排水系统 如图 1.5-12 所示其组成部分主要有车间内排水系统、厂区排水管系、污水泵站及压力管道、废水处理站等五个部分。

3. 城市雨水排水系统 其组成部分有公共大型建筑、高层建筑及大型厂房屋面雨水排水系统、街坊或厂区雨水管渠、街道雨水管渠、排洪沟、出水口等五部分组成,必要时也设雨水泵站。

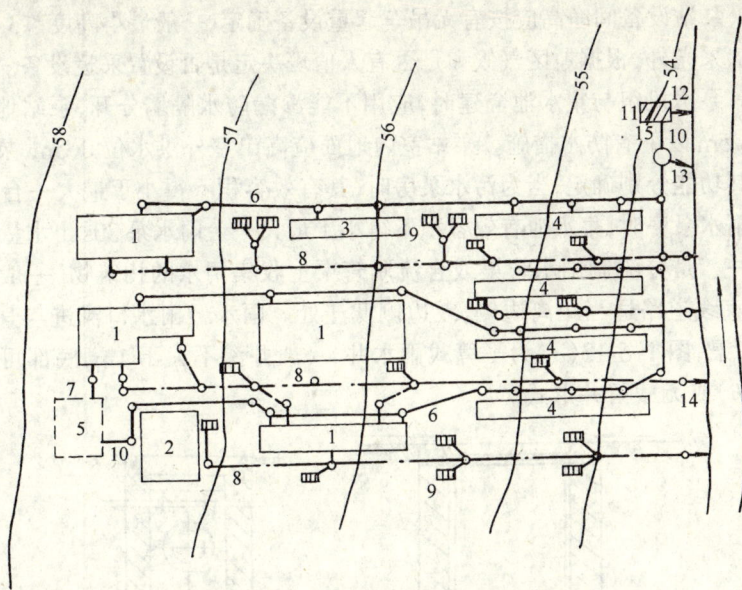

图 1.5-12　工业区排水系统总平面示意图

1—生产厂房;2—办公楼;3—值班宿舍;4—职工宿舍;5—废水利用车间;
6—生产与生活污水管道;7—特殊污染生产污水管道;8—生产废水与雨水管道;
9—雨水口;10—污水泵站;11—废水处理站;12—出水口;13—事故排出口;
14—雨水出水口;15—排水压力管道

对合流制排水系统,只是管系仅设一套。截流式合流制排水系统也要设污水厂和截留干管,干管上分设溢流井以备溢流稀释后的多余合流污水。

三、排水管布置及污水处理厂选址原则

为了有效、安全的汇集、输送、泄流污水,除排水管适应合理布置敷设外,还要设置各种功能的构筑物如汇集地面降雨用的雨水井,排水检查井、连接暗井、溢流井、跌水井、水封井、冲洗井、倒虹管、防潮门、出水口等。当不能自流排泄污水时还应设置污水泵站。现简要介绍如下。

1. 排水管道布置原则应依据城镇规划地势情况以长度最短顺坡布设,可采用截留、扇形、分区、分散形式布置。雨水管道应就近排入水体或能贮调处。生活污水管直径应按其汇流面积的生活污水量按重力流经计算确定,其最小管径和坡度为保证排放通畅,一般街坊下和厂区 $DN \not< 200\text{mm}$,$i \not< 0.004$,街道下 $DN \not< 300\text{mm}$,$i \not< 0.003$。雨水管道应按雨水设计流量(Q)确定,计算式采用:

$$Q = q\Phi F \quad (\text{L/s}) \tag{1.5-3}$$

式中　q——设计暴雨强度,可查阅排水设计手册选用(L/(s·10^4m^2));

　　　Φ——径流系数,其数值小于1;

　　　F——汇水面积(10^4m^2)。

排水管道埋深,按管顶最小埋深不宜小于 0.7m,并且其管底可敷于冻土以上 0.15m,按此所确定的深度尚有结冻和压坏时,应有保温和加固措施。排水管道最大埋深,在干燥土中 $\not> 7\sim8\text{m}$,在多水、流砂或石灰岩地下 $\not> 5\text{m}$。

2. 污水泵站是为提升污水所设。一般采用独立、地下、能自灌提升方式。泵房距居住建筑应大于25m,泵站设备间净高应按有无吊车起重设备确定,一般最小高度≤3.0m。泵站房间除有良好通风、采光外,根据地区气候和是否有人值班决定是否设置采暖设备。自动化无人值班室温≤5℃。泵房机组与集水池合建时,应用不能渗漏防水隔墙分开,泵站地下应在高出地下最高水位0.5m以下有防水措施。泵站室内地面应高出室外洪水位0.5m,泵站集水池的有效容积,应按其功能分别确定,当为污水泵房时,其有效容积不得小于最大一台污水泵的5min出水量,当为雨水泵房时,集水池有效容积不得小于最大一台雨水泵30s出水量。

3. 雨水井 是分流制雨水管渠或合流制管渠上收集雨水的构筑物,一般设于道路交叉路口边侧,或直线道路适当距离边侧,或边侧低洼处。雨水经雨水口流进与其连通的连接管后进入排水管渠,图1.5-13(a)为平算式雨水井,一般井深不大于1m,底部可作成有截留井(见图1.5-13b)或无截留井形式。

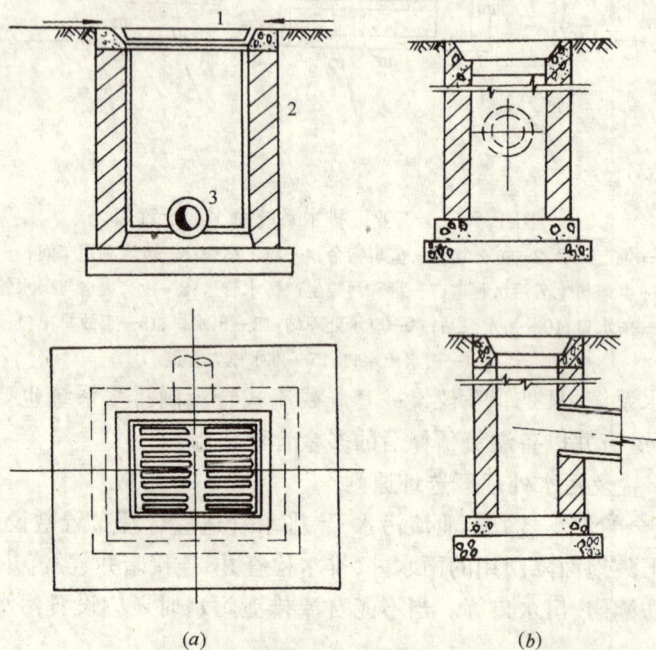

图 1.5-13 雨 水 井
(a)平算式雨水井;(b)有沉泥井的雨水井
1—进水算;2—井筒;3—连接管

4. 排水检查井 检查井的功能是便于管渠清通其间堵塞物,所以一般在管渠交汇、转弯、管渠尺寸变化、管渠坡度改变处、跌水处以及直线段相距一定距离处都应设置排水检查井。有特殊功能的排水检查井如跌水井可消能导流而避免管底高差过大(>1m)引起冲刷,又如水封井,可隔绝易爆、易燃气体进入管渠。图1.5-14为一般检查井平、立、剖面图,它是由井底及基础、井身和井盖组成。

5. 污水处理厂的厂址一般应设于污水能自流入厂内的地势较低处并位于城镇水体下游,与居民区有一定隔离带,主导风向下方,不能被洪水浸淹,地质条件好,地形有坡度。

1.5.3 城镇集中供热

为保护大气环境,降低能耗,近代城镇均采用热电联产或区域锅炉房;或工业余热等为

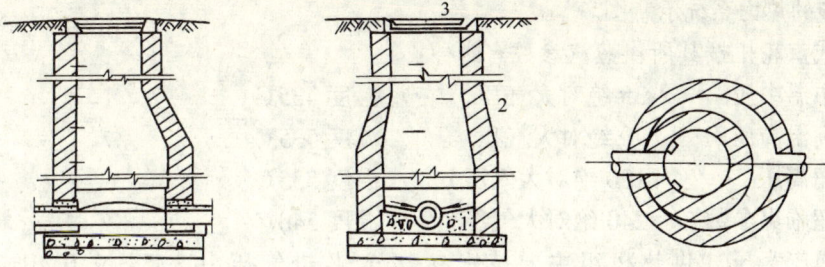

图 1.5-14　排水检查井

热源,经过供热网输配热媒到城镇各热用户。

集中供热系统,总的来看是由热源、热力网和热用户三部分组成。图 1.5-15(a)为热电

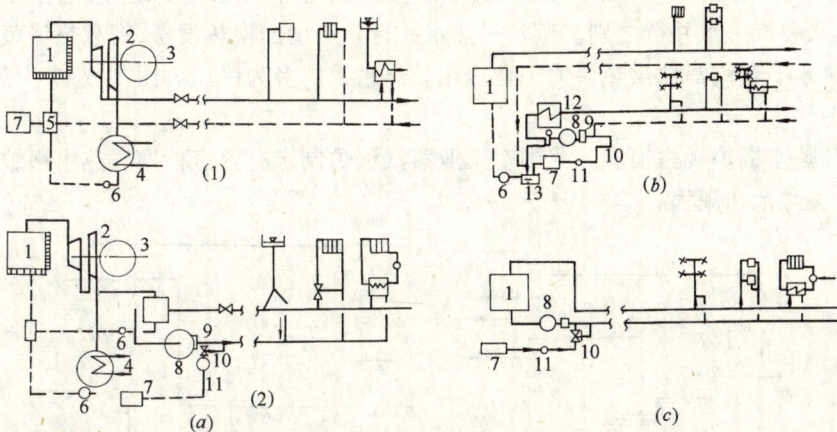

图 1.5-15　集中供热系统

(a)热电联产供热系统；　(b)蒸汽锅炉供热系统；　(c)热水锅炉供热系统

1—锅炉;2—汽轮机;3—发电机;4—冷凝器;5—回热循环系统装置;6—凝水泵;7—软化水;
8—热网水泵;9—除污器;10—压力调节器;11—补水泵;12—加热器;13—凝水池

联产供热系统,其中(a)(1)为蒸汽供热系统,(a)(2)为热水供热系统,(b)为蒸汽锅炉供热系统,(c)为热水供热系统。蒸汽供热多用于工业生产,热水供热多为城镇民用。

兹简要介绍其热源热交换站和热力网 3
个组成部分。

一、热源　城镇集中供热的热源,当前
我国主要的是热电联产和锅炉房,以及少量
的工业余热和地热等构成的热源,此外也有
少量的原子能电厂、太阳能利用等。

1.热电联产的热源　主要是采用供热
汽轮机组,实行发电和供热。供热汽轮机从
工作原理划分有背压式和抽汽式两种。背压
式汽轮机其全部排气(作功发电后乏汽)直接
供热用户,而抽气式汽轮机由可调节的抽气
口,抽出部分作功后高压蒸汽作为热源,其余作功后蒸汽进入冷凝器变为凝水回用。图 1.5-16

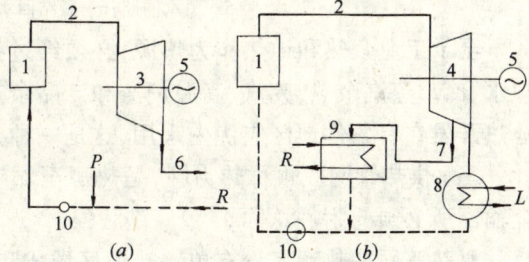

图 1.5-16　热电联产的热力系统示意图
(a)背压式;(b)抽汽式

1—锅炉;2—蒸汽管;3—背压式汽轮机;4—抽汽式汽轮机;
5—发电机;6—排气;7—抽气;8—冷凝器;9—热网加热器;
10—凝水泵;R—热力网;P—补水;L—冷却水

为热电联产的热力系统示意图。

供热式汽轮机按其所供蒸汽参数有四种：

中温中压	35 绝对大气压，	温度 435℃
高温高压	90 绝对大气压	温度 535℃
超高压	130 绝对大气压	温度 535℃
超临界参数	240 绝对大气压	温度 540℃

部分国产背压式供热机组主要技术参数范围：进气压力 3.5～9.0MPa 进汽温度 435～535℃，额定进气量 36～280t/h，排气压力 0.4～4.1MPa。抽汽式供热机组成主要技术参数范围可达：进汽压力 3.5～9.0MPa，进汽温度 435～535℃。额定进汽量 22～550t/h，抽气压力 0.4～1.3MPa，抽气量 10～180t/h。

2. 锅炉供热的热源　锅炉产热作为热源有蒸汽锅炉和热水锅炉之分，但作为载热体确有蒸汽、热水和汽—水并行之别。蒸汽—热水并行只是增加换热设备，把载热体蒸汽经传热作用换为热水。蒸汽锅炉供热多为工业应用。热水锅炉多为民用。图 1.5-17 为蒸汽、热水供应系统图。

蒸汽和热水锅炉规格很多。我国对工业蒸汽锅炉制定有国家标准。热水锅炉也作了规定，详见有关规范和规程。

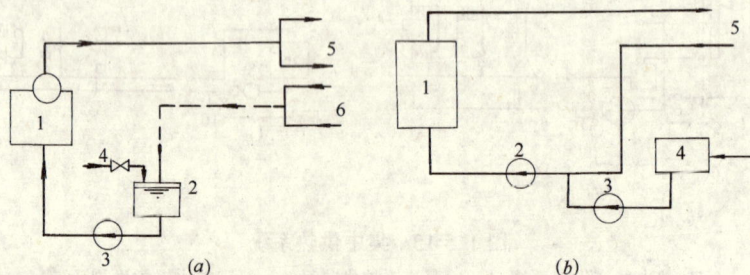

图 1.5-17　蒸汽及热水锅炉供热系统示意图

　　　(a)蒸汽供热；　　　　　　　　(b)热水供热

1—蒸汽锅炉；2—凝结水箱；　　　1—热水锅炉；2—循环水泵；

3—锅炉给水泵；4—软化水；　　　3—补水泵；4—水处理设备；

5—蒸汽网路；6—凝结回水　　　　5—热水供、回水网路

至于工业余热和地热作为热源，必须经过技术经济比较后才可以利用。工业余热有冷却水、冷却蒸汽余热，废汽、高温炉渣和产品余热、化学反应余热和可燃废气的载热性余热。地热开发在有条件地区应优先采用，这是一种无污染环境的热源。

二、供热管网　也称热力网，是热源至城镇各热用户的室外供热管道及保证载热体安全输配所必须的附件总称。

供热管网按热源多少有单一热源区域式和多热源统一式。按输送载热体介质有蒸汽和热水管网，按管网布置有枝状和环状之分。图 1.5-18 为供热管网示意图。城镇集中供热一般多采用枝状管网。

供热管网应尽量沿街道一边敷设，南北走向时，一般供水(汽)管靠东；回水(凝水)管靠西，东西向敷设时，可置供水(汽)靠北；回水(凝水)管靠南。供热管网可置于地下通行、半通行或不通行管沟，也可直埋(无沟)或架空敷设。

72

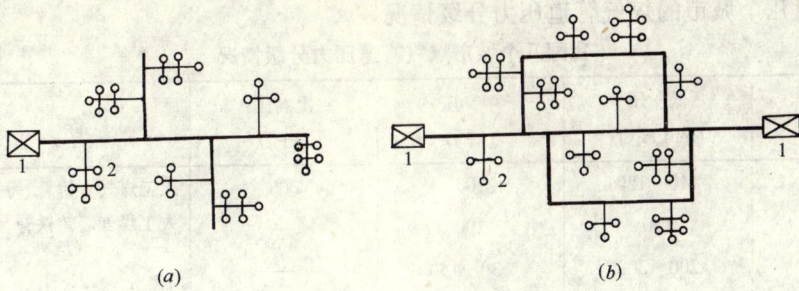

图 1.5-18　供热管网
(a)枝状;(b)环状
1—热源;2—热用户

为保证供热管网安全、便于检修及减少热损失需设置许多附件。如管道阀门是用以连通、关闭和调节载热体流量的附件,补偿器则是用以管道受热伸长补偿的附件,支坐则是支撑管道的附件,管道保温可以减少热损失提高热效率等。

三、热交换站　区域集中供热系统的热网与用户连接,一般采用热交换站,如仅供一座建筑或一个单一用户,有时也称专用热交换站或热力进口连接,当供多个热力用户而设置公共热交换站。

热交换站主要由热交换器、输送设备如水泵等和控制设备等组成。热交换站按热源不同有汽—水、水—水两种。按热用户用途不同有采暖单一热交换站、采暖和热水供应双用热交换站和生产、生活、采暖多用热交换站。热交换站工艺有多种多样,专用热交换站(热力进口)的连接方式见本书供暖有关章节,本节仅简述独立公共热交换站一般知识。

独立热交换站供热作用半径,应作技术经济分析择优确定,国内目前作为单一采暖区域性热交换站作用半径一般控制在 500m 以内为宜。

独立热交换站的建筑设计可根据热负荷和设备情况取一层或两层布置。上、下两层,底层主要布置各种功能水泵。二层主要布置多种热交换器,各层面积应根据设备数量、规格合理确定。层高≤4m,门窗尺寸应满足最大设备出入所需并一律朝外平开,此外,应有防噪声措施。

1.5.4　城镇煤气供应

城镇煤气供应是燃气供应中的一种煤制气供应。民用与工业燃气供应除煤制气外,尚有天然气、油制气、液化石油气等。我国当前大部分城镇还是以煤制气为主。本节主要介绍煤气供应。

煤制气按加工方法有干馏煤气、气化煤气和高炉煤气等。

城镇煤制气输配系统一般是由气源厂、管网输配系统、用户等组成。室内煤气供应的气源取自室外管网。因此,城镇煤气供应本节重点介绍城市煤气输配系统。

一、城镇煤气管道压力分级。

为了保证安全、可靠和经济的输、配煤气,我国城镇对煤气管道压力分为四级如表1.5-1所示。当前我国大部分城市煤气供应为中、低压两级。表

我国城镇燃气管道压力分级

表 1.5-1

燃气管道压力分级	压力 p（kPa）
低　压	≤5
中　压	5<p≤150
次高压	150<p≤300
高　压	300<p≤800

1.5-2为我国几个城市的煤气管道压力分级情况。

我国几个城市煤气管道压力分级情况　　　　　　表 1.5-2

城 市	低 压 (mm H$_2$O)	中 压 (kPa)	次高压 (kPa)	备　　注
北 京	110~120	100	300	人工煤气　钢管、铸铁管
上 海	150	100	—	人工煤气　铸铁管
大 连	200~300	130~150	—	人工煤气,铸铁管
鞍 山	300	35	—	
沈 阳	300	100~160	—	
长 春	200~400	100~150	—	
哈尔滨	150~200	30	—	

二、城镇燃气管网分类

根据燃气供应范围大小,有单级、两级、三级和多级系统。

单级系统一般以低压级输送和分配煤气。适用于较小城镇如图 1.5-19(a)所示。

两级系统,可以采用高压、次高压到低压,或中压到低压系统。前者高压、次高压管道必须采用钢管,而中、低压两级系统管材可以全部采用铸铁管比较经济,但不如前者发展有利。图 1.5-19(b)为中、低压两级系统示意图。

三级和多级系统多用于天然气和大型城市。

城市民用建筑室内煤气供应均取自室外低压管道。

三、调压室(站)及储配站

煤气输配系统中为保证管网中压力稳定和压差的调节而设置由调压器、计量设备等组成的调压室(站)。调压室(站)根据使用性质不同有区域调压室、用户调压室和专用调压室,按调压作用有高中压、高低压和中低压调压室之分,按建筑形式有地上、地下和露天调压室。

调压器种类很多,其基本工作原理,是以局部阻力增加压力损失,使压力降下来。按构造不同有雷诺式调压器、T型高压器、曲流式调压器、用户调压器等多种。其中用户调压器具有体积小、重量轻,适用于用量不大的工业用户和居民点。图 1.5-20 为用户调压器构造图。这种调压器可以将低压用户与中压或高压煤气管直接连接,而且便于楼与楼之间调压,表 1.5-3 为 DN25 用户调压器的性能。

煤气储配站功能是使气源厂能均衡生产,但又能满足煤气用户的用气不均匀性。储配站一般由煤气储罐、压送机室、辅助建筑(如变电室、配电室、控制室、水泵房、锅炉房、工具库和储藏室等)和生活间组成。

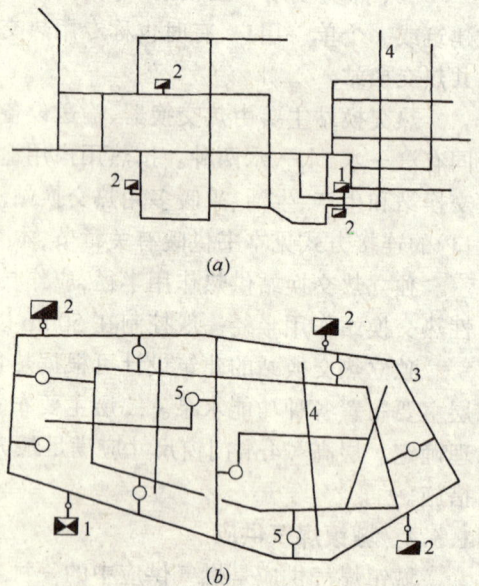

图 1.5-19　城市煤气供应管网示意图
(a)低压单级系统;　(b)中、低压两级系统
1—气源厂;2—低压湿式储备站;3—中压管道;
4—低压管道;5—中、低压调压室

74

储气罐类型很多,按储气压力划分有低压和高压储气罐。按密封方式划分低压式湿式、

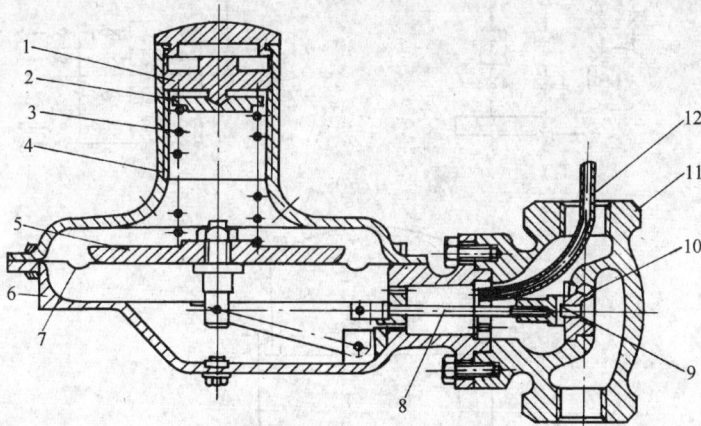

图 1.5-20　用户调压器

1—调节螺丝;2—定位压板;3—弹簧;4—上体;
5—托盘;6—下体;7—薄膜;8—横轴;9—阀垫;
10—阀座;11—阀体;12—导压管

DN25 用户调压器技术性能　　　　　　　　　　表 1.5-3

项　目	进口压力 (kPa)	出口压力 (mm H₂O)	流　量 (m³/h)	同时使用户数 (户)
设计参数	100～300	90±40	60	120
实际运行 参　数	50～250	280±40	100	200

干式储气罐、高压式干式储气罐。按结构形式划分,低压式储气罐中湿式有直立式、螺旋式,干式则有阿曼阿恩型(一种平面成多边形内部有活塞)、可隆型(平面成圆形,内部有活塞)、威金斯型(断面类似钟罩形,内部有活塞)。高压储气罐则有圆柱形(立式或卧式)、球形。

我国许多城市当前多用低压储气罐。

图 1.5-21(a)为低压储配站两种工艺流程。一种是低压储存中压输送的流程,另一种是低压储存中、低压分路输送流程。当城镇需中、低压同时供气,应采用后者。

图 1.5-21(b)为低压湿式储罐示意图。气源厂生产的煤气均以低压进入储气罐。

四、城市煤气管网布置一般成环状,尽量不布置在繁华街道下,煤气管不得与水管(冷、热水管)、电力、通讯管线同沟敷设,否则应加套管防护,也不得穿建筑物下方,煤气管应敷设在当地冻土线以下,架空敷设应保证运输要求高度,当过河敷设时应有防冲、防漏等技术措施。

1.5.5　城市供电

在我国,当今有火力、水力和原子能发电。为保证供电与用电安全可靠,在设有发电厂的城市之间或发电厂与城市之间建立了区域供电系统。对许多小城镇和农村来说,其电源是取自区域供电系统变电站(所)。

图 1.5-22 为供电系统组成示意图。由图可知供电系统是由发电厂中发电机、变电站、电力网构成。变电站有升压和降压变电站之分。升压变电站是把发电机发出的电压提高,

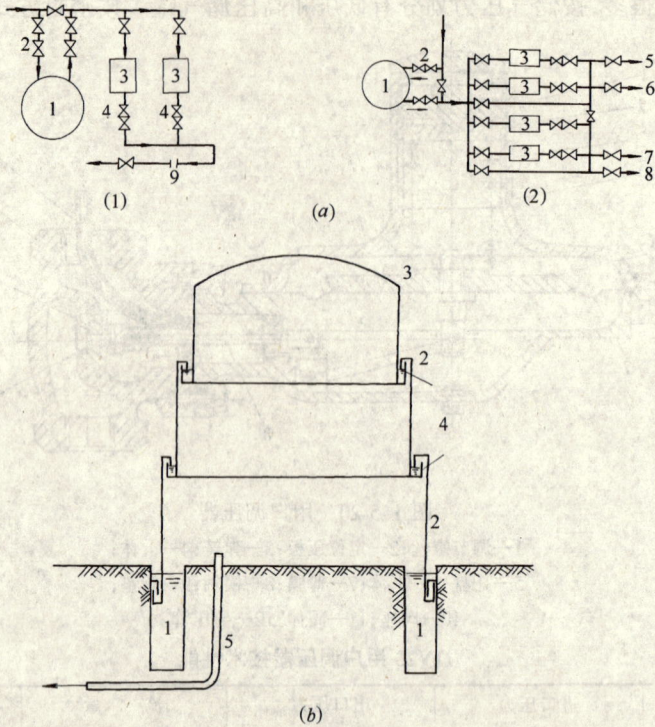

图 1.5-21　低压储配站工艺流程和低压湿式储气罐

(a)(1)低压储存中压输送;(a)(2)低压储存中、低压输送

1—低压湿式储气罐;2—水封阀门;3—压缩机;4—逆止阀;

5、6、7、8—分路输送管道;9—出口计量器

(b)低压湿式储气罐:1—环形水槽;2—塔节;3—钟罩;

4—水封;5—进出气管

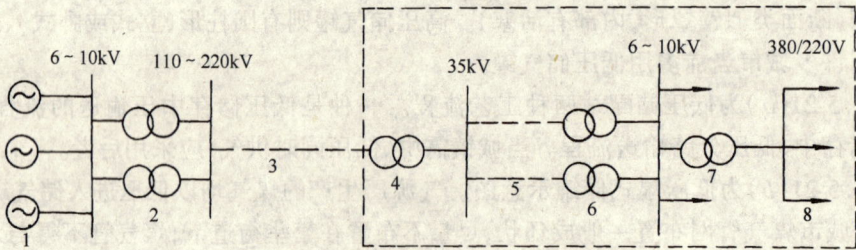

图 1.5-22　供电系统组成

1—电源厂发电机;2—升压变电站;3—高压输电;

4—降压变电站;5—中压供配电;6、7—降压变电站;8—低压配电

以便节能而经济的把电力输送到用电区。而降压变电所(站)是把高压电能降低到一定标准,以利于用户的电力分配和应用。电力网则是指发电厂与变电所之间,或变电所之间,变电所与用电设备之间的电力线总称。

一、供电的质量

由上述可知,城市供电网是该城市所有建筑用电的直接电源。电能是一种物质产品,象其它产品一样,需要用一些指标来确定其质量标准来衡量其质量优劣,即电压等级和供电质量。

76

（一）电压等级

发电机、电力网和用户供配电系统合称电力系统。电压等级是指电力系统中各个环节处的电气设备长期工作而不造成故障或提前损坏所承接的电压数值，是根据一个国家的工业生产水平，电机，电器和绝缘材料的制造能力，经过技术经济综合分析比较后而确定的电压数值。规定电压等级，对于电气设备的制造生产、设计选用和运行维护，都是非常必要和至关重要的。1956 年我国颁布了三类电压标准。

1. 第一类额定电压 电压值为 100V 及以下。主要用于安全照明，蓄电池、油断路器及其它开关设备的操作电源。如表 1.5-4 所示。

2. 第二类额定电压 电压值为 100V 以上，1000V 及以下。主要用于低压动力和照明。如表 1.5-5 所示。

第一类额定电压　表 1.5-4

直流（V）	交　流（V）	
	三相（线电压）	单相
6	—	—
12	—	12
24	—	—
—	36	36
48		

第二类额定电压　　表 1.5-5

受　电　设　备			发　电　机		变　压　器			
直流（V）	三相交流（V）		直流（伏）	三相交流（V）	三相交流（V）		单相交流（V）	
	线电压	相电压		线电压	一次侧	二次侧	一次侧	二次侧
110	—	—	115	—	—	—	—	—
—	(127)	—	—	(133)	(127)	(133)	(127)	(133)
220	230	127	230	230	220	230	220	230
—	380	220	—	440	380	400	380	—
440	—	—	480	—	—	—	—	—

注：表中所列括号内的电压只用于矿井下或其它保安要求较高之处。

3. 第三类额定电压 电压值为 1000V 以上。主要作为高压用电设备及发电、变电和输电的额定电压。如表 1.5-6 所示。

第三类额定电压　　表 1.5-6

受电设备（kV）	交流发电机线电压（kV）	变压器线电压（kV）		受电设备（kV）	交流发电机线电压（kV）	变压器线电压（kV）	
		一次侧	二次侧			一次侧	二次侧
3	3.15	3 及 3.15	3.15 及 3.3	110	—	110	121
6	6.3	6 及 6.3	6.3 及 6.6	154	—	154	169
10	10.5	10 及 10.5	10.5 及 11	220	—	220	242
—	15.75	15.75	—	330	—	330	363
35	—	35	33.5	500	—	500	550
60	—	60	66				

（二）供电质量

电压是供电的主要和重要参数之一，所以可以用如下电压质量的指标说明电源的供电质量。

1. 电压偏移 指供电电压的实际值偏高或偏低于其额定值的数值占额定值的百分数，用下式表示

$$\Delta U_{\mathrm{P}}\% = \frac{U - U_{\mathrm{e}}}{U_{\mathrm{e}}} \times 100\% \qquad (1.5\text{-}4)$$

式中　U——供电电压的实际值(V)或(kV);

　　　U_e——供电电压的额定值(V)或(kV)。

供电电压过高,会引起供电设备过热、过电流保护误动作和设备损坏等故障。供电电压过低会造成灯光昏暗,电动机转速下降和发热等不正常运行。一般规定电压偏移值不超过±5%。

在昼夜负荷变化太大的电网中,电压偏移大,接于电网始端的用户,在轻负荷时,电压会太高。接于电网末端的用户,在高峰负荷时,电压将太低。在实际运行中若发现电压偏移超过规定值,可采用增大供电线路截面,提高 $\cos\phi$ 值或调整变电所位址等措施,使电压偏移不超过规定范围。

2. 电压波动　是指供电电压时高时低的变化。电压波动是由于电动机的频繁启动、电焊机和电梯等冲击负荷的运行造成的。电压波动将导致灯光闪烁,使人烦躁,电动机运行不平稳,影响正常运行等不良后果,甚至会破坏某些电子设备的工作。电压波动的快慢受用电设备工作的影响,无法限定,但对电压波动的范围(程度)有明确的规定,见表1.5-7。

如果电压波动超过规定的范围,就应当对引起电压波动的电动机;采用专门的起动方式和起动设备。

3. 电压的频率　是供电电压每秒钟交变的周期数。供电频率直接影响着电动机的转速,电气设备的阻抗和电力系统的稳定性。因此,在同一电力系统中只能有一个频率,我国电力工业的标准频率为50Hz。日本、美国为60Hz。对频率的要求十分严格,一般不得超过±0.5%。

各种用电设备端允许电压波动参考值　　表1.5-7

用电设备种类及运转条件		允许电压波动值(%)	
		−	+
白炽灯	室内主要场所	2.5	5
	住宅照明	6	
	36V 以下移动照明	10	
	短时电压波动(次数不多)	不限制	
荧光灯	室内主要场所	2.5	5
	短时电压波动	10	
电动机	连续运转(正常计算值)	5	5
	连续运转(个别远处)正常条	8～10	
	件下、事故条件下	10～12	
	短时运转	20～30	

注:电压降低值应满足电动机起动转矩要求。

4. 电压的波形　理论上应当是50Hz的正弦波。实际上由于大容量可控硅整流和变频装置的应用等原因,使实际的电压波形为各种高次谐波与基波复合而成的非正弦波。高次谐波大大改变电气设备的阻抗值,造成发热、短路,使设备损坏,使电子设备的工作受到干扰和影响。

目前,对高次谐波量的限制尚未做出规定。一般采取的措施是,尽量限制谐波的产生量,将产生高次谐波的设备与供配电系统屏蔽开。

5. 电压的不平衡度　是指三相四线制低压供电系统中,接在每相的单相负荷不相等的程度。三相间负荷不平衡,引起三个相电压不平衡,使接于该系统内的电动机中负荷电流增大,导致转子内的热损失增加,产生过热,危害正常运行。某些电子设备,如电子计算机的工作,对三相电压的不平衡度也十分敏感。

国外资料介绍,三相电压的不平衡度若超过2%就造成电动机转子过热,若超过2%～2.5%就会对某些电子类产品的工作造成影响。因此,应当尽量把单相负荷平衡分配到三相中,应将对三相电压不平衡度比较敏感的单相设备分开供电。

二、结线方式

城镇中各类建筑或建筑群的用电,当取自电力系统,则该系统设于该城镇附近枢纽变电站或专设的总变电站,即为该城镇的电源。枢纽变电站或总变电站供电到用电户不但距离有远有近,而且所需电压因设备而异,因此若均从枢纽变电站或总变电站敷、架输电线路供电到用户显然是很不经济的。为此,当城镇用电的电源为电力系统的枢纽变电站式总变电站时,可采用3种不同电压供电网路,即高压网路、中压网路和低压网路。电压由高到低的变换,均由设于枢纽变电站或总变电站中降压变压器完成。高压网路是指电压等级 220kV 及以上供电网和标准电压为 35、63、110kV 高压配电网。

中压网路是指标准中压级别的 3、6、10kV 的电力网路。

低压网路一般指电压为 380/220V 配电网路。

高、中、低压网路供电到用户分界开关,有以下几种结线方式:

1. 放射式结线方式　如图 1.5-23(A)所示。这种结线方式的特点是以供电电源的母线;用一个回路向一个用电的小区供电,各回路之间故障、通、断互不影响,供电安全可靠。图中 $A-(a)$ 是在变压器高压侧没设断电保护装置,适用于供电距离不大情况,图中 $A-(b)$ 则设有跌落式熔断器,适用于变压器容量不大,供电距离较远,图中 $A-(c)$ 设有断路器,供电容量大、距离远。

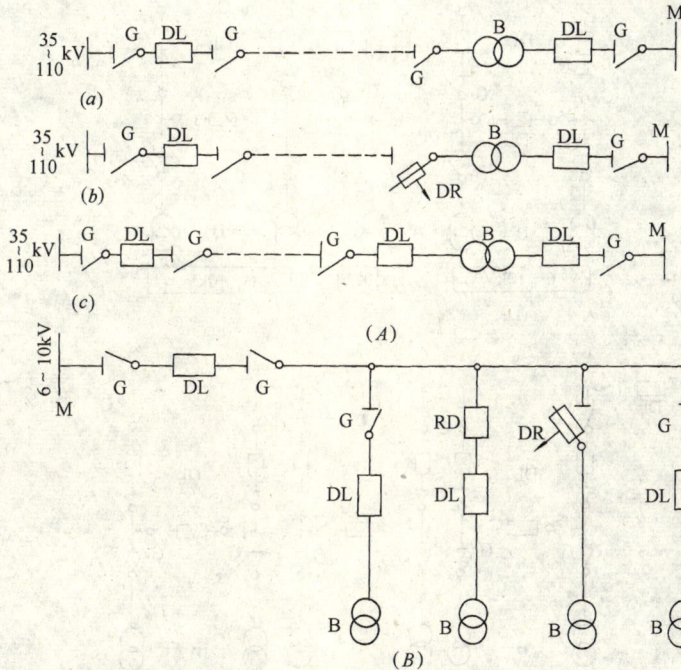

图 1.5-23　放射式及树干式供配电结线方式

（a）放射式　　　　　　（b）树干式

G—隔离开关;　DL—断路器;　DR—跌落式熔断器;

B—电力变压器;　RD—熔断器

2. 树干式结线方式　如图 1.5-23(B)所示。这种结线方式特点:由电源引出的一个回路作为干线,然后在干线上再引出支线向用电户供电,这种结线方式当干线发生故障,停电范围大,但因供电设备少投资省。

3. 单侧电源双干线、双侧电源双干线或双侧电源单回路穿越干线结线方式,如图 1.5-24(A)、(B)、(C)所示,均可以提高供电可靠性。

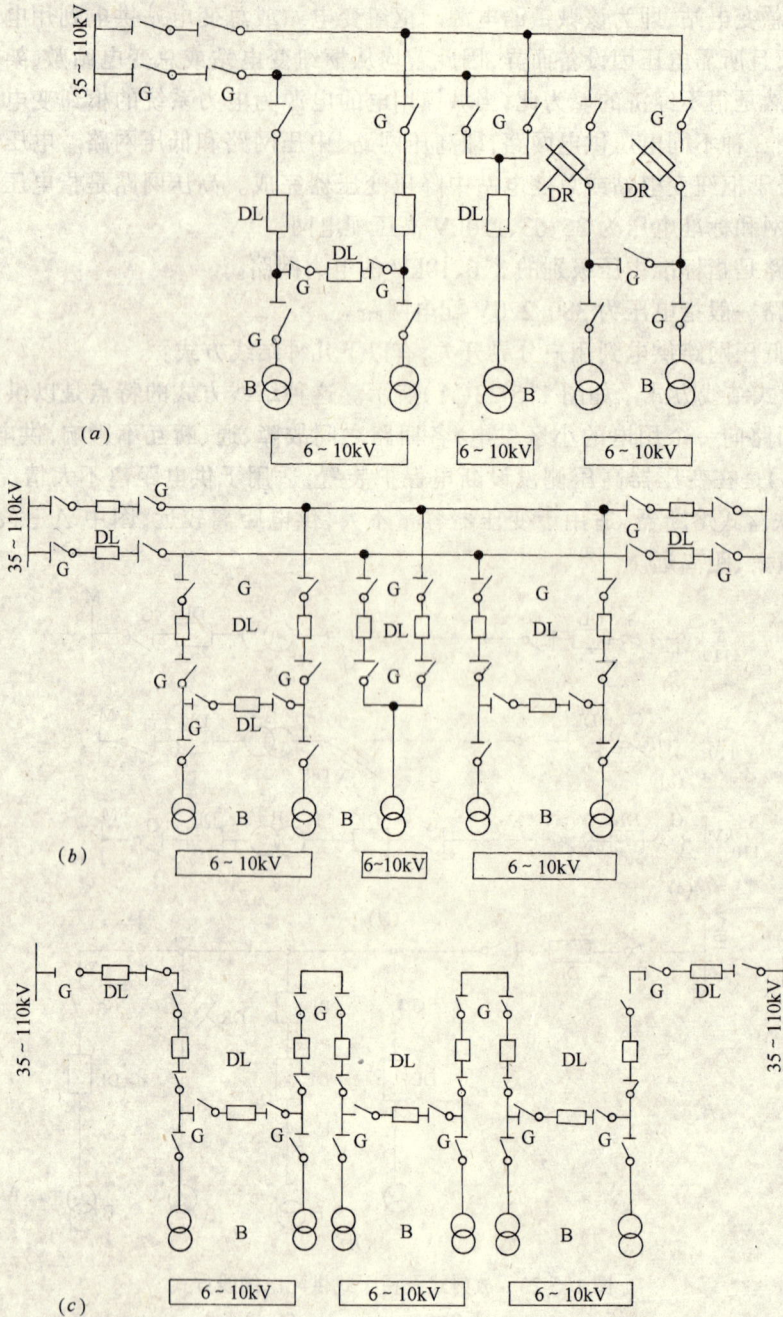

(a)

(b)

(c)

图 1.5-24 单、双侧电源双干线和单回路穿越干线的结线方式
(a)单侧电源双干线;(b)双侧电源双干线;(c)双侧电源单回路穿越干线
(符号同图 1.5-23)

4. 环形式供配电结线 如图 1.5-25 所示。结线由一个变电所(单电源)引出两条干

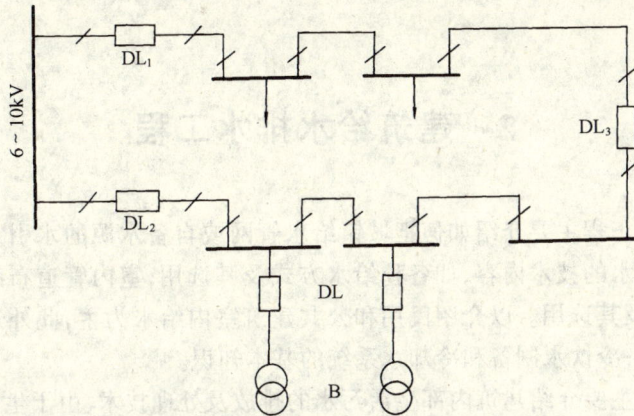

图 1.5-25　环形网供配电结线方式

线,构成一个环网,其间设断路器3,在正常运行断路器3断开,但当环路中任一台变压器或线路发生故障,可用开关将故障部位断开,闭合环路断路器,则可在非故障区继续供电,供电可靠较之前述各种结线方式要高。此外,大、中城市可采用多个电源供电,供电可靠性更高,采用网格式供配电还可以提高供配电系统可靠性。

三、城市电力系统规划要点

进行城市电力系统规划的内容,主要有以下几点:

1. 选择电源　根据当地动力资源情况和技术—经济比较后选择火力、水力式原子能发电;

2. 制定好当前、近期和远期用电负荷和相应的电力平衡方案;

3. 选定发电厂、变、配电站(所)的位置及数量;

4. 确定电压等级;

5. 确定高压线走向、高压走廊具体位置及低压结线方式;

6. 绘出电力负荷分布图及系统供电总平面图。

2 建筑给水排水工程

本篇建筑给水工程主要介绍如何把城镇给水管网或自备水源的水引入各类建筑,作为生活、生产、消防用水的技术内容,如各种给水方式及其选用;室内管道布线及配管方法;增压、贮水设备类型及其选用。以介绍民用和公共建筑室内给水为主,此外还简要介绍水景、庭园绿化喷洒供水;冷饮水制备和冷却水系统的基本知识。

建筑排水工程主要介绍建筑内部生活污水的排放及处理技术,由于生产污水水质复杂,必须根据国家规定的污水排放标准,进行必要的水处理水质达标后,才能排入城市生活污水系统或天然水体,对此,仅作一般介绍。此外还简要介绍了市政与建筑物之间的建筑小区排水管网的组成及其规划原则,建筑中水技术和建筑给排水管道的安装。

2.1 建筑给水工程

2.1.1 建筑给水系统的分类及组成

一、建筑给水系统的分类、组成

建筑给水系统是将城镇给水管网或自备水源的水,经配水管引入室内送至建筑内的生活、生产和消防用水设备,并满足各用水点对水量、水压和水质要求的冷水供应系统。

建筑给水系统按供水用途,可分为三类:

(一) 生产给水系统　供生产设备冷却,产品、原料洗涤和各类产品制造过程中所需的生产用水。

(二) 生活给水系统　供人们饮用、盥洗、洗涤、沐浴、烹饪等生活用水。

(三) 消防给水系统　供用水灭火的各类消防设备用水。

以上系统可独立设置,也可以组成生活—消防、生产—消防、生活—生产和生活—生产—消防等共用给水系统。系统的选择,应根据生活、生产、消防等各项用水对水质、水温、水压和水量的要求,结合室外给水系统的供水量、水压和水质等情况,经技术经济比较或采用综合评判法确定。

不论是独立的还是共用的给水系统,均有以下基本组成部分,参见图 2.1-1。

1. 引入管　自室外给水管将水引入室内的管段,也称进户管。

2. 水表节点　安装在引入管上的水表及其前后设置的阀门和泄水装置的总称。

3. 管道系统　由干管、立管和支管等组成。

4. 配水装置　如各类配水龙头和配水阀门等。

5. 给水附件　管道系统中调节和控制水量的各类阀门。

当室外给水管网的水压、水量不能满足室内用水要求或建筑内对安全和稳压供水有较高要求时,还应在给水系统中设置增压、贮水设备,如水泵、水池、水箱和气压给水设备等。按照我国消防规定,室内需备消防给水时,则应在系统中增设消防给水设备。

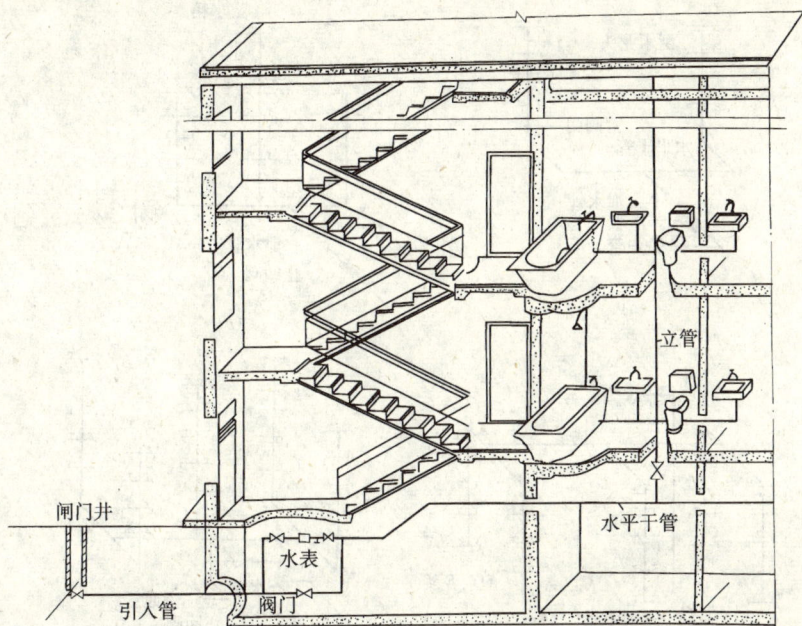

图 2.1-1　简单的室内给水系统

2.1.2　建筑给水系统的给水方式

给水方式即给水系统的供水方案。应按照使用要求、建筑高度、基建和经常费用、对建筑立面和结构的影响、配水点的布置、室内所需水压和室外给水管网所能提供的最低水压等因素合理确定。在设计工作中初定给水方式时对于层高不超过 3.5m 的民用建筑，给水系统所需压力（自室外地面算起）可估算确定：一层为 100kPa，二层为 120kPa，二层以上每增加一层，增加 40kPa。但这种估算方法不适用于高层建筑分区供水系统。

给水方式的基本形式有以下几种：

（一）直接给水方式

如图 2.1-2(a)所示，这种方式宜在室外给水管网的水量、水压昼夜均能满足室内用水要求时采用。

（二）设水箱的给水方式

如图 2.1-2(b)所示，这种方式宜在室外给水管网水压昼夜周期性不足时采用。其工作情况为平时利用外网水压供水至水箱，水箱贮备水量在外网水压不足时输入系统。当外网水压偏高或不稳定时，为保证给水系统的良好工况或满足稳压供水要求，也可采用室外给水管网输水至水箱，由水箱出水管向管网供水的方式，如图 2.1-2(c)所示。

（三）仅设水泵的给水方式

如图 2.1-2(d)所示这种方式可在室外给水管网的水量满足室内需要，但压力经常不足时采用。当室内用水量大而均匀时，可用恒速泵供水，室内用水量不均匀时，宜采用一台或多台水泵变速运行方式，以提高水泵的工作效率，降低电耗。为充分利用外网压力，节约电能，当水泵与外网直接连接时，应设旁通管（图 2.1-2d）因水泵直接从外网抽水，会使外网水压降低，影响附近用户用水，严重时还可能使外网产生负压，在管道接口不严密的情况下，使

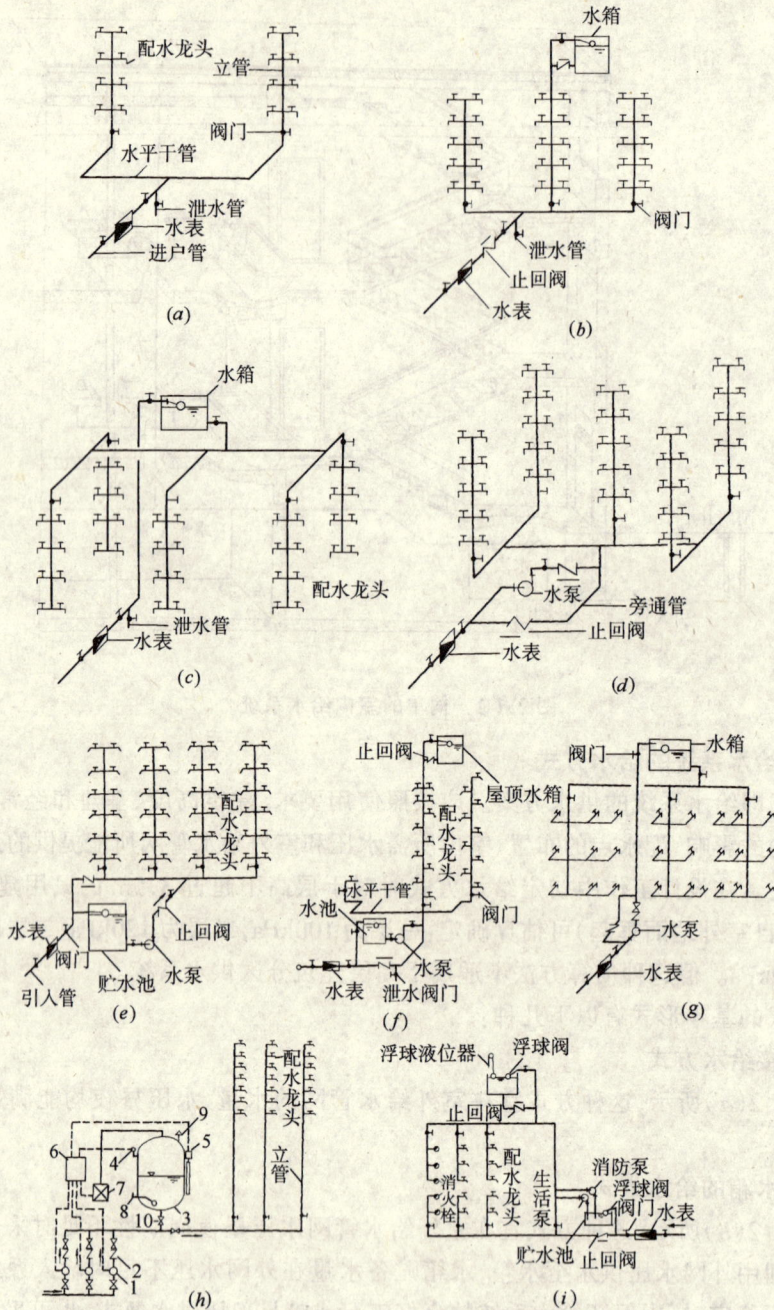

图 2.1-2　给水方式

1—水泵;2—止回阀;3—气压水罐;4—压力信号器;5—液位信号器;

6—控制器;7—补气装置;8—排气阀;9—安全阀;10—阀门

土壤中的细菌或污物进入管内而污染水质。因此,水泵从外网直接抽水时,应征得供水部门同意。为避免以上问题,可在系统中增设贮水池,采用水泵与外网间接连接的方式,如图 2.1-2(e)。

（四）设水泵、水箱的给水方式

可在室外给水管网的压力经常不足,且室内用水不均匀时采用。水泵提升水量可经干

84

管再入水箱,如图 2.1-(f)。也可直接入水箱,由水箱向系统供水,如图 2.1-2(g)所示。

（五）设气压给水设备的给水方式

如图 2.1-2(h)。气压给水设备是给水系统中,利用压缩空气的压力,使气压水罐中的贮水得到位能的增压贮水设备,可设置在建筑物的高处或低处。宜在室外给水管网压力经常不足,室内用水不均匀,且不宜设高位水箱时采用。

（六）竖向分区给水方式

即在建筑物的垂直方向按层分段,各段为一区,分别组成各自的给水系统。在多层建筑物中,当外网压力不能满足上层供水要求时,可采用竖向分区给水方式,如图 2.1-2(i),下层由外网供水,上层升压供水。

高层建筑物层多、楼高,为避免低层管道中静水压力过大,造成管道漏水;启闭龙头、阀门出现水锤现象,引起噪声;损坏管道、附件;低层放水流量大,水流喷溅,浪费水量和影响高层供水等弊病,其给水系统均采用竖向分区的给水方式。分区后各区最低卫生器具配水点处的静水压应小于其工作压力,我国住宅、旅馆、医院类建筑宜取 $0.30-0.35$ MPa、办公楼宜取 $0.35-0.45$ MPa。分区形式有串联式、并联式和减压式,分别见图 2.1-3(a)、2.1-3(b)和 2.1-3(c)。进行竖向分区给水时,各区的升压、贮水设备,应根据需要选用。

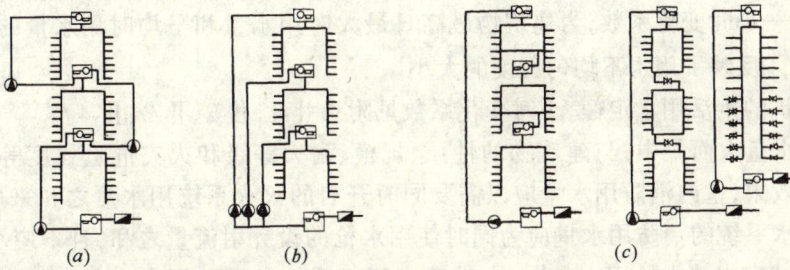

图 2.1-3　高层建筑给水系统分区形式

2.1.3　室内给水需要的水压、水量和冷水的加压、贮存

室内给水所需的水压、水量是选择给水方式及给水系统中增压和水量贮存调节设备的基本数据。

一、室内给水所需的水压

室内给水应保证各配水点在任何时间内需要的水量。各种配水龙头和用水设备为获得满足需要所规定的出水量即额定流量,所需的最小压力称流出水头。所以室内给水系统所需水压,应保证管网中最高最远处所需水压最大的配水不利点,具有足够的流出水头如图 2.1-4 所示,其计算式为:

$$H = H_1 + H_2 + H_3 + H_4 \qquad (2.1-1)$$

式中　H——室内给水管网所需要的水压(kPa);

H_1——相当于引入管起点至最不利配水点垂直高度的压力(kPa);

H_2——引入管起点至最不利配水点的给水管路,即计算管路的沿程与局部水头损失之和(kPa);

H_3——水流经水表时的水头损失(kPa);

H_4——最不利配水点的龙头或用水设备所需的流出水头(kPa)。

二、室内给水所需水量

室内有生活、生产、消防三类用水量。其中生产用水量一般比较均匀,可按消耗在单位产品上的水量或单位时间内消耗在生产设备上的水量计算确定。

生活用水量受气候、生活习惯、建筑物性质、卫生器具和用水设备的完善程度及水价等多种因素的影响,是不均匀的,可根据国家制定的用水定额、小时变化系数和用水单位数按下式计算:

$$Q_d = mq_d \qquad (2.1\text{-}2)$$

$$Q_h = \frac{Q_d}{T} \cdot K_h \qquad (2.1\text{-}3)$$

图 2.1-4　室内给水
系统所需压力

式中　Q_d——最高日用水量(L/d);

　　　m——用水单位数(人或床位等);

　　　q_d——最高日生活用水定额(L/(人·d))或(L/(床·d));

　　　Q_h——最大小时用水量(L/h);

　　　T——建筑物的用水时间(h);

　　　K_h——小时变化系数,为建筑物最高日最大时用水量和平均时用水量的比值,其值反映了用水不均匀程度的大小。

各类建筑的生活用水定额、小时变化系数见附录Ⅱ-1、Ⅱ-2、Ⅱ-3、Ⅱ-4。

消防用水量大而集中,与建筑物的性质、规模、耐火等级和火灾危险程度等密切相关。为保证灭火效果,室内消防用水量应以需要同时开启的灭火系统用水量之和来确定。对室内消火栓给水系统的消防用水量应为同时使用水枪的设计射流量之和,且不应小于表 2.1-1、2.1-2 中的"室内消火栓用水量"。自动喷水灭火系统的消防用水量应为作用面积内,所有喷头出水量之和,且不应小于表 2.1-3 中的"设计流量"。高层建筑消防总用水量应为室内和室外消防用水量之和。

此外,尚有汽车库室内消防用水量、地下工程室内消火栓用水量等,可查阅有关手册或规范选用。

三、贮水池、吸水井

贮水池是贮存和调节水量的构筑物。其有效容积可按下式确定:

$$V \geqslant (Q_b - Q_L)T_b + V_f + V_s$$
$$Q_L T_t \geqslant T_b(Q_b - Q_L) \qquad (2.1\text{-}4)$$

式中　V——贮水池有效容积(m³);

　　　Q_b——水泵出水量(m³/h);

　　　Q_L——贮水池进水量(m³/h);

　　　T_b——水泵最长连续运行时间(h);

　　　T_t——水泵运行的间隔时间(h);

　　　V_f——消防贮备水量(m³);

　　　V_s——生产事故备用水量(m³)。

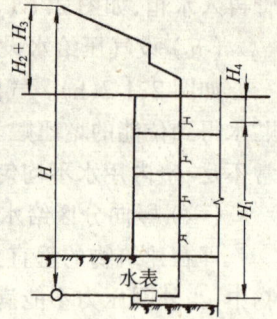

建 筑 物 名 称	高度、层数、体积或座位数	消火栓用水量（L/s）	同时使用水枪数量（支）	每支水枪最小流量（L/s）	每根竖管最小流量（L/s）
厂　　房	高度≤24m、体积≤10000m³	5	2	2.5	5
	高度≤24m、体积＞10000m³	10	2	5	10
	高度＞25m 至 50m	25	5	5	15
	高度＞50m	30	6	5	15
科研楼试验楼	高度≤24m、体积≤10000m³	10	2	5	10
	高度≤24m、体积＞10000m³	15	3	5	10
库　　房	高度≤24m、体积≤5000m³	5	1	5	5
	高度≤24m、体积＞5000m³	10	2	5	10
	高度＞24m 至 50m	30	6	5	15
	高度＞50m	40	8	5	15
车站、码头机场建筑物和展览馆等	5001～25000m³	10	2	5	10
	25001～50000m³	15	3	5	10
	＞50000m³	20	4	5	15
商场、病房楼、教学楼等	5001～10000m³	5	2	2.5	5
	10001～25000m³	10	2	5	10
	＞25000m³	15	3	5	10
剧院、电影院、俱乐部、礼堂、体育馆等	801～1200 个	10	2	5	10
	1201～5000 个	15	3	5	10
	5001～10000 个	20	4	5	15
	＞10000 个	30	6	5	15
住宅	7～9 层	5	2	2.5	5
其他建筑	≥6 层或体积≥10000m³	15	3	5	10
国家级文物保护单位的重点砖木及木结构的古建筑	体积≤10000m³	20	4	5	10
	体积＞10000m³	25	5	5	15

高 层 建 筑 类 别	建筑高度 (m)	消火栓用水量 (L/s) 室外	消火栓用水量 (L/s) 室内	每根竖管最小流量 (L/s)	每支水枪最小流量 (L/s)
普通住宅	≤50	15	10	10	5
普通住宅	>50	15	20	10	5
1. 高级住宅 2. 医院 3. 二类建筑的商业楼、展览楼、综合楼、财贸金融楼、电信楼、商住楼、图书馆、书库 4. 省级以下的邮政楼、防灾指挥调度楼、广播电视楼、电力调度楼 5. 建筑高度不超过50m的教学楼和普通的旅馆、办公楼、科研楼、档案楼等	≤50	20	20	10	5
1. 高级住宅 2. 医院 3. 二类建筑的商业楼、展览楼、综合楼、财贸金融楼、电信楼、商住楼、图书馆、书库 4. 省级以下的邮政楼、防灾指挥调度楼、广播电视楼、电力调度楼 5. 建筑高度不超过50m的教学楼和普通的旅馆、办公楼、科研楼、档案楼等	>50	20	30	15	5
1. 高级旅馆 2. 建筑高度超过50m或每层建筑面积超过1000m²的商业楼、展览楼、综合楼、财贸金融楼、电信楼 3. 建筑高度超过50m或每层建筑面积超过1500m²的商住楼 4. 中央和省级(含计划单列市)广播电视楼 5. 网局级和省级(含计划单列市)电力调度楼 6. 省级(含计划单列市)邮政楼、防灾指挥调度楼 7. 藏书超过100万册的图书馆、书库 8. 重要的办公楼、科研楼、档案楼 9. 建筑高度超过50m的教学楼和普通的旅馆、办公楼、科研楼、档案楼等	≤50	30	30	15	5
1. 高级旅馆 2. 建筑高度超过50m或每层建筑面积超过1000m²的商业楼、展览楼、综合楼、财贸金融楼、电信楼 3. 建筑高度超过50m或每层建筑面积超过1500m²的商住楼 4. 中央和省级(含计划单列市)广播电视楼 5. 网局级和省级(含计划单列市)电力调度楼 6. 省级(含计划单列市)邮政楼、防灾指挥调度楼 7. 藏书超过100万册的图书馆、书库 8. 重要的办公楼、科研楼、档案楼 9. 建筑高度超过50m的教学楼和普通的旅馆、办公楼、科研楼、档案楼等	>50	30	40	15	5

注:建筑高度不超过50m,室内消火栓用水量超过20L/s,且设有自动喷水灭火系统的建筑物,其室内、外消防用水量可按本表减少5L/s。

自动喷水灭火系统的基本设计数据   表 2.1-3

项 目 建筑物的危险等级	设计喷水强度 (L/(min·m²))	作用面积 (m²)	喷头工作压力 (Pa)	设计流量 Q_s(L/s) Q_L	设计流量 Q_s(L/s) $Q_s=1.15-1.30Q_L$	相当于喷头开放数 (个)
严重危险级 生产建筑物	10.0	300	9.8×10^4	50	57.50~65.0	43~49
严重危险级 储存建筑物	15.0	300	9.8×10^4	75	86.25~97.5	65~73
中危险级	6.0	200	9.8×10^4	20	23.0~20.0	17~20
轻危险级	3.0	180	$9.8 \sim 10^4$	9	10.35~11.7	8~9

注:1. 最不利点处喷头最低工作压力不应小于 4.9×10^4Pa(0.5kgf/cm²)。

    2. 作用面积为一次火灾喷水保护的最大面积。

    3. Q_L 为设计喷水强度与作用面积之乘积。

    4. 公称直径15mm的喷头,其工作压力等于 9.8×10^4Pa时,其出水量为1.33L/s。

消防贮备水量可根据消防要求确定,生产事故备用水量,应根据用户安全供水要求,中断供水的后果和城市供水管网可能停水等因素确定。当资料不足时,生活(生产)调节水量即:$(Q_b - Q_L)T_b$,可以不小于建筑日用水量的10%计。若贮水池仅贮备生活(生产)调节水量,则水池有效容积不计 V_f 和 V_s。

仅贮备消防水量的水池,可兼作水景或人工游泳池的水源,若要作为人工游泳池的水源应采取净水措施。生活(生产)、消防共用水池应有保证消防水量平时不被动用的措施,如图2.1-5(a)、(b),水池的设置高度应利于水泵自吸引水,其吸水坑深度不宜小于1m。水池可设在室外靠近泵房处,但周围 10m 以内,不应有化粪池、干厕所、贮油池及污水管渠等有碍卫生的构筑物,也可设在地下室内,但不要用建筑本体如基础、墙体、地板等作为池底,池壁、池盖。水池的溢流管、排水管应采取间接排水措施,如通过受水器、水封井等排入污水管,以防倒流污染。

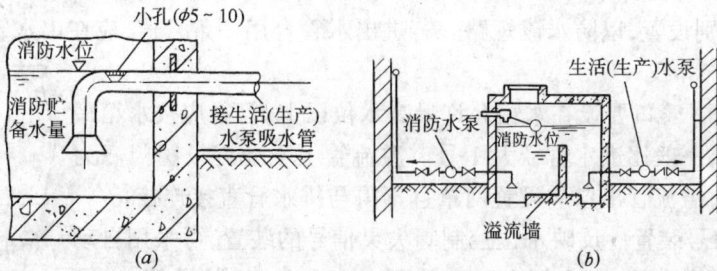

图 2.1-5 贮水池中消防贮水平时不被动用的措施
(a)在生活或生产水泵吸水管上开小孔;(b)在贮水池中设溢流墙

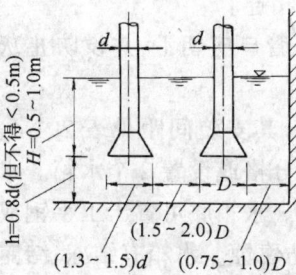

图 2.1-6 吸水管在吸水池中布置的最小尺寸

当室外给水管网能满足室内所需水量,而供水部门不允许水泵直接从外网抽水时,可设仅满足水泵吸水要求的吸水井,吸水井的有效容积应大于最大一台水泵 3min 的出水量,且满足吸水管的布置、安装、检修和防止水深过浅水泵进气等正常工作要求,其最小的尺寸见图2.1-6。

四、水箱

高位水箱是贮存和调节供水量的装置,同时也可起到稳压和减压作用。常为圆形或矩形,特殊条件下,也可设计成任意形状。水箱的材质应不影响水质,普通钢板水箱内壁应刷无毒无害涂料,选用玻璃钢作生活给水箱时,应采用食品级树脂为原料。

(一)水箱的配管附件及设置要求

水箱上一般设有以下配管,参见图2.1-7:

1. 进水管 当水箱利用室外给水管网压力进水时,为防止溢流,进水管上应安装水位控制阀,如浮球阀、液压阀,并在其进水端设检修阀。浮球阀不宜少于 2 个,进水管入口距箱盖的距离,应满足浮球阀的安装要求。当水箱由水泵供水,并采用控制水泵启闭的自动装置时,不需设水位控制阀。进水管管径可按水泵出水量或室内最大瞬时用水量即设计秒流量确定。

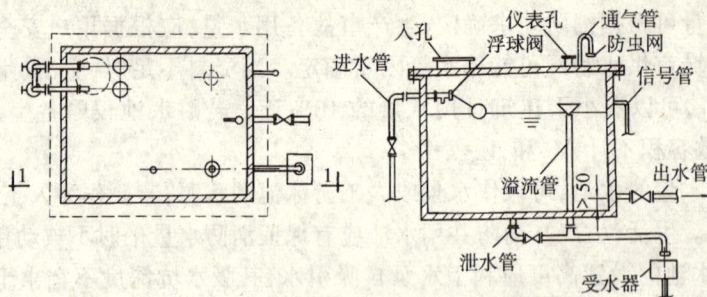

图 2.1-7 水箱附件示意图

2．出水管 可由水箱侧壁或箱底接出，其管口下缘或入水口至水箱内底的距离应不小于 50mm，以防沉淀物流入配水管网。其管径按设计秒流量确定。进水管与出水管宜在水箱的不同侧分别设置，以防水流短路。若进出水管合用一条管道，应在出水管上设止回阀，如图 2.1-8。

3．溢流管 管口要设在水箱允许最高水位以上，管径应按水箱最大流入量确定，一般比进水管径大 1 号。溢流管上不允许设阀门。为防止水质污染，溢流管出口应设置网罩且不得与排水管直接连接。

4．水位信号装置 反映水位控制阀失灵信号的装置，可采用自动液位信号计，设在水箱内，也可在溢流管下 10mm 处，设信号管，直通值班室内的洗涤盆等处，其管径一般采用 $DN15\sim20$mm。若需随时了解水箱水位，也可在水箱侧壁，便于观察处，安装玻璃液位计。

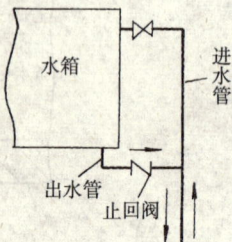

图 2.1-8 水箱进、出水管合用示意图

5．泄水管 装在箱底，用以泄水。管径 $DN40\sim50$mm，管上应设阀门，可与溢流管连接后用同一管道排水，但不得与排水管道直接相连。

6．通气管 设在饮用水箱的密闭箱盖上，管上不应设阀门。管口应朝下，并设防止灰尘、昆虫和蚊蝇进入的滤网。

水箱应设置在净高不低于 2.2m，采光、通风良好的水箱间内，其安装间距见表 2.1-4。大型公共建筑或高层建筑为避免水箱清洗、检修时停水，宜将水箱分格或设置 2 个水箱。水箱距地面应有不小于 400mm 的净空，以便于管道安装和进行检修。水箱底可置于工字钢或混凝土支墩上，金属箱底与支墩接触面间应衬橡胶或塑料垫片以防腐蚀。水箱有结冻、结露可能时，要采取保温措施。生活（生产）、消防给水系统共用的水箱，应有消防贮水量平时不被动用和保证水质不致恶化的措施，可参考贮水池的有关做法。

水箱之间及水箱与建筑结构之间的最小距离　　　　　表 2.1-4

水箱形式	水箱至墙面距离(m)		水箱之间净距 (m)	水箱顶至建筑结构最低点间距离 (m)
	有阀侧	无阀侧		
圆　　形	0.8	0.5	0.7	0.6
矩　　形	1.0	0.7	0.7	0.6

（二）水箱的有效容积

90

水箱的有效容积,应根据在给水系统中的作用来确定。若仅起调节作用,其有效容积以调节水量计。调节水量应按用水量和流入量的变化曲线确定。但以上曲线不易测定,在实际工程中,生活用水的调节水量,可根据生活用水贮备量估算,水泵自动启闭时不小于日用水量的5%;水泵人工启闭时不小于日用水量的12%。单设水箱时,可根据水箱进水时间,用水人数和用水定额估算。若水箱同时贮备消防水量时,其容积以生活(生产)调节水量和消防贮备水量之和计。一般水箱消防贮备水量应取10min消防用水量,为避免水箱容积过大,给建筑设计带来困难,允许一类公共建筑,不小于18m³,二类公共建筑和一类居住建筑不小于12m³,二类居住建筑不小于6m³。但当水箱同时贮备生活(生产)调节水量、消防贮备水量和生产事故备用水量时,其有效容积应为三者之和。生产事故备用水量可根据工艺要求确定。

五、水泵

水泵是给水系统中的主要升压设备。在建筑给水系统中,一般采用具有结构简单,体积小,效率高等优点的离心式水泵,简称离心泵。

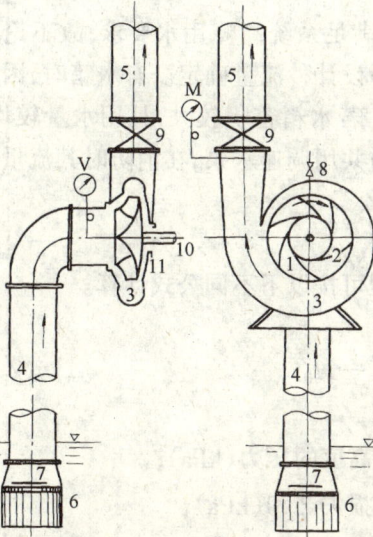

图 2.1-9 离心泵装置图
1—工作轮;2—叶片;3—泵壳(压水室);4—吸水管;5—压水管;6—拦污栅;7—底阀;8—加水漏斗;9—阀门;10—泵轴;11—填料函;
M—压力计;V—真空计

(一)水泵的工作原理和性能

离心泵通过离心力的作用来输送和提升液体,其结构见图2.1-9。开泵前要排除泵内空气,使泵壳和水管充满水,当叶轮高速转动时,在离心力的作用下,叶轮间的水被甩入泵壳获得动能和压能,由于泵壳的断面是逐渐扩大的,所以水流入泵壳后,流速逐渐减小,部分动能转化为压能,因而流入压水管的水具有较高的压力。

水泵从水池抽水时,其启动前的充水方式有两种,一是"吸入式"即泵轴高于水池水面;二是"灌入式"即水池水面高于泵轴。后者可省去真空泵等灌水设备,也便于水泵及时启动,有条件时,应优先采用。

表明离心泵工作性能的基本参数有:

1. 流量(Q_b)指单位时间内水通过水泵的体积,单位为 L/s 或 m³/h;

2. 扬程(H_b)单位重量的水,通过水泵时所获得的能量,又称总扬程或全扬程,单位为 mH₂O 或 kPa;

3. 轴功率(N)水泵从电动机处所得到的全部功率,单位为 kW;

4. 效率(η)因水泵工作时,本身也有能量损失,因此,水泵真正得到的能量即有效功率 N_u 必小于 N,效率 η 为二者之比值,即 $\eta = \dfrac{N_u}{N}\%$;

5. 转速(n)叶轮每分钟的转数,单位为 r/min。

水泵的工作参数是相互联系和影响的,工作参数之间的关系,可用水泵的性能曲线来表示如图2.1-10。水泵铭牌上所标明的各工作参数是水泵的设计参数也称额定参数,在水泵样本的性能表中均全部列出。当通过水泵的流量等于泵的额定流量时,其效率最高。

(二) 水泵的选择及设置要求

选择水泵应以节能为原则,使水泵在给水系统中保持高效运行。在设置高位水箱的给水系统中,通常水泵直接向水箱输水,所以水泵出水量和扬程几乎不变,选用转速不变的离心式恒速泵,可使水泵高效工作。在无水量调节设备的给水系统中,可采用装有自动调速装置的离心式调速泵,调节水泵的转速可改变水泵的流量、扬程和功率。水泵变速运行能根据用水需要变负荷供水,并在供水量不同时,保持在较高的效率范围内工作。

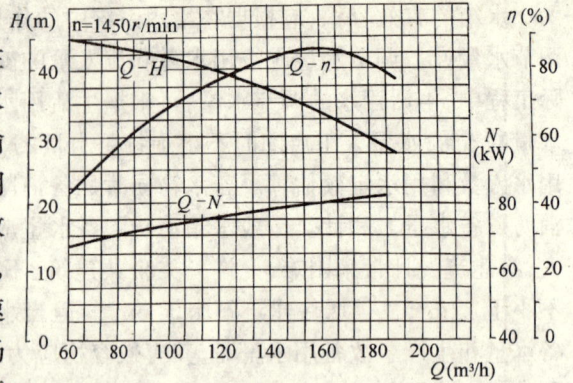

图 2.1-10 离心泵的性能曲线

水泵的型号可根据流量、扬程 2 个参数,查水泵样本选定。

1. 流量

在生活(生产)给水系统中,无水箱时,水泵流量需满足系统高峰用水要求,故不论是恒速或者是调速水泵,其流量均应以系统最大瞬时流量即设计秒流量确定。有水箱时,因水箱能起调节水量的作用,水泵流量可按最大时流量确定。若水箱容积较大,且用水量较均匀,则水泵流量可按水泵平均时流量确定。生活、生产消防共用调速水泵,在消防时其流量除保证消防用水量外,还应保证生活、生产最大时流量。

2. 扬程

根据水泵与室外给水管网连接的方式不同,其扬程可按以下不同公式计算。

当水泵与外网直接连接时:

$$H_b \geqslant H_1 + H_2 + H_3 + H_4 - H_0 \qquad (2.1-5)$$

式中　H_b——水泵扬程(kPa);

　　　H_1——相当于引入管起点至最不利配水点垂直高度的压力(kPa);

　　　H_2——水泵吸水管和出水管的沿程和局部水头损失之和(kPa);

　　　H_3——水流经水表时的水头损失(kPa);

　　　H_4——最不利配水点所需的流出水头或最不利消火栓、自动喷水灭火喷头所需水压(kPa);

　　　H_0——室外给水管网所保证的最小水压(kPa)。

根据以上计算选择水泵后,还应以室外管网的最大水压校核水泵的工作效率和超压情况,若效率偏低,超压过多,应采取相应的措施如选用流量—扬程曲线平缓的水泵或设置泄压装置等,以防管道、附件损坏和提高水泵的总体效率。

当水泵与外网间接连接,自水池抽水时,

$$H_b \geqslant H_1 + H_2 + H_3 \qquad (2.1-6)$$

式中　H_b、H_2、H_3 同公式(2.1-5);

　　　H_1——相当于贮水池最低水位至最不利配水点垂直高度的水压力(kPa)。

为保证安全供水,生活和消防水泵应设备用泵,生产用水泵是否设置备用泵,应根据生产工艺的要求确定。

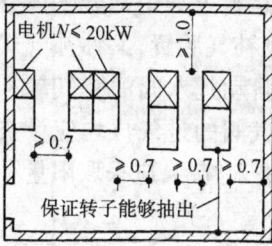

图 2.1-11 水泵布置间距

水泵机组一般设置在水泵房内。泵房应有良好的通风、采光、防冻和排水措施。在要求防振、安静的房间周围不要设置水泵。泵房内水泵机组的布置要便于起吊设备的操作，管道的连接，要力求管线短、弯头少，间距要保证检修时能拆卸、放置电机和泵体，并满足维护要求，见图 2.1-11。为减少振动和噪声的传递，防止操作人员误触快速运转的泵轴，水泵机组应设高度不小于 0.1m 的独立基础，即基础不得与建筑结构相连。每台水泵宜设独立的吸水管以免相邻水泵抽水时相互影响。多台水泵共用吸水管时，吸水管应管顶平接。水泵出口管上要设阀门、止回阀和压力表并宜有防水锤措施，如出水管上设空气室，消声止回阀等。水泵自吸或直接从室外管网抽水时，吸水管上也需设置阀门。为减小噪声在水泵及其吸水、出水管上均应设隔振装置，通常可采用在水泵机组的基础下设橡胶、弹簧减振器或橡胶隔振垫，在吸水、出水管中装设可曲挠橡胶接头等装置，必要时泵房建筑还应采取隔声、吸声措施。

泵房的净高不应小于 3.2m，门的宽度和高度，应根据设备运入的方便确定。

六、气压给水设备

气压给水设备是利用密闭罐中压缩空气的压力变化，贮存、调节和压送罐中水量的给水装置。

（一）分类

1.按输水压力稳定性可分为变压式和定压式两类。

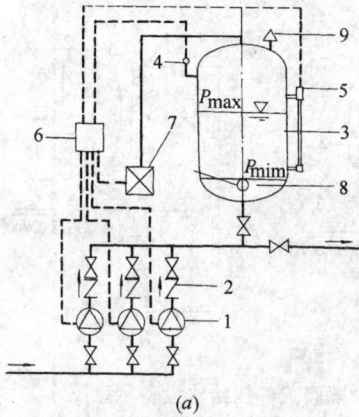

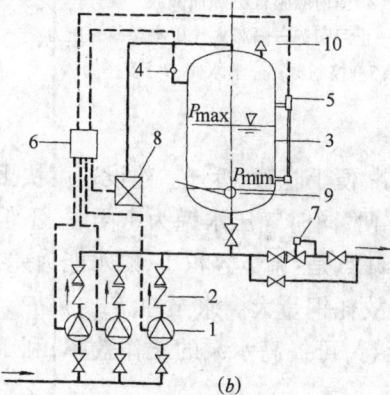

图 2.1-12 气压给水设备
（a）单罐变压式；
1—水泵；2—止回阀；3—气压水罐；4—压力继电器；5—液位信号器；6—控制器；7—空气压缩机；8—排气阀；9—安全阀
（b）单罐恒压式
1—水泵；2—止回阀；3—气压水罐；4—压力继电器；5—液位信号器；6—控制器；7—压力调节阀；8—空气压缩机；9—排气阀；10—安全阀

变压式气压给水设备在向给水系统送水过程中，水压处于变化状态。如图 2.1-12（a）罐内的水在压缩空气的起始压力，即最大工作压 P_{max} 的作用下，被压送至给水管网，随着罐内水量减少，压缩空气体积膨胀，压力减小，当压力降至最小工作压力 P_{min} 时，压力继电器动作，使水泵启动。水泵出水除供用户外，多余部分进入气压水罐，罐内水位上升，空气又被压缩。当压力达到 P_{max} 时，压力继电器动作，使水泵停止工作，由气压水罐再次向管网输水。

定压式气压给水设备在向给水系统送水过程中，水压维持恒定。如图 2.1-12（b）在气、水同罐的单罐变压式气压给水设备的供水管上，安装调压阀，或在气、水分罐的双罐变压式气压给水设备的压缩空气连通管上安装调节阀，分别控制阀出口端的水压或气压，使供水压力稳定。

2．按罐内气、水的接触方式分为气、水接触式和隔膜式2类。

气、水接触式气压给水设备在气压水罐中气、水直接接触，设备运行过程中部分气体会溶于水中，随着气量的减少，罐内压力下降，不能满足设计需要，需设补气装置，又称补气式气压给水设备。通常采用空气压缩机或安装在水泵出水管中带有自动进水阀的补气罐补气，如图2.1-13所示。为防止水质污染，在空气压缩机和补气罐进气阀的进气口均应设空气过滤装置。为避免补气量过大或水泵启动装置失灵，使压缩空气进入管网，应采取限量补气措施，并在气压水罐上装设止气阀。

隔膜式气压给水设备在气压水罐中设置弹性隔膜，将气、水分离，不但水质不易污染，气体也不会溶于水中，故不需设补气装置。隔膜有横向、纵向2种，均固定在罐体法兰盘上分别见图2.1-14(a)(b)。纵向隔膜又称囊形隔膜，可缩小气压罐固定隔膜的法兰，减少气体渗漏量，同时隔膜受力合理，不易损坏。

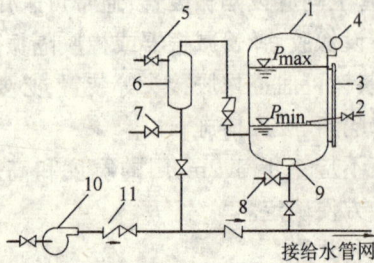

图2.1-13　自动补气式气压给水设备示意图
1—气压水罐；2—浮球排气阀；3—水位计；4—压力继电器；5—进气阀；6—补气罐；7—排气阀；8—泄水管；9—止气阀；10—水泵；11—止回阀

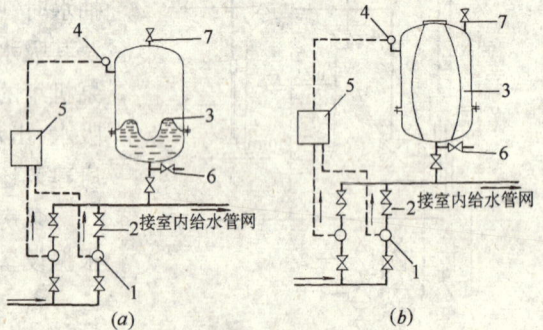

图2.1-14　隔膜式气压给水设备示意图
(a)横向隔膜；(b)纵向隔膜
1—水泵；2—止回阀；3—隔膜式气压水罐；4—压力继电器；5—控制器；6—泄水阀；7—安全阀

（二）气压给水设备的优缺点及适用范围

气压给水设备的优点是：灵活性大、安装位置不受限制，便于隐蔽、拆迁。建设速度快土建费用低，占地面积小。实现了自动化操作，维护、管理方便，同时气压水罐为密闭罐，不但水质不易污染，还能消除给水系统中停泵水锤的影响。其缺点是：调节容积小，贮水能力差，一般调节水量仅占总容积的20%～30%，又为压力容器，故耗钢量大。水泵在P_{max}和P_{min}之间工作，平均效率低，耗电量大，若采用几台水泵并联运行，可提高水泵的工作效率，利于节能。

气压给水设备适用于有升压要求，但不适宜设置高位水箱的建筑，如人防工程、地下商店、高地震级地区、建筑立面有特殊要求而不能设高位水箱、小型简易和临时性给水系统以及消防给水系统等。

为保证安全供水，气压给水设备应有可靠的电源，并要装设安全阀、压力表、泄水管和密闭人孔，安全阀也可装设在靠近气压给水设备进出水管的管路上。气压水罐罐顶至建筑物结构最低点的距离不应小于1m，罐与罐、罐与墙面的净距不得小于0.7m，以利维护和检修。

（三）气压给水设备的选择

选择气压给水设备，主要是确定气压水罐的总容积和确定配套水泵的流量、扬程。根据总容积和所需水泵流量和扬程查有关气压给水设备样本即可选定其型号。

1. 气压水罐的总容积可按下式计算：

$$V_z = \frac{\beta V_x}{1 - \alpha_b} \qquad (2.1-7)$$

$$V_x = c \cdot \frac{q_b}{4n} \qquad (2.1-8)$$

式中　V_z——气压水罐的总容积(m^3)；

　　　V_x——罐内水的调节容积(m^3)；

　　　α_b——气压水罐最小工作压力与最大工作压力比(以绝对压力计)，宜采用 $0.65\sim$
　　　　　　 0.85 有特殊要求时，也可在 $0.5\sim0.9$ 范围内选用。气压水罐最小工作压力
　　　　　　 应以给水系统所需压力确定；

　　　q_b——水泵出水量，当罐内为平均压力时水泵出水量不应小于管网最大小时流量的
　　　　　　 1.2 倍(m^3/h)；

　　　n——水泵在一小时内最多启动的次数，宜采用 $6\sim8$ 次。

　　　c——安全系数，宜采用 $1.0\sim2.0$；

　　　β——容积附加系数。补气式卧式、立式气压罐和隔膜式气压罐宜分别采用 1.25、
　　　　　　 1.10、1.05。

【例 2.1-1】　某住宅楼共 80 户，每户平均 4 人，用水量标准按当地情况选为 120L/
(人·d)，时变化系数 $k=2.4$，拟采用气压给水设备供水，试确定气压水罐总容积。

【解】　依题意可得：

最大日最大时用水量为：

$$q_h = \frac{80 \times 4 \times 120}{24 \times 1000} \times 2.4 = 3.84 m^3/h$$

水泵的出水量取为

$$q_b = 1.2 q_h = 1.2 \times 3.84 = 4.61 m^3/h$$

按公式(2.1-8)取 $c=2.0$，$n=2$ 或 4 或 6 则气压水罐调节容积分别为

$$V_x = c \frac{q_b}{4n} = 2 \times \frac{4.61}{4 \times 2} = 1.15 m^3 \text{ 或 } 0.58 m^3 \text{ 或 } 0.4 m^3$$

按公式(2.1-7)，取 $\alpha_b = 0.8$，采用立式罐，容积附加系数 $\beta = 1.1$，则气压水罐总容积为：

$$V_z = \frac{\beta V_x}{1 - \alpha_b} = \frac{1.1 \times 1.15}{1 - 0.8} = 6.32 m^3 \text{ 或 } 3.19 m^3 \text{ 或 } 2.2 m^3 \text{ 按投资选用。}$$

2. 水泵的流量及扬程

气压给水设备的水泵出水量应不小于管网最大小时流量的 1.2 倍，扬程应满足气压罐
最大工作压力 P_{max} 的要求。

2.1.4　管道平面布置与敷设

一、管道布置

给水管道的布置受建筑结构、用水要求、配水点和室外给水管道的位置以及其它设备工
程管线位置等因素的影响。进行管道布置时，不但要处理和协调好与各种相关因素的关系，
还应符合以下基本要求。

（一）确保供水安全和良好的水力条件,力求经济合理。管道尽可能与墙、梁、柱平行,呈直线走向,宜采用枝状布置力求管线简短,以减小工程量,降低造价。不允许间断供水的建筑,应从室外环状管网不同管段设2条或2条以上引入管,在室内将管道连成环状或贯通树枝状进行双向供水如图2.1-15,若无可能,可采取设贮水池或增设第二水源等安全供水措施。

（二）保护管道不受损坏。给水埋地管应避免布置在可能受重物压坏处,如穿过生产设备基础、伸缩缝、沉降缝等处。如遇特殊情况必须穿越时,应采取保护措施。为防止管道腐蚀,给水管不允许布置在烟道、风道内,不允许穿大、小便槽,当干管位于小便槽端部≤0.5m时,在小便槽端部应有建筑隔断措施。生活给水管道不能敷设在排水沟内。

（三）不影响生产安全和建筑物的使用。管道不要布置在妨碍生产操作和交通运输处,也不要布置在遇水易引起燃烧,爆炸或损坏的原料设备和产品之上,不得穿过配电间,不宜穿过橱窗壁柜,吊柜等设施和从机械设备上通过,以免影响各种设施的功能和设备的起吊维修。

（四）利于安装、维修。管道周围应留有一定的空间,给水管道与其他管道和建筑结构的最小净距见表2.1-5。管道井当需进入维修时,其通道不宜小于0.6m,维修门应开向走廊。

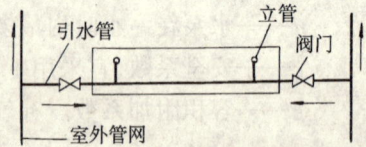

图2.1-15 引入管从建筑物不同侧引入

管线布置主要有2种形式,水平干管沿建筑内高层(各区高层)顶棚布置,由上向下供水的称上行下给式如图2.1-1(c)。水平干管埋地或布置在建筑内地下室中,底层(各区底层)走廊内由下往上供水的称上行上给式如图2.1-1(a)。同一栋建筑其管线布置也可兼有以上两种形式,如图2.1-1(i)。

给水管与其他管道和建筑结构之间的最小净距 表2.1-5

给水管道 名 称		室内墙面 (mm)	地沟壁和 其他管道 (mm)	梁、柱、设备 (mm)	排水管		注
					水平净距 (mm)	垂直净距 (mm)	
引 入 管					1000	150	在排水管上方
横 干 管		100	100	50 此处无焊缝	500	150	在排水管上方
立 管	管径(mm)						
	<32	25					
	32~50	35					
	75~100	50					
	125~150	60					

二、管道敷设

（一）敷设形式

建筑给水管道的敷设有明装、暗装两种形式。明装即管道外露，其优点是安装维修方便，造价低。但外露的管道影响室内美观，而且明装管道表面易结露、积灰。一般用于对卫生美观没有特殊要求的建筑。暗装即管道隐蔽，如敷设在管沟、管井、墙槽或夹壁墙中，吊在顶棚里，直接埋地或埋在楼板上的垫层里，其优点是管道不影响室内的美观，整洁，但施工复杂，维修困难，造价高。适用于对卫生、美观有较高要求的建筑，如宾馆、高级公寓和要求无尘、洁净的车间、实验室、无菌室等。

（二）敷设要求

给水横管穿承重墙或基础，立管穿楼板时均应预留洞，暗装管道在墙中敷设时也应预留墙槽，以免临时打洞、刨槽影响建筑结构的强度。

室外埋地引入管要防止地面活荷载压坏，其管顶覆土厚不宜小于 0.7m，此外还应防冰冻，管顶要设在当地冰冻线以下 20cm 处。室内埋地管在无活荷载和冰冻影响时，其管顶离地面高度不宜小于 0.3m。

管道敷设还必须采用支、托架等支承结构，以固定管道并承受管道、管内水流和管外保温层等重量。常用的支、托架见图 2.1-16。在高层建筑中，为适应建筑物任一方向的摆动，防止管道破坏，可采用图 2.1-17 的敷设方法。

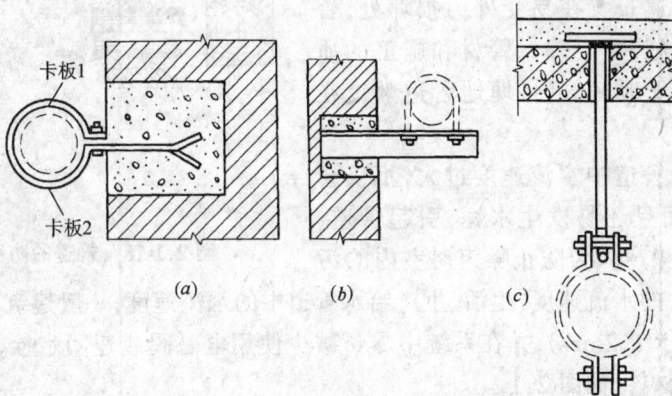

图 2.1-16　支托架
(a)管卡；(b)托架；(c)吊环

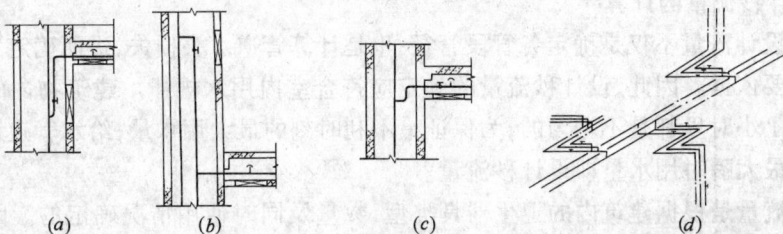

图 2.1-17　管道防位移破坏的敷设方法

（三）管道防护

1. 防腐　不论明装或暗装的金属管道,都要采取防腐措施,一般的做法是管道除锈后,在外壁刷防腐涂料,如明装的铸铁管或焊接钢管外刷樟丹一道,银粉两道;镀锌钢管外刷银粉二道;暗装或埋地管均刷石油沥青两道。但对防腐要求高的管道,应采用有足够的耐压强度,与金属有良好的粘结性,且防水性、绝缘性和化学稳定性好的材料做管道防腐层,如石油沥青防腐面漆,外包玻璃布。管外壁所做防腐层数,可根据防腐要求确定。

2. 防冻、防露　室内在冬季温度低于零度处敷设给水管道时,为防止管道冻裂,均应采取保温措施,常用的保温材料有矿渣棉、玻璃棉、稻草等。

在湿热的气候条件下,由于管道中水温较低,空气中的水蒸汽因热量逐渐散失,会凝成水附着在管道表面,严重时还会滴水,这种管道结露现象,不但影响建筑的使用,还会加速管道腐蚀,使墙面受潮,粉刷脱落,影响墙体质量和建筑美观。防露措施一般与保温法相同。

3. 防漏　由于管道接头不严密,管材质量低劣或受外力破坏如活荷载、建筑不均匀沉降等,均会导致管道漏水,不仅浪费水量,影响给水系统正常供水,还会损坏建筑,特别是在湿陷性黄土地区,若埋地管漏水,将会造成土壤湿陷,直接影响建筑基础的稳固性。防漏的主要措施是避免将管道布置在易受外力损坏处,否则要采用保护措施,并要确保管材和施工的质量。在湿陷性黄土地区,可将埋地管道敷设在检漏套管内。

4. 防噪声　管道中水流速度过大,不仅会产生水流噪声,而且还易发生水锤,引起管道、附件振动而产生噪声。为防止噪声对室内的污染,应控制管道中的水流速度(生活、生产给水管道中的水流速度,一般建筑不宜大于 $2m/s$,高层建筑不宜大于 $1.2m/s$),并在系统中尽量减少使用电磁阀或速闭水栓,还可在管道支、吊架内衬垫减振材料,如图 2.1-18。

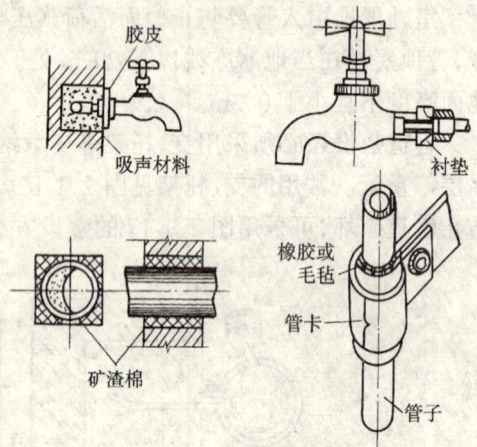

图 2.1-18　管道的防噪声措施

2.1.5　室内给水配管方法

室内给水配管的计算是在绘出给水管道平面布置图和轴测图后进行的,包括确定各管段管径和给水系统所需压力。

一、设计秒流量的计算

管道的设计流量不仅是确定各管段管径,也是计算管道水头损失,进而确定给水系统所需压力的主要依据。因此,设计秒流量的确定应符合室内用水规律。建筑物内的生活用水量在一昼夜 1 小时里都是不均匀的,为保证最不利时刻的最大用水量,给水管道设计流量应为建筑内的最大瞬时用水量即设计秒流量。

设计秒流量是根据建筑内的卫生器具类型、数量及同时使用情况确定的。因卫生器具种类多,其额定流量又不尽相同,为简化计算,以安装在污水盆上,支管直径为 $DN15mm$ 的配水龙头额定流量 0.2L/s 作为一个给水当量,将各种卫生器具的额定流量均换算成当量,统一以当量数进行流量计算。各种卫生器具的额定流量与 0.2L/s 的比值,即为该卫生器具的当量数。各种卫生器具的当量见表 2.1-6。

由于建筑物的性质不同,用水情况不同,所以设计秒流量的计算也不相同。对用水较集中和较分散的两类不同建筑,生活给水设计秒流量的计算式分别为:

1. 适用于住宅、集体宿舍、旅馆、宾馆、医院、门诊部、幼儿园、办公楼、学校等建筑的计算公式:

$$q_g = 0.2\alpha\sqrt{N_g} + kN_g \tag{2.1-9}$$

式中 q_g——计算管段的给水设计秒流量,(L/s);

N_g——计算管段的卫生器具给水当量总数,见表 2.1-6;

α、k——根据建筑物用途而定的系数,按表 2.1-7 采用。

注:1. 如计算值小于该管段上一个最大卫生器具给水额定流量时,应采用一个最大的卫生器具给水额定流量作为设计秒流量;

2. 如计算值大于该管段上按卫生器具给水额定流量累加所得流量值时,应按卫生器具给水额定流量累加所得流量值采用;

3. 综合楼建筑的 α 和 k 值应按加权平均法计算。

卫生器具给水的额定流量、当量、支管管径和流出水头　　　　表 2.1-6

序　号	给水配件名称	额定流量 (L/s)	当量	支管管径 (mm)	配水点前所需流出水头 (MPa)
1	污水盆(池)水龙头	0.20	1.0	15	0.020
2	住宅厨房洗涤盆(池)水龙头	0.20 (0.14)	1.0 (0.7)	15	0.015
3	食堂厨房洗涤盆(池)水龙头	0.32 (0.24)	1.6 (1.2)	15	0.020
	普通水龙头	0.44	2.2	20	0.040
4	住宅集中给水龙头	0.30	1.5	20	0.020
5	洗手盆水龙头	0.15 (0.10)	0.75 (0.5)	15	0.020
6	洗脸盆水龙头、盥洗槽水龙头	0.20 (0.16)	1.0 (0.8)	15	0.015
7	浴盆水龙头	0.30 (0.20)	1.5 (1.0)	15	0.020
		0.30 (0.20)	1.5 (1.0)	20	0.015
8	淋浴器	0.15 (0.10)	0.75 (0.5)	15	0.025～0.040
9	大便器				
	冲洗水箱浮球阀	0.10	0.5	15	0.020
	自闭式冲洗阀	1.20	6.0	25	按产品要求

序 号	给水配件名称	额定流量 （L/s）	当量	支管管径 （mm）	配水点前所需流出水头 （MPa）
10	大便槽冲洗水箱进水阀	0.10	0.5	15	0.020
11	小便器				
	手动冲洗阀	0.05	0.25	15	0.015
	自闭式冲洗阀	0.10	0.5	15	按产品要求
	自动冲洗水箱进水阀	0.10	0.5	15	0.020
12	小便槽多孔冲洗管(每米长)	0.05	0.25	15～20	0.015
13	实验室化验龙头(鹅颈)				
	单联	0.07	0.35	15	0.020
	双联	0.15	0.75	15	0.020
	三联	0.20	1.0	15	0.020
14	净身器冲洗水龙头	0.10	0.5	15	0.030
		(0.07)	(0.35)		
15	饮水器喷嘴	0.05	0.25	15	0.020
16	洒水栓	0.40	2.0	20	按使用要求
		0.70	3.5	25	按使用要求
17	室内洒水龙头	0.20	1.0	15	按使用要求
18	家用洗衣机给水龙头	0.24	1.2	15	0.020

注：1. 表中括弧内的数值系在有热水供应时单独计算冷水或热水管道管径时采用。

2. 淋浴器所需流出水头按控制出流的启闭阀件前计算。

3. 充气水龙头和充气淋浴器的给水额定流量按表 2.1-6 内同类型给水配件的额定流量乘以 0.7 采用。

4. 表 2.1-6 内流出水头值为截止阀式水龙头数据，当采用瓷片式、轴筒式或球阀式水龙头时，其数值应按产品要求确定。

5. 浴盆上附设淋浴器时额定流量和当量按浴盆水龙头计算，不再重复计算浴盆上附设淋浴器的额定流量和当量。

根据建筑物用途而定的系数值　　　　　　　　表 2.1-7

建 筑 物 名 称		α 值	k 值
普通住宅	有大便器、洗涤盆,无沐浴设备	1.05	0.0050
	有大便器、洗涤盆和沐浴设备	1.02	0.0045
	有大便器、洗涤盆、沐浴设备和热水供应	1.1	0.0050
高级住宅和别墅		1.1	0.0050
幼儿园、托儿所		1.2	0
门诊部、诊疗所		1.4	
办公楼、商场		1.5	
学 校		1.8	
医院、疗养院、休养所		2.0	
集体宿舍、旅馆、招待所、宾馆		2.5	
部队营房		3.0	

2. 适用于工业企业生活间,公共浴室、洗衣房、公共食堂、实验室、影剧院、体育场等建筑的计算公式:

$$q_g = \Sigma q_0 n_0 b \tag{2.1-10}$$

式中　q_g——计算管段的给水设计秒流量,(L/s);

　　　q_0——同类型的 1 个卫生器具给水额定流量,(L/s);

　　　n_0——同类型卫生器具数;

　　　b——卫生器具的同时给水百分数,应按表 2.1-8、2.1-9、2.1-10、2.1-11 采用。

注:如计算值小于该管段上一个最大卫生器具给水额定流量时,应采用一个最大的卫生器具给水额定流量作为设计秒流量。

公共饮食业卫生器具和设备同时给水百分数　　　　　　　表 2.1-8

卫生器具和设备名称	同时给水百分数(%)	卫生器具和设备名称	同时给水百分数(%)
污水盆(池)、洗涤盆(池)	50	小便器	50
洗手盆	60	煮锅	60
洗脸盆	60	生产性洗涤机	40
淋浴器	100	器皿洗涤机	90
大便器冲洗水箱	60	开水器	90

实验室卫生器具同时给水百分数　　　　　　　表 2.1-9

卫 生 器 具 名 称	同时给水百分数(%)	
	科学研究实验室	生产实验室
单联化验龙头	20	30
双联或三联化验龙头	30	50

影剧院、体育场、游泳池卫生器具同时给水百分数　　　　　　　表 2.1-10

卫 生 器 具 名 称	同时给水百分数(%)	
	电影院、剧院	体育场、游泳池
洗手盆	50	70
洗脸盆	50	80
淋浴器	100	100
大便器冲洗水箱	50	70
大便器自闭式冲洗阀	10	15
大便槽自动冲洗水箱	100	100
小便器手动冲洗阀	50	70
小便器自动冲洗箱	100	100
小便槽多孔冲洗管	100	100
小卖部的污水盆(池)	50	50
饮水器	30	30

卫生器具名称	同时给水百分数(%)		
	工业企业生活间	公共浴室	洗衣房
洗涤盆(池)	如无工艺要求时,采用33	15	25~40
洗手盆	50	20	—
洗脸盆、盥洗槽水龙头	60~100	60~100	60
浴盆	—	50	—
淋浴器	100	100	100
大便器冲洗水箱	30	20	30
大便器自闭式冲洗阀	5	3	4
大便槽自动冲洗水箱	100	—	—
小便器手动冲洗阀	50	—	—
小便器自动冲洗水箱	100	—	—
小便槽多孔冲洗管	100	—	—
净身器	100	—	—
饮水器	30~60	30	30

【例 2.1-2】　某市旅馆共有客房 40 套,其中 15 套客房设有卫生间,每套客房的卫生间内均设浴盆、洗脸盆、坐便器各 1 个,且有集中热水供应。旅馆另设公共浴室及卫生间内有淋浴器 20 个、浴盆 10 个、洗脸盆 15 个、大便器(冲洗水箱)10 个、小便器(手动冲洗)6 个、污水池 2 个,试求其各自总进户管中的设计秒流量。

【解】　依题意

1. 旅馆设卫生间客房 15 套总进户管中设计秒流量按公式(2.1-9)计算,其中 α 及 k 按表 2.1-7 选用分别为 $\alpha = 2.5, k = 0$。N_g 值按表 2.1-6 选用则

$$q_g = 0.2\alpha\sqrt{N_g} + kN_g = 0.2 \times 2.5\sqrt{N_g} = 0.5\sqrt{(1.5+1.0+0.5) \times 15} = 3.4 \text{L/s}$$

2. 公共浴室总进户管中设计秒流量按公式(2.1-10)计算,其中 q_0 及 b 值分别按表 2.1-6 及表 2.1-11 选用。

$$q_g = \sum n_0 q_0 b = 20 \times 0.15 \times 100\% + 10 \times 0.3 \times 50\% + 15 \times 0.2 \times 80\% + 10 \times 0.1 \times 20\% + 6 \times 0.05 \times 50\% + 2 \times 0.2 \times 15\% = 7.3 \text{L/s}$$

二、确定管径

已知管段的设计秒流量后,根据流量公式即可求定管径:

$$\because \quad q = \frac{\pi}{4}d^2 \cdot V$$

$$\therefore \quad d = \sqrt{\frac{4q}{\pi V}} \tag{2.1-11}$$

式中　　q——计算管段的设计秒流量(m^3/s);

$\quad\quad d$——计算管段的管径(m);

$\quad\quad V$——管段中的流速(m/s)。

当管段的流量确定后,流速的大小将直接影响到管道系统技术、经济的合理性,流速过大将引起水锤,产生噪声,损坏管道、附件,并将增加管道的水头损失,提高室内给水系统所需的压力。流速过小又将造成管材的浪费,考虑以上因素,室内给水系统的流速应控制在以下范围内:生活或生产给水管道不宜大于 2.0m/s 消火栓消防给水管道,不宜大于 2.5m/s;

自动喷水灭火系统给水管道，不宜大于 5.0m/s。当有防噪声要求且管径≤25mm 时，生活给水管道内的流速可采用 0.8～1.0m/s。

三、给水管网水头损失的计算

室内给水管网的水头损失包括沿程水头损失和局部水头损失，即：

$$H_z = h_y + h_j \tag{2.1-12}$$

$$h_y = il$$

式中　H_z——给水管网的水头损失(kPa)；

　　　h_y——管道的沿程水头损失(kPa)；

　　　h_j——管道的局部水头损失,(kPa)；

　　　L——管段长度(m)；

　　　i——单位管长的沿程水头损失(kPa/m)。

各种管径的钢管、给水铸铁管在不同流量下，单位管长的水头损失 i 值可分别从附录Ⅱ-5、Ⅱ-6 查出。

室内给水管网的局部水头损失，一般不需详细计算，可按下列管网沿程水头损失的百分数采用：

生活给水管网为 25%～30%；

生产给水管网、生活-消防共用给水管网、生活-生产-消防共用给水管网为 20%；

消火栓系统消防给水管网为 10%；

自动喷水灭火系统消防给水管网为 20%；

生产-消防共用给水管网为 15%。

求得水头损失后，即可根据公式(2.1-1)确定室内给水系统所需压力。

四、室内给水管网的计算方法和步骤

1. 根据建筑平面和初定的给水方式，绘给水系统管道平面布置图及轴测图；

2. 选择最不利配水点，确定计算管路，在计算管路上进行节点编号；

3. 从最不利点开始，在流量变化处即节点支出流量处由小到大顺序编号，将计算管路划分成计算管段，并确定各管段长度；

4. 根据建筑物性质选用设计秒流量公式计算各计算管段的设计秒流量；

5. 根据各管段的设计秒流量，选用控制流速，由附录Ⅱ-5 或Ⅱ-6 可选出管径和单位长度的水头损失 i；

6. 计算管路的水头损失 H_2，若管路中设置水表还应算出水表的水头损失。

7. 求定室内给水系统所需压力 H，校核初定给水方式。若初定给水方式为直接给水方式，当室外给水管水压 $H_0 \geqslant H$ 时，满足要求；若 H 略大于 H_0，可适当放大部分管段的管径，以减小 H_z，使外网水压满足要求；若 H 大于 H_0 很多，则应修正原方案，在给水系统中设增压设备。若初定给水方式中设置高位水箱，则应按下式校核水箱的安装高度：

$$h > H_2 + H_4 \tag{2.1-13}$$

式中　h——相当于水箱出水口至最不利配水点高度的压力(kPa)；

　　　H_2——计算管路的水头损失(kPa)；

　　　H_4——最不利配水点的龙头或用水设备所需的流出水头(kPa)。

若不能满足公式(2.1-13)的要求,可采取提高水箱设置高度,放大管径或选用其他给水方式来解决。

8. 确定非计算管路各管段的管径,方法同2~5。

设置升压,贮水设备的给水系统,还应对以上设备进行选择计算。

【例2.1-3】 某集体宿舍楼4层,设有卫生间及盥洗间,其卫生器具平面布置如图所示。已知城市自来水满足该楼水量要求,最小水压为0.20MPa(20mH₂O),试配管。

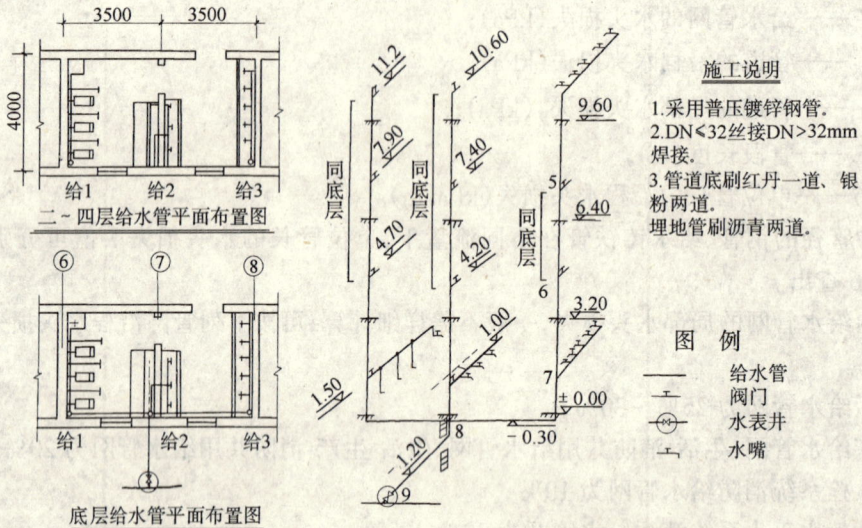

图 2.1-19 某集体宿舍楼室内给水平面布置及系统图

【解】 1. 按照设计步骤与方法选定给水方式、进行管道平面布置,并绘出给水系统图,如图2.1-19。

2. 配管水力计算,计算成果见下表:

室内给水配管水力计算成果表

计算管路	计算管段编号	管段长(l)(m)	卫生器具种类、数量/当量数				当量总数	设计秒流量(L/s)	DN(mm)	i(mm/m)	iL(mm)	V(m/s)
			盥洗槽水龙头	多孔管(m)	大便器自闭式冲洗阀	污水池水嘴						
1	2	3	4	5	6	7	8	9	10	11	12
0~1	0.8	1/0.8				0.8	取0.16	15	234	187	0.95
1~2	0.8	2/1.6				1.6	取0.32	20	180	144	1.10
2~3	0.8	3/2.4				2.4	0.80	25	279	223	1.51
3~4	0.8	4/3.2				3.2	0.90	32	78.7	63	0.95
4~5	4.2	5/4.0				4.0	1.00	32	95.7	402	1.05
5~6	3.2	10/8	•			8.0	1.40	40	88.4	283	1.11
6~7	3.2	15/12				12	1.80	50	37.8	121	0.85
7~8	4.8	20/16				16.0	2.00	50	46.0	221	0.94
8~9	3.3	32/25.6	10/25	12/72	4/4	104.1	5.10	80	32	106	1.02

注:1. 表中第8项是按 $q_g = 0.5\sqrt{N_g}$ 计算式计算; $\Sigma iL = 1750mm \approx 1.8m$。

2. 立管给1、给2的横支管可按流速为0.8~1.0m/s确定管径,成果略。

室内总水压 $H_需 = (1.2+10.6)+1.5+1.8 \times 1.3 = 15.64 \text{m} < H_供(20\text{mH}_2\text{O})$，考虑到大便器自闭式冲洗阀，其所需工作水压较大，故配管水力计算不再进行调整。

当室外供给的水压高于室内给水管网所需水压较多时，对于简单的室内给水管网，也可根据计算管段卫生器具当量总数，采用简略的估算方法，按表 2.1-12 确定管径。

管 径 估 算 表

表 2.1-12

给水计算管段卫生器具当量总数 N	管 径 DN （mm）	
	$L < 50\text{m}$	$L = 50 \sim 100\text{m}$
2	15	20
4	20	25
8	25	32
14	32	40
25	40	50
40	50	70
75	70	80
100	80	100

注：L 为给水管网引入管总长度。

2.1.6 建筑消防给水类别、组成及设置

一、类别

建筑消防给水可按以下不同方法分类。

（一）按目前我国消防登高设备的工作高度和消防车的供水能力可分为低层建筑消防给水系统和高层建筑消防给水系统。

10 层以下的住宅建筑（包括首层设置商业服务网点的住宅）和建筑高度（指建筑室外地面到其檐口或屋面面层的高度，不包括屋顶水箱间、电梯机房、排烟机房和楼梯出口小间等高度）不超过 24m 的其他民用建筑、单层厂房、库房和单层公共建筑的消防给水系统为低层建筑消防给水系统。主要用于扑救初期火灾。火灾发生时可由室内消防给水系统和市政消防车共同满足建筑物所需的消防水量、水压。

10 层及 10 层以上的住宅建筑（包括首层设置商业服务网点的住宅）和建筑高度为 24m 以上的其他民用和工业建筑的消防给水系统，为高层建筑消防给水系统。因目前我国登高消防车的最大工作高度约 24m，大多数通用消防车直接从室外消防管道或消防水池抽水的灭火高度也近似 24m，不能满足高层建筑上部的救火要求，所以高层建筑消防给水系统要立足于自救，不但要能扑救初期火灾，还应具有扑救大火的能力。

（二）按消防给水压力可分为高压、临时高压和低压消防给水系统。

高压消防给水系统的管网内经常保持灭火所需的压力和流量，不需要设置加压水泵和贮备消防水量的高位水箱，扑救火灾时可直接使用灭火设备进行灭火，系统简单，供水安全。

临时高压给水系统有两种情况，一种是管网内最不利点周围平时水压和流量不满足灭火的要求，在水泵房内设有消防水泵，水灾时需启动消防水泵，使管网内的压力、流量达到灭火要求。该系统适用于低层和多层建筑。另一种是管网系统中设增压泵或气压给水设备等增压稳压设施，使管网内经常保持灭火所需的压力，在水泵房内设有消防水泵，火灾时起动

消防水泵,满足消防水量,水压的要求。该系统适用于高层建筑。在临时高压给水系统中,均应设置高位水箱,贮存扑救初期火灾的水量。

低压消防给水系统的管网内平时水压较低(但不小于0.10MPa),火灾时由消防车或移动式消防泵加压,保证灭火所需的流量和水压。

(三)按消防给水系统的供水范围可分为独立消防给水系统和区域集中消防给水系统。

独立消防给水系统是指每栋建筑单独设置消防给水系统。该系统安全性高,但管理分散,投资较大。适用于地震区域内分散建设的高层建筑。

区域集中消防给水系统是指数栋建筑共用一套供水设施,集中供水的消防给水系统。该系统便于管理,也节省投资,适用于集中建设的建筑群。

(四)按消防给水系统的救火方式有消火栓给水系统和自动喷水灭火系统等。

消火栓给水系统由水枪喷水灭火,系统简单,工程造价低,是目前我国各类建筑普遍采用的消防给水系统。

自动喷水灭火系统由喷头喷水灭火,该系统能自动喷水并发出报警信号,灭火,控火成功率高,是当今世界上广泛采用的固定式灭火设施,但因工程造价较高,目前我国主要用于建筑内消防要求高、火灾危险性大的场所。

二、消火栓给水系统的组成及设置

消火栓给水系统是由水枪、水龙带、消火栓、消防管道和水源等组成,当室外管网不能升压或不能满足室内消防水量、水压要求时,还需设置升压贮水设备。

根据我国“建筑设计防火规范”、“高层民用建筑设计防火规范”和“人民防空工程防火设计规范”规定,应设置室内消火栓给水系统的建筑物如下:

1. 厂房、库房(耐火等级为一、二级且可燃物较少的丁、戊类厂房、库房,耐火等级为三、四级且建筑体积不超过3000m³的丁类厂房和建筑体积不超过5000m³的戊类厂房除外)和高度不超过24m的科研楼(存有与水接触能引起燃烧爆炸的房间除外);

2. 超过800个座位的剧院、电影院、俱乐部和超过1200个座位的礼堂、体育馆;

3. 体积超过5000m³的车站、码头、机场建筑物以及展览馆、商店、病房楼、门诊楼、图书馆等;

4. 超过7层的单元式住宅,超过6层的塔式住宅、通廊式住宅、底层设有商业网点的单元式住宅;

5. 超过5层或体积超过1000m³的其他民用建筑;

6. 国家级文物保护单位的重点砖木或木结构的古建筑;

7. 各类高层民用建筑;

8. 停车库、修车库;

9. 人防建筑工程用作商场、医院、旅馆、展览厅、旱冰场、体育场、舞厅、电子游艺场,其面积超过300m²时;用作餐厅、丙类和丁类生产车间、丙类和丁类物品库房,其面积超过450m²时;用作电影院、礼堂时和用作消防电梯间的前室时,也均应设消火栓给水系统。

注:建筑物的耐火等级和厂房、库房的分类依据详见“建筑设计防火规范”。

设置消火栓给水系统的建筑,各层均应设消火栓。

消火栓的布置,应保证有两支水枪的充实水柱(即水枪喷出射流中有足够力量扑灭火焰的这段水柱)同时到达室内任何部位。只有建筑高度小于或等于24m,且体积小于或等于

106

5000m³ 的库房,可采用 1 支水枪的充实水柱到达室内任何部位。其间距 L,可按图 2.1-20、2.1-21 确定。图中 b 为消火栓最大保护宽度,R 为消火栓的保护半径,可按下式计算:

$$R = 0.9L + H_m \cos 45°(m)$$ (2.1-14)

式中 L——水龙带长度(m)。0.9 是考虑到水龙带转弯曲折的折减系数;

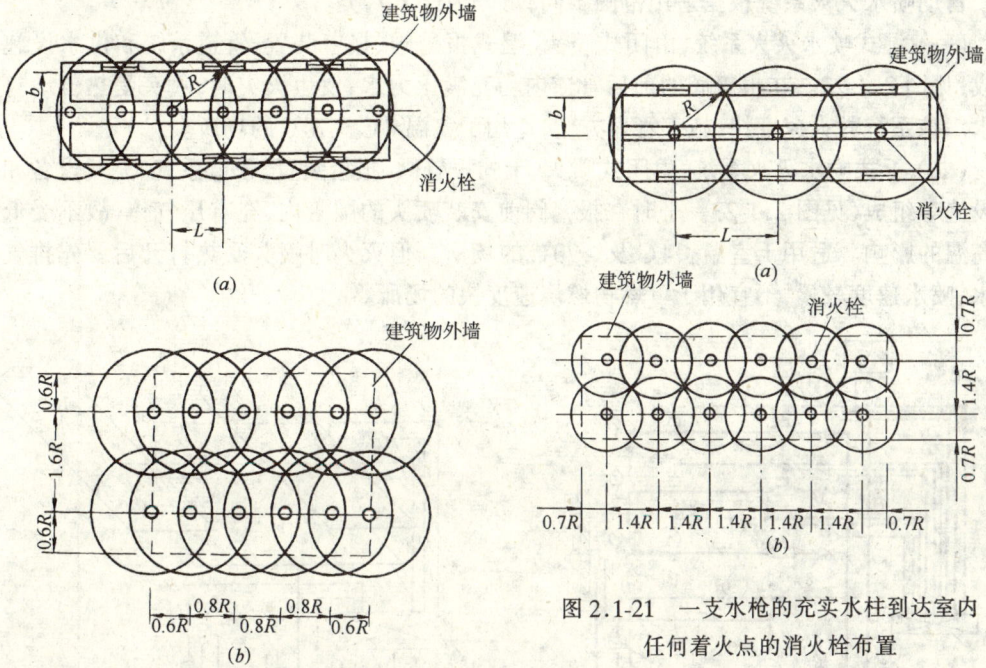

H_m——充实水柱长度(m)。

图 2.1-20 两支水枪的充实水柱到达室内任何着火点的消火栓布置
(a)单列;(b)多列

图 2.1-21 一支水枪的充实水柱到达室内任何着火点的消火栓布置
(a)单列;(b)多列

在救火现场要保持一定长度的充实水柱 H_m,H_m 过长,射流的反作用力大,水枪不易把握,H_m 过短火场辐射热将危及救火人员的安全。各类建筑所需充实水柱长度见表 2.1-13。

消火栓应设在易于取用的明显位置,如耐火的楼梯间、走廊、大厅和车间的出入口等。消防电梯前室应设消火栓,以便为消防人员救火打开通道和淋水降温减少辐射热的影响。冷库的消火栓应设在常温的走道或楼梯间内。屋顶上应有试验和检查用的消火栓,采暖地区也可设在顶层出口处或水箱间内,但要有防冻措施消火栓口离安装处地面高度为 1.1m,其出口宜向下或与设置消火栓的墙面成 90°角。

高层建筑消火栓给水系统应独立设置,其管网要布置成环状,使每个消火栓得到双向供水。引入管不应少于两条。一般建筑室内

各类建筑要求水枪充实水柱长度

表 2.1-13

建筑物类别		充实水柱长度(m)
少层建筑	一般建筑	≮7
	甲、乙类厂房、>6层民用建筑、>4层厂、库房	≮10
	高架库房	≮13
高层建筑	民用建筑高庆≥100m	≮13
	民用建筑高度≤100m	≮10
	高层工业建筑	≮13
人防工程内		≮10
停车库、修车库内		≮10

107

消火栓超过 10 个,室外消防用水量大于 15L/s 时,引入管也不应少于 2 条,并应将室内管道连成环状或将引入管与室外管道连成环状。但 7 层至 9 层的单元式住宅和不超过 9 层的通廊式住宅,考虑到各户有隔墙分开,且布置环状管有一定困难,允许消防给水管枝状布置和采用一条引入管。

三、自动喷水灭火系统的分类、组成及设置

自动喷水灭火系统根据适用范围不同,可分为以下六类。

(一)湿式喷水灭火系统,由闭式喷头、湿式报警阀、报警装置、管道系统和供水设施等组成,见图 2.1-22。在报警阀的前后管道内均充满压力水,发生火灾时,喷头受热自动打开喷水。该系统救火速度快,施工管理方便,适用于室温 4℃～70℃的场所。

(二)干式喷水灭火系统,由闭式喷头、干式报警阀、报警装置、管道系统、充气设备和供水设施等组成,见图 2.1-23。平时在报警阀前安装喷头的配管内,充有压气体,故不受低温和高温的影响。适用于室温<4℃及>70℃的场所。但灭火时喷头受热打开后要先排气才喷水,喷水速度较慢,不宜用于可燃物燃烧速度快的场所。

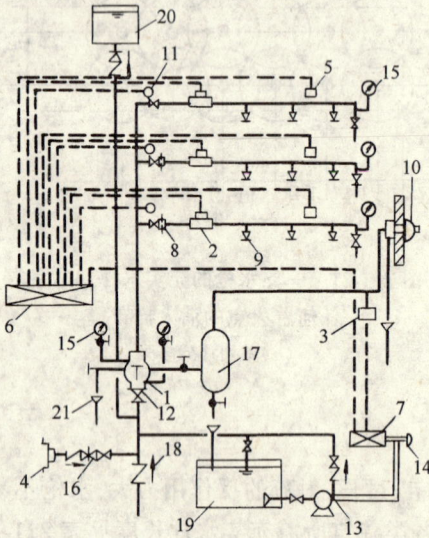

图 2.1-22　湿式自动喷水灭火系统图

1—湿式报警阀;2—水流指示器;3—压力继电器;4—水泵接合器;5—感烟探测器;6—火灾收信机;7—电气自控箱;8—减压孔板;9—闭式喷头;10—水力警铃;11—火灾报警装置;12—闸阀;13—水泵;14—按钮;15—压力表;16—安全阀;17—延迟器;18—止回阀;19—蓄水池;20—高位水箱;21—排水漏斗

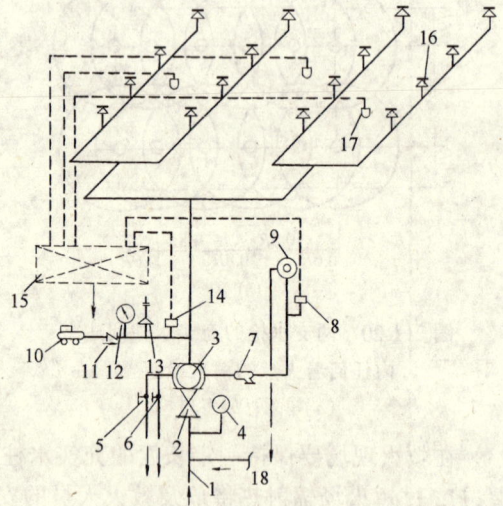

图 2.1-23　干式自动喷水灭火系统图

1—供水管;2—总闸阀;3—干式报警阀;4—供水压力表;5—试验用截止阀;6—排水截止阀;7—过滤器;8—报警压力开关;9—水力警铃;10—空压机;11—止回阀;12—系统气压表;13—安全阀;14—压力控制器;15—火灾收信机;16—闭式喷头;17—火灾报警装置;18—来自水箱

(三)预作用系统　由火灾探测系统、闭式喷头、预作用阀、报警装置、管道系统和供水设施等组成,见图 2.1-24。平时预作用阀前安装喷头的配管内充有压或无压气体,发生火灾时,由火灾探测系统自动开启作用阀,压力水迅速充满管道,喷头受热后即打开喷水。该系统具有湿式和干式系统的长处,设置温度不受限制,并适用于不允许因误喷而造成水渍损失的建筑。

108

（四）雨淋系统　由火灾探测系统、开式喷头、雨淋阀、报警装置、管道系统和供水设施等组成，见图2.1-25。发生火灾时由火灾报警装置自动开启雨淋阀，使喷头迅速喷水。适用于火灾危险性大，火势蔓延快的场所。

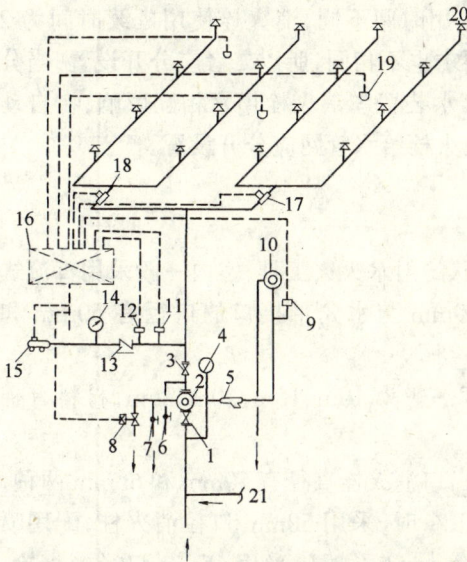

图2.1-24　自动喷水预作用系统图

1—供水闸阀；2—预作用阀；3—出水闸阀；4—供水压力表；5—过滤器；6—试水截止阀；7—手动开启截止阀；8—电磁阀；9—报警压力开关；10—水力警铃；11—空压机开停信号开关；12—低气压报警开关；13—止回阀；14—空气压力表；15—空压机；16—火灾收信控制器；17—区域水流指示器；18—区域水流指示器；19—火灾探测器；20—闭式喷头；21—来自水箱

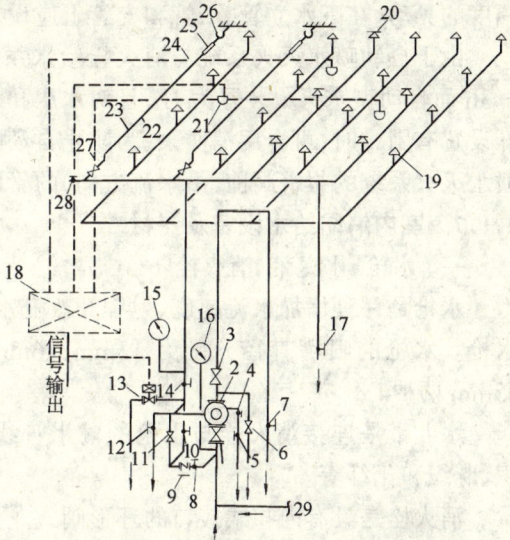

图2.1-25　自动喷水雨淋系统图

1—供水闸阀；2—雨淋阀；3—出水闸阀；4—雨淋管网充水截止阀；5—放水截止阀；6—试水闸阀；7—溢水截止阀；8—检修截止阀；9—稳压止回阀；10—传动管网注水截止阀；11—φ3小孔闸阀；12—试水截止阀；13—电磁阀；14—传动管网检修截止阀；15—传动管网压力表；16—供水压力表；17—泄压截止阀；18—火灾收信控制器；19—开式喷头；20—闭式喷头；21—火灾探测器；22—钢丝绳；23—易熔锁封；24—拉紧弹簧；25—拉紧联接器；26—固定挂钩；27—传动阀门；28—放气截止阀；29—来自水箱

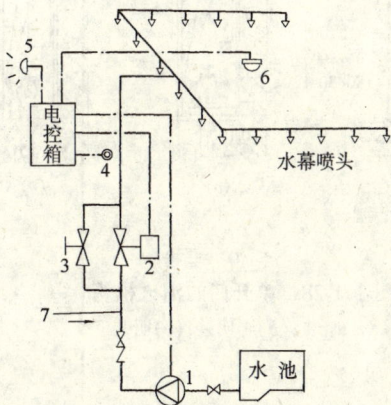

图2.1-26　电动控制水幕系统图

1—水泵；2—电动阀；3—手动阀；4—电按钮；5—电铃；6—火灾探测器；7—来自水箱

（五）水幕系统　由开式水幕喷头，控制阀、管道系统、供水设施及火灾探测和报警系统等组成，如图2.1-26。该系统不能直接扑灭火灾，主要起冷却和防火、阻火作用。适用于建筑内需要保护和防火隔断的部位。

（六）水喷雾系统　由喷雾喷头、雨淋阀、管道系统、供水设施及火灾探测和报警系统等组成。该系统工作程序同雨淋系统。喷头喷出的水雾对燃烧物能起冷却窒息作用，对燃烧的油类及水溶性液体能起乳化和稀释作用，同时水雾绝缘性强，适用于存放或使用易燃液体和电器设备的场所。该系统灭火效果好，用水量少，水渍损失也小。

以上系统根据采用的开式与闭式喷头的区别，又可分为开式自动喷水灭火系统和闭式自动喷水灭火系统。

在建筑物内,需设置闭式和开式自动喷水系统的部位详见附录Ⅱ-7和Ⅱ-8。

自动喷水灭火系统喷头的布置要满足安装该系统的房间内,任何部位都能得到灭火所需的喷水强度,其间距及布置要求分别见附录Ⅱ-9、Ⅱ-10,为防止喷头喷水时,管道产生大幅度的晃动,在配水立管、干管和支管上应设防晃支架。

由于自动喷水灭火系统与消火栓给水系统的作用时间不同,消火栓使用延续时间为2～3h而自动喷水灭火装置为1h,且对水压和水质要求也不相同,所以二者应分开设置,当分开设置有困难时,可合用消防泵,为防止自动喷水灭水装置与消火栓用水相互影响,在自动喷水灭火系统的报警阀前(沿水流方向)的管网与消火栓给水管网应分开设置。

2.1.7 室内消防给水设备及器材

一、水枪、水龙带、消火栓

水枪是一种增加水流速度、射程和改变水流形状的射水灭火工具,室内一般采用直流式水枪。水枪的喷嘴直径分别为 13mm、16mm 和 19mm 与水龙带接口的口径有 50mm 和 65mm 两种。

水龙带是连接消火栓与水枪的输水管线,长度一般为 10m、15m、20m、25m,材料有棉织、麻织和化纤等。

消火栓是具有内扣式接口的环形阀式龙头,单出口消火栓直径有 50mm 和 65mm 两种,双出口消火栓直径为 65mm。当水枪射流量小于 5L/s 时,采用 50mm 口径消火柱,配用喷嘴为 13mm 或 16mm 的水枪,当水枪射流量大于或等于 5L/s 时应采用 65mm 口径消火栓,配用喷嘴为 19mm 的水枪。消火栓、水龙带、水枪均设在消火栓箱内。临时高压消防给水系统的每个消火栓处应设直接启动消防水泵的按钮,并应有保护按钮的设施。消火栓箱有双开门和单开门两种,单开门的又有明装、半明装和暗装三种形式分别见图 2.1-27、图 2.1-28,但在同一建筑内,应采用同一规格的消火栓、水龙带和水枪,以便于维修、保养。

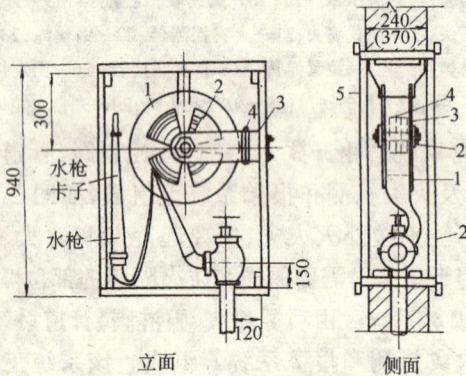

图 2.1-27 双开门的消火栓箱
1—水龙带盘;2—盘架;3—托架;4—螺栓;5—挡板

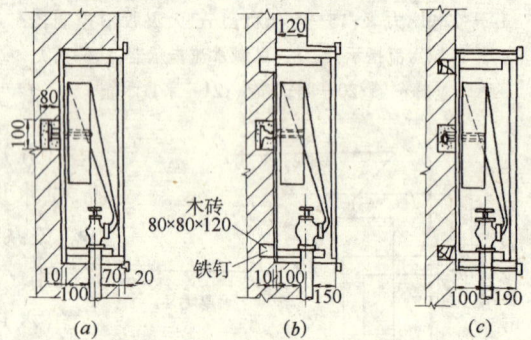

图 2.1-28 单开门的消火栓箱
(a)暗装;(b)半明装;(c)明装

二、消防卷盘

是重要的辅助灭火设备。由口径为 25mm 或 32mm 的消火栓、内径 19mm、长度 20～40m 卷绕在可旋转转盘上的胶管和喷嘴口径为 6～9mm 的水枪组成。可与普通消火栓设在同一消防箱内,也可单独设置。该设备操作方便,便于非专职消防人员使用。对及时控制初起火灾有特殊作用。在高级旅馆、综合楼和建筑高度超过 100m 的超高层建筑内均应设置,因用水量较少,且消防队不使用该设备,故其用水量可不计入消防用水总量。

三、喷头

是自动喷水灭火系统中直接喷水灭火的部件。根据其结构的不同,可分为闭式,开式和特殊喷头三种。

闭式喷头喷口由热敏元件制成的堵水支撑密封,按热敏元件的不同,闭式喷头有玻璃球喷头和易熔合金喷头两种见图 2.1-29、2.1-30。按布水形状和安装形式的区别,又有直立型、下垂型边墙型、吊顶型、干式下垂型和普通型等六种。

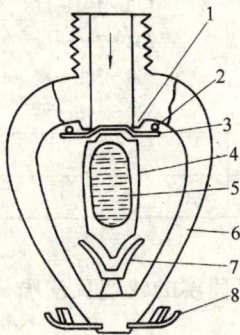
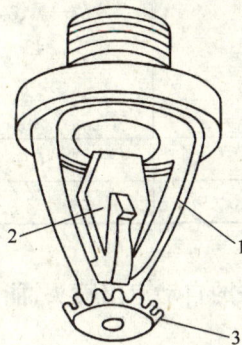
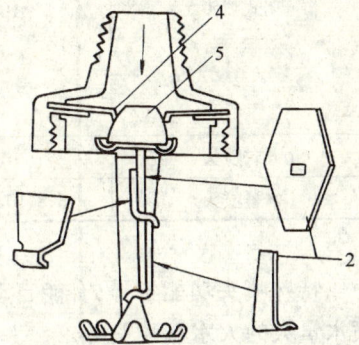

图 2.1-29 玻璃球闭式喷头

1—阀座;2—填圈;3—阀片;4—玻璃球;5—色液;6—支架;7—锥套;8—溅水盘

透视图   剖面图

图 2.1-30 易熔合金闭式喷头

1—支架;2—锁片;3—溅水盘;4—弹性隔板;5—玻璃阀堵

开式喷头喷口敞开。按用途不同分水幕、喷雾和开启式喷头三种,分别用于水幕,喷雾和雨淋系统,其结构见图 2.1-31。

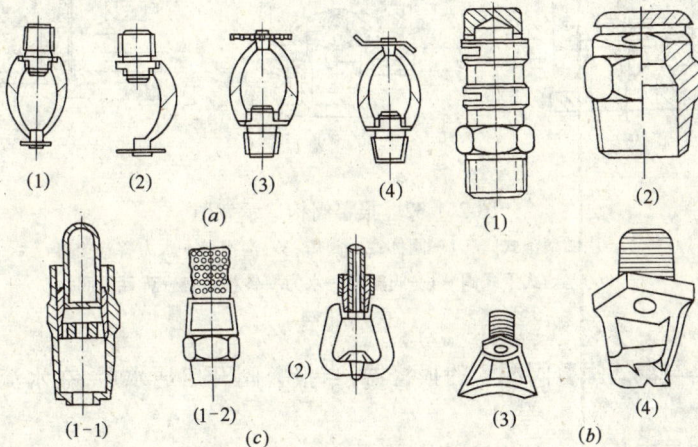

图 2.1-31 开式喷头构造示意图

(a)开启式洒水喷头 (1)—双臂下垂型;(2)—单臂下垂型;(3)—双臂直立型;
(4)—双臂边墙型

(b)水幕喷头 (1)—双隙式;(2)—单隙式;(3)—窗口式;(4)—檐口式

(c)喷雾喷头 (1-1、1-2)—高速喷雾式;(2)—中速喷雾式

以上各类喷头的技术性能见表2.1-14。

几种类型喷头的技术性能参数 表2.1-14

喷 头 类 别	喷头公称口径 (mm)	动作温度(℃)和颜色	
		玻璃球喷头	易熔元件喷头
闭式喷头	10、15、20	57—橙、68—红、79—黄、93—绿、141—蓝、182—紫红、227—黑、260—黑、343—黑	57～77—本色、80～107—白、121～149—蓝、163～191—红、204～246—绿、260～302—橙、320～343—黑
开式喷头	10、15、20	—	—
水幕喷头	6、8、10、12.7、16、19		

特殊喷头功能各异,有能自动开关的自动启闭喷头,能加快开启速度的快速反应喷头和喷水量大的大水滴喷头等。

四、报警和报警控制装置

报警阀的主要功能是开启后能够接通管中水流同时启动报警装置。有湿式报警阀、干式报警阀和雨淋阀三种,见图2.1-32。分别适用于湿式、干式和雨淋、预作用、水幕、水喷雾自动喷水灭火系统。

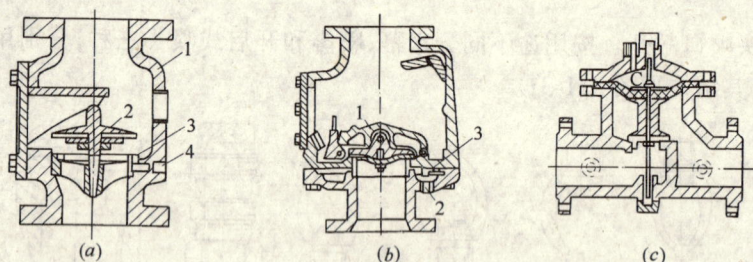

图2.1-32 报警阀构造示意图
(a)座圈型湿式阀 1—阀体;2—阀瓣;3—沟槽;4—水力警铃接口
(b)差动式干式阀 1—阀瓣;2—水力警铃接口;3—弹性隔膜
(c)雨淋阀

水力警铃是与湿式报警阀配套的报警器,当报警阀开启通水后,在水流冲击下,能发出报警铃声。

水流指示器见图2.1-33安装在采用闭式喷头的自动喷水灭火系统的水平干管上,当报警阀开启水流通过管道时,水流指示器中浆片摆动接通电信号,可直接报知起火喷水的部位。

延时器安装在湿式报警阀和水力警铃之间的管道上,以防止管道中压力不稳定而产生误报警现象。当报警阀受管网水压冲击开启。少量水进入延时器后,即由泄水孔排出,故水力警铃不会动作。

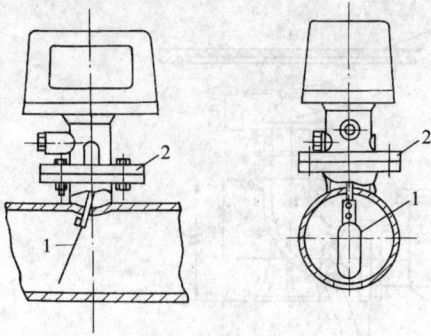

图 2.1-33　浆片式水流指示器
1—浆片；2—连接法兰

压力开关一般安装在延时器与水力警铃之间的信号管道上，当水流经信号管时，压力开关动作，发出报警信号并启动增压供水设备。

电动感烟、感光、感温火灾探测器的作用能分别将物体燃烧产生的烟、光、温度的敏感反应转化为电信号，传递给报警器或启动消防设备的装置，属于早期报警设备。火灾探测器在预作用灭火系统中是不可缺少的重要组成部分，也可与自控装置组成独立的火灾探测系统。

此外，室内消防给水系统中还应安装用以控制水箱和水池水位，干式和预作用喷水灭火系统中的充气压力以及水泵工作等情况的监测装置，以消除隐患，提高灭火的成功率。

五、水泵接合器

是室外消防车向室内消防管网供水的接口。当室内消防泵发生故障或发生大火，室内消防水量不足时，室外消防车可通过水泵接合器向室内消防管网供水，所以，消火栓给水系统和自动喷水灭火系统均应设水泵接合器。消防给水系统竖向分区供水时，在消防车供水压力范围内的各区，应分别设水泵接合器，只有采用串联给水方式时，可在下区设水泵接合器，供全楼使用。水泵接合器有地上式、地下式和墙壁式三种，分别见图 2.1-34、2.1-35、2.1-36 可根据当地气温等条件选用。其设置数量应根据每个水泵接合器的出水量 10～15L/s 和全部室内消防用水量由水泵接合器供给的原则计算确定。水泵接合器周围 15～40m 内应有水源，并应设在室外便于消防车通行和使用的地方。采用墙壁式水泵接合器时，其上方应有遮挡坠落物的装置。

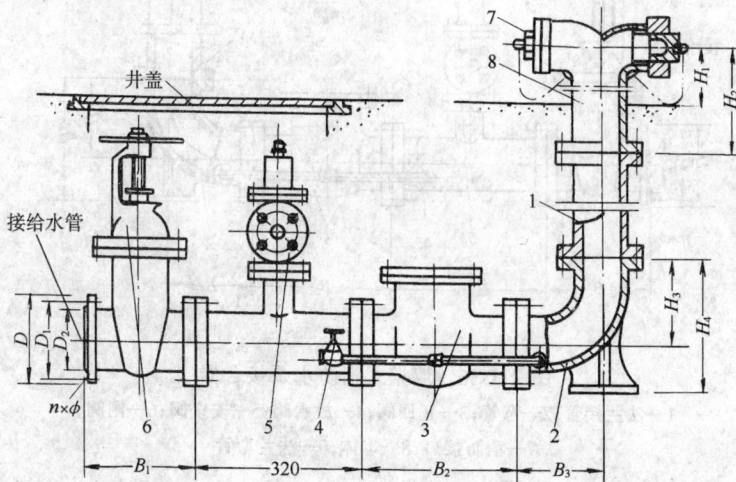

图 2.1-34　地上式消防水泵接合器
1—法兰接管；2—弯管；3—止回阀；4—放水阀；5—安全阀；
6—闸阀；7—消防接口；8—本体

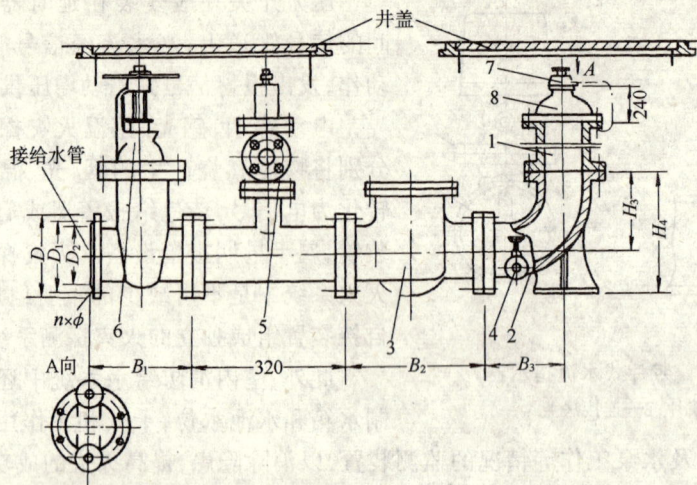

图 2.1-35　地下式消防水泵接合器
1—法兰接管；2—弯管；3—止回阀；4—放水阀；5—安全阀；6—闸阀；
7—消防接口；8—本体

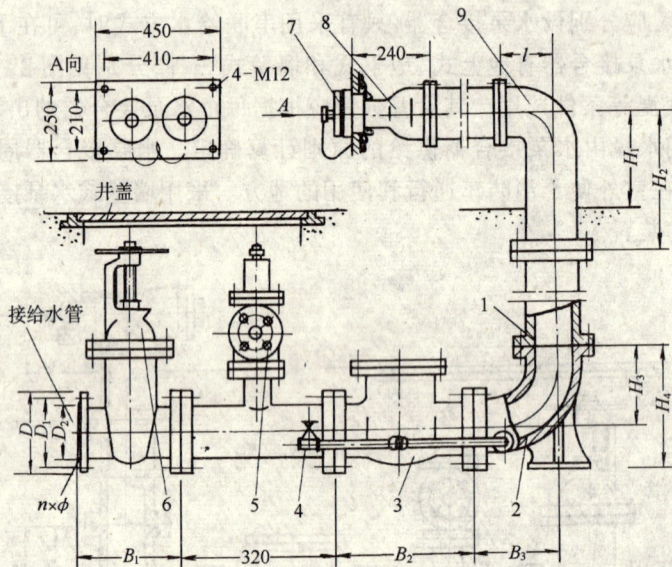

图 2.1-36　墙壁式消防水泵接合器
1—法兰接管；2—弯管；3—止回阀；4—放水阀；5—安全阀；6—闸阀；
7—消防接口；8—本体；9—法兰弯管

2.1.8　高层建筑消防给水方式及配管方法

一、消防给水方式

高层建筑的消防给水系统有分区与不分区之分。

不分区的系统即整栋建筑采用一个消防给水系统，供各层消防设备用水。

分区系统即建筑物按层分区，分别组成各自的消防给水系统。在消火栓给水系统中当消火栓口处静水压超过 0.8MPa 时,应分区供水。因为一般室内使用的水龙带工作压力不超过 1MPa,普通钢管的工作压力也为 1MPa,当室内最低处消火栓口处静压为 0.8MPa 时,为满足最不利点消火栓需要的水压,消防管道的工作压力就将达到 1MPa 左右,若消火栓口处静压超过规定值,就有可能造成水龙带、管道的损坏,使消防给水系统失去救火能力。同时水枪水压过大,不但救火人员难以握紧使用,不利灭火操作,而且水枪的射流量将大大增加,会使水箱内的消防用水在较短时间内用完,对扑救初期火灾不利。在自动喷水灭火系统中,当管网内的工作压力超过 1.2MPa 时,也应分区供水。一方面也为避免喷头出流量过大,使水箱内的消防用水过早用完,同时因自动喷水灭火系统中报警阀的工用压力一般为 1.2MPa,若管道中水压过高,必将损坏报警阀,使系统不能正常工作。自动喷水灭火系统在进行分区和设置时,还应满足系统中每个报警阀控制喷头数的规定;湿式和预作用喷水灭火系统为 800 个;有排气或无排气装置的干式喷水灭火系统分别为 500 个和 250 个。以及每组水幕喷头不宜超过 72 个的要求。否则既不便维修、管理,也会影响灭火、控火效果。

消防给水系统分区后,各区低层的消火栓或喷头处的压力仍会偏高,为保持系统灭火时的良好工况,当消火栓出口压力大于 0.5MPa 时应设减压装置。自动喷水灭火系统中,也因根据满足喷头工作压力要求和控制喷头出流量等因素,在适当部位采取减压措施,一般采用减压孔板或减压阀等减压装置。

不论是分区或不分区的消防给水系统,其给水方式主要有以下两种:

(一)设水泵、水箱的给水方式

1. 水箱的设置高度满足最不利消火栓或喷头所需的压力。消火栓给水系统不分区时如图 2.1-37,分区时又有并联分区和串联分区 2 种形式,分别见图 2.1-38,2.1-39。自动喷水灭火系统不分区时如图 2.1-23,分区时如图 2.1-40。

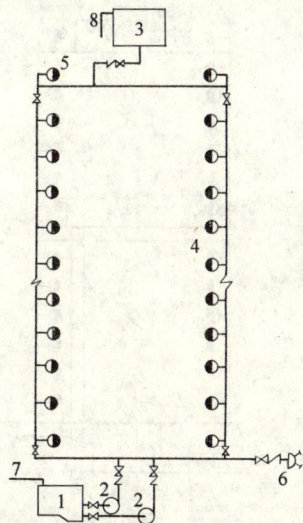

图 2.1-37 不分区消防供水方式

1—水池;2—消防水泵;3—水箱;4—消火栓;5—试验消火栓;6—水泵接合器;7—水池进水管;8—水箱进水管

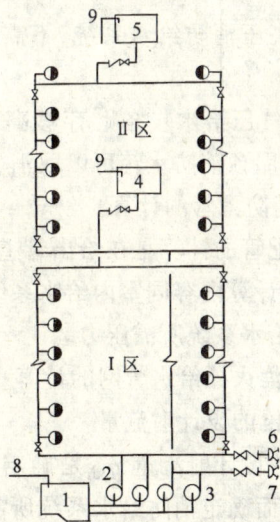

图 2.1-38 并联分区消防供水方式

1—水池;2—Ⅰ区消防水泵;3—Ⅱ区消防水泵;4—Ⅰ区水箱;5—Ⅱ区水箱;6—Ⅰ区水泵接合器;7—Ⅱ区水泵接合器;8—水池进水管;9—水箱进水管

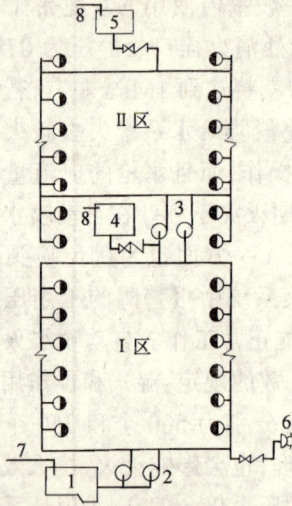

图 2.1-39　串联消防供水方式

1—水池；2—Ⅰ区消防水泵；3—Ⅱ区消防水泵；
4—Ⅰ区水箱；5—Ⅱ区水箱；6—水泵接合器；
7—水池进水管；8—水箱进水管

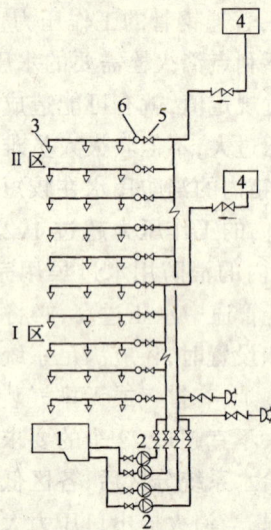

图 2.1-40　设水箱分区供水自动喷水灭火系统

1—水池；2—消防主泵；3—喷头；4—水箱；5—阀门；
6—水流指示器；7—水泵接合器

2．水箱设置高度不能满足最不利消火栓或喷头所需的压力,系统中设增压或稳压设备。如图 2.1-41。

(二) 无水箱的给水方式

1．当室外给水管网能满足消防水量和压力要求时,室内可设高压消防给水系统,不需设置贮备消防水量的水箱。

2．当气压给水设备贮存够高位水箱扑救初期火灾的水量时,屋顶消防水箱可以取消。

二、消防配管的计算

消防配管的计算是在绘出管道平面布置图和轴测图后进行的,计算内容同室内给水系统,包括确定各管段管径和消防给水系统所需压力。

(一) 消火栓给水管网的计算

1．水枪的设计射流量

水枪的设计射流量 q_{xh} 是确定各管段管径和计算水头损失,进而确定消防给水系统所需压力的主要依据。

消防给水系统最不利水枪的设计射流量,应由每支水枪的最小流量 q_{min} (见表 2.1-2)和实际水枪射流量 q_{xh},即在保证建筑物所需充实水柱长度的压力作用下,水枪的出水量,进行比较后确定。

实际水枪射流量可按下式计算：

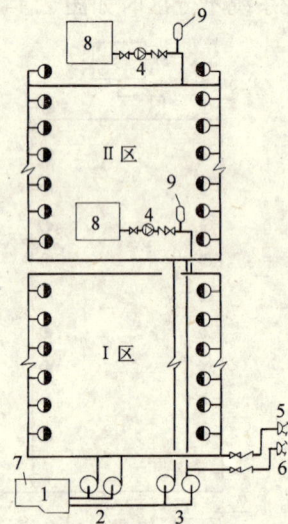

图 2.1-41　设稳压泵的消防供水方式

1—水池；2—Ⅰ区消防主泵；3—Ⅱ区消防
主泵；4—稳压泵；5—Ⅰ区水泵接合器；
6—Ⅱ区水泵接合器；7—水池进水管；
8—水箱；9—气压罐

116

$$q_{xh} = \sqrt{\beta H_q} \qquad\qquad (2.1\text{-}15)$$

式中　q_{xh}——实际水枪射流量(L/s)；

　　　β——水流特性系数　见表2.1-15；

　　　H_q——水枪喷口处的压力。计算最不利水枪射流量时,应为保证该建筑充实水柱长度所需的压力(kPa)。

q_{xh}也可根据充实水柱长度和水枪喷嘴口径由表2.1-16确定。

若计算所得$q_{xh} > q_{min}$,则取设计射流量$q'_{xh} = q_{xh}$,若$q_{xh} < q_{min}$,为确保火场所需水量,应取设计射流量$q'_{xh} = q_{min}$。

其他作用水枪的设计射流量,应根据该水枪喷口处的压力,由公式(2.1-15)计算确定。

水 流 特 性 系 数 β 值　　　　　　　　　　　表 2.1-15

喷嘴直径　(mm)	9	13	16	19	22	25
β	0.0079	0.0346	0.0793	0.1577	0.2834	0.4727

直流水枪充实水柱技术数据　　　　　　　　　　表 2.1-16

充实水柱 H_m (m)	水枪不同喷嘴口径 d 处的压力 H_q 和实际消防射流量 q_{xh}					
	$d13$(mm)		$d16$mm		$d19$mm	
	H_q kPa(mH$_2$O)	q_{xh} (L/s)	H_q kPa(mH$_2$O)	q_{xh} (L/s)	H_q kPa(mH$_2$O)	q_{xh} (L/s)
6	81(8.1)	1.7	78(7.8)	2.5	77(7.7)	3.5
8	112(11.2)	2.0	107(10.7)	2.9	104(10.4)	4.1
10	149(14.9)	2.3	141(14.1)	3.3	136(13.6)	4.6
12	191(19.1)	2.6	177(17.7)	3.8	169(16.9)	5.2
14	239(23.9)	2.9	218(21.8)	4.2	206(20.6)	5.7
16	297(29.7)	3.2	265(26.5)	4.6	247(24.7)	6.2

　　2. 计算各管段的设计流量并确定管径

　　立管各管段的设计流量应根据每根立管同时使用水枪数(见表2.1-2),以最不利配水情况,确定使用水枪的位置,并计算其设计射流量,立管各管段的设计流量即该管段转输立管使用水枪设计射流量之和。

　　横管各管段的设计流量应根据室内同时使用水枪数,以最不利配水情况,确定使用水枪的位置,见表2.1-17,并计算其设计射流量,横管各管段设计流量即该管段转输建筑物使用水枪的设计射流量之和。

　　由各管段的设计流量,控制流速不大于2.5m/s,查附录Ⅱ-5,即可确定各管段管径和单位长度的沿程水头损失 i。

建 筑 物 名 称	建筑高度 (m)	室内消防 用水量 (L/s)	同时使用 水枪数量 (支)	竖管使用水枪数量(支)		
				最不利竖管	次不利竖管	第三不利竖管
普通住宅	≤50	10	2	2		
	>50	20	4	2	2	
医院、电信楼、广播搂、高级住宅、教学楼、普通的旅馆、办公楼、科研楼、图书馆、档案楼省级以下的邮政楼等	≤50	20	4	2	2	
	>50	30	6	3	3	
百货楼、展览楼、财贸金融楼、高级旅馆、重要的办公楼、科研楼、图书馆、档案楼、省级邮政楼等	≤50	30	6	3	3	
	>50	40	8	3	3	2
高层厂房	≤50	25	5	3	2	
	>50	30	6	3	3	
高层库房	≤50	30	6	3	3	
	>50	40	8	3	3	2

注：各立管应由最高层消火栓开始由上向下确定使用水枪的位置。

3. 计算水头损失,确定消防给水系统所需压力。

消火栓给水管网的水头损失也包括沿程水头损失和局部水头损失,其计算方法同室内给水系统。消防给水管网所需压力,可按下式计算：

$$H = H_1 + H_2 + H_{xh} \tag{2.1-16}$$

$$H_{xh} = H_q + h_d \tag{2.1-17}$$

$$h_d = A_z L_d q_{xh}^{'2} \tag{2.1-18}$$

式中　　H——消火栓给水系统所需压力(kPa);

　　　　H_1——管网与外网直连时,相当于引入管起点至最不利消火栓高度的压力,管网与外网间接连接时,相当于水池最低水位至最不利消火栓高度的压力(kPa);

　　　　H_2——计算管路沿程与局部水头损失之和(kPa);

　　　　H_{xh}——消火栓口处所需压力(kPa);

　　　　H_q——同公式(2.1-15);

　　　　h_d——水龙带的水头损失(kPa);

　　　　A_z——水龙带的比阻,按表2.1-18采用;

　　　　L_d——水龙带的长度(m);

　　　　$q_{xh}^{'2}$——水枪的设计射流量(kPa)。

高层建筑消火栓给水管道均布置成环状,在确定计算管路时,可以出现不利情况,管网成单向供水的枝状布置考虑。

(二)自动喷水灭火系统

1. 喷头出水量

118

水龙带口径 （mm）	A_z	
	帆布的、麻织的水龙带	衬胶的水龙带
50	0.1501	0.0677
65	0.0430	0.0172

喷头的出水量是确定各管段设计流量的基本数据,可按下式计算:

$$q = K \sqrt{\frac{P}{9.8 \times 10^4}} \qquad (2.1-19)$$

式中　　q——喷头出水量(L/min);

　　　　P——喷头的工作压力(Pa);

　　　　K——喷头流量特性系数,当 $P = 9.8 \times 10^4$Pa 喷头公称直径为 15mm 时,K=80。

2. 计算各管段的设计流量并确定管径

自动喷水灭火系统的计算,是以作用面积(见表 2.1-3)内的喷头全部动作,且满足所需喷头强度要求为出发点的,因为喷水强度是衡量控火,灭火效果的主要依据。由于火灾时一般火源呈辐射状向四周扩散,所以作用面积宜选用正方形或长方形,当采用长方形布置时,其长边应平行于配水支管,边长宜为作用面积平方根的 1.2 倍。

对严重危险级系统,为确保安全,在作用面积内每个喷头的出水量应按喷头处的水压计算确定。对中危险级和轻危险级系统,为简化计算,可假定作用面积内每只喷头的出水量均等于最不利点喷头的出水量,但需保证作用面积内的平均喷水强度不小于表 2.1-3 的规定,且任意四个喷头组成的保护面积内的平均喷水强度不小于或大于上表规定的 20%。

各管段设计流量即为该管段转输作用喷头的出水量之和。管径按流量,流速计算确定,管道内的水流速度不宜超过 5m/s,个别情况下,配水支管内的水流速度可控制在 ≤10m/s 的范围内。在初步设计时,也可按喷头数计算管径,见表 2.1-19。

建、构筑物的危险等级	允 许 安 装 喷 头 数 (个)							
	$\phi25$	$\phi32$	$\phi40$	$\phi50$	$\phi70$	$\phi80$	$\phi100$	$\phi150$
轻危险级	2	3	5	10	18	48	按水力计算	按水力计算
中危险级	1	3	4	10	16	32	60	按水力计算
严重危险级	1	3	4	8	12	20	40	>40

注:每根配水支管设置的喷头数:轻、中危险级的建、构筑物均不应超过 8 个;严重危险级的建、构筑物不应多于 6 个。

3. 计算水头损失,确定系统所需压力

自动喷水灭火系统管网的水头损失也包括沿程水头损失和局部水头损失。沿程水头损失可按下式计算:

$$h = ALQ^2 \qquad (2.1-20)$$

式中　　h = 沿程水头损失(mH$_2$O);

　　　　A——管道比阻,按表 2.1-20 采用;

　　　　Q——计算管段流量(L/s)。

局部水头损失可按沿程水头损失的 20% 计。自动喷水灭火系统所需压力，可按下式计算：

$$H = H_p + H_{pj} + \Sigma h + H_{kp} \tag{2.1-21}$$

式中　H——自动喷水灭火系统所需压力(kPa)；

H_p——计算管路中最不利喷头的工作压力(kPa)；

H_{pj}——管网与外网直连时，相当于引入管起点至最不利喷头高度的压力，管网与外网间接连接时，相当于水池最低水位至最不利消火栓高度的压力(kPa)；

Σh——计算管路沿程与局部水头损失之和(kPa)；

H_{kp}——报警阀的局部水头损失，可按产品样本提供值选用。

管道比阻值 A（流量以 L/s 计）　　　　表 2.1-20

管　径　（mm）	管　　材	
	钢　　管	铸　铁　管
20	1.643	
25	0.4367	
32	0.09386	
40	0.04453	
50	0.01108	
70	0.002893	
80	0.001168	
100	0.0002674	0.0003653
150	0.00003395	0.00004148
200	0.000009273	0.0000092029

2.1.9　水景、庭园绿化供水、冷饮水供应及冷却水系统

一、水景

人造水景是建筑空间和环境创作的一个组成部分，主要由各种形态的水流组成。水流的基本形态有镜池、溪流、叠流、瀑布、水幕、喷泉、涌泉、冰塔、水膜、水雾、孔流、珠泉等，若将上述基本形态加以合理组合，又可构成不同姿态的水景。水景配以音乐、灯光形成千姿百态的动态声光立体水流造型，不但能装饰、衬托和加强建筑物、构筑物、艺术雕塑和特定环境的艺术效果和气氛，而且有美化生活环境、降低周围气温、减少空气中含尘量改善小区气候的作用。此外水景的水池还可兼作循环冷却水系统的喷水冷却池、娱乐游泳池和消防、绿化用水的贮水池等。随着城市现代化，文明生产和园林、旅游事业的发展，水景已成为建筑设计不可忽视的内容之一。

（一）水景工程的基本形式及给水方式

1. 水景工程的基本形式可分为以下三种：

固定式。即构成水景工程的主要组成部分如喷头、管道、水泵、水池和电器设备等都固定设置，不能随意移动，如图 2.1-42。

半移动式。这种水景工程除水池等土建结构不变外，其它主要设备可随意移动，通常将

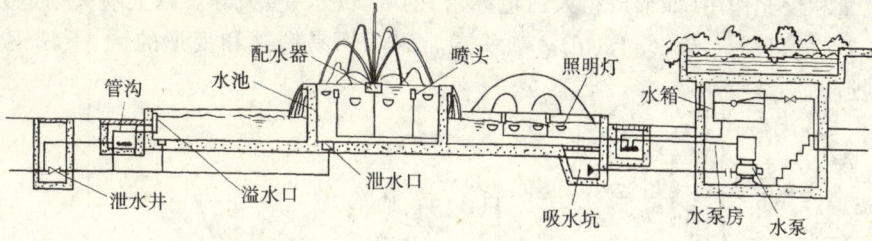

图 2.1-42 固定式水景工程

喷头、管道、潜水泵和水下灯等配套组装,使用时将成套设备置于水池内,接通电源即可喷出预定的水姿,如图 2.1-43。

全移动式。所有水景设备,包括水池在内,全部组合在一起可任意移动,如图 2.1-44。

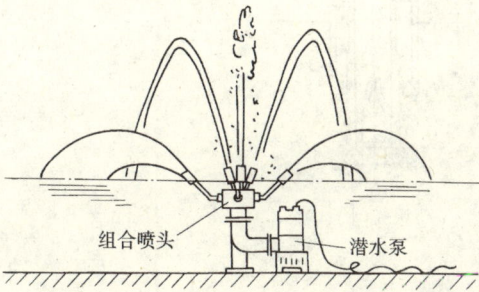

图 2.1-43 半移动式水景工程

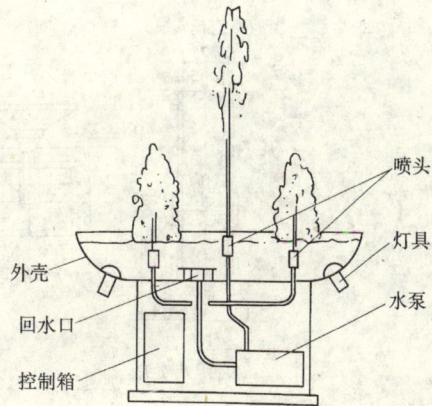

图 2.1-44 全移动式水景

2. 水景工程常用的给水方式有以下两种:

直流给水,即喷头直接与给水管网连接,使用过的水排入城市排水管网。此系统简单,但耗水量大,适用于用水量少的小型水景,常与假山盆景配合,如小型喷泉、涌泉和瀑布等。

循环给水,为保证喷水有稳定高度和水平射程,设水泵升压,喷头与水泵出水管相连,为节约用水,池水循环使用,并视其卫生状况的变化定期更换,平时则根据水位变化适时补水。循环水泵可设在池外泵房中,如图 2.1-42,也可采用潜水泵直接置于水池中,如图 2.1-43。此系统适用于各种规模、形式的水景。在有条件的地方,也可利用天然水源供水景用水,用毕排入排水管网或循环使用。

(二)水景工程给排水系统的组成及设置要求。

水景工程给排水系统的基本组成部分有:喷头、水池、给、排水管道、加压设备和调节阀等。根据给水方式及水源水质的不同,有的水景工程还需设置循环水泵和水处理装置如过滤器等。

喷头是形成各种水流形态的出水装置,喷头的种类很多,常用的喷头有形成喷泉射流、水雾和球形水姿的直流式喷头、旋流式喷头和球形喷头;利用喷水器的环形缝隙,使水柱表现流量增大的环隙式喷头;使水流在喷嘴外折射成水膜,改变折射体形状(可形成灯笼、伞形和牵牛花等)的折射喷头;以及利用喷嘴造成射流形成负压吸入空气使水掺入气泡,增大水

121

的表现流量和反光作用(如形成粗大白色冰塔)的吸气(水)喷头等。以上喷头构造分别见图2.1-45(a)、(b)、(c)、(d)、(e)、(f)。喷头通常采用不易锈蚀和变形的铜、不锈钢、铝合金等材料制造。

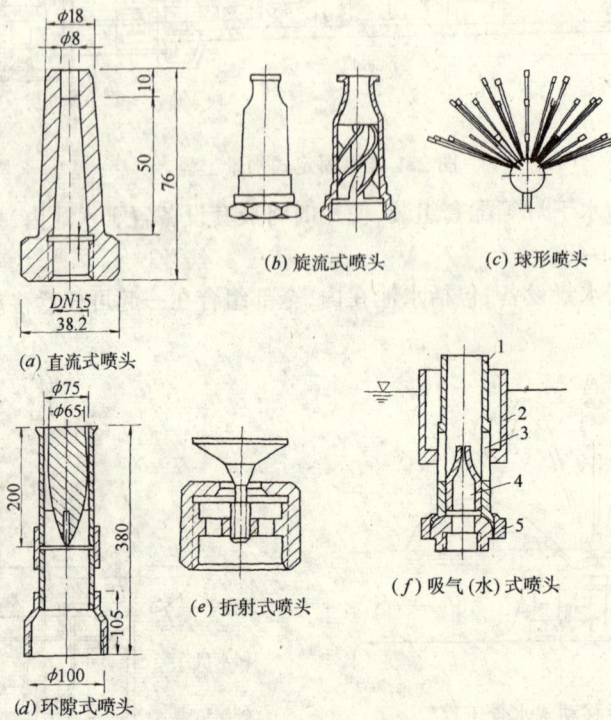

图 2.1-45　喷头构造简图
1—内筒;2—外筒;3—吸水吸气口;4—喷嘴;5—球形接头

　　水池是水景的贮水设施。其平面形状可根据水景特点确定。平面尺寸除满足正常情况下承接射流水柱和减少溅水的要求外,在设计风速下,还应使水滴不致被吹出池外。一般池内水深采用0.4~0.8m,水池的干舷高度(最高水位以上部分)为0.2~0.3m。当水池内设有潜水泵时,应保证吸水口的淹没深度不小于0.5m,设有水泵吸水口时,应保证吸水喇叭口的淹没深度不小于0.5m。如水池还兼有其他用途,则还应满足特定用途的水深要求。

　　为维持水池水位和进行表面排污,保持水面清洁,水池应有溢流口。常用的溢流形式有堰口式、漏斗式、管口式和联通管式等,如图2.1-46。大型水池宜设多个溢流口,均匀布置在水池中间或周边。溢流口的设置不能影响美观,并要便于清除积污和疏通管道,为防止漂浮物堵塞管道,溢流口要设置格栅,格栅间隙应不大于管径的1/4。

　　为便于清洗、检修和防止水池停用时水质腐败或池水结冰,影响水池结构,池底应有0.01的坡度,坡向泄水口。若采用重力泄水有困难时,在设置循环水泵的系统中,也可利用循环水泵泄水,并在水泵吸水口上设置格栅,以防水泵装置和吸水管堵塞,一般栅条间隙不大于管道直径的1/4。

　　大型水景工程的给排水管道较多,为便于维护、检修,可在水池周围和水池与泵房之间设专用管沟或管廊,集中敷设管道。管沟和管廊的地面应有不小于0.005的坡度坡向集水坑。一般水景工程的管道可直接敷设在水池中,为使喷头出水稳定,宜采用环状或对称布

122

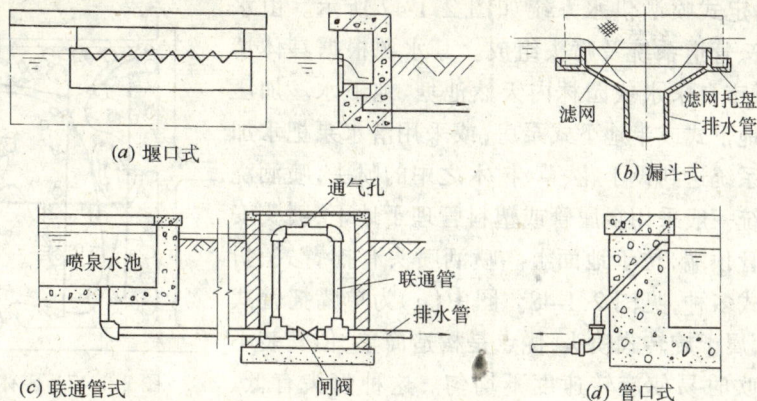

(a) 堰口式   (b) 漏斗式

滤网
滤网托盘
排水管

通气孔
喷泉水池
联通管
排水管
闸阀

(c) 联通管式   (d) 管口式

图 2.1-46　水池各种溢流口

置,在每个喷头或每组喷头的管道上均应设置调节阀门,以控制和调正水景造型。

水景泵房多采用地下式或半地下式,除要满足一般水泵房采光、通风和排水等方面的要求外,其位置和造型还应与周围环境协调一致。

由于风吹、蒸发、溢流、排污和渗漏等原因,会使水景贮水不断损失,为不影响水景的观赏,损失的水量应及时补充。各项水量损失一般均根据经验按循环流量或水池容积的百分数估算,其值可参见表 2.1-21。补充水量除应满足最大损失水量外,还应满足运行前的充水要求。充水时间一般按 24~48h 考虑。对于非循环供水的静水景观,如镜池、珠泉等,从卫生和美观出发,每月应排空换水 1~2 次,或按表 2.1-21 中溢流、排污百分率连续溢流排污,同时不断补入等量的新鲜水。若采用生活饮用水做补给水源时,为防止倒流污染,补水口与水池水面间应保持一定的空气隔断间隙。

为了使水景有更完美的观赏效果,使水姿、照明随音乐旋律、节奏同步变化,还需配置程序控制、音响控制等装置。

水　量　损　失　　　　　　　　　　　　　　　　　　　表 2.1-21

项目 水景形式	风吹损失	蒸发损失	溢流排污损失(每天排污量 占池容积的百分比)
	占循环流量的百分比		
瀑布、水幕、叠流涌泉	0.3~1.2	0.2	3~5
水　雾	1.5~3.5	0.6~0.8	3~5
射流、水膜、冰塔、孔流	0.5~1.5	0.4~0.6	3~5
镜池、珠泉	—	按水池表面蒸发量公式计算	2~4

注:水池表面蒸发量 $q(L/d) = 52.0(P_m - P)(1 + 0.135V)$,式中 P_m 为按水面温度计算的饱和蒸汽压(Pa);P 为空气中水蒸汽分压(Pa);V 为日平均风速(m/s)。

二、庭园绿化喷洒供水

能定期、定量供应庭园的花卉、树木、绿地等植物生长所需水量的工程技术设施,统称为庭园绿化喷洒供水系统或简称为庭园喷洒供水系统。该系统与人工浇水相比,不但可适时、适量供水,而且还能节省水量,提高效率。

当前我国一些城市庭园喷洒供水,多采用固定式喷洒和微灌式两种方式。

（一）固定式喷洒供水系统如图 2.1-47 所示。由水源、加压设备、管道系统及喷头组成。其水源根据具体情况，可取自城市自来水或园林内天然池塘、地下水。加压水泵多采用地下式或半地下式泵房，或采用潜水泵把水加压后经管道系统送到设于花、草、树木之中的喷头，喷洒浇水。管道系统一般采用金属管或塑料管埋于地下，喷头安装在管系竖管顶端，位于地面上。喷洒喷头有摇臂式、折射式和缝隙式多种，见图 2.1-48。图中（a）为单嘴摇臂式喷头构造图，属于旋转式喷头，优点是构造简单，但安装不平或受到风吹时易使旋转速度不均匀。这种喷头有低、中、高压之分，工作压力可小于 200kPa 或大于 500kPa，喷洒水量可小于 2.5m³/h 或大于 32m³/h，射程可小于 15.5m 或大于 42m，可根据喷洒要求选用。图中（b）、（c）为固定式喷头，喷洒可呈全圆式扇形面，这类喷头结构也较简单，且工作可靠价格低，射程 5～10m 喷洒水量按水深计可达 15～20mm/h，缺点是喷出水量不够均匀，很适合公园内洒水使用。

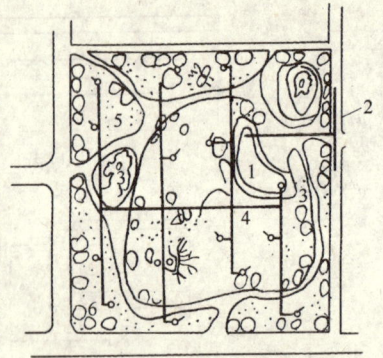

图 2.1-47　园林内固定式
地面喷洒供水系统
1—池塘；2—自来水；3—潜水泵；
4—干管；5—支管；6—竖管及喷头

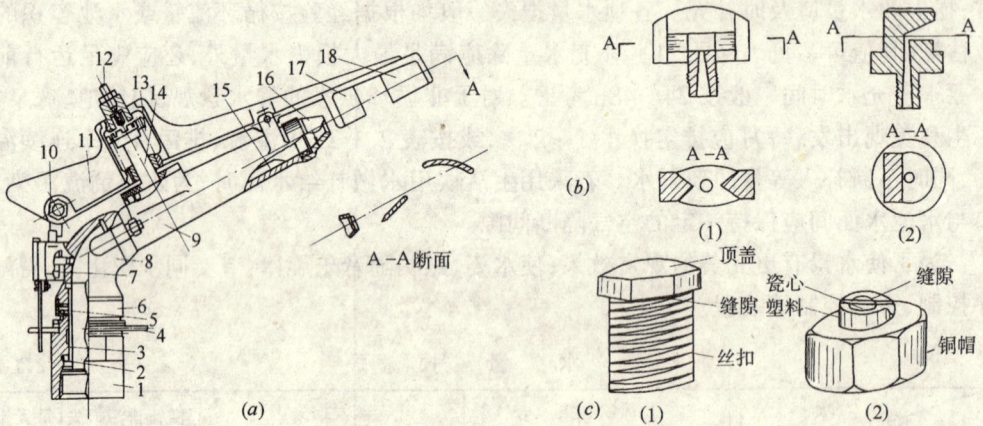

图 2.1-48　常用喷头
（a）PY140 系列单嘴摇臂式喷头结构图
1—套轴；2—减磨密封圈；3—空心轴；4—限位环；5—防砂弹簧；6—弹簧罩；7—扇形机构；8—弯头；9—喷管；
10—反转钩；11—摇臂；12—摇臂调位螺钉；13—摇臂弹簧；14—摇臂轴；15—稳流器；16—喷嘴；
17—偏流板；18—导水片
（b）折射式喷头示意图
(1)双向折射式；(2)单向折射式
（c）缝隙式喷头示意图
(1)周边缝隙式；(2)瓷心缝隙式

固定式喷洒供水系统水力计算中绿化用水量应根据绿化类型、当地气候和土壤等条件确定，用水指标可按 4L/m²·次计算。喷头属于管嘴式孔口出流，如果喷洒面积较大，为节省设备投资可采用轮流喷洒制，即每次喷洒只限制在一定范围内，全区浇水轮流进行。在划定范围内按用水指标和限定时间确定用水量，并选定喷头数量和类型，确定管径和计算管路所需水压,选出合适的增压水泵。详细计算可参阅有关专门技术书籍或手册。

（二）微灌式喷洒供水系统

微灌式喷洒供水系统用于园林浇水,技术来源于农田经济作物如种植蔬菜、果树、花卉浇水和施肥。微灌式喷洒供水系统与固定式喷洒供水系统比较,更具有低压节能、节水和高效率等优点,在我国一些城市的街心花园及园林苑得到推广应用。

微灌喷洒供水系统就其灌水器出流方式不同的滴灌、微灌和涌泉之分如图2.1-49所示。这类供水系统也是由水源、枢纽设备、输配管网和灌水器组成如图2.1-50所示。这类供水系统的水源可取自城市自来水或园林附近的地面水、地下水。当水源取自城市自来水,枢纽设备仅为水泵、贮水池（包括吸水井）及必要的施肥罐等。如为园林附近的地面水,根据水质悬浮固体情况除应有贮水池、泵房、水泵、施肥罐外还应设置过滤设施。微灌喷洒供水系统的输配管网有干管、支管和分支管之分,干、支管可埋于地下,专用于输配水量,而分支管将根据情况或置于地下或置于地上,但出流灌水物宜置于地面上,以避免植物根须堵塞出流孔。

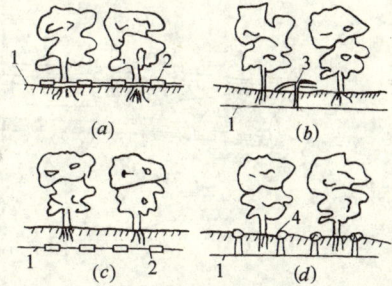

图 2.1-49　微灌出流方式
(a)滴灌;(b)微喷灌;(c)地下滴灌;(d)涌泉灌
1—分支管;2—滴头;3—微喷头;4—涌泉器

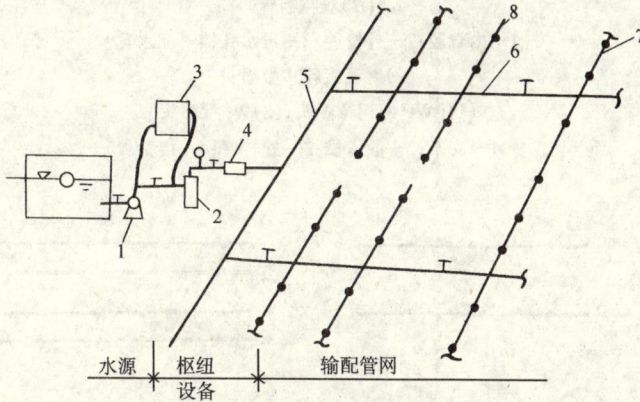

图 2.1-50　微灌喷洒供水系统示意图
1—水泵;2—过滤装置;3—施肥罐;4—水表;5—干管;6—支管;
7—分支管;8—出流灌水器

出流灌水器有滴头、微喷头、涌水口和滴灌带等多种类型,其出流可形成滴水、漫射、喷水和涌泉。图2.1-51为几种常见出流灌水器。

分支管上出流灌水器布置如图2.1-52所示,可布置成单行或双行,也可成环形布置。

微灌喷洒供水系统水力计算内容与固定或喷洒供水系统相同,在布置完成后选出设备和确定管径。

三、冷饮水供应

冷饮水除某些工厂作为劳动保护饮用外,在民用建筑中多设在剧院、体育馆等公共场所。冷饮水集中供应有两种类型:一种是集中制备分散供应。另一种是集中制备管道输送。

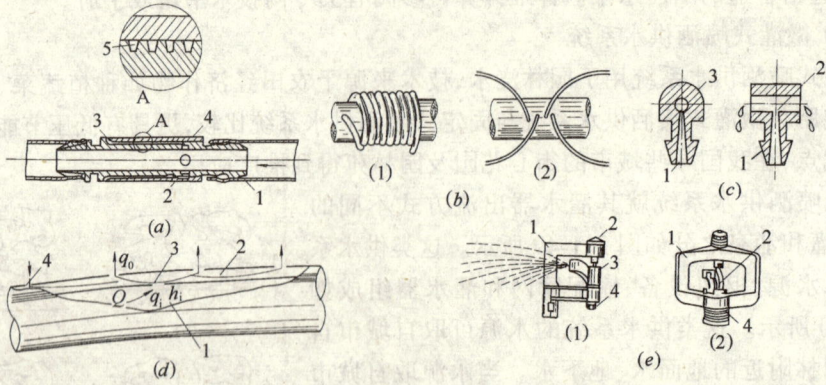

图 2.1-51　几种常见微灌出流灌水器

(a)内螺纹管式滴头

1—毛管；2—滴头；3—滴头出水口；4—滴头进水口；5—螺纹流道槽

(b)微管灌水器

(1)缠绕式；(2)直线散放式

(c)孔口滴头构造示意图

1—进口；2—出口；3—横道出水道

(d)双腔毛管

1—内管腔；2—外管腔；3—出水孔；4—配水孔

(e)射流旋转式微喷头

(1)LWP 两用微喷头；(2)W_2 型喷头

1—支架；2—散水椎；3—旋转臂；4—接头

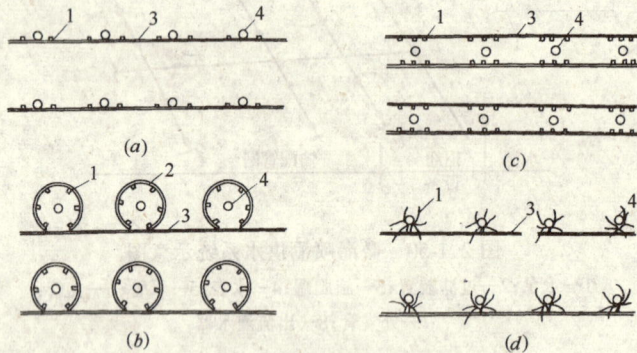

图 2.1-52　滴灌时毛管与灌水器的布置

(a)单行毛管直线布置；(b)单行毛管带环状布置；
(c)双行毛管平行布置；(d)单行毛管带微管布置

1—灌水器(滴头)；2—绕树环状管；3—毛管；4—果树

后者的饮水器可设在工作点、电梯前厅、走廊和开水间等处。

冷饮水集中制备工艺如图 2.1-53 所示。

为保证进入冷却设备的自来水达到饮用标准，一般要经过预处理进一步去除机械杂质和消毒灭菌。通常采用砂滤、紫外线消毒或活性炭吸附等方法。处理水经制冷设备冷却后，

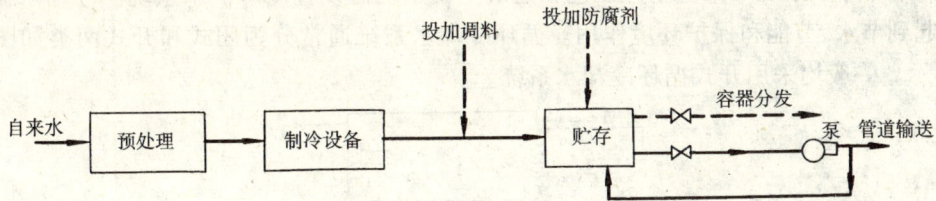

图 2.1-53 冷饮水制备工艺

应根据饮用要求,按一定标准投加调料,如盐、糖浆、二氧化炭等。如制备的冷饮水量大且贮存时间长,则应投加防腐剂。管道输送可采用图 2.1-54 中的几种供应方式。

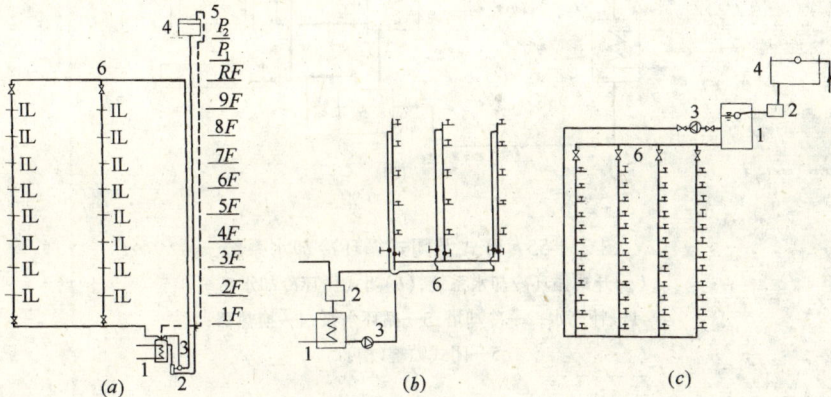

图 2.1-54 冷饮水管系供应方式

(a)上行下给全循环方式;(b)下行上给全循环方式;(c)设备置于建筑上部供应方式
1—冷饮水箱(接制冷设备);2—过滤器;3—循环泵;4—高位水箱;5—膨胀管;6—管系

冷饮水量、水温及小时变化系数可参考表 2.1-22 选用。冷饮水管道系统的计算,也是在完成系统图后进行。设备选择包括制冷设备、循环水泵选型和贮存水箱容积的确定。

冷饮水温、水量和小时变化系数   表 2.1-22

建筑物性质	冷饮水温 (℃)	单位	冷饮水量 (L)	小时变化 系　数	备　注
热车间或露天作业	14~18	每班每人	3~5	1.5	高温作业或重体力劳动
一般车间	7~10	每班每人	2~4	1.5	普通体力劳动
工厂生活间	7~10	每班每人	1~2	1.5	
旅馆、招待所办公楼	7~10	每班每人	2~3	1.5	
集体宿舍	7~10	每班每人	1~2	1.5	无热水供应时可用2~3L
教学楼	7~10	每日每学生	1~2	2.0	
医院	7~10	每床每日	2~3	1.5	医院、休养病员
影剧院、体育馆	7~10	每场每观众	0.2	1.0	露天体育场0.3~0.5L
高级饭店、冷饮店、咖啡馆	4.5~7	每人每小时	0.31~0.38		冷饮水量仅供参考

127

四、冷却水系统　某些生产工艺和建筑空调系统需设置冷却供水系统。冷却水循环使用可起到节水、节能和保护环境作用。循环冷却水系统通常分为闭式和开式两类如图 2.1-55 所示。一般均采用开式循环冷却水系统。

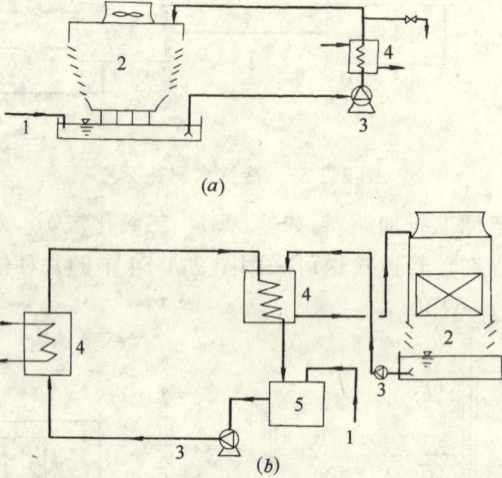

(a)

(b)

图 2.1-55　开式及闭式循环冷却水系统
(a)开式循环冷却水系统;(b)闭式循环冷却水系统
1—补充水;2—冷却塔;3—循环水泵;4—换热器;
5—闭式贮罐(槽)

循环冷却水系统的布置方式如图 2.1-56 所示。

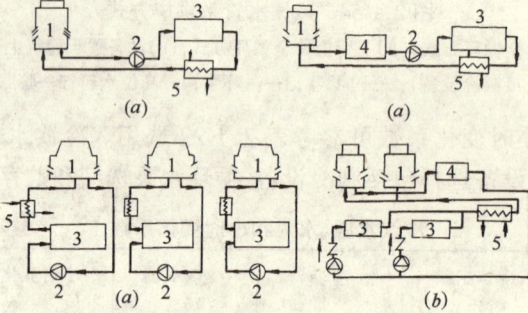

图 2.1-56　常用循环冷却水系统
(a)单一系统;(b)并列系统
1—冷却塔;2—循环泵;3—制冷机;4—水箱;5—热交换器

冷却水系统中冷却塔的功能是将吸热后的热水喷成水滴或水膜与塔中对流空气相互传热使水降温。冷却塔有干、湿和干湿式之分,一般多采用湿式。塔中流动空气可采用自然通风或机械通风。前者为风筒式或开放式冷却塔,后者称机械通风冷却塔。

循环冷却水在循环过程中,因蒸发、风吹和排污,不可避免会损失部分水量或使水质受到污染。因此,必须补充一定水量和进行水处理,水处理目的是去除水中的悬浮物和控制泥砂、结垢、腐蚀和微生物的含量,处理后的水质应符合国家制定的冷却水质标准。

循环冷却水系统的循环方式、水质处理方案、各种构筑物选型及平面布置等,应根据生

128

产工艺或空调系统所需水量、水压、水质、进出口水温、空气中大气压力、干湿球温度及环境对噪声要求等条件合理确定。一般除重要生产工艺外,冷却塔及循环水泵均不备用。为防止冷却塔对环境的噪声污染,应按城市区域环境噪声标准采取相应的技术措施。

2.2 建筑排水工程

2.2.1 建筑排水系统的分类及选用

建筑排水系统的任务是接纳、汇集建筑内各种卫生器具和用水设备排放的污废水,以及屋面的雨、雪水,并在满足排放要求的条件下,排入室外排水管网,经汇集处理后排至水体。根据其排除污水的性质,可归纳为以下三类:

1. 生活排水系统　排除便溺污水和盥洗、洗涤、淋浴等生活废水;

2. 工业废水系统　排除生产过程中排放的生产污水和生产废水,前者污染较重如印染、电镀污水等,后者污染较轻,如生产设备的冷却水等。

3. 室内雨水系统　排除屋面的雨水和冰雪融化水。

以上系统可单独设置,也可将性质相近的污、废水合流,组成合流排水系统或根据实际情况或需要,进一步将生活污水和工业废水分流,分别组成生活污水系统、生活废水系统和生产污水系统、生产废水系统。

选用分流或合流的排水系统应根据污水性质、污染程度,结合室外排水制度和有利于综合利用与处理的要求确定。

水质相近的生活排水和生产污、废水,可采用合流排水系统排除,以节省管材。为便于污水的处理和回收利用,含有害有毒物质的生产污水和含有大量油脂的生产废水、有回收利用价值的生产废水,均应设独立的生产污水和生产废水系统分流排放。当建筑或建筑小区设有中水系统时,生活废水与生活污水宜分流排放,以便将生活废水处理后回用,可简化处理工艺,降低中水工程的投资和经常运行费用。在室外有污水处理厂,并有条件接纳生活排水时,可设生活排水系统,污水由处理厂处理。当室外无污水处理厂或有污水处理厂,但已满负荷运行,生活污水需经化粪池处理时,宜分设生活废水和生活污水系统,生活污水入化粪池处理,生活废水直接排入室外排水管网。为保证排水系统的最佳水力条件和生活、生产污水的处理效果,屋面雨水不能与生活、生产污水合流,雨水系统应独立设置,只有冷却水、冷凝水和仅含有大量泥砂、矿物质的工业废水,经机械处理后才能排入室内非密闭雨水管道。

2.2.2 建筑排水系统的组成、布置及敷设

一、建筑排水系统的组成

不论是分流或合流的生活排水和工业废水排水系统,均有以下基本组成部分,参见图2.2-1。

（一）卫生器具或生产设备的受水器

是室内排水系统的起点,污、废水从器具排水栓经器具内的水封装置或与器具排水管连接的存水弯流入横支管。

（二）管道系统

由横支管、立管、横干管和自横干管与末端立管的连接点至室外检查井之间的排出管

组成。

(三)通气管系统

使室内外排水管道与大气相通,其作用是将排水管道中散发的有害气体排到大气中去,使管道内常有新鲜空气流通,以减轻管内废气对管壁的腐蚀,同时使管道内的压力与大气取得平衡,防止水封破坏。

一般的低层或多层建筑在排水横支管不长,卫生器具不多的条件下,可采取将排水立管延伸出屋面的通气措施。从最高层立管检查口至伸出屋面立管管口的管段称伸顶通气管。其管口伸出屋面的高度应在0.3m以上(屋顶有隔热层时,应从隔热层板面算起),并大于当地最大积雪厚度,以防积雪覆盖;其周围4m以内有门窗时,则应高出该门窗顶0.6m,或引向无门窗一侧;在经常有人停留的平屋面上,要高出屋面2m,并应根据防雷要求考虑防雷装置;伸顶通气管不宜设在建筑物挑出部如屋檐檐口,阳台和雨篷等处的下面,以避免管内臭气积聚并进入室内。

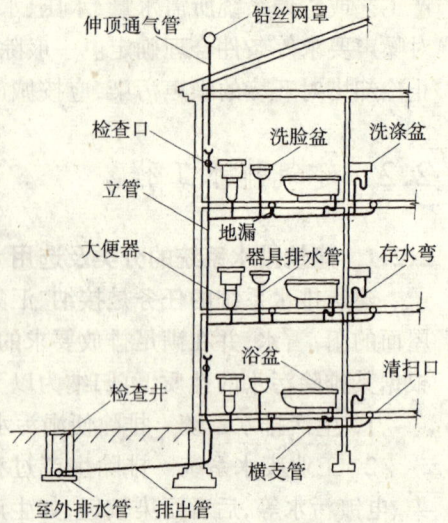

图 2.2-1　建筑排水系统示意图

对层数较多或卫生器具数量较多的建筑,因卫生器具同时排水的机率较大,管内压力波动大,只设伸顶通气管已不能满足稳定管内压力的要求,必须增设专门用于通气的管道,如与排水立管相接的专用通气立管;与排水横管相接的环形通气管;与环形通气管和排水立管相连的主通气立管,与环形通气管相连的副通气立管,前者靠近排水立管设置,后者与排水立管分开设置;与排水立管和通气立管相连的结合通气管和与卫生器具排水管相连的器具通气管等。专用通气管的设置应符合图2.2-2的要求。通气管与排水管相连,但不能接纳各类污、废水和雨水,这类通气管仅起加强管道气流畅通,减小管内压力波动,防止水封破坏的作用。

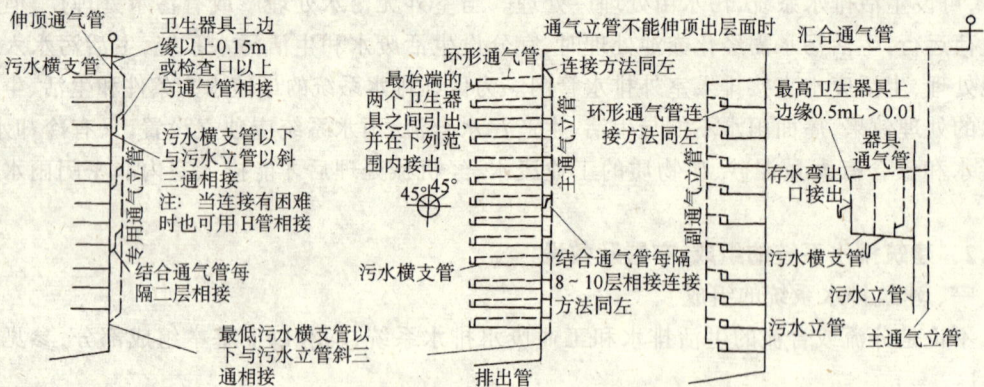

图 2.2-2　通气管种类、设置条件和连接方法

(四)清通设备

主要有检查口,清扫口和检查井。供清通工具疏通管道用,见图2.2-3。

排水立管上应设检查口,其间距不宜大于10m,但在最低层和最高层,必须设置检查口。

130

当立管连有乙字弯时,在该层乙字弯的上部,也应设检查口。检查口中心至地面高度一般为1m,并应高于该层最低卫生器具上边缘0.15m。

在连接2个及2个以上的大便器或3个及3个以上卫生器具的横支管起端,应设清扫口。在水流转角小于135°或较长的污水横管上,为便于清通也应设检查口或清扫口。

不散发有害气体或大量蒸汽的工业废水管道,可在建筑内的直线管段上、管道转弯、变径和坡度改变及连接支管处设检查井,直线管段上的检查井距,当排除生产废水时不宜大于30m,排除生产污水时不宜大于20m。生活污水管道不宜在室内设检查井,必须设置时,应采取密闭措施,如图2.2-3(c)。

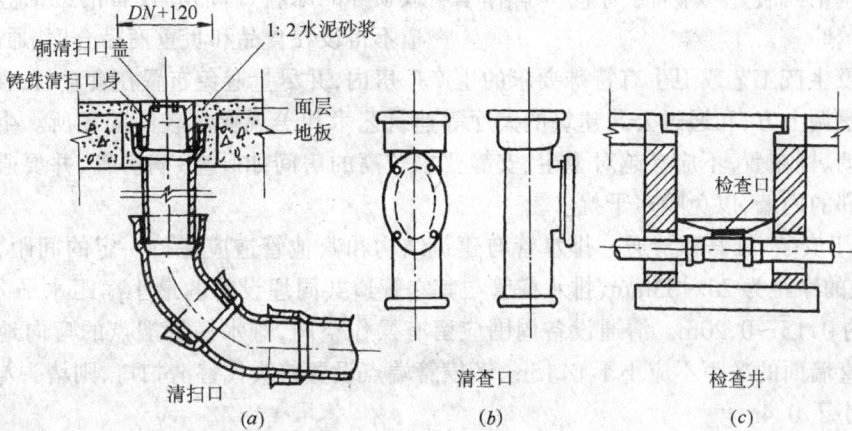

图 2.2-3 清通设备

(a)清扫口;(b)检查口;(c)检查井

(五)室外排水管 即自排出管连接的第1个室外检查井,至城市下水道或工业企业排水干管间的排水管段。

当工业或民用建筑的地下室,人防建筑和地下铁道等地下建筑中的污、废水,不能自流排至室外或建筑物排出的污水水质不符合排放要求,不允许直接排入室外排水管道时,排水系统中还应分别增设集水池和污水泵等抽升设备及化粪池、除油井等局部处理构筑物。

二、管道的布置与敷设

室内污、废水当前主要靠自流排出,对于非满流自流排放管道的布置和敷设,必须要有助于充分发挥排水管道的泄水能力,避免淤积和冲刷。

(一)管道布置

排水管道的布置应符合以下基本要求:

1. 满足管道工作时的最佳水力条件。排水立管应设在污水水质最差,杂质最多的排水点附近,管道要尽量减少不必要的转角,作直线布置,并以最短的距离排出室外。为防止底层与排水管道直接连接的卫生器具、用水设备出现污水喷、冒现象,只设伸顶通气管的排水立管最低一根排水横支管与立管连接处,距排水横干管的中心距不得小于表2.2-1的规定。排水支管直接连在排出管或横干管上时,其连接点与立管底部的水平距离不宜小于3m。若不能满足以上要求,排水支管应单独排至室外。

最低横支管与立管连接处至
立管管底的垂直距离 表 2.2-1

立管连接卫生器具的层数(层)	垂直距离(m)
≤4	0.45
5~6	0.75
7~12	1.2
13~19	3.0
≥20	6.0

注:如果立管底部放大一级管径时,可将表中垂直距离
缩小一档。

2.保护管道不受损坏。排水管道不得穿过建筑物的沉降缝,烟道和风道,并避免穿过伸缩缝,否则要采取保护措施。埋地管不要布置在可能受重物压坏处或穿越生产设备基础,遇到特殊情况,需在以上部位通过时,应与有关专业协商采取技术措施进行处理。

3.不得影响生产安全和建筑物的使用。排水管道不得布置在遇水能引起燃烧、爆炸或损坏的原料、产品和设备的上面。架空管道不得设在食品和贵重商品仓库、通风小室、配电间以及生产工艺或卫生有特殊要求的生产厂房内,并尽量避免布置在食堂、饮食业的主副食操作烹调上方,和通过公共建筑的大厅等建筑艺术和美观要求较高的场所。生活污水立管宜沿墙、柱布置,不应穿越对卫生、安静要求较高的房间如卧室、病房等,并要避免靠近与卧室相邻的内墙,以免噪声干扰。

4.便于安装、维修和清通。排水管与建筑结构和其他管道应保持一定的间距,一般立管与墙、柱的净距为25~35mm,排水横管与其它管道共同埋设时的最小净距水平向为1~3m,竖向约0.15~0.20m。清通设备周围应留有操作空间,排水横管端点的弯向地面清扫口与其垂直墙面的净距不应小于0.15m,若横管端点设置堵头代替清扫口,则堵头与墙面的净距不应小于0.4m。

由于排水管件均为定型产品,规格尺寸都已确定,所以管道布置时,宜按建筑尺寸组合管件,以免施工时安装困难。

(二)管道敷设

1.敷设形式

建筑排水管道的敷设形式有明装、暗装两类。除埋地管外,一般以明装为主,明装不但造价低,便于安装、维修,也利于清通。当建筑或工艺有特殊要求时可暗装在墙槽、管井、管沟或吊顶内,在墙槽、管井的适当部位应设检修门或人孔。

室内污水除通过明装、暗装的管道排出外,当生产、生活污水不散发有害气体和大量蒸汽并处于以下情况时,也可采用有盖或无盖的排水沟排除:

(1)污水中含有大量悬浮物或沉淀物需经常冲洗;

(2)生产设备排水支管很多,用管道连接困难;

(3)生产设备排水点位置不固定;

(4)地面需要经常冲洗。

排水沟与排水管道连接处应设置格网或格栅和水封装置。

2.敷设要求

排水横管穿承重墙或基础,立管穿楼板时均应预留孔洞。管道要用支架固定,横管的支架应按管道的设计坡度要求调节其设置高度,布置在高层建筑管井内的排水立管,必须每层设支承支架,以减轻低层管道承重。

为使管道能承受振动以及高层建筑层间变位引起的轴向位移和横向挠曲变形,在下列情况的排水铸铁管中应采用具有曲挠、伸缩、抗震和密封性能的柔性接头,其构造见图2.2-4。

（1）高耸构筑物和建筑高度超过100m的超高层建筑物内的排水立管中；

（2）地震设防9度地区建筑内的排水立管和横管中；

（3）地震设防9度地区建筑内，排水立管高度在50m以下时，也应在立管上每隔2层设置柔性接头。

为避免卫生要求较高的设备或容器与排水管道直接连接而引起水质污染，应采用间接排水方式，即设备或容器的排水管口，不能直接接入排水管道，污水需经受水器如漏斗、洗涤盆等流入排水管道。设备或容器的排水管口与受水器溢流水位间应留有空隙，保持一定的空气隔断。需采用间接排水方式的设备、容器如下：

（1）生活饮用水贮水箱（池）的泄水管和溢流管；

（2）厨房内食品制备及洗涤设备的排水；

（3）医疗灭菌消毒设备的排水；

（4）蒸发式冷却器、空气冷却塔等空调设备的排水；

（5）贮存食品或饮料的冷藏间、冷藏库房的地面排水和冷风机溶霜水盘的排水。

间接排水口最小空气间隙见表2.2-2。

间接排水口最小空气间隙

表2.2-2

间接排水管管径(mm)	排水口最小空气间隙(mm)
≤25	50
32～50	100
>50	150

注：1. 空气间隙为间接排水口与受水器溢流水位的垂直空间距离。

2. 饮料用贮水箱的间接排水口最小空气间隙，不得小于150mm。

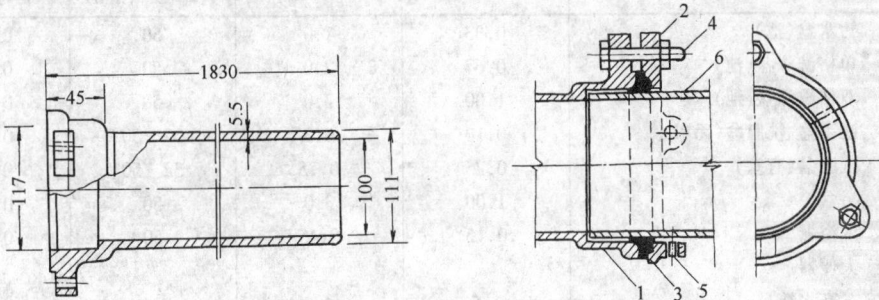

图2.2-4　柔性抗震接头

1,6—承插口部；2—法兰压盖；3—橡胶圈；4—螺栓；5—止动螺栓

埋设地下的排水管道应有一定的保护深度，为防止管道受机械损坏，一般厂房内排水管的最小埋深，应按表2.2-3确定。

厂房内排水管的最小埋设深度

表2.2-3

管　　材	地面至管顶的距离(m)	
	素土夯实、缸砖、木砖地面	水泥、混凝土、沥青混凝土、菱苦土地面
排水铸铁管	0.70	0.40
混凝土管	0.70	0.50
带釉陶土管	1.00	0.60
硬聚氯乙烯管	1.00	0.60

注：1. 在铁路下应敷设钢管或给水铸铁管，管道的埋设深度从轨底至管顶距离不得小于1.0m。

2. 在管道有防止机械损坏措施或不可能受机械损坏的情况下，其埋设深度可小于上表规定。

排出管与室外排水管道在检查井内,一般采用管顶平接法相连,水流转角不得小于90°,如有大于 0.3m 的跌落差时,可不受角度限制。

2.2.3 室内排水配管方法

室内排水配管的计算也是在绘出排水管道平面布置图和轴测图后进行的,配管计算主要是在已知管中排水流量的条件下,经济合理的确定各排水管段的管径、横管管径、坡度和通气系统的形式。

一、设计秒流量的计算

室内生活用水经使用后,通过排水管道排放,和生活用水量相似,排水量在每日和每小时内也是不均匀的,因此排水管道的设计流量应取建筑物的最大瞬时排水量即排水设计秒流量。任一排水管段的设计秒流量和其所接纳的卫生器具的类型、排水量、数量和同时使用情况有关,为简化计算和室内给水相同,也引入当量,即以污水盆的排水量 0.33L/s 作为一个排水当量,其他卫生器具的排水量与 0.33L/s 的比值即为该卫生器具的当量数。污水盆的排水当量取其给水当量 0.2L/s 的 1.65 倍,这是考虑到污水中含有一定的悬浮固体和瞬时排水迅猛的缘故。

各类卫生器具的排水量和排水当量数见表 2.2-4。

卫生器具排水的流量、当量和排水管的管径、最小坡度   表 2.2-4

序号	卫生器具名称	排水流量 (L/s)	排水当量	排水管 管径 (mm)	排水管 最小坡度
1	污水盆(池)	0.33	1.0	50	0.025
2	单格洗涤盆(池)	0.67	2.0	50	0.025
3	双格洗涤盆(池)	1.00	3.0	50	0.025
4	洗手盆、洗脸盆(无塞)	0.10	0.3	32~50	0.020
5	洗脸盆(有塞)	0.25	0.75	32~50	0.020
6	浴盆	1.00	3.0	50	0.020
7	淋浴器	0.15	0.45	50	0.020
8	大便器				
	高水箱	1.5	4.5	100	0.012
	低水箱				
	冲落式	1.50	4.50	100	0.012
	虹吸式	2.00	6.0	100	0.012
	自闭式冲洗阀	1.50	4.50	100	0.012
9	小便器				
	手动冲洗阀	0.05	0.15	40~50	0.02
	自闭式冲洗阀	0.10	0.30	40~50	0.02
	自动冲洗水箱	0.17	0.50	40~50	0.02
10	小便槽(每米长)				
	手动冲洗阀	0.05	0.15	—	—
	自动冲洗水箱	0.17	0.50	—	—
11	化验盆(无塞)	0.20	0.60	40~50	0.025
12	净身器	0.10	0.30	40~50	0.02
13	饮水器	0.05	0.15	25~50	0.01~0.02
14	家用洗衣机	0.50	1.50	50	

注:家用洗衣机排水软管,直径为 30mm。

不同性质建筑的生活污水设计秒流量可按以下公式计算：

（一）适用于住宅、集体宿舍、旅馆、医院、幼儿园、办公楼和学校等建筑的计算公式：

$$q_u = 0.12\alpha \sqrt{N_p} + q_{max} \qquad (2.2-1)$$

式中 q_u——计算管段污水设计秒流量（L/s）；

N_p——计算管段的卫生器具排水当量总数；

α——根据建筑物的用途而定的系数，宜按表2.2-5确定；

q_{max}——计算管段上排水量最大的一个卫生器具的排水流量（L/s）。

根据建筑物用途而定的系数 α 值　　　　　　表 2.2-5

建筑物名称	集体宿舍、旅馆和公共建筑的 公共盥洗室和厕所间	住宅、旅馆、医院、疗养院、 休养所的卫生间
α	1.5	2.0~2.5

注：如计算所得流量值大于该管段上按卫生器具排水量累加值时，应按卫生器具排水量累加值计。

（二）适用于工业企业生活间、公共浴室、洗衣房、公共食堂、实验室、影剧院、体育场等建筑的计算公式：

$$q_u = \Sigma q_p n_0 b \qquad (2.2-2)$$

式中 q_u——计算管段污水设计秒流量（L/s）；

q_p——同类型的一个卫生器具排水流量（L/s）；

n_0——同类型卫生器具数；

b——卫生器具的同时排水百分数，应按表2.1-8、2.1-9、2.1-10、2.1-11 采用。

冲洗水箱大便器的同时排水百分数应按12%计算。

当计算设计秒流量小于1个大便器的排水流量时，应按一个大便器的排水流量计算。

工业废水的设计秒流量，应按工艺要求计算确定。

二、确定排水管管径和横管坡度

（一）按经验确定排水管径和横支管坡度

为避免排水管道经常淤积、堵塞和便于清通，根据工程实践经验，对排水管道管径的最小限值作了规定，称为排水管的最小管径，各类排水管的最小管径见表2.2-6。当排水管段连接的卫生器具较少时，可不经计算以排水管的最小管径作为设计管径，横支管的坡度宜采用表2.2-14 中的通用坡度。

排 水 管 道 的 最 小 管 径　　　　　　表 2.2-6

序号	管 道 名 称	最小管径（mm）
1	单个饮水器排水管	25
2	单个洗脸盆、浴盆、净身器等排泄较洁净废水的卫生器具排水管	40
3	连接大便器的排水管	100
4	大便槽排水管	150
5	公共食堂厨房污水 干管 支管	100 75
6	医院污物的洗涤盆、污水盆排水管	75

序号	管 道 名 称	最小管径(mm)
7	小便槽或连接3个及3个以上小便器的排水管	75
8	排水立管管径	不小于所连接的横支管管径
9	多层住宅厨房间立管	75

注:除表中1.2项外,室内其它排水管管径不得小于50mm。

(二)按排水立管的最大排水能力,确定立管管径

排水管道通过设计流量时,其压力波动不应超过规定控制值±25mmH$_2$O,以防水封破坏。使排水管道压力波动保持在允许范围内的最大排水量,即排水管的最大排水能力。采用不同通气方式的生活排水立管最大排水能力,分别见表2.2-7和表2.2-8。

由生活排水立管的设计秒流量查表2.2-7即可确定其管径。

【例2.2-1】 设某排水立管仅设伸顶通气管,其底部以上共接纳坐便器(冲落式)25个,洗手盆10个,污水池5个,试确定其管径。已知该建筑物为办公楼。

【解】 按公式(7-1)算得 $q_u = 3.47$L/s,然后查表2.2-9,该建筑排水立管应选用ϕ100mm的管道。

生活排水立管最大排水能力 表2.2-7

生活排水立管管径(mm)	排 水 能 力 (L/s)	
	无专用通气立管	有专用通气立管或主通气立管
50	1.0	—
75	2.5	5
100	4.5	9
125	7.0	14
150	10.0	25

不通气的排水立管的最大排水能力 表2.2-8

立管工作高度(m)	排 水 能 力 (L/s) 立 管 管 径 (mm)			
	50	75	100	125
≤2	1.0	1.70	3.8	5.0
3	0.64	1.35	2.40	3.4
4	0.50	0.92	1.76	2.7
5	0.40	0.70	1.36	1.9
6	0.40	0.50	1.00	1.5
7	0.40	0.50	0.70	1.2
≥8	0.40	0.50	0.64	1.0

注:1. 排水立管工作高度,系指最高排水横支管和立管连接点至排出管中心线间的距离。

2. 如排水立管工作高度在表中列出的两个高度值之间时,可用内插法求得排水立管的最大排水能力数值。

（三）通过水力计算确定横管的管径、坡度

当排水横管接入的卫生器具较多，排水负荷较大时，应通过水力计算确定管径、坡度。

排水横管水力计算公式如下：

$$V = \frac{1}{n} R^{2/3} I^{1/2} \tag{2.2-3}$$

$$d = \sqrt{\frac{4q}{\pi V}} \tag{2.2-4}$$

式中　V——流速(m/s)；

　　　R——水力半径(m)；

　　　I——水力坡度，采用排水管的坡度；

　　　n——粗糙系数。陶土管、铸铁管为 0.013；混凝土管、钢筋混凝土管为 0.013 ～ 0.014；钢管为 0.012、塑料管为 0.09；

　　　q——计算管段的设计秒流量(L/s)；

　　　d——计算管段的管径(m)。

为确保排水系统能在最佳的水力条件下工作，在确定管径时必须对直接影响管道中水流工况的主要因素充满度、流速、坡度进行控制。

1. 管道充满度即排水横管内水深 h 与管径 D 的比值。重力流排水管上部需保持一定的空间，其目的是，使污废水中的有害气体能通过通气管自由排出；调节排水系统的压力波动，防止水封被破坏，以及用来容纳未预见的高峰流量。所以排水管道的设计充满度，不能超过表 2.2-9 最大计算充满度的规定。

排水管道的最大计算充满度　　　　　　　　　　表 2.2-9

排 水 管 道 名 称	管 径 （mm）	最 大 计 算 充 满 度 （h/D）
生 活 排 水 管 道	＜150	0.5
	150～200	0.6
生 产 废 水 管 道	50～75	0.6
	100～150	0.7
	≥200	1.0
生 产 污 水 管 道	50～75	0.6
	100～150	0.7
	≥200	0.8

注：排水沟最大计算充满度为计算断面深度的 0.8

2. 管道流速。为使污水中的杂质不致沉淀管底，并使水流有冲刷管壁污物的能力，管道中的流速不得小于最小流速，也称自净流速。各种排水管道的自净流速见表 2.2-10。

各种排水管道的自净流速　　　　　　　　　　表 2.2-10

管 渠 类 别	生 活 排 水 管 道			明　渠 （沟）	雨水道及合流 制排水管道
	$d＜150$	$d=150$	$d=200$		
自净流速(m/s)	0.60	0.65	0.7	0.40	0.75

为防止管壁因污水流动的摩擦及水流冲击而损坏,不同材质排水管道的最大流速不得超过表2.2-11的规定。

排水管道的最大允许流速值 表2.2-11

管 道 材 料	生 活 排 水 (m/s)	含有杂质的工业废水、雨水(m/s)
金属管	7.0	10.0
陶土及陶瓷管	5.0	7.0
混凝土及石棉水泥管	4.0	7.0
明渠(水深为0.4～1m时)	3.0(浆砌块石或砖)	
	4.0(混凝土)	同左

3. 管道坡度。为满足管道充满度和流速的要求,排水管应有一定的坡度,工业废水管道和生活排水管道的通用坡度和最小坡度,应按表2.2-12确定。生活排水管道宜采用通用坡度。管道的最大坡度不得大于0.15,但长度小于1.5m的管段可不受此限制。

排水管道的通用坡度和最小坡度 表2.2-12

管 径 (mm)	工业废水管道(最小坡度)		生活排水管道	
	生产废水	生产污水	通用坡度	最小坡度
50	0.020	0.030	0.035	0.025
75	0.015	0.020	0.025	0.015
100	0.008	0.012	0.020	0.012
125	0.006	0.010	0.015	0.010
150	0.005	0.006	0.010	0.007
200	0.004	0.004	0.008	0.005
250	0.0035	0.0035		
300	0.003	0.003		

没有柔性接口的排出管的坡度,应以计算出建筑物沉降对其影响后,仍不小于最小坡度来确定。

为简化计算,根据公式(2.2-3)和(2.2-4),制成了室内排水管道水力计算表(2.2-15),可直接由管道的设计秒流量,控制充满度、流速、坡度在允许范围内,查表2.2-13,确定排水横管管径和坡度。

三、确定通气管系统的形式及其管径

当生活排水立管中通过的设计流量小于其最大排水能力时,设伸顶通气管即可。伸顶通气管的管径可等同于与其相连的立管管径,但在最冷月平均气温低于−13℃的地区,应将自室内平顶或吊顶以下0.3m处至伸顶通气管出口管道的管径放大1级,以防止结露后缩小通气断面积。

当生活排水立管中通过的设计流量超过表2.2-9中无专用通气立管的排水立管最大排水能力时,应设专用通气立管。为加强通气,每隔2层由结合通气管与排水立管相连。

表 2.2-13

室内排水管道水力计算表（n＝0.013）

坡度	工业废水（生产废水和生产污水）										生产废水					
	h/D=0.6				h/D=0.7						h/D=1.0					
	D=50		D=75		D=100		D=125		D=150		D=200		D=250		D=300	
	q	v	q	v	q	v	q	v	q	v	q	v	q	v	q	v
0.003															53.00	0.75
0.0035													35.40	0.72	57.30	0.81
0.004									8.85	0.68	20.80	0.66	37.80	0.77	61.20	0.87
0.005									9.70	0.75	23.25	0.74	42.25	0.86	68.50	0.97
0.006							6.66	0.67	10.50	0.81	25.50	0.81	46.40	0.94	75.00	1.06
0.007							6.50	0.72	11.20	0.87	27.50	0.88	50.00	1.02	81.00	1.15
0.008					3.80	0.66	6.95	0.77	11.90	0.92	29.40	0.94	53.50	1.09	86.50	1.23
0.009					4.02	0.70	7.36	0.82	12.50	0.97	31.20	0.99	56.50	1.15	92.00	1.30
0.01					4.25	0.74	7.80	0.86	13.70	1.06	33.00	1.05	59.70	1.22	97.00	1.37
0.012					4.64	0.81	8.50	0.95	15.40	1.19	36.00	1.15	65.30	1.33	106.00	1.50
0.015			1.95	0.72	5.20	0.90	9.50	1.06	17.70	1.37	40.30	1.28	73.20	1.49	119.00	1.68
0.02	0.79	0.46	2.25	0.83	6.00	1.04	11.00	1.22	19.80	1.53	46.50	1.48	84.50	1.72	137.00	1.94
0.025	0.88	0.72	2.51	0.93	6.70	1.16	12.30	1.36	21.70	1.68	52.00	1.65	94.40	1.92	153.00	2.17
0.03	0.97	0.79	2.76	1.02	7.35	1.28	13.50	1.50	23.40	1.81	57.00	1.82	103.50	2.11	168.00	2.38
0.035	1.05	0.85	2.98	1.10	7.95	1.38	14.60	1.60	25.00	1.94	61.50	1.96	112.00	2.28	181.00	2.57
0.04	1.12	0.91	3.18	1.17	8.50	1.47	15.60	1.73	26.60	2.06	66.00	2.10	120.00	2.44	194.00	2.75
0.045	1.19	0.96	3.38	1.25	9.00	1.56	16.50	1.83	28.00	2.17	70.00	2.22	127.00	2.58	206.00	2.91
0.05	1.25	1.01	3.55	1.31	9.50	1.64	17.40	1.93	30.60	2.38	73.50	2.34	134.00	2.72	217.00	3.06
0.06	1.37	1.11	3.90	1.44	10.40	1.80	19.00	2.11	33.10	2.56	80.50	2.56	146.00	2.98	238.00	3.36
0.07	1.48	1.20	4.20	1.55	11.20	1.95	20.60	2.28	35.40	2.74	87.00	2.77	158.00	3.22	256.00	3.64
0.08	1.58	1.28	4.50	1.66	12.00	2.08	22.00	2.44			93.00	2.96	169.00	3.44	274.00	3.88

坡度	生产污水 h/D=0.8						排水 生活污水 h/D=0.5								h/D=0.6			
	D=200		D=250		D=300		D=50		D=75		D=100		D=125		D=150		D=200	
	q	v	q	v	q	v	q	v	q	v	q	v	q	v	q	v	q	v
0.003					52.50	0.87												
0.00035			35.00	0.83	56.70	0.94												
0.004	20.60	0.77	37.40	0.89	60.60	1.01												
0.005	23.00	0.86	41.80	1.00	67.90	1.11											15.35	0.80
0.006	25.20	0.94	46.00	1.09	74.40	1.24											16.90	0.88
0.007	27.20	1.02	49.50	1.18	80.40	1.33									8.46	0.78	18.20	0.95
0.008	29.00	1.09	53.00	1.26	85.80	1.42									9.04	0.83	19.40	1.01
0.009	30.80	1.15	56.00	1.33	91.00	1.51									9.56	0.89	20.60	1.07
0.01	32.60	1.22	59.20	1.41	96.00	1.59							4.97	0.81	10.10	0.94	21.70	1.13
0.012	35.60	1.33	64.70	1.54	105.00	1.74					2.90	0.72	5.44	0.89	11.10	1.02	23.80	1.24
0.015	40.00	1.49	72.50	1.72	118.00	1.95			1.48	0.67	3.23	0.81	6.08	0.99	12.40	1.14	26.60	1.39
0.02	46.00	1.72	83.60	1.99	135.80	2.25			1.70	0.77	3.72	0.93	7.02	1.15	14.30	1.32	30.70	1.60
0.025	51.40	1.92	93.50	2.22	151.00	2.51	0.65	0.66	1.90	0.86	4.17	1.05	7.85	1.28	16.00	1.47	35.30	1.79
0.03	56.50	2.11	102.50	2.44	166.00	2.76	0.71	0.72	2.08	0.94	4.55	1.14	8.60	1.39	17.50	1.62	37.70	1.96
0.035	61.00	2.28	111.00	2.64	180.00	2.98	0.77	0.78	2.26	1.02	4.94	1.24	9.29	1.51	18.90	1.75	40.60	2.12
0.04	65.00	2.44	118.00	2.82	192.00	3.18	0.81	0.83	2.40	1.09	5.26	1.32	9.93	1.62	20.20	1.87	43.50	2.27
0.045	69.00	2.58	126.00	3.00	204.00	3.38	0.87	0.89	2.56	1.16	5.60	1.40	10.52	1.71	21.50	1.98	46.10	2.40
0.05	72.60	2.72	132.00	3.15	214.00	3.55	0.91	0.93	2.60	1.23	5.88	1.48	11.10	1.89	22.60	2.09	48.50	2.53
0.06	79.60	2.98	145.00	3.45	235.00	3.90	1.00	1.02	2.94	1.33	6.45	1.62	12.14	1.98	24.80	2.29	53.20	2.77
0.07	86.00	3.22	156.00	3.73	254.00	4.20	1.08	1.10	3.18	1.42	6.97	1.75	13.15	2.14	26.80	2.47	57.50	3.00
0.08	93.40	3.47	165.50	3.94	274.00	4.40	1.18	1.16	3.35	1.52	7.50	1.87	14.05	2.28	30.44	2.73	65.40	3.32

注:1. 流量 q—L/s;流速 V—m/s;管径 D—mm。

2. 工业废水栏内,生产污水仅适用于粗线以下部分。

连接 4 个及 4 个以上卫生器具并与立管的距离大于 12m 的污水横支管；连接 6 个及 6 个以上大便器的污水横支管，应设环形通气管及与其相连的主通气立管或副通气立管，为进一步使排水管道系统中的气流畅通，主通气立管应每隔 8～10 层设结合通气管与污水立管连接。

对卫生和控制噪声要求较高建筑的排水系统，应在每个卫生器具排水管上设器具通气管。各类通气管的管径不应小于表 2.2-14 的规定。

通 气 管 最 小 管 径　　　　　表 2.2-14

通气管名称	排 水 管 管 径 （mm）						
	32	40	50	75	100	125	150
器具通气管	32	32	32		50	50	
环形通气管			32	40	50	50	
通气立管			40	50	75	100	100

注：1. 通气立管长度在 50m 以上者，其管径应与污水立管管径相同。

2. 两个及两个以上排水立管同时与一根通气立管相连时，应以最大一根排水立管按上表确定通气立管管径，且其管径不宜小于其余任何一根排水立管管径。

3. 结合通气管不宜小于通气立管管径。

当两根或两根以上污水立管的通气管汇合连接时，汇合通气管的断面积应为最大一根通气管的断面积与其余通气管断面积之和的 0.25 倍。

设置伸顶通气管或增设专用通气管是目前我国建筑排水系统中普遍采用的通气形式。伸顶通气管施工简便造价低，但不能解决高层建筑多根横管同时排水时，管道内压力波动过大的问题。采用专用通气管虽能改善管道通气条件，控制管道内的压力波动，但施工相对复杂，造价高。70 年代以来，瑞士、法国、日本先后研制成功三种新型的单立管排水系统：苏维脱排水系统、旋流排水系统和芯型排水系统。其通气方式与原有排水系统相比有了重大的改进。它们的共同特点是在排水系统中立管与横支管连接处和立管底部转弯处，分别安装两种特殊的配件，不设专用通气管即可控制管道内的压力波动，提高排水能力，既节省了管材，也方便了施工。70 年代以来新型的单立管排水系统已在我国某些高层建筑中应用。

图 2.2-5　苏维脱
排水系统
1—立管；2—横支管；
3—气水混合器；
4—气水分离器

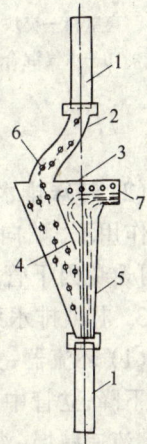

图 2.2-6　气水
混合器
1—立管；2—乙字管；
3—孔隙；4—隔板；
5—混合室；6—气水
混合物；7—空气

1. 苏维脱排水系统，如图 2.2-5 其特殊配件为：

（1）气水混合器，如图 2.2-6。自立管下降的污水，经乙字管时水流撞击分散与周围的空气混合，变成比重轻呈水沫状的气水混合物，下降流速减慢，可避免出现过大的吸抽现象。横支管排出的污水受隔板阻挡，只能从隔板右侧排出，在立管中不会出现水塞，能保持气流畅通。

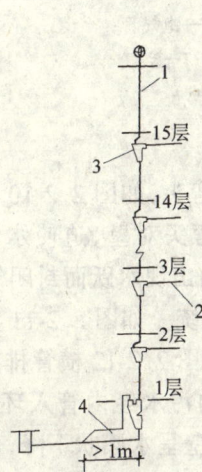

（2）气水分离器，如图2.2-7自立管下降的气水混合物，遇突块被溅散，从而分离出气体，污水体积减小，分离的气体经跑气管引入干管下游，使立管底部不致形成过大正压，避免了底层卫生器具出现污水喷冒现象。

2．旋流排水系统，如图2.2-8所示。其特殊配件为：

（1）旋流接头，如图2.2-9。从横支管排出的污水，通过导流板或导流槽，从切线方向以旋转状态进入立管，立管下降水流经固定叶片沿壁旋转下降，所以立管上下始终保持气流畅通，压力变化很小。

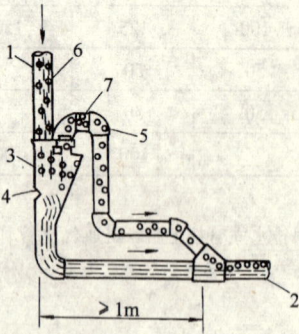

图2.2-7　气水分离器

1—立管；2—横管；3—空气分
离室；4—突块；5—跑气管；
6—水气混合物；7—空气

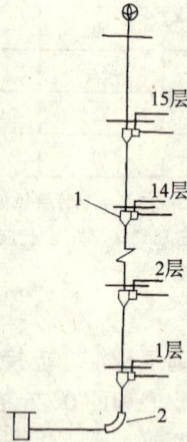

图2.2-8　旋流排水系统

1—旋流接头；2—旋流45°弯管

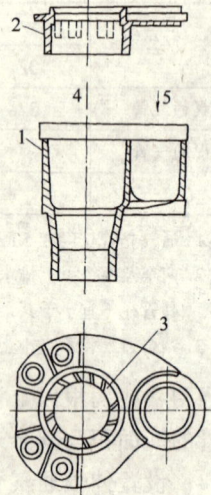

图2.2-9　旋流接头

1—底座；2—盖板；3—叶片；
4—接立管；5—接横支管

（2）特殊排水弯头，如图2.2-10。立管下降的水流，在叶片作用下，溅向弯头对壁，迫使水流沿弯头下部流入干管，可避免因干管内出现水跃而封闭气流造成过大正压。

3．芯型排水系统　如图2.2-11其特殊配件为：

（1）环流器，如图2.2-12横管排出的污水受内管阻挡，沿壁下降，立管中的污水经内管入环流器，水流扩散，水气混合，流速减慢，沿壁呈水膜状下降，使管中心气流畅通，环形通路加强了立管与横管中的空气流通，从而减小了管道内的压力波动。

（2）角笛弯头，如图2.2-13。自立管下降的水流因过水断面扩大，流速变缓，掺杂在污水中的空气释放，且弯头曲率半径大，加强了排水能力，可消除水跃，避免立管底部产生过大正压。

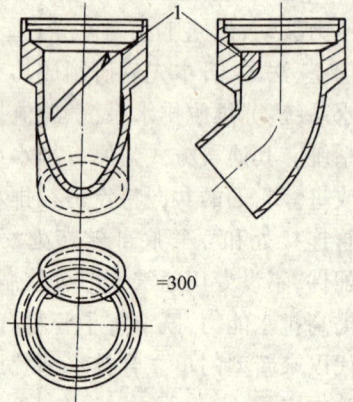

图2.2-10　特殊排水弯头

1—叶片

【例2.2-2】　图2.2-14为某六层办公楼的1根排水立管轴测图，每层排水横支管接入3个自闭式冲洗阀大便器、2个手动冲洗阀小便器和1个污水盆排水管，试确定立管和伸顶通气管的管径，横支管、排出管的管径及坡度。当地为非高寒地区。

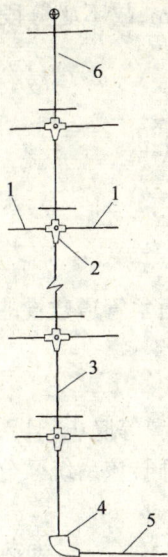

图 2.2-11　芯型排水系统

1—横支管；2—环流器；

3—立管；4—角笛形弯头；

5—横干管；6—通气管

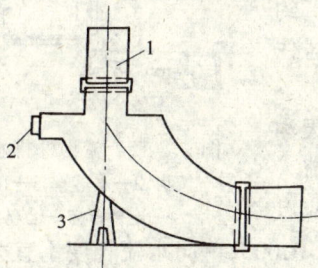

图 2.2-12　环流器

1—内管；2—气水混合物；3—空气；4—环流通路

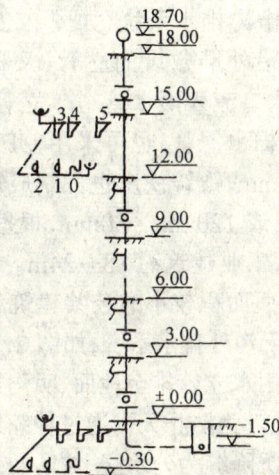

图 2.2-13　角笛弯头

1—立管；2—检查口；3—支墩

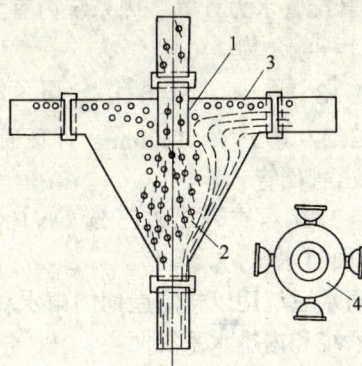

图 2.2-14　排水轴测图

【解】　根据题意进行

1．横支管配管水力计算,因各层横支管上卫生器具相同,选第六层横支管配管,成果见表 2.2-15。

横支管配管水力计算表　　　　　　　　　　　　表 2.2-15

计算管路编号	卫生器种类和数量			排水当量总数 N_p	设计秒流量 (L/s)	管径 DN (mm)	坡度 i	备　注
	污水盆	小便器	大便器					
0～1	1	—	—	1.0	0.2	50	0.025	1.0～1 管段上仅有 1 个卫生器具,查表 2.2-4; 2.设计秒流量计算式为 $q_u = 0.18 \sqrt{N_p} + q_{max}$ 3.管径、坡度查表
1～2	1	1	—	1.15	0.38	75	0.025	
2～3	1	2	—	1.30	0.43	75	0.025	
3～4	1	2	1	5.80	1.93	100	0.025	
4～5	1	2	2	10.30	2.08	100	0.025	
5～6	1	2	3	14.80	2.19	100	0.025	

143

2. 主管配管水力计算　因系统内有大便器，$DN \leqslant 100mm$，故不必分段计算，其最下部管段中设计秒流量为

$$q_u = 0.18 \sqrt{N_p} + 1.5 = 0.18 \sqrt{14.8 \times 6} + 1.5 = 3.2 L/s。$$

查表 2.2-9 选 $DN = 100mm$。伸顶通气管选为 $DN100mm$。

3. 排出管配管

∵ $q_u = 3.2L/s$ 查表 2.2-13 选 $DN100$、$i = 0.015$。

2.2.4　屋面排水

室内雨水系统用以排除屋面的雨水和冰、雪融化水。按雨水管道敷设的不同情况，可分为外排水系统和内排水系统两类。

一、外排水系统

外排水系统的管道敷设在外，故室内无雨水管产生的漏、冒等隐患，且系统简单、施工方便、造价低，在设置条件具备时应优先采用。根据屋面构造不同，该系统又分为檐沟排水系统和天沟排水系统。

1. 檐沟排水系统，如图 2.2-15。屋面雨、雪水由檐沟汇集，经沿外墙敷设的立管（又称水落管）排至地面、明沟或经雨水口流入雨水管道。立管一般采用镀锌铁皮管、铸铁管、石棉水泥管，也可采用 UPVC 管或玻璃钢管，管径约 $75 \sim 100mm$，镀锌铁皮也可制成矩形管，截面尺寸约 $70mm \times 80mm$ 或 $120mm \times 80mm$，根据经验其间距，民用建筑约 $8 \sim 16m$，工业建筑约 $18 \sim 24m$。该系统适用于一般的居住建筑，屋面面积较小的公共建筑和单跨工业建筑。

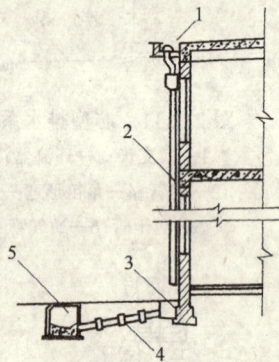

图 2.2-15　檐沟外排水系统
1—檐沟；2—水落管；3—雨水口；4—连接管；5—检查井

2. 天沟外排水系统，如图 2.2-16。屋面雨、雪水由天沟汇集，经雨水立管排至地面、明沟或通过排出管、检查井流入雨水管道。为防止天沟通过伸缩缝或沉降缝漏水，天沟应以伸缩缝、沉降缝为分水线，坡向两侧。天沟坡度不宜小于 0.003，单向水流长度不宜大于 50m，否则上、下游高差过大，将给结构设计带来困难。为防止天沟内过量积水，使屋面负荷过大，影响结构安全或产生屋面天窗溢水，应在女儿墙、山墙上或天沟端壁设溢流口，如图 2.2-17。

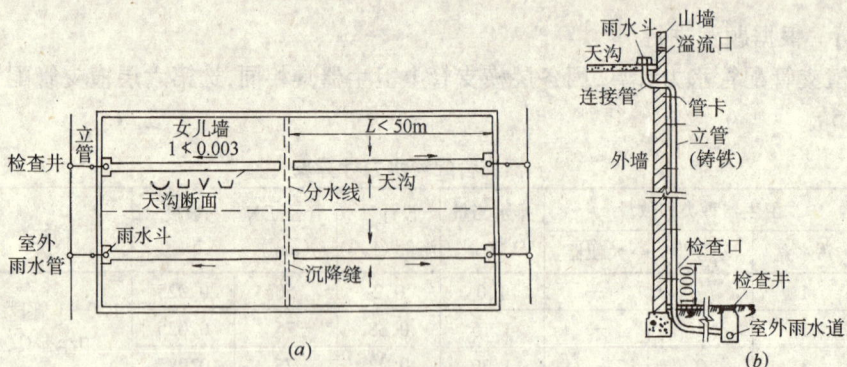

图 2.2-16　天沟外排水
(a) 平面；(b) 剖面

天沟外排水系统解决了檐沟排水系统不能解决的内跨雨水的排水问题，适用于多跨的建筑。

144

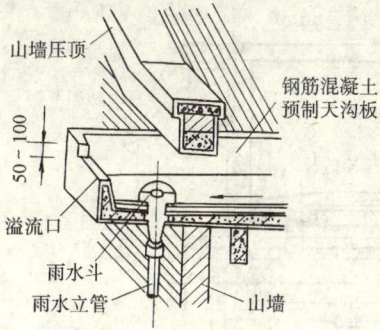

图 2.2-17 天沟穿山墙
端壁设溢流口

二、内排水系统

内排水系统的管道敷设在室内,屋面雨、雪水由室内雨水管道汇集后,排至室外雨水管道,如图 2.2-18。因雨水管设在室内,不但能排除内跨的雨、雪水,也不影响建筑立面的美观,但管道多,施工不便,安装、维修费用高。适用于壳形、锯齿形屋面或设有天窗的多跨厂房;高层建筑大面积平屋顶,特别是严寒地区的此类建筑和对建筑立面处理要求较高的建筑。

内排水系统由雨水斗、连接管、悬吊管、立管、排出管、埋地管和检查井等部分组成。根据悬吊管连接雨水斗数量的不同,内排水系统有单斗和多斗两种系统。单斗系统的悬吊管仅连一个雨水斗或将雨水斗与立管直接连接,因掺气量小,故泄流能力大,所以设计时宜采用单斗系统。若采用多斗系统,则一根悬吊管上连接的雨水斗不得多于 4 个。根据室内是否设置雨水检查井,内排水系统又有敞开和密闭式系统之分。敞开式系统的雨、雪水经立管、埋地管排至室外。立管、埋地管之间或埋地管之间均由检查井连接,如图 2.2-18(a)。该系统可排入生产废水,但如设计、施工不当,可能会出现检查井冒水现象。密闭式内排水系统在室内不设检查井,一般雨水经悬吊管、立管和排出管直接排至室外,如图 2.2-18(b)。若采用埋地管排水;为便于清通立管转向埋地管处积聚的由屋面冲下的污物,

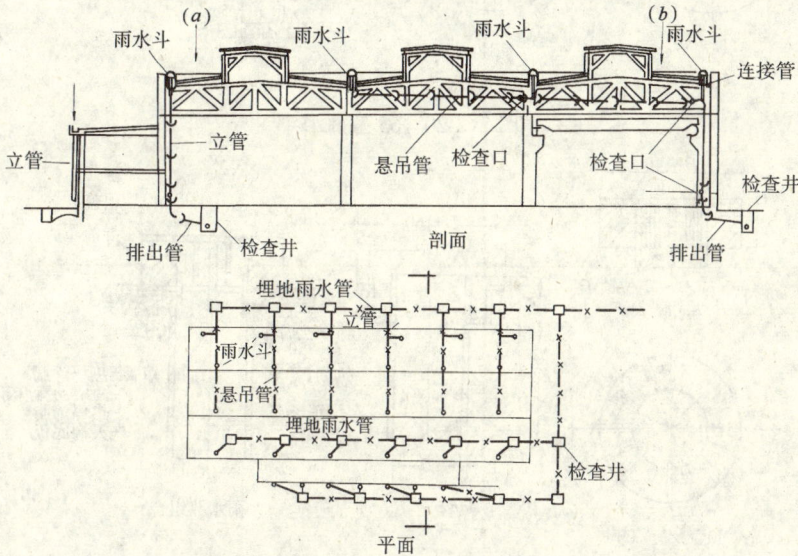

图 2.2-18 内排水系统
(a)单斗系统(敞开式);(b)多斗系统(密闭式)

应在密闭式系统埋地管靠近立管处设水平检查口,如图 2.2-19。该系统为压力流排水,不能接入生产废水,但可避免检查井冒水现象。所以设计时宜采用密闭式系统。

1. 雨水斗　起集水、排水作用,并能拦阻杂物,防止管道堵塞。目前常用的雨水斗有 65 型和 79 型两种,分别见图 2.2-20、图 2.2-21。设在阳台、花台、供人们活动的屋面和窗井处的雨水斗,可采用平箅式雨水斗,见图 2.2-22。

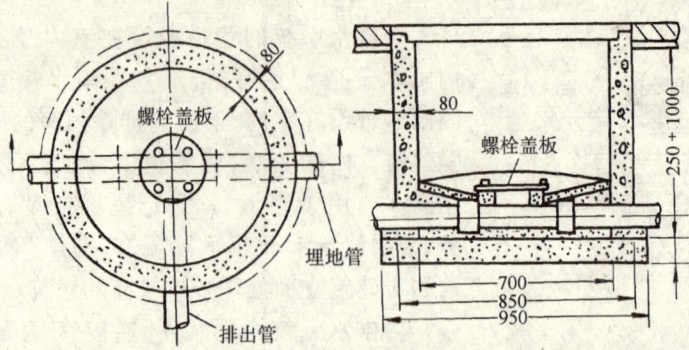

图 2.2-19　水平检查口

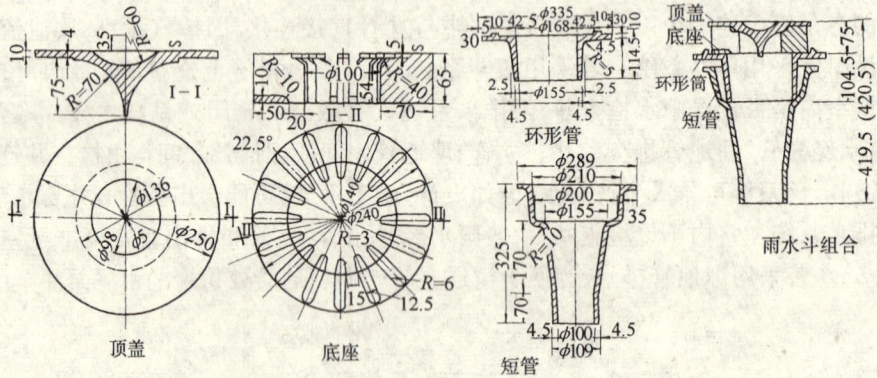

图 2.2-20　65 型雨水斗

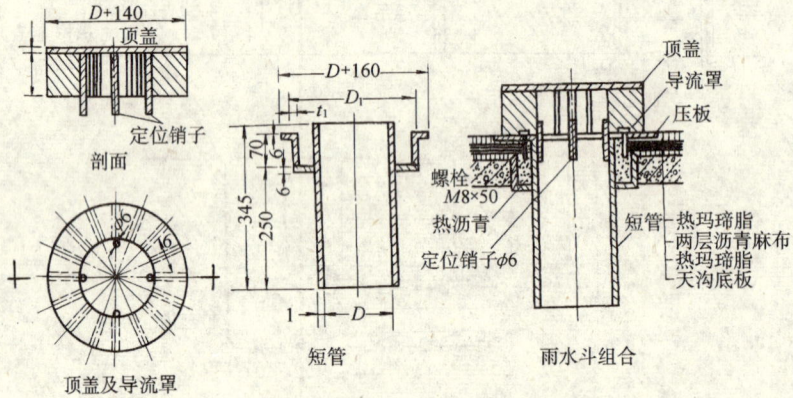

图 2.2-21　79 型雨水斗

雨水斗的布置应考虑使集水面积较为均匀,便于与悬吊管或雨水立管的连接,以利雨水畅通流入,并以伸缩缝、沉降缝和伸出屋面的防水墙为分水线,否则应在其两侧各设 1 个雨水斗,如图 2.2-23 所示。在寒冷地区,要考虑屋面融雪的不均匀性,雨水斗应设在易融区内,多斗系统的雨水斗,宜在立管两侧对称布置,其排水连接管应接至悬吊管上,不得压在立

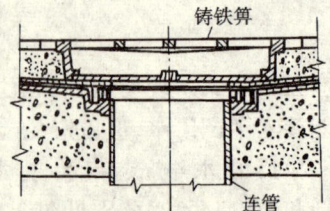

图 2.2-22　平算雨水斗

管顶端设置雨水斗。雨水斗最大允许汇水面积见附录Ⅱ-11。

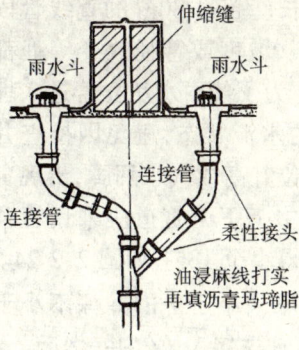

图 2.2-23 伸缩缝等两侧雨水斗装置

(图中标注：伸缩缝、雨水斗、雨水斗、连接管、连接管、柔性接头、油浸麻线打实再填沥青玛琋脂)

2. 连接管 是雨水斗与悬吊管相连接的竖向短管。一般采用铸铁管或钢管牢固地固定在建筑物的承重结构上。其管径不应小于雨水斗短管的管径,宜用斜三通与悬吊管连接。

3. 悬吊管 承接连接管流来的雨、雪水,并将其引入立管。当室内地下有机器设备基础或多种管线,不宜埋设雨水横管时,可采用悬吊管排水。悬吊管一般沿桁架敷设,不应穿过建筑物的伸缩缝、沉降缝,否则应采用伸缩接头,并保证密封。其管径不能小于与其连接的连接管管径,沿屋架悬吊时,不宜大于 300mm。悬吊管的最小坡度为 0.005,最大计算充满度为 0.8。为便于清通,每 15～20m 间距内,应设检查口或带法兰盲板的三通,位置宜靠近墙、柱、以便清通。多斗悬吊管与立管连接应采用 45°三通或 45°四通和 90°斜三通或 90°斜四通。悬吊管一般采用铸铁管,当必须防振或有其他特殊要求时,可采用焊接钢管。多斗悬吊管最大允许汇水面积见附录Ⅱ-12。

4. 立管 将悬吊管或雨水斗流入的雨、雪水,引入排出管或埋地横管。一般宜沿墙、柱明装,其管径不能小于与其相连接的悬吊管管径,也不宜大于 300mm。不同高、低跨的悬吊管,应单独设置立管。但当立管排泄的雨水总量即设计泄流量,不超过表 2.2-16 中同管径立管最大设计泄流量时,不同高度悬吊管的雨、雪水也可排入同一根立管。立管距地面 1m 处应设检查口,以便清通。雨水管下半部因排水时处于正压状态,所以不应接入排水支管。立管管材同悬吊管。

5. 排出管 是将立管的雨水引入检查井的 1 段埋地段。排出管为压力排水,所以不应接入其他排水管道。一般采用铸铁管,管径不能小于与它相连的立管管径。排出管穿基础或承重墙的要求、做法同污水排出管。

雨水立管最大设计泄流量

表 2.2-16

管　径　(mm)	最大设计泄流量(L/s)
100	19
150	42
200	75

注:雨水设计泄流量 q_y 的计算公式为:$q_y = k\dfrac{Fq_5}{10000}$ (L/s)式中 F 为汇水面积,应按屋面的水平投影面积计算。窗井、贴近高层建筑外墙的地下汽车库出入口坡道、高层建筑裙房还应附加高层侧墙面积的 1/2 折算成的屋面汇水面积。单位 m^2;q_5 为当地降雨历时为 5min 的降雨强度,单位 L/s·ha;k 为屋面渲泄能力的系数,当设计重现期为 1 年时,屋面坡度<2.5%,$k=1$;屋面坡度≥2.5%,$k=1.5～2.0$。

6. 埋地横管及检查井 埋地横管将室内雨水管道汇集的雨、雪水,排至室外雨水管渠。其排水能力远小于立管,所以最小管径不宜小于 200mm。埋地管的最小坡度和最大计算充满度分别见表 2.2-17 和 2.2-18。在敞开式系统中,埋地管宜采用非金属管材,如混凝土管、钢筋混凝土管、缸瓦管、石棉水泥管等。在密闭式系统中,埋地管宜采用承压铸铁管。

室内雨水管道最小坡度　　　　　　　　　　　　表 2.2-17

管径(mm)	150	200	250	300
最小坡度	0.005	0.004	0.0035	0.003

埋地雨水管道的最大计算充满度

表 2.2-18

管道名称	管径(mm)	最大计算充满度
密闭系统的埋地管		1.0
敞开系统的埋地管	≤300	0.5
	350~450	0.65
	≥500	0.80

在敞开式内排水系统中,在排出管接入埋地管处;埋地管长度超过30m的直线管段上;管线转弯、交汇、坡度或管径改变等处都需要设置检查井。为了使雨水从立管进入埋地管时保持良好的水流状态,避免因检查井中水流不畅,使水位升高或气水翻腾,出现冒水现象,在检查井中上下游管道应采用管顶平接,水流转角不得小于135°,如图2.2-24。

井内还应设高流槽,流槽上沿应高出管顶200mm,且检查井直径不应小于1m,井深不小于0.7m,见图2.2-25。为稳定水流,防止冒水,敞开式系统的排出管宜先接入放气井,然后

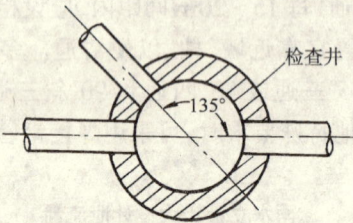

图 2.2-24 检查井接管

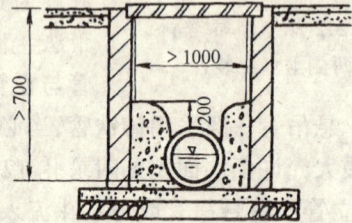

图 2.2-25 高流槽检查井

再进入检查井,如图2.2-26。

在屋面形式变化较多的大型工业厂房或公共建筑中,应根据屋面构造特点,发挥各类雨水系统的长处,在同一栋建筑中,可采用不同的雨水系统排除屋面的雨、雪水。

2.2.5 建筑小区排水系统及污水局部处理构筑物

一、建筑小区排水系统

建筑小区排水系统是汇集小区内各类建筑排放的污、废水和地面雨水,并将其输入城镇排水管网或经处理后直接排放。

建筑小区的排水体制与城镇排水体制相同,也有合流制、分流制两种。排水体制的选择应根据城镇排水体制和环境保护要求等因素,综合比较后确定。当小区内需建中水系统,进行中水回用时,应采用分质、分流排水系统。当城镇排水系统为分流制;小区或小区附近有合适的雨水排放水体或小区远离城镇,为独立的排水系统时,也宜采用分流制排水系统,将雨、污水分流排放。

小区排水管网由接户管、支管、干管等组成,应根据小区总体规划的要求,综合考虑建筑、道路和各类埋地管线的分布以及地形标高,雨、污水去向等因素,按管线短、埋深浅、尽量使污水自流排放为原则进行布置。

排水管宜沿道路和建筑物周边平行敷设,其与建筑基础的水平净距,当管道埋深浅于或深于

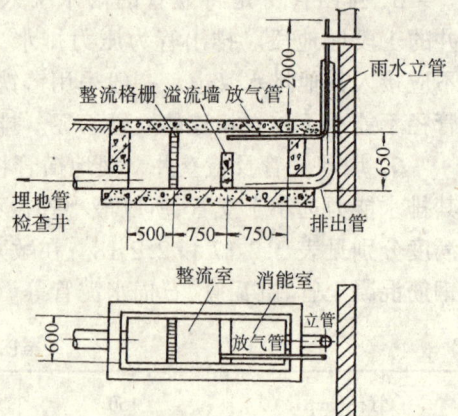

图 2.2-26 放气井

148

基础时,应分别≥1.5m 和≥2.5m。

为便于管道的施工、检修应将管道尽量埋在绿地或不运行车辆的地段,且排水管与其他埋地管线和构筑物的间距应不小于表 2.2-19 的规定。

地下管线(构筑物)间最小净距　表 2.2-19

种类 净距 (m) 种类	给水管		污水管		雨水管	
	水平	垂直	水平	垂直	水平	垂直
给水管	0.5~1.0	0.1~0.15	0.8~1.5	0.1~0.15	0.8~1.5	0.1~0.15
污水管	0.8~1.5	0.1~0.15	0.8~1.5	0.1~0.15	0.8~1.5	0.1~0.15
雨水管	0.8~1.5	0.1~0.15	0.8~1.5	0.1~0.15	0.8~1.5	0.1~0.15
低压煤气管	0.5~1.0	0.1~0.15	1.0		1.0	
直埋式热水管	1.0	0.1~0.15	1.0	0.1~0.15	1.0	0.1~0.15
热力管沟	0.5~1.0		1.0		1.0	
乔木中心	1.0		1.5		1.5	
电力电缆	1.0	直埋 0.5 穿管 0.25	1.0	直埋 0.5 穿管 0.25	1.0	直埋 0.5 穿管 0.25
通讯电缆	1.0	直埋 0.5 穿管 0.15	1.0	直埋 0.5 穿管 0.15	1.0	直埋 0.5 穿管 0.15

注:净距指管外壁距离,管道交叉设套管时指套管外壁距离,直埋式热力管指保温管壳外壁距离。

为防止管道损坏,管顶应有一定的覆土厚度,当管道不受冰冻或外部荷载影响时宜≥0.3m,埋设在车行道下时宜≥0.7m。且应根据管道布置位置,地质条件和地下水位等具体情况,分别采用素土或灰土夯实、砂垫层和泥凝土等基础。

为防止管道堵塞,便于清通、检查、排水管的管径和坡度不应小于表 2.2-20 的规定。排

最小管径和最小设计坡度　表 2.2-20

管别		位置	最小管径(mm)	最小设计坡度
污水管道	接户管	建筑物周围	150	0.007
	支管	组团内道路下	200	0.004
	干管	小区道路、市政道路下	300	0.003
雨水管和合流 管道	接户管	建筑物周围	200	0.004
	支管及干管	小区道路、市政道路下	300	0.003
雨水连接管			200	0.01

注:1. 污水管道接户管最小管径 150mm 服务人口不宜超过 250 人(70 户),超过 250 人(70 户),最小管径宜用 200mm;

2. 进化粪池前污水管最小设计坡度,管径 150mm 为 0.010~0.012,管径 200mm 为 0.010。

水管转弯或交汇处,水流转弯不应小于 90°,当管径≤300mm,且跌水水头大于 0.3m 时,可不受此限制。在排水管与室内排出管连接处、管道交汇、转弯、管道管径或坡度改变、跌水处和直线管段上每隔一定距离,均应设置检查井,最大井距见表 2.2-21。不同管径的排水管

在检查井中宜采用管顶平接。

管　径　(mm)	最 大 间 距　(m)	
	污 水 管 道	雨水管和合流管道
1.50	20	—
200～300	30	30
400	30	40
≥500	—	50

接纳小区地面雨水的雨水口,一般宜布置在道路交汇处,建筑物单元出入口和水落管附近以及建筑前后空地和绿地的低洼处。沿街布置的雨水口其间距宜为 20～40m。平算雨水口宜低于路面 30～40mm,低于土地面 50～60mm。

小区排水系统中若设有污水泵房,泵房应有良好的通风,宜与居民建筑和公共建筑保持一定的距离,并采取消声、隔振措施,在泵房周围进行绿化,尽量减小污水泵房对周围环境的不良影响。

二、污水的局部处理构筑物

1. 化粪池

化粪池是截留生活污水中可沉淀和悬漂的污物,贮存并厌氧消化截留污泥的生活污水局部处理构筑物。在无污水处理厂的地区,一般室内粪便污水先经化粪池处理后,再排入水体或市政管网,在有污水处理厂的地区,也可设置在处理厂前,作为过渡性的生活污水局部处理构筑物。污水经化粪池处理后,一般可去除杂质 50%～60%,减少细菌约 25%～75%,但它去除有机物的能力差。在城市排水设施尚不完善的条件下,化粪池的应用仍较普遍。

化粪池有圆形、矩形两种,见图 2.2-27。材料为砖砌和钢筋混凝土两类。为提高处理水质,减少污水与腐化污泥的接触,化粪池常做成双格和三格。第一格用于污泥的沉淀、发酵、熟化,第二、三格供剩余污泥继续沉淀和污水澄清。当污水量≤10m³/d 时,应采用双格化粪池,污水量≥10m³/d 时,应采用三格化粪池。为便于施工管理,化粪池的容积不宜过小,其最小尺寸为:长 1m,宽 0.75m,深 1.3m。

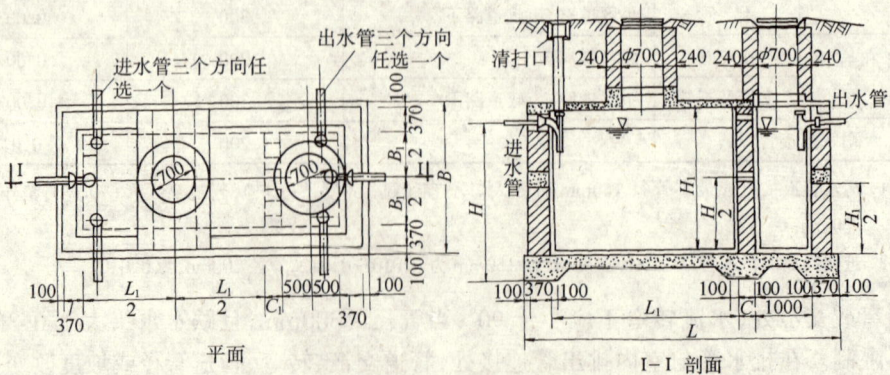

图 2.2-27　化粪池构造

因化粪池清淘时常散发臭气,对周围环境有一定影响,故设置位置应尽量隐蔽,但要便于清淘。一般设在小区内或建筑物背大街一面靠近卫生间处。化粪池离建筑物外墙不宜小于 5m,如条件限制可酌情减小距离,但不能影响环境卫生和建筑物的基础。为防止污染,化粪池离地下取水构筑物不得小于 30m,且池壁、池底都应作防渗漏处理。

2. 隔油池(井)

隔油池是截留污水中油类的局部处理构筑物。含有较多油脂的公共食堂和饮食业的污水,含有汽油、柴油等油类的汽车修理车间的污水和少量的其它含油生产污水,均应经隔油池(井)局部处理后再予排放(大量含油污水的处理,应按《室外排水设计规定》中的有关规定执行),否则油脂进入管道后,随着水温下降,将凝固并附着在管壁上,缩小甚至堵塞管道。汽油等油类进入室外排水管道后,易挥发,当挥发气体增加到一定浓度后,可能引起爆炸,从而损坏管道,引起火灾。

隔油池(井)采用上浮法除油,其构造如图 2.2-28。对含乳化油的污水,可采用二级除油池处理,如图2.2-29,在该池的乳化油处理池底,通过管道注入压缩空气,更有效的上浮油脂。

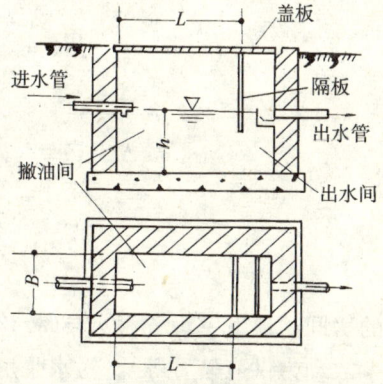

图 2.2-28 隔油池(井)

为便于利用积留油脂,粪便污水和其他污水不应排入隔油池(井)内。对夹带杂质的含油污水,应在排入隔油池(井)前,经沉淀处理或在隔油池(井)内考虑沉淀部分所需容积。隔油池(井)应有活动盖板,进水管要便于清通。当污水含挥发性油类时,隔油池(井)不能设在室内,当污水含食用油等油类时,隔油池(井)可设在耐火等级为一、二、三级的建筑内,但宜设在地下,并用盖板封闭。

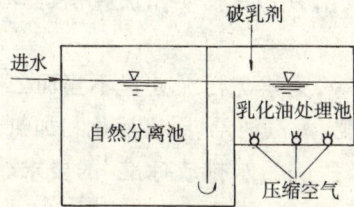

图 2.2-29 二级除油池

3. 降温池

降温池是采用冷水混合冷却法降低排水水温的构筑物。温度高于 40℃ 的污、废水排入城镇排水管道前,均应采取降温措施,否则会影响后继污水处理构筑物的处理效果。同时因温度变化还可能造成管道裂缝,漏水等危害。

供热锅炉房或其它小型锅炉房的排污水,温度均较高,当余热不便利用时,为减少降温池的冷水用量,可首先使污水在常压下二次蒸发,饱和蒸汽由通气管排出带走部分余热,然后再与降温池中的冷水混合。二次蒸发降温池的构造如图 2.2-30。

降温池一般设于室外,如设在室内,水池应密闭,并设有人孔和通向窗外的排气管。

4. 污(废)水抽升

当建筑内最低层污水的排放水位低于室外污水管渠内的最低水位,而不能自流排放时,应设置集水池和污水抽升设备。集水池应有防渗、防腐措施。污水抽升一般多采用离心式污水泵。当污水量小,且提升高度不大时,可采用手摇泵或射流器。污水量较少,而卫生条件要求高的建筑,也可采用气压扬液器,利用压缩空气的压力,通过密闭系统提升污水。

设置污水泵和集水池的房间,除有良好的通风设施外,不得位于居室下和毗邻需要安静

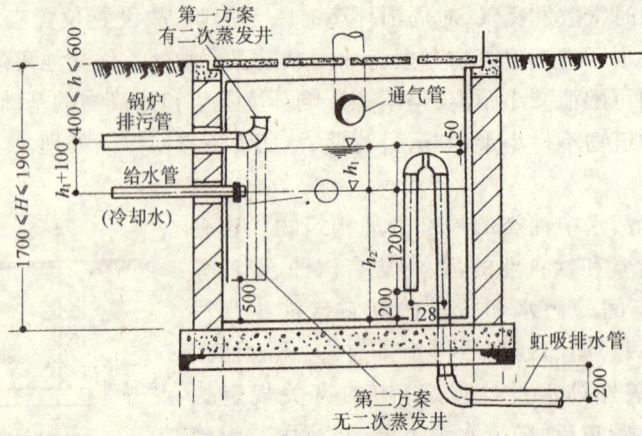

图 2.2-30　二次蒸发降温池

的房间。地下室设置污水泵时,该泵房地面应有集水坑,并要设备用抽水设施(如备用泵及事故动力供应装置等)。污水泵房内还应有隔振和防噪声设施。

5. 医院污水消毒处理

医院污水是指医院中手术室、化验室、病房以及畜牧医院兽医室、生物制品室等卫生器具所排放的污水。这类污水含有大量的病毒、细菌、原虫等病原体,必须进行消毒处理后才能排放,以免污染水源危害人体。

医院污水消毒处理前,一般先进行预处理,以去除污水中的杂质,减少消毒过程中消毒剂的耗量,提高消毒效率。常用格栅和沉淀池等构筑物去除污水中的漂浮和悬浮物质。对排放污水的水质要求较高时,应进一步采用生物处理构筑物降解污水中有机物的含量。经预处理的污水,进行消毒时,可采用高温蒸煮、紫外线或臭氧灭菌、钴 60 辐射和加氯消毒等方法,其中加氯消毒法在国内采用最广泛。

污水处理过程中产生的污泥,含有大量病菌、病毒和蠕虫等,为避免污泥处置不当而二次污染环境,还应对污泥进行处理,可采用脱水、干化、高温堆肥、蒸汽消毒、厌氧消化和加氯消毒等方法进行处理。医院污水、污泥的处理均应符合我国"医院污水排放标准"的要求。关于这方面的详细内容,可参阅排水工程专著及有关资料。

设置医院污水处理构筑物和污泥处理设施的地点,尽可能远离病房、医疗室、住宅区,并应有绿化隔离等措施。

2.2.6　建筑中水工程

建筑中水工程是利用民用建筑或建筑小区排放的生活污、废水或设备冷却水等,经适当处理后,回用于建筑或建筑小区作生活杂用水的压力供水工程系统。建筑中水工程是使污水无害化的途径之一,也是开源节流,缓解水资源不足的有效措施,在缺水地区有明显的社会效益和经济效益。

一、建筑中水系统的分类及组成

根据中水供水范围的大小,建筑中水系统可分为以下两类:

1. 单幢建筑中的中水系统,见系统示意图 2.2-31。该系统适用于排水量较大的大型公共建筑、公寓、旅馆和办公楼等。

152

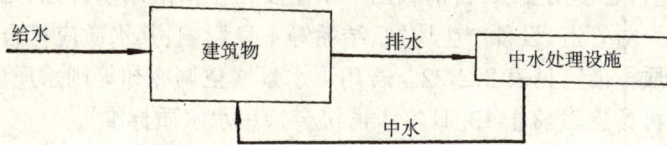

图 2.2-31　单幢建筑中水系统示意图

2.建筑小区中水系统　如图 2.2-32。该系统适用于缺水城市的居住小区和集中建设的高层建筑群。

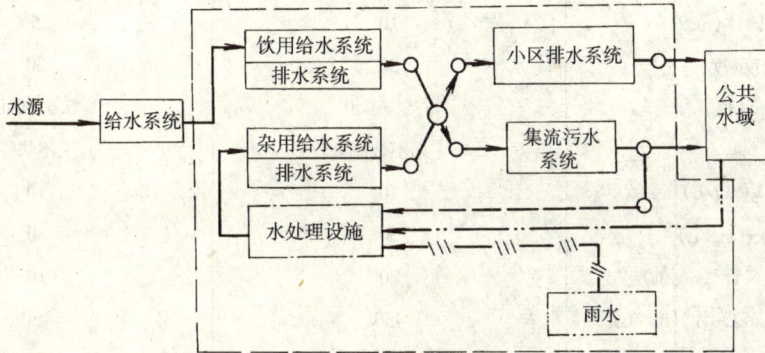

图 2.2-32　建筑小区中水系统示意图

不论是单幢建筑中的中水系统,还是建筑小区中水系统,均有以下基本组成部分:

1.中水原水的集流系统。包括用作中水水源的污水集流管道和与其配套的排水构筑物及流量控制设备等。原水集流系统一般有 3 种形式。(1)全集流全回用,即建筑物排放的污水全部用一套管道系统集流,经处理后全部回用。虽然节省了管材,但因原水水质较差,工艺流程复杂,水处理费用高;(2)部分集流部分回用,一般将粪便污水与厨房污水分流排出,集流优质污水,经处理后回用。虽然增加了一套管道系统和基建费用,但因原水水质好,工艺流程简单,管理方便,水处理费用低;(3)全集流部分回用,即将建筑污水全部集流,分批分期修建回用工程。常用于需增建或扩建中水系统,且采用合流制排水系统的建筑。

2.中水处理设施　包括各类处理构筑物和设备以及相应的控制和计量检测装置。常用的处理构筑物和设备有:截流粗大悬浮或漂浮物的格栅;截留毛发的毛发去除器;为确保处理系统连续、稳定运行,用以调节原水水量和均化水质的调节池;和用水中微生物的生命活动,氧化分解污水中有机物的生物处理构筑物和接触氧化池和生物转盘等;去除水中悬浮和胶体杂质的滤池及用于氯化消毒的加氯装置等。

3.中水供水系统　与给水系统相似,包括中水配水管网和升压贮水设备,如水泵、气压给水设备、高位中水箱和中水贮水池等。中水配水管网按供水用途可分为生活杂用管网和消防管网两类。前者可供冲洗便器、浇灌园林、绿地和冲洗汽车、道路等生活杂用;后者主要供建筑小区和大型公共建筑独立消防系统的消防用水。也可将以上不同用途的中水合流,组成生活杂用——消防共用的中水供水系统。

二、中水的水质、水量和处理工艺

中水的水质应符合使用要求,目前我国中水主要作生活杂用水,为满足中水对人们卫生和感观的要求,防止对管道、设备产生腐蚀、结垢等不良影响,其水质应符合我国建设部颁布的"生活杂用水水质标准",见表2.2-22。若用于水景或空调冷却等则水质应在表2.2-22的基础上适当提高,可参见附录Ⅱ-13"日本水道协会杂用水水质标准"。

生活杂用水水质标准　　　　　　　　　　　　　　　表2.2-22

项　　目	厕所冲洗便器、城市绿化	洗车、扫除
浊度(度)	10	5
溶解性固休(mg/L)	1200	1000
悬浮性固体(mg/L)	10	5
色度(度)	30	30
pH 值	6.5～9.0	6.5～9.0
臭	无不快感	无不快感
BOD_5(mg/L)	10	10
CODcr(mg/L)	50	50
氨氮(以 N 计)(mg/L)	20	10
总硬度(以 $CaCO_3$ 计)(mg/L)	450	450
氯化物(mg/L)	350	300
阴离子合成洗涤剂(mg/L)	1.0	0.5
铁(mg/L)	0.4	0.4
锰(mg/L)	0.1	0.1
游离余氯(mg/L)	管网末端水不小于0.2	管网末端水不小于0.2
总大肠菌群(个/L)	3	3

本表录自《生活杂用水水质标准》GJ25.1—89。

中水用水量亦称回用水量,应为建筑或建筑小区内各项中水用水量之和,可根据各类建筑不同项目的用水量占总给水量的百分比、计算单位数,参照表2.2-23计算确定。其中水景、浇洒绿地、冲洗汽车、道路等中水用水量,可参照一般给水工程手册提供的用水量定额确定。

各类民用建筑生活给水及百分数　　　　　　　　　表2.2-23

类　别	住　宅 水　量 (L/(人·d))	住　宅 水　量 (%)	宾馆、饭店 水　量 (L/(人·d))	宾馆、饭店 水　量 (%)	办　公　楼 水　量 (L/(人·d))	办　公　楼 水　量 (%)	备　　注
厕所	40～60	31～32	50～80	13～19	15～20	60～66	1. 各种民用建筑各类生活排水量等于各类生活给水量
厨房	30～40	23～21					2. %是指生活给水总计中的百分数
沐浴	40～60	31～32	300	79～71			3. 洗衣机用水量可根据实际使用情况确定
盥洗	20～30	15	30～40	8～10	10	40～34	
总计	130～190	100	380～420	100	25～30	100	

在设计中水系统时,必须进行水量平衡,即使中水用水量与用作中水水源的原排水量、处理水量和给水补水量之间协调一致。为满足安全供水要求,用作中水水源的原排水量宜为中水用水量的110%～115%。建筑物的排水量可按其给水量的80%～90%计算。

中水的处理工艺流程应根据用作中水水源的水量、水质和中水使用要求等因素,进行技术经济比较后确定。

中水处理可分为预处理、主处理和后处理三个阶段,选用不同水质的污水为水源时,一般均采用格栅和调节池进行预处理,后处理也多用过滤、消毒法,而主处理工艺则随水源水质的不同,有以下区别:以优质杂排水(不包括粪便污水和厨房污水)和杂排水(不包括粪便污不)为水源时,一般以物化处理为主或采用生物处理和物化处理的工艺;以生活污水为水源时,一般以二段生物处理为主,也可采用生物处理与物化处理相结合的工艺;以建筑小区污水处理站二级处理出水为水源时,可采用物化处理或三级处理为主的工艺。

三、中水系统的安全防护

中水系统的安全防护包括满足使用要求,确保系统安全稳定运行和防止中水对人体健康产生不良影响方面的内容。

为使中水系统安全稳定运行,中水原水的集流干管宜以重力流敷设。为避免处理站发生事故中断供水,在中水贮水池或中水箱上应设自来水应急补水管,其管口与水池或水箱最高水位间应有$\geq 2.5DN$的空气间隙,以防中水回流污染。严禁中水管道与生活饮用给水管连接。为防止误接、误用和误饮中水,中水管道外壁应刷浅绿色防腐漆,以便与其它管道区分。为便于检查、维修,中水管道宜明装;中水箱(池)、阀门、水表及配水点处均应有明显的"中水"标志;中水工程竣工验收时,还应逐段检查以防误接。中水管道与生活饮用给水管道,排水管道平行埋设时,其水平净距不得小于0.5m;交叉埋设时中水管道应位于生活饮用水管道之下,排水管之上,其净距均不应小于0.15m。中水处理站设在建筑内或建筑物附近时,应采用防臭防蚊蝇的措施,如密封处理设施;在水处理房间内增设纱门、窗;设置排风系统,其排风口设在远离生活、工作和生产用房的下风向,尽量减小臭气对室内、外环境的污染。

2.3 建筑给水排水管道的安装

室内给水排水管道安装前,施工人员必须熟悉设计图纸,了解设计意图,并按要求做好管材、管件和附件等的备料、质量检查以及管材下料和管件的加工制作等工作。室内给排水管道的安装都在主体工程完成后进行,但在土建施工时,管道施工人员就应积极配合,按图纸要求预留管道穿越建筑基础、楼板和墙的孔洞、暗装管道的墙槽和预埋固定管道的支架、吊环等,以保证土建工程和管道施工的质量。预留孔洞的尺寸和支架间距,若图纸未注明时,可分别按表2.3-1、2.3-2、2.3-3、2.3-4采用。

室内给排水管道的管材及连接方式分别见表2.3-5、2.3-6,管道安装时其接口均不得置于楼板或墙内,否则漏水时难以维修。

一、室内给水管道的安装

室内给水管道的安装一般按引入管、水平干管、立管、横支管、支管的顺序进行。

引入管尽可能垂直外墙,以使穿基础或外墙的厚度最小。为便于维修时泄空室内管网存水,引入管应有0.003的坡度,坡向室外。其穿过预留洞时管顶上部净空不得小于建筑

预留孔洞尺寸

表 2.3-1

项次	管道名称		明管 留孔尺寸(mm)长×宽	暗管 墙槽尺寸(mm)宽×深
1	给水立管	（管径小于或等于 25mm） （管径 32～50mm） （管径 70～100mm）	100×100 150×150 200×200	130×130 150×130 200×200
2	一根排水立管	（管径小于或等于 50mm） （管径 70～100mm）	150×150 200×200	200×130 250×200
3	二根给水立管	（管径小于或等于 32mm）	150×100	200×130
4	一根给水立管和 一根排水立管在一起	（管径小于或等于 50mm） （管径 70～100mm）	200×150 250×200	200×130 250×200
5	二根给水立管和一根排水管在一起	（管径小于或等于 50mm） （管径 70～100mm）	200×150 350×200	250×130 380×200
6	给水支管	（管径小于或等于 25mm） （管径 32～40mm）	100×100 150×130	60×60 150×100
7	排水支管	（管径小于或等于 80mm） （管径 100mm）	250×200 300×250	—
8	排水主干管	（管径小于或等于 80mm） （管径 100mm）	300×250 350×300	—
9	给水引入管	（管径小于或等于 100mm）	300×200	—
10	排水排出管穿基础	（管径小于或等于 80mm） （管径 100～150mm）	300×300 （管径＋300） ×（管径＋200）	—

水平安装钢管道支架的最大距离

表 2.3-2

公称直径 DN（mm）		15	20	25	32	40	50	70	80	100	125	150
支架的最大间距 (m)	保温管	1.5	2	2	2.5	3	3	4	4	4.5	5	6
	非保温管	2.5	3	3.5	4	4.5	5	6	6	6.5	7	8

排水横管支架的最大间距

表 2.3-3

公称直径 DN (mm)		50	75	100
支架最大间距 (m)	塑料管	0.6	0.8	1.0
	铸铁管		≤2	

给排水立管固定支架间距 表 2.3-4

类　　别	支　架　间　距	
给水钢管	层高≤5m	各层间设一个固定支架
	层高>5m	各层间设两个固定支架
排水铸铁管	层高≤4m	各层间设一个固定支架
	层高>4m	各层间设两个固定支架
塑料管	每 1.2m 间隔设一个固定支架	

室内给水管道管材及连接方式 表 2.3-5

管　　材	用　　途	连　接　方　式
镀锌焊接钢管	生活给水管管径≤150mm	丝扣连接
非镀锌焊接钢管	生产或消防给水管道	管径>32mm焊接,≤32mm丝扣连接
给水铸铁管	生活给水管道管径≥150mm 时,管径≥75mm 的埋地生活给水管道生产和消防水管道	承插连接

室内排水管材及连接方式 表 2.3-6

系　统　类　别	管　　材		连　接　方　式
生活排水	1.	DN≤40 镀锌钢管	螺纹连接
		DN≥50 排水铸铁管	承插水泥接口或柔性胶圈接口
	2.排水用硬聚氯乙烯管		承插连接
雨　　水	1. 给水铸铁管2. 稀土排水铸铁管		承插连接〔水泥接口 石棉水泥接口 胶圈接口〕
	3. 无缝钢管或焊接钢管		焊接
工业废水	由工艺要求确定		

物的沉降量,一般≥0.1m,管道固定后,洞口空隙应用粘土或沥青油麻填实,外抹防水水泥砂浆,以免雨水渗入。在地下水位高的地区,引入管穿基础或外墙时,还应采取防水措施,如加防水套管,见图 2.3-1。

　　干管安装前一般根据其位置、标高、坡度和管径等,按要求事先固定支架,在地面将管段、管件组装后,把各分支接口堵严,以防泥砂进入,然后再吊至支架,用 U 形卡固定并进行拨正调直。

　　立管安装前应根据其设计位置,自顶层向下吊线坠,用"粉囊"在墙面上弹画出垂直线作为立管现场安装的基准线,并按要求预埋好管长。立管可按图分段集中预制,检查调直后再

157

进行安装,在穿过楼板处应加套管,以防楼板受潮,套管直径可比管径大两号,顶部高出楼板10~20mm,底部与楼板平,套管与管道间应用石棉绳或沥青油麻封填,在多层和高层建筑中,为便于维修可在隔层的立管上安装一个活接头。横支管安装也是先在墙面上弹画出基准线,预埋管长,然后预制管段,如连接多个卫生器具的给水横支管,可根据标准图确定管段长度后,用比量法进行下料预制,连成整体支管后再调直安装。给水支管的安装一般先做到卫生器具的进水阀处,待卫生器具安装好后,再进行管道连接。为便于维修时放水,给水横支管应有≥0.002的坡度,坡向立管。

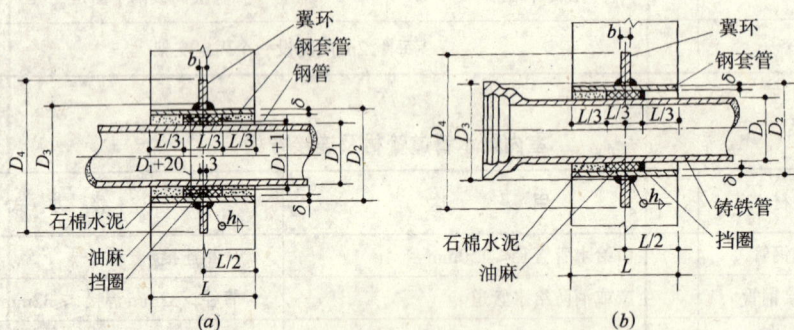

图 2.3-1　防水套管图
(a)钢管;(b)铸铁管

给水管道安装时勿将阀门、活接头等埋在墙内,否则无法操作。管道中的水表、球形阀和止回阀的进出水方向应与水流方向一致,以使以上附件正常工作。在安装过程中镀锌钢管表面损坏的锌层和螺纹连接外露部分应进行防腐处理,以免锈蚀。

给水管道安装完毕后,应进行压力试验简称试压,以检查管道、附件和接口的强度及严密性。室内给水管道多采用水压试验,只有在水压试验条件不具备时才用气体介质试压。小型给水系统可整体试压,大型管道系统可分段或分区进行。暗装或埋地管应在隐蔽和覆土前试压。试压装置见图 2.3-2。试压分强度试验和严密性试验两个阶段进行。试压前应

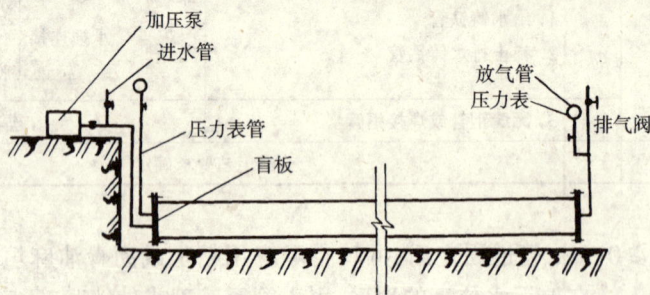

图 2.3-2　水压试验装置示意图

将管道系统中的设备、仪表与试压管道隔离,打开试压管道中的阀门,堵住试压管道上的接口。在管道末端设加压泵,充水时打开管道最高处的龙头或排气阀,至管道充满水后关闭龙头或排气阀,然后开泵加压,进行强度试验。生活饮用水管道,生产(生活)、消防共用管道的试验压力 P 为其工作压力的 1.5 倍,并要满足 $1MPa > P > 0.6MPa$ 的要求。试压时水泵加

压应分段进行,加压至 1/2 试验压力时,停止加压,检查管道,若无问题则继续加压至试验压力后停泵,并迅速关闭进水阀,如 10min 内压降不大于 0.05MPa,管道无变形破坏,则强度试验合格,然后再进行严密试验,将试验管道压力降至工作压力,进行外观检查,以不漏为合格。

二、室内排水管道的安装

室内排水管道的安装一般按排出管(出户管)、底层埋地横管和器具排水支管、立管、各层横管和器具排水支管的顺序进行。

排出管敷设前应挖好沟槽,为便于灌水(闭水)试验,以提前验收隐蔽排出管,一般先将其在室内与排水立管相连,做至 1 层立管的检查口,室外做到建筑物外 1 米处。排出管穿过预留洞时,管顶上部净空不得小于沉降量,一般≥0.15m,接入室外检查井时,不能低于井内的流槽,管道固定后,其穿基础或外墙的孔洞处理与防水措施同给水引入管。

底层横管一般埋地铺设或用托架、吊架敷设在地下室顶棚上、地沟里。其他各层横管均吊在楼板下,除埋地横管外,其他横管均应按设计位置、管径、坡度先固定和调整好托、吊架高度,管道现场预制,待接口达到强度要求后,再进行吊装。因排水横管有坡度,故卫生器具排水支管要根据现场实测长度下料安装。立管安装同给水立管,也应在墙上弹画出基准线,再按要求预埋管卡,分段预制分层组装。安装时铸铁管承口向上,并要将立管上三通、四通的方向对准横管的位置,以保证横管的安装质量。通气管应在屋面做保温、防水前伸出屋面,立管与通气管安装完毕后,由土建部门负责屋面和楼板的堵洞。

为使排水管道水流畅通和利于清通,管道连接时应尽量采用阻力小的管件,各类管道的连接管件可参照表 2.3-7 采用。

因排水管道为无压流管道,管道安装完毕后,不需试压,仅做灌水(闭水)试验,以检查管件和接口的严密性。进行灌水试验时,应将试验管段灌水口外的其他接口堵住。灌水试验以试验管段满水 15min 后,再灌满并延续 15 分钟,液面不下降为合格。暗装或埋地排水管道应在隐蔽或覆土前做灌水试验,其灌水高度不应低于底层地面高度。室内雨水管道的灌水高度应至每根雨水立管顶部的雨水斗。

室内给水和排水管道的防腐和保温工作,应在分别完成试压和灌水试验后进行。

排 水 管 道 的 连 接   表 2.3-7

管道名称	器具排水管	横　　管	立　　管	排　出　管
立　管		45°三通、45°四通、90°斜三通、90°斜四通	不能直连时,宜采用乙字管或 2 个 45°弯头	2 个 45°弯头、弯曲半径不少于四倍管径的 90°弯头
横　管	90°斜三通	同上	同左	

注:横管包括横干管和横支管。

3 供暖、通风及空气调节

3.1 供暖、热水供应与供燃气工程

热源通过载热体把热能输配到各热用户的工程技术称为供热工程。本章内容主要是介绍供热工程范畴内的建筑物供暖系统和热水供应系统，以及供生活使用的燃气系统的各组成部分及其布置与敷设。

3.1.1 供暖系统分类、方式及选用

众所周知，室内保持适当的温度才能满足人们进行正常生活和生产的需要。尤其是在我国三北地区的冬季，室外环境温度远低于室内所需温度，室外的冷空气通过门、窗缝隙或开启门时侵入房间内而耗热，同时室内的热空气通过建筑物的外围结构，如外墙、屋顶、地板、门、窗等，将热量传播到室外。所以，为了维持室内正常的空气温度，必须不断地向室内空间输送、提供热量，以补偿房间内损耗棹的热量。将热能媒介通过供热管道从热源输送至热用户，并通过散热设备将热量传递给室内空气、人体或物体等，然后又将冷却的热媒输送回热源再次供给热量，这种设施称为供暖工程，也称作采暖。

供暖系统的形式有多种，本章仅介绍目前应用最广泛的以热水或蒸汽作为热媒的集中供暖系统。

任何形式的供暖系统主要由热源、管网和散热设备3个部分所组成：

热源：即区域锅炉房或热电厂等，作为热能的发生器。在热能发生器中燃料燃烧经载热体热能转化，形成热水或蒸汽。此外还可以利用工业余热、太阳能、地热、核能等作为供暖系统的热源。确定集中供暖系统的热源形式，应根据当地的燃料资源情况、城市发展规划、热电厂状况、所服务的建筑物性质，以及卫生、安全、经济多方面的因素来综合考虑。以区域锅炉房和热电厂作为热源的集中供暖系统最为多见。

区域锅炉房集中供暖系统是在锅炉房中设置热水锅炉或蒸汽锅炉作为热能发生器，其所产生的载热体向一个较大的工业或民用建筑区域供应热能。热电厂供暖系统是以热电厂作为热能发生器，同时产生电能和热能的热电合供系统，热能通过热力网络被输送至城区或工业区，供应给各类建筑物用作供暖等用途。

管网：是指由热源输送热媒至热用户、散热冷却后返回热源的闭式循环网络。热源至热用户散热设备之间的连接管路可称为供热管网或供水管网；经散热设备散热后流返热源的连接管路可称为回热(亦称凝水管)或回水管网。

散热设备：是指供暖房间的各式散热器。

一、供暖系统的分类

供暖系统的形式多样，按使用热媒的不同，供暖系统有热水供暖系统、蒸汽供暖系统和热风供暖系统之分。在热水供暖系统中根据热水参数的不同又有低温热水供暖系统(供水

水温 $t < 100℃$)和高温热水供暖系统(供水水温 $t \geq 100℃$)。蒸汽供暖系统按热媒蒸汽压力的大、小有低压蒸汽供暖系统(供汽压力 $p < 70kPa$)、高压蒸汽供暖系统(供汽压力 $p \geq 70kPa$)、和真空蒸汽供暖系统(供汽压力 $p <$ 大气压强)。

集中供暖工程热媒的选择,主要取决于建筑物的性质、热用户的要求和热源形式。热水作为热媒的优点是,热能利用率高、节省燃料、供热稳定、热能损失低、供热半径大、卫生、安全等;蒸汽作为热媒具有应用范围大、热媒温度高,所需散热面积小、节省散热器投资等优点,但对居住建筑存在使用不安全、不卫生等问题。另外,热媒温度等参数的大小直接涉及到供暖系统的使用效果和投资造价。因此热媒的选择必须经过技术经济分析比较后来确定。对于仅有供暖热负荷的区域锅炉房供热系统,宜采用热水供暖系统。低温热水供暖系统适用于居住建筑以及医院、幼儿园、旅馆、学校、办公楼等民用建筑;高温热水供暖系统可用于食堂、车站、商业建筑、影剧院等公共建筑中。当供热系统既有供暖热负荷,又有工业通风、生产工艺要求的热负荷时,通常多以蒸汽作为热媒用于满足生产工艺的要求,对于仅为建筑供暖,有条件时可利用工业余热(多余的蒸汽)根据不同的用户采用各种热交换装置,为热水或蒸汽供暖系统提供热媒。

热风供暖系统是指以空气作为热媒的,即利用加热空气技术的另一种供暖方式。它多用于耗热量大、所需供暖面积大、定时使用供暖的建筑物中,如影剧院、体育场等大型公共建筑,也可用于有特殊要求的工业厂房中。

热风供暖系统与前面所述两种供暖系统(即热水和蒸汽供暖系统)相比,具有升温快、设备简单、投资较小等优点,但该供暖系统噪音较大,不宜应用在住宅建筑中。

热水供暖系统中如果按系统的循环动力不同,可分为自然循环热水供暖系统和机械循环热水供暖系统。自然循环热水供暖是依靠热水自身的温差所产生的容重差而进行循环的。所以自然循环系统的作用压力较小,作用半径不能过大(R<50m)。一般只能用于独立的或小型建筑物的供暖;机械循环热水供暖系统是依靠系统中设置的循环水泵来进行热水循环。故而系统的作用半径和服务范围比前者大得多,可用于建筑群或某个区域的集中供暖或供热。

蒸汽供暖系统按其凝水回水方式有重力回水和压力回水(机械回水)方式之分。低压蒸汽供暖系统当其供应范围不大时多采用重力回水方式。高压蒸汽供暖系统采用压力回水方式。

供暖系统根据供、回热管网的布置形式,以及散热器与管路的连接方式不同,可以组成多种多样的供暖方式,有垂直式或水平式;有单管式、双管式或混合式;有同程式或异程式;有上供式、中供式或下供式;有分区式或不分区式等。这些供暖方式的命名只是从某一种角度出发而言,任何一种供暖系统都是由以上的某几种方式互相组合而成。对于供暖系统中供暖方式的选取,应根据供热条件、热媒类型和参数、建筑物高度、建筑标准和建筑布局、各供暖房间的使用功能,以及供暖设备、材料的技术性能等诸多因素来考虑。

二、供暖系统的主要形式

(一) 热水供暖系统

1. 自然循环热水供暖系统

自然循环热水供暖系统的主要组成部分如图 3.1-1 所示,一般由热源、供水管网、散热设备、回水管网、膨胀水箱及连接管、控制附件等组成。供水管网包括总立管、干管、立管、散热器进水支管等;回水管网包括散热器回水支管、回水立管、回水干管等。所有的横管应保证具有一定的坡度,干管坡度应不小于 2‰,支管坡度为 1% ~ 2%,以利于排气。这里需要解释一下,供暖系统中的空气,一方面是由于系统在未充水前就存在有空气;另一方面是由于进入锅炉的冷水中溶有空气,在加热后会从水中析出。当这些空气积聚在管道或散热器中,将会形成空气塞而影响热水流动,或是占据散热器的有效传热面积,其后果将造成阻隔热媒正常循环,供暖房间室温不符合设计要求等不良现象。因此排气是热水供暖系统设计中不容忽视的内容,应特别注意系统的供水干管必须有向膨胀水箱方向上升的坡度,回水干管应有坡向锅炉方向的坡度,如图 3.1-1 所示。

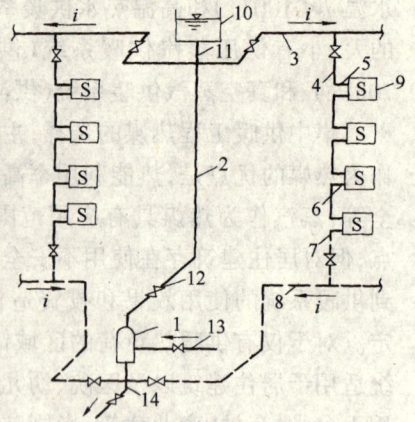

图 3.1-1 自然循环热水供暖系统图

1—热水锅炉;2—总立管;3—供水干管;
4—供水立管;5—供水支管;6—回水支管;
7—回水立管;8—回水干管;9—散热器;
10—膨胀水箱;11—膨胀管;12—控制阀门;
13—冷水管(接自来水);14—泄水管(接下水道)

图 3.1-2 是自然循环系统工作原理图。由图知,系统启动之前,先由冷水管向系统充水,待冷水充满整个系统时,锅炉开始加热。当冷水在锅炉中被加热升温时,其容重减小,与散热器内的冷水容重形成一个差值,该容重差致使热水沿着供水管路上升流入散热器中,在散热器中散热后温度降低了的冷却水沿着回水管路返回锅炉被加热,加热后的热水再次流入散热器,如此循环往复,形成自然循环亦称重力循环。因此说自然循环热水供暖系统的作用动力来源于供、回水之间的容重差。下面分析其自然循环的作用压力,用符号 P 来表示。

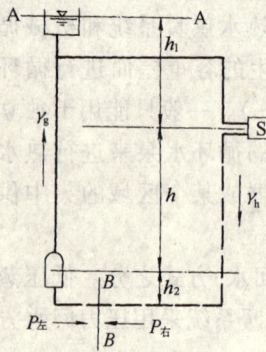

图 3.1-2 自然循环热水
供暖系统工作原理图

假设在循环管路中仅有两个水温值,即供水水温(t_g)和回水水温(t_h),且假设热水沿途散热损失引起的管路中水温逐点变化按一次温降来考虑,即水温的变化仅发生在加热中心(锅炉)和冷却中心(散热器)内,t_g、t_h 这两个水温相对应的容重之差($\gamma_h - \gamma_g$)与加热中心与冷却中心位置高差 h 所构成的压力称为自然作用压力或循环压力。

如图 3.1-2 所示,假想在回水干管末端 $B-B$ 断面处设置一个阀门,若使阀门突然关闭,则在断面 $B-B$ 的两侧将存在方向相反、大小不等的两个静压力,两者之差便为自然循环作用压力 P。由静压强分布规律可知,静压力 $P_左$ 和 $P_右$ 的表达式分别为:

$$P_左 = \gamma_g h_1 + \gamma_g h + \gamma_h h_2 \tag{3.1-1a}$$

$$P_右 = \gamma_g h_1 + \gamma_h h + \gamma_h h_2 \tag{3.1-1b}$$

则:
$$P = P_右 - P_左 = h(\gamma_h - \gamma_g) \tag{3.1-1}$$

式中　P——自然循环系统的作用压力(Pa);

h——加热中心与冷却中心的垂直距离(m);

h_1——系统最高点(压力为大气压力处)与冷却中心的垂直距离(m);

h_2——系统最低点与加热中心的垂直距离(m);

γ_g——供水重力密度(N/m^3);

γ_h——回水重力密度(N/m^3)。

从公式(3.1-1)中可以看出,起循环作用的只有加热中心与散热中心之间这段高度 h 与本段内水柱容重差($\gamma_h - \gamma_g$)的乘积 P。在热媒温度参数一定的情况下,欲想提高自然循环作用压力,只能依靠增加锅炉与散热设备的垂直距离(即抬高散热器的安装高度或降低锅炉的安装高度)来实现。

自然循环系统具有装置简单、操作方便、维护管理省力、不耗费电能、不产生噪声等优点。但是由于系统作用压力有限,管路中流速取值偏小,致使管径偏大,造成初次投资较高;同时应用范围也受到一定程度的限制。

自然循环热水供暖系统常采用上供下回方式,此方式中有单、双管式之分。

如图 3.1-3 所示为单管上供下回式系统示意图,(a)为单管串联式,亦称单管顺序式。其特点是热水自上而下顺序通过各层的散热器,逐层冷却后的回水流回至锅炉。图中(b)所示为单管跨越式,来自供水干管的热水一部分直接进入 4 层散热器,另一部分热水与 4 层散热器的回水混合后流入 3 层散热器中,如此,由上而下顺序经过各层散热器的热水逐渐地被冷却,最终返回锅炉。单管顺序式系统具有节省管材、施工方便的优点,是办公楼、住宅、集体宿舍等多层建筑供暖最普遍的布置形式。但是这种顺序式系统中下层散热器热媒水温低于上层散热器热媒水温,因此应当增加下层供暖房间的散热面积,另外,该系统的各组散热器不能单独调节,因为关闭立管上任何一层散热器的阀门均将使整个立管关闭。单管跨越式系统与顺序式系统相比较,施工繁琐、消耗管材。但是由于散热器旁侧带有跨越管段,

图 3.1-3　单管上供下回式自
然循环供暖系统示意图
(a)单管串联式;(b)单管跨越式

使得进入下层散热器的热水水温比顺序式提高,避免了下层散热器数目过多的弊端。另外设置在跨越管上的阀门可以用来调节其进水流量,以缓和上热下冷的影响。

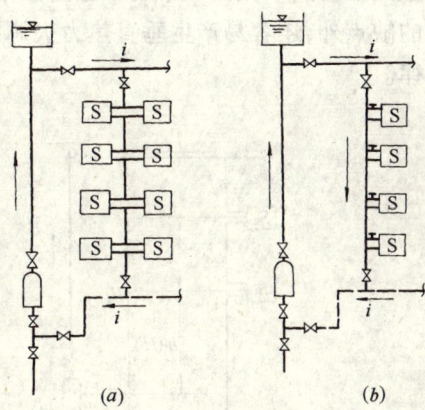

现对单管式和双管式自然循环系统的作用压力作进一步分析:

在单管系统里,各组散热器都串联在一个循环环路上,从图 3.1-4 分析可知,产生自然循环作用压力的高差应该是($h_1 + h_2$),按自然循环作用压力的定义,其表达式应写为:

$$P = h_1(\gamma_h - \gamma_g) + h_2(\gamma_1 - \gamma_g) \tag{3.1-2}$$

或
$$P = H_2(\gamma_1 - \gamma_g) + H_1(\gamma_h - \gamma_1) \tag{3.1-3}$$

依此类推,若循环环路中有多组散热器串联时,其自然循环作用压力可以写成:

$$P = \sum_{i=1}^{n} h_i(\gamma_i - \gamma_g) = \sum_{i=1}^{n} H_i(\gamma_i - \gamma_{i-1}) \tag{3.1-4}$$

式中　P——自然循环作用压力(Pa);

H_1、H_2——分别为 1 层、2 层的冷却中心至加热中心之间的垂直距离(m);

h_i——从计算层的冷却中心到下 1 层冷却中心的垂直距离(m);

h_1、h_2——分别为 1 层冷却中心至加热中心、2 层冷却中心至 1 层冷却中心的垂直距离（m）；

H_i——计算层冷却中心至加热中心的垂直距离(m)；

γ_g——供水重力密度(N/m^3)；

γ_h——回水重力密度(N/m^3)；

γ_i——计算层冷却中心回水支管中热水的重力密度(N/m^3)；

γ_{i-1}——计算层冷却中心供水支管中热水的容重(N/m^3)。

计算单管跨越式系统的自然作用压力时，需要先确定系统中立管的混合水温，混合水温的确定参见有关手册。

图 3.1-5 为双管上供下回式系统示意图。各组散热器并联于供、回水管路之间，供水与回水分别各设立管，热水直接分配到各层散热器，即进入每组散热器的热水温度相同，每组散热器的热水流量大小可根据室温单独进行调节。但双管系统除有管材耗量大、施工复杂的缺点外，还容易产生垂直热力失调的问题。下面分析双管系统中自然循环作用压力的规律。

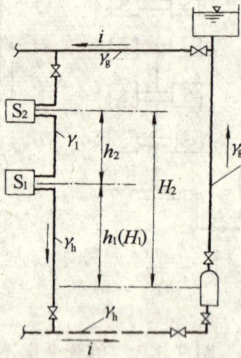

图 3.1-4　单管自
然循环原理

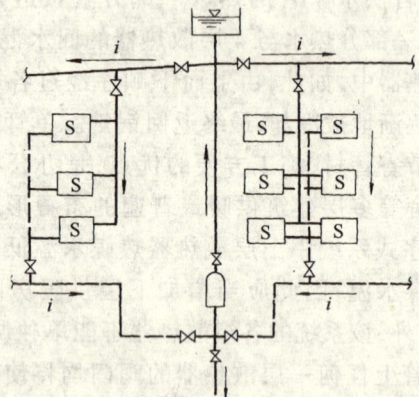

图 3.1-5　双管上供下回式
自然循环系统示意图

在如图 3.1-6 所示的双管系统里，各组散热器可以同时接受由供水干管提供的热水，并同时在各组散热器内放热冷却后直接返至锅炉。在图中有两个冷却中心 S_1、S_2，于是有两个循环环路 AS_2B、AS_1B，所以就会有两个自然循环作用压力，它们分别为：

$$P_1 = h_1(\gamma_h - \gamma_g) \tag{3.1-5}$$

$$P_2 = (h_1 + h_2)(\gamma_h - \gamma_g) \tag{3.1-6}$$

式中　P_1——为 AS_1B 环路的自然循环作用压力(Pa)；

P_2——为 AB_2B 环路的自然循环作用压力(Pa)；

其它符号同前。

从公式(3.1-5)、(3.1-6)两式明显看出，经过 2 层散热

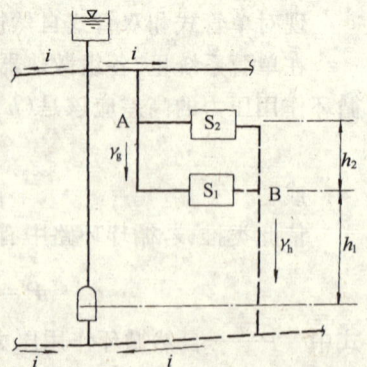

图 3.1-6　双管自然循环原理图

器 S_2 环路的作用压力比经过 1 层散热器 S_1 环路的作用压力要大,两者之差为:

$$\Delta P = P_2 - P_1 = h_2(\gamma_h - \gamma_g) \tag{3.1-7}$$

这个差值使得上层散热器环路比下层散热器环路增加了作用压力。所以在双管系统中,如果各层散热器位于不同的标高处,尽管各层散热器内热媒温度参数变化相同,但不可避免地形成上层作用压力高于下层作用压力,致使热媒流量在交汇点 A 处出现分配不均的现象。因此有必要在各层环路选用不同管径,以平衡各层环路中的压力损失。倘若如此仍不能使各层环路压力平衡,则必然出现上热下冷的垂直热力失调局面。楼层数越多,这种情况就愈加严重。因此双管系统不宜用于 4 层以上的建筑物中。

应该明确,如前所述的作用压力计算中忽略了供水管路和回水管路中的管壁散热问题。实际上,即使是采取了保温措施,管路的沿途散热仍是不可避免的。热水容重沿途中随着水温的降低而增大,这在自然循环系统中起着不容忽略的作用。因此在计算循环动力时应该考虑这部分附加值。该数值与管路的长度、建筑物层高、计算层散热器与锅炉的相对间距和位置等因素相关。自然循环作用压力的综合公式可写成:

$$P' = P + \Delta P \tag{3.1-8}$$

式中　P'——自然循环作用压力(Pa);

　　　P——仅考虑热水在散热器中散热冷却所产生的作用压力(Pa),即前述公式中的自然循环作用压力值;

　　　ΔP——考虑热水沿途管壁散热冷却所产生的附加作用压力值(Pa),其数值可参见附录Ⅲ-1。

【例 3.1-1】　如图 3.1-6 所示。设 $h_1 = 2.2m$,$h_2 = 3.5m$;供水温度为 95℃,回水温度为 70℃。要求确定:双管系统的自然循环作用压力。

【解】　对下层散热器 S_1 的循环环路,其作用压力应根据式(3.1-5):

$$P_1 = h_1(\gamma_h - \gamma_g) = 2.2 \times (9.59 - 9.43)$$
$$= 0.352kPa = 352Pa$$

同理,对上层散热器 S_2 的循环环路,其作用压力应按式(3.1-6):

$$P_2 = (h_1 + h_2)(\gamma_h - \gamma_g) = (2.2 + 3.5)(9.59 - 9.43)$$
$$= 0.912kPa = 912Pa$$

第二层与第一层循环环路的作用压力之差为:

$$912 - 352 = 560Pa$$

2. 机械循环热水供暖系统

如图 3.1-7 所示为机械循环热水供暖系统的图示。这种系统是由热水锅炉、供水管路、散热器、回水管路、循环水泵、膨胀水箱、集气罐(排气装置)、控制附件等组成。机械循环系统与自然循环系统相比,最为明显的不同是增设了循环水泵和集气罐,另外膨胀水箱的安装位置也有所不同。循环水泵是驱动系统循环的动力所在,通常位于回水干管上;膨胀水箱的设置地点仍是供暖系统的最高点,但只起着容纳系统中多余膨胀水的作用。膨胀水箱的连接管连接在循环水泵的吸入口处,这样可以使整个供暖系统

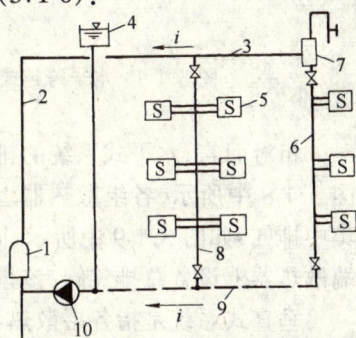

图 3.1-7　机械循环热水供暖系统示意图(单管式)

1—热水锅炉;2—供水总立管;3—供水干管;4—膨胀水箱;5—散热器;6—供水立管;7—集气罐;8—回水立管;9—回水干管;10—循环水泵(回水泵)

均处于正压工作状态,从而避免系统中热水因汽化影响其正常的循环。为保证系统运行正常,需要及时顺利地排除系统中的空气。所有供暖管网的布置与敷设应有利于将空气排入管网的最高点—集气罐中,如图 3.1-7 中所示。在这种机械循环上供下回式供暖系统中,供水干管沿着水流方向应有向上的坡度,便于将系统中的空气聚集在干管末端的集气罐内。

机械循环热水供暖系统的作用压力比自然循环热水系统的作用压力大得多。所以,热水在管路中的流速较大,管径较小,启动容易,供暖方式较多,应用范围较广。根据管道布置方式不同,机械循环热水供暖系统主要形式还有:

(1) 水平式和垂直式　根据热水流向是水平向还是垂直向,可以将供暖系统分别称为水平式、垂直式。水平式与垂直式两者相比,水平式系统比垂直式系统的总造价要小,管路安装简单,便于施工,管道少穿楼板,供暖房间内无立管,较为美观。近年来水平式系统发展很快,可用于多层民用建筑和大面积的公共建筑中。水平式系统根据供热管路和散热器连接方式的不同可分为顺序式和跨越式。图 3.1-8 所示为水平跨越式系统,由热源来的热媒可以沿着管道直接流入各个散热器中,进入管路后段散热器的热媒是由供热干管直接提供的热媒和前段散热器的回热组成的混合体,每组散热器供热支管上的阀门可以调节其放热量。图 3.1-9 所示为水平顺序式系统,供热热媒顺序流入各组散热器放热冷却,之后流至热源。这种系统中每组散热器不能进行局部调节。管路后段散热器内由于热媒温度逐渐降低,为保持房间室温满足要求,应增加后段散热器的数目。水平顺序式系统的特点是:节省管材,施工方便。多用于对室温要求标准不太高的建筑物中。

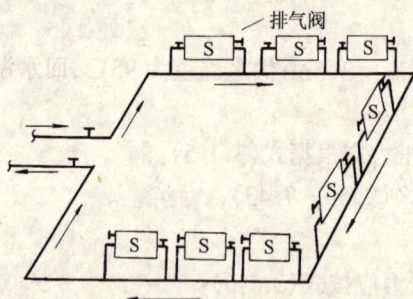

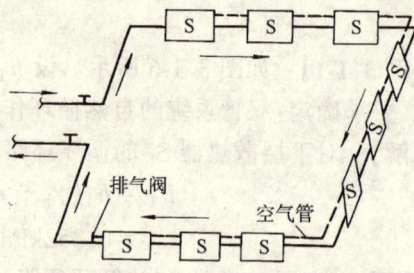

图 3.1-8　水平跨越式系统　　　　　图 3.1-9　水平顺序式系统

相对而言,水平式系统的排气问题较为麻烦些。排气方法有两种,一种是局部排气,如图 3.1-8 中所示,各组散热器上均安装一个排气阀,该方法一般用于较小的系统;另一种是集中排气,如图 3.1-9 中所示,同层的各散热器上部设空气管(直径为 15mm)相连接,在终端散热器上设置总排气阀,该排气方法多用于散热器数目较多的大型系统中。

垂直式系统是指各层散热器由供热、回热管路竖向连接,热媒流向为自上而下或自下而上。该系统形式较多,图 3.1-3、3.1-5、3.1-7 均为垂直式系统。

(2) 单管式、双管式和混合式　根据供热、回热管网与散热器之间是串联还是并联连接,可以将供暖系统分为单管式和双管式。单管式、双管式系统的图式及特点已在前面讲述过,不再赘述。这里仅介绍一种目前高层建筑供暖设计中常采用的单、双管混合式系统。见图 3.1-10 中所示,将系统沿着竖直方向分成几组,每组包括有 2~3 层;各组内的散热器采用双管式布置,而各组之间则采用单管式相连接。该系统的优点是:可以避免楼层数过多时

166

因采用双管式系统造成的垂直热力失调现象,还可以适当地减小散热器支管管径,各个散热器亦可自行局部调节其热媒流量。

(3) 同程式和异程式　根据供暖管网各循环环路的管路总长度是否相等,可以有同程式系统和异程式系统之分。同程式系统的特点是各立管环路的总长度都是相等的,如图 3.1-11 所示,环路 OADEFG、OABEFG、OABCFG 的总长度均相同,压力损失容易平衡,热媒流量分配均匀。反之,若各立管距总立管的水平距离不等,各个循环环路的总长度相差很大,如图 3.1-12 所示,环路 DADG、OABEDG、OABCFEDG 总长度各不相等,这种系统称为异程式。异程式系统中各立管环路的压力损失难以平衡,必须采用不同的立管管径(对靠总立管最近处的立管,如 AD 立管,采用管径最小)以消除或减小各立管环路的压力损失之差值。倘若如此仍不能减小 OADG 立管环路的剩余压力,必然会出现水平热力失调现象,即过多的热媒由 OADG 环路中流过,而使得 OABCFEDG 环路的热媒流量过少不能满足需求。

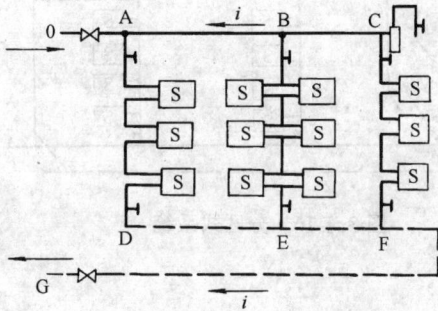

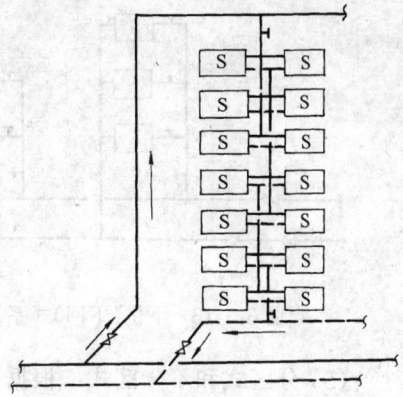

图 3.1-10　单、双管混合式系统

图 3.1-11　同程式系统

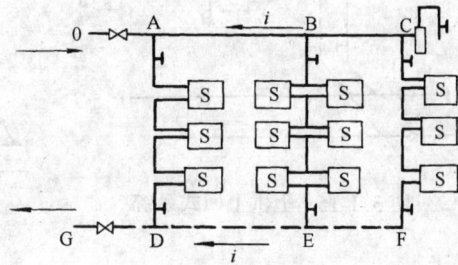

图 3.1-12　异程式系统

同程式系统与异程式系统相比,其管径和长度都大,致使系统的投资增加。但是由于它具有压力损失易于平衡的优点,在较大的多立管供暖系统中宜采用;对于常用的单管热水供暖系统一般情况仍按异程式系统设计。

(4) 上供式、下供式和中供式　根据供热干管所在的位置情况,可以将供暖系统分为上供式、下供式和中供式。当供热干管位于建筑物顶层散热器之上时,称之为上供式,如图 3.1-11 和 3.1-12 均为上供式系统;当供热干管位于底层散热器之下(敷设于地沟或地下室内)时,称为下供式系统;如图 3.1-13 中所示;当供热干管位于标准层中的某一层时,称之为中供式,如图 3.1-14 中所示。这 3 种图式中的回热干管均设置在各层散热器之下,通常敷设在底层地面以下,也称下回式;对于某些建筑物若既无地下室,又不允许设置地沟时,可以把回热管道布置在顶层屋顶之下,这种布置形式称为上回式,如图 3.1-15 所示,为上供上回式系统的示意图。中供式和上供式热水供暖系统的排气措施,一般是在顶层散热器上部安设排气阀门。

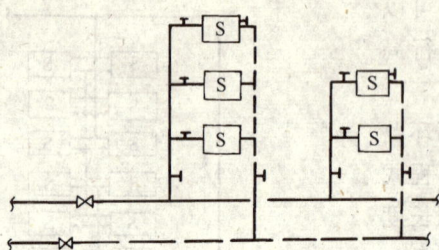

图 3.1-13 下供(下回)式系统

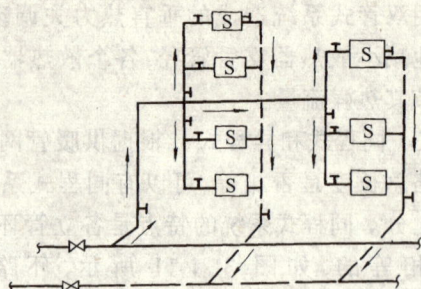

图 3.1-14 中供式系统

（5）分区式和不分区式　根据系统供热管网和热媒引入口在竖向是否分区又有分区式和不分区式系统。分区式系统是指将系统竖向分为两个或两个以上的独立系统，如图 3.1-16 所示，其下区与室外热力供热管网直接连接；上区利用热交换设备进行供热，与室外供

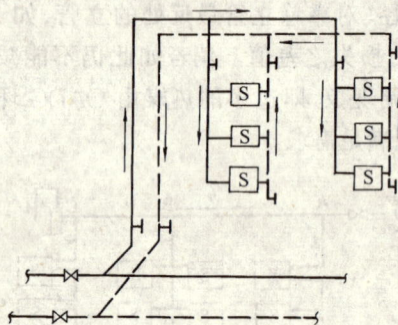

图 3.1-15 上供上回式系统

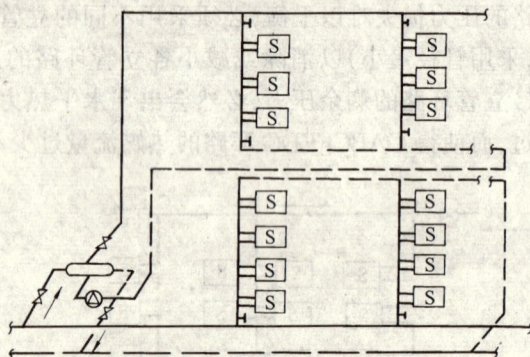

图 3.1-16 分区式系统

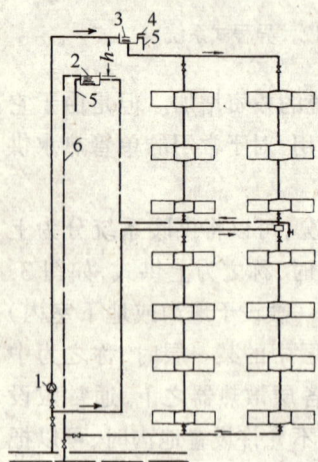

图 3.1-17 双水箱分区式系统
1—加压水泵；2—回水箱；3—进水箱；4—进水箱溢流管；5—信号管；6—回水箱溢流回水管

热系统不直接连通。分区的位置高度应根据室外供热管网可提供的水压值和供暖系统中散热器的承压能力来确定。这种分区式系统多用于高层建筑中，当其散热器的强度无法承受建筑高度施加于供暖系统的压力，同时室外供热热媒的温度也高于室内供暖系统热媒温度参数的情况下。

当高层建筑的散热器承压能力有限，而室外供热热媒参数过低，不宜利用热交换器(否则热交换面积过大，不经济)向高区供热时，则可以采用如图 3.1-17 所示的双水箱分区式系统。该系统的上、下两区均与室外供热管网直接连接。在上区的供热管路上增设加压水泵，以保证在外网供水压力不足时使用。上区在不同的高度位置上分别设置开式高位进水箱和回水箱，利用两水箱的水位差使得上区系统形成供、回水循环环路；下区系统则仍由外网直接供热，回水直接返回外网。

当高层建筑供暖系统中采用了承压能力较高的钢制散热器时，可以采用不分区系统。不分区系统的设计中，应着重考虑垂直失调和避免立管过粗的问题。目前采用的有单管顺序和单管跨越组合式(如图 3.1-18 所示)、单管双供式或单管双回式(如图 3.1-19 所示)、奇偶层分设单管式(如图 3.1-20 所示)。

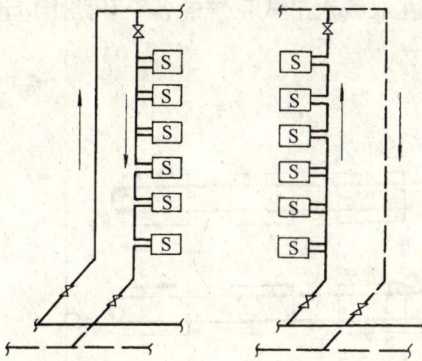

图 3.1-18　单管组合式

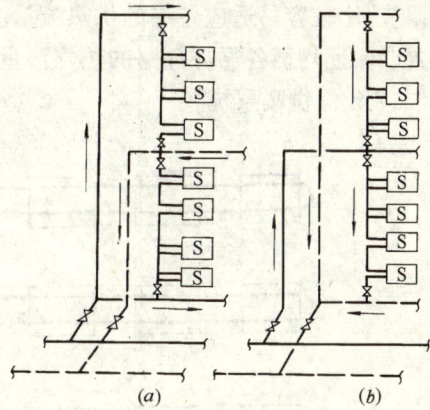

图 3.1-19　单管双供或双回式
(a)单管双供中回式;(b)单管中供双回式

单管组合式系统是在供热立管的前段采用跨越式,在后段采用顺序式。这样可避免因进入后段散热器中的热媒温度过低而过多地增加散热器的数目。单管双供式系统是在建筑物的顶层和底层同时设置了 1 根供热干管,回水干管设置在建筑物的中部;单管双回式系统的供水、回水干管的数目和位置恰好与双供式相反。这样布置供暖管路的原因在于,可以把供热循环管路的总长度缩短,避免管路末稍散热器中热媒温度太低。为了同样的目的,还可以采用单管奇偶层分设式,各层供暖房间均不设置干管,可使房间美观,使用方便。

(6) 双线式　近年来在高层建筑中还出现了被称为双线式的供暖系统,它有垂直式和水平式两种形式,如图 3.1-21、3.1-22 中所示。双线式系统中所采用的散热器多为蛇形加热盘管或辐射板。双线垂直式供暖系统中,其供热管网是由竖向的 Ⅱ 形单管式立管组成的,散热器立管包括上升立管和下降立管,所以各层散热器中的热媒温度可以认为基本相同,因而避免了在高层建筑容易出现的垂直热

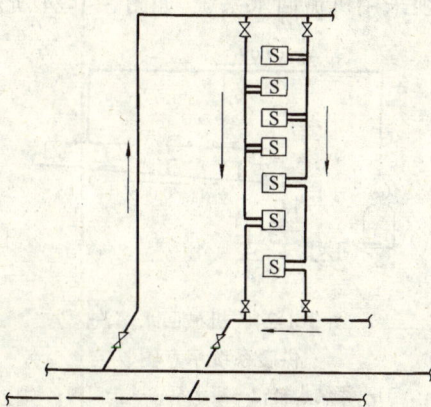

图 3.1-20　单管奇偶层分设式

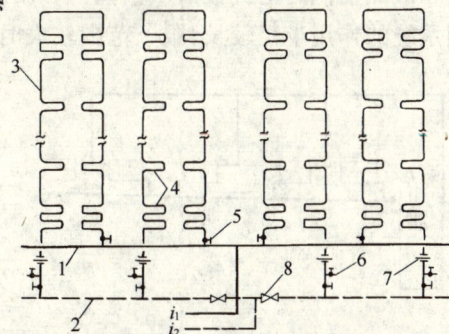

图 3.1-21　双线垂直式系统
1—供水干管;2—回水干管;3—双线立管;
4—散热器;5—截止阀;6—立管冲洗、排气阀;
7—节流孔板;8—调节阀

169

力失调现象和管路末端散热器数目增加过多的问题。这正是双线式系统的突出优点。为了防止出现水平热力失调现象,可在每个 π 形单管的回水立管上设置节流孔板,也可以将管网布置成同程式系统。双线水平式供暖系统在形式上近似于前述的单管水平式,它能够进行分层调节,比较容易适应各层的供热流量。同样,在双线水平式系统的各个环路上应设置节流装置以保证均衡各循环环路的热媒流量。

（二）蒸汽供暖系统

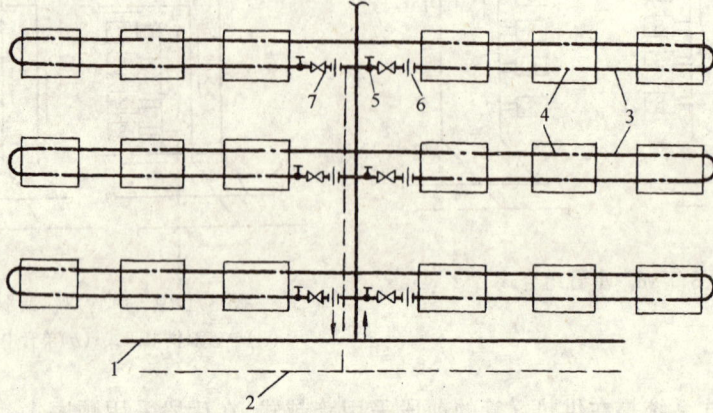

图 3.1-22 双线水平式系统
1—供水干管；2—回水干管；3—双线水平管；4—散热器；
5—截止阀；6—节流孔板；7—调节阀

1.低压蒸汽供暖系统的各种方式

图 3.1-23 为低压(重力回水)蒸汽供暖系统的示意图,管网布置形式为双管上供下回式。蒸汽锅炉须位于底层散热器之下。系统启动前先充水至 $I-I$ 平面,锅炉加热后产生具有一定压力和温度的蒸汽。蒸汽在自身压力的作用下,克服流动过程中产生的各种阻力,通过供汽管路输送到供暖房间的散热器内,放热冷却成为凝结水,沿凝水(回水)管路流返回锅炉。供热管网和散热器内的空气被蒸汽沿蒸汽和凝水管路驱入凝水管上的空气管后排出。

当系统的作用半径较长,服务范围较大时,必须采用机械回水系统,如图 3.1-24 所示,

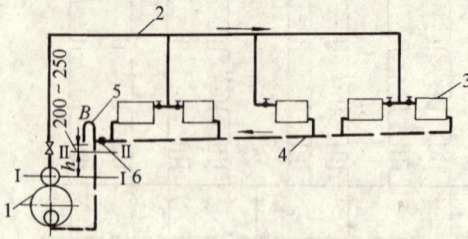

图 3.1-23 低压(重力回水)蒸汽供暖
系统示意图
1—蒸汽锅炉；2—蒸汽管网；3—散热器；
4—回水管网；5—空气管；6—疏水器

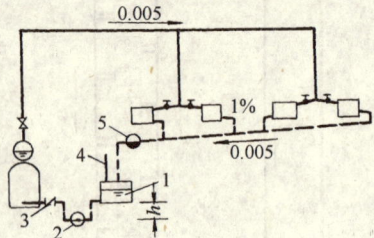

图 3.1-24 机械回水蒸汽
供暖系统示意图
1—凝结水箱；2—凝水泵；3—止回阀；
4—空气管；5—疏水器

这时的锅炉不一定安装在底层散热器之下,但凝结水箱应在底层散热器以下,系统中的全部凝结水由凝水管网送至凝结水箱中,然后用凝水泵抽升加压注入锅炉内。系统中的空气由凝结水箱顶部的空气管排出。

低压蒸汽供暖的主要形式有双管上供下回式(图 3.1-23、3.1-24)、双管下供下回式(图 3.1-25)、双管中供式(图 3.1-26 所示)和单管下回式(图 3.1-27 所示)。

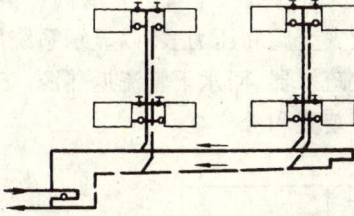

图 3.1-25 双管下供
下回式蒸汽供暖系统　　　图 3.1-26 双管中供
式蒸汽供暖系统　　　图 3.1-27 单管
上供下回式
蒸汽供暖系统

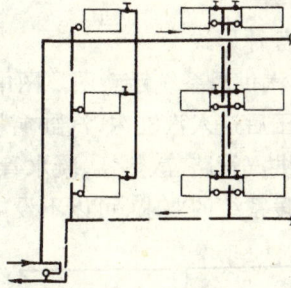

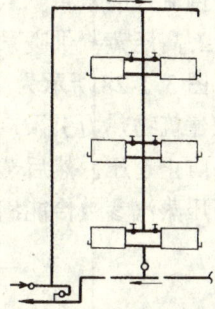

在进行蒸汽供暖系统的设计时,解决、处理好供汽、疏水、排气这三个方面的设计问题,是保证系统正常工作的重要条件。

首先,进入散热器的蒸汽压力应符合设计计算的要求。这样进入散热器的蒸汽量便恰好被冷凝成凝结水,且仍能够依靠自身的压力排出散热器内积存的空气;倘若供汽压力偏大,超过计算所需的数值,则部分未被冷凝成凝结水的蒸汽将会窜入凝水管路,供暖房间的温度也将超过设计的室温值;如果供汽压力不足,则蒸汽便不能够充满散热器内部空间,空气将聚集在散热器下部不能排出,供暖房间得不到应有的热量。

在实际供暖系统中,散热器数目很多,与热源的相对间距远近不等。通常热源引入口的供汽压力应按较远处(最不利点)散热器要求的供汽压力来推算,这样离热源较近的散热器入口处的蒸汽压力将会超过要求的数值,即使采用减小管径的措施亦往往不能消除这种各环路压力损失不均衡的问题,于是便会出现供汽压力偏高的弊端。这些散热器内多余的蒸汽向凝水管网窜汽,增加了凝水干管中的压力值,使得远处散热器凝结回水不畅,出现系统循环不能正常进行、散热器加热不均的现象。为解决这类问题,应在系统中每组散热器回水支管处、或是每根凝水立管末端、或是一个分支供暖系统的回水管末端设置疏水器。疏水器的作用在于阻止蒸汽通过,并将凝结水和不凝性气体(空气)迅速排往凝水管路。

为了排除蒸汽管道内因沿途散热而产生的少量"沿途凝水",凡是水平敷设的供汽管道都应保证具有一定的坡度。通常,干管坡度应大于 2‰~3‰,散热器支管坡度应为 1%～2%;管道内应尽可能使汽、水同向流动,使沿途凝水沿蒸汽管路、凝水管路排至凝结水箱中。有时亦可在蒸汽干管末端设置专用的排水管,用以排除沿途凝水,防止沿途凝水被流速较大的蒸汽推动而产生"水击"现象。

在单管式蒸汽供暖系统中,还应在每组散热器的 1/3 高度处装设自动排气阀,如图

3.1-27所示。

在机械回水蒸汽供暖系统中,凝水泵多采用间歇运行方式。安装时应使凝水泵位于凝结水箱底面之下,避免凝结水在水泵吸入口处负压状态下汽化,影响凝水泵的正常工作。凝结水箱的有效容积可按容纳系统中 0.5～1.5h 的凝结水量来考虑。凝水泵参数的选取应该使之在 0.5h 内将凝结水量全部送往锅炉。

在锅炉和凝水泵的连接管路上应安装止回阀,见图 3.1-24,目的在于防止停泵时水从锅炉倒流入凝水泵。

2.高压蒸汽供暖系统的各种形式

图 3.1-28 所示为高压蒸汽供暖系统示意图。图中为从室外蒸汽干管引入的高压蒸汽,先在建筑物热力引入口处减压后进入汽缸内,汽缸上装设安全阀和压力表,以显示系统压力值并防止超压。然后蒸汽经供汽管路、散热器、凝水管路、疏水器、回水干管流返热源。若室外高压蒸汽参数恰能满足供暖系统的要求,可以不设减压装置和分汽缸。

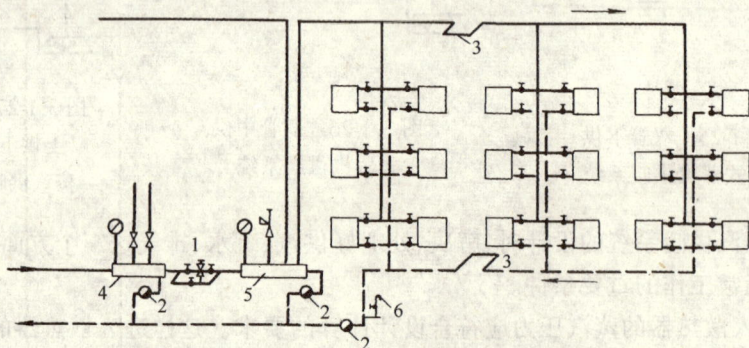

图 3.1-28　高压蒸汽供暖系统示意图
1—减压装置;2—疏水器;3—方形伸缩器;
4—减压阀前分汽缸;5—减压阀后分汽缸;6—排气阀

高压蒸汽供暖系统常用的形式有上供上回式、上供下回式等,其组成和工作原理均与同方式的低压蒸汽供暖系统相同。

高、低压蒸汽供暖系统相比较,高压蒸汽系统具有:

供汽压力高,流速大,系统作用半径和沿程散热损失大;

散热器内热媒温度高,所需散热器的数目相对减少;但使用安全性差,不卫生;

凝水温度高,易产生二次蒸汽;

管道温度变化波动大,应足够地重视热胀冷缩问题。

(三)热风供暖系统

热风供暖系统所用热媒可以是室外的新鲜空气,也可以是室内再循环空气,或者是两者的混合体。若热媒仅是室内再循环空气,系统为闭式循环时,该系统属于热风供暖;若热媒是室外新鲜空气,或是室内外空气的混合物时,热风供暖应与建筑通风统筹考虑。

在热风供暖系统中,首先对空气进行加热处理,然后送入供暖房间放热,从而达到维持或提高室温的目的。用于加热空气的设备称为空气加热器,它是利用蒸汽或热水通过金属壁传热而使空气获得热量。常用的空气加热器有 SRZ、SRL 两种型号,分别为钢管绕钢片和钢管绕铝片的热交换器。图 3.1-29 所示为 SRL 型空气加热器外形图。此外,还可以利用高温烟气来加热空气,这种设备叫做热风炉。

热风供暖有集中送风、管道送风、暖风机等多种形式。在采用室内空气再循环的热风供暖系统时,最常用的是暖风机供暖方式。暖风机是由通风机、电动机和空气加热器组合而成的联合机组,可以独立作为供暖设备用于各种类型的厂房建筑中。暖风机的安装台数应根据建筑物热负荷和暖风机的实际散热量计算确定,一般不宜少于两台。暖风机从构造上可分为轴流式和离心式两种类型;根据其使用热媒的不同又有蒸汽暖风机、热水暖风机、蒸汽热水两用暖风机、冷热水两用暖风机等多种

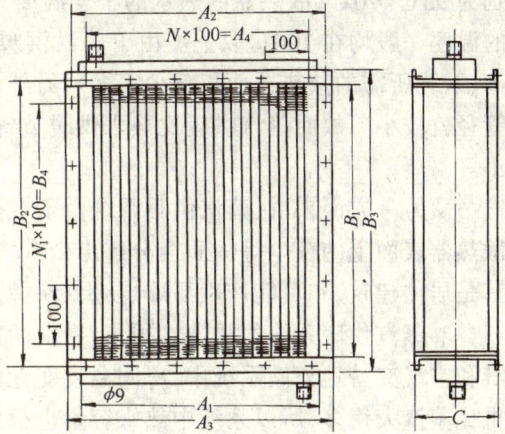

图 3.1-29　SRL 型空气加热器外形图

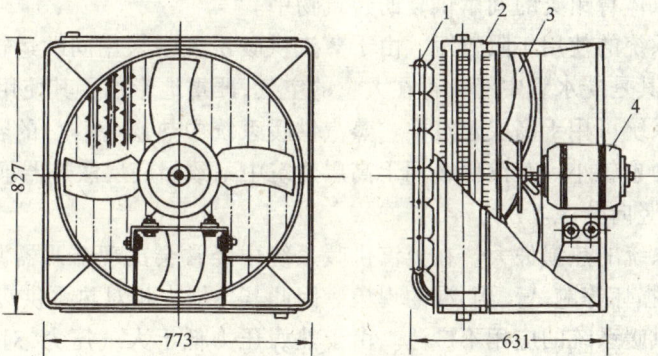

图 3.1-30　NA 型暖风机外形图
1—导向板;2—空气加热器;3—轴流风机;4—电动机

形式。图 3.1-30 所示为 NA 型暖风机外形图,它是用蒸汽或热水来加热空气。暖风机可以直接装在供暖房间内,蒸汽或热水通过供热管道输送到暖风机内部的空气加热器中,加热由通风机加压循环的室内空气,被加热后的空气从暖风机出口处的百叶孔板向室内空间送出,空气量的大小及流向可由导向板来调节。

暖风机的布置方式应做到:

1. 多台布置时应使暖风机的射流互相衔接,使供暖房间形成一个总的空气环流;

2. 暖风机不宜靠近人体,或者直接吹向人体;

3. 暖风机应沿车间的长度方向布置,射程内不应有高大设备或障碍物阻挡空气流动;

4. 暖风机的安装高度应考虑对吸风口和出风口的要求。

三、各种供暖系统的比较和选用

蒸汽供暖系统和热水供暖系统的工作过程和基本图式是相同的,它们有许多相同之处。但是两者毕竟是物理性质不同的两种流体,所以又各有其特点和适用的场所。现将蒸汽供暖系统与热水供暖系统加以比较,从而了解选用供暖系统时应掌握的基本原则。

1.蒸汽供暖系统的散热器表面温度高。在热水供暖系统中,系统的供、回水温度一般分别为95℃、70℃,散热器内热水的平均温度为82.5℃。而在蒸汽供暖系统中,散热器内热媒的温度一般均在100℃以上。由于蒸汽供暖的散热器内热媒温度高,相应的表面温度也较高,系统所需的散热器面积就少得多。另外,系统所需的热媒流量也小得多,且允许流速高,管径就较小。故而蒸汽供暖比热水供暖节省设备和管材,投资较低,散热设备的占地面积较小。

从另一方面来讲,蒸汽供暖系统由于散热器表面温度过高,易发生烫伤事故,且坠落在散热器表面上的灰尘等物质会分解出带有异味的气体,卫生效果较差。因此在民用建筑,尤其是居住建筑,和可能产生易爆、易燃、易挥发等灰尘的工业厂房内均不适宜采用。

2.蒸汽供暖系统的热惰性很小,系统的加热和冷却速度都很快。当系统间歇运行时,蒸汽和空气交替地充满系统中,房间温度变化幅度较大。热水供暖系统则不然,由于热水的容重比蒸汽大得多,所以系统中热媒容量也很大,系统的启动和停止,即水的升温和冷却都会有一个较长时间过程。当系统采用间歇工作方式时,室温相对比较均匀。

由于蒸汽供暖具有热惰性小的特点,所以比较适用于要求加热迅速、供暖时间集中而短暂的影剧院、礼堂、体育馆类的间歇供暖的建筑物中。

3.蒸汽供暖系统的使用年限较短。由于蒸汽供暖系统多采用间歇运行,因此管道易被空气氧化腐蚀,尤其是凝水管中经常存在大量的空气,严重地影响了其使用寿命。

4.蒸汽供暖系统可用于高层建筑中。蒸汽供暖系统中热媒(蒸汽)的容重很小,所以本身所产生的静压力也较小。蒸汽供暖用于高层建筑中不致因底层散热器承受过高的静压而破裂,也不必进行竖向分区。

5.蒸汽供暖系统的热损失大。在蒸汽供暖系统中经常会出现疏水器漏汽、凝结回水产生二次蒸汽、管件损坏等跑、冒、滴、漏的现象。因此其热损失相对热水供暖系统较大。

6.真空蒸汽供暖系统的应用不广泛。由于热媒压力低于大气压力,对系统的严密性要求甚高,稍有空气漏入便破坏系统的正常工作,这样便限制了它的应用范围,仅在有特殊要求的场所才使用。

热风供暖与蒸汽、热水供暖系统相比,具有热惰性小、升温迅速、设备简单、投资节省、但噪声大等特点,适用于间歇供暖的诸如工业车间、体育场、影剧院等类型的建筑物中。

3.1.2 热力进口及锅炉房

一、热力进口

集中供热热源的选择,从环境保护和节能意义来看,以发展区域(集中)供热最佳。区域供热的热源形式有区域锅炉房和热电厂两种。热源产生的热媒,即蒸汽或热水,通过热力输配管网向各类热用户提供供暖、通风、热水供应以及生产工艺等多种服务。热用户排出的凝结水或回水由回热输送管网送至热源。集中供热系统热源形式的确定,涉及到城市热电供应方式、能源综合利用、发展规划等因素。热电厂供热系统,一般是以蒸汽作为热媒供应给厂区生产工艺,而以高温水作为热媒供应给采暖、通风、热水供应等热用户。目前国内热电厂供热系统中供、回水温度多设计为130/70℃。区域性锅炉房供热系统,可采用单一的蒸汽或蒸汽与热水并行的系统向热用户供热。

集中供热系统的热力站(点)是供热网络向热用户供热的连接场所。热力站可以调节供给热用户的热媒参数,根据需要分配热媒流量,收集回热,并起着热能转换、计量和监督的作用。热力站根据热力网路的热媒不同,可分为热水热力站和蒸汽热力站。由于热力站是调节、计量、转换、分配热媒的中心,设置有各种控制器材、检测仪表、节流减压装置、热交换设备和动力设备等,因此要求热力站具有足够的平面面积和空间便于管理人员进行操作,此外,热力站还应考虑必要的照明和通风设施。

根据热力站的规模、位置和功能的差异,可以分为:

1. 用户热力站,亦称用户引入口,是指单幢建筑物热用户的内部供热系统和室外热力管网的连接点,位于建筑物的地沟入口处或是地下室内。用户热力站仅为该建筑物的供热服务。

2. 集中热力站,亦称二级供热网路,是通过一个集中热力进口引入热媒,根据用户的具体需要经过热能转换后分配给所在生活小区或周围众多的建筑物。集中热力站可以是单独的建筑物,也可以设置在小区内某一幢建筑物内部。这种集中热力站与分散的用户热力站相比较,设备集中,便于管理,可以减少系统中设备的总造价和总占地面积,但二级管网的投资费用有所增加。

3. 区域性热力站,设置在大型供热网路上供热干线与分支干线的连接点处。

图 3.1-31 和图 3.1-32 分别是热水引入口和蒸汽引入口示意图。图中供水管上的除污器是为了避免污物进入热用户供暖系统而设置的。调压孔板可以起到调节系统循环流量的作用,也可以用调压阀门来代替。在系统的最低处应设泄水装置,用于排空室内供暖系统的水。引入口处的旁通阀,在用户供暖系统运行时应关闭严密避免出现短路;当用户停止供暖时应开启阀门维持用户分支管中的水循环流动,以免外网支管结冻。

供暖热用户室内管网系统与热力网路的连接方式及设备、器材的设置因热力热媒类型、参数的不同、以及用户所要求的热媒参数的不同而有差异。但就其连接方法而言,可以有直接连接和间接连接两种。如果热力网路中热媒压力与供暖系统所允许的压力值基本相同时,可以采用直接连接方式,即热水或蒸汽直接从热力供热干管引入室内供暖系统,在室内散热器中放热后返回热力回热干管中。直接连接时必须保证:供暖系统中的压力在允许范围内;满足热用户对热媒温度的要求;热水网路供应的热水不致于在室内系统中汽化(即应使室内最高点压力值大于热水的

图 3.1-31 用户热水热力进口示意图
1—旁通阀;2—压力表;3—除污器;4—温度计;
5—调压孔板;6—泄水阀;7—供水管;8—回水管

饱和压力)。如果热力网路中的压力与供暖系统所需压力不相符合时,供暖系统就不能与热力网路直接连接,而用热交换设备将两者隔断,称为间接连接。

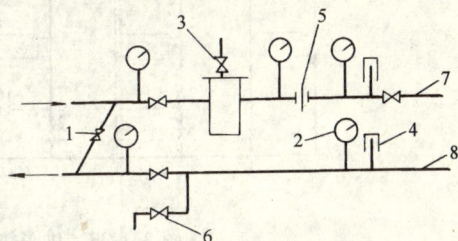

图 3.1-33 是供暖热用户与热水热力网的六种连接方式示意图。图中(a)、(b)、(c)、(d)、(e)均为热用户与热水网路直接连接,其中(a)为直接供水方式,用于供暖热用户所需热媒参数恰好与热水网路中热水参数完全相同的情况下。(b)中的水喷射器可将部分回水与供水混合送入散热器,适用于供水温度高于热用户需求的水温的场合。当热水网路的供、回水压差不足以保证水喷射器混合后所需的作用压力时,应采用(c)所示的连接方式,利用水泵混合并补足压力。为了防止水泵升压后将回水压入供水干管,应在供水引入口处设置止回阀。(d)是用于供水干管作用压力不足,需要给供暖系统局部加压的情况。(e)是在热

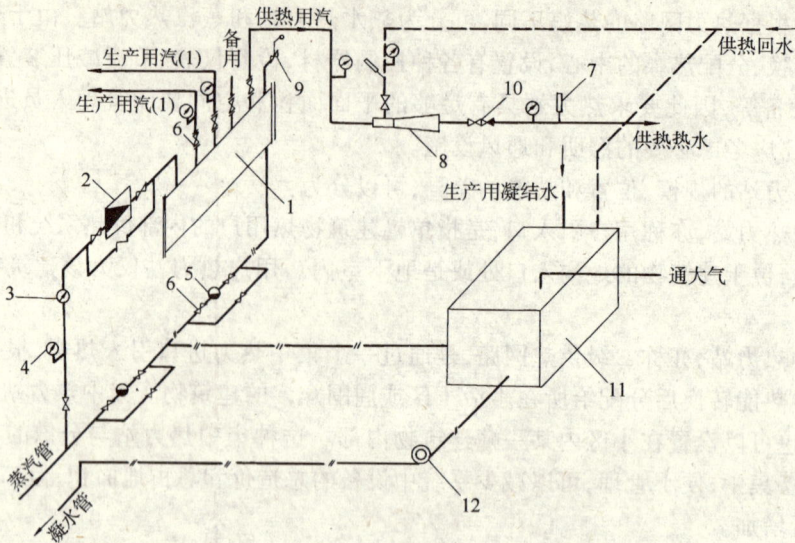

图 3.1-32 蒸汽热力进口示意图

1—分汽缸;2—减压阀;3—流量计;4—压力表;5—疏水器;6—阀门;

7—温度计;8—喷射泵;9—安全阀;10—止回阀;11—凝结水箱;12—凝水泵

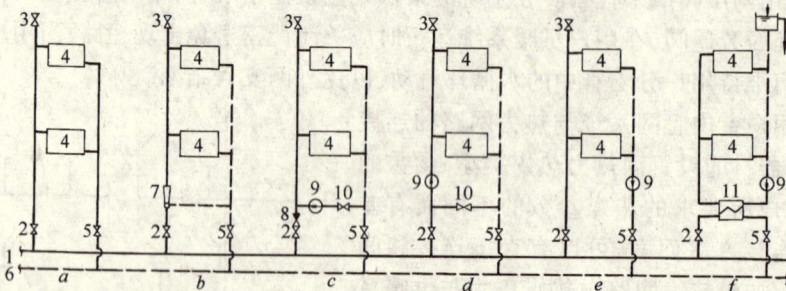

图 3.1-33 供暖热用户与热水热力网连接方式

1—供水干管;2—供水阀门;3—排气阀;4—散热器;5—回水阀门;

6—回水干管;7—喷射泵;8—止回阀;9—水泵;10—阀门;11—加热器

用户入口的回水管上安装了水泵,当热水网路所提供的作用压力小于用户管网系统的阻力损失时,该水泵用于补充不足的作用压力。(f)是用于热用户所需热水压力与热力网路提供的压力值相差较大时,必须借助水—水加热器间接连接,使室内外管网系统分隔。

图 3.1-34 所示为供暖热用户与蒸汽热力网路的连接方式示意图。(a)为蒸汽供暖热用户与蒸汽热力网的直接连接方法,热网中的高压蒸汽先通过减压阀降压后输入用户管网内,凝结水通过疏水器、凝结水箱、凝水泵送至热力回热网路。这种连接方法简单方便,应用较广。若供暖热用户为热水系统,则应在蒸汽进入口处设置汽—水热交换器间接连接,见图

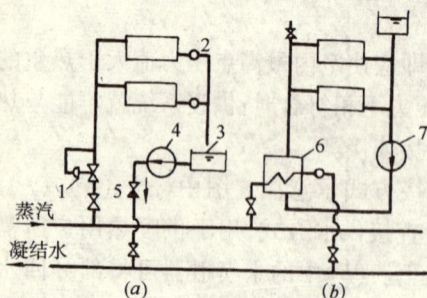

图 3.1-34 供暖热用户与蒸汽
热力网连接方式

1—减压阀;2—疏水器;3—凝结水箱;4—凝结水泵;5—止回阀;6—加热器;7—循环水泵

176

3.1-34(b)所示。

上述热水及蒸汽热力网路与室内供暖热用户的各种连接方式,同样可以作为室内热水供应的热力进口。

二、供热锅炉及锅炉房

(一) 锅炉

1. 锅炉的类型和基本性能

锅炉是供热之源,它是将燃料的化学能转换成热能,并将热能传递给冷水进而产生热水或蒸汽的加热设备。锅炉种类型号繁多,根据其用途有动力锅炉和供热锅炉之分。前者用于动力、发电方面;后者用于工业生产和生活供热方面。供热锅炉按工作介质不同有热水锅炉和蒸汽锅炉两种;按容量的大小不同有大、中、小型锅炉之分;按压力高低有高、中、低压锅炉之分;按水循环动力来源不同有自然循环锅炉和机械循环锅炉之分;按形状不同有立式、卧式锅炉之分;按所用燃料种类不同有燃油、燃煤、燃气锅炉之分。锅炉类型及台数的选择,取决于锅炉的供热负荷和产热量、供热介质和当地燃料供应情况等因素。锅炉的数目一般不宜少于 2 台。

为了表明各类锅炉的内部构造、使用燃料、容量大小、参数高低及运行性能等各方面的不同特点,通常用以下几个特性参数来表示锅炉的基本特性。

蒸发量:是指蒸汽锅炉每小时的蒸汽产量,该值用以表征锅炉容量的大小。一般以符号 D 来表示,单位为 t/h。供热锅炉的蒸发量一般为 0.1~65t/h。

产热量:是指热水锅炉单位时间产生的热量,也是用来表征锅炉容量的大小。产热量以符号 Q 表示,单位为 kJ/h 或 kW。

蒸汽(或热水)参数:是指锅炉出口处蒸汽或热水的压力和温度。

受热面蒸发率(或发热率):是指每 m² 受热面每小时所产生的蒸汽量(或热量)。锅炉的受热面是指烟气与水或蒸汽进行热交换的表面积,单位为 m²,以符号 H 来表示。所以受热面蒸发率(或发热率)的单位为 kg/(m²·h) 或 kJ/(m²·h),以符号 Q/H 表示。该值的大小可以反映出锅炉传热性能的好坏,Q/H 愈大,说明锅炉传热好,结构紧凑。

锅炉效率:是指送入锅炉内的燃料完全燃烧后产生的热量与用于产生蒸汽或热水的热量之比值,常以符号 η_{gl} 来表示。目前生产的供热锅炉其 η_{gl} 一般在 60%~80% 之间。锅炉效率可以说明锅炉运行的热经济性。

下面介绍一下我国供热锅炉型号的表示方法。供热锅炉的型号由三方面内容所组成,各部分之间以短横线连接。例如表 3.1-1 所示:锅炉本体形式代号、燃料燃烧方式代号、燃料种类代号参见附录Ⅲ-2、Ⅲ-3、Ⅲ-4。例如:SHL10—1.3/350—W 表示双锅筒横置式链条

锅炉型号表示　　　　　　　　　　　　　　　　　　　表 3.1-1

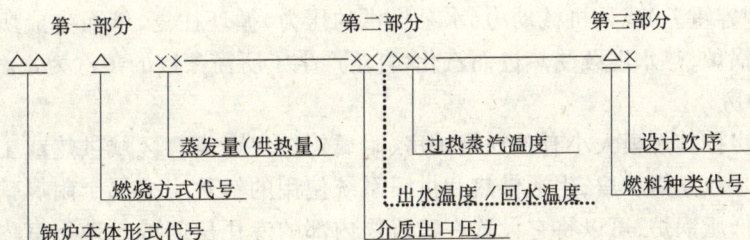

炉排,蒸发量为 10t/h,出口蒸汽压力为 1.3MPa,出口过热蒸汽温度为 350℃,适用于无烟煤,按原型设计制造。再如:QXS—120－8/130/80—Y 表示强制循环式燃油热水锅炉,供热量为(1400kW),热水出口温度为 130℃,回水温度为 80℃,压力为 0.8MPa,燃料为油,按原型设计制造。

2. 锅炉房设备

锅炉本体和它的附属设备称为锅炉房设备。锅炉是锅炉房的主体设备,其主要部件是汽锅和炉子两大部分。汽锅是由两个锅筒、水管管束和水冷壁管、集箱组成的一个封闭汽水热交换系统。系统中的水通过与炉子产生的高温烟气相接触的受热面获得热量而生成热水或饱和蒸汽。炉子是由煤斗、炉排、除渣板、送风装置等组成的燃烧设备,它的任务是使燃料经济高效地燃烧而产生高温烟气。此外,锅炉本体中还根据实际需要设置有蒸汽过热器、省煤器和空气预热器等附加受热面。省煤器是为了减少排烟损失掉的热量,在锅炉给水进入汽锅受热之前先进入省煤器中利用烟气剩余的热量对冷水进行预热。它一般设置在锅炉尾部的烟道内,是一种应用广泛的尾部受热面。空气预热器是另外一种利用烟气废热为送风装置的进风进行预热的尾部受热面。蒸汽过热器是使汽锅中产生的饱和蒸汽继续生成过热蒸汽的一种附加受热面,在供热锅炉中极少设置。

锅炉房的附属设备是指为了保证锅炉房能够安全可靠、经济有效地正常工作而设置的辅助性机械设备、安全控制器材及仪表附件。附属设备包括以下几个部分:

(1)运煤除灰系统:锅炉中设有专用的运煤除灰设备,以保证燃料的运入和灰渣的排除。煤场的煤 通过各种运煤机械送至锅炉的炉子中,运煤系统包括煤的转堆、破碎、筛选和计量等。常用的设备有电动葫芦吊煤罐、提升机、埋刮板输送机、胶带输送机等。运煤方式应根据耗煤量、燃料源、自然地形条件考虑确定。

及时清除灰渣也是保障锅炉正常运行的重要因素。常用的除灰方法有人工除渣、机械除渣和水力除渣三种,可根据单位时间的排渣量来选用。

(2)通风系统:锅炉房中送风系统的作用在于将室外空气通过风机、风道送入炉膛,提供给燃烧设备必需的空气量。

(3)水、汽系统:其作用是保证供给汽锅要求的水质和水量,并将锅炉产生的热水或蒸汽及时顺利地输送出去。水、汽系统由给水、蒸汽、排污三个部分组成。给水系统有水处理设备、水箱、水泵及给水管道和附件等;蒸汽系统包括主、副蒸汽管及其相应的设备、附件;排污系统包括排污减温池或扩容器、排污管等。因为锅炉的排污水具有很高的压力和温度,因此必须先进行膨胀降温后再排入下水道。

(4)仪表控制系统:如流量计、压力表、水位指示器、电控或自控器材等。

图 3.1-35 所示为锅炉房设备简图。锅炉工作时,燃料在炉子里燃烧产生大量的高温烟气,烟气携带的热量以辐射和对流的换热方式传递给汽锅内循环流动的水。汽锅内的水依靠自然动力(即容重差)或是机械动力(水泵提供的压力)循环往复,继而生成所需温度的热水。若是蒸汽锅炉,热水继续受热进而汽化,直至产生了所需参数的蒸汽为止。

(二)锅炉房

供热锅炉房按其规模大小有独立锅炉房、附属锅炉房两类。区域供热或工业供热使用的锅炉房一般是独立锅炉房;生活供热和供暖系统使用的锅炉房多属于附属锅炉房。附属锅炉房中若为低压锅炉,可以将它设置在建筑物内部的专用房间或是地下室内。但是从防

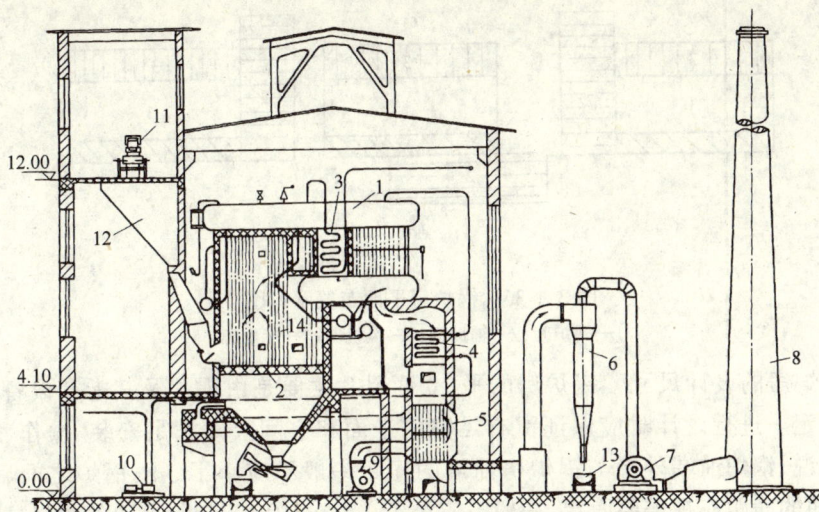

图 3.1-35　锅炉房设备简图

1—汽锅；2—翻转炉排；3—蒸汽过热器；4—省煤器；5—空气预热器；
6—除尘器；7—引风机；8—烟囱；9—送风机；10—给水泵；11—皮带运输机；
12—煤斗；13—灰车；14—水冷壁

火、人身安全、避免环境污染起见,有条件的话应尽可能单独设置在建筑物之外。

1. 锅炉房位置的选择

确定锅炉房位置时应综合考虑以下几方面的因素:

(1) 应尽量靠近热负荷密度较大的地区。当热负荷分布较为均匀时,尽可能位于热用户的中央,以缩短供热、回热管路,节省管材,减小沿途的散热损失,并有利于供暖系统中各循环环路的阻力平衡。

(2) 要便于燃料和灰渣的存贮和运输。锅炉房周围应有足够的堆放煤、灰的面积,并留有扩建的余地。

(3) 宜位于供暖季节主导风向的下风向,以减轻煤灰、粉尘对周围环境的污染。

(4) 宜位于供热区的低凹处和隐蔽处,以利于回热的收集和美观。但必须保证锅炉房内的地面标高高于当地的洪水位标高。

(5) 供热管道的布置应尽量避免或减少与其它管道的交叉。

(6) 应使锅炉房内有良好的自然通风和采光,便于给水、排水和供电。并应符合安全防火的有关规定。

2. 锅炉房的工艺布置

锅炉房内有锅炉间、风机间、辅助间和运煤廊道等,在其外部附近有辅助和生活性建筑物、构筑物和堆料场等。锅炉房的总体设计要求各组成部分合理布置,便于运行操作和安装维修。

(1) 锅炉房的平面布置　为了方便地将煤运送到煤斗中,一般将运煤廊道紧靠在锅炉间的前面;将风机或是风机间布置在锅炉或是锅炉间的后部。小型锅炉房内有时不设运煤廊道,风机和锅炉亦可同在一室。辅助间与锅炉间应隔离。图 3.1-36 所示为一锅炉房的平面布置示意图。

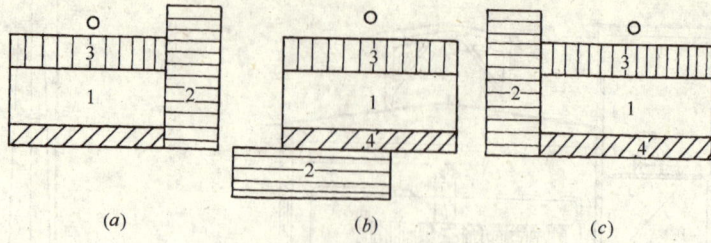

图 3.1-36　锅炉房平面布置示意图
1—锅炉间；2—辅助间；3—风机间；4—运煤廊

(2) 锅炉房的设计尺寸　锅炉房的平、立面尺寸主要是由锅炉及其配套设备的外型尺寸和数量确定。进行设计时应保证留有足够的平面和空间尺寸满足安装、操作、检修的要求。具体地说，锅炉前端外缘与锅炉房前墙的净距一般不应小于 3m；锅炉之间、锅炉与侧墙、后墙之间的净距应视需要而定，一般不应小于 1.0~2.0m；风机、水泵等设备之间的通道一般不小于 0.7m；锅炉后墙与水平烟道之间的距离不应小于 0.6m。

锅炉房的建筑高度一般比锅炉安装高度高出 2~3m。

(3) 烟道、风道和烟囱的布置

烟道、烟囱通常布置在锅炉房后部，其布置应尽量紧凑。图 3.1-37 所示为烟囱底部与水平烟道的连接图示。烟囱距建筑物的距离应符合工艺要求，且不应小于 3m；为美观起见，烟囱应布置在隐蔽之处。烟囱可用砖、钢筋混凝土或钢板制作，其结构由土建专业设计。烟道、风道的布置原则：力求短而直。可以布置在锅炉房的地面上，也可以布置在地面以下。采用地下式布置时应考虑防水措施。烟道、风道可用金属钢板制作，也可用砖砌筑。

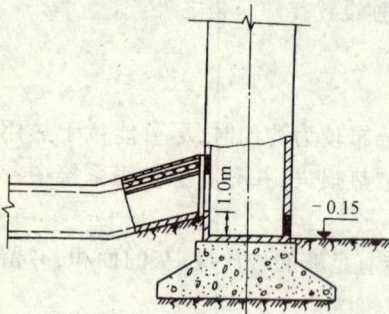

图 3.1-37　烟囱底部与水平烟道连接图

(4) 堆煤场、堆渣场　堆煤场离锅炉房的距离应符合防火规定，一般露天设置，在多雨地区亦可设置覆盖煤场。堆渣场距堆煤场、锅炉房的距离一般不小于 10m。堆煤场和堆渣场一般位于锅炉房出入口附近的空地处，设计规划时应保证运输畅通。

3. 锅炉房对建筑、土建专业的要求

(1) 锅炉房建筑布置应符合锅炉房工艺布置的要求，同时应兼顾土建工程中建筑模数的要求。例如，确定锅炉房平面布置中跨度或柱距时，应以所选用的锅炉的外型尺寸和工艺要求为依据，并考虑符合有关厂房建筑结构的规定。

(2) 锅炉房的建筑形式应根据锅炉的容量、类型以及燃烧方式、排除灰渣方式来确定。单层锅炉房建筑造价低，适用于小型锅炉和燃油、燃气锅炉；对于带有省煤器、空气预热器等附加受热面和运煤除渣设备的大型锅炉，应采用双层锅炉房建筑；若锅炉房设计成包括有办公室、值班室、卫生间等多种辅助间的综合建筑时，亦可采用三层布置形式。根据各地区的气候条件、设备情况，还可以考虑建造半露天式或露天式锅炉房建筑，将部分辅助设备放置于露天，这样可以减少锅炉房的基建投资。但对于露天部分应有必要的防风、雨措施。

180

图 3.1-38 锅炉房建筑形式示意图。

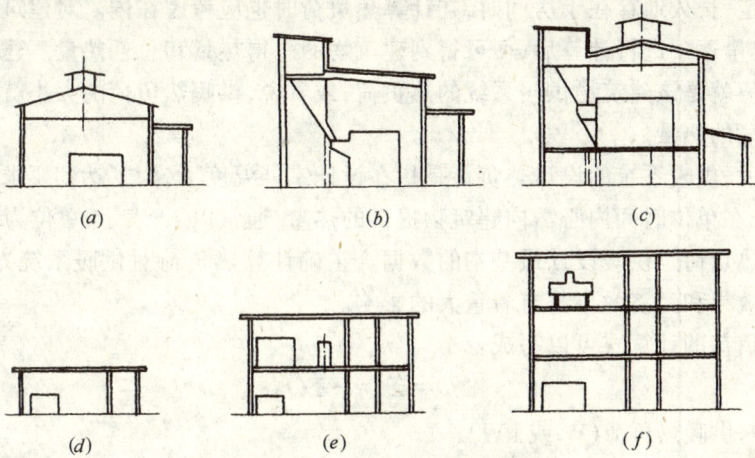

图 3.1-38　锅炉房建筑形式示意图
(a)单层建筑;(b)单层建筑有运煤廊;(c)双层建筑;
(d)、(e)、(f)一、二、三层的辅助间

(3) 锅炉房屋顶结构的荷重小于 0.9kPa/m² 时,屋顶不必开窗;但当屋顶的重量大于 0.9kPa/m² 时,应在屋顶或高于锅炉的炉前墙壁上开设面积不小于全部锅炉占地面积10%的气窗。以防锅炉万一发生爆炸事故时气流能够冲开屋顶泄压,减少危害。

(4) 为了防止沉降和温度伸缩影响,锅炉基础应与建筑物基础分离;对于双层或多层建筑的锅炉房,在锅炉与楼板连接处应考虑采用适应沉降的连接措施。

(5) 锅炉房必须设有安全可靠的进出口。除在全部锅炉前操作地带的总距离少于 12m 的单层锅炉房内允许只设一个出入口外,其它情况的锅炉房中在每层至少应设有两个出入口。锅炉房通向室外的门应向外开启;其它辅助间通向锅炉间的门应向锅炉间开启。

(6) 当锅炉房为地下式建筑时,应有可靠的防水、排水技术措施,并应注意便于排除灰渣的问题。

(7) 锅炉房内应根据实际情况设置必要的平台、扶梯和栏杆。

(8) 锅炉房内应有良好的自然通风和采光条件。

3.1.3　供暖热负荷

一、热负荷概念

在冬季,供暖房间有各种热量消耗和得热,为保持室内空气温度满足人们生活和生产的需要,就必须维持该房间在此温度下的热平衡,即房间的耗热量应等于其得热量。

对于一般的民用建筑和产热量极小的工业建筑而言,在供暖热负荷计算中主要考虑的耗热量和得热量包括:

1.通过建筑围护结构的温差耗热量;

2.通过建筑围护结构的太阳辐射得热量;

3.通过门、窗缝隙渗入房间内的室外冷空气耗热量;

4.通过开启的门、孔洞等侵入房间内的室外冷空气耗热量。

其它的得、失热量,如房间内加热设备、热管道、热物料等热面积的散热量,还有房间内人体和照明设备的散热量;运入房间的冷物料的吸热量、水分蒸发时的吸热量等,这些得、失热量如果稳定、长久地存在于房间时,在计算热负荷时也应考虑在内。对建筑物内各供暖房间的得、失热量逐一进行计算后,便可得到建筑物的总得热量和总耗热量。建筑物耗热量与得热量之差值就是该建筑物供暖系统的热负荷,或者说,供暖热负荷的大小就是供暖系统应向建筑物补偿的热量。

准确地说,供暖系统的设计热负荷是指在设计室外温度下,为了达到要求的设计室内温度,供暖系统在单位时间内必需向建筑物提供的热量,通常以 Q 表示,单位为 W 或 kW。供暖系统设计热负荷是供暖设计最基本的数据。正确计算热负荷对供暖系统方案的选择、供暖系统使用效果和经济效果都有着重大的影响。

供暖热负荷的计算式可以写成:

$$Q = \Sigma Q_h - \Sigma Q_d \tag{3.1-9}$$

式中　Q——供暖热负荷(W 或 kW);

ΣQ_h——建筑物内各供暖房间耗热量的总和(W 或 kW);

ΣQ_d——建筑物内各供暖房间得热量的总和(W 或 kW)。

建筑物内各供暖房间耗热量的计算包括:围护结构基本耗热量、修正耗热量、冷风渗透耗热量。围护结构基本耗热量是指通过房间各围护面(如门、窗、外墙、屋顶、地板等)在室内外温差作用下,室内向室外传递的热量;修正耗热量是指在计算基本耗热量时对未考虑在内的因素加以补充和修正,包括:朝向、风力、建筑高度、外门开启等内容;冷风渗透耗热量是指室外冷空气在风压和热压作用下通过门窗缝隙渗透到室内吸热后又逸出室外而消耗的热量。三项耗热量的计算公式及方法参见《采暖通风设计手册》,三项耗热量之和即为供暖房间的总耗热量 ΣQ_h。

二、建筑供暖热负荷的概算

对集中供热式供暖系统进行初步或规划设计时,通常要采用概算指标估算各类用户的热负荷。热负荷概算指标是在对各类建筑物供暖热负荷进行统计和数据处理后整理而得。供暖热负荷概算指标可采用体积热指标或面积热指标等。考虑到集中供热室外热网的热损失,对集中供热系统的全部热负荷应按供暖热负荷的 1.1～1.2 倍估算。

1.体积热指标法　可按下式计算:

$$Q = q_v V_w (t_n - t_w) \tag{3.1-10}$$

式中　Q——建筑物供暖设计热负荷(W);

q_v——建筑物的供暖体积热指标[W/(m³·℃)];即室内外温差为 1℃ 时,建筑物单位体积的热损失,其值见附录Ⅲ-5;

V_w——建筑物的外围体积(m³);

t_n——供暖系统的室内空气计算温度(℃);

t_w——供暖系统的室外空气计算温度(℃)。

上式室内计算温度 t_n 一般是指距室内地坪 2m 以内的平均空气温度。集中供暖系统的室内空气计算温度应满足人们生活和工作以及生产工艺的要求,由建筑物性质、国民经济水平、生活习惯以及舒适性要求等因素确定。各类建筑物供暖室内计算温度可参见附录Ⅲ-6 和Ⅲ-7。对于供暖室外空气计算温度的取值,按照我国《采暖通风与空气调节设计规范》

（以下简称《规范》）规定："采暖室外计算温度,应采用历年平均每年不保证 5 天的日平均温度。"我国几个主要城市的室外供暖计算温度可参见附录Ⅲ-8 中所示。

应当说明,供暖体积热指标 q_v 的取值与建筑物的类型、围护结构的材质、建筑外形等有关。建筑物围护结构的传热系数和采光率愈小,外部体积愈大,q_v 值就愈小。因此,作为建筑师学会通过对围护结构及外形方面的设计手法来降低 q_v 值,是建筑节能和降低集中供热系统的供暖设计热负荷的主要途径。

2.面积指标法　可按下式计算:

$$Q = q_F \cdot F \tag{3.1-11}$$

式中　q_F——建筑物面积热指标(W/m^2),即同类型建筑物单位面积的耗热量。详见附录
　　　　　Ⅲ-9;
　　　　F——建筑物的建筑面积(m^2)。

应该指出,对于建筑面积相同而高度不同的两幢同类型建筑物来讲,若采用同一面积热指标去估算热负荷,则计算结果是相同的,这种结果显然是不合理的。因此,面积热指标通常多用于建筑物层高和层数均接近的民用建筑中。对于建筑高度相差较大的建筑物应采用体积热指标法来概算。

3.1.4　供暖设备及附件

一、散热器

供暖系统中热媒是通过供暖房间内设置的散热设备而传热的。目前常用的散热设备有散热器、暖风机和辐射板三种。暖风机和辐射板分别依靠对流散热和辐射传热提高室内气温,这两种散热器多用于工业车间和大型公共建筑的供暖系统。在民用建筑和中、小型工业厂房供暖系统中则广泛应用散热器。

（一）对散热器的要求

散热器把热量传递给房间内的空气和物体,其散热过程有三步:首先,热媒以较高的对流换热效率把热量传给金属散热器内壁表面;然后,散热器的内壁热量通过导热形式以极快的速度传给散热器的外壁;最后,外壁通过对流换热和辐射以较低的换热效率把热量传给房间内的空气、物体及人体。

在选用散热器时应该做到:选用具有热工性能好,传热系数(K 值)高;而且在保证足够机械厚度和耐压能力的前提下,散热器的金属耗量要少,成本低;此外,散热器还应该造型美观,易于清洗。

（二）散热器的类型

常用的散热器主要有铸铁散热器和钢制散热器。

1.铸铁散热器　铸铁散热器有翼型和柱型之分。而翼型散热器又有圆翼型和长翼型之分。

圆翼型散热器,如图 3.1-39 所示。按管子的内径规格有 $D50$、$D75$ 两种,所带肋片数目分别为 27 和 47 片,管长为 1m,两端有法兰可以串联相接。其规格型号标记为:

$$T\quad Y\quad X—X$$

　　　　　　　　　　└─工作压力(单位为 0.1MPa)
　　　　　　　└─长度(单位为 1000mm)
　　　└─圆翼型
　└─灰铸铁

圆翼型散热器单节散热面积大,承压能力较高,造价低,但外型不美观。常用于美观要求不高或无灰尘的公共建筑和工业厂房中。

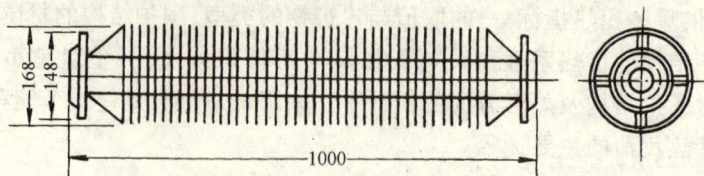

图 3.1-39　圆翼型散热器

图 3.1-40 所示为长翼型散热器,外表面上具有若干个平行、竖向肋片,外壳内部是一扁盒状空间。长翼型散热器高度为 60cm,竖向肋片的数目有 10 片、14 片两种规格,可以按实际需要互相拼装组合。型号标记为:

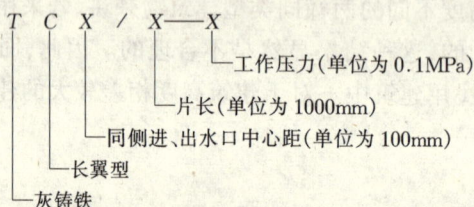

$$T\ C\ X\ /\ X\text{——}X$$

- 工作压力(单位为 0.1MPa)
- 片长(单位为 1000mm)
- 同侧进、出水口中心距(单位为 100mm)
- 长翼型
- 灰铸铁

长翼型散热器制造工艺简单、耐腐蚀、外形较美观,但其承压能力较低。多用于民用建筑中。

图 3.1-41 所示为柱型散热器,这种散热器有 2 柱、4 柱和 5 柱之分。其型号标记为:

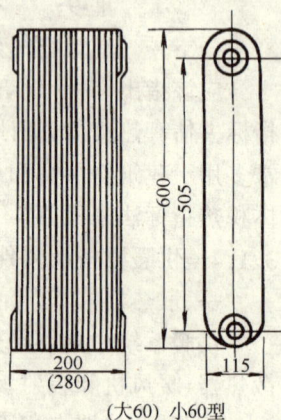

图 3.1-40　长翼型散热器

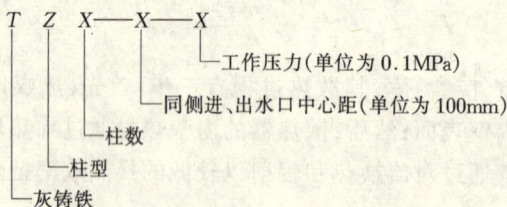

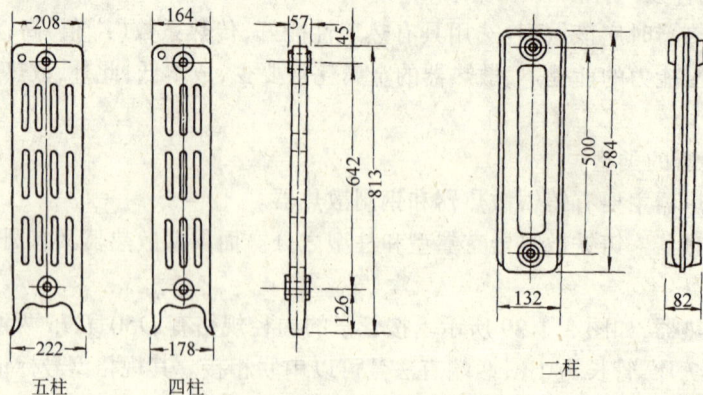

$$T\ Z\ X\text{——}X\text{——}X$$

- 工作压力(单位为 0.1MPa)
- 同侧进、出水口中心距(单位为 100mm)
- 柱数
- 柱型
- 灰铸铁

图 3.1-41　柱型散热器

柱型散热器与翼型散热器相比,具有传热性能好,外型美观,表面光滑易于清洗等优点,在居住等民用建筑和公共建筑中应用广泛。但缺点是:制造工艺较为复杂,造价较高。

2.钢制散热器 目前我国生产的钢制散热器有闭式钢串片散热器、钢制柱式散热器、板式散热器和扁管散热器等。

闭式钢串片散热器是由钢管、肋片、联箱、放气阀和管接头组成,其构造如图3.1-42所示,散热器上的钢串片均为0.5mm厚的薄钢片。钢串片散热器的型号标记为:

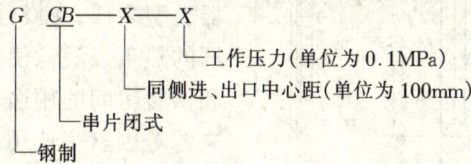

$$G\ CB\!-\!X\!-\!X$$

- 工作压力(单位为0.1MPa)
- 同侧进、出口中心距(单位为100mm)
- 串片闭式
- 钢制

闭式钢串片散热器的优点是体积小、重量轻、承压高、占地小;缺点是阻力大,不易清除灰尘。

钢制柱式散热器是用钢板压制成单片然后焊接而成,构造形式如图3.1-43所示。其型号标记为:

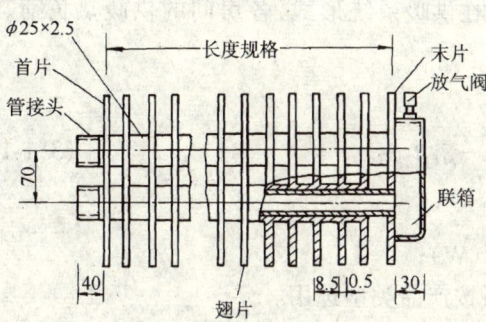

图3.1-42 钢串片散热器

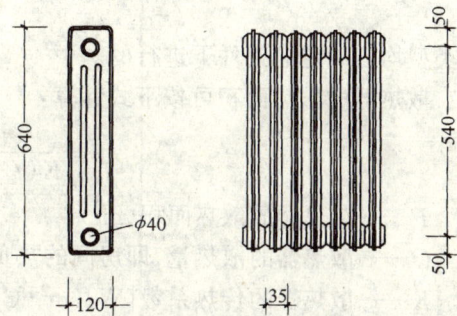

图3.1-43 钢制柱式散热器

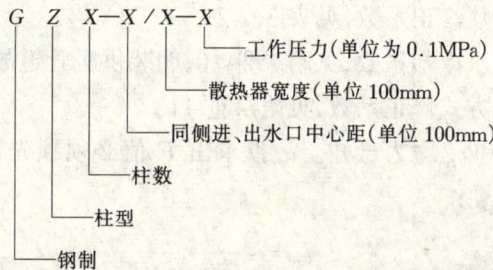

$$G\ Z\ X\!-\!X/X\!-\!X$$

- 工作压力(单位为0.1MPa)
- 散热器宽度(单位100mm)
- 同侧进、出水口中心距(单位100mm)
- 柱数
- 柱型
- 钢制

板式散热器是由面板、背板、对流片和水管接头及支架等部件组成,如图3.1-44所示。型号标记为:

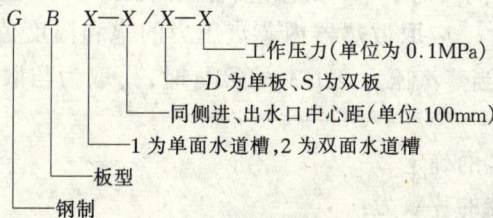

$$G\ B\ X\!-\!X/X\!-\!X$$

- 工作压力(单位为0.1MPa)
- D为单板,S为双板
- 同侧进、出水口中心距(单位100mm)
- 1为单面水道槽,2为双面水道槽
- 板型
- 钢制

板式散热器外型美观,散热效果好,且节省材料,占地面积小,只是承压能力较低。

钢制散热器与铸铁散热器相比,具有金属耗量少,耐压强度高,外形美观整洁,体积小,

185

占地少,易于布置等优点,当前多用于高层建筑和高温水供暖系统中。但由于钢制散热器存在易受腐蚀,使用寿命短的缺点,因而不能用于蒸汽供暖系统中,也不宜用于湿度较大的供暖房间内。

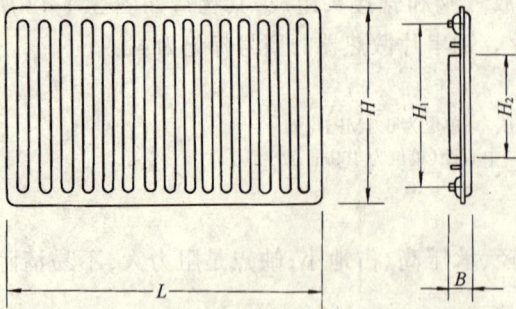

图 3.1-44　板式散热器

除了上述钢及铸铁制散热器外,还有铝塑料、陶瓷等其它材料所制的散热器。散热器类型多样,在设计供暖系统时应根据散热器的热工、经济、使用和美观各方面的条件,和供暖房间的用途、安装条件以及当地产品来源等因素来选用散热器。

(三)供暖房间内散热器数目的确定方法

主要是计算确定供暖房间所需散热器散热面积和其相应的散热器片数。计算是在供暖系统形式、各房间的供暖热负荷、散热器类型均已确定的条件下进行的。

1.散热器的散热面积可按下式计算:

$$F = \frac{Q}{K(t_p - t_n)}\beta_1\beta_2\beta_3 \qquad (3.1-12)$$

式中　F——散热器的散热面积(m^2);

Q——散热器的散热量,即房间的热负荷(W);

K——散热器的传热系数$[W/(m^2 \cdot \text{℃})]$,按产品类型选用。

t_p——散热器内热媒的平均温度(℃);

t_n——室内供暖计算温度(℃);

β_1——散热器的片数修正系数,见表 3.1-2;

β_2——暗装管道内水冷却系数,见附录Ⅲ-10;明装供暖管道的 β_2 取为 1.0;

β_3——散热器安装方式修正系数,见附录Ⅲ-11。

在式(3.1-12)中,Q 和 t_n 均为已知。故欲求出 F 值必须预先计算出 t_p 值。对于热水采暖系统,t_p 可按下式计算:

$$t_p = \frac{t_1 + t_2}{2} \qquad (3.1-13)$$

式中　t_1、t_2——分别为散热器的进、出水温度℃;对于双管式系统,t_1、t_2 可按系统的供、回水温度计算,对于单管式系统,各散热器的 t_1、t_2 应逐一计算。

对于蒸汽供暖系统,t_p 应取散热器内蒸汽压力的饱和温度值。当蒸汽压力≤0.3×10^5Pa 时,t_p 取为 100℃;当蒸汽压力>0.3×10^5Pa 时,t_p 取为与散热器进口蒸汽压力相对应的饱和温度。

2.散热器片数或长度的确定

供暖房间所需散热器的片数为:

$$n = F/f \qquad (3.1-14)$$

式中　n——散热器的片数;

f——每片或每 m 长散热器的散热面积$(m^2/片)$或(m^2/m)；

F 同前。

应用上式计算时,若 n 计算结果经四舍五入取整时将使得实际散热面积与理论计算结果之间产生误差,应按下述方法进行取舍:对于柱型、长翼型、板式、扁管式散热器,其散热面积的减少不宜超过 $0.01m^2$;对于钢串片式、圆翼型散热器,其散热面积的减少不宜超过 $10\%F$。而且每组散热器的片数或长度不应超过下述规定值:4 柱、5 柱型 25 片;2 柱 M—132 20 片;长翼型 7 片;圆翼型 4m;钢制串片、板式、扁管式 2.4m。

散热器片数修正系数 β_1 表 3.1-2

6 片以下	$\beta_1 = 0.95$
6~10 片	$\beta_1 = 1.00$
11~20 片	$\beta_1 = 1.05$
20~25 片	$\beta_1 = 1.10$

【例 3.1-2】 某供暖房间的散热损失(即热负荷)为 1200W,选用 4 柱 813 型散热器,装在壁龛内$(A = 40mm)$。室内供暖设计计算温度为 20℃,散热器的进、出水口水温分别为 95℃、70℃,供暖管道布置成双管式,且为明装。求所需散热器的面积及片数。

【解】 $Q = 1200W$,$t_n = 20℃$,$\beta_2 = 1$,查附录Ⅲ-11:$\beta_3 = 1.11$,$t_p = \dfrac{95 + 70}{2} = 82.5℃$。查有关资料知:散热器的散热系数可按下式计算:

$$K = 2.047 \times (\Delta t_p)^{0.35} = 2.047 \times (82.5 - 20)^{0.35} = 8.7 W/m^2 \cdot ℃$$

散热器的散热面积 F 为:(先取 $\beta_1 = 1.0$)

$$F = \frac{Q}{K\Delta t_p}\beta_1\beta_2\beta_3 = \frac{1200}{8.7 \times 62.5} \times 1 \times 1.11 \times 1 = 2.45m^2$$

查资料知:4 柱 813 型散热器的单片散热面积:$f = 0.28m^2$

故: 散热器的片数 n 为:

$$n = \frac{F}{f} = \frac{2.45}{0.28} = 8.75 片$$

取 n 为 9 片,则 $\beta_1 = 1.0$(与假设一致,不必修正)。

检算:9 片散热器的实际散热面积为:

$$9 \times 0.28 = 2.52m^2 \qquad 满足要求。$$

(四)供暖房间散热器的布置

在建筑物内一般是将散热器布置在房间外窗的窗台下, 如图 3.1-45 (a) 所示, 如此, 可使从窗缝渗入的室外冷空气迅速加热后沿外窗上升, 造成室内冷、暖气流的自然对流条件,令人感到舒适。但当房间进深小于 4m,且外窗台下无法装置散热器时,散热器可靠内墙放置, 如图 3.1-45 (b) 所示。这样布置有利于室内空气形成环流, 改善散热器对流换热。但工作区的气温较低,给人以不舒适的感觉。

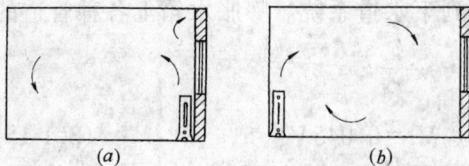

图 3.1-45 散热器布置

楼梯间的散热器应尽量布置在底层,被散热器加热的空气流能够自由上升补偿楼梯间上部空间的耗热量。若底层楼梯间的空间不具备安装散热器的条件时,应把散热器尽可能地布置在楼梯间下部的其它层。

散热器有明装、暗装两种敷设方式,普通建筑物中多采用明装。在建筑标准较高的房间中,散热器可装设在窗下的壁龛内用装饰板材遮掩;在蒸汽供暖系统中为安全起见,也常用暗装。

二、膨胀水箱

在热水采暖系统中,膨胀水箱有以下几个方面的作用:一是可用于容纳系统中水温升高后膨胀的水量;二是在自然循环上供下回式中可以作为排气设施使用;三是在机械循环系统中可以用作控制系统压力的定压点。在自然、机械循环热水供暖系统中,膨胀水箱的安装位置有所不同。图3.1-46所示为自然循环系统中膨胀水箱的连接方法示意图,膨胀水箱位于系统的最高点,与膨胀水箱连接的管道应有利于使系统中的空气通过连接管排入水箱至大气中去,循环管的作用是防止水箱结冻。图3.1-47所示为机械循环系统与膨胀水箱的连接示意,膨胀管设在循环水泵的吸水口处作为控制系统的恒压点,循环管的作用同前所述。

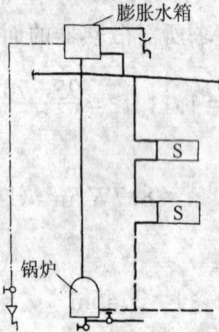

图 3.1-46　自然循环系统与膨胀水箱连接

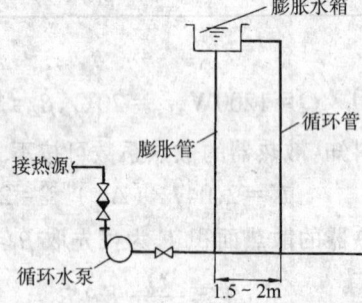

图 3.1-47　机械循环系统与膨胀水箱连接

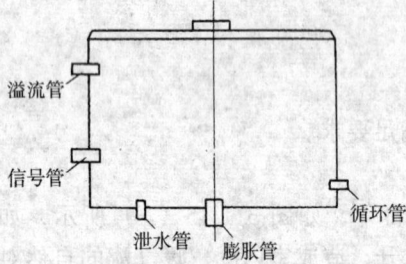

图 3.1-48　膨胀水箱
上各种管道示意

膨胀水箱一般用钢板制成,通常做成矩形或圆形。膨胀水箱上装置的管道根据需要有:膨胀管,它可使管网系统中的膨胀水通至膨胀水箱中,膨胀管上不允许装设阀门;循环管保证有一部分膨胀水在水箱与膨胀管之间循环流动,以防水箱结冻;溢水管是当膨胀水箱容纳不下系统中多余的膨胀水量时,水可从溢水管溢出排至附近下水道系统,溢水管上严禁装设阀门;信号管是用于观察膨胀水箱内是否有水,可接到值班间的污水盆中或工作人员易观察的地方;泄水管是供清洗或泄空水箱时使用,可与溢水管一并接到下水道系统。膨胀水箱上各种管道的示意见图3.1-48中所示。

膨胀水箱的有效容积可按下式确定:

$$V_p = \alpha \Delta t V_s = 0.0006 \times 75 \times V_s = 0.045 V_s \qquad (3.1-15)$$

式中　V_p——膨胀水箱的有效容积(由信号管至溢流管之间的容积)(L);

α——水的体积膨胀系数,$\alpha = 0.0006$;

Δt——系统中的水温波动值,$\Delta t = 75℃$;

188

V_s——系统的水容量(L),可按供给 1kW 热量所需设备的水容量估算,见附录Ⅲ-12。

在计算得出膨胀水箱的有效容积后,可由国家标准图册中选出相应的型号。

【例 3.1-3】 机械循环热水供暖系统中,热负荷为 825kW,采用 *LH* 型锅炉和长翼型散热器(大 60),试计算膨胀水箱的有效容积。

【解】 系统的水容量为:(查附录Ⅲ-12 选用)

$$V_s = \frac{82500}{1000}(9.46 + 16.1 + 6.9) = 26779.5 \quad L$$

膨胀水箱的有效容积为:

$$V_p = 0.045 V_s = 0.045 \times 26779.5 = 1205.1 \quad L$$

在膨胀水箱的设计中还应注意下列问题:

膨胀水箱的安装位置应考虑防止水箱结冻和保温的问题;膨胀水箱置于房间时,房间的高度应在 2.2m 以上,平面尺寸根据水箱型号确定,图 3.1-49 所示为膨胀水箱房间的布置示例;在非寒冷地区,也可以将膨胀水箱装于露天的屋面上;膨胀水箱应放置于支座上,支座的高度至少应为 0.3m,可用方木、钢筋混凝土或砖制成;此外,水箱间的外墙应考虑安装预留孔。

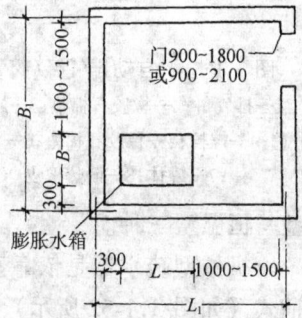

三、集气罐和排气阀

集气罐和排气阀是热水供暖系统中常用的排除空气装置,有手动和自动之分。

1. 集气罐

手动集气罐是由直径为 100～250mm 的短管制成,有立式、卧式之分,构造及安装形式如图 3.1-50 所示。集气罐顶部设有

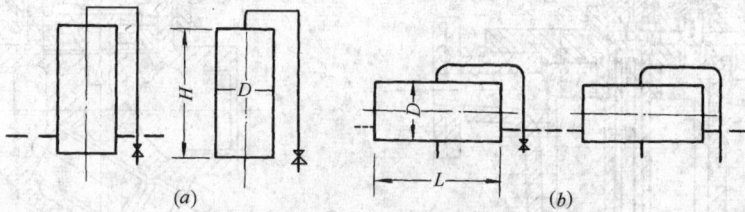

图 3.1-49 膨胀水箱房间的布置

图 3.1-50 集气罐
(a)立式集气罐;(b)卧式集气罐

*DN*15mm 的空气管,管端装有排气阀门,就近接到污水盆或其它卫生设备处。在系统工作期间,手动集气罐应定期打开阀门将积聚在罐内的空气排出系统。若安装集气罐的空间尺寸允许时应尽量采用容量较大的立式集气罐。集气罐的安装位置在上供式系统中应为管网的最高点,为了利于排气,应使供水干管水流方向与空气气泡浮升方向相一致,这就要求管道坡度与水流方向相反。否则设计时应注意使管道的水流速度小于气泡浮升速度,以防气泡被水流卷走。

2. 自动排气阀

自动排气阀是一种依靠自身内部机构将系统内空气自动排出的新型排气装置,型号种类较多。它的工作原理就是依靠罐内水对浮体的浮力,通过内部构件的传动作用自动启动

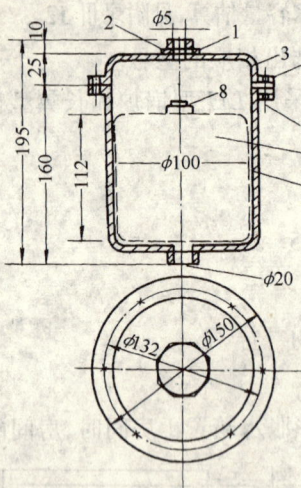

图 3.1-51 自动排气罐(阀)

1—排气口;2—橡胶石棉垫;3—罐盖;4—螺栓;5—橡胶石棉垫;6—浮体;7—罐体;8—耐热橡皮

排气阀门,如图 3.1-51 所示。当罐内无气时,系统中的水流入罐体将浮体浮起,通过耐热橡皮垫将排气孔关闭;当系统中有空气流入罐体时,空气浮于水面上将水面标高降低,浮力减小后浮体下落,排气孔开启排气。排气结束后浮体又重新上升关闭阀孔,如此反复。自动排气阀具有管理简单,使用方便,节能等优点,近年来应用较广。

四、除污器

除污器是热水供暖系统中用来清除和过滤热网中污物的设备,以保证系统管路畅通无阻。除污器一般设置在供暖系统用户引入口供水总管上、循环水泵的吸入管段上、热交换设备进水管段等位置。其型号根据接管直径大小选定。

五、疏水器

疏水器用于蒸汽供暖系统中,其作用在于能自动而迅速地排出散热设备及管网中的凝结水和空气,同时可以阻止蒸汽的逸漏。

疏水器种类繁多,按其工作原理可分为机械型、热力型、恒温型三种。

机械型疏水器是依靠蒸汽和凝结水的密度差,利用凝结水的液位进行工作,主要有浮桶式(如图 3.1-52 所示)、钟形浮子式、倒吊桶式等;热力型疏水器是利用蒸汽和凝结水的热动力学特性来工作的,主要有脉冲式、热动力式(如图 3.1-53 所示)、孔板式等;机

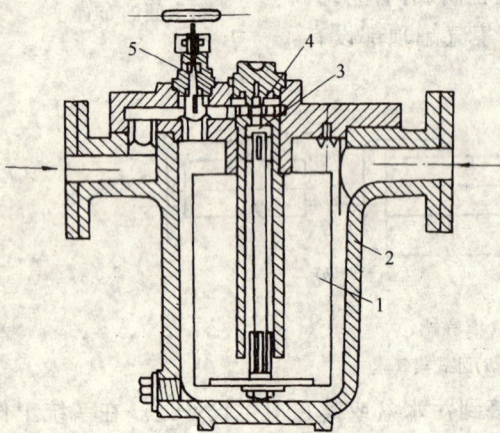

图 3.1-52 浮桶式疏水器

1—浮筒;2—外壳;3—顶针;4—阀孔;5—放气阀;

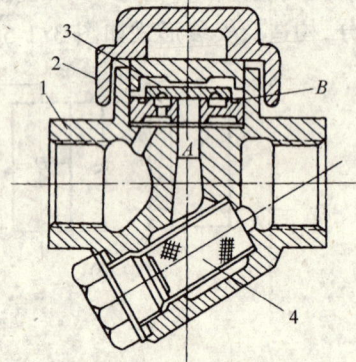

图 3.1-53 热动力式疏水器

1—阀体;2—阀片;3—阀盖;4—过滤器

械型和热力型疏水器均属高压疏水器。恒温型疏水器是利用蒸汽和凝结水的温度差引起恒温元件变形而工作的,如图 3.1-54 所示,具有工作性能好,使用寿命长的特点,适用于低压蒸汽供暖及供热系统。

六、减压阀

减压阀是利用蒸汽通过断面收缩阀孔时因节流损失而降低压力的原理制成,它可以依靠启闭阀孔对蒸汽节流而达到减压的目的,且能够控制阀后压力。常用的减压阀有活塞式、

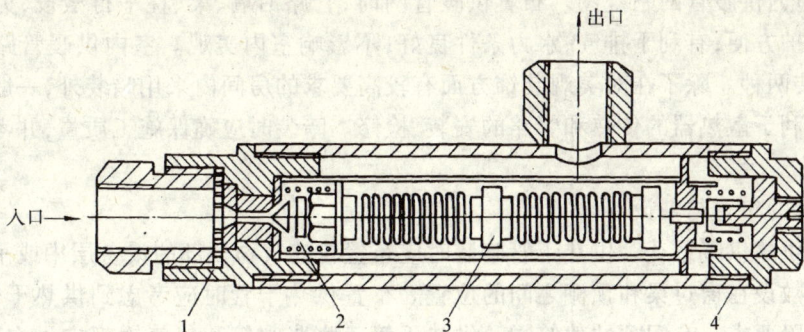

图 3. 1-54　恒温型疏水器
1—过滤网；2—锥形阀；3—波纹管；4—校正螺丝

波纹管式两种，分别适用于工作温度不高于 300℃、200℃的蒸汽管路上。

七、安全阀

安全阀是保证蒸汽供暖系统不超过允许压力范围的一种安全控制装置。一旦系统的压力超过设计规定的最高允许值，阀门自动开启放出蒸汽，直至压力回降到允许值才会自动关闭。有微启式、全启式和速启式 3 种类型，供暖系统中多用微启式安全阀。

八、凝结水箱

凝结水箱用于回收蒸汽供暖或供热系统的冷凝回水，有开式（无压）和闭式（有压）两种类型。如图 3. 1-55 所示，开式水箱为矩形，闭式水箱为圆形。

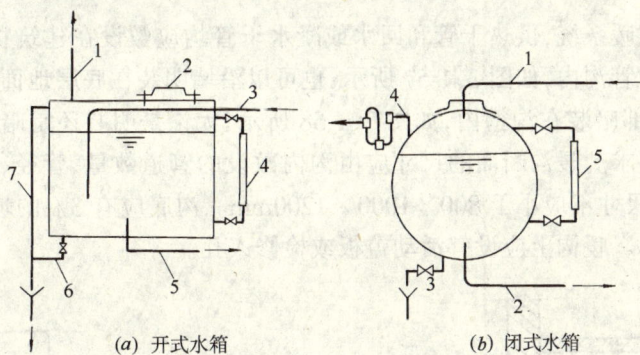

(a) 开式水箱　　　　　　　　　(b) 闭式水箱

图 3. 1-55　凝结水箱
（a）开式水箱
1—空气管；2—人孔盖；3—凝水进入管；4—水位计；5—凝水
排出管；6—泄水管；7—溢流管；
（b）闭式水箱
1—凝水进入管；2—凝水排出管；3—泄水管；4—安全水封；5—水位计

此外，在供暖或供热系统中还有混水器、热交换器和补偿器等设备和附件。

3.1.5　室内供暖管网布置及敷设

在锅炉房或热网热力进口的位置及供暖系统类型和形式均已确定之后，即可在建筑平面图上确定散热器和引入口的具体位置，然后便可以布置供暖干管、立管、连接散热器支管等,并绘出室内供暖管网系统图。布置供暖管网时,管路沿墙、梁、柱平行敷设,力求布置合理;安装、维护方便;有利于排气;水力条件良好;不影响室内美观。室内供暖管路敷设方式有明装、暗装两种。除了在对美观装饰方面有较高要求的房间内采用暗装外,一般均采用明装。明装有利于散热器的传热和管路的安装、检修。暗装时应确保施工质量,并考虑必要的检修措施。

一、干管的布置与敷设

对于上供式供暖系统,供热干管暗装时应布置在建筑物顶部的设备层中或吊顶内;明装时可沿墙敷设在窗过梁和顶棚之间的位置。布置供热干管时应考虑到供热干管的坡度、集气罐的设置要求。有闷顶的建筑物,供热干管、膨胀水箱和集气罐都应设在闷顶层内,如图 3.1-56 所示。回水或凝水干管一般敷设在地下室顶板之下或底层地面以下的暖沟内。

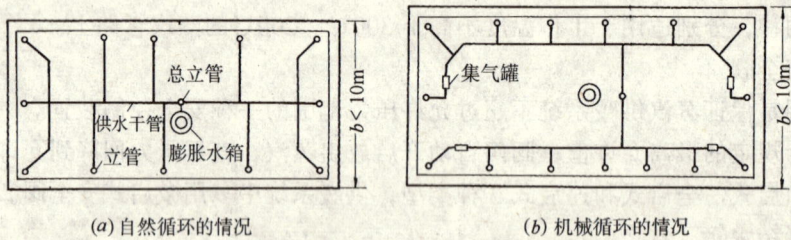

图 3.1-56　在闷顶内敷设干管等设备
(a)自然循环情况;(b)机械循环情况

对于下供式供暖系统,供热干管和回水或凝水干管均应敷设在建筑物地下室顶板之下或底层地板之下的管沟内,如图 3.1-57 所示;也可以沿墙明装在底层地面上,但当干管必须穿越门洞时,应局部暗装在沟槽内,如图 3.1-58 所示;无论是明装还是暗装,回水干管均应保证设计坡度的要求。暖沟断面的尺寸应由沟内敷设的管道数量、管径、坡度及安装、检修的要求确定,其净尺寸不应小于 $800 \times 1000 \times 1200mm$。沟底应有 3‰ 的坡向供暖系统引入口的坡度用以排水。暖沟上应设有活动盖板或检修人孔。

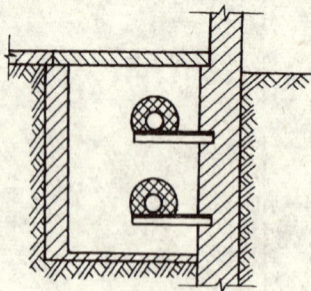

图 3.1-57　供暖管道在管沟中敷设

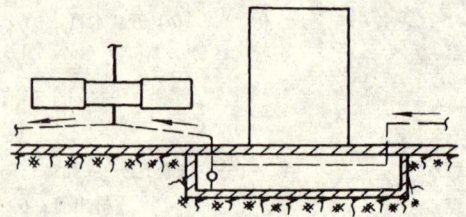

图 3.1-58　热水供暖干管过门敷设

在蒸汽供暖系统中,当供汽干管较长,使暖沟的高度不能够满足干管所需坡度的要求时,处理方法是:每隔 30~40m 设抬高管及泄水装置,如图 3.1-59 所示,供汽、回水干管连接管上的疏水器将供汽干管的沿途凝水排至回水干管。

192

二、立管的布置与敷设

立管可布置在房间窗间墙内或墙身转角处,对于有两面外墙的房间,立管宜设置在温度最低的外墙转角处。楼梯间的立管尽量单独设置,以防结冻后影响其它立管的正常供暖。

要求暗装时,立管可敷设在墙体内预留的沟槽中,见图 3.1-60 所示,也可以敷设在管道

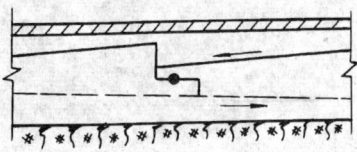

图 3.1-59 蒸汽干管抬高的处理方法   图 3.1-60 供暖立管墙槽

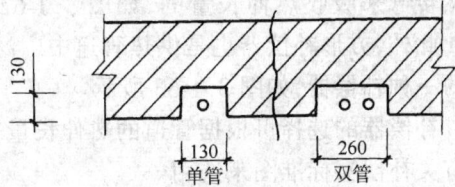

竖井内。管井应每层用隔板隔断,以减少井中空气对流而形成无效的立管传热损失;此外,每层还应设检修门供维修之用。

立管应垂直地面安装,穿越楼板时应设套管加以保护,以保证管道自由伸缩且不损坏建筑结构,但套管内应用柔性材料堵塞。

三、支管的布置与敷设

支管的布置与散热器的位置、进水和出水口的位置有关。支管与散热器的连接方式有三种:上进下出式、下进上出式和下进下出式,如图 3.1-61 所示。散热器支管进水、出水口可以布置在同侧,也可以在异侧。设计时应尽量采用上进下出、同侧连接方式,这种连接方式具有传热系数大,管路最短,美观的优点。

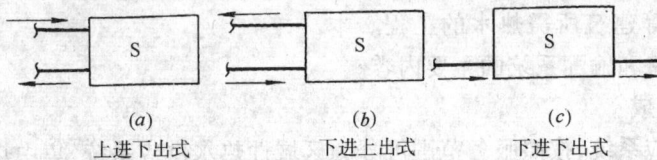

图 3.1-61 支管与散热器的连接
(a)上进下出式;(b)下进上出式;(c)下进下出式

安装散热器支管时,应有坡度以利排气,坡度一般采用 1%。

四、供暖系统设计中应注意的事项

1. 供暖管道材料一般采用非镀锌钢管,DN≤32mm 管道可用丝扣连接;DN>32mm 者采用焊接。室内明装管道的防腐处理,可底涮红丹外刷银粉各两道;暗装管道可底刷红丹外涮防锈漆各两道。

2. 供暖管道布置在地沟内或管槽内时应采取保温措施;此外,明装管道在穿越非保温房间和过门地沟时也应加以保温,以减少管道散热损失;另外,敷设在非采暖房间的膨胀水箱及其配管也应采取保温措施。供暖管道的保温材料可采用泡沫混凝土、石棉瓦、矿渣棉等。

3. 在供暖系统设计和施工安装中,应注意金属管道受热而伸长的问题。根据计算可知,每米钢管的自身温度升高 1℃时,其长度增量为 0.012mm。因此,两端固定的平直管道受热伸长时会发生弯曲。严重时将使管道破裂。解决管道热胀冷缩变形的问题,通常采用的方法是在供热管道的固定支架之间设置各种形式的补偿器,目的在于补偿该管段的热伸长从

而减弱或消除因膨胀产生的应力。

补偿器有多种形式,如自然补偿器、套管式补偿器、方形补偿器等。选用补偿器时应优先考虑自然补偿器。自然补偿器是利用管道自然转弯来吸收热伸长量的,如图 3.1-62 所示。此外,方形补偿器也是供热管道中广泛采用的一种补偿器,如图 3.1-63 所示。

补偿器的选择可根据管道的热伸长量,参照有关补偿器标准图来选用。

4. 在供暖系统中应设置必要的阀门。通常在供暖系统引入口的供、回热管上、各分支干管的始端、供、回热立管的两端、双管式供暖系统各散热器支管等处设置阀门,至于单管式系统支管上是否设置阀门由具体情况而定。

5. 供暖管道与其它管道的交叉问题。供暖管道应敷设在煤气、氧气等管道之下,与其它管道的避让应符合设计要求,详见 3.3-10 节内容。

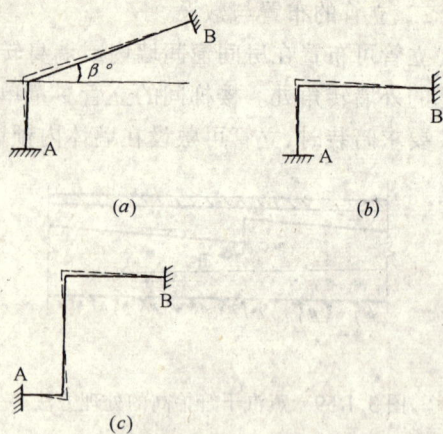

图 3.1-62　自然补偿器类型
(a)L 型;(b)直角弯型;(c)Z 型

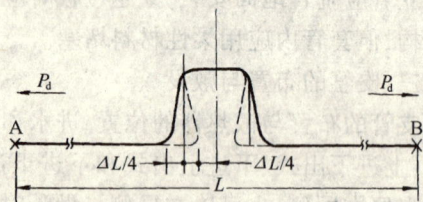

图 3.1-63　方形补偿器变形示意

3.1.6 热水供应工程

热水供应是提供住宅、旅馆、医院、公共浴室、洗衣房、车间等建筑所需热水的工程。本节将简述热水制备和输配系统的主要内容。

一、系统及组成

建筑热水供应系统,按照服务范围可分为区域性热水供应系统、集中热水供应系统和局部热水供应系统,如图 3.1-64 所示。区域性热水供应系统以集中供热热力网中的热媒为热

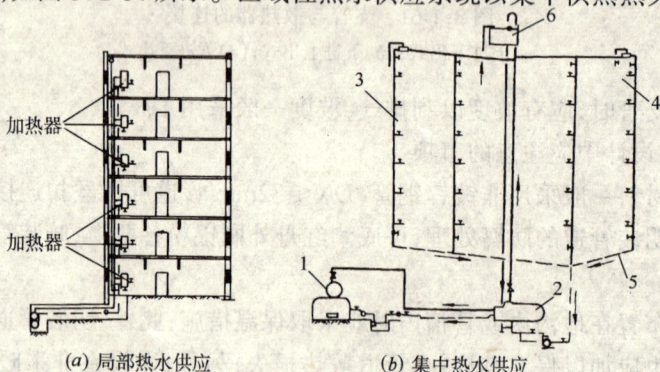

(a) 局部热水供应　　(b) 集中热水供应

图 3.1-64　局部和集中热水供应
(a)局部热水供应;(b)集中热水供应
1—锅炉;2—热交换器;3—输配水管网;4—热水配水点;
5—循环回水管;6—冷水箱

194

源,由热交换设备加热冷水,然后经过输配系统供给建筑群各热水用水点使用。这种系统热效率最高,但一次性投资大,有条件的应优先采用。

集中热水供应系统是利用加热设备(如图3.1-64(b)锅炉1及热交换器2)集中加热冷水后通过输配系统3送至一幢或多幢建筑中的热水配水点4,为保证系统热水温度需设循环回水管5;将暂时不用的部分热水再送回加热设备。此外为保证系统压力恒定,一般情况下多设冷水箱6作为定压点;冷水受热后的膨胀水量可由膨胀管通至冷水箱,亦可另设膨胀水箱或膨胀罐。

集中热水供应系统的热源,当条件允许时,应首先利用工业余热、废热、地热和太阳能。以太阳能为热源的集中热水供应系统,由于受气候影响,不能全日工作。故在要求热水供应不间断的系统中,应考虑另行增设一套加热装置予以补充;以地热水为热源时,应按地热水的水温、水质、水量、水压,采取加热、降温、防腐蚀、贮存调节和抽吸、加压等技术措施。地热水的热、质利用应尽量充分,应考虑综合利用。

局部热水供应系统是采用设置于用水点处的各种热水器来加热冷水,被加热的冷水是由室内给水管网供给。冷水在加热器中被加热后经较短的配水管送至用水点。

局部热水供应系统的热源宜用蒸汽、燃气、炉灶余热、太阳能和电能等。电能作为局部热水供应系统的热源,一般情况下不予推荐,只有在无蒸汽、燃气、煤和太阳能等热源条件,且当地有充足的电能和供电条件时,才考虑采用。

热水供应系统的选用,应根据建筑物所在地区现有的热源状况、建筑物性质、热水配水点分布情况、用户对水温、水质的要求等多方面因素来确定。

上述各类热水供应系统一般是由热源或热媒、加热设备、输配水管网以及水质处理设备等四部分组成。

二、方式及选用

热水供应按其加热方法不同,有直接加热和间接加热之分。直接加热即蒸汽或热水与冷水直接混合;间接加热是指热媒(蒸汽或热水)经传热排管(盘管)与冷水换热的加热方式。若按室内热水输配管网中有无循环管道可分为全循环、半循环、无循环三种方式。按循环管网终端是否设置循环水泵可分为机械循环和自然循环方式。按配水管网和回水(循环)管网的布置形式又有上行下回、下行下回、下行上回等多种形式。

在选用热水供应方式时需要考虑建筑物类型、卫生器具的种类和数量、热水用水定额、热源情况、冷水供给方式等因素,应选择几种可行性方案进行技术、经济比较后确定。

图3.1-65~图3.1-67所示是几组不同方式的热水供应系统图式。图3.1-65所示是一种热媒为蒸汽、容积式水加热器间接加热、配、回水管网呈下行下回、机械全循环的集中热水供应方式。这种方式适用于要求热水温度稳定、噪音小的建筑物中。图3.1-66所示是间接加热、干管上行下回、机械全循环热水供应方式,该方式适用于公共或

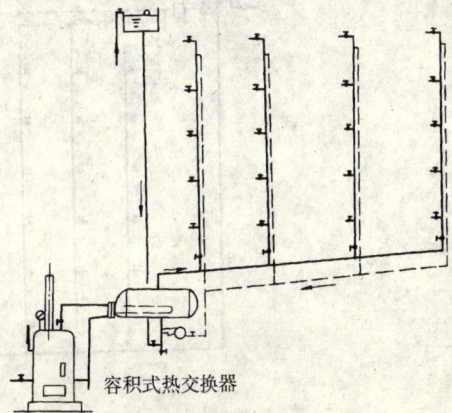

容积式热交换器

图3.1-65 间接加热下行下回机械全循环方式

工业建筑中。图 3.1-67 所示为直接加热、干管下行下回、机械半循环热水供应方式,适用于有条件在建筑物底部设置加热设备和循环水泵的建筑物中。

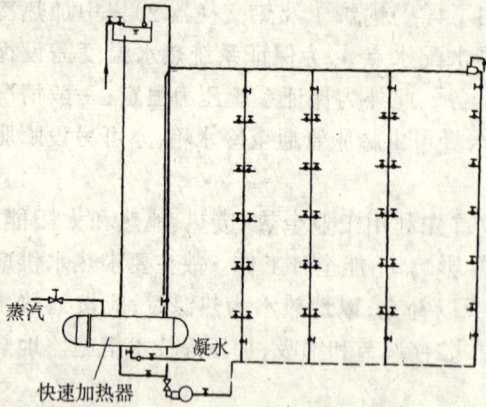

图 3.1-66　间接加热上行下回
机械全循环方式

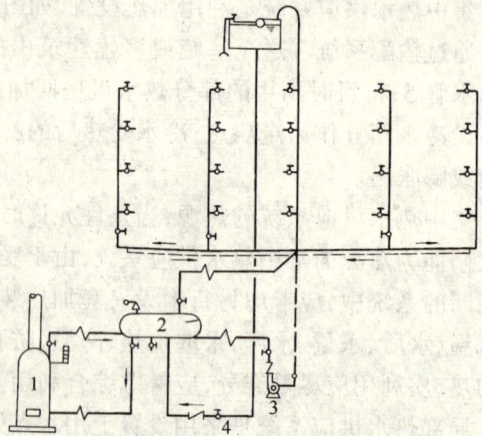

图 3.1-67　直接加热干管下行上给
机械半循环方式

1—热水锅炉;2—热水贮罐;3—循环泵;4—给水管

以上图中的加热设备和循环水泵均置于建筑物底部。一般情况下,对于单幢建筑物可将这部分设备放置在地下层内;若是供给某一建筑群或小区,可将加热设备和水泵机组集中布置在加热站或其中某一幢建筑物(该建筑物热水用水量最大且供水安全性要求最高)的地下层内。另外,也可以根据建筑物的整体布局和使用要求情况,将加热设备放置在建筑物上部,管网由上向下输配热水。如图 3.1-68 所示,是一种加热设备上置的集中热水供应方式。

图 3.1-69 所示是直接加热的热水供应方式,蒸汽与冷水在加热水箱中混合制备热水,管网呈上行下给、不循环方式,适用于公共浴室等定时供应热水的场所。蒸汽直接通入水中的加热方式,宜用于开式热水供应系统,且蒸汽中不得含有油质及有害物质。该方式会产生较高的噪声,所以应常采用消声加热混合器以降低加热时的噪声。

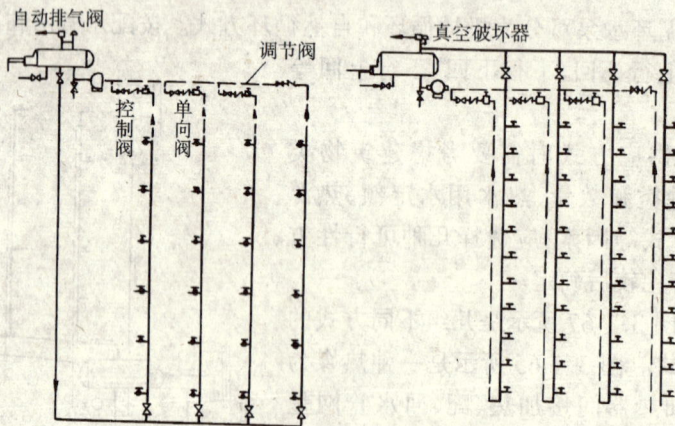

图 3.1-68　设备上置集中热水供应方式

需设置集中热水供应的高层住宅、旅馆、办公楼等建筑的热水系统,在设计时应考虑竖

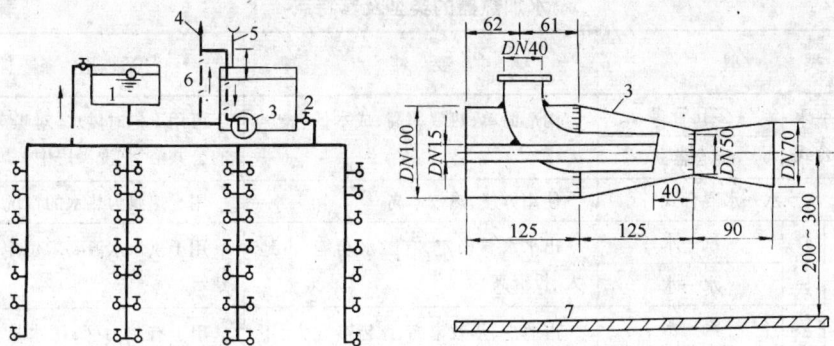

图 3.1-69　直接加热上行下给不循环方式

1—冷水箱;2—加热水箱;3—消声喷射器;4—排气阀;5—透气管;6—蒸汽管;7—热水箱底

向分区,且宜与冷水系统的竖向分区相对应,以使冷、热水两个系统的压力均衡。各区的加热设备等可视具体情况集中布置在地下层内或分散布置在各区的设备技术层内,如图 3.1-70 所示。

区域性热水供应方式,除热源形式不同外其它内容均与集中热水供应方式无异。室内热水供应系统与室外热力网路的连接方式同供暖系统与室外热网的连接方式,不再赘述。

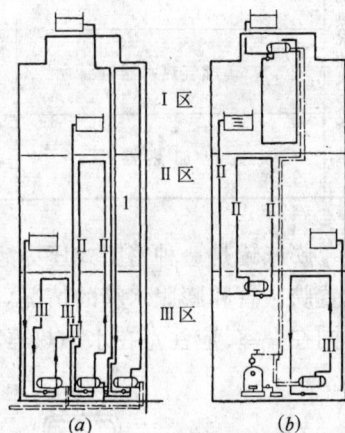

图 3.1-70　高层建筑热水集中供应方式

三、热水供应系统的器材及设备

热水供应系统的器材及设备主要有:管道及管件、水加热设备、水质处理设备、膨胀水箱及配管、温度自动调节器、混水装置、循环水泵、捕碱器、磁水器、伸缩补偿器、疏水器(热媒为蒸汽时设置)、自动排气阀等。除了在给水和供暖工程中已介绍过的内容外,兹对部分器材和设备的作用、性能、规格及选用做一简单介绍。

1. 水加热设备　水加热设备是将冷水制成热水的换热装置,亦称热交换器,或水加热器。

水加热器的种类很多,各种水加热器的主要性能、适用条件可见表 3.1-3。根据水加热器是否密闭(有压)分为闭式、开式两类;根据水加热器的外形有立式、卧式两类;根据水加热器热媒种类有汽-水加热器和水-水加热器两类;按水加热器的换热方式有表面式、混合式两类。表面式水加热器属间接加热,如容积式水加热器、快速式加热器;混合式水加热器是将冷水与热水或蒸汽直接接触相互掺混属于直接加热方式。

2. 膨胀管、膨胀水箱和膨胀罐　这类设备的功能是解决热水供应系统中因水温升高、水密度减小、水容积增加而引起的系统正常工作被破坏的问题。有关膨胀水箱的内容已在供暖工程中讲述过,现仅介绍膨胀管和膨胀罐。

膨胀管可由加热设备出水管上引出,将膨胀水引至高位水箱中,如图 3.1-71 所示,膨胀管上不得设置阀门,其管径一般为 DN20~25mm。

类　型				主　要　特　点	适　用　条　件
区域、集中热水供应加热设备	直接加热	汽—水混合式	多孔管式	构造简单、热效率高、成本低、噪声大	可用于定时供水、对噪声要求不高的公共浴室、洗澡房中
			混合器式		
		水—水混合式		使用方便、热效率高	用于热媒为热水的情况
	间接加热	闭式	容积式 汽—水	出水水温稳定、有贮水功能、占地大、投资高	用于供水水温要求恒定、无噪声的建筑
			容积式 水—水		
			快速式 汽—水	占地少、热效率高、水温变化大、不能贮水	用于有热力网,用水量大的工业、公共建筑
			快速式 水—水		
		开式或闭式	加热水箱 排管式	构造简单、水压稳定、可贮水、占地大、热效率低	用于屋顶可设水箱、用水量不大的热水系统
			加热水箱 盘管式		
局部热水加热设备	蒸汽加热器			同"汽—水混合式"加热器	
	太阳能热水器			构造简单、节能经济、成本低、无污染、受自然条件限制	用于家庭、小型浴室或餐厅等
	燃气热水器			管理方便、卫生、构造简单、使用不当会出事故	用于有燃气源,耗热量不大的建筑中
	电加热器			使用方便、无污染、卫生、耗能大	用于电力充足,无其它热源的场所

　　膨胀罐是一种密闭式压力罐,如图 3.1-72 所示。这种设备适用于热水供应系统中不宜设置膨胀管和膨胀水箱的情况。膨胀罐可安装在热水管网与容积式加热器之间,与水加热器同在一室,应注意在水加热器和管网连接管上不得设置阀门。

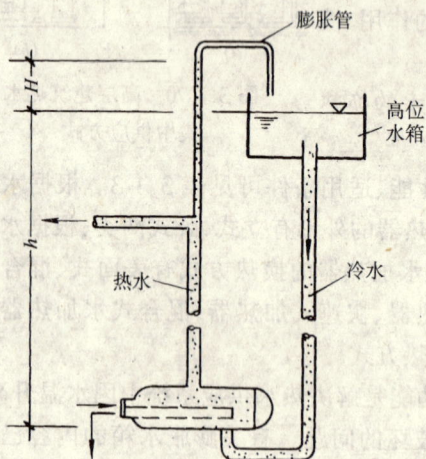

图 3.1-71　热水供应系统膨胀管

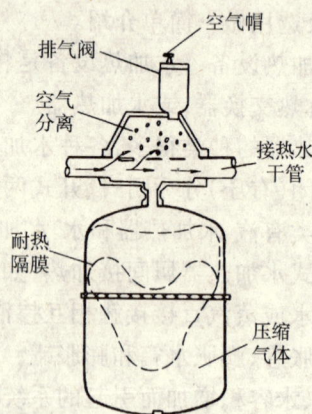

图 3.1-72　膨胀罐

　　3.温度自动调节器　在加热设备的热水出水管管口装设温度自动调节器,其感温元件将温度变化传导到热媒进口管上的调节阀,便可控制热媒流量的大小,达到自动调温的目的。如图3.1-73所示。

4.循环水泵 循环水泵的作用是使热水配水管网经常保持一定数量的热水循环以补偿配水管网和加热设备中的散热损失,而保持配水点水温符合用户的要求。循环水泵的安装位置有两种情况,见图3.1-74所示。

5.水质处理设备 集中热水供应系统的热水在加热前是否需要软化处理,应根据水质、水量、水温、使用要求等因素经技术经济比较确定。按65℃计算的日用水量大于或等于10m³时,原水碳酸盐硬度大于7.2meq/L时,洗衣房用水应进行软化处理,其它建筑用水宜进行水质处理;按65℃计算的日用水量小于10m³时,其原水可不进行软化处理。另外,对溶解氧控制要求较高时还需采取除氧措施。当前,水质处理方法日益多样、有效、简便,已出现的软

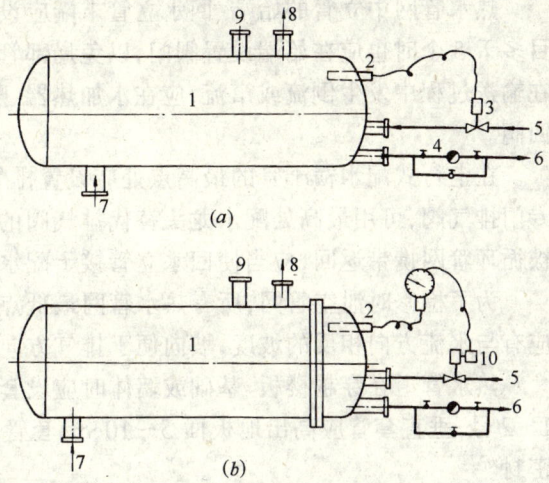

图3.1-73 温度自动调节器
(a)直接式温度调节;(b)间接式自动温度调节
1—加热设备;2—温包;3—自动调节器;4—疏水器;
5—蒸汽;6—凝水;7—冷水;8—热水;9—装设安全阀;
10—齿轮传动变速开关阀门

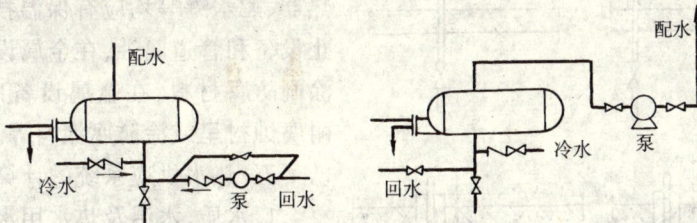

图3.1-74 循环水泵装设位置

化处理器、磁化处理仪、电子水处理仪已得到推广应用。

四、热水供应系统布置与敷设

热水供应系统的布置与敷设应在供应方式选定之后进行,内容包括输配水管网的布置,各种设备、装置的定位、管网及设备的防腐和保温处理等。

热水管网的布置原则和敷设要求与室内冷水系统中基本相同,但仍有其特殊性。

室内热水横干管根据所选定的方式,可以敷设在地沟内或在有供暖地沟时尽量与供暖管道同沟(暖沟)敷设,也可以敷设在地下室顶板之下或建筑物最高层顶板之下、专用设备技术层内等。热水管可以沿墙、柱、梁明装,但明装管道不得损坏建筑功能和美观要求,且应尽量避免穿越走廊、门厅和居住房间等;热水管也可以布置在管道竖井或预留沟槽内,暗装管槽应尽可能布置在卫生器具下部,使暴露墙面管槽最少,但要考虑到检修、更换管件时操作方便。

热水循环有三级标准。定时供应热水系统,当设置循环管道时,应保证干管中的热水循

环;全日供应热水的建筑物或定时供应热水的高层建筑,当设置循环管道,应保证干管和立管中的热水循环;有特殊要求的建筑物,应保证干管、立管和支管中的热水循环。

热水管网中立管的始端、回水立管末端应设阀门;另外,当横支管上接纳的配水龙头数目多于 5 个时也应在始端设置阀门,以免局部管段检修时中断其它管路的供水;为防止热水在输送过程中发生倒流或窜流,应在水加热器、贮水罐的进、出口处设置闸阀、截止阀或是止回阀。

在上行式配水横干管的最高点处应设置排气装置;对下行下回全循环管网则不必设置专门排气阀,可用最高处配水龙头替代排气阀的作用。为使配水立管顶部中分离出的空气被循环管网携带返回,应当使回水立管接于配水立管最高配水点以下 0.5m 处。

为了检修时泄空管网,所有热水管网最低点处都应设置泄水管和泄水阀门。所有横管应有与水流方向相反的坡度,坡向便于排气方向,坡度不应小于 3‰。

热水管道在穿越楼板、基础或墙体时应设套管加以保护,套管直径通常大于热水管直径 1~2 号;垂直套管应高出地板面 5~10cm;套管与管道之间用水泥砂浆或柔性材料填充或密封。

热水管道若不能利用自然补偿来补偿热伸长变形时,应设置伸缩器。为了避免热伸长所产生的应力破坏管道,立管与横管连接应作成乙字弯或按图 3.1-75 所示敷设。

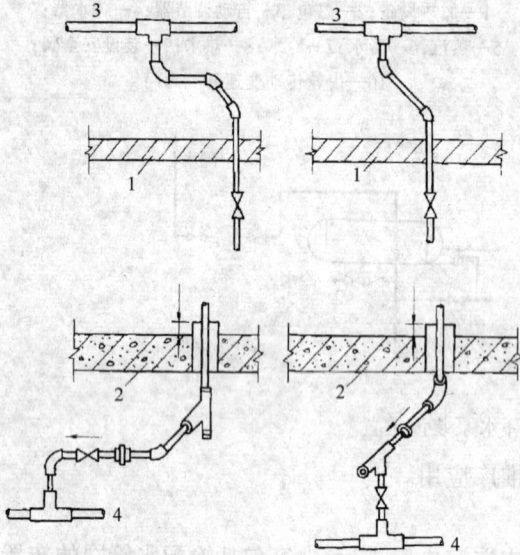

图 3.1-75　热水立管与水平干管的连接
1—吊顶;2—地板或沟盖板;3—配水横管;4—回水管

热水供应的管材应采用镀锌钢管及配件,标准较高的建筑应采用铜管。为了减少散热损失,热水供应系统的配水干管、水加热器、贮水罐等均应有保温技术措施。为防止设备和管道腐蚀,在金属设备和管道外壁涂刷防腐材料,在金属设备内壁、管内壁加耐腐蚀衬里或涂防腐涂料等。

五、热水供应系统的计算

1.水质、水温及热水用水量定额

生产用热水的水质标准要根据生产工艺的要求来确定。生活用热水的水质标准应该符合我国现行的《生活饮用水卫生标准》。

热水计算使用的冷水温度是以当地最冷月平均水温为标准。集中供应冷、热水时,热水用水定额,应根据卫生器具完善程度和地区条件,按表 3.1-4 确定。卫生器具的一次和 1h 热水用水量和水温,应按表 3.1-5 确定。热水锅炉或水加热器出口的最高水温和配水点的最低水温,应根据水质处理情况而定:当毋需进行水质处理或有水质处理设施时,热水锅炉和水加热器出口的最高水温应低于 75℃,配水点最低水温应高于 60℃;需要进行水质处理但未设置处理装置时,热水锅炉和水加热器出口的最高水温应低于 65℃,配水点最低水温应高于 50℃;若热水仅供沐浴、盥洗使用而不供洗涤用水时,配水点最低水温不低于 40℃ 即可。

2.热水量、耗热量、热媒耗量计算

200

热水用水定额

表 3.1-4

序　号	建　筑　物　名　称	单　　位	65℃的用水定额（最高日）
1	普通住宅、每户设有沐浴设备	每人每日	80～120
2	高级住宅和别墅、每户设有沐浴设备	每人每日	100～140
3	集体宿舍		
	有盥洗室	每人每日	25～35
	有盥洗室和浴室	每人每日	35～50
4	普通旅馆、招待所		
	有盥洗室	每床每日	25～50
	有盥洗室和浴室	每床每日	50～100
	设有浴盆的客房	每床每日	100～150
5	宾馆		
	客房	每床每日	150～200
6	医院、疗养院、休养所		
	有盥洗	每病床每日	30～60
	有盥洗室和浴室	每病床每日	60～120
	设有浴盆的病房	每病床每日	150～200
7	门诊部、诊疗所	每病人每次	5～8
8	公共浴室		
	设有淋浴器、浴盆、浴池及理发室	每顾客每次	50～100
9	理发室	每顾客每次	5～12
10	洗衣房	每公斤干衣	15～25
11	公共食堂		
	营业食堂	每顾客每次	4～6
	工业、企业、机关、学校食堂	每顾客每次	3～5
12	幼儿园、托儿所		
	有住宿	每儿童每日	15～30
	无住宿	每儿童每日	8～15
13	体育场		
	运动员淋浴	每人每次	25

注：1.表内所列用水定额均已包括在生活用水的定额中。

　　2.本表65℃热水水温为计算温度,卫生器具使用时的热水水温见表表3.1-5。

卫生器具的一次和小时用水定额及水温

表 3.1-5

序　号	卫生器具名称	一次用水量 L	小时用水量 L	水温 ℃
1	住宅、旅馆			
	带有淋浴器的浴盆	150	300	40
	无淋浴器的浴盆	125	250	40
	淋浴器	70～100	140～200	37～40
	洗脸盆、盥洗槽水龙头	3	30	30
	洗涤盆(池)	—	180	50
2	集体宿舍			
	淋浴器：有淋浴小间	70～100	210～300	37～40
	无淋浴小间	—	450	37～40
	盥洗槽水龙头	3～5	50～80	30
3	公共食堂			
	洗涤盆(池)	—	250	50
	洗脸盆：工作人员用	3	60	30

序　号	卫生器具名称	一次用水量 L	小时用水量 L	水　温　℃
	顾客用	—	120	30
	淋浴器	40	400	37～40
4	幼儿园、托儿所			
	浴盆:幼儿园	100	400	35
	托儿所	30	120	35
	淋浴器:幼儿园	30	180	35
	托儿所	15	90	35
	盥洗槽水龙头	1.5	25	30
	洗涤盆(池)	—	180	50
5	医院、疗养院、休养所			
	洗手盆	—	15～25	35
	洗涤盆(池)	—	300	50
	浴盆	125～150	250～300	40
6	公共浴室			
	浴盆	125	250	40
	淋浴器:有淋浴小间	100～150	200～300	37～40
	无淋浴小间	—	450～540	37～40
	洗脸盆	5	50～80	35
7	理发室			
	洗脸盆		35	35
8	实验室			
	洗脸盆		60	50
	洗手盆		15～25	30
9	剧院			
	淋浴器	60	200～400	37～10
	演员用洗脸盆	5	80	35
10	体育场			
	淋浴器	30	300	35
11	工业企业生活间			
	淋浴器:一般车间	40	*360～540	37～40
	脏车间	60	180～480	40
	洗脸盆或盥洗槽水龙头:			
	一般车间	3	90～120	30
	脏车间	5	100～150	35
12	净身器	10～15	120～180	30

注:一般车间指现行的《工业企业设计卫生标准》中规定的 3、4 级卫生特征的车间,脏车间指该标准中规定的的 1、2 级卫生特征的车间。

热水量(用 Q_r 表示)

生产上需要的热水设计用水量,是按产品类型、数量及其相应的生产工艺确定。

住宅、旅馆、医院等建筑的集中热水供应系统的设计小时热水量应按下式计算:

$$Q_r = K_h \frac{mq_r}{24 \times 3600} \tag{3.1-16}$$

式中　Q_r——热水设计用水量(L/s);

　　　m——用水计算单位数(人数或床位数);

202

q_r——热水用水定额(L/(人·d)或 L/(床·d)),按表 3.1-4 采用;

K_h——小时变化系数,全日供应热水时可按表 3.1-6 采用。

表 3.1-6

热水小时变化系数 K_h 值

居住人数(m)	100	150	200	250	300	500	1000	3000
K_h	5.12	4.49	4.13	3.38	3.70	3.28	2.86	2.48
旅馆居住人数 m	150		300	450	600	900		1200
K_h	6.84		5.61	4.97	4.58	4.19		3.00
医院床位数 m	50		75	100	200	300		500
K_h	4.55		3.78	3.54	2.93	2.60		2.23

注:非全日供应热水的小时变化系数,可参照当地同类型建筑用水变化情况具体确定。

工业企业生活间、公共浴室、学校、剧院、体育馆(场)等建筑的集中热水供应系统的设计用水量应按下式计算:

$$Q_r = \Sigma \frac{q_h n_0 b}{3600} \tag{3.1-17}$$

式中　Q_r——同前;

　　　q_h——卫生器具热水小时用水定额(L/h),按表 3.1-5 采用;

　　　n_0——同类型卫生器具数;

　　　b——卫生器具同时使用百分数:公共浴室和工业企业生活间、学校、剧院及体育馆(场)等的浴室内的淋浴器和洗脸盆均应按 100%计;设有浴盆的住宅,b 值按表 3.1-7 采用;旅馆客房卫生间内浴盆可按 30%~50%计,其它器具不计;医院、疗养院病房内卫生间的浴盆可按 25%~50%计,其它器具不计。

表 3.1-17

住宅浴盆同时使用百分数

浴盆数 n_0	1	2	3	4	5	6	7	8	9	10	25	50	100	150	200	300	400	≥1000
b	100	85	75	70	65	60	57	55	52	49	39	34	31	29	27	26	25	24

在使用式(3.1-16)时,卫生器具需要的水温各不相同,可在用水点用混合龙头将冷、热水混合。但热水供应温度只能有一个数值,因此在计算设计小时热水用水量时必须统一在相同的水温情况,即把不同温度的水量统一到供水温度时的水量。可利用混合水量、热水量和冷水量三者热平衡关系得到计算式:

$$K_r = \frac{t_h - t_l}{t_r - t_l} \times 100\% \tag{3.1-18}$$

式中　K_r——供应的热水量占混合水量的百分数;

　　　t_h——混合水温度(℃);

　　　t_l——冷水温度(℃);

　　　t_r——供应的热水温度(℃)。

耗热量(用 Q 表示)

耗热量可按下列公式计算：

$$Q = Q_r C(t_r - t_1) \qquad (3.1\text{-}19)$$

式中　Q——设计小时耗热量（W）；

　　　C——水的比热（J/kg·℃）；

　　　t_r——热水温度（℃）；

　　　t_1——冷水温度（℃）；

　　　Q_r——同前。

局部热水供应系统的设计小时耗热量，可根据卫生器具一次热水用水定额及其水温或小时用水量和同时使用百分数及其水温计算确定。

【例 3.1-4】　某城市住宅楼二幢共 80 户，每户平均人口按 4 人计，每户设有浴盆 1 个、洗脸盆 1 个、坐便器 1 个、厨房洗涤盆 1 个。设有集中热水供应，冷水水温以 10℃ 计，当地热水用水定额为 120L/(人·d)，试确定热水供应系统的热水用水量 Q_r 及设计小时耗热量 Q。

【解】　按用水单位数计算：

$m = 80 \times 4 = 320$ 人，$q_r = 120\text{L}/(\text{人·d})(65℃)$，$T = 24\text{h}$，$K_h = 2.7$，$t_1 = 10℃$ 将以上已知条件代入式（3.1-19）

则：　　$Q_r = K_h \dfrac{mq_r}{T} = 2.7 \dfrac{320 \times 120}{24} = 4320\text{L/h} = 4.32\text{m}^3/\text{h}$

　　　　$Q = Q_r \dfrac{C(t_r - t_1)}{3600} = 4320 \times \dfrac{4.19 \times (65 - 10)}{3600} = 276.5\text{kW}$

按卫生器具一次或一小时用水定额计算：

$q_h = 300\text{L/h}(40℃)$，$n_0 = 80$，$b = 32\%$　代入式（3.1-17）

$$Q_r = \Sigma q_h n_0 b = 300 \times 80 \times 32\% = 7680\text{L/h} = 7.68\text{m}^3/\text{h}$$

若折算成 65℃ 热水，因为：$t_1 = 10℃$，$t_h = 40℃$，$t_r = 65℃$，代入式（3.1-18）：

$$K_r = \dfrac{40 - 10}{65 - 10} \times 100\% = 55\%$$

$\therefore$　　　$Q_r = 7.68 \times 55\% = 4.2\text{m}^3/\text{h}$

由式（3.1-19）得：$Q = 4200 \times \dfrac{4.19 \times (65 - 10)}{3600} = 268.9\text{kW}$

热媒耗量（用 G 表示）

(1) 蒸汽直接与冷水混合制备热水时，蒸汽耗量计算式为：

$$G_m = (1.1 \sim 1.2)\dfrac{Q}{i - Q_{hr}} \qquad (3.1\text{-}20)$$

式中　G_m——蒸汽耗量（kg/h）；

　　　i——蒸汽热焓（kJ/kg）按蒸汽压力由蒸汽压力表选用；

　　　Q_{hr}——蒸汽与冷水混合后的热焓（kJ/kg），可按式 $i_r = t_r \cdot C$ 计算；

　　　t_r——蒸汽与冷水混合后的热水温度（℃）；

　　　Q——同前。

(2) 蒸汽通过传热面加热冷水时，蒸汽耗量计算式为：

$$G_{mh} = (1.1 \sim 1.2)\dfrac{Q}{\gamma_h} \qquad (3.1\text{-}21)$$

式中 γ_h——蒸汽的气化热(kJ/kg),按蒸汽压力由蒸汽计算表选用;

其它符号同前。

(3) 热媒为热水通过传热面加热冷水时,热水耗量计算式为:

$$G_{ms} = (1.1\sim1.2)\frac{Q}{C(t_{mc} - t_{mz})} \tag{3.1-22}$$

式中 G_{ms}——热水耗量(kg/h);

t_{mc}——热力网供水温度(℃);

t_{mz}——热水网回水温度(℃)。

其它符号同前。

3. 热水贮存设备、加热设备和锅炉的选择

集中热水供应系统中贮存热水的设备有热水箱和热水罐两种;加热和兼贮存热水的设备有加热水箱和容积式水加热器两种;仅起加热作用而不贮备水量的设备有快速式水加热器、射流加热器等。这些设备的计算内容包括容积、热交换面积的确定和计算水流阻力。

热水贮存设备容积的确定

集中热水供应系统中贮水器容积,应根据日热水用水量小时变化曲线及锅炉、水加热器的工作制度和供热量以及温度自动调节装置等因素经计算确定。由于建筑物的供热、耗热曲线不易获得,故多用经验法来计算,计算时可参考表3.1-8。

热 水 贮 热 量 表3.1-8

加 热 设 备	工业企业淋浴室	其它建筑物
容积式水加热器或加热水箱	>30min 设计小时耗热量	>45min 设计小时耗热量
新型容积式水加热器	>20min 设计小时耗热量	>30min 设计小时耗热量
半即热式水加热器	—	—
快速式水加热器	—	—

需要说明的是,根据国内一些地区经验,当室外热力网供热能保证室内热水供应系统所需耗热量且采用自搭方法控制水温时,可不考虑贮存热水的问题。

加热设备的热交换面积计算

各类水加热器的热交换面积(传热面积)的计算式为:

$$F_p = (1.1\sim1.2)\frac{Q}{\varepsilon K\Delta t_j} \tag{3.1-23}$$

式中 F_p——加热器中的加热排管或盘管的传热面积(m²);

ε——由于结垢影响传热效率的修正系数,一般采用0.6~0.8;

K——传热系数(kJ/(m²·h·℃)),该值与加热器类型、热媒性质、材料有关;

Δt_j——热媒和被加热冷水的计算温差(℃)。

根据 F_p 和贮水容积即可参照加热器产品样本选定合适的型号。

加热设备的水头损失计算

加热水箱和容积式水加热器中的水流流速一般小于0.1m/s,且流程短,故水头损失可忽略不计。

快速式水加热器中流速大且流程长,水头损失应按下式计算:

$$\Delta H = (\lambda \frac{L}{d_j} + \Sigma \xi) \frac{\gamma v^2}{zg} \tag{3.1-24}$$

式中　ΔH——快速式水加热器中热水的水头损失(Pa);

λ——管道沿程阻力系数;

L——流程长度(m);

d_j——传热管道的计算管径(m);

$\Sigma \xi$——局部阻力系数之和;

v——水流流速(m/s)。

锅炉选择

选择集中热水供应锅炉的方法,一般按下列计算式求得锅炉小时供热量,然后从锅炉样本中选型。

$$Q_g = (1.1 \sim 1.2)Q \tag{3.1-25}$$

式中　Q_g——锅炉小时供热量(kJ/h);

Q——设计小时耗热量(kJ/h)。

锅炉的发热量(Q_k)应保证:$Q_k \geqslant Q_g$。

【例 3.1-5】某住宅楼共 40 户,每户以 4 人计,各户设有浴盆、洗脸盆、坐便器、厨房洗涤盆各 1 个。自来水水温 10℃,热水用水量定额为 120L/(人·d)($t_r = 65$℃)。热媒为高压蒸汽,表压为 $P = 0.2$MPa,试确定该集中热水供应系统的热水用量,并选择容积式水加热器。

【解】:　$Q_r = K_h \frac{mq_r}{24} = 5.0 \times \frac{(40 \times 4) \times 120}{24} = 4000$L/h

$$Q = Q_r C(t_r - t_1) \times \frac{1}{3600} = 4000 \times 4190 \times (65 - 10) \times \frac{1}{3600}$$

$$= 253605 \quad W = 70446 \text{kJ/h}$$

$$G_{mh} = 1.2 \frac{Q}{\gamma_h} = 1.2 \frac{70446}{2167} = 39 \text{kg/h}$$

热水贮存容积按不小于 45min 设计小时耗热量计算,取热水供应时间为 3h:

则:　$V_r = \frac{QT}{(t_r - t_1) \cdot C} = \frac{70446 \times 45}{(65 - 10) \times 4.19} \times \frac{1}{60} \times \frac{1}{1000} = 0.23$m³

设加热排管占加热器容积的 0.5%~3%,则容积式加热器选型用容积应为:

$$V_{sh} = 1.05 V_r = 1.05 \times 230 = 241.5 \quad L$$

取加热排管:$\varepsilon = 0.6$,$K = 2721$kJ(m²·h·℃)

其传热面积为:

$$F_p = 1.2 \frac{Q}{\varepsilon K \Delta t_j} = 1.2 \times \frac{70446}{0.6 \times 2721 \times 95.5} = 0.542 \text{m}^2$$

其中:　$\Delta t_j = \frac{t_{mc} + t_{mz}}{2} - \frac{t_c - t_z}{2}$

t_{mc}、t_{mz} 分别为容积式水加热器热媒的初、终温、查蒸汽表:当蒸汽绝对压力 P' 为 0.3 MPa 时可取 $\frac{t_{mc} + t_{mz}}{2} = 133$℃;

t_c、t_z 分别是被加热水的初、终温,即 10、65℃。故:$\Delta t_j = 133 - 37.5 = 95.5$℃

可选用 1# 、换热管 $\phi 42 \times 3.5 \times 1620$—2 根、换热面积 0.86m²、容积 0.5m³ 的容积式水

加热器两台。

4.热水供应管网计算

热水供应管网的计算内容包括:热媒管网水力计算、热水配水管网水力计算、热水循环管网水力计算。

(1) 热媒管网水力计算

热媒为热水时,热水循环管路的管径是按热媒耗量(G_{ms}),以流速不超过1.2m/s,单位管长沿程水头损失控制在5～10mm/m范围内,查用附录Ⅲ-13确定,并利用该计算表确定计算管路的水头损失值。

热媒管网的自然循环作用水头可按下式计算:(如图3.1-76所示)

$$H_x = \Delta h (\gamma_2 - \gamma_1) \times 10 \tag{3.1-26}$$

式中　H_x——自然循环作用水头(Pa);

　　　Δh——锅炉中心与加热器中心的垂直间距(m);

　　　γ_1——锅炉热水出水重力密度(kg/m^3);

　　　γ_2——加热器回水重力密度(kg/m^3)。

当自然循环作用水头值大于热媒管网的水头损失值时,才能形成自然循环。否则,必须选用循环水泵进行机械循环。水泵的选型参数应比理论计算值要大一些。

热媒为蒸汽时,热媒管道应分段进行计算。蒸汽管道管径一般是根据热媒耗量G_m按管道比压降由高压蒸汽管道计算表(见附录Ⅲ-14)选定。凝水管道中的气水混合非满流状态,目前多用下述方法选定凝水管径。如图3.1-77所示,疏水器前a～b段是靠管中压力而流动,其管径可按附录Ⅲ-15采用设计小时耗热量来确定。疏水器至凝结水箱之间的b～c段管径,当凝结水箱通至大气时,可按附录Ⅲ-16概略确定。b～c段通过的热量可按下式计算:

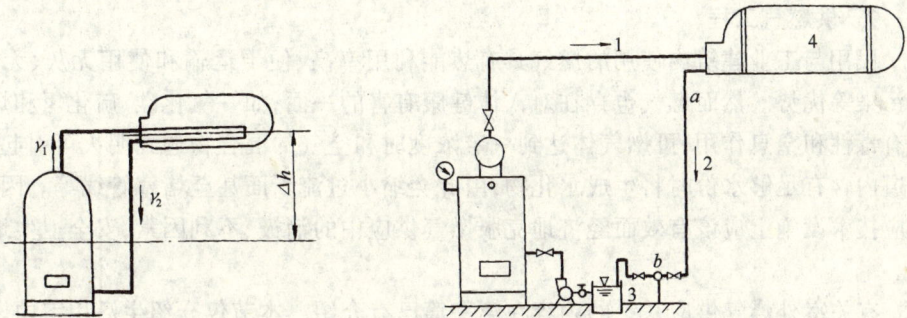

图3.1-76　自然循环作用水头

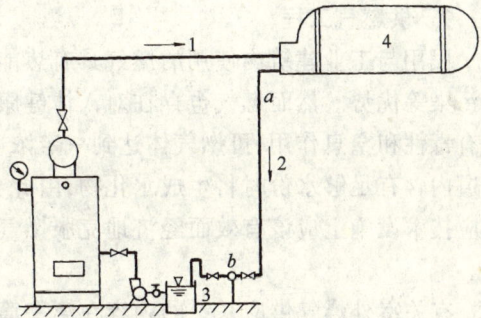

图3.1-77　凝水管路图式

a—凝水管;b—疏水器

1—蒸汽;2—凝结水;3—凝结水池;4—水加热器

$$Q_j = 1.25Q \tag{3.1-27}$$

式中　Q_j——b～c段的计算热量(kJ/h);

　　　Q——高压蒸汽管道起始端的热量(kJ/h);

　　　1.25——考虑系统启动时凝结水量的增大系数。

（2）热水配水管网水力计算

热水配水管网的计算内容及方法基本上与室内给水管网水力计算相同。只是有以下几点区别：计算热水配水管网的管径、水头损失时应该使用热水管道水力计算表（见附录Ⅲ-17）；热水配水管网的局部水头损失，采用自然循环时应逐一详细计算，当采用机械循环系统时可按总沿程水头损失的 20%～30% 估算。

（3）热水循环管网水力计算

循环管网水力计算主要是选定循环管管径及确定循环水泵流量和扬程。其理论计算的根据是在循环管路中有一定循环流量用以补偿配水管网的热损失，然后以补偿这部分热损失的水量在配水、回水计算管路中的水头损失作为循环水泵的扬程；以循环流量作为水泵的流量。经验上一般可取配水系统最大小时热水量的 5%～15% 作为循环流量，而水泵的扬程可按下式计算：

$$H_b = (L + \frac{l}{2})0.01 \tag{3.1-28}$$

式中　H_b——循环水泵的扬程(m)；

　　　L——最大配水计算管路配水管长度(m)；

　　　l——最大回水计算管路的长度(m)。

对于定时供应热水的循环水泵流量可由下式确定：

$$Q_b \geqslant \frac{60V_{gs}}{t_s} \tag{3.1-29}$$

式中　Q_b——循环水泵的流量(L/h)；

　　　V_{gs}——循环管网的全部容积(L)；

　　　t_s——在最长配水和回水环路中，水循环一次所需的时间；一般取 15～30min。

其扬程的确定方法同上。

3.1.7 供燃气工程

民用与工业建筑内使用的燃气具有热能利用率高、便于运输和使用无灰、无渣、减少环境污染等优势。然而燃气也存在对人体健康有害的一面，如一氧化碳、硫化氢和烃类等物质具有毒性和窒息作用；可燃气体达到一定浓度时和空气的混合物遇到明火可引起爆炸；燃气管道内含有足够水份时将生成水化物，由此会缩小过流断面甚至堵塞管线等。因此，在燃气供应技术设施上应该有效而经济地克服燃气供应中的消极、不利因素，安全卫生地发挥其优点。

有关室外燃气供应系统的内容在第一篇已有介绍。本节仅介绍生活用室内燃气供应系统内容。

一、庭院燃气管道的布置与敷设

庭院燃气供应系统是指进气管、庭院燃气管网两部分。进气管从城市低压燃气管网接管，引到庭院燃气管总阀门井，如图 3.1-78 所示，总阀井之后至室内燃气引入管之间的管段为庭院燃气管网。进气管段的位置应根据庭院或小区附近低压燃气管网位置、庭院建筑布置，经市政管理部门批准后确定。庭院燃气管网一般与建筑物平行布置，与建筑物、构筑物或其它管道相邻的水平和垂直距离应符合有关规定。庭院燃气管网宜埋地敷设，不得埋于沥青地面下或其它不透气路面下，以避免燃气管漏气而渗入室内。庭院燃气管道不宜与其

208

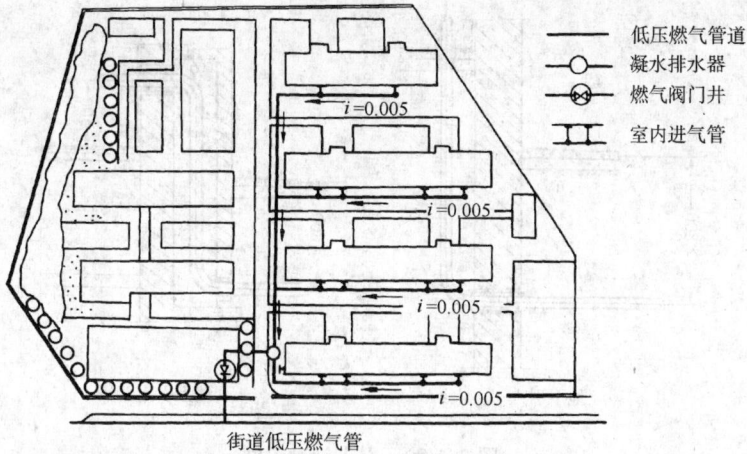

图 3.1-78　低压庭院燃气管网平面布置

它管道或电缆同沟敷设,特殊情况需要同沟敷设时应采取加设套管等防护措施。为避免燃气管道中凝结水结冻而堵塞管道,庭院地下燃气管管顶应低于当地冻土深度线,其管顶覆土厚度应满足地面荷载的要求:当埋设在车行道以下时,应大于 0.8m;在非车行道以下时,应大于 0.6m。此外,燃气管道还应具有不小于 3‰ 的敷设坡度,坡向管网上的凝水排水器。在进气管的起点、管径大于 100mm 的分支管道起点、重要建筑物的分支管道起点等均应设置阀门井,其规格应便于阀门的检修和安装。

　　庭院埋地燃气管道应采用钢管,一律焊接;只有非埋地的控制附件处采用丝扣或法兰连接。埋地钢管一般采用沥青玻璃布加强防腐层;当土壤具有腐蚀性质或有特殊要求时,可根据具体情况选用相应的防腐技术措施。

　　二、室内燃气供应系统的布置和敷设

　　1. 系统、布置和敷设

　　室内燃气供应系统是由用户引入管、室内燃气管网(包括水平干管、立管、水平支管、下垂管、接灶管等)、燃气计量表、燃气用具等组成,如图 3.1-79 所示为室内燃气管道系统图。

　　从室外庭院或街道低压燃气管网接至建筑物内燃气阀门之间的管段称为用户引入管。引入管一般从建筑物底层楼梯间或厨房靠近燃气用具处进入,引入管可穿越建筑物基础、也可以从地面以上穿墙引入室内,但裸露在地面以上的管段必须有保温防冻措施;如图 3.1-80 中所示。引入管应具有不小于 3‰ 坡度;在引入管室外部分距建筑物外围结构 2m 以内的管段内不应有焊接头而采用煨弯,以保证安全;引入管上的总阀门可设在总立管上或是水平干管上;引入管管径应须计算确定,但不能小于 DN25mm。

　　一根引入管可以接一根立管,也可以用水平干管连接若干根立管。横干管多敷设在楼梯间、走廊或辅助房间内。燃气立管一

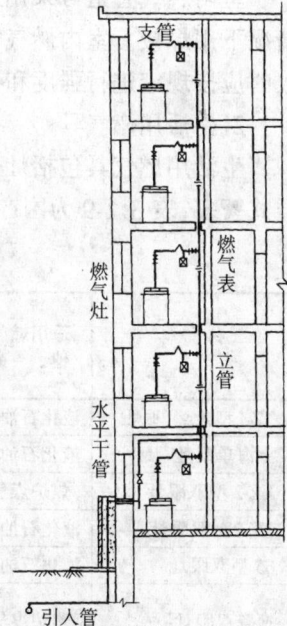

图 3.1-79　室内燃气管道系统

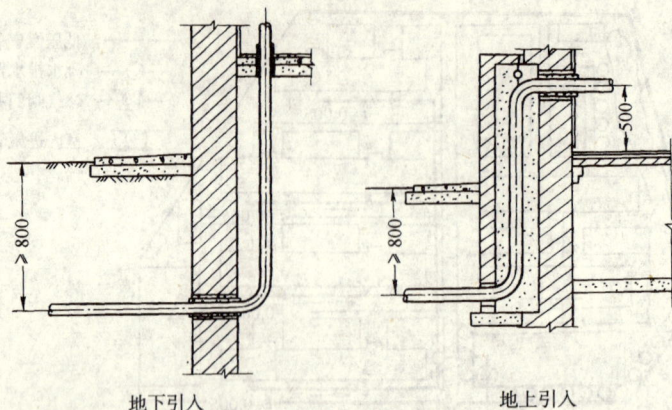

图 3.1-80　引入管敷设法

般布置在用气房间、楼梯间或走廊内,可以明装或暗装;在超过 100m 的高层建筑中的燃气立管应设置伸缩器。立管上引出的水平支管一般距室内地坪以上 1.8～2.0m,低于屋顶 0.15m;至各燃气用具的分支立管上应设置启闭阀门,安装高度为距地面 1.5m 左右;所有的水平管道应有不小于 2‰～5‰的坡度坡向立管、下垂管或引入管。

所有室内燃气管道不得布置在居室、浴室、地下室、配电室、设备用房、烟道、风道和易燃、易爆的场所,否则必须设套管保护。燃气管在穿越建筑物基础、楼板、地板、隔墙时也应设套管。垂直套管一般应高出地坪 5cm。所有套管内的燃气管不能有接头。套管与燃气管之间的空隙应用沥青麻刀堵严。套管与墙、楼板之间用水泥砂浆堵实;当室内燃气管道敷设在环境温度 5℃ 以下或是潮湿房间时,应采取防冻措施。

室内燃气管道可采用水煤气管或镀锌钢管,用丝扣连接,只有当管径大于 65mm 或特殊情况下用焊接。室内燃气管道及其附件应在安装前先涮防锈漆,并在安装后涮银粉防腐;验收时应按规定进行强度和气密性试验。

2.生活用燃气具

生活用燃气具包括灶具、燃气计量表、液化石油气供应气瓶、角阀等。民用生活用燃具样式繁多,表 3.1-9 为国产几种家用灶具的主要技术性能和尺寸。

几种家用灶具的主要技术性能　　　　　　　　表 3.1-9

名　称	适用燃气种　类	喷嘴直径(mm)	热负荷(kJ/h)	进口连接胶管内径(mm)	灶孔中心距(mm)	外形尺寸长×宽×高(mm)	生　产　厂
YZ-1 型搪瓷单眼灶	液化石油气	ϕ0.9	9200	ϕ9.0	—	345×252×97	北京市煤气用具厂
上海单眼灶	液化石油气	ϕ1.0	11700	ϕ10.0	—	360×250×95	上海煤气公司表具厂
YZ-2 型双眼灶	焦炉煤气	ϕ0.9	2×11700	ϕ9.0	400	660×330×125	北京市煤气用具厂
YZ-2A 双眼灶	液化石油气	ϕ0.9	2×9200	ϕ9.0	420	680×365×660	北京市煤气用具厂
65 型双眼灶	液化石油气	ϕ0.9	2×9200	ϕ9.5	420	680×365×660	天津市煤气用具厂
搪瓷双眼灶	焦炉煤气	大 ϕ3.4 小 ϕ1.2	2×10660	ϕ9.0	396	630×230×120	上海煤气表具厂

注:灶前燃气额定压力除上海单眼灶为 250±50mmH$_2$O、搪瓷双眼灶 100±50mmH$_2$O 外均为 280±50mmH$_2$O。

210

燃气计量表俗称煤气表,其种类按用途划分有焦炉煤气表、液化石油气燃气表和两用燃气表;按工作原理划分有容积式、流速式两种;按形式划分有干式、湿式两种。低压输气常采用容积式干式皮囊或湿式罗茨流量计,中压输气多选用罗茨流量表或流速式孔板流量计;家用计量燃气常用皮囊式燃气表。表3.1-10中所列为国产几种燃气流量计的主要性能;图3.1-81为几种燃气流量计外形图。

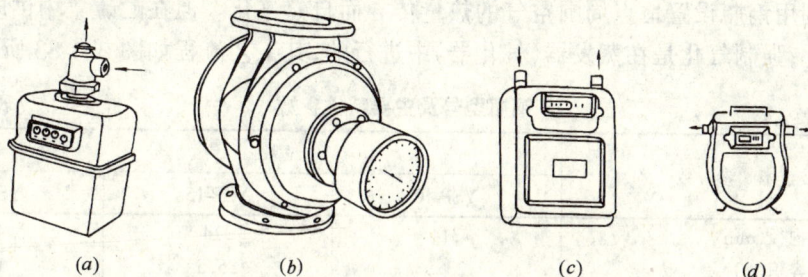

图 3.1-81　几种燃气流量计外形图
(a)户用煤气表;(b)罗茨流量计;(c)液化石油气流量表;(d)LMN煤气计量计

几种燃气流量计的主要技术性能　　　　　　　　　　　　表 3.1-10

名称及型号	额定流量 (m³/h)	输入压力 (MPa)	输出压力 (mmH₂O)	生产厂
QBJ-A(B)型燃气流量计	1、2、2.5	≤0.4	≤700	浙江省苍南仪表厂
QBJ-A(B)型燃气流量计	0.5、1、2	正常使用压力 ≤500mmH₂O		浙江省苍南仪表厂
YB-系列型	20、40、60、100、160、250、400、600	正常使用压力 0.002～0.4MPa		浙江省苍南仪表厂
JBR3 型皮囊式煤气表	3	正常使用压力 50～300mmH₂O		江苏省江阴煤气表具厂
JBR3-1、TM-2A 气体流量表	2	工作压力 30～50mm 水柱		重庆国营前卫仪表厂
LMN-2A 煤气表	2	工作压力 50～500mmH₂O		成都红星仪表厂
JLQ 系列气体流量计	100	使用压力 0.0001～0.1MPa		天津市第五机床厂
	300	使用压力 0.0001～0.1MPa		
	1000	使用压力 0.001～0.1MPa		

液化石油气供应瓶简称钢瓶,是贮装液化石油气的专用压力容器。使用钢瓶具有运输方便、简单经济等优点。我国生产钢瓶的厂家很多,充气量有 10、15、50kg3 种。表3.1-11所列为几种钢瓶的规格和主要技术特性参数。目前,居民用户钢瓶供应多为单瓶供应。单

瓶供应设备是由钢瓶、调压器、燃具和耐油连接胶管或金属管组成,如图 3.1-82 所示。钢瓶应置于厨房或用气房间。单瓶与燃具、散热器等的水平净距不得小于 1m,耐油胶管不得穿越门、窗或墙壁。双瓶供应时可将钢瓶一备一用,两钢瓶之间亦可安装自动切换调压器,当一个钢瓶中燃气使用完后自动接通另一钢瓶。对于用气量很大的住宅楼、高层民用住宅或生活小区的燃气供应,可采用贮罐供应设备,用管网集中供气。对于单、双瓶式液化石油气,一般可以利用钢瓶设置地点周围空气的热量传导而自然气化。但在贮罐集中供应系统应采用强制气化,强制气化是在蒸发器(气化器)中进行的,其工艺流程如图 3.1-83 所示。

钢瓶型号及主要特性参数

表 3.1-11

技 术 参 数	型 号		
	YSP-10	YSP-15	YSP-50
筒体内径(mm)	314	314	400
几何容积(L)	23.5	35.5	118
钢瓶高度(mm)	534	680	1215
底座外径(mm)	240	240	400
护罩外径(mm)	190	190	400
设计压力(MPa)	16	16	16
允许充装量(kg)	10	15	50
使用温度(℃)	−40~60	−40~60	−40~60

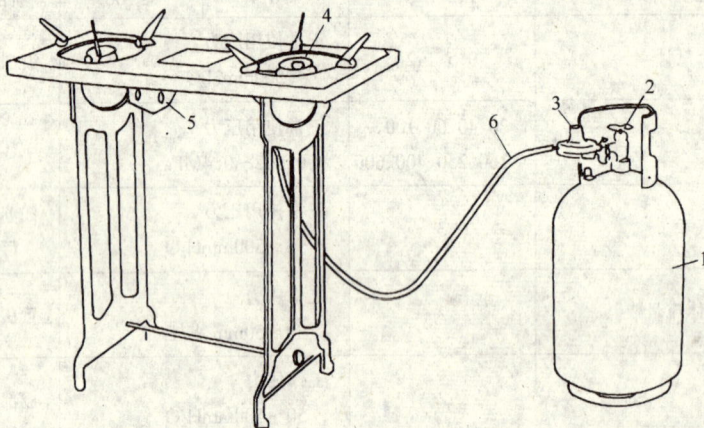

图 3.1-82 液化石油器单瓶供应

1—钢瓶;2—钢瓶角阀;3—调压器;4—燃具;5—燃具开关;6—耐油胶管

三、燃气量及燃气计算流量

燃气量是燃气供应的基础数据。确定燃气量之后才能选用各种燃气设备和输配管网管径等。燃气量一般是按用户性质分为居民住宅、公共建筑、工业企业、建筑采暖等四种类型,庭院小区以居民住宅和公共建筑为主;用燃气采暖只有在供气量充裕时才考虑采用,否则只能作为一种调节手段。

1. 用气量指标

(1) 居民生活用气量指标,该指标与建筑物标准、使用人数、燃气用具种类和数量、居民生

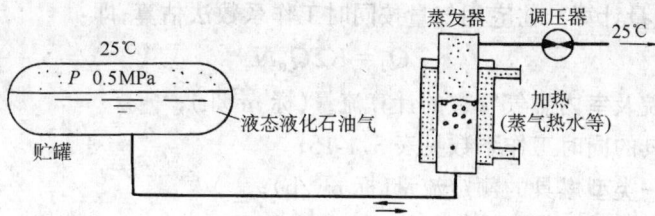

图 3.1-83 强制气化流程图

活习惯、燃气价格、公共服务设施情况等因素有关。可根据对各种类型用户的抽样调查和实测数据,通过数理统计分析求得用气量的平均值,作为用气量指标。表 3.1-12 为我国部分城市居民住宅用气耗热量指标,表 3.1-13 为住宅中各种燃气用具用气量。住宅中设有淋浴器或浴盆时,其加热冷水所需燃气用量指标可估算为:20930kJ/人·次淋浴、45980kJ/人·次浴盆。

(2)公共建筑用气量指标 公共建筑一般包括办公楼、公共服务、文教卫生、经济贸易等建筑,其用气量指标与燃气设备性能、气候条件、加工方式等有关,表 3.1-14 所列为公共建筑一般用气量指标。

居民住宅炊事和生活热水耗热量指标 表 3.1-12

城　　市	耗热量(10^4kJ/(人·a))		城　　市	耗热量(10^4kJ/(人·a))	
	无集中采暖设备	有集中采暖设备		无集中采暖设备	有集中采暖设备
北　　京	250～270	270～290	南　　京	210～230	—
天　　津	250～270	270～290	上　　海	210～230	—
哈 尔 滨	250～270	270～290	杭　　州	270～290	—
沈　　阳	230～250	250～270	广州、深圳	290～310	—
大　　连	230～250	250～270			

注:1.集中采暖设备是指由锅炉房集中供采暖热水或由地区电厂供采暖热水的采暖设备;

　2.耗热量是按每户一台两眼燃气灶定额热负荷以内计算核定;

　3.生活热水不包括自用浴室加热热水用气量,炊事不包括烤箱、烘箱等用热。

住宅燃气用具用气量 表 3.1-13

燃气具名称	用气量 (kJ/h)	燃气具名称	用气量 (kJ/h)
单眼煤气灶(人工煤气)	9200～11290	上海混合煤气烤箱灶(供 10 人使用)	48240
57 型油田单眼灶(油田伴生气)	18800	烤　　箱	15630
上海单眼灶(液化石油气)	11700	保　温　箱	3340
YZ-2A 双眼灶(液化石油气)	18400	自动热水器　出水量 40℃　　180L/h	35530
JZ-2 双眼灶(焦炉煤气)	23400	煤气烤箱	≤14630
搪瓷双眼灶(适用于混合气)	21320	热风采暖炉	14630
TJS-2 双眼灶(液化石油气、天然气)	20060		

2.燃气的小时计算流量

燃气管道水力计算和设备选型的计算依据是计算月的小时最大流量,即小时计算流量。燃气小时计算流量的确定方法有不均匀系数法、同时工作系数法两种。不均匀系数法多用于城市燃气管道的计算,同时工作系数法用于庭院燃气管网和室内燃气管网的计算。

(1) 住宅用气量计算　住宅用气量按同时工作系数法估算,即:

$$Q_1 = K\Sigma Q_n N \tag{3.1-30}$$

式中　Q_1——庭院及室内燃气管道的计算流量(标 m^3/h);

　　　K——燃具的同时工作系数见表 3.1-15;

　　　Q_n——某一类型燃具的额定流量(标 m^3/h);

　　　N——该类型燃具的数目;

　$\Sigma Q_n N$——各类型燃具额定流量之总和(标 m^3/h)。

公共建筑燃气用气量指标　　　　　　　　　　表 3.1-14

建筑名称	单　位	用气量	建筑名称	单　位	用气量
大学、中专	kJ/(人·d)	6270	浴　盆	kJ/(人·次)	45980
中学、小学	kJ/(人·d)	1460	洗衣房	10^4kJ/T 干衣	1760
澡塘、淋浴	kJ/(人·次)	20900	面包房	10^4kJ/T	330
淋　浴	kJ/(人·次)	14210	理发店	kJ/(人·次)	3340~4180
职工食堂	10^4kJ/kg 粮食	0.42~0.52	医　院	10^4kJ/(床位·a)	270~350
饮食业	10^4kJ/(座位·a)	795~920	旅馆(无餐厅)	10^4kJ/(床位·a)	70~85
幼儿园、托儿所 全　托 半　托	10^4kJ/(人·a) 10^4kJ/(人·a)	167~210 60~105			

居民生活用的燃气双眼灶同时工作系数　　　　　　表 3.1-15

同类型燃具数目 N	1	2	3	4	5	6	7	8	9	10	15	20	25
同时工作系数 K_0	1.00	1.00	0.85	0.75	0.68	0.64	0.60	0.58	0.55	0.54	0.48	0.45	0.43
同类型燃具数目 N	30	40	50	60	70	80	100	200	300	400	500	600	1000
同时工作系数 K_0	0.40	0.39	0.38	0.37	0.35	0.35	0.34	0.31	0.30	0.29	0.28	0.26	0.25

(2) 公共建筑用气量计算　公共建筑的燃气计算流量有两种计算方法,一种是按公共建筑拥有的各类用气设备及其额定热负荷计算;另一种是按公共建筑不同燃气用途的用气量指标及其相应的用气单位数计算。

(3) 工业企业用气量计算　工业企业用气量通常按各企业的产品及其耗用燃气量计算。可参考燃气设计手册进行详细计算。

(4) 小区用气量计算　确定小区总燃气流量应先根据小区内建筑物的性质类型分别计算出各类建筑的设计小时流量,然后相加即得所求。若建筑物为燃气采暖时,还应再加入各类建筑采暖的燃气用量。

四、室内燃气管网计算

在选定、布置用户燃气用具并绘制出系统轴侧图后,可进行室内燃气管网的配管计算。计算步骤如下:

(1) 在系统图上选择计算管路,一般要选计算管路最长,其水头损失最大者作为计算管路;

(2) 在计算管路上划分计算管段,一般按节点支出燃气流量划分;

(3) 确定各计算管段中计算流量;

（4）按允许压力降 及管段中计算流量求管径。最小管径一般不宜小于 $DN20$mm。我国几个城市的室内低压燃气管道计算压力降及其分配见表 3.1-16。

我国某些城市室内低压燃气管计算压降　　　　表 3.1-16

项　　　　目	压 力 和 压 力 降 分 配（mmH_2O）			
	北　京	上　海	沈　阳	天　津
燃具的额定压力	80	80	80	200
燃具的最低压力	60	60	60	160
户 内 管	10	8	8	10
燃 气 表	10	12	12	15

注：北京、上海、沈阳为人工燃气；天津为石油伴生气。

（5）求室内燃气计算管路总压力降，并与表 3.1-16 中数值相比较。若相差太大应调整个别管段管径使其相适应。

计算室内燃气管路总压力降时还应注意一个问题，即垂直管路上附加压力值应计算，由于燃气和空气的容重不同而形成的垂直管路附加压力值可按下式计算：

$$\Delta H = \pm \Delta h(\gamma_a - \gamma') \qquad (3.1\text{-}31)$$

式中　ΔH——垂直管路附加压力值（mmH_2O 或 Pa）；

　　　γ'——燃气重力密度（N/m^3）；

　　　γ_a——空气重力密度（N/m^3）；

　　　Δh——垂直管路的高差（m）。

燃气向上输送时取正值，向下输送时应取负值。

【例 3.1-6】　试作六层住宅楼的室内燃气管网配管计算。每户设双眼灶一台，额定用气量为 $1.4m^3/h$，焦炉燃气重力密度 $\gamma' = 4.5N/m^3$，其燃气管网系统图如图 3.1-84 所示，调压器出口压力为 110mmH_2O。

【解】　1.按上述配管水力计算方法选择计算管路：1—2—3—4—5—6。并划分计算管段。

2.求出各计算管段中燃气流量

3.配管计算，本题压降按 10mmH_2O 计，即比压降按 $\frac{10}{29} = 0.35$mm/m，查人工燃气低压钢管水力计算表（参见《燃气设计手册》）可确定管径。本例题考虑附加压力值。全部计算成果见表 3.1-17。

设燃气计算管路局部水头损失为沿程水头损失的 10%，则本题计算管路总水头损失为：

$$17.49 \times 1.10 = 19.24 mmH_2O$$

设燃具工作压力为 60mmH_2O，煤气表水头损失为 10mmH_2O，则本题的总压力为：

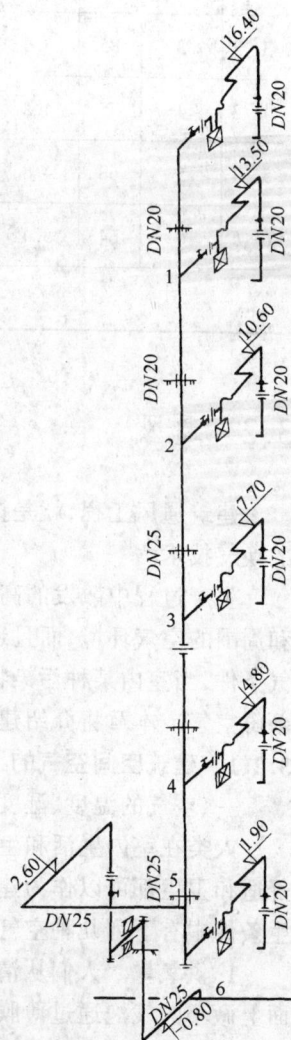

图 3.1-84　室内燃气管道系统图

$$H = 19.24 + 10 + 60 = 89.24mmH_2O < 110mmH_2O$$

配 管 计 算 成 果 表 表 3.1-17

管段编号	燃具数量（双眼灶）	同时工作系数（%）	计算流量（m³/h）	管段长度（m）	管径（DN）	i（mm/m）	il（mm）	管段始末端标高差（m）	附加压头（mm）	管段实际沿程阻力（mm）
1	2	3	4	5	6	7	8	9	10	11
1~0	1	100	1.4	6.2	20	0.20	$1.24 \times \frac{4.5}{9.8} = 0.57$	2.0	$0.833 \times 2.0 = +1.67$	2.24
2~1	2	100	2.8	2.9	20	0.39	$1.13 \times \frac{4.5}{9.8} = 0.52$	2.9	$0.833 \times 2.9 = +2.42$	2.94
3~2	3	85	3.6	2.9	25	0.19	$0.55 \times \frac{4.5}{9.8} = 0.25$	2.9	+2.42	2.67
4~3	4	75	4.2	2.9	25	0.24	$0.70 \times \frac{4.5}{9.8} = 0.32$	2.9	+2.42	2.74
5~4	5	68	4.8	2.1	25	0.34	$0.71 \times \frac{4.5}{9.8} = 0.33$	1.9	$0.833 \times 1.9 = +1.58$	1.91
6~5	6	64	5.4	12.0	25	0.42	$5.04 \times \frac{4.5}{9.8} = 2.32$	3.2	$0.833 \times 3.2 = +2.67$	4.99
								Σ9.37		Σ17.49

3.2 通风

建筑通风工程,就是把室内被污染的空气排到室外,同时把室外新鲜的空气输送到室内的换气技术。

生产过程中散发的高温、高湿、粉尘和有害有毒气体等污染物,不但会影响建筑物内部和周围的空气环境,而且还会损害室内人员的身体健康。为保持室内具有舒适和卫生的空气条件,当室内某种污染物浓度超过规定允许范围时,有必要采取通风措施将污浊空气换成新鲜空气。本章将介绍建筑通风工程中的自然通风及机械通风的方法。

3.2.1 建筑空间空气的卫生条件

一、空气的温度、湿度和流速

人类在室内生活和生产过程中都渴望其所在建筑物不但能挡风避雨,而且舒适、卫生。舒适和卫生都可以作为建筑空间所需的环境条件。影响环境条件的因素很多,其中空气卫生条件中有下列几种空气参数与人体生理有密切关系。

1. 供氧量 人们从清洁、新鲜、富氧的空气中吸入氧气,然后由呼吸道输送到肺部,肺表面上微小的气泡通过薄膜被血液吸收,交换出 CO_2,并被分配到身体各组织,身体各组织用氧气来分解养料形成了热能和机械能。因此说氧气是人生存的基本要素。必须向建筑物内提供人们所需的新鲜空气,对于有污染的工业厂房和民用、公共建筑均须送入足够的新风。

2. 温度 人体要消耗能量,能量来源于养料的氧化过程。能量的一部分以热能形式释

216

放出来,从而使人体的血液保持固有的温度;能量的另一部分储蓄在人体中;还有一部分直接用于新陈代谢。人体与周围环境之间存在着热量传递,这是一个复杂的过程,它与人体的表面温度、环境温度、空气流动速度、人的衣着厚度和劳动强度及姿势等因素有关。在正常情况下,人体依靠自身的调节机能使自身的得热、失热维持平衡,具有稳定的体温。舒适温度的标准往往因人而异,在较暖和的环境中,人体内部血管扩张使较多的血液流至人体表面,热量易于散发。因此在建筑通风设计计算中应根据当地气候条件、建筑物的类型、服务对象等条件选取适宜的室内计算温度。

3. 相对湿度 人体在气温较高时需要更多的蒸发,这时相对湿度便十分重要。据国外有关调查研究表明,当气温高于 22℃ 时相对湿度不宜超过 50%。相对湿度的设计极限应该从人体生理需求和承受能力来确定。在某些生产车间设计中,相对湿度除了考虑人体舒适的需求外,还应兼顾到生产工艺的特殊要求。

4. 空气流动速度 人体周围空气的流动速度是影响人体对流散热和水份蒸发的主要因素之一,因此舒适条件对室内空气流动速度也有所要求。气流流速过大会引起吹风感,尤其是冷空气流速偏大时,若冷刺激超过一定限度将引起血管收缩,使人体表面温度失调,产生不舒适感觉;而气流流速过小则会产生闷气、呼吸不畅的感觉。气流流速的大小还直接影响到人体皮肤与外界环境的对流换热效果,流速增大对流换热速度也加快;气流流速减慢对流换热速度也减小。

此外,还有空气洁净度等对人体生理也有一定的影响。应该说明,建筑空间中众多空气的各种物理因素之间互相关联,例如仅对人体的冷、热感觉就同时涉及到空气的温度、相对湿度、流速等因素。我国颁布的"工业企业设计卫生标准"(以下简称卫生标准)对室内空气温度、相对湿度和流速作了规定。

二、空气中有害物浓度、卫生标准和排放标准

空气中有害物对人体的危害取决于这些有害物的物理化学性质和在空气中的含量。衡量有害物在空气中含量的多少一般是以浓度来表示。有害物的浓度是指单位容积空气中所含有害物质的质量或体积,前者称为质量浓度,以 kg/m^3 空气计量;后者称为体积浓度,以 mL/m^3 空气计量。计量含尘空气的粉尘含量也用同样的表示方法。

我国颁布的卫生标准,对室内空气中有害物质的最高容许浓度及居民区大气中有害物质的最高容许浓度作了规定,参见附录Ⅲ-18 及 Ⅲ-19。其中有害物质的最高容许浓度的取值,是基于工人在此浓度下长期从事生产劳动而不至于引起职业病的原则而制订的。

为了防止工业废水、废气、废渣(以下简称"三废")对大气、水源和土壤的污染,保护生态环境,我国还颁发了《工业"三废"排放试行标准》,对 13 类有害物质的排放量和排风系统排入大气的有害物质排放浓度都作了具体规定。

三、通风工程中的空气设计参数

1. 通风工程设计的室外气象参数,也称通风室外计算参数,应能保证绝大多数时间内,通过所采用通风装置的作用,使室内的空气参数符合卫生标准的要求。我国一些城市的通风室外计算参数值见附录Ⅲ-8。

2. 通风房间内的空气设计参数,包括温度、相对湿度、气流速度、洁净度等。其中在集中供暖地区冬季车间工作地点的温度及辅助房间的室内温度见附录Ⅲ-6、Ⅲ-7;车间内作业区(即工作地点处地面以上 2m 内的空间)的夏季空气温度与车间的散热量有关,应按表 3.2-1

选取;工作地点的夏季空气温度按表 3.2-2 选用。至于通风房间内空气的其它参数应根据具体情况按卫生标准要求来确定。

车间作业区的夏季空气温度 $t_{d \cdot x}$ 表 3.2-1

车间的散热量 （W/m³）	<23	23~100	>100
夏季空气温度 （℃）	$t_{d \cdot x} = t_{w \cdot x} + 3$	$t_{d \cdot x} = t_{w \cdot x} + 5$	$t_{d \cdot x} = t_{w \cdot x} + 7$

注：表中 $t_{w \cdot x}$ 为夏季通风室外计算温度。

车间工作地点的夏季空气温度 $t_{g \cdot x}$ 表 3.2-2

$t_{w \cdot x}$ （℃）	<22	23	24	25	26	27	28	29~32	>33
$t_{g \cdot x}$ （℃）	$t_{w \cdot x} + 10$	$t_{w \cdot x} + 9$	$t_{w \cdot x} + 8$	$t_{w \cdot x} + 7$	$t_{w \cdot x} + 6$	$t_{w \cdot x} + 5$	$t_{w \cdot x} + 4$	$t_{w \cdot x} + 3$	$t_{w \cdot x} + 2$

注：$t_{w \cdot x}$ 同表 3.2-1。

3.2.2 通风系统分类和方式

一、通风系统的分类

如前所述,通风就是更换室内空气,根据换气方法有排风和送风之分。对于为排风和送风设置的管道及设备等装置分别称为排风系统和送风系统,统称为通风系统。此外,通风方法按照空气流动的作用动力有自然通风和机械通风两种。

1. 自然通风 自然通风是依靠风压和热压的作用使室内外空气通过建筑物围护结构的孔口进行交换的。

众所周知,风力是由于大气中存在压力差而形成的。室外气流遇到建筑物时,产生了能量的转换,即动压转变成静压,在不同朝向的围护结构外表面上形成风压差。在迎风面上产生正压而在背风面上产生负压。在这个风压的作用下室外空气通过建筑物迎风面上的门、窗孔口或缝隙进入室内,室内空气则由背风面、侧面上的门、窗口排出。如图 3.2-1 所示就是风压作用下的自然通风示意图。

热压是由于室内外空气温度不同而形成的重力压差。当室内空气温度高于室外空气温度时,室内热空气因其密度小而向上升从建筑物上部的孔洞(如天窗等)处逸出,室外较冷而密度较大的空气不断地从建筑物下部的门、窗补充进来,如图 3.2-2 所示。热压作用压力的大小与室内外温差、建筑物孔口设计型式及风压大小等因素有关,温差愈大、建筑物高度越大,自然通风效果愈好。

自然通风按建筑构造的设置情况又分为有组织自然通风和无组织自然通风。有组织自然通风是指具有一定程度调节风量能力的自然通风,例如可以由通风管道上的调节阀门以及窗户的开启度控制风量的大小;无组织自然通风是指经过围护结构缝隙所进行的不可进行风量调节的自然通风。,自然通风在一般工业厂房中应采用有组织的自然通风方式用以改善工作区的劳动条件;在民用和公共建筑中多采用窗扇作为有组织或无组织自然通风设施。

图 3.2-1 和图 3.2-2 均属有组织自然通风。建筑物窗口设计能满足所需通风量的要求,且可以通过变换孔口截面大小来调节换气风量。高温车间常采用这种对流"穿堂风"和开设天窗的方法来达到防署降温的目的。图 3.2-3 所示是利用风压和热压组合作用进行全面换气,若室外无风仅借助热压作用进行通风。图 3.2-4 所示是一种有组织的管道式自然通风,室外空气从室外进风口进入室内,先经加热处理后由送风管道送至房间,热空气散热冷却后从各房间下部的排风口经排风道由屋顶排风口排出室外。这种通风方式常用作集中供暖的民用和公共建筑物中的热风供暖或自然排风措施。

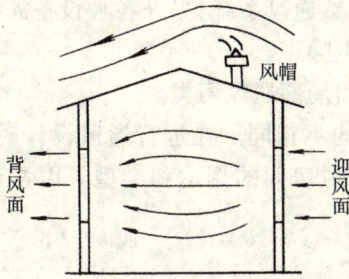

图 3.2-1 风压作用的自然通风

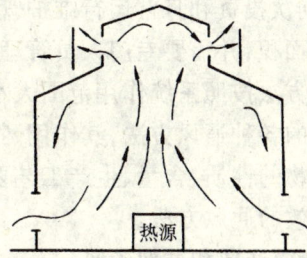

图 3.2-2 热压作用的自然通风

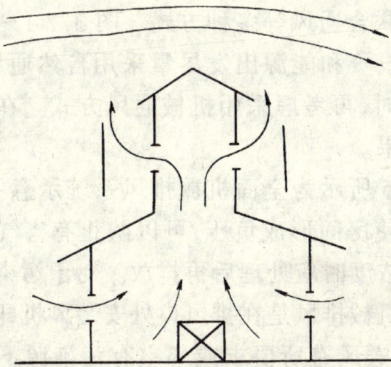

图 3.2-3 利用风压和热压的自然通风

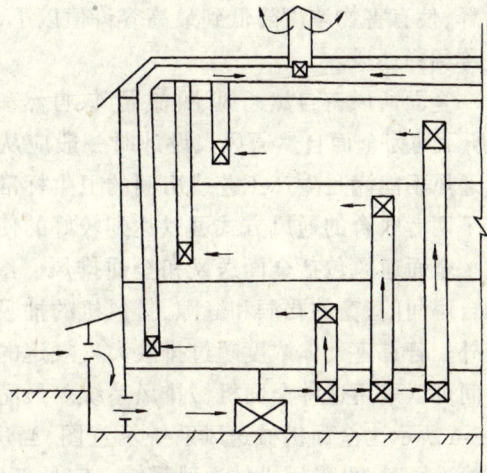

图 3.2-4 管道式自然通风

还有一种无组织的辅助性渗透通风,则是室内外空气受自然作用动力驱使通过围护结构的缝隙进行交换。这种通风方法不宜作为唯一的通风措施单独使用。

自然通风具有经济、节能、简便易行、不需专人管理、无噪声等优点,在选择通风措施时应优先采用。但因自然通风作用压力有限,除了管道式自然通风尚能对进风进行加热处理外,一般情况下均不能进行任何预处理,因此不能保证用户对进风温度、湿度及洁净度等方面的要求;另外从污染房间排出的污浊空气也不能进行净化处理;由于风压和热压均受自然条件的影响,通风量不易控制,通风效果不稳定。

2.机械通风　机械通风是依靠通风机产生的作用动力强制室内外空气交换流动,即通风机提供给机械通风系统足够的作用压力使其能够克服较大的阻力损失。机械通风包括机械送风和机械排风。机械通风与自然通风相比较有很多优点:机械通风作用压力可根据设计计算结果而确定,通风效果不会因此受到影响;可以根据需要对进风和排风进行各种处理,满足通风房间对进风的要求,也可以对排风进行净化处理满足环保部门的有关规定和要求;送风和排风均可以通过管道输送,还可以利用风管上的调节装置来改变通风量大小。但是机械通风系统中需设置各种空气处理设备、动力设备(通风机)、各类风道、控制附件和器材,故而初次投资和日常运行维护管理费用远大于自然通风系统;另外各种设备需要占用建筑空间和面积,并需要专门人员管理,通风机还将产生噪声。

通风方法按照系统作用范围大小还有全面通风和局部通风两类。

上述的各种通风方法,其作用、特点和系统组成均不相同。在进行通风设计时,应根据室内有害物的性质、含量、生产工艺要求、建筑物及通风房间的用途和类型等因素选用合理且经济有效的通风方法。

3.2.3　全面通风和局部通风

一、全面通风

(一) 系统及选用

全面通风是对整个房间进行通风换气,是用新鲜空气把整个房间内的污染物浓度进行稀释,使有害物浓度降低到最高容许值以下,同时把污浊空气不断排至室外,所以全面通风也称稀释通风。

全面通风有自然通风、机械通风、自然和机械联合通风等多种方式。图 3.2-1~图 3.2-4 所示均为全面自然通风。设计时一般应从节约投资和能源出发尽量采用自然通风,若自然通风不能满足生产工艺或房间的卫生标准要求时,再考虑采用机械通风方式。在某些情况下两者联合的通风方式可以达到较好的使用效果。

全面通风包括全面送风和全面排风。图 3.2-5 所示为全面机械排风系统示意图,进风来自房间门、窗的孔洞和缝隙,排风机的抽吸作用使房间形成负压,可以防止有害气体窜出室外。若有害气体浓度超过排放大气规定的容许浓度时应处理后再排放。对于污染严重的房间可以采用这种全面机械排风系统。最简单的机械排风是在排风口处安装风机即可。图 3.2-6 所示为全面机械送风系统示意图,当房间对送风有所要求或邻室有污染源不宜直接自然进风时,可采用机械送风系统。室外新风先经空气处理装置进行预处理,达到室内卫生标准和工艺要求时,由送风机、送风道、送风口送入房间。此时室内处于正压状态,室内部分空气通过门、窗逸出室外。图 3.2-7 所示为某一车间同时采用全面送风和全面排风、即全面通风系统的示意图。全面通风房间的门、窗应密闭,根据送风量和排风量的大小差异,可保持房间处于正压或负压状态,不平衡的风量由围护结构缝隙的自然渗透通风补充。进风和排风均可按照实际要求进行相应的预处理和后续处理。全面通风方法多用于不宜采用自然通风的

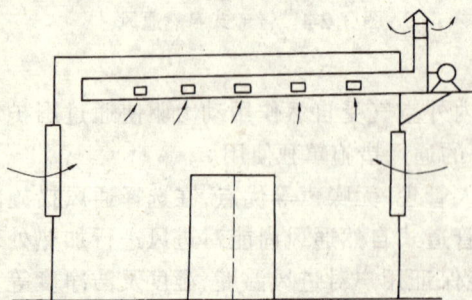

图 3.2-5　全面机械排风(自然送风)

情况,如周围环境空气卫生条件差且室内空气污染严重不可直接排放的情况。

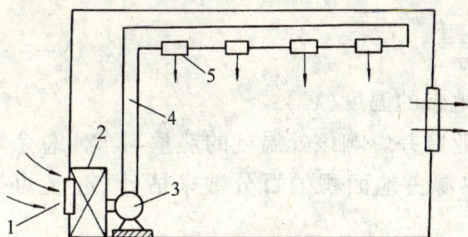

图 3.2-6　全面机械送风(自然排风)
1—进风口;2—空气处理设备;3—风机;
4—风道;5—送风口

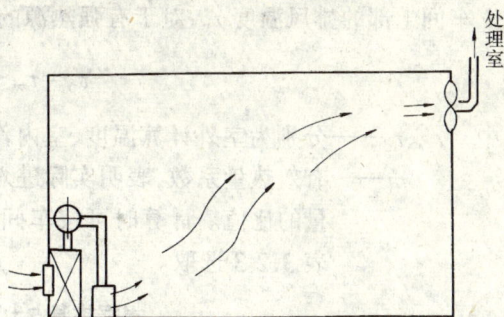

图 3.2-7　全面通风

全面通风的使用效果与通风房间的气流组织形式有关。合理的气流组织应该是正确地选择送、排风口形式、数量及位置,使送风和排风均能以最短的流程进入工作区或排至大气。

(二) 全面通风量的确定

在工业建筑物中的有害物质一般是来源于生产设备和工艺运行过程中。由于生产过程各不相同且极其复杂,有害物散发量难以用理论公式计算,多是通过现场测定或是依照类似生产工艺的调查资料确定。全面通风系统除了承担降低室内有害物浓度的任务外,还具有消除房间内多余热量和湿量的作用。工业厂房产热源主要有:工业炉及其它加热设备散热量、热物料冷却散热量和动力设备运行时的散热量等;室内多余的湿量来源于水体表面的水蒸发量、物料的散湿量、生产过程中化学反应散发的水蒸汽量等。余热、余湿的数量取决于车间性质、规模和工艺条件。计算方法可参阅有关《供暖通风设计手册》。

在民用和公共建筑物中一般不存在有害物生产源,全面通风多用于冬季热风供暖和夏季冷风降温。某些建筑或房间由于人员密集(如剧场、会议室等)或是电气照明设备及其它动力设备较多时,可能产生富余的热量和湿量,这种情况下也可以用全面通风来改善室内的空气环境。消除余热、余湿的全面通风量可按下列公式计算:

1. 消除室内余热所需的全面通风量 G_r 的计算式为:

$$G_r = \frac{Q}{C(t_p - t_s)}$$ (3.2-1)

式中　G_r——全面通风量(kg/s);

Q——室内余热量(kJ/s);

C——空气的质量比热,取为 1.01kJ/kg·℃;

t_p——排风温度(℃);

t_s——送风温度(℃)。

也可以写成体积流量的形式,即:

$$L_r = \frac{Q}{C\rho(t_p - t_s)} = \frac{G_r}{\rho}$$ (3.2-2)

221

式中　ρ——送风密度(kg/m^3)。

车间上部的排风温度 t_p，对于有强热源的车间，通常用下式确定：

$$t_p = t_w + \frac{t_d - t_w}{m} \qquad (3.2\text{-}3)$$

式中　t_w、t_d——分别为室外计算温度、室内作业地带的温度(℃)；

　　　m——有效热量系数，表明实际进入作业区并影响该处温度的热量与车间总余热量的比值。计算时可按车间内热源占地面积的百分数来估计，m 值可按表3.2-3选取。

根据热源占地面积估计 m 值　　　　　　　　　表 3.2-3

f/F	0.05	0.1	0.2	0.3	0.4
m	0.35	0.42	0.53	0.63	0.7

注：1. f 为热源的占地面积(m^2)。

　　2. F 为车间地板的面积(m^2)。

当室内散热量均匀且热强度不大时，可按下式计算。

$$t_p = t_n + \Delta t(H - 2) \qquad (3.2\text{-}4)$$

式中　H——厂房高度(m)；

　　　Δt——温度梯度(℃/m)；

　　　t_n——室内工作区的空气温度(℃)。可以认为与 t_d 相同。

2. 消除室内余湿所需的全面通风量 G_s 的计算式为：

$$G_s = \frac{W}{d_p - d_s} \qquad (3.2\text{-}5)$$

式中　G_s——全面通风量(kg/s)；

　　　W——室内余湿量(g/s)；

　　　d_p——排风含湿量(g/kg 干空气)；

　　　d_s——送风含湿量(g/kg 干空气)。

3. 减少室内有害物浓度并使其达到要求值所需的全面通风量 L 的计算式为：

$$L = \frac{Kx}{y_0 - y_s} \qquad (3.2\text{-}6)$$

式中　L——全面通风量($\text{m}^3\text{/s}$)；

　　　x——室内有害物散发量(g/s)；

　　　y_0——室内卫生标准中规定的最高容许浓度(g/m^3)，即排风中有害物的浓度；

　　　y_s——送风中有害物浓度(g/m^3)；

　　　K——安全系数，一般取在 3～10 范围内。

当散布在室内的有害物无法具体计量时，公式(3.2-6)无法应用。这时全面通风量可根据类似房间的实测资料或经验数据，按房间的换气次数确定。计算式为：

$$L = nV \qquad (3.2\text{-}7)$$

式中　n——房间换气次数(次/h)；按表3.2-4选用；

　　　V——房间容积(m^3)。

房间名称	换气次数(次/h)	房间名称	换气次数(次/h)
住宅居室	1.0	食堂贮粮间	0.5
住宅浴室	1.0~3.0	托幼所	5.0
住宅厨房	3.0	托幼浴室	1.5
食堂厨房	1.0	学校礼堂	1.5
学生宿舍	2.5	教　室	1.0~1.5

全面通风量的确定如果仅是消除余热、余湿或有害气体时,则其各个通风量值就是建筑全面通风量数值。但当室内有多种有机溶剂(如苯及其同系物、或醇类、或醋酸酯类)的蒸汽或是刺激性有味气体(如三氧化硫、二氧化硫、氟化氢及其盐类)同时存在时,全面通风量应按各类气体分别稀释至容许值时所需要的换气量之和计算;除上述有害物质外,对于其它有害气体同时散发于室内空气中的情况,其全面通风量只需按换气量最大者计算即可。对于室内要求同时消除余热、余湿及有害物质的车间,全面通风量应按其中所需最大的换气量计算,即:$L_f = \max\{L_r, L_s, L\}$,其中:$L_f$ 表示车间的全面通风量。

【例 3.2-1】　某车间使用脱漆剂,散发量为 5kg/h,脱漆剂成分为苯 50%、醋酸乙酯 30%、乙醇 10%、松节油 10%,确定该车间全面通风所需的换气量。

【解】　各种有机物的散发量为:

苯 $x_1 = 5 \times 50\% = 2.5$kg/h = 0.694g/s;醋酸乙酯 $x_2 = 5 \times 30\% = 1.5$kg/h = 0.417g/s;乙醇 $x_3 = 5 \times 10\% = 0.5$kg/h = 0.139g/s;松节油 $x_4 = 5 \times 10\% = 0.5$kg/h = 0.139g/s。

查有关卫生标准规定知,车间内各有机物蒸汽的容许值为:

苯 $y_0 = 0.04$g/m³;醋酸乙酯 $y_0 = 0.3$g/m³;松节油 $y_0 = 0.3$g/m³。

设进入车间的空气中不含有上述有机物质,即 $y_s = 0$;取 $K = 6$。根据公式(3.2-6)代入各已知量,可得到将各种有机物蒸气稀释到最高容许浓度以下所需的通风量。

$$L_苯 = \frac{6 \times 0.694}{0.04 - 0} = 104 \text{m}^3/\text{s};$$

$$L_{醋酸乙酯} = \frac{6 \times 0.417}{0.3 - 0} = 8.34 \text{m}^3/\text{s};$$

$$L_{松节油} = \frac{6 \times 0.139}{0.3 - 0} = 2.78 \text{m}^3/\text{s}$$

全面通风量应为三者之和,即:

$$L_f = 104 + 8.34 + 2.78 = 115.12 \text{m}^3/\text{s}$$

从计算结果来看,采用全面通风来降低室内有害物浓度是不经济的。

(三)全面通风的气流组织

合理地组织室内通风气流对全面通风效果至关重要。而室内送、排风口的布置形式是决定室内空气流向的重要因素之一。通风房间气流组织的常用形式有:上送下排、下送上排、中间送上下排等,选用时应按照房间功能、污染物类型、有害源位置、有害物分布情况、工作地点的位置等因素来确定。图 3.2-8 所示为几种不同的全面通风气流组织示意图。

室内送、排风口的任务是将各送风、排风口所需的空气量按一定的方向、速度送入室内

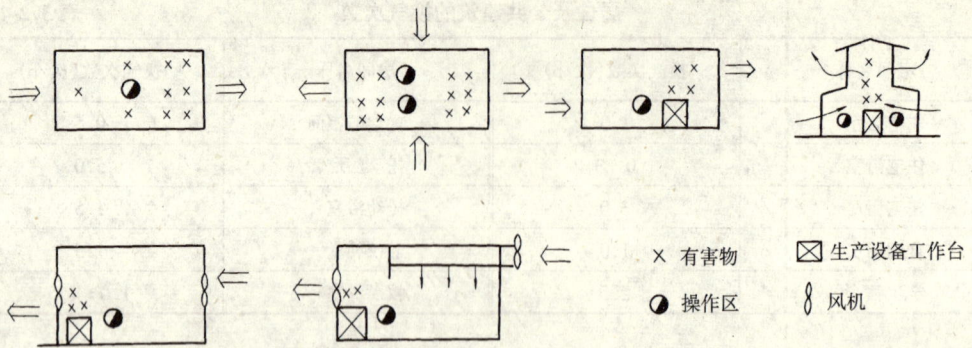

图 3.2-8 全面通风气流组织示意图

和排出室外。在全面通风系统中室内送风口的布置应靠近工作地点,使新鲜空气以最短距离到达作业地带,避免途中受到污染;应尽可能使气流分布均匀,减少涡流,避免有害物在局部空间积聚;送风口处最好设置流量和流向调节装置,使之能按室内要求改变送风量和送风方向;尽量使送风口外形美观、少占空间;对清洁度有要求的房间送风应考虑过滤净化。室内排风口的布置原则是尽量使排风口靠近有害物产源地点或浓度高的区域,以便迅速排污;当房间有害气体温度高于周围环境气温时、或是车间内存在上升的热气流时,无论有害气体的密度如何,均应将排风口布置在房间的上部(此时送风口应在下部);如果室内气温接近环境温度,散发的有害气体不受热气流的影响,这时的气流组织形式必须考虑有害气体密度大小:当有害气体密度小于空气密度时,排风口应布置在房间上部(送风口应在下部),形成下送上排的气流状态;当有害气体密度大于空气密度时,排风口应同时在房间的上、下部布置,采用中间送风上、下排风的气流组织形式。

(四)空气质量平衡和热平衡

任何通风房间中无论采用何种通风方法,必须保证室内空气质量平衡,使单位时间内送入室内的空气质量等于同时段内从室内排出的空气质量,否则通风系统就无法维持正常送风和排风。空气平衡可以用下面的表达式来表示:

$$G_{zs} + G_{js} = G_{zp} + G_{jp} \tag{3.2-8}$$

式中　G_{zs}——自然送风量(kg/s);

　　　G_{js}——机械送风量(kg/s);

　　　G_{zp}——自然排风量(kg/s);

　　　G_{jp}——机械排风量(kg/s)。

公式(3.2-8)表明,通风房间的总送风量与总排风量相等。

在工程实际中,为满足各类通风房间及邻室的卫生要求,常利用无组织自然渗透通风措施,使洁净度要求较高的房间维持正压,使机械送风量略大于机械排风量(约5%~10%);使污染严重的房间维持负压,使机械送风量小于机械排风量(约差10%~20%);用自然渗透通风来补偿以上两种情况的不平衡部分。

通风房间的空气热平衡,是指为了保持室内温度恒定不变使通风房间总的得热量等于总的失热量。各类建筑物的得、失热量因其用途、生产设备、通风方式等因素的不同而存在较大的差异。计算时除了考虑进风和排风携带的热量外,还应考虑围护结构耗热及得热、设

224

备和产品的产热及吸热等。在进行全面通风系统的设计计算时，为了能够同时满足通风量和热量平衡的要求应将空气质量平衡与热量平衡两者统筹考虑。通风房间热平衡方程的表达式可以写成：

$$\Sigma Q_h + CL_p\rho_n t_n = \Sigma Q_f + CL_{js}\rho_{js}t_{js} + CL_{zs}\rho_w t_w + CL_{hx}\rho_n(t_s - t_n) \qquad (3.2\text{-}9)$$

式中　ΣQ_h——围护结构、材料吸热的热损失之和(kW)；

ΣQ_f——生产设备、热物料、散热器等的放热量之和(kW)；

L_p——局部和全面排风量(m^3/s)；

L_{js}——机械送风量(m^3/s)；

L_{zs}——自然送风量(m^3/s)；

L_{hx}——再循环空气量(m^3/s)；

ρ_h——室内空气密度(kg/m^3)；

ρ_w——室外空气密度(kg/m^3)；

t_n——室内空气温度(℃)；

t_w——室外空气计算温度(℃)；

t_{js}——机械送风温度(℃)；

t_s——再循环送风温度(℃)；

C——空气质量比热，取 $1.01kJ/kg\cdot\text{℃}$。

【例3.2-2】　某生产车间生产设备放热量 $Q_1 = 300kW$，通过围护结构的损失热量 $Q_2 = 200kW$，机械局部排风量 $L_{jp} = 4.2m^3/s$，上部天窗自然排风量 $L_{zp} = 2.3m^3/s$，自然送风量 $L_{zs} = 1.6m^3/s$，室内工作区温度 t_n 为 18℃，室外空气温度为 -12℃，车间内温度梯度为 0.3℃／m，如图 3.2-9 所示。要求确定：(1)机械送风量 L_{js}；(2)机械送风温度 t_{js}；(3)加热机械送风所需的热量 Q_3。

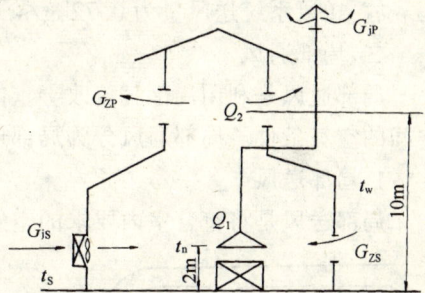

【解】　上部天窗的自然排风温度：

$t_p = t_n + 0.3(H - 2) = 18 + 0.3(10 - 2)$

$\quad = 20.4$℃

图 3.2-9　例 3.2-2 用图

室内温度 t_n 应指 2m 处的空气温度值。

不同温度条件下的空气密度值分别为：

$$\rho_{-12} = 1.35kg/m^3；\rho_{20.4} = 1.2kg/m^3；\rho_{18} = 1.21kg/m^3$$

由公式(3.2-8)，代入已知条件，可以写成：

$$L_{zs}\rho_{-12} + G_{js} = L_{zp}\cdot\rho_{20.4} + L_{jp}\rho_{18}$$

则：　　　$G_{js} = L_{zp}\rho_{20.4} + L_{jp}\rho_{18} - L_{zs}\rho_{-12}$

$\quad\quad\quad\quad = 2.3\times1.2 + 4.2\times1.21 - 1.6\times1.35 = 5.682kg/s$

再由公式(3.2-9)，代入已知条件，可以写成：$Q_1 + G_{js}Ct_{js} + L_{zs}C\rho_{-12}t_w = Q_2 + L_{zp}C\rho_{20.4}t_p + L_{jp}C\rho_{18}t_n$ $300 + 5.682\times1.01t_{js} + 1.6\times1.01\times1.35\times(-12) = 200 + 2.3\times1.01\times1.2\times20.4 + 4.2\times1.01\times1.21\times18$

解为： $t_{js} = 13.15℃$ 取：$t_{js} = 13.2℃$

$$\rho_{13.2} = 1.23 \text{kg/m}^3$$

故：

$$L_{js} = \frac{G_{js}}{\rho_{13.2}} = \frac{5.682}{1.23} = 4.62 \text{m}^3/\text{s}$$

加热机械送风所需的热量 Q_3 应为：

$$Q_3 = G_{js}C(t_{js} - t_w) = 5.682 \times 1.01 \times (13.2 + 12) = 144.6 \text{kW}$$

答： $L_{js} = 4.62 \text{m}^3/\text{s}; t_{js} = 13.2℃; Q_3 = 144.6 \text{kW}$

【例 3.2-3】 已知某产生有害污染物的车间,采用机械通风,其机械局部排风量 $G_{jp} = 0.8 \text{kg/s}$,室内工作地带的温度 $t_n = 16℃$,车间内需补偿的热量 $Q = 4.3 \text{kW}$,室外计算气温按 $t_w = -23℃$ 计,试确定机械送风系统的风量和温度。

【解】 为防止有害物向邻室散发,将车间设计为负压状态,取机械送风量为机械排风量的 90%,即：$G_{js} = 0.9G_{jp} = 0.9 \times 0.8 = 0.72 \text{kg/s}$

由空气质量平衡方程：$G_{js} + G_{zs} = G_{jp} + G_{zp}$

其中：$G_{zp} = 0$,G_{zs} 用于补偿机械送风的不足。

$$G_{zs} = G_{jp} - G_{js} = 0.8 - 0.72 = 0.08 \text{kg/s}$$

由空气热平衡式：$G_{js}Ct_{js} + G_{zs}Ct_w = G_{jp}Ct_{jp} + Q$

代入已知条件：

$$0.72 \times 1.01 \times t_{js} + 0.08 \times 1.01 \times (-23) = 0.8 \times 1.01 \times 16 + 4.3$$

得到： $t_{js} = 26.3℃$

答：送风系统送风量为 0.72kg/s,送风温度为 26.3℃。

二、局部通风

局部通风是利用局部气流改善室内某一污染程度严重的或是工作人员经常活动的局部空间的空气条件。局部通风分为局部送风和局部排风两类。

1.局部送风

局部送风是将符合室内要求的空气输送并分配给局部工作区,常设置在产生有毒有害物质的厂房。图 3.2-10 所示为局部送风系统示意图。对于大面积且工作人员较少、工作地点固定、生产过程中有污染物产生的车间来说,采用全面通风方法改善整个房间的空气环境条件是不经济的,这种情况下可以只向工作区域送所需的新鲜空气,给工作人员创造适宜的工作环境条件,这就是局部送风的作用所在。

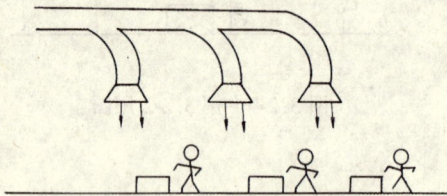

图 3.2-10 局部送风系统示意图

局部送风系统又分有系统式送风和分散式送风两种。分散式局部送风通常是使用轴流风扇或喷雾风扇来增加工作地点的风速或降低局部空间的气温。轴流风扇适用于室内气温低于 35℃、辐射强度不大的无尘车间,利用轴流风扇来强制空气流动加速,帮助人体散热;喷雾风扇是在轴流风机上增设了甩水盘,如图 3.2-11 所示,风机与甩水盘同轴转动,盘上的出水沿

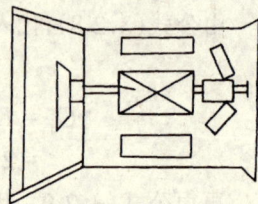

图 3.2-11 喷雾风扇构造图

着切线方向甩出。形成的水雾与水流同时被送到工作区域，水滴在空气中吸热蒸发空气温度下降，并能吸收一定的辐射。系统式局部送风是将室外空气收集后进行预处理，待达到室内卫生标准要求后送入局部工作区。系统组成包括有室外进风口、空气处理设备、风道、风机及喷头等。系统式局部送风用的送风口称为喷头，有固定式和旋转式两种，分别适用于工作地点固定和不固定两种情况，送入的空气一般需经过预处理。系统式局部送风系统常用于卫生环境条件较差、室内散发有害物和粉尘、而又不允许有水滴存在的车间内。

2.局部排风

局部排风是对室内某一局部区域进行排风，具体地讲，就是将室内有害物质在未与工作人员接触之前就捕集、排除，以防止有害物质扩散到整个房间，图 3.2-12 所示为机械局部排风系统的示意图。局部排风是防毒、防尘、排烟的最有效措施。

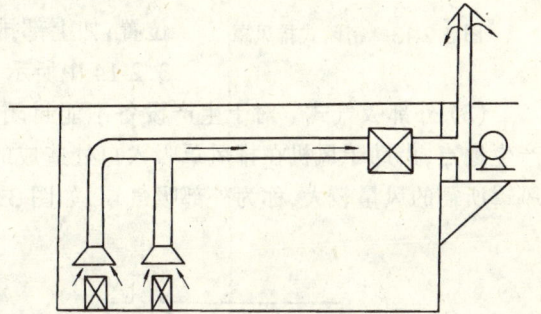

此外，还有一种特殊的事故通风措施。所谓事故通风是在室内存在有突然散发有毒气体，或是有爆炸性气体的可能时，为了防止恶性事故的发生而设置的排风装置。

按照规范规定：凡是在散发有害物的场合，以及作业地带有害物浓度超过最高容许值的情况下，必须结合生产工艺设置局部排风系统；可能突然散发大量有害气体或有爆

图 3.2-12　局部排风系统示意图

炸危险气体的生产厂房，应设置事故排风系统。事故排风宜由经常使用的排风系统和事故排风系统共同保证，必须在发生事故时提供足够的排风量；在散发有害物的场所也可以同时设置局部送风和局部排风，在工作空间形成一层"风幕"，严格地控制有害气体的扩散。在设计局部排风系统时，应以较小的排风量最大限度地排除有害物，合理划分排风系统，正确选用排风设备，以经济的造价满足技术上的要求。正确划分排风系统是设计局部排风系统的首要步骤，划分排风系统的原则是，在下述情况之一时：如两种或两种以上的有害物质混合后具有爆炸或燃烧的危险时；若混合后的蒸汽将会凝结并聚集粉尘时；若有害物混合后可能形成更具毒性的物质时，均应分别设置排风系统。

局部排风系统是由局部排风罩、风管、净化设备和风机等所组成。

局部排风罩是用于捕收有害物的装置，局部排风就是依靠排风罩来实现这一过程的。排风罩的形式多种多样，它的性能对局部排风系统的技术经济效果有着直接影响。在确定排风罩的形式、形状之前，必须了解和掌握车间内有害物的特性及其散发规律，熟悉工艺设备的结构和操作情况。在不妨碍生产操作的前提下，使排风罩尽量靠近有害物源，并相对于有害物散发的方向，使气流从工作人员一侧流向有害物，防止有害物对工人的影响。所选用的排风罩应能够以最小的风量有效而迅速地排除工作地点产生的有害物。一般情况下应首先考虑采用密闭式排风罩，其次考虑采用半密闭式排风罩等其它形式。局部排风罩按其作用原理有以下几种类型：

（1）密闭式　如图 3.2-13 所示为密闭式排风罩,简称密闭罩。密闭罩是将工艺设备及其散发的有害污染物密闭起来,通过排风在罩内形成负压,防止有害物外逸。它是防止有害物向室内扩散的最有效措施。密闭罩的特点是,不受周围气流的干扰,所需风量较小,排风效果好。但是检修不便,无观察孔的排风罩无法监视其工作过程。

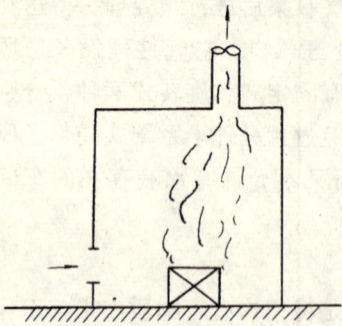

图 3.2-13　密闭式排风罩

（2）柜式(通风柜)　如图 3.2-14 所示为柜式排风罩。柜式排风罩实际上是密闭罩的特殊形式,柜的一侧设有可启闭的操作孔和观察孔。根据车间内散发有害气体的密度大小,或是室内空气温度高低,可以将排风口布置在不同的位置,如上部排风、下部排风或是上、下部同时排风等。图 3.2-14 中所示为上部排风形式。

（3）外部吸气式　对于生产设备不能封闭的车间,一般是把排风罩直接安置在有害物产生地点,借助于风机在排风罩吸入口处造成的负压作用,将有害物吸入排风系统。这类排风罩所需的风量较大,称为外部吸气罩,如图 3.2-15 所示。

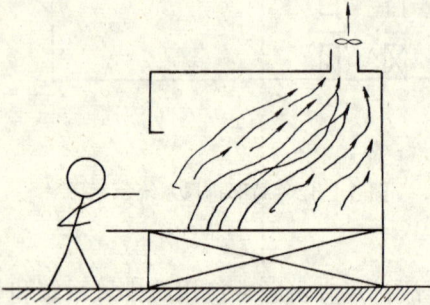

图 3.2-14　柜式排风罩

图 3.2-15　外部吸气排风罩

（4）吹吸式　当工艺操作的要求不允许在污染源上部或附近设置密闭罩或外部吸气排风罩时,采用吹吸式排风罩将是有效的方法。吹吸式排风罩是把吹和吸结合起来,利用喷射气流的射流原理,以射流作为动力使污染源散发出的有害气体形成一道气幕与周围空气隔离,并用吹出的气流把有害物吹向设在另一侧的吸风口处排出,以保证工作区的卫生条件。与吸气式排风罩相比,吹吸式排风罩可以很大程度地减少风机的抽风量,避免周围气流的干扰,更好地保证控制污染的效果。图 3.2-16 为工业槽上的吹吸式排风罩。

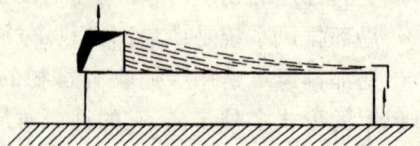

图 3.2-16　工业槽上的吹吸式排风罩

（5）接受式　当某些生产设备或机械本身能将污染物以一定方向排出或散发时,排风罩宜选用接受式。接受式排风罩的特点是:只起接收空气的作用,污染物形成的气流完全由生产过程本身造成。设计时应将排风罩置于污染气流的前方,与运动的机械方向相吻合。比如车间内高温热源的气流排风罩应位于车间的顶部或上部,如

图 3.2-17 所示；对于砂轮磨削过程中抛甩出的粉尘，应将排风罩入口正好朝向粉尘被甩出的方向，如图 3.2-18 所示。

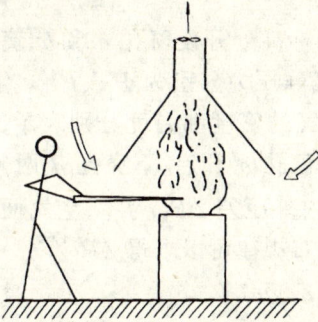

图 3.2-17　高温热源的接受罩

图 3.2-18　砂轮磨削的接受罩

　　为了防止大气被 有害物污染，局部排风系统应按照有害物的毒性程度和污染物的浓度、以及周围环境的自然条件等因素考虑是否进行净化处理。常见的净化设备有除尘器和有害气体净化装置两类，将在 3.2-6 中介绍。

3.2.4　自然通风

　　本节将分别介绍自然通风原理、建筑设计与自然通风、自然通风计算及自然通风的进风窗、避风天窗及风帽。

　　一、自然通风作用原理

　　在建筑物外墙上的窗孔两侧存在压差 ΔP 时，室内外空气便会形成气流，即由压力较高的一侧流向压力较低的一侧。空气通过孔口时产生的局部阻力损失可以认为就等于 ΔP。

$$\Delta P = \xi \frac{v^2}{2} \rho \tag{3.2-10}$$

式中　ΔP——窗孔两侧的压力差(Pa)；

　　　　v——空气流过窗孔时的流速(m/s)；

　　　　ρ——空气密度(kg/m³)；

　　　　ξ——窗孔的局部阻力系数；其值与窗的构造有关。

　　将公式(3.2-10)可改写成：

$$v = \sqrt{\frac{2\Delta P}{\xi \rho}} = \mu \sqrt{\frac{2\Delta P}{\rho}} \tag{3.2-11}$$

式中　μ——窗孔的流量系数，$\mu = \dfrac{1}{\sqrt{\xi}}$，$\mu$ 值一般不大于 1。

　　则：通过窗孔的空气体积流量 L 为：

$$L = v \cdot F = \mu F \sqrt{\frac{2\Delta P}{\rho}} \tag{3.2-12}$$

　　其质量流量 G 为：

$$G = L \cdot \rho = \mu F \sqrt{2\Delta P \rho} \tag{3.2-13}$$

式中　F——窗孔的面积(m²)。

　　由以上公式可知，若已知窗孔两侧空气的压力差 ΔP，窗孔面积 F 及其构造时，便可以求出该窗孔处空气的流量值 L 或 G；可以看出，要想提高自然通风效果，即增大 L 或 G，必须增加窗孔两侧空气的压差 ΔP 或加大窗孔面积 F。

（一）热压作用下的自然通风

有一建筑物如图 3.2-19 所示，在外墙一侧的不同标高处开设窗孔 a 和 b，高差为 h；假设窗孔外的空气静压力分别为 P_a、P_b，窗孔内的空气静压力分别为 P'_a、P'_b。下面用 ΔP_a 和 ΔP_b 分别表示窗孔 a 和 b 的内外压差；室内外空气的密度和温度分别表示为 ρ_n、t_n 和 ρ_w、t_w，且 $t_n > t_w$，$\rho_n < \rho_w$。若先将上窗孔 b 关闭、下窗孔 a 开启：下窗孔 a 两侧空气在压力差 ΔP_a 作用下流动，最终将使得 P_a 等于 P'_a，即室内外压差 ΔP_a 为零，空气便停止流动。这时上窗孔 b 两侧必然存在压力差 $\Delta P'_b$，按静压强分布规律可以求得 ΔP_b：

$$\Delta P_b = P'_b - P_b = (P'_a - \rho_n gh) - (P_a - \rho_w gh)$$
$$= (P'_a - P_a) + gh \times (\rho_w - \rho_n)$$
$$= \Delta P_a + gh(\rho_w - \rho_n) \tag{3.2-14}$$

分析上式，当 $\Delta P_a = 0$ 时，$\Delta P_b = gh(\rho_w - \rho_n)$，说明当室内外空气存在温差（$t_w < t_n$）时，只要开启窗孔 b 空气便会从内向外排出。随着空气向外流动，室内静压逐渐降低，使得 $P'_a < P_a$，即 $\Delta P_a < 0$。这时室外空气便由下窗孔 a 进入室内，直至窗孔 a 的进风量与窗孔 b 的排风量相等为止，形成正常的自然通风。

把公式（3.2-14）移项整理后可得到：

$$\Delta P_b + (-\Delta P_a) = \Delta P_b + |\Delta P_a| = gh(\rho_w - \rho_n) \tag{3.2-15}$$

把 $gh(\rho_w - \rho_n)$ 称为热压。热压的大小与室内外空气的温度差（密度差）进、排风和窗孔之间的高差有关。在室内外温差一定的情况下，提高热压作用动力的唯一途径是增大进、排风窗孔之间的垂直高度。

在进行自然通风计算时，还需借助另外两个概念——余压和中和面。室内某点的余压是指该点的空气压力与室外同标高未受扰动的空气压力的差值。对于仅有热压作用的情况，窗孔内的余压就等于窗孔内外的空气压力差，即 ΔP_a、ΔP_b。余压为正，则窗孔排风；余压为负，则窗孔进风。把余压为零的平面称为中和面，如图3.2-20所示，如果以窗孔 a 为

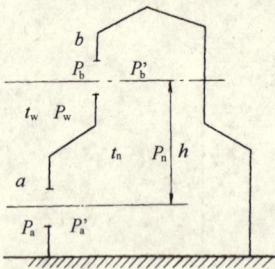

图 3.2-19　热压作用的自
然通风工作原理

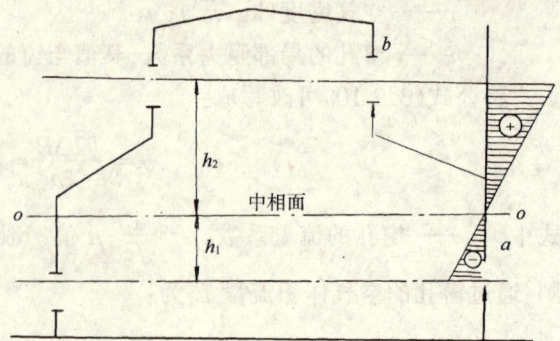

图 3.2-20　余压分布规律

基准面，则任何窗孔的余压等于窗孔 a 的余压和该窗孔与窗孔 a 的高差与室内外密度差之乘积的和，例如窗孔 b 的余压 ΔP_b 就是公式（3.2-14）所示。窗孔高差值 h 越大，其余压值就越大。当室内外空气的温度一定时，上下两个窗孔的余压差与该两窗孔的高差 h 成线性

比例关系,如公式(3.2-15)所示。因此,在热压作用下,余压沿建筑物高度的分布规律如图3.2-20所示,在 $O-O$ 中和面上,余压为零,如果在中和面标高位置开设窗孔不会有空气流动;在 $O-O$ 中和面以上,余压为正;在 $O-O$ 中和面以下,余压为负。

(二) 风压作用下的自然通风

室外空气在平行流动中与建筑物相遇时将发生绕流(非均匀流),经过一段距离后才能恢复原有的流动状态。如图 3.2-21 所示,建筑物四周的空气静压由于受到室外气流作用而有所变化,称为风压。在建筑物迎风面,气流受阻,部分动压转化为静压,静压值升高,风压为正,称为正压;在建筑物的侧面和背风面由于产生局部涡流,形成负压区,静压降低,风压为负,称为负压。风压为负的区域称为空气动力阴影,如图 3.2-22 所示。对于风压所造成的气流运动来说,正压面的开口起进风作用,负压面的开口起排风的作用。

建筑物周围的风压分布与建筑物本身的几何造型和室外风向有关。当风向一定时,建筑物外围护结构上各点的风压值可用下面表达式表示:

$$P_f = K \frac{v_w^2}{2} \rho_w \qquad (3.2-16)$$

式中　　P_f——风压(Pa);

K——空气动力系数;

v_w——室外空气流速(m/s);

ρ_w——室外空气密度(kg/m³)。

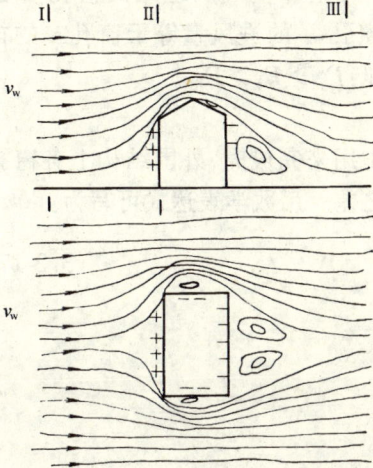

图 3.2-21　建筑物四周的空气分布

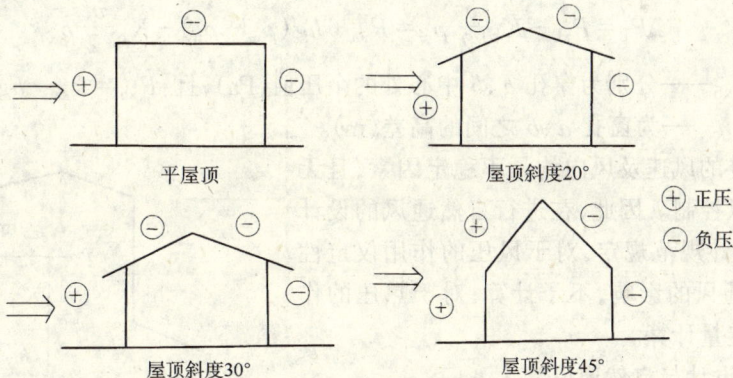

平屋顶　　屋顶斜度20°

⊕ 正压
⊖ 负压

屋顶斜度30°　　屋顶斜度45°

图 3.2-22　风压作用下建筑物四周的正、负压区

不同形状的建筑物在不同风向作用下,空气动力系数 K 的分布是不相同的。K 值一般是通过模型实验而得,K 值为正,说明该点的风压为正压,该处的窗孔为进风窗;K 值为负,说明该点的风压为负压,该处的窗孔为排风窗。

如图 3.2-23 所示的车间,室外风速为 v_w,室内外空气温度一致,即无热压作用。由于风力的作用,迎风面窗孔 a 的风压为 P_{fa},背风面窗孔 b 的风压为 P_{fb},$P_{fa} > P_{fb}$;窗孔中心平面上的余压设为 P_x。仅有风力作用时的室内各点的余压均相等,因为($\rho_w - \rho_n$)一项为零。

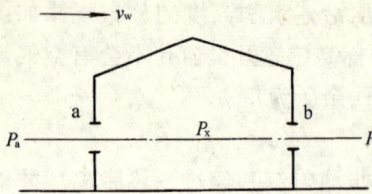

图 3.2-23　风力作用下的自然通风

若开启窗孔 a 而关闭窗孔 b 时，无论窗孔 a 内外两侧压差如何，空气的流动结果都会使得室内的余压 P_x 值逐渐升高，直到室内的余压 P_x 与窗孔 a 的风压相均衡为止，即：$P_x = P_{fa}$，空气流动才会静止；若同时开启窗孔 a 和 b，由于 $P_{fa} = P_x > P_{fb}$，室内空气必然从窗孔 b 流向背风侧，随着室内空气质量的减少，室内余压值 P_x 下降，便再次出现：$P_{fa} > P_x$，此时，室外空气从迎风面窗孔 a 进风。经过一段时间后，窗孔 a 的进风量等于窗孔 b 的排风量，室内余压 P_x 稳定不变，形成稳定的通风换气状态，即：$P_{fa} > P_x > P_{fb}$。

（三）风压、热压同时作用下的自然通风

当某一建筑物的自然通风是依靠风压和热压的共同作用来完成时，外围结构上各窗孔的内外空气压力值 ΔP，应该是各窗孔的余压与室外风压之差。用数学表达式可写为：

$$\Delta P = P_x - K \frac{v_w^2}{2} \rho_w \tag{3.2-17}$$

式中　ΔP——窗孔内外侧空气压力差(Pa)；

　　　P_x——该窗孔的余压(Pa)；

　　　K——窗孔的空气动力系数；

　　　v_w——室外风速(m/s)；

　　　ρ_w——室外空气密度(kg/m³)。

如图 3.2-24 所示，窗孔 a、b 的内外压差可分别写成：

$$\Delta P_a = P_{xa} - K_a \frac{v_w^2}{2} \rho_w \tag{3.2-18}$$

$$\Delta P_b = P_{xb} - K_b \frac{v_w^2}{2} \rho_w = P_{xa} + hg(\rho_w - \rho_n) - K_b \frac{v_w^2}{2} \rho_w \tag{3.2-19}$$

式中　P_{xa}、P_{xb}——分别为窗孔 a、b 中心处的余压值(Pa)，且：$P_{xb} = P_{xa} + hg(\rho_w - \rho_n)$；

　　　h——为窗孔 a、b 之间的高差(m)。

由于室外的风速及风向均是不稳定因素，且无法人为地加以控制。因此，在进行自然通风的设计计算时，按设计规范规定，对于风压的作用仅定性地考虑其对通风的影响，不予计算；对于热压的作用必须进行定量计算。

二、建筑设计与自然通风

通风房间的建筑形式、总平面布置及车间内的工艺布置等对自然通风有着直接影响。在确定通风房间的设计方案时，建筑、工艺和通风各专业应密切配合、互相协调、综合考虑、统筹布置。

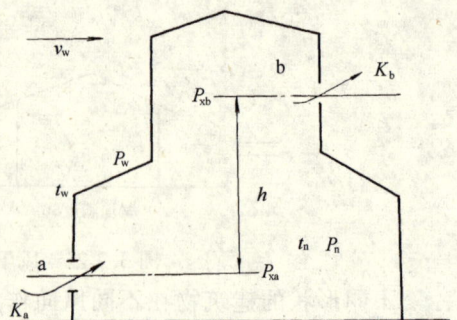

图 3.2-24　风压和热压同时作用下的自然通风

（一）厂房的总平面布置

1.在确定厂房总图的方位时，为避免有大面积的围护结构受西晒的影响，应将厂房纵轴尽量布置成东、西向，尤其是在炎热地区。

232

2. 以自然通风为主的厂房进风面,应与夏季主导风向成 60～90°角,一般不宜小于 45°角,并应与避免西晒问题一并考虑。为了保证自然通风的效果,厂房周围特别是在迎风面一侧不宜布置过多的高大附属建筑物、构筑物。

3. 当采用自然通风的低矮建筑物与较高建筑物相邻接时,为了避免风压作用在高大建筑物周围形成的正、负压对低矮建筑正常通风的影响,各建筑物之间应保持适当的比例关系,例如图 3.2-25 和图 3.2-26 所示的避风天窗和风帽,其有关尺寸应符合表 3.2-5 中的要求。

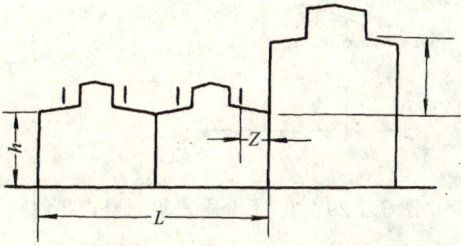

图 3.2-25 各建筑物之间
避风天窗的比例关系

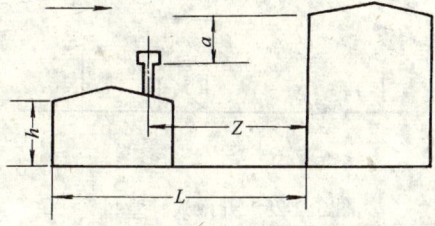

图 3.2-26 各建筑物之间
风帽的有关尺寸

排风天窗或竖风管与相邻较高建筑物外墙的最小间距　　　　表 3.2-5

Z/a	0.4	0.6	0.8	1.0	1.2	1.4	1.6	1.8	2.0	2.1	2.2	2.3
$\dfrac{L-Z}{h}$	1.3	1.4	1.45	1.5	1.65	1.8	2.1	2.5	2.9	3.7	4.6	5.6

注:$Z/a>2.3$ 时,厂房相关尺寸不受限制。

(二) 建筑形式的选择

1. 热加工厂房的平面布置,应尽可能采用"L"型、"凵"型或"山"型等形式,不宜采用"口"型或"吕"型布置。开窗部分应位于夏季主导风向的迎风面,而各翼的纵轴与主导风向成 0～45°角。

2. 对于"凵"型或"山"型建筑物各翼的间距,一般不小于相邻两翼高度之和的 1/2,最好大于 15m。同时必须符合防火设计规范的规定。

3. 以自然通风为主的热车间,为增大进风面积,应尽量采用单跨厂房。

4. 余热量较大的厂房应尽量采用单层建筑,不宜在其四周建筑坡屋;否则,宜建在夏季主导风向的迎风面。

5. 对于多跨厂房,应将冷、热跨间隔布置,避免热跨相邻,如图 3.2-27 所示,使冷跨位于热跨中间,冷跨天窗进风而热跨天窗排风。

6. 如果车间内无高大障碍物阻挡,也不放散大量的粉尘和有害气体,且迎风面和背风面的开孔面积占外墙面积的 25% 以上时,应尽可能采用"穿堂风"的通风方式。这种穿堂风布置形式广泛地用于民用和工业建筑中,是经济有效的降温措施。如图

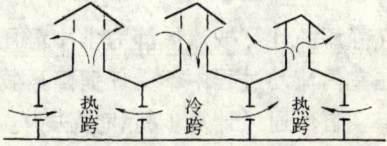

图 3.2-27 多跨车间的自然通风

3.2-28所示的开敞式厂房是应用穿堂风的主要建筑形式之一。此外,还有上开敞式、下开敞式和侧面式等形式,如图3.2-29所示。一般下开敞式宜用于高温车间;冬季寒冷地区可采用侧窗式;常有暴风雨的地区不宜用全开敞式。

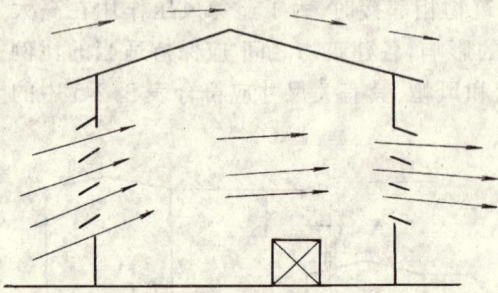

图3.2-28 开敞式穿堂风　　　　　图3.2-29 上、下开敞式和侧窗式穿堂风

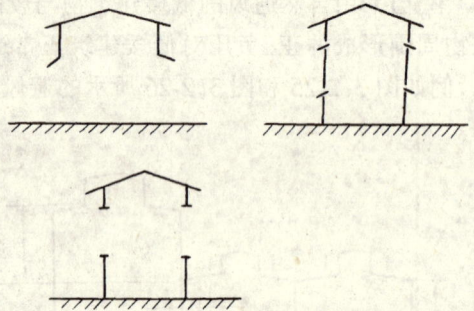

（三）车间内工艺设备的布置与自然通风

1.对于依靠热压作用的自然通风,当厂房设有天窗时,应将散热设备布置在天窗的下部。

2.在多层建筑厂房中,应将散热设备尽量放置在最高层。

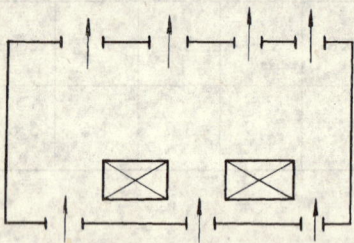

3.高温热源在室外布置时,应布置在夏季主导风向的下风侧;在室内设置时,应采取隔热措施,并应靠近厂房的某外墙侧,布置在进风孔口的两边,如图3.2-30所示。

三、自然通风的计算

一般建筑物自然通风计算方法有设计计算和校核计算两种类型:

设计计算:常用于新建的工业厂房或其它建筑物,根据已确定的生产工艺条件和要求的工作地点设计温度,依照自然通风所需的换气量,来确定建筑物进、排风窗孔的位置和窗口的面积。

图3.2-30 热源在车间内的布置

校核计算:是根据建筑物已有的通风孔口的位置和面积,计算出自然通风能达到的最大换气量,用于对已建成的建筑物内工作区的卫生标准和温度等进行校核。

下面就自然通风计算步骤和方法简介如下。需要说明的是目前自然通风计算中采用了简化条件,首先是影响自然通风的因素当作是稳定的,即不随时间而变化;其次是把室内平均气温取为作业地带温度和上部窗孔排风温度的算术平均值,即: $t_{np} = \dfrac{t_d + t_p}{2}$;此外还把空气静压的计算按流体静力学中静压强的分布规律来考虑;并忽略局部气流的影响、认为空气在室内流动过程中不受任何障碍物的影响。

自然通风计算步骤和方法为:

1.计算车间的全面通风换气量

2.确定进风窗、排风窗的位置,分配各窗孔的进风量和排风量。以图3.2-20为例,进风口 a 的面积可按下式计算:

$$F_a = \frac{G_a}{\mu_a \sqrt{2|\Delta P_a|/\rho_w}} = \frac{G_a}{\mu_a \sqrt{2h_1 g(\rho_w - \rho_n)\rho_w}} \tag{3.2-20}$$

排风口 b 的面积可按下式计算：

$$F_b = \frac{G_b}{\mu_b \sqrt{2\Delta P_b \cdot \rho_p}} = \frac{G_b}{\mu_b \sqrt{2h_2 g(\rho_w - \rho_n)\rho_p}} \tag{3.2-21}$$

式中　F_a、F_b——分别为窗孔 a、b 的面积(m^2)；

　　　　G_a、G_b——分别为窗孔 a、b 的进风量和排风量(kg/s)；

　　　　μ_a、μ_b——分别为窗孔 a、b 的流量系数；

　　　　ρ_w、ρ_n——分别为室外温度、室内平均温度下相应的空气密度(kg/m^3)；

　　　　ρ_p——排风温度(℃)；

　　　　h_1、h_2——中和面到窗孔 a、b 的垂直距离(m)。

若车间内仅设有自然通风时，根据空气质量平衡方程式，应使：$G_a = G_b$；若假定：$\mu_a \approx \mu_b$，$\rho_w \approx \rho_p$，则有：

$$\left(\frac{F_a}{F_b}\right)^2 = \frac{h_2}{h_1} \quad \text{或} \quad \frac{F_a}{F_b} = \frac{\sqrt{h_2}}{\sqrt{h_1}} \tag{3.2-22}$$

由上式可以看出，在确定窗孔的具体位置时，应首先确定中和面的位置，即必须已知 h_1 和 h_2 的数值；进风口和排风口的面积之比随着中和面位置的不同而有差异。若中和面选取得较高，则 h_1 增大而 h_2 减小，此时进风窗面积减小，而排风窗面积增大；若中和面向下移，则 h_1 减小而 h_2 增大，即进风窗面积增大而排风窗面积减小。一般来讲，上部天窗的造价要比侧窗造价高，所以排风天窗 b 的窗孔面积不宜过大，也就是说，中和面的位置不宜选得太高。

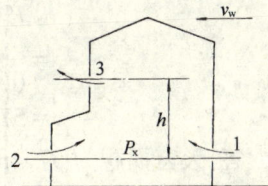

如果车间内同时设有机械通风和自然通风系统时，在空气平衡方程式中应加入机械通风量。

图 3.2-31　例题 3.2-4 用图

【例 3.2-4】　某厂房如图 3.2-31 所示，室内的余热量 $Q = 460kW$，，$m = 0.4$。$F_1 = 12m^2$，$F_2 = 12m^2$，$\mu_1 = \mu_2 = 0.5$，$\mu_3 = 0.3$。空气动力系数分别为：$K_1 = 0.5$，$K_2 = -0.3$，$K_3 = -0.4$，$h = 1.0m$。室外风速 $v_w = 3m/s$，室外气温 $t_w = 25$℃，工作地区温度为 $t_d \leqslant t_w + 5$℃。计算所需天窗的面积 F_3 为多少？

【解】　1. 计算全面通风量

工作区温度：$t_d = t_w + 5 = 25 + 5 = 30$℃

上部排风温度：$t_p = t_w + \dfrac{t_d - t_w}{m} = 25 + \dfrac{30 - 25}{0.4} = 37.5$℃

车间内平均气温：$t_{np} = \dfrac{t_n + t_p}{2} = \dfrac{30 + 37.5}{2} = 33.75$℃

全面通风量 G：对于自然进风：$t_j = t_w$

$$G = \frac{Q}{C(t_p - t_j)} = \frac{460}{1.01 \times (37.5 - 25)} = 36.4(\text{kg/s})$$

2. 计算各窗孔的内外压差：

$$\Delta \rho = \rho_w - \rho_{np} = \rho_{25} - \rho_{33.75} = 1.185 - 1.151 = 0.034(\text{kg/m}^3)$$

室外空气的动压：$\dfrac{v_w^2}{2}\rho_w = \dfrac{3^2}{2}\times 1.185 = 5.33(P_a)$

假设窗孔 1 的余压为 P_x，则各窗孔的内外压差为：

$$\Delta P_1 = P_x - P_{f1} = P_x - K_1\frac{v_w^2}{2}\rho_w = P_x - 0.5\times 5.33 = P_x - 2.665$$

$$\Delta P_2 = P_x - P_{f2} = P_x - K_2\frac{v_w^2}{2}\rho_w = P_x - (-0.3)\times 5.33 = P_x + 1.6$$

$$\Delta P_3 = P_{x3} - P_{f3} = (P_x + gh\Delta P) - K_3\frac{v_w^2}{2}\rho_w = P_x + 9.8\times 10\times 0.034$$

$$- (-0.4\times 5.33) = P_x + 5.464$$

由于窗孔 1、2 进风，ΔP_1 和 ΔP_2 均为负值，代入公式时应取绝对值。

3. 确定 P_x：

根据空气质量平衡原理，$G_1 + G_2 = G_3 = 36.4\text{kg/s}$ ∴ $G = L\cdot\rho = \mu F\sqrt{2\Delta P\rho}$，代入方程式则有：

$0.5\times 12\times\sqrt{2\times(2.665 - P_x)\times 1.185} + 0.5\times 12\times\sqrt{2\times(-P_x - 1.6)\times 1.185} = 36.4$

解得：$P_x = -3.5P_a$

4. 计算天窗面积 F_3：

$$F_3 = \frac{G_3}{\mu_3\sqrt{2\Delta P_3\rho_p}}$$

$$= \frac{36.4}{0.3\times\sqrt{2\times(-3.5 + 5.464)\times 1.136}}$$

$$= 57.4\text{m}^2$$

答：天窗面积为 57.4m^2。

【例 3.2-5】 某车间如图 3.2-32 所示，室内余热量 $Q = 538\text{kW}$，两侧外墙上各有上、下窗孔 b, a，已知 $H_1 = 2\text{m}, H_2 = 18\text{m}, \xi_a = \xi_b = 1.8$；室外气温 $t_w = 31℃$，作业地点气温要求：$t_d \leqslant t_w + 3℃$，有效热量系数 $m = 0.4$。确定仅考虑热压作用时，各通风窗孔的面积 F_1、F_2。

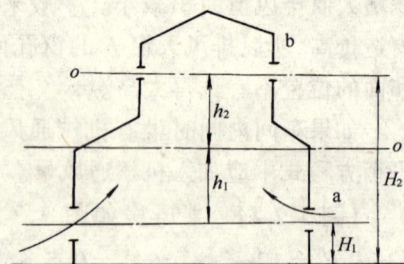

图 3.2-32　例题 3.2-5 用图

【解】 1. 计算全面通风量

工作地点温度：$t_d = t_w + 3 = 31 + 3 = 34℃$

车间上部排风温度：$t_p = t_w + \dfrac{t_d + t_w}{m} = 31 + \dfrac{34 - 31}{0.4} = 38.5℃$

全面通风量：$G = \dfrac{Q}{C(t_p - t_j)} = \dfrac{538}{1.01\times(38.5 - 31)} = 71.02\text{kg/s}$

车间内平均气温：$t_{np} = \dfrac{t_d + t_p}{2} = \dfrac{34 + 38.5}{2} = 36.25\approx 36.3℃$

$\rho_w = \rho_{31} = 1.161\text{kg/m}^3$, $\rho_p = \rho_{38.5} = 1.133\text{kg/m}^3$, $\rho_{np} = \rho_{36.3} = 1.141\text{kg/m}^3$

2. 确定中和面位置

取进、排风窗孔面积之比 $\frac{F_a}{F_b} \approx 1.25$，则有：

$$\frac{h_2}{h_1} = \left(\frac{F_a}{F_b}\right)^2 = 1.25^2 \quad \cdots\cdots\cdots\cdots\cdots\cdots (1)$$

又有：

$$h_1 + h_2 = H_2 - H_1 = 18 - 2 = 16 \quad \cdots\cdots\cdots\cdots\cdots (2)$$

联立(1)、(2)两式可求得：$h_1 = 6.3\text{m}, h_2 = 9.8\text{m}$

3．求进、排风窗孔面积

$$\mu_a = \mu_b = \frac{1}{\sqrt{\xi}} = \frac{1}{\sqrt{1.8}} = 0.75$$

$$F_a = \frac{G_a}{\mu_a \sqrt{2h_1 g (\rho_w - \rho_n) \rho_w}} = \frac{71.02}{0.75 \sqrt{2 \times 6.3 \times 9.8 \times (1.161 - 1.141) \times 1.161}} = 56\text{m}^2$$

$$F_b = \frac{G_b}{\mu_b \sqrt{2h_2 g (\rho_w - \rho_n) \rho_p}} = \frac{71.02}{0.75 \sqrt{2 \times 9.8 \times 9.8 \times (1.161 - 1.141) \times 1.133}} = 45\text{m}^2$$

校核：$\frac{F_a}{F_b} = \frac{56}{45} \approx 1.24$，基本接近于假定数值，说明计算结果正确。

4．由于车间两侧外墙的进、排风窗孔对称应取每侧外墙上进风窗孔面积为 $\frac{56}{2} = 28\text{m}^2$、排风窗孔面积为 $\frac{45}{2} = 22.5\text{m}^2$。

四、进风窗、避风天窗与风帽

1．进风窗的布置与选择

（1）对于单跨厂房进风窗应设在外墙上，在集中供暖地区最好设上、下两排。

（2）自然通风进风窗的标高应根据其使用的季节来确定：夏季通常使用房间下部的进风窗，其下缘距室内地坪的高度一般为 0.3～1.2m，这样可使室外新鲜空气直接进入工作区；冬季通常使用车间上部的进风窗，其下缘距地面不宜小于 4.0m，以防止冷风直接吹向工作区。

（3）夏季车间余热量大，因此下部进风窗面积应开设大一些，宜用门、洞、平开窗或垂直转动窗板等；冬季使用的上部进风窗面积应小一些，宜采用下悬窗扇，向室内开启。

2．避风天窗

在工业车间的自然通风中，往往依靠天窗（车间上部的排风窗）来排除室内的余热及烟尘等污染物。天窗应具有排风性能好、结构简单、造价低、维修方便等特点。在风力作用下普通天窗的迎风面会发生倒罐现象，不能稳定排风。因此需要在天窗外加设挡风板，或者采取其他措施来保持挡风板与天窗的空间内，在任何风向情况下均处于负压状态，这种天窗称为避风天窗。

利用天窗排风的车间，当符合下列情况之一时，应采用避风天窗：

（1）不允许倒罐；

（2）夏季室外平均风速大于 1m/s；

（3）累年最热月平均温度 $\geqslant 28\text{℃}$ 的地区，室内余热量大于 23W/m^2 时；其它地区，室内余热量大于 35W/m^2 时。

常见的避风天窗有矩形天窗、下沉式天窗、曲（折）线型天窗等多种形式。

（1）矩形天窗的形式如图 3.2-33 所示，挡风板常用钢板、木板或木棉板等材料制成，两

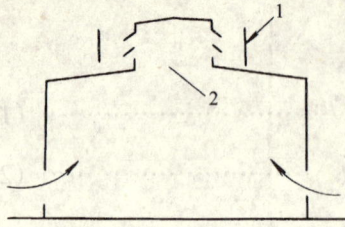

图 3.2-33　矩形避风天窗
1—挡风板；2—喉口

端应封闭。挡风板上缘一般应与天窗屋檐高度相同。挡风板与天窗窗扇之间的距离为天窗高度的 1.2～1.3 倍。挡风板下缘与屋顶之间的间距为 50～100mm，用于排除屋面水。矩形避风天窗采光面积大，便于热气流排除；但结构复杂，造价高。

积灰，不便排水。

（2）下沉式天窗，如图 3.2-34 所示，其部分屋面下凹，利用屋架本身的高差形成低凹的避风区。这种天窗无需专设挡风板和天窗架，其造价低于矩形天窗。但是不易清扫

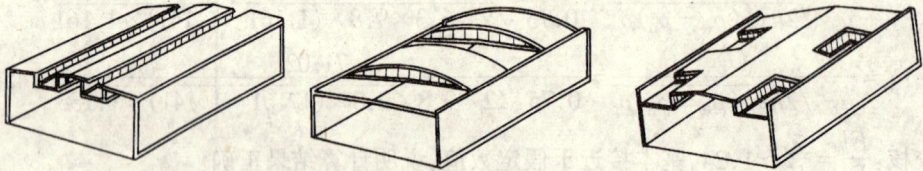

图 3.2-34　下沉式天窗

（3）曲（折）线型天窗是一种新型的轻型天窗，如图 3.2-35 所示。挡风板的形状为折线或曲线型。与矩形天窗相比，其排风能力强、阻力小、造价低、重量轻。

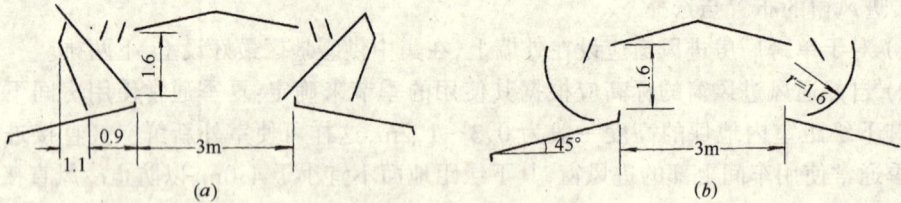

图 3.2-35　曲、折线型天窗
（a）折线型天窗；（b）曲线型天窗

3．避风风帽

避风风帽就是在普通风帽的外围增设一周挡风圈。挡风圈的功能同挡风板，即当室外气流通过风帽时，在排风口四周形成负压区。风帽多用于局部自然通风和设有排风天窗的全面自然通风系统中，一般安装在局部自然排风罩风道出口的末端，和全面自然通风的建筑物屋顶上，如图 3.2-36、3.2-37、3.2-38 所示。风帽的作用在于：可以使排风口处和风道内产生负压防止室外风倒灌和防止雨水或污物进入风道或室内。

3.2.5　通风系统的设备和构件

机械排风系统一般由有害污染物收集和净化设备、排风道、风机、排风口及风帽等组成；而机械送风系统一般由进风室、风道、空气处理设备、风机和送风口等组成。此外，在机械通风系统中还应设置必要的调节通风量和启闭系统运行的各种控制部件，即各式阀门。兹将通风系统主要设备及构件简述如下：

一、通风机

通风机是用于为空气气流提供必需的动力以克服输送过程中的阻力损失。在通风工程

238

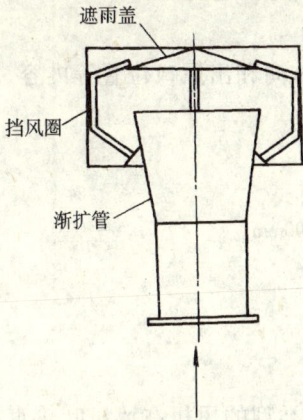

图 3.2-36 避风风帽的构造

图 3.2-37 利用风帽的
自然通风

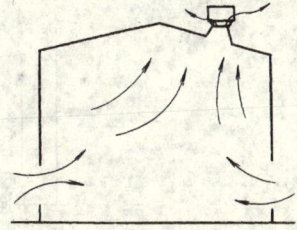

图 3.2-38 全面自然通风中的
避风风帽

中,根据通风机的作用原理有离心式、轴流式和贯流式 3 种类型,大量使用的是离心式和轴流式通风机。此外,在特殊场所使用的还有高温通风机、防爆通风机、防腐通风机和耐磨通风机等。

(一)离心式通风机

离心式通风机简称离心风机,其构造如图 3.2-39 所示,与离心式水泵相类似同属流体机械的一种类型。它是由叶轮、机轴、机壳、吸风口、电机等部分组成。叶轮上有一定数量的叶片、机轴由电动机带动旋转,叶片间的空气随叶轮旋转而获得离心力,并从叶轮中心以高速抛出叶轮之

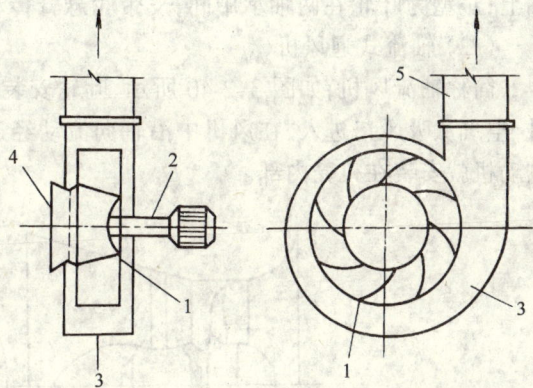

图 3.2-39 离心风机构造示意图
1—叶轮;2—风机轴;3—机壳;4—导流器;5—排风口

外,汇集到螺旋线形的机壳中,速度逐渐减慢,空气的动压转化成静压获得一定的压能,最终从排风口压出。当叶轮中的空气被压出后,叶轮中心处形成负压,此时室外空气在大气压力作用下由吸风口被吸入叶轮,再次获得能量后被压出,形成连续的空气流动。

离心风机种类如按风机产生的压力高低来划分有:

1. 高压通风机——压力 $P>3000Pa$,一般用于气力输送系统;

2. 中压通风机——$3000Pa>P>1000Pa$,一般用于除尘排风系统;

3. 低压通风机——$P<1000Pa$,多用于空气调节系统。

表达离心风机性能的主要参数有:

1. 风量(L)——是指风机在工作状态下,单位时间内输送的空气量(m^3/s)或(m^3/h);

2. 全压(或风压 P)——是指每 m^3 空气通过风机所获得的动压和静压之和(Pa);

3. 轴功率(N)——是指电动机施加在风机轴上的功率(kW);

4. 有效功率(N_x)——是指空气通过风机后实际获得的功率(kW);

5．效率（η）——为风机的有效功率与轴功率的比值，$\eta = N_x/N \times 100\%$；

6．转数（n）——风机叶轮每分钟的旋转数，r/min。

离心风机的全称包括有：名称、型号、机号、传动方式、旋转方向和出风口位置等内容，一般书写顺序为：

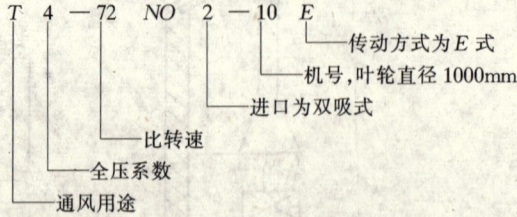

```
T  4 — 72  NO  2 — 10  E
                       └── 传动方式为 E 式
                    └───── 机号，叶轮直径 1000mm
                └───────── 进口为双吸式
        └───────────────── 比转速
      └─────────────────── 全压系数
  └───────────────────── 通风用途
```

其中全压系数是衡量不同类型风机压头大小的参数。不同类型的风机在风机叶轮直径及转数相同条件下，全压系数越大则压头也越大；机号是用叶轮外径的分米（dm）数表示，前面冠以符号 NO；传动方式则表示风机的六种传动方式，如 A 型表示直联，即叶轮装在电机轴上；E 型为叶轮在两轴承中间，皮带轮悬臂传动。

（二）轴流式通风机

简称轴流风机，如图 3.2-40 所示，叶轮安装在圆筒形外壳中，当叶轮由电动机带动旋转时，空气从吸风口进入，在风机中沿轴向流动经过叶轮和扩压器时压头增大，从出风口排出。电动机就安装在机壳内部。

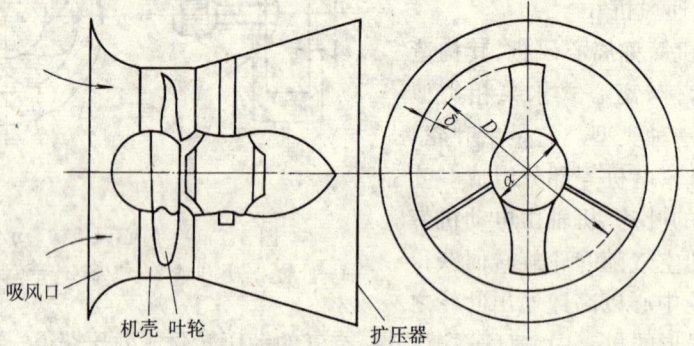

3.2-40　轴流风机简图

轴流风机产生的风压低于离心风机，以 500Pa 为界分为低压轴流风机和高压轴流风机。其全称可写成：

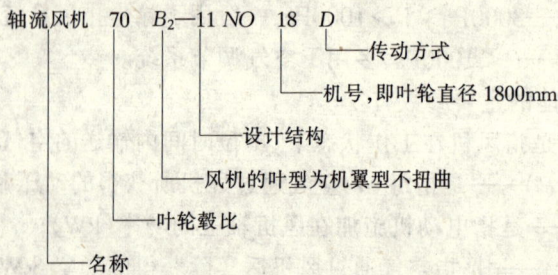

```
轴流风机  70  B₂—11 NO  18  D
                            └── 传动方式
                        └────── 机号，即叶轮直径 1800mm
                    └────────── 设计结构
              └──────────────── 风机的叶型为机翼型不扭曲
          └──────────────────── 叶轮毂比
      └────────────────────── 名称
```

240

轴流风机的参数与离心风机相同。

轴流风机与离心风机相比较,具有产生风压较小,单级式轴流风机的风压一般低于300Pa;风机自身体积小、占地少;可以在低压下输送大流量空气;噪声大;允许调节范围很小等特点。轴流风机一般多用于无需设置管道以及风道阻力较小的通风系统。

(三) 通风机的选择

通风机的选择可按下列步骤进行:

1. 根据被输送气体(空气)的成分和性质以及阻力损失大小,首先选择不同用途和类型的风机。例如:如用于输送含有爆炸、腐蚀性气体的空气时,需选用防爆防腐型风机;用于输送含有强酸或强碱类气体的空气时,可选用塑料通风机;对于一般工厂、仓库和公共民用建筑的通风换气,可选用离心风机;对于通风量大而所需压力小的通风系统以及用于车间内防署散热的通风系统,多选用轴流风机。

2. 根据通风系统的通风量和风道系统的阻力损失,按照风机产品样本确定风机型号。一般情况下,应对通风系统计算所得的风量和风压附加安全系数,风量的安全系数取为1.05~1.10,风压的安全系数为1.10~1.15。

即:

$$L_{风机} = (1.05 \sim 1.10)L \tag{3.2-23}$$

$$P_{风机} = (1.10 \sim 1.15)P \tag{3.2-24}$$

式中 L、P 为通风系统中计算所得的总风量和总阻力损失。应使 $L_{样本} \geqslant L_{风机}$;$P_{样本} \geqslant P_{风机}$。

风机选型还应注意使所选用风机正常运行工况处于高效率范围;另外,样本中所提供的性能选择表或性能曲线,是指标准状态下的空气。所以,当实际通风系统中空气条件与标准状态相差较大时应进行换算。

(四) 通风机的安装

轴流风机通常是安装在风道中间或墙洞中。风机可以固定在墙上、柱上或混凝土楼板下的角钢支架上,如图 3.2-41 所示。小型直联传动离心风机可以采用图 3.2-42 所示的安装方法;对于中、大型离心风机一般应安装在混凝土基础上,如图 3.2-42 所示。此外,安装

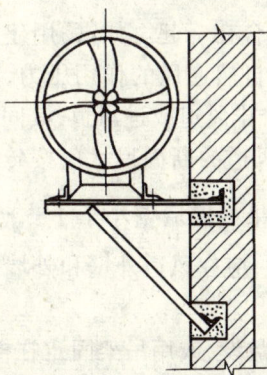

(a)　　　　(b)

图 3.2-41　轴流风机在墙上安装　　图 3.2-42　离心风机在混凝土基础安装

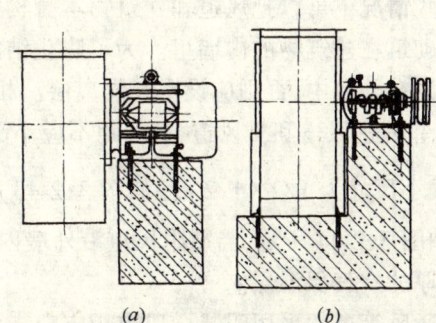

通风机时,应尽量使空气吸风口和出风口均匀一致,不要出现流速急剧变化。对隔振有特殊要求的情况,应将风机装置在减振台座上。

二、风道

风道的作用是输送空气。风道的制作材料、形状、布置均与工艺流程、设备和建筑结构等有关。

（一）风道的材料、形状及保温

制作风道的常用材料有薄钢板、塑料、胶合板、纤维板、混凝土、钢筋混凝土、砖、石棉水泥、矿渣石膏板等。风道选材是由系统所输送的空气性质以及就地取材的原则来确定的。一般来讲，输送腐蚀性气体的风道可用涂刷防腐油漆的钢板或硬塑料板、玻璃钢制作；埋地风道通常用混凝土板做底、两边砌砖，用预制钢筋混凝土板做顶；利用建筑空间兼作风道时，多采用混凝土或砖砌风道。

风道的断面形状为矩形或圆形。圆形风道的强度大、阻力小、耗材少，但占用空间大、不易与建筑配合。对于高流速、小管径的除尘和高速空调系统，或是需要暗装时可选用圆形风道；矩形风道容易布置，便于加工。对于低流速、大断面的风道多采用矩形。矩形风道适宜的宽高比在 3.0 以下。我国已于 1975 年制定了《通风管道统一规格》可供遵循。

风道在输送空气过程中，如果要求管道内空气温度维持恒定，或是避免低温风道穿越房间时外表面结露，或是为了防止风道对某空间的空气参数产生影响等情况，均应考虑风道的保温处理问题。保温材料主要有软木、泡沫塑料、玻璃纤维板等。保温厚度应根据保温要求进行计算。保温层结构可参阅有关国家标准图。

（二）风道的布置

风道的布置应在进风口、送风口、排风口、空气处理设备、风机的位置确定之后进行。风道布置原则应该服从整个通风系统的总体布局，并与土建、生产工艺和给排水等各专业互相协调、配合；应使风道少占建筑空间并不得妨碍生产操作；风道布置还应尽量缩短管线、减少分支、避免复杂的局部管件；便于安装、调节和维修；风道之间或风道与其它设备、管件之间合理连接以减少阻力和噪声；风道布置应尽量避免穿越沉降缝、伸缩缝和防火墙等；对于埋地风道应避免与建筑物基础或生产设备底座交叉，并应与其它管线综合考虑；风道在穿越火灾危险性较大房间的隔墙、楼板处、以及垂直和水平风道的交接处，均应符合防火设计规范的规定。

在某些情况下可以把风道和建筑物本身构造密切结合在一起。如：民用建筑的竖直风道通常就砌筑在建筑物的内墙里。为了防止结露和影响自然通风的作用压力，竖直风道一般不允许设在外墙中，否则应设空气隔离层。相邻的两个排风道或进风道，其间距不应小于 1/2 砖；相邻的进风道和排风道，其间距不应小于 1 砖。风道的断面尺寸应按砖的尺寸取整数倍，其最小尺寸为 1/2 × 1/2 砖，如图 3.2-43 所示。如果内墙墙壁小于 $1\frac{1}{2}$ 砖时，应设贴附风道，如图 3.2-44 所示，当贴附风道沿外墙内侧布设时，应在风道外壁和外墙内壁之间留有 40mm 厚的空气保温层。

工业通风管道常采用明装。风道用支架支承沿墙壁敷设，或用吊架固定在楼板、桁架之下。在满足使用要求的前提下尽可能布置得美观。

（三）风道的水力计算

风道水力计算的目的是确定风道的断面积，并计算风道的阻力损失，从而确定通风机的

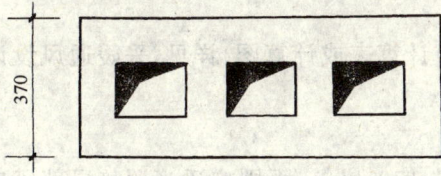

图 3.2-43　内墙风道

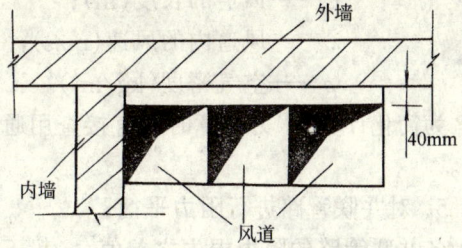

图 3.2-44　贴附风道

型号。风道水力计算是在通风系统设备、构件、管道均已选定、布置完成,且风量已计算确定之后,按照系统轴侧图进行计算的。其计算多采用假定流速法,兹介绍其计算步骤和方法:

1. 根据通风系统平面布置图绘制系统轴侧图。并对计算管路进行分段、编号,注明各管段的长度和风量;

2. 选择风道的各管段的流速值;

风道中空气流速先取偏大可以减小风道截面,从而降低风道造价和减少占用空间,但增大的空气流动阻力损失,增加风机消耗的电能,产生的噪声也较大;反之,如果流速选取得偏低则情况恰恰相反。因此,风速的确定应通过全面的技术经济比较综合考虑,一般可参考表3.2-6 中的数值。

风　道　中　的　流　速 v(m/s)　表 3.2-6

风道部位	钢　板　和　塑　料　风　道	砖　和　混　凝　土　风　道
干　　管	6~14	4~12
支　　管	2~8	2~6

3. 计算各管段的断面积 F;

风道断面积 F 按下式确定:

$$F = \frac{L}{3600v} \tag{3.2-25}$$

式中　　L——风道内的通风量(m³/h);

　　　　v——风道内的空气流动速度(m/s)。

确定风道断面尺寸时应采用附录Ⅲ—20、21 中所列的通风管道统一规格。

4. 按风道的实际流速值求出计算管路的阻力损失;

阻力损失包括有沿程阻力损失和局部阻力损失两种,计算公式分别为:

$$\Delta P_f = \lambda \frac{L}{4R} \frac{v^2}{2} \rho \tag{3.2-26}$$

$$\Delta P_j = \xi \frac{v^2}{2} \rho \tag{3.2-27}$$

式中　　ΔP_f、ΔP_j——分别为风道的沿程阻力损失、局部阻力损失(Pa);

　　　　λ、ξ——分别为风道的沿程、局部阻力系数;

　　　　R——风道的水力半径(m);

243

L——风道的长度(m);

v——风道内的风速(m/s);

ρ——空气密度(kg/m^3)。

为简化计算,水力计算时可直接查用通风管道计算表或计算图,详见《采暖通风设计手册》。

5. 对并联管路进行阻力平衡;

各并联管路的阻力损失之差值,一般不宜相差 15% 以上,否则应适当调整局部风道管段的断面尺寸,将各管路阻力损失之差限定在规定范围内。

6. 求出最不利计算管路的总阻力损失,并以此值来选择风机的型号和规格。

三、进、排风装置

进风口、排风口按其使用的场合和作用的不同有室外进、排风装置和室内进、排风装置之分。

(一) 室外进、排风装置

1. 室外进风装置 室外进风口是通风和第 3.3 章将介绍的空调系统采集新鲜空气的入口。根据进风室的位置不同,室外进风口可采用竖直风道塔式进风口,也可以采用设在建筑物外围结构上的墙壁式或屋顶式进风口,如图 3.2-45、图 3.2-46 所示。

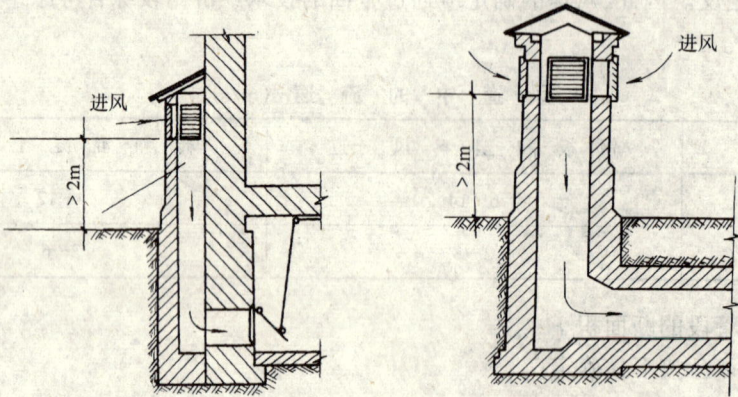

图 3.2-45 塔式室外进风装置

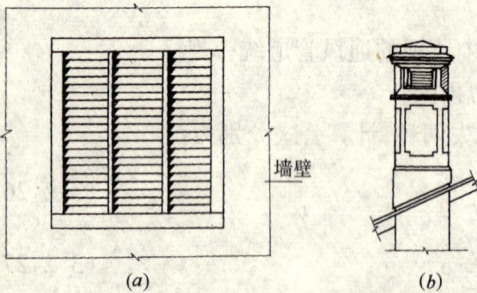

图 3.2-46 墙壁式和屋顶式进风装置
(a)墙壁式;(b)屋顶式

室外进风口的位置应满足以下要求:

(1) 设置在室外空气较为洁净的地点,在水平和垂直方向上都应远离污染源;

(2) 室外进风口下缘距室外地坪的高度不宜小于 2m,并须装设百叶窗,以免吸入地面上的粉尘和污物,同时可避免雨、雪的侵入;

(3) 用于降温的通风系统,其室外进风口宜设在背阴的外墙侧;

(4) 室外进风口的标高应低于周围的排风口,且宜设在排风口的上风侧,以防吸入排风口

排出的污浊空气;具体地说,当进风口、排风口相距的水平间距小于20m时,进风口应比排风口至少低6m;

(5) 屋顶式进风口应高出屋面0.5～1.0m,以免吸进屋面上的积灰和被积雪埋没。

室外新鲜空气由进风装置采集后直接送入室内通风房间或送入进风室,根据用户对送风的要求进行预处理。机械送风系统的进风室多设在建筑物的地下层或底层,也可以设在室外进风口内侧的平台上。

2. 室外排风装置 室外排风装置的任务是将室内被污染的空气直接排到大气中去。管道式自然排风系统和机械排风系统的室外排风口通常是由屋面排出,如图3.2-47所示。也有由侧墙排出的,但排风口应高出屋面。一般地,室外排风口应设在屋面以上1m的位置,出口处应设置风帽或百叶风格。

(二) 室内送、排风口

室内送风口是送风系统中风道的末端装置。由送风道输入的空气通过送风口以一定速度均匀地分配到指定的送风地点;室内排风口是排风系统的始端吸入装置,车间内被污染的空气经过排风口进入排风道内。室内送、排风口的位置决定了通风房间的气流组织形式,其布置原则见3.2.3节介绍的内容。

室内送风口的形式有多种,最简单的形式是在风道上开设孔口送风,根据孔口开设的位置有侧向送风口、下部送风口之分,如图3.2-48所示,其中图(a)所示的送风口无任何调节装置,无法调节送风的流量和方向;图(b)所示的送风口处设置了插板,可以调节送风口截面积的大小,便于调节送风量,但仍不能改变气流的方向。常用的室内送风口还有百叶式送风口,如图3.2-46(a)所示,对于布置在墙内或暗装的风道可采用这种送风口,将其安装在风道末端或墙壁上。百叶式送风口有单、双层和活动式、固定式之分,双层式不但可以调节风向也可以控制送风速度。为了美观还可以用各种花纹图案式送风口。

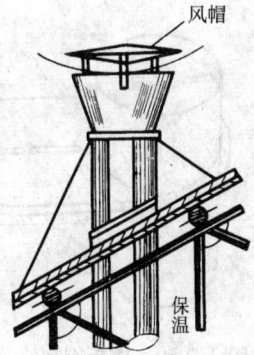

图3.2-47 室外排风装置

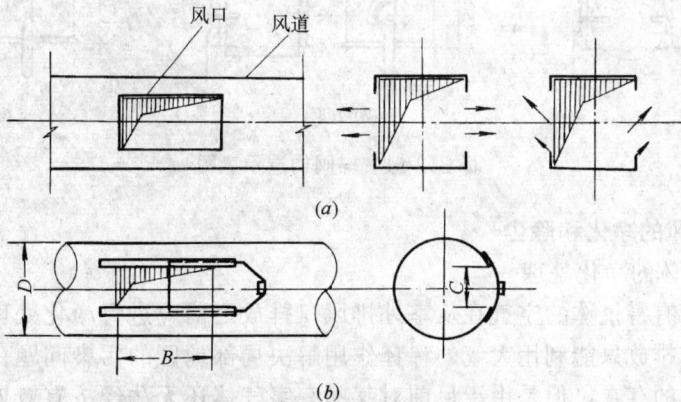

(a)

(b)

图3.2-48 两种最简单的送风口
(a)风管侧送风口;(b)插板式送、吸风口

在工业车间中往往需要大量的空气从较高的上部风道向工作区送风,而且为了避免工

作地点有"吹风"的感觉,要求送风口附近的风速迅速降低。在这种情况下常用的室内送风口形式是空气分布器,如图3.2-49所示。

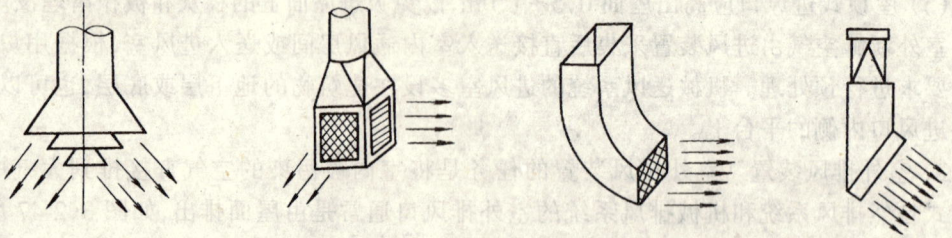

图3.2-49　空气分布器

送风口的形式可根据具体情况参照采暖通风国家标准图集选用。

室内排风口一般没有特殊要求,其形式种类也较少。通常多采用单层百叶式排风口,有时也采用水平排风道上开孔的孔口排风形式。

四、阀门

通风系统中的阀门主要用于启动风机,关闭风道、风口,调节管道内空气量,平衡阻力等。阀门安装于风机出口的风道上、主干风道上、分支风道上或空气分布器之前等位置。常用的阀门有插板阀,蝶阀。

插板阀的构造如图3.2-50所示,多用于风机出口或主干风道处用作开关。通过拉动手柄来调整插板的位置即可改变风道的空气流量。其调节效果好,但占用空间大。

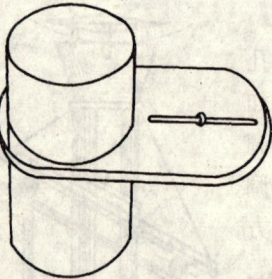

图3.2-50　插板阀构造示意图

蝶阀的构造如图3.2-51所示,多用于风道分支处或空气分布器前端。转动阀板的角度即可改变空气流量。蝶阀使用较为方便,但严密性较差。

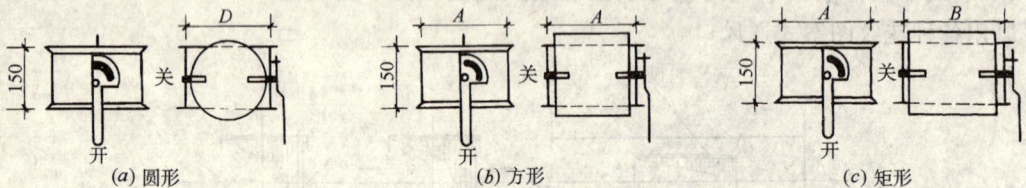

(a) 圆形　　　　　　(b) 方形　　　　　　(c) 矩形

图3.2-51　蝶阀构造示意图

3.2.6 局部排风的净化和除尘

一、有害气体的净化处理

车间内含有有害气体的空气在从室外排风口排放之前应进行净化处理,以防污染大气环境。因为高空排放只能利用大气的稀释作用解决局部地区的污染问题,并没有从根本上消除掉有害气体的存在。但是由于目前对某些有害气体还无法经济有效地进行处理,只好采用高空排放措施来降低地面附近的有害气体含量,使其浓度不超过卫生标准中规定的"住区大气中有害物质最高容许浓度",在可能的情况下,应考虑综合利用、变害为利。

目前,处理有害气体的主要方法有:燃烧法、冷凝法、吸收法和吸附法四种。

燃烧法　是将具有可燃性的或是可以进行高温分解的有机溶剂蒸气和碳氢化合物等污

246

染物通过燃烧氧化作用或热分解来消除其有害成份,使之转化成无害物质。燃烧的方式有直接燃烧法、催化燃烧法和热力燃烧法三种。其中直接燃烧法是直接利用有害气体本身的可燃性进行燃烧,所以仅适用于可燃成份浓度较高和燃烧后可放出巨大热量的有害气体,在通风工程中很少采用;热力燃烧一般是依靠锅炉燃烧室或是加热炉进行燃烧;催化燃烧是利用添加催化剂来加速燃烧过程,催化剂的作用不仅在于加快燃烧速度还能降低有害气体的燃烧温度和减少燃料耗量,这是一种较为经济的净化处理方法。

冷凝法　对于浓度高、冷凝温度高的有害蒸气宜采用冷凝法处理。有害蒸气通过冷凝从空气中分离出来。

吸收法　用适量的某种液体与多种气体混合物相接触,利用各种气体在该溶液中不同的溶解性,可以去除某种气体成份。这就是吸收法的工作原理。吸收法的特点是,吸收某种有害气体的同时还可以除尘。因此尤其适用于有害气体净化和除尘同时进行的情况。采用吸收法进行气体净化的设备种类很多,常用的有喷淋塔、填料塔、湍球塔、筛板塔等。对于某一种有害气体常有多种液体(称为吸收剂)可供选择。在有条件时应尽量利用工厂的废酸或废碱作为吸收剂。一般情况下碱性气体用酸性吸收剂;酸性气体用碱性吸收剂。吸收法是局部排风系统中处理有害气体主要采用的方法。

吸附法　是一种利用固体物质对排气中某种有害气体所具有的吸附能力,将有害成份吸附在固体物质的表面上,从而去除掉排气中的有害污染物。这个净化处理过程叫做吸附,具有吸附能力的固体物质称为吸附剂,被吸附的有害物质称为吸附质。工业上常用的吸附剂有活性炭、硅胶、活性氧化铝等,吸附剂的选用应根据吸附质的种类、性质来确定。吸附剂多固定放置在反应器中被称为固定床吸附装置。吸附剂在使用一定时间后,吸附量达到饱和,需要更换吸附剂。吸附法广泛应用于局部排风中低浓度有害气体的净化处理,净化效果良好,净化效率可高达100%。

二、除尘

除尘是指净化悬浮在空气中细小的固体颗粒粉尘。这种粉尘会伴随某种生产过程产生,如水泥、耐火材料等生产工艺以及有色金属冶炼、铸造车间等生产过程都会产生粉尘。如不经净化处理而直接排向大气必将造成环境的严重污染。因此除尘程也是局部排风系统中的一个重要环节。另外,在有特殊要求的工业通风和后边将介绍的民用、公共建筑的空调系统中,若其进风的含尘浓度或洁净度有所要求时,应对室外进风进行除尘处理。

(一) 粉尘的性质及其排放标准

细碎的粉尘,除了保持块状物料中原有的物理化学性质外,还具有某些特殊的性质。掌握和了解粉尘的特性是进行除尘器选用和设计的重要条件之一。粉尘的主要物理特性为:

1. 粉尘的密度

粉尘的密度按其实验方法和用途不同有容积密度和真密度两种。容积密度是指粉尘在自然堆积状态下,单位体积空间内粉尘的质量(kg/m^3),用于计算灰斗的容积和运输设备;真密度是指不考虑粉尘颗粒之间的空隙,将粉尘处于密实状态下的单位体积粉尘的质量(kg/m^3),用于单个粉尘颗粒在空气中运动的研究。真密度的大小与沉降速度、磨损性和除尘效率有关。

2. 粉尘的粒径分布

粉尘的粒径分布是指粉尘中各种粒径的粉尘颗粒所占数量的百分比。作为除尘的主要

对象其粒径一般在 $0.1 \sim 100 \mu m$ 的范围内。对于再小的尘粒,人体可以呼进亦可呼出,所以已对人体危害不大。

3. 粉尘的爆炸性

当块状固物料被粉碎成粉尘时,其表面积将大大增加,故空气的接触面也增加,从而其化学活性迅速增强。在一定的温度和浓度下,某些在堆积状态下不易燃烧的可燃性粉尘,当悬浮在空气中有足够的氧与之接触时便有可能发生燃烧或爆炸。因此在进行除尘系统设计计算时应严格按照规范的要求进行。

4. 粉尘的粘附性

粉尘由于分子间的互相作用,或由于表面水份的作用而具有粘附性,表现为粉尘之间的凝聚或在固体壁面上的堆积。小粒径的粉尘颗粒互相凝聚形成大颗粒,这对除尘过程非常有利,但粉尘贴粘在风道内壁或设备内将会产生堵塞问题。

5. 粉尘的导电性

悬浮于空气中的粉尘,由于摩擦、碰撞和吸附会带有一定的电荷,其导电性在除尘工程中用比电阻来表示。电除尘器就是利用粉尘的导电性进行工作的。有时为了使比电阻较高的粉尘适用于在电除尘器中净化,必需先对含尘空气进行降低比电阻的处理。

6. 粉尘的可湿性

粉尘的可湿性是指粉尘颗粒能够被水或其它液体润湿的性质。容易被水润湿的粉尘称为亲水性粉尘;难以被水润湿的粉尘称为疏水性粉尘;与水接触后变硬或发生粘结的粉尘称为水硬性粉尘。亲水性粉尘被水润湿后发生凝聚从而增加重量,有利于粉尘的捕集,宜采用湿法除尘;疏水性和水硬性粉尘均不宜采用湿法除尘。

气体中的含尘浓度和排放标准都是以单位体积空气中粉尘所占的质量来表示,即 mg/m^3 空气。在除尘系统设计计算中,室内工作区空气的含尘浓度以及排放标准都是确定除尘效率的设计依据。有关数据可查阅《采暖通风设计手册》。

(二)除尘方法及设备

除尘系统包括有:粉尘捕集装置,输送管道,除尘设备,排放装置四个组成部分。

粉尘的收集是除尘过程的第一步骤,应以最小的排风量迅速排除室内的粉尘,保证工作区的含尘浓度不超过卫生标准的规定值。对于散发大量粉尘的生产车间,应首先考虑湿法防尘措施,常用的湿法除尘有喷水加湿和喷蒸汽加湿两种方法。加湿防尘首先应在不影响生产和不改变物料性质的前提条件下进行。喷湿应均匀地布置在易产生粉尘的物料层上面,并防止水滴溅落到设备的运转部件上。当生产工艺不允许采用湿法防尘或是仅用物料加湿还不能满足卫生标准要求时,须设除尘系统或通风排气系统。局部排风系统中的粉尘捕集装置,当生产工艺允许时,应把散发粉尘的设备尽量密闭,利用防尘密闭罩控制扬尘,并在罩内保持一定的真空值,避免罩内粉尘外逸。

除尘设备有很多种类,根据除尘机理可以分为以下四类,即机械除尘器类:如重力沉降室、惯性除尘器和旋风除尘器等;过滤除尘器类:如袋式除尘器、颗粒层除尘器、纤维过滤器等;湿式除尘器类:如喷淋塔、泡沫除尘器、自激式除尘器、卧式旋风水膜除尘器等;电除尘器类:电除尘器。

1. 机械除尘器类

机械除尘器按作用机理不同又分为:重力沉降室、惯性除尘器和旋风除尘器三种。

重力沉降室是完全依靠粉尘自身的重力作用从气流中分离出来的一种除尘设备,如图 3.2-52 所示,含尘空气以一定流速在风道中流动,进入重力沉降室后,由于断面突然扩大而使流速减慢,较大粒径的尘粒受重力作用降落下来,空气因此得到净化。重力沉降室具有设备简单、制作容易、阻力损失小等优点;但是占用体积大,除尘效率低。仅能用于粗大尘粒的去除,使用范围有局限性。

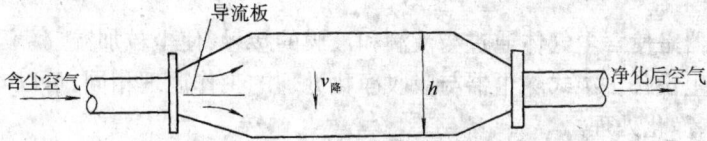

图 3.2-52 重力沉降室

惯性除尘器是利用含尘气流在运动过程中遇到障碍物发生绕流而改变原有的流向,但粗大质量的尘粒由于具有较大的惯性而保持自身的惯性运动与障碍物发生碰撞,这种现象称为惯性碰撞,惯性碰撞之后的尘粒损失掉部分动能而使流速减小导致粉尘沉降。这种除尘器就是在重力沉降室中设置各种形式的挡板,迫使大粒径的尘粒与之碰撞而从气流中分离,如图 3.2-53 所示为惯性除尘器的一种形式。

旋风除尘器是利用含尘空气在作圆周旋转运动中获得的离心力使尘粒从气流中分离出来的一种除尘设备,如图 3.2-54 所示。含尘气流由入口进入除尘器中,沿壁由上向下作螺旋运动气流中的尘粒在惯性离心力的推动下向外壁移动,抵达外壁的尘粒在气流和重力的共同作用下沿壁坠落至灰斗。旋风除尘器的构造简单、运转费用低、维护管理工作量少,应用较广。

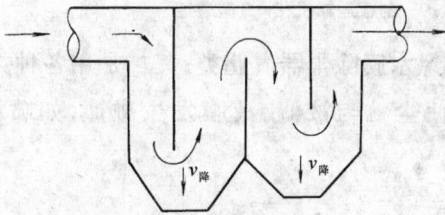

图 3.2-53 惯性除尘器

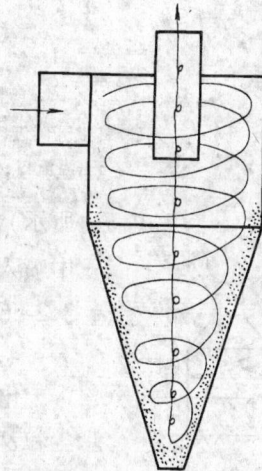

图 3.2-54 旋风除尘器

2. 过滤除尘器

过滤除尘器是指含尘气流通过固体滤料时,粉尘借助于筛滤、惯性碰撞、接触阻留、扩散、静电等综合作用,从气流中分离的一种除尘设备。过滤方式有两种,即表面过滤和内部过滤。表面过滤是利用滤料表面上粘附的粉尘层作为滤层来滞留粉尘的;内部过滤则是指由于尘粒尺寸大于滤料颗粒空隙而被截留在滤料内部。

滤料的种类很多,选用滤料时必须考虑含尘气体的特性和滤料本身的性能。如袋式除尘器是一种干式高效除尘器,袋式除尘器常利用纤维织物的过滤作用除尘。用于室外进风净化处理的空气过滤器中,其滤料可以采用金属丝网、玻璃丝、泡沫塑料、合成纤维等材料制作。

3. 湿式除尘器

湿式除尘器是使含尘气体通过与液滴和液膜的接触,使尘粒加湿、凝聚而增重从气体中分离的一种除尘设备。湿式除尘器与吸收净化处理的工作原理相同,可以对含尘、有害气体同时进行除尘、净化处理。

湿式除尘器按照气液接触方式可分为两类:其一是迫使含尘气体冲入液体内部,利用气流与液面的高速接触激起大量水滴,使粉尘与水滴充分接触,粗大尘粒加湿后直接沉降在池底,与水滴碰撞后的细小尘粒由于凝聚、增重而被液体捕集。如冲激式除尘器(见图 3.2 -55

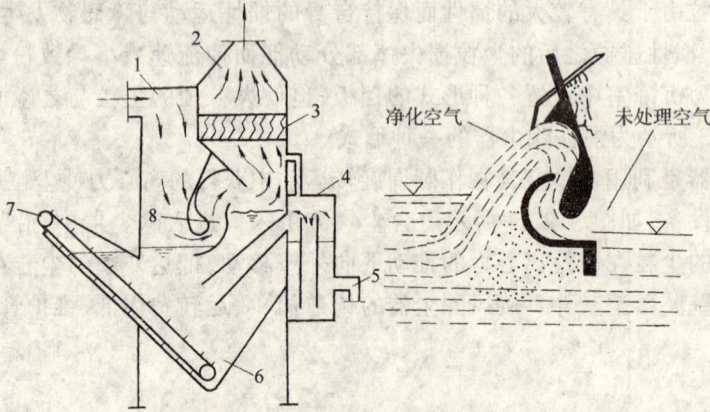

图 3.2-55　冲激式除尘器

1—含尘气体进口;2—净化气体出口;3—挡水板;4—溢流箱;
5—溢流口;6—泥浆斗;7—刮板运输机;8—S型通道

所示)、卧式旋风水膜除尘器属此类;其二是用各种方式向气流中喷入水雾,使尘粒与液滴、液膜发生碰撞,如喷淋塔(见图 3.2-56 所示)。

4. 电除尘器

电除尘器又称静电除尘器,它是利用电场产生的静电力使尘粒从气流中分离。电除尘器是一种干式高效过滤器,其特点是可用于去除微小尘粒,去除效率高,处理能力大,但是由于它的设备庞大,投资高、结构复杂,耗电量大等缺点,目前主要用于某些大型工程或是进风的除尘净化处理中。

3.2.7　高层建筑的防火排烟

一、概述

建筑火灾,尤其是高层建筑火灾的经验教训表明,火灾中

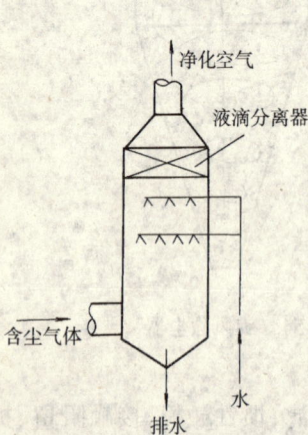

图 3.2-56　喷淋塔

250

对人体伤害最严重的是烟雾,这种火灾中能被人们看到的烟雾,是由固体、液体粒子和气体所形成的混合物,与燃烧物的化学组分及温度、空气的供给等因素有关,比如,高分子化合物燃烧,因其会产生许多有毒、刺激性气体如氯化氢、氰化氢等,因此火灾死伤者中有相当数量的人并非烧伤致死,而是因为中毒或窒息死亡,还有的是因为中毒晕倒后被烧死。高层建筑的火灾由于火势蔓延快,疏散困难,扑救难度大,且其火灾隐患多,所以在高层建筑设计中,不仅要考虑防火问题,还必须慎重地解决好防烟排烟问题。

图 3.2-57 所示是建筑物防火排烟安全系统流程图。从防火的观点来看,首先是从思想上须有足够的重视;其次是考虑建筑物材料、建筑设备使用材料的非燃化,并应对可燃物加强管理和妥善处理。

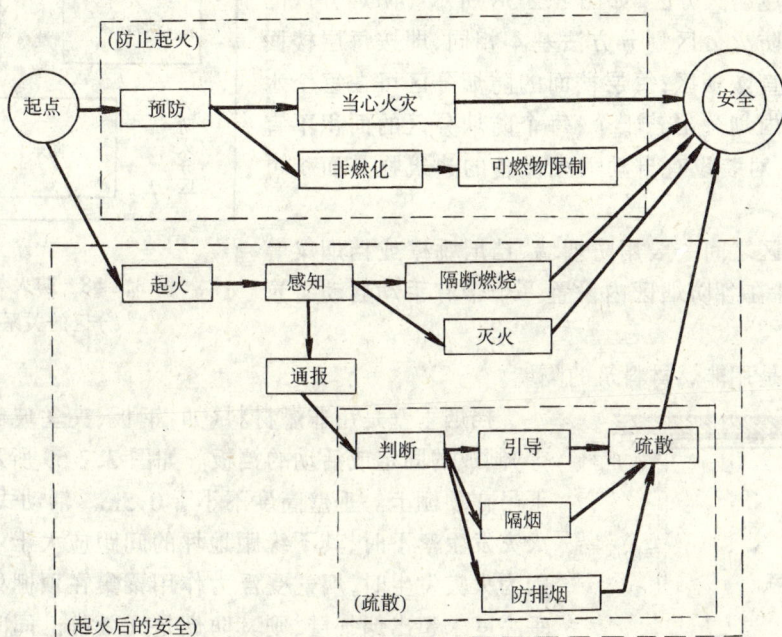

图 3.2-57　建筑物防火排烟系统流程图

合理地进行防火排烟设计,与建筑设计、通风和空调设计有着密切关系,因此要求土建专业的设计人员了解和掌握防火排烟的一般知识。

二、建筑设计的防火分区与防烟分区

建筑设计进行防火分区的目的是,防止建筑物起火后火势的蔓延和扩散,以便于火灾的扑救和人员的疏散。防火分区的方法是,根据建筑物内房间的用途和功能,把建筑平面和空间划分成为若干个防火单元,使得火势控制在起火单元内,从而避免火灾的扩散。

我国高层建筑设计防火规范规定,防火单元的划分面积为:一类高层建筑每个防火单元允许最大建筑面积为 $1000m^2$;二类高层建筑为 $1500m^2$,地下室为 $500m^2$。若防火单元内设有自动灭火设备,则该面积允许值可增加 1 倍。

高层建筑也可在竖直方向进行防火分区,以楼板作为分界。有些大型公共建筑常在两层或两层以上之间设置各种开口,如:开敞电梯、自动扶梯等,可把这部分连通空间作为一个整体划为一个防火区,但连通部分各层面积之和不应大于允许值。另外,建筑内所有穿越楼板的竖井,如:电缆井、排烟井、管道井等,都应单独设置,竖井内应每隔 1~2 层用耐火材料作防火分隔,竖井上的检修门应是防火门。

每个防火分区之间用防火墙、耐火楼板、防火门隔断。防火墙应是耐火极限 4h 以上的非燃烧体,耐火楼板的耐火极限按一、二级建筑分别取为 1.5h 和 1h 以上。

在建筑平面上进行防烟分区的目的是,防止火灾发生时产生的烟气侵入作为疏散通道的走廊、楼梯间前室及楼梯间。为此,在设置排烟设施的走道、净高不超过 6.00m 的房间应进行防烟分区。

高层建筑防烟分区是对防火分区的细分化,即防烟分区不应跨越防火分区,如图 3.2-58 所示。防烟分区的划分方法与防火分区划分方法基本相同,即按每层楼面作为一个垂直防烟区;每层楼面的防烟分区可在每个水平防火分区内划分出若干个;每个防烟分区的面积不宜大于 $500m^2$,对装设有自动灭火设备的建筑物其面积可增大 1 倍。

防烟分区之间一般用防烟墙、挡烟垂壁或挡烟梁等措施分界,并在各防烟区内设置一个带有手动启动装置的排烟口。

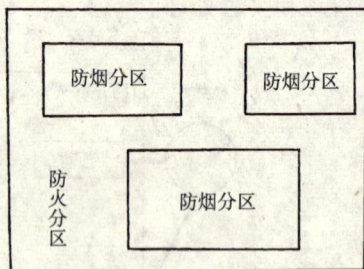

图 3.2-58　防火与防烟
　　　　　分区的关系

防烟墙是用非燃材料筑的隔墙。

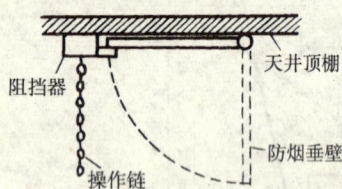

图 3.2-59　挡烟垂壁

挡烟垂壁是用非燃材料(如:钢板、夹丝玻璃、钢化玻璃等)制成的固定或活动的挡板。如图 3.2-59 所示,它垂直向下吊在顶棚上。垂壁高度不小于 0.5m。活动式挡烟垂壁在火灾发生落下时,其下缘距地坪的间距应大于 1.8m。这是因为火灾发生时,烟气受浮力作用聚集在顶棚处,若垂壁下垂高度未超出烟气层,则其防烟是无效的。同时,还应保证在垂壁落下后仍留有人们通过的必要高度。活动式挡烟垂壁可以由烟感探测器、或消防控制室、或是手动控制。

挡烟梁是指从顶棚下突出不小于 0.5m 的梁。

图 3.2-60 所示是某百货大楼在设计时的防火防烟分区的实例。

三、排烟设施

高层建筑的排烟设施分为:自然排烟和机械排烟两种。

(一)排烟设施的设置部位

一类高层建筑和建筑高度超过 32m 的二类高层建筑的下列部位应设排烟设施:

1．长度超过 20m 的内走道。因为据火灾实地观测,人在浓烟中掩鼻行走的最长距离为 20~30m。

2．面积超过 $100m^2$,且经常有人停留或可燃物较多的房间。

3．高层建筑的中庭和经常有人停留或可燃物较多的地下室。

(二)自然排烟方式

自然排烟是利用房间内可开启的外窗或排烟口,或屋顶的天窗、阳台,依靠火灾时所

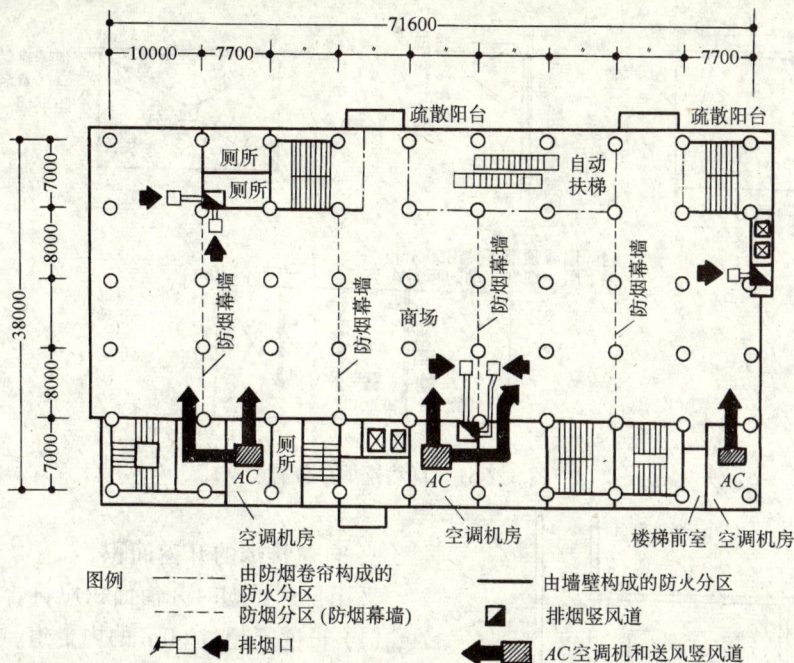

图 3.2-60　防火防烟分区实例

产生的热压及风压的作用下,将室内所产生的烟气排出。这种排烟方式不需要动力和复杂装置,结构简单,经济便用。但是受室外风力这一不稳定因素的制约、以及受建筑设计的影响。比如:当着火房间的开口处于背风侧时,能得到很好的排烟效果;若该房间的开口处于迎风面时,室内的烟气便难以排除,甚至会扩散到其它房间或走廊里。

1. 自然排烟方式的设置部位

建筑高度 50m 以下的一类公共建筑、以及建筑高度在 100m 以下的居住建筑中,在下列部位宜采用自然排烟方式:

(1) 靠外墙的防烟楼梯间及其前室;

(2) 靠外墙的消防电梯间前室;

(3) 靠外墙的合用前室。

2. 排烟口位置的确定

自然排烟口的平面位置应该在每一防烟区允许面积的范围内,并应使防烟区内任何一点到排烟口的水平距离不超过 30m。如图 3.2-61 所示,图中(a)表示外窗至各墙的距离在 30m 以内;图(b)表示天窗排烟口的位置;图(c)表示防烟区内排烟口至最远点的距离。

对于外墙无法采用自然排烟多层房间,还有一种竖井排烟的方法。即在封闭的前室设置具有抽吸力的竖井,依靠烟气温度产生的浮力,通过排烟口将侵入前室的烟气由竖井引入排烟道排出室外。采用这种竖井自然排烟时,必须同时设置竖井进风道。如图 3.2-62 所示,进风的目的在于补给室内新鲜空气,进风口与排烟口的平面位置如图 3.2-63 所示,平时均保持严密关闭状态,着火时联动开启。需要说明的是,这种竖井自然排烟,由于竖井需要的截面很大,并且漏风现象严重,在《高层民用建筑设计防火规范》GB50045—95 中不予推

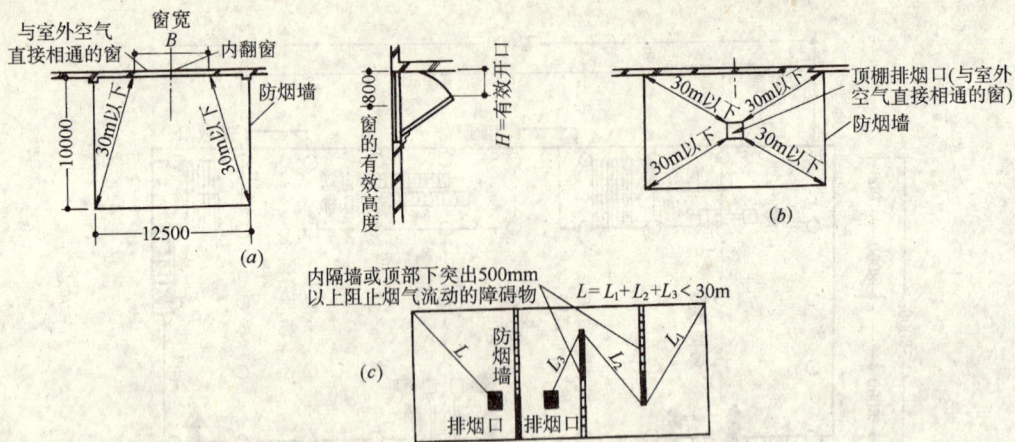

图 3.2-61　自然排烟口位置

3. 自然排烟的开窗面积

采用自然排烟时开窗面积应符合下列规定：

（1）长度不超过 60m 的内走道，可开启外窗或排烟口的面积不应小于走道面积的 2%；

（2）靠外墙的防烟楼梯间前室或消防电梯前室，可开启外窗面积不应小于 $2.0m^2$；

（3）靠外墙的合用前室，可开启外窗面积不应小于 $3.0m^2$；

（4）靠外墙的防烟楼梯间，每五层内可开启外窗面积不应小于 $2.0m^2$；

（5）超过 $100m^2$ 需排烟的房间，可开启外窗面积不应小于该房间面积的 2%；

（6）净高小于 12m 的中庭，可开启的天窗或

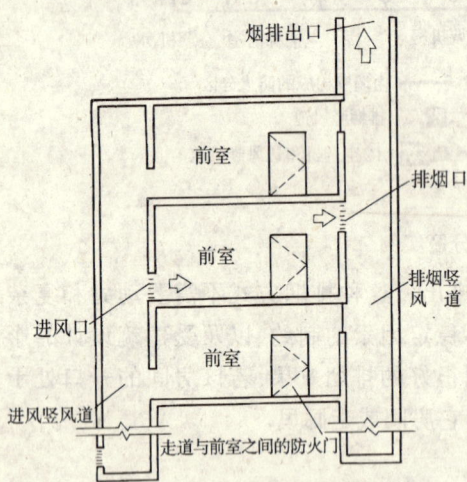

图 3.2-62　利用竖井排烟

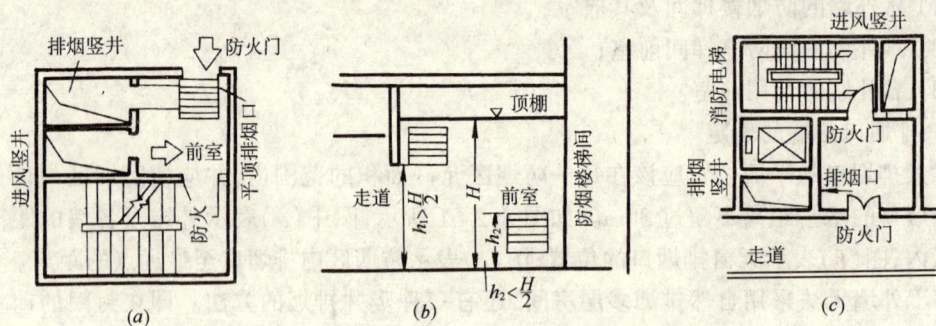

图 3.2-63　排烟口与进风口的位置

高侧外窗的面积不应小于该中庭面积的 5%；

（7）对于竖井自然排烟方式：

不靠外墙的防烟楼梯间前室或消防电梯前室，其进风口面积不应小于 $1.0m^2$，进风道面

254

积不应小于 2.0m²;排烟口面积不应小于 4.0m²,排烟竖井面积不应小于 6.0m²。

不靠外墙的合用前室,其进风口面积不应小于 1.5m²,进风道面积不应小于 3.0m²;排烟口面积不应小于 6.0m²,排烟竖井面积不应小于 9.0m²。

（三）机械排烟方式

机械排烟可分为局部排烟和集中排烟两种方式。局部排烟是在每个房间内设置风机单独排烟,这种方式只适用于某些特殊的房间;集中排烟方式是把建筑物划分为若干个防烟区,由各区内设置在建筑物上层的排烟风机进行强制排烟。

1. 机械排烟系统的组成

机械排烟系统中包括有:防烟垂壁、排烟口、排烟道、防火排烟阀门、排烟风机和烟气排出口等。图 3.2-64 所示为机械排烟系统图。下面介绍机械排烟系统的设计要点。

（1）排烟口 每个防烟分区应分别设置排烟口,同一分区内可设数个排烟口,但要求所有的排烟口能同时启动;排烟口应尽可能布置在防烟区中心,排烟口至该区任何一点的水平间距不应大于 30m;排烟口应设在顶棚或靠近顶棚的墙壁上(一般为 0.8m 以内);排烟口平时关闭,应设手动、自动远距离开启装置;排烟口的风速不宜大于 10m/s。

（2）排烟道 排烟道材料宜选用镀锌钢板或冷轧钢板,也可以选用混凝土或石棉制品材料制造,风道的配件应采用钢板制作;排烟道的风速,不同材料风道应有所区别,一般如采用钢板制作时,烟道风速不应大于 20m/s;

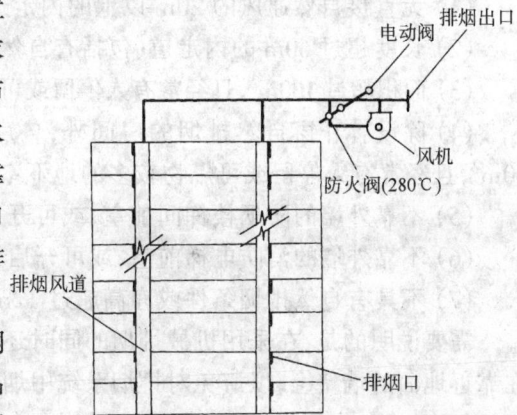

图 3.2-64 机械排烟系统

对非金属制作的烟道,则其风速应小于 15m/s。此外,由于排烟道内静压较大,应具有一定的厚度以求牢固。

（3）排烟防火阀 排烟系统中设置排烟防火阀,是因为排烟系统中,当烟气温度达到或超过 280℃ 时烟气中已带火,为避免这种带火烟气扩延到建筑内其它层,而在排烟系统中的排烟支管上和排烟风机房入口处设置排烟防火阀,并具有自动关闭功能,以避免带火烟气蔓延造成的危害。

排烟防火阀自动关闭是由易熔元件或温感器联动控制。

（4）排烟风机 排烟风机也有离心式和轴流式两种类型。在排烟系统中一般宜采用离心式风机。对排烟风机构造性能要求应具一定耐热性和隔热性,以保证输送烟气温度在 280℃ 时能够正常连续运行在 30min 以上。

排烟风机装置的位置应设于该风机所在防火分区的排烟系统中最高排烟口的上部,并设在该防火分区的风机房内。风机外缘与机房墙壁或其它设备的间距应保持在 0.6m 以上。排烟风机应设有备用电源,并能自动切换。

排烟风机的启动宜采用自动控制方式,启动装置与排烟系统中每个排风口联锁。即在该排烟系统中任何一个排烟口开启时,排烟风机都能自动启动。

设置机械排烟设施的部位其排烟风机的风量有如下要求:

负担一个防烟分区排烟或是净高大于 6.0m 的未进行防烟分区的房间时,排烟风机的风量应不小于 60m³/(h·m²);

两个或两个以上的防烟分区共用一组排烟风机时,风机的风量应按面积最大的防烟分区来计算,且不应小于 120m³/(h·m²);即按两个防烟分区同时排烟来确定排烟风机的风量。

中庭体积小于 17000m³ 时,排烟风机的风量按其体积的 6 次/h 换气计算;中庭体积大于 17000m³ 时,按其体积的 4 次/h 换气计算。但最小排烟量不应小于 102000m³/h。

排烟风机的全压应按排烟系统中最不利管路进行计算而得。

2. 机械排烟方式的设置部位

在一类高层建筑和建筑高度超过 32m 的二类高层建筑中,应在下列部位设置机械排烟设施:

(1) 无直接自然通风的 20m 以上的内走道;

(2) 长度超过 60m 的内走道(包括有自然通风的情况);

(3) 面积超过 100m²,且经常有人停留或可燃物较多的地上无窗房间或设固定窗的房间;

(4) 除设有开窗自然排烟的房间外,各房间总面积大于 200m² 或一个房间面积大于 50m²,且经常有人停留或可燃物较多的地下室;

(5) 不靠外墙的防烟楼梯间前室,或可开启外窗的面积小于 2m² 时;

(6) 不靠外墙的消防电梯前室,或可开启外窗的面积小于 2m² 时;

(7) 不具有自然排烟条件或净高超过 12m 的中庭。

需要说明的是,在采用机械排烟的同时还须采用自然进风和机械进风。进风口一般设在靠近地面的墙壁上,以避免对排烟系统中烟气气流的干扰,形成下部进风、上部排烟的理想的气流组织,如图 3.2-65 所示。近年来,这种机械排烟和自然、机械进风的方式已很少采用。因为多数人认为这种方式并没有从根本上达到疏散通道内无烟的目的,而是在烟气已经侵入后才启动排烟,给疏散工作带来不便,且理想的气流组织易受到干扰和破坏,不能保证排烟效果。

四、防烟设施

高层建筑的防烟设施分为机械加压送风和密闭防烟两种。

(一) 防烟设施的设置部位

应在下列部位设置独立的机械加压送风防烟设施:

1. 不具备自然排烟条件的防烟楼梯间、消防电梯间前室或合用前室;

2. 采用自然排烟措施的防烟楼梯间,而不具备自然排烟条件的前室;

3. 封闭的避难层。

(二) 机械加压送风防烟设施

1. 机械加压送风系统的组成

图 3.2-66 所示为机械加压送风系统。该系统由加压送风机、送风道、加压送风口及其自控装置等部分组成。它是依靠加压送风机提供给建筑物内被保护部位新鲜空气,使该部位的室内压力高于火灾的压力,形成一个压力差,从而阻止烟气侵入被保护部位,为火灾发生时人员疏散及消防人员的扑救工作提供安全场所。

(1) 加压送风机 加压送风机可采用轴流风机或中、低离心风机,其位置根据电源位置、室外新风入口条件、风量分配情况等因素来确定。

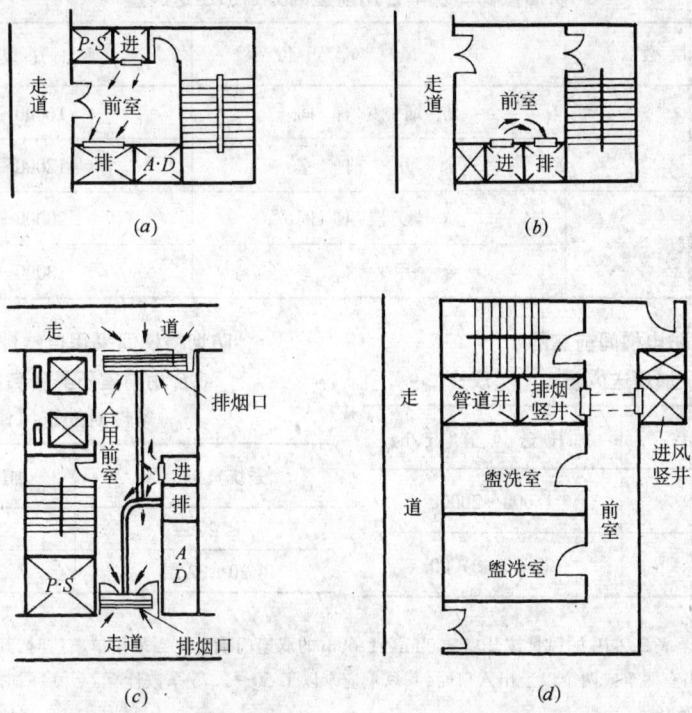

图 3.2-65 排烟口与进风口、前室入口、楼梯间入口的相对位置

(a)排烟效果好前室内烟气少;(b)排烟效果差前室内烟气多;

(c)排烟效果好前室烟少;(d)排烟效果差前室烟气多

加压送风机的风量可按表 3.2-7 至表 3.2-10 中的规定来计算。

加压送风机的全压,应按最不利计算管路计算其压头损失,且应满足防烟楼梯间及其前室、消防电梯前室、合用前室和封闭避难层的设计压力的要求:防烟楼梯间要求的余压值为 50Pa;防烟楼梯间前室、合用前室、消防电梯间前室、封闭避难层要求的余压值为 25Pa。

(2)加压送风口

楼梯间的加压送风口应采用自垂式百叶风口或常开的百叶风口。当采用常开的百叶风口时,应在加压送风机出口处设置止回阀。楼梯间的加压送风口一般每隔 2～3 层设置一个,如图 3.2-66 中所示。

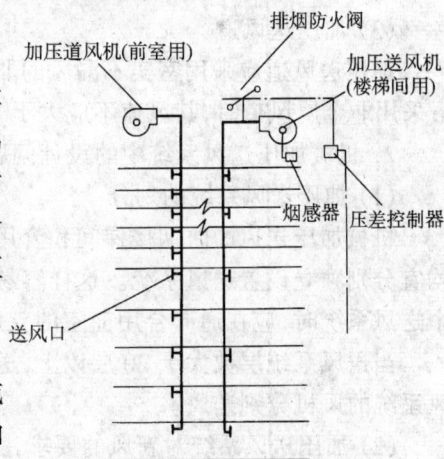

图 3.2-66 机械加压送风系统

防烟楼梯间(前室不送风)的加压送风量 表 3.2-7

系 统 负 担 层 数	加 压 送 风 量 (m³/h)
<20 层	25000～30000
20～32 层	35000～40000

257

防烟楼梯间及其合用前室的分别加压送风量　　　表 3.2-8

系统负担层数	送风部位	加压送风量(m³/h)
<20 层	防烟楼梯间	16000～20000
	合用前室	12000～16000
20～32 层	防烟楼梯间	20000～25000
	合用前室	18000～22000

消防电梯间前室的加压送风量　　表 3.2-9

系统负担层数	加压送风量 (m³/h)
<20 层	15000～20000
20～32 层	22000～27000

防烟楼梯间采用自然排烟,前室或合用前室不具备自然排烟条件时的送风量　　表 3.2-10

系统负担层数	加压送风量(m³/h)
<20 层	22000～27000
20～32 层	28000～32000

注：1. 表 3.2-7 至表 3.2-10 的风量按开启 2.00m×1.60m 的双扇门确定。当采用单扇门时,其风量可乘以 0.75 系数计算；当有两个或两个以上出入口时,其风量应乘以 1.50～1.75 系数计算。开启门时,通过门的风速不宜小于 0.70m/s。

2. 风量上下限选取应按层数、风道材料、防火门漏风量等因素综合比较确定。

前室的加压送风口为常开的双层百叶风口。应在每层均设一个,如图 3.2-66 中所示。送风口的风速不宜大于 7m/s。

（3）加压送风道

加压送风道应采用密实不漏风的非燃烧材料。采用金属风道时,其风速不应大于 20m/s；采用非金属风道时,其风速不应大于 15m/s。

2. 机械加压送风系统中的设计问题

（1）加压送风系统的划分

机械加压送风的防烟楼梯间和合用前室,还有机械加压送风的消防楼梯间和合用前室,均宜分别独立设置送风系统。这样容易达到各自所需维持的设计余压要求。当必须共用一个送风系统时,应在通向合用前室的支风管上设置压差自动调控装置。

当送风系统层数大于 20 层以上,送风量过大时,可考虑在垂直方向进行分区,由两个送风系统的风机分别送风。

（2）加压送风系统对新风的要求

加压送风机必须从室外吸气,且采气口应远离排烟口,以保证进气的清洁；采气口的位置应低于排烟口和其他排气口；加压送风系统的新风无需进行任何处理。

总之,机械加压送风防烟设施具有简单、安全的特点,在我国已逐渐被设计人员重视和采用。

（三）密闭防烟设施

密闭防烟是指当火灾发生时,将着火房间封闭起来,使之可能因缺氧而缓解火势,同时也达到防止烟气蔓延扩散的目的。

此方法可用于具有耐火性能较好的围护结构和防火门、且面积较小的房间。

五、通风、空调系统的防火排烟

由于通风和空调系统中的风道直接与建筑物中各通风、空调房间相连通,而且风道的过流断面比建筑电气暗装线路埋管断面面积、建筑给排水管道断面都大得多,因此,风道将会成为烟气传播的通路。所以,在设计高层、多层建筑的集中式通风与空调系统时,必须采取安全可靠的防火排烟措施。

在设计中首先应该注意的是,防火分区和防烟分区的划分应尽可能地与通风、空调系统的划分统一起来,尽量不使风道穿越防火区和防烟区;否则,须在风道上设置防火阀。

通风和空调系统的风道,应采用非燃材料制作,其保温和消声材料应采用非燃或难燃材料;通风、空调系统的进风口应设在无火灾危险的安全地带。

在下列情况下,通风、空气调节系统的风道应设防火阀:

(1) 管道穿越防火分区的隔墙孔;

(2) 穿越通风、空调机房及重要的或火灾危险性大的房间隔墙和楼板处;

(3) 垂直风道与每层水平风道交接处的水平管段上;

(4) 穿越变形缝处的两侧;

另外,在厨房、浴室、厕所等垂直的排风管道上,应采取防止回流措施或在支管上设防火阀。

防火阀的构造如图 3.2-67 所示,其动作温度为 70℃。当火灾发生、火焰侵入风道时,阀门依靠易熔金属的温度熔断器自动关闭,切断空气气流,防止火焰蔓延到另一区域。

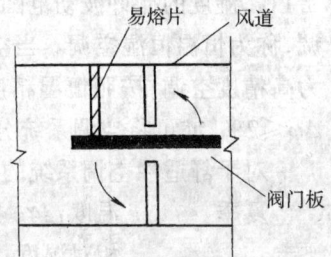

图 3.2-67 防火阀

另外,在有些设计中,为了充分发挥通风、空调系统的作用,把通风、空调系统中的风道、风口与机械排烟系统共用,即把通风、空调房间的上部送风口兼作排烟口。在这种共用系统中必须特别注意要采取可靠的防火安全措施:

(1) 通风、空调管道应符合排烟管道要求,由非燃烧材料制作;

(2) 应设置排烟用的竖向排烟道;

(3) 房间的排烟口处设置自动关闭装置;

(4) 有安全可靠的切换系统控制装置。

目前,机械排烟系统多数为独立设置。由于利用空调系统作排烟时,因烟气不允许通过空调器,需装设旁通管和自动切换阀,造成平时运行时增大了漏风量和阻力;另外,因通风、空调系统的各送风口是相连通的,所以当临时作为排烟口进行排烟时,只需着火房间或着火处防火分区的排烟口开启,其它都必须关闭。这就要求通风、空调系统中每个送风口上都要安装自动关闭装置。

3.3 空气调节

3.3.1 概　　述

空气调节(以下简称空调,英文 Air Conditioning),是利用人工手段对建筑物内的温度、湿度、气流速度、细菌、尘埃、臭气和有毒有害气体等进行控制,并为室内提供足够的室外新鲜空气,人为地创造和维持人们工作、生活所需要的环境或特殊生产工艺所要求的特定环境。也可以说,空调就是对空气经过处理的通风。以室内人员为服务对象、创造舒适环境为任务,如商场、办公楼、宾馆、饭店、公寓等建筑物的空调称为舒适空调;以保护生产设备和益于产品精度或材料为主,以保证室内人员满足舒适要求为次的空调,称为工业空调,如车间、仓库等场所;对空气尘埃浓度有一定要求的空调一般称为超净空调或洁净室空调,如电子工业、生物医药研究室、计算机房等场所。

对大多数空调系统而言,主要是控制空气的温度和相对湿度,常用空调基数和空调精度来表示空调房间对设计的要求。空调基数,也称空调基准温湿度,是指根据生产工艺或人体舒适性要求所指定的空气温度(t℃)和相对湿度(φ%)。空调精度是指空调区域内生产工艺和人体舒适要求所允许的温湿度偏差值(Δt℃、$\Delta \varphi$%)。例如:$t_n = 20 \pm 1$℃,$\varphi_n = 60 + 5$%,表示空调区域内基准温度为 20℃,基准湿度为 60%,空调温度的允许波动范围是 ± 1℃,湿度的允许波动范围为 ± 5%。需要将温度和相对湿度严格控制在一定范围内的空调,称为恒温恒湿空调。当空调精度 $\Delta t \geqslant \pm 1$℃ 时称为一般性空调;当空调精度 $\Delta t \leqslant 1$℃ 称为高精度空调;按照恒湿精度的允许波动值:$\Delta \varphi \geqslant 10$%、$\Delta \varphi = 5$% ~ 10%、$\Delta \varphi = 2$% ~ 5%、$\Delta \varphi \leqslant 2$%,亦可将空调系统分为几种等级。

对于舒适性空调系统的室内计算参数一般可按如下数据选择:

夏季:　　　　温度:24~28℃

相对湿度:40% ~65%

风速:≯0.3m/s。

冬季:　　　　温度:18~22℃

相对湿度:40% ~60%

风速:≯0.2m/s。

3.3.2　空调系统的组成及分类

一、空调系统的组成

欲对某一建筑物采用空调,必须由空气处理设备、空气输送管道、空气分配装置、电气控制部分及冷、热源等部分来共同实现。如图 3.3-1 所示,室外新鲜空气(新风)和来自空调房间的部分循环空气(回风)一并进入空气处理室,然后依次进行过滤除尘、冷却和减湿(夏季)或加热和加湿(冬季)等各种处理,待达到空调房间要求的送风状态时,由风机、风道、空气分配装置送入空调房间。送入室内的空气经过吸热、吸湿或散热、散湿后再经风机、风道排至室外,或由回风道和风机吸收一部分回风循环使用,以节约能量。

空调的冷热源通常与空气处理设备分别各自单独设置。空调系统的热源有自然热源和人工热源两种,自然热源是指太阳能、地热。人工热源是指以油、煤、燃气作燃料的锅炉产生的蒸汽和热水。空调系统的冷源部分将在 3.3.6 节中介绍。

二、空调系统的分类

目前,对空调系统分类的方法有多种。

(一)按空气处理设备的设置位置来分:

1.集中式空调系统　该系统是将所有的空气处理设备(冷却或加热器、加湿器、过滤器等)和风机都集中布置在空调机房内。

2.半集中式空调系统　该系统是指在空调机房经过集中处理的部分或全部风量,送到

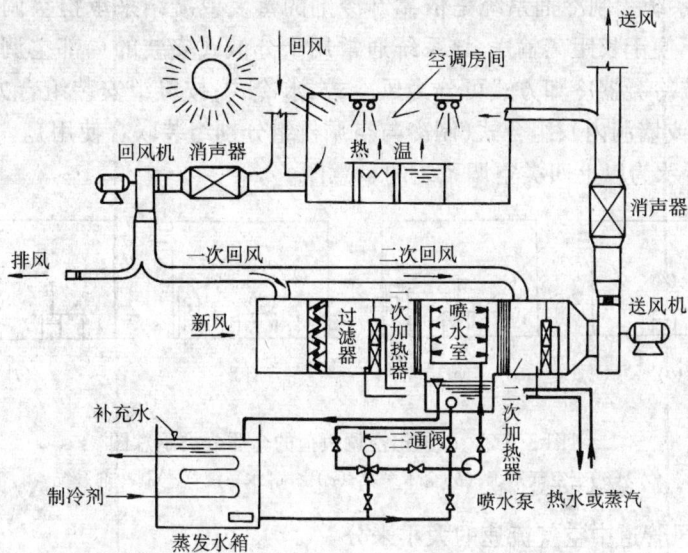

图 3.3-1 空调系统简图

各个空调房间或空调区域后再由末端装置进行补充处理,其中也包括集中处理新风,经诱导器送入室内的系统,称为诱导式空调系统,还包括各空调房间设有风机盘管的系统,称为风机盘管空调系统。

3．分散式空调系统 该系统是把空气处理设备各部件与通风机、制冷机组密切结合成一个整体的机组(即整体式空调器),然后将之直接搁置在空调房间内或是附近。也有将空气处理设备与制冷设备分开组装的空调器,称为分组式空调器。图 3.2-2 所示是一个分散式空调系统的示意图。该系统常用于改建工程和建筑物中的局部空调中。

(二) 按承担室内空调负荷所用的介质来分:

1．全空气空调系统 该系统中空调房间,其负荷全部由来自集中式空气处理设备处理过的空气来承担。它是最早、最普通、至今仍广泛应用的空气调节方式。全空气调节系统,由于空气的比热较小需要较大的通风量才能满足消除室内余热、余湿的要求,所以全空气空调系统的风道断面尺寸和气流流速均要求较大。属于全空气系统的包括有:定风量或变风量的单风道或双风道集中式空调系统和全空气诱导空调系统等。

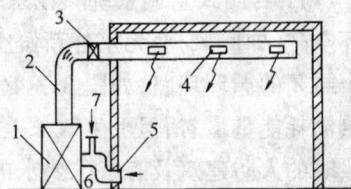

图 3.3-2 分散式空调系统示意图
1—空调机组;2—送风管道;3—电加热器;4—送风口;5—回风口;6—回风管道;7—新风入口

2．全水空调系统 该系统是以处理过的水作为冷、热媒,来负担空调房间的全部热、湿负荷。由于水的比热远大于空气的比热,所以在相同的负荷条件下所需的水量较少。然而全水空调系统往往只能达到消除余热、余湿的目的,而起不到通风换气的作用,所以通常不被单独采用。属于全水式空气调节系统类型的有风机盘管系统、辐射板系统。

3．空气-水空调系统 该系统是在全空气系统的基础上发展而来的,它是用经过处理的空气和水来共同负担室内的空调负荷。如:带盘管的诱导空调系统,新风系统加风机盘管的空调系统均属此类。

4．制冷剂系统 制冷剂系统是依靠制冷剂的蒸发或凝结来承担空调房间的负荷。由于制冷剂管道不便于长距离输送，该系统通常用于分散式安装的局部空调。直接蒸发机组（即制冷机组）按冷凝器冷却方式可分为风冷式、水冷式；按机组安装组合方式可分为柜式、窗式（暗装于窗或墙洞内）、组合式（制冷与空调机组分别组装联合使用）。

图 3.3-3 所示为以上四类空调系统的示意图。

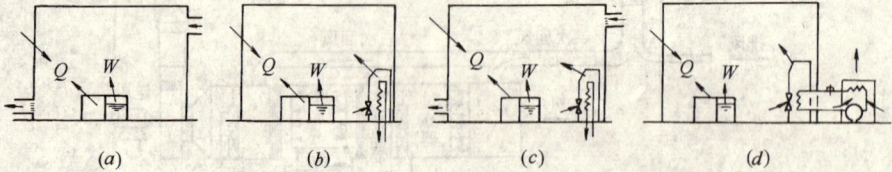

图 3.3-3 以承担空调负荷的介质分类示意图
(a)全空气系统；(b)全水系统；(c)空气-水系统；(d)制冷剂系统

（三）按送风管道中空气流速的大小来分：

1．低速空调系统 该系统在工业建筑的主风道中风速低于 15m/s、在民用和公共建筑的主风道中风速低于 10m/s。低速集中式空调系统是应用最早的一种全空气系统，为了满足送风量的需求，往往须用很大的风道截面积，不但占据了较多的建筑空间，且需耗用较多的管材。

2．高速空调系统 该系统在工业建筑的主风道中风速高于 15m/s、在民用和公共建筑的主风道中风速高于 12m/s。从低速系统发展至高速系统，主要是克服了低速系统的弊端，但随之亦带来了产生较大噪音的问题。

（四）集中式空调系统按照所处理的空气来源来分：

1．封闭式空调系统 该系统是指空气处理设备所处理的空气全部为空调房间的再循环空气（即回风）而无室外新鲜空气（新风）补充，于是在空调机房和空调房间之间形成了一个封闭的循环环路，如图 3.3-4(a)所示。封闭式系统的新风量为零，全部使用回风，其冷、热消耗能量最省，但卫生效果差。仅用于密闭空间且无需或无法补充新风的个别场合，比如战时的人防建筑及有特殊要求的仓库等。

2．直流式空调系统 该系统是指空气处理设备所处理的空气全部采用室外新风，而由空调房间排出的空气全部排放。如图 3.3-4(b)所示。由于直流式系统全部采用新风，其冷、热消耗量大，运转费用高。为了节能，可以考虑在排风系统设置热回收装置。该系统仅适用于空调房间的排风中含有大量有害物不允许再循环使用的情况。

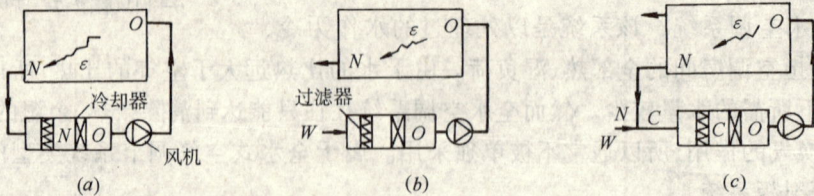

图 3.3-4 按处理空气的来源不同分类
(a)封闭式；(b)直流式；(c)混合式（N 表示室内空气，W 表示室外空气，
C 表示混合空气；O 表示冷却器后空气状态）

3．混合式空调系统　该系统综合了封闭式和直流式系统的利弊,其空气来源为新风和部分回风的混合体,如图 3.3-4(c)所示。绝大多数的空调系统采用混合式,其新风量的取值应符合有关规范对风量卫生质量的要求。

上述对空调系统的分类是从不同角度的特点来划分的,各个空调系统还可根据在组成上的差异,细分为多种不同的空调系统。

在集中式空调系统中又可分为:一次回风式和二次回风式;单风道系统和双风道系统;定风量系统和变风量系统。

一次回风式空调系统,是指新风和回风在空气冷却器(或喷水室)之前混合,如图 3.3-5(a)所示;二次回风式空调系统,是指部分回风与新风先在热湿处理设备前混合,经热湿处理后再次与另一部分回风混合,如图 3.3-5(b)所示。两者相比较,一次回风式的空气处理流程较为简单,操作管理方便,对于允许直接用机器露点送风的场合都可以采用;二次回风式通常用于室内温度场要求均匀、送风温差小、风量较大而又未采用再热器的空调系统中,如恒温恒湿的工业生产车间等。

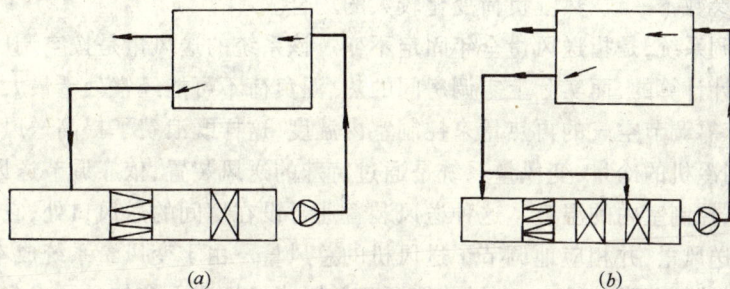

图 3.3-5　一次、二次回风系统示意图
(a)一次回风式;(b)二次回风式

单风道空调系统,是指经集中的空气处理后,由一根风道供给各类空调房间同样参数的空气。图 3.3-6 所示为单风道空调系统的示意图,夏季,室外新风与回风混合后经过滤器、

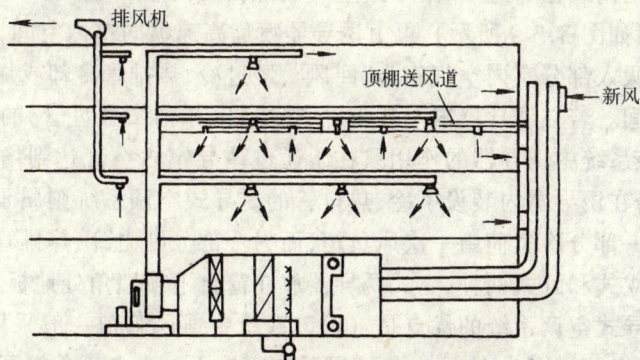

图 3.3-6　单风道空调系统示意图

冷却器、风道进入室内;冬季,新风与回风混合后经过滤器、加热器、风道进入室内。单风道系统是全空气空调方式中最基本、最常用的方式,广泛地应用于办公楼、会堂、影剧院,还有旅

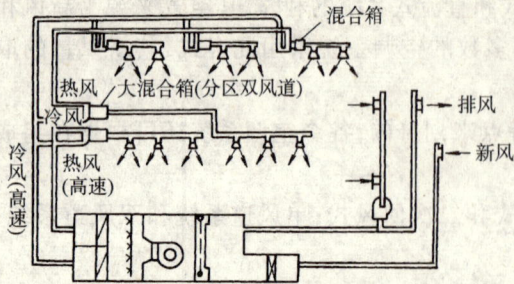

图 3.3-7　双风道空调系统示意图

馆的餐厅、客厅、门厅、音乐厅,以及医院建筑的公共用房等场所。因为这些场所,人群进出频繁,负荷变化较大,空气易于污染,且建筑空间体积较大,所以用全空气单风道空调系统是适宜的。双风道空调系统,是在水-空气空调系统发展之前,为了缩小风道截面尺寸出现的一种全空气高速(大多是高速的)空调系统。如图 3.3-7 所示,双风道系统由集中空气处理设备接出两根平行的风道:一根热风管和一根冷风管,每到应用点时将两者通过混合部件向房间送出所需的空气。双风道系统的特点是可以在同一系统中同时实现用户需要的加热或冷却,每个空调房间可以各自单独调节送风温度,且冷、热风道集中布置,便于管理和维护,但是该系统的初次投资大,运行费用高、占用空间大,双风道空调系统适用于风量大、空调用户要求的空气参数不一致、热湿负荷变化较大的场合。

定风量空调系统,是指送风量全年固定不变。该系统的送风量是按空调房间的最大热、湿负荷进行设计计算的,而实际上空调房间的热、湿负荷不可能经常处于最大工况。当室内负荷变化时,依靠调节空气的再热量来控制室内温度,这样既浪费了提高送风温度所需的热量,也浪费了制冷机的冷量;变风量系统是通过特殊的送风装置,依靠调节送风量(送风参数不变)的方法来控制室内的温度。这种送风装置通常设在房间的送风口处,它可以根据室温自动调节房间送风量,并相应地调节了送风机的总风量。由于变风量系统成本低,运行费用经济,风机功率消耗节省的特点,在目前能源日益紧张的情况下愈加显示出它的优越性。

再如,半集中式空调系统中又包括有诱导式空调系统、风机盘管空调系统。所谓诱导式空调系统是指诱导器加新风的混合式系统,如图 3.3-8 所示,诱导式空调系统是由一次空气处理室,诱导器(送风末端装置)、风道、风机所组成,它与普通集中式空调系统的区别在于用诱导器替代了一般的送风口,实行就地回风。诱导器(也称末端再热装置)作为二次处理设备安装在空调房间内或是邻近处,集中式空气处理机房的输出空气作为一次风经风道送入诱导器的静压箱(如图 3.3-9 所示),再由诱导器喷嘴高速喷向室内空间,同时由于射流群所造成的卷吸作用吸入部分室内空气作为"回风",经过冷、热排管冷却或加热处理后与一次风混合送入空调房间。若在诱导器内不装设冷、热排管(亦称二次盘管)的诱导式空调系统属于全空气系统,该系统中诱导器的作用只在于通过诱导室内空气达到增加送风量和减少送风温差的目的;若在诱导器内装设了冷、热排管的诱导式空调系统则属于水-空气系统,该系统中空调房间的一部分冷负荷由一次风负担,而另一部分则由冷、热排管中的冷、热水负担。诱导器的外形有立式和卧式两种,立式诱导器放在窗台下或墙角处地板上;卧式诱导器挂吊在天花板下。诱导式空调系统的优点是:(1)该系统中通风管道一般采用高速送风,故管道断面小,占用建筑空间小;(2)在水-空气诱导系统中由于二次盘管负担了一部分室内负荷故一次风系统较小;(3)由于在集中式空气处理系统中不用回风,故可避免空调房间互相干扰和污染的可能;(4)无回转部件,使用寿命长。该系统的缺点是:(1)各个空调房间的冷、热量不宜单独调节;(2)高速送风时室内有噪声;(3)二次风难以净化,诱导器中容易积灰,清理不便;(4)设备及其管路较复杂,故初次投资和维修管理工作量都较大。

264

图 3.3-9 诱导器示意图
1—静压箱;2—喷嘴;3—冷热排
管;4—混合室;5—箱体或隔板

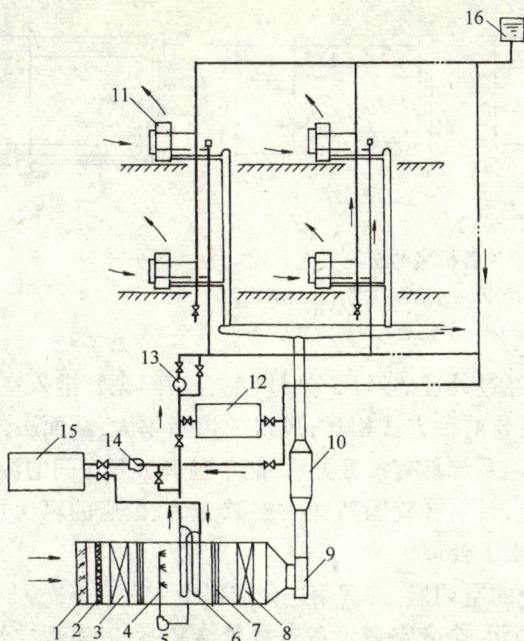

图 3.3-8 诱导式空调系统示意图
1—新风调节阀;2—过滤器;3—预热器;4—喷嘴排管;5—循环水泵;
6—冷却排管;7—挡水板;8—再热器;9—通风机;10—消声器;
11—诱导器;12—水热交换器;13—二次冷热水循环泵;
14—冷水循环泵;15—蒸发器;16—膨胀水箱

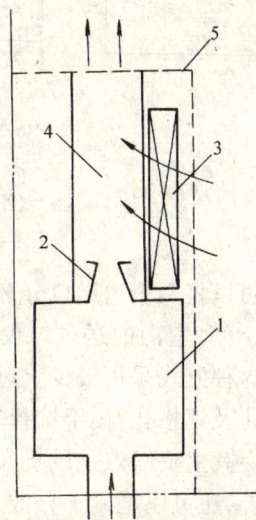

　　另一种常用的半集中式空调系统是风机盘管机组,它在各空调房间内均设置风机盘管机组作为系统的"末端装置"。风机盘管机组主要是由风机和盘管(即换热器)组成,风机(替代了诱导器中的喷嘴)将室内空气不断吸入机组,经过滤器和盘管由送风口按一定方向吹出,如图 3.3-10 所示。风机盘管机组一般分为立式和卧式两种,立式机组可靠墙放置在地面上或搁在窗台下面;卧式机组可悬挂在天花板下或暗装在天棚内。风机盘管机组有时独立地负担全部室内负荷,此时属于全水空调系统;当风机盘管配有新风系统同时运行时,则属于空气-水空调系统。风机盘管机组新风供给方式有多种,如图 3.3-11 所示:(1)靠渗入室外空气补给新风(图

图 3.3-10 风机盘管空调系统示意图

3.3-11(a)),风机盘管机组只处理循环空气。这种方案初次投资和运行费用较低,但室内卫生条件较差,只适用于室内人少的场合;(2)墙洞引入新风直接进入机组(图 3.3-11(b)),新风口做成可调节流量的形式,冬、夏季按最小新风量运行,过渡季节应尽量多采用新风。这种方式的新风量供给有所保证,但室内参数直接受到新风负荷变化的影响,故此系统只用于对空调要求不高的建筑物中;(3)经过处理的新风由管道直接送入室内(图 3.3-11(c)),新风送风口可以紧靠风机盘管的出风口,以求两者混合后进入工作区(这种布置方式应用较

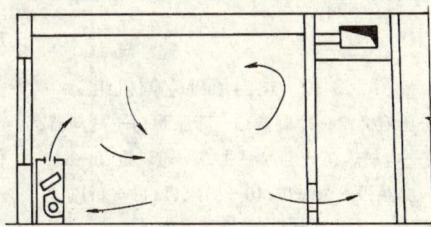

265

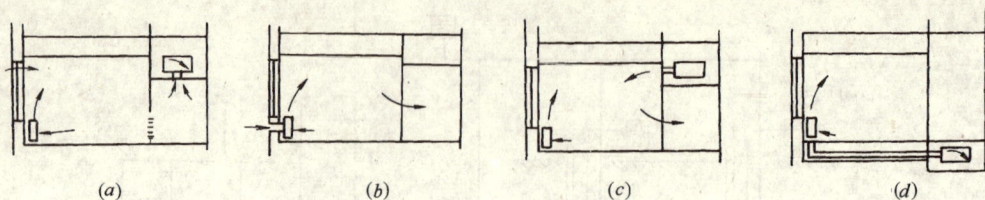

图 3.3-11 风机盘管机组的新风引入方式

(a)室外渗入新风；(b)新风从外墙洞口吸入；(c)新风管道
单独送入室内；(d)新风系统送入风机盘管机组

广)，也可以将两个送风口分开设置；(4)经过处理的新风与回风混合后经盘管进入室内(图3.3-11(d))，室内的送风口仅设一个，但与前种方式相比，风机的风量增大，从而可能增加噪声。这种方式采用较少。风机盘管空调系统具有布置灵活，能单独调节各房间的温度，机组定型化及规格化，便于选择安装等优点，目前在我国新建的旅游宾馆、饭店的客房得到普遍采用。其主要缺点是风机产生的噪声难于处理。

另外，还可以把属于分散式空调系统的空调器，按其用途分成以下4种：

(1)恒温恒湿空调机组，图3.3-12所示，全套空调设备布置紧凑，它可以实现空气的多

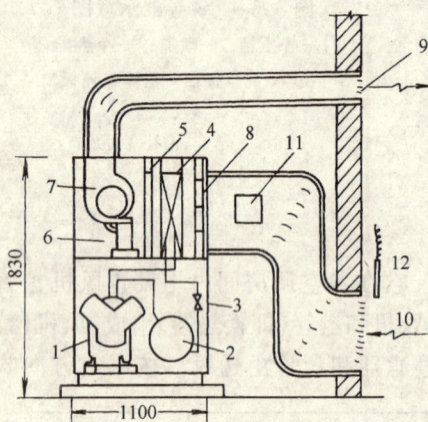

图 3.3-12 恒温恒湿空调机组

1—压缩机；2—冷凝器；3—膨胀阀；4—冷却器；5—电加热；6—电加湿器；7—通风机；8—过滤器；9—送风口；10—回风口；11—新风入口；12—电接点温度计

种处理过程，适用于有恒温恒湿要求的房间；(2)热泵式空调机组，如图3.3-13所示，该机组与一般机组的不同点在于制冷系统上装设了"四通换向阀"，使冷凝器与蒸发器可以互相转换。夏季需要供冷时，按制冷工况工作，即图3.3-13(a)所示；冬季需要供热时，可使制冷剂逆向流动，即按热泵系统运行，制冷机从低温热源吸取热量而达到加热空气的目的，如图3.3-13(b)所示。(3)冷风降温设备，也称为冷风机，用于夏季降温去湿，其组成与恒温恒湿机组相似，只是没有加热及自动控制设备。目前国产的冷风机组多为直接用冷冻机的蒸发器来冷却空气。冷风机有整体式及分组式两类，多用于一般空调房间。(4)窗台式空调器，它是一种结构紧凑、体积小、重量轻、可以装在墙壁和窗口上的一种小型空调器，可以作为降温、恒温、采暖之用。如住宅、小型会议室、医院手术室以及对温、湿度有所要求的小面积场所都可以采用风冷型窗台式空调器。

分散式空调系统的优点是：安装简单，使用方便，勿需专用空调机房和较长的风道，尤其适合于在一个较大建筑物中仅有少数空调房间的情况使用。其缺点是：布置分散，不便管理，投资和运行费用较高，空调房间内由于设置了制冷机和风机，所以噪声和振动较大。

三、空调系统的选择

对于不同类型的建筑(工业建筑、公共建筑、民用建筑)选择空调系统应按以下各种因素来确定：(1)建筑物的类型及其具体要求的功能；(2)建筑物的使用特点，如使用时间段、人员

266

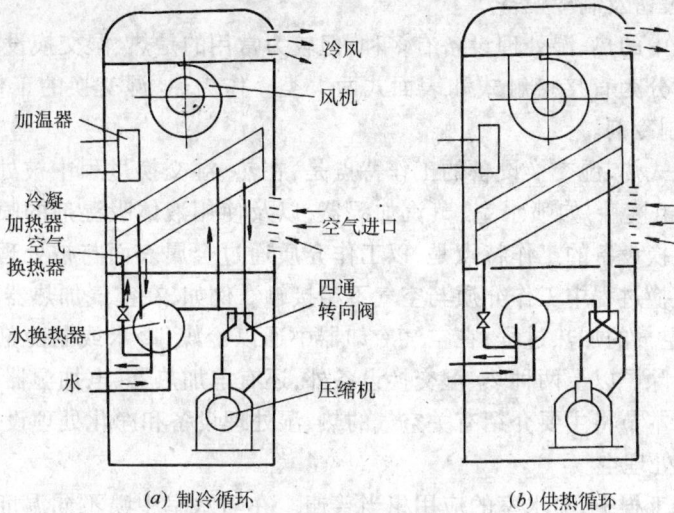

图 3.3-13　热泵式空调机组

活动规律等;(3)空调负荷特点,如建筑物中周边区与内部区划分的情况,玻璃窗面积与墙壁面积之比,建筑物的结构情况等;(4)对温湿度调节性能的要求;(5)一次投资费用、运行费用、维修管理费用等;(6)对空调机房面积和位置的要求;(7)对风道、管道或管井的要求;(8)与土建、水电等的配合关系等。

　　在风量大、使用要求不一致的空调系统中,按照集中空调系统服务使用要求,往往需要划分成几个系统。对系统进行划分的原则是:(1)室内参数相近的房间合为一个系统;(2)朝向、层次相同或相近的房间合为一个系统;(3)对室内有特殊要求(如洁净度、噪声级别等)的房间,宜进行单独设计,使之自成系统;(4)产生有害气体的房间不宜和一般房间合用一个系统。

　　在空气调节工程中,为了满足空调房间的送风要求,需要使用不同的热、湿处理设备和净化处理设备。为了达到某一种送风状态点,往往可以采用不同的空气处理方案,通过不同途径来实现,所以应根据具体情况,比较各种方案的技术和经济性才能确定。总的来说,夏季空调多为对空气进行冷却减湿处理,冬季空调是对空气进行加热加湿处理,表 3.3-1 所列的是可能采用的几种空气处理方案。

空 气 处 理 方 案　　　　　　　　　　　　　表 3.3-1

季　　节	空　气　处　理　方　案
夏	1.喷水室喷冷水、或用表面冷却器冷却减湿——→加热器再热
	2.固体吸湿剂减湿——→表面冷却器冷却
季	3.液体吸湿剂冷却减湿
冬	1.加热器预热——→喷蒸汽或水加湿——→加热器再热
	2.加热器预热——→喷蒸汽加湿
	3.喷热水加热加湿——→加热器再热
季	4.加热器预热——→{一部分喷水室加湿／另一部分未加湿} 相混合

3.3.3 空气处理设备及制冷设备

空气调节工程中的热、湿处理设备有多种,但较为常用的是热、湿交换设备,根据这些设备的工作特点可以分为直接接触式和表面式两大类。作为热、湿交换的工作媒介有水、蒸汽、液体吸湿剂和制冷剂。

所谓直接接触式热、湿交换设备的工作特点是,在热、湿交换过程中被处理的空气直接与热、湿交换介质相接触,如喷水室、蒸汽加湿器,以及使用液体吸湿剂的喷淋装置均属此类;表面式热、湿交换设备的工作特点是,以工作介质通过金属表面与被处理的空气进行热湿交换,在热、湿交换过程中工作介质与空气不相接触。例如,在空气加热器中通以热媒(热水或蒸汽)来实现空气的加热过程;在空气冷却器中通以冷媒(冷水或制冷剂),便可以实现空气的冷却过程。除了以上两种热、湿交换设备外,还有电加热器、电加湿器、制冷设备等其它空气处理方法。本节将主要介绍有关空气的热、湿处理设备和净化处理设备。

一、用喷水室处理空气

在集中式空调工程中,喷水室的应用相当普遍。在喷水室中喷不同温度的水可以实现空气的加热、冷却、加湿和减湿等多种空气处理过程。喷水室的构造如图 3.3-14 所示。喷水室是由喷嘴、喷水管网、挡水板、集水池和外壳等部分组成。在喷水室中直接向空气喷淋大量不同温度的雾状水滴,当被处理的空气与之相接触时,两者产生热、湿交换的过程,使被处理的空气达到所要求的温、湿度。

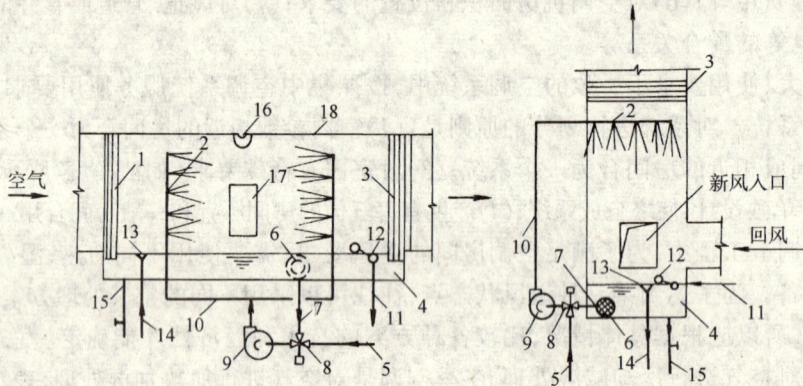

图 3.3-14 喷水室的构造
1—前挡水板;2—喷嘴与排管;3—后挡水板;4—底池;5—冷水管;
6—滤水器;7—循环水管;8—三通混合阀;9—水泵;10—供水管;
11—补水管;12—浮球阀;13—溢水器;14—溢水管;
15—泄水管;16—防水灯;17—检查门;18—外壳

(一) 喷嘴 喷嘴是由喷嘴本体和顶盖两部分组成。具有一定压力的水沿着进水管的切线方向进入喷嘴内产生旋转运动,然后由顶盖中心的小孔喷射而出,得到细碎的水滴。喷嘴喷出水量的多少、水滴的大小、喷水的方向和射程与喷嘴的构造、喷嘴前的水压和喷嘴的规格有关。按喷嘴喷出水滴直径的范围有粗喷(0.2~0.5mm)、中喷(0.15~0.25mm)和细喷(0.05~0.2mm)之分。喷出的水滴越细小,与空气的热、湿交换速度愈快。一般来讲,细喷适用于空气加湿处理,但由于喷嘴孔径过小,容易发生堵塞现象,故对水质的要求较高;中

268

喷和粗喷由于水滴直径较大不易蒸发,适用于空气冷却干燥处理。

喷嘴一般是由黄铜、尼龙、塑料或陶瓷制成。喷嘴的布置原则应为:尽量使喷出的水滴能均匀分布于整个喷水室的断面上。喷嘴的排数和喷水方向应根据计算来确定,可以布置成单排、双排和三排。图 3.3-14 中所示为最常见的双排对喷布置方式。

(二)挡水板 挡水板的作用在于阻挡由喷水室中飞溅出来的水滴,并使进入喷水室的空气能够均匀地流过整个断面。挡水板通常是用镀锌钢板加工成波折形状,并有前、后之分,其断面形状见图 3.3-15 所示,被处理的空气经前挡水板进入喷水室与喷嘴喷出的水滴直接接触进行热、湿交换之后,再从后挡水板流出。当夹带着水滴的空气流经后挡水板的曲折通道时,由于水滴的惯性作用会与挡水板表面发生碰撞,结果水滴被截留在挡水板上最终滑落入集水池内。

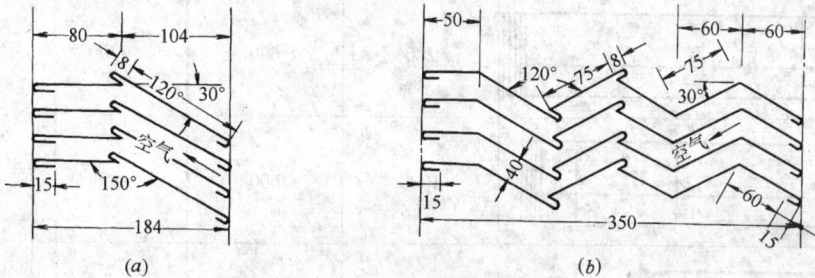

图 3.3-15 挡水板的断面形状
(a)前挡水板;(b)后挡水板

挡水板的构造,如折数、夹角、板间的距离,都会影响其挡水效果和空气流动状态。在实际工程中,前挡水板一般为 2~3 折,夹角在 90~135℃之间;后挡水板一般为 4~6 折,夹角在 90~120℃之间。板的间距为 25~40mm。挡水板的安装应与喷水室内壁严密结合。

(三)集水池 集水池位于喷水室的底端,其容积一般按容纳 2~3min 的喷水量来考虑,池深多为 0.5~0.6m。水泵从集水池中吸水,加压后由供水管输送到喷水管网和喷嘴处向喷水室喷射。集水池上的四根管道的连接方法如图 3.3-16 所示。循环水管是用来抽吸回落于集水池中的回水,在其始端装有滤水器以去除水中杂质,防止喷嘴被堵塞;在集水池最高水位处设有溢水管和溢水器,用于排除集水池中多余的水量,维持水面固定的高度;为了使集水池水面不致于低于溢水器,补充冬季用循环水加湿空气时蒸发损失掉的水量,故在集水池上应设自动补水管,补水量一般按喷水量的 2%~4% 来考虑;为了检修、清洗集水池,在池底最低点应设泄空管,接至排水系统,管口设闸板阀门。

(四)喷水室 喷水室的外壳一般用钢板加工制成,也可以用砖砌或用混凝土浇制,但应做防火处理。钢板和混凝土的喷水室外壁应考虑保温措施。喷水室的断面通常做成矩形,断面积大小应根据通风量和推荐流速(常用流速为 2~3m/s)计算确定。喷水室断面的高宽比可取(1.1~1.3):1。喷水室的长度应根据喷嘴排数、排管间距、排管与挡水板的间距、以及喷水方向来确定,具体尺寸可见表 3.3-2。喷嘴排管与供水干管的连接方式通常用上分式或下分式,有时也采用中分式,如图 3.3-16 所示。

喷嘴排列形式(空气流向→)	间 距 尺 寸 (mm)			
	l_1	l_2	l_3	l_4
	200	1000~1500	—	—
	1000	250	—	—
	200	600	1200	—
	1000	600	250	—
	200	600~1000	250	—
	200	600~1000	600	250

另外,喷水室有立式、卧式之分。图 3.3-14(b)中所示为立式喷水室,空气自下而上流动,与自上而下的喷水相接触,热、湿交换效果较好,且这种喷水室占地面积较小,适用于风量不大的情况。

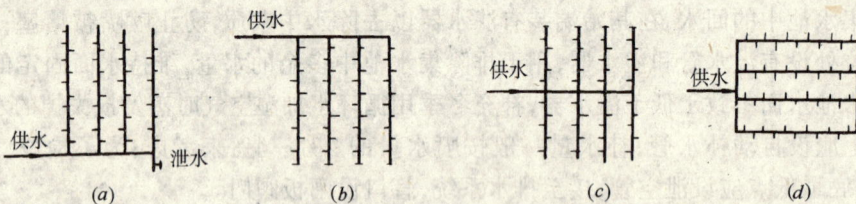

图 3.3-16 喷嘴排管的连接方式
(a)下分式;(b)上分式;(c)中分式;(d)环式

用喷水室处理空气的主要优点是:能够实现多种空气处理过程,并且具有一定的净化空气能力,便于加工,节省金属耗量等;但是,它的占地面积大,水系统复杂,对水质有一定要求,消耗电能较多。

二、用表面式换热器处理空气

表面式换热器也是一种广泛应用的热、湿处理设备,它可以根据季节的不同,在同一设备内注入热媒或是冷媒以达到加热或冷却空气的目的。将用以加热空气的表面式换热器称为空气加热器;将用以冷却空气的表面式换热器称为表冷器。空气加热器可以完成等湿加热的处理过程;用表冷器处理空气时,可以按照表冷器表面温度是否高于露点温度,分别实现等湿冷却、减湿冷却的两种处理过程。另外,表冷器按其冷却方式还可以分为水冷式、直接蒸发式和喷水式 3 种类型:水冷式表冷器与空气加热器的原理相同,只是将热媒换成冷媒(冷水)而已;直接蒸发式表冷器是依靠制冷剂在蒸发器中蒸发吸热而使空气降温冷却的;喷水式冷却器是将喷水室和表冷器相结合的一种组合体,如图 3.3-17 所示,这种冷却器可以克服表冷器无净化空气能力和不能加湿空气的缺点,还可以提高热交换能力,只是水系统复杂和耗电量大,限制了它的推广使用。

如果将表面式换热器按其构造来分有管式和肋片式两种,如图 3.3-18 和 3.3-19 所示。管式换热器是由数根排管与联箱所组成,排管是用光面钢管焊制而成。这种换热器构造简单,易于加工,但热、湿交换表面积较小,占用空间大,金属耗量较大,适合于空气处理量不大的场合。肋片式换热器是在排管外面穿入许多薄金属片做成肋片,肋片与管子紧密相连。这种换热器强化了外侧的换热,热、湿交换面积较大,换热效果好,处理空气量增大,在空调系统中应用普遍。

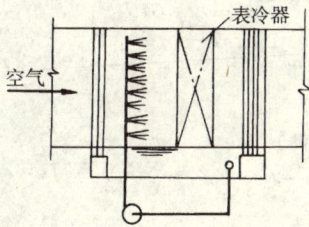

图 3.3-17　喷水式表冷器　　图 3.3-18　管式换热器　　图 3.3-19　肋片式换热器

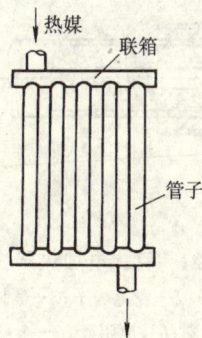

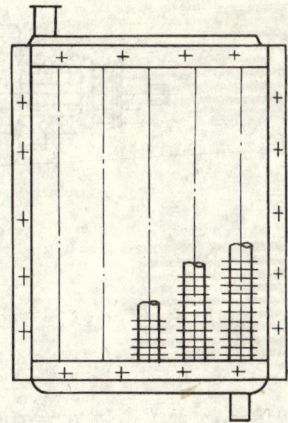

与喷水室相比,采用表冷器处理空气的特点是:设备结构紧凑,水系统简单,操作管理方便,占用空间面积较小;但是它对空气不能进行加湿处理(喷水式冷却器除外),故不宜用于对空气相对湿度有较高要求的空调系统中。

三、空气的其它热、湿处理方法

1. 用电加热器处理空气

电加热器是利用电流通过电阻丝时发出的热量来加热空气的设备。电加热器有裸线式和管式两种,如图 3.3-20 和图 3.3-21 所示。裸线式电加热器是由裸电阻丝(图 3.3-20 中3)构成。根据需要可以使电阻丝多排组合,其外壳是由中间填充有绝缘材料的双层钢板组成(图 3.3-20 中 1、2)。裸线式电热器具有热惯性小、加热迅速、结构简单的优点,但是由于容易断丝、漏电而使用安全性能较差,所以采用这种加热器时;必须有可靠的安全措施。

管式电加热器是由管状电热元件组成,这种元件是由电阻丝装在特制的金属套管中构

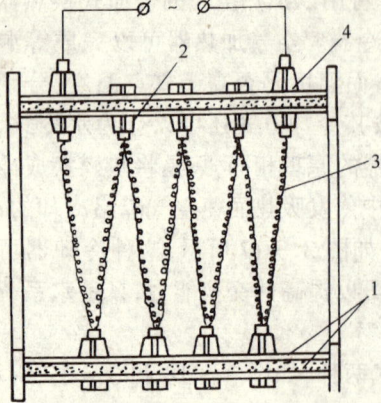

图 3.3-20　裸线式电加热器
1—钢板；2—隔热层；3—电阻丝；
4—瓷绝缘子

成,内部填充导热性能好且不导电绝缘材料(图 3.3-21 中 4)。管式电加热器加热均匀,热量稳定,安全可靠,结构紧凑,效率高,使用寿命比裸线式电加热器寿命长,但是热惰性大,构造复杂。

电加热器由于消耗电能多,应用受到局限,可用在空调房间送风支管上作为精调设备,或用于局部空调机组中。在选用电加热器时,应根据空调系统的需求和特点确定电加热器的类型,然后按所需功率选择电加热器的型号。

2．空气加湿的其它处理方法

空气的加湿方法很多,除了用喷水室外还可用喷蒸汽或水蒸发进行加湿。蒸汽加湿得到广泛使用,这种设备有蒸汽喷管、干式蒸汽加湿器和电加湿器 3 种。

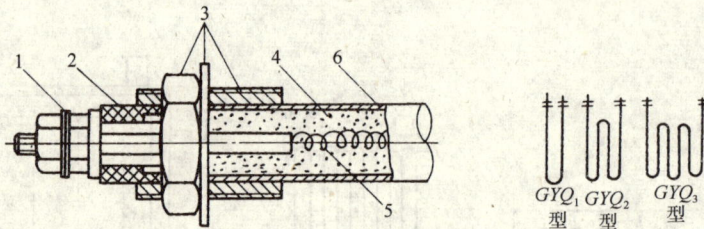

图 3.3-21　管式电加热器(管状元件)
1—接线端子；2—瓷绝缘子；3—紧固装置；4—绝缘
材料；5—电阻丝；6—金属套管

蒸汽喷管是由上面开有孔洞(直径约为 2～3mm)的供蒸汽管道组成,微孔间距不小于 50mm。管中通以加湿用的蒸汽,在管网压力的作用下蒸汽从各孔口喷出,与喷管周围的空气相接触进行热、湿交换。这种普通的蒸汽喷管构造简单,易于加工制作,但加湿效果不太好,且蒸汽喷管内容易产生凝结水,蒸汽管网的凝结水有可能流入喷管。

干式蒸汽加湿器是在喷管外围加设了蒸汽保温外套,更完善的蒸汽加湿器还设置了加湿器套筒,用于干燥蒸汽,图 3.3-22 所示为干式蒸汽加湿器的构造图。蒸汽由热源首先进入喷管外套,喷管的外壁因此受热保温。然后蒸汽由导流板进入加湿器套筒内,沿途产生的凝结水经疏水器排出。剩余的干燥蒸汽依次进入导流箱、导流管、内筒体和喷管中,由于喷管外壁具有较高的温度,管内不会产生凝结水,避免了普通蒸汽喷管加湿器存在的弊端,改善了加湿效果。

电加湿器,也就是水蒸发加湿,它是利用电能产生蒸汽,并将蒸汽直接送入空气中与之混合。根据工作原理的不同,电加湿器有电极式和电热式两种类型。电极式加湿器的构造如图 3.3-23 所示,它是将三根金属棒作为电极直接插入水容器中,接通电源后,以水作为电阻,容器中的水被加热变为蒸汽,从蒸汽出口流出通到需加湿的空气中去。电极式加湿器结构紧凑,产生的蒸汽量可以用水位高度来控制,但是耗电量大,电极上易积水垢和腐蚀,多用于小型空调系统中。电热式加湿器,是将管状电热元件置于水容器中而制成,元件通电加热,水受热蒸发产生蒸汽,蒸发损失掉的水量由浮球阀自动控制补水,图3.3-24为补水箱构造图。

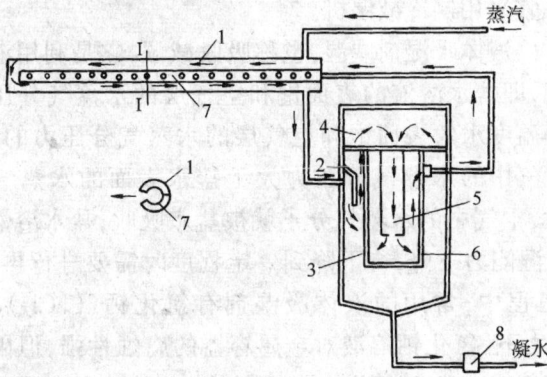

图 3.3-22　干式蒸汽加湿器

1—喷管外套;2—导流板;3—加湿器筒体;4—导流箱;
5—导流管;6—加湿器内筒体;7—加湿器喷管;
8—疏水器

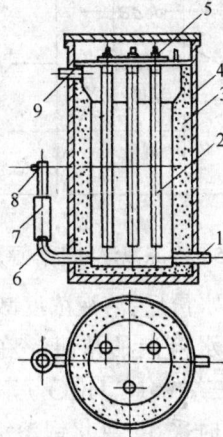

图 3.3-23　电极式加湿器

1—进水管;2—电极;3—保温层;
4—外壳;5—接线柱;6—溢水管;
7—橡皮短管;8—溢水嘴;
9—蒸汽出口

3. 空气减湿的处理方法

在气候潮湿的地区,某些地下建筑物、以及要求相对湿度低的场合,往往需要对空气进行减湿处理。空气的减湿方法有多种,如:加热通风法、冷却减湿法、液体吸湿剂减湿和固体吸湿剂减湿等。

单纯地加热空气可以起到降低空气相对湿度的作用,比如,利用空气加热器或电加热器将温度为 20℃、相对湿度为 80% 的空气加热到 26℃ 时,空气的相对湿度可降低至 55%;另外,如果将室外干燥空气与室内相对湿度较高的空气进行对流换气,也可以达到减湿的目的。因此,加热、通风都是简单易行的减湿方法,如果把两者同时应用便可以克服加热法不能从根本上减少空气含湿量和通风法无法控制室内气温的缺点,能够保证房间内同时满足温度和相对湿度的要求。用加热通风法减湿,设备简单,经济安全,若自然条件许可应优先考虑采用。

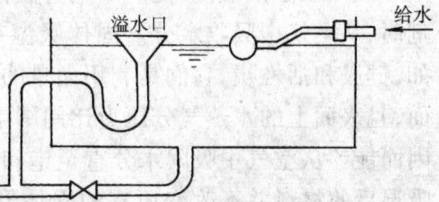

图 3.3-24　浮球补水箱

空气的冷却减湿,除了用喷水室和表冷器外,还可以采用专门的冷却除湿设备,即冷冻减湿机,亦称除湿机。冷冻减湿机是由制冷系统和风机所组成,如图3.3-25 所示,潮湿的空气先进入制冷系统的蒸发器,由于制冷剂吸热蒸发,蒸发器表面温度低于空气的露点温度,所以在空气降温的同时,被析出一部分凝结水从而达到减湿的目的。降温后的空气通过制

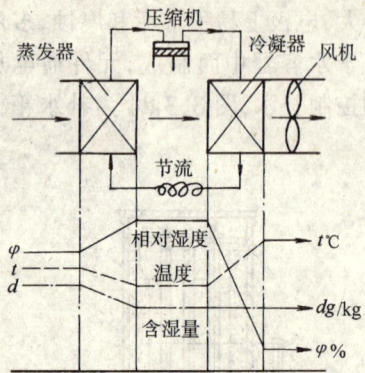

图 3.3-25 冷冻减湿机工作原理图

冷系统的冷凝器时,与冷凝器内来自压缩机的高温气态制冷剂相互换热,结果空气被加热升温,而制冷剂被冷却成液态。于是便得到温度较高而相对湿度较低的空气。因此,这种除湿机尤其适用于既需要减湿、又需要加热的空调系统,而对于室内的余湿和余热量均较大的场合就不宜采用制冷减湿机。

液体吸湿剂减湿,也称吸收减湿,它是利用液体吸湿剂,即盐水溶液的表面饱和空气层的水蒸气分压力低于同温度水的表面饱和空气层的水蒸气分压力的特点,当空气中的水蒸气分压力大于盐水表面的水蒸气分压力时,空气中的水蒸气分子就被盐水吸收;盐水溶液吸收了空气中的水份后,溶液浓度减小而吸湿能力下降,待下降到一定程度时需要进行再生处理,以恢复盐水溶液的浓度。在空调工程中,常用的液体吸湿剂有氯化钙($CaCl_2$)、氯化锂($LiCl$)和三甘醇($C_6H_{14}O_4$)等。相比之下,氯化钙溶液对金属容器的腐蚀性强,但因其价格低故仍有时采用;氯化锂溶液吸湿性能好,腐蚀性较小,使用较多;三甘醇对金属没有腐蚀性,且具有较强的吸湿能力,是较为理想的液体吸湿剂。在实际应用中,为了增加潮湿空气与盐水溶液的接触表面积,一般是将液体吸湿剂以喷液设备或多层填料塔的形式与湿空气进行充分的接触,以提高减湿的效率。采用液体吸湿剂减湿的优点在于:可以使湿空气达到很低的含湿量,使用条件不受限制,可以避免热量和冷量的浪费;但是这种减湿方法存在有设备腐蚀和需要再生系统的问题。

固体吸湿剂减湿,是利用某些固体材料所具有的吸水性能,在迫使湿空气流经固体吸湿剂时,从空气中吸收水分。固体吸湿剂的减湿原理有纯物理作用和物理化学作用两种,例如,硅胶和活性炭,它们是利用大量的微小孔隙形成的巨大吸附表面,且表面上的水蒸气分压力比周围空气中水蒸气分压力低得多,因而能够从空气中吸附水分直至饱和,从而起到空气减湿的作用,吸湿后的材料并不改变原有的固体形态,这种减湿过程属于纯物理作用,当固体吸湿剂丧失了吸湿能力需要再生处理;而氯化钙、生石灰和氢氧化钠,它们在吸收了空气中的水分后转化成水化物,最终由固态变成液态失去吸湿性能,这种减湿过程属于物理化学作用。图 3.3-26 所示为氯化钙固体减湿装置,它可以直接放在需要减湿的房间中,在各层抽屉内放置厚度为 50～70mm 的固体氯化钙吸湿层。室内的湿空气在风机的作用下由进风口进入吸湿装置与吸湿剂充分接触,最终变成干燥空气再回到房间。

四、空气的净化处理

1．滤尘 室外新风和室内循环回风是空调系统中空气的来源,两者由于室外环境中的尘埃或空调房间内环境的影响均会有不同程度的污染。净化处理的目的主要是去除空气中的悬浮尘埃,另外还包括消毒、除臭以及离子化等。净化处理技术除了应用于一般的工业和民用建筑空调工程中外,还多用于满足电子、精密

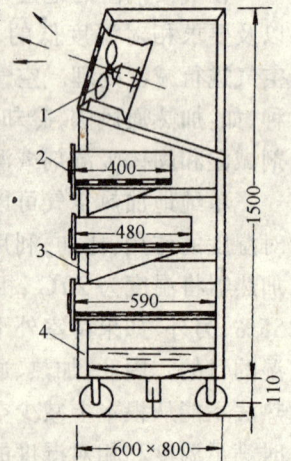

图 3.3-26 氯化钙固体减
湿装置

1—轴流风机;2—活动抽屉
吸湿层;3—进风口;
4—主体骨架

仪器、以及生物医学科学等方面的洁净要求。从空气净化标准来看,可以把空气净化分为一般净化、中等净化和超净净化3种等级。大多数空调工程属于一般净化,采用粗效过滤器即可满足要求;所谓中等净化是对室内空气含尘量有某种程度的要求,需要在一般净化之后再采用中效过滤器作补充处理;对于室内空气含尘浓度有严格要求的精工生产工艺或是要求无菌操作的特殊场所,应该采用超净净化。

在3.2通风中曾介绍过除尘器,空调净化中使用的净化设备——过滤器,与通风工程中的除尘器具有相同的功能。只是除尘器是根据不同的除尘机理分别用于含尘量较大的空气的净化处理;而过滤器则是采用过滤方法来清除空气中的尘埃,从而降低空气中的含尘浓度。

过滤器按作用原理不同可以大致分为金属网格浸油过滤器、干式纤维过滤器、静电过滤器;按其效率大小也可以分为粗效、中效、高效过滤器。

粗效过滤器的过滤材料大多采用金属丝网、铁屑、瓷环、粗孔聚氨脂泡沫塑料、以及各种人造化纤。为了提高过滤效率,避免金属滤材生锈和清洗方便,往往把用金属网格、铁屑、玻璃丝等材料制成的过滤器浸油后使用,并可安装成"人"字形或倾斜状,以减少占用空间,如图3.3-27所示。图3.3-28所示为金属网格浸油过滤器的外形,它是由18或12层金属网格

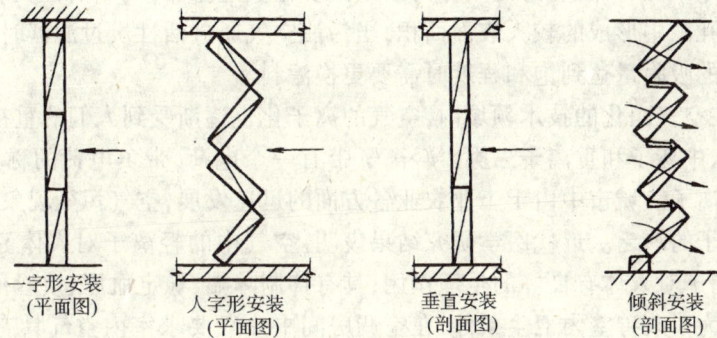

| 一字形安装 | 人字形安装 | 垂直安装 | 倾斜安装 |
| (平面图) | (平面图) | (剖面图) | (剖面图) |

图 3.3-27　过滤器安装示意图

叠置而成,网格孔径是沿着空气的流向而逐渐减小,当含尘空气在惯性力作用下依次流径各层网格的过程中,尘粒便会被浸过机油的金属网格粘住,从而达到滤尘的目的。使用一段时期后,需清洗、晾干、浸油处理后再继续使用。这种过滤器的过滤效率低,清洗工作量大;但由于其处理能力大,占用空间小,常用以作为空气净化处理的预过滤之用。

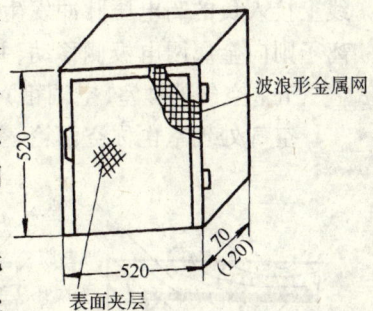

图 3.3-28　金属网浸油过滤器

目前广泛使用的粗、中效过滤器是泡沫塑料过滤器和无纺布过滤器,如图3.3-29所示。为了提高过滤效率,加大处理风量,往往做成抽屉式和袋式。这类过滤器可以做成不同的孔径和厚度,用于去除不同粒径的尘粒,具有安装方便、易于清洗、使用寿命长的优点,多用于有较高净化要求的空调系统中。

对于有高度净化要求的空调工程,一般需用粗效和中效两级过滤器作预过滤,然后用高效过滤器进行超净过滤。高效过滤器的滤料是把超细玻璃纤维和超细石棉纤维做成滤纸状,应尽量把过滤器靠近送风口安装。图3.3-30所示为高效过滤器构造示意图。

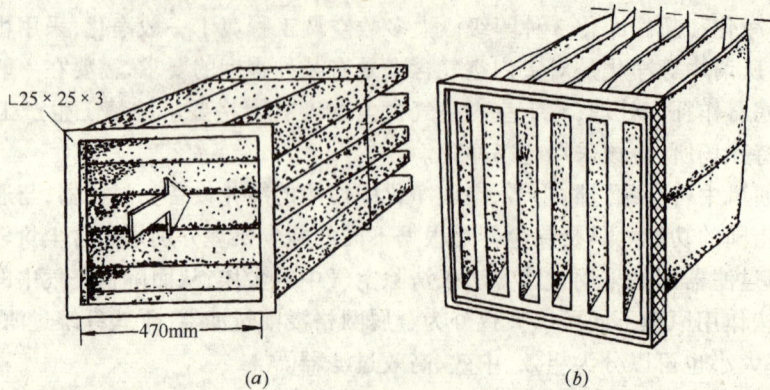

图 3.3-29 泡沫塑料和无纺布过滤器
(a)泡沫塑料过滤器;(b)无纺布过滤器

2. 除臭和离子化

去除空气中某些有味、有毒的气体可以采用活性炭过滤器,利用活性炭对有害气体的吸附性能和内部孔隙中形成的较大表面面积,当污浊空气通过活性炭过滤器时,将污浊气体去除掉。活性炭的吸附量达到饱和程度时需要更换滤料。

近年来,在空气净化的技术领域内,空气的离子化也逐渐受到人们的重视。大气中的离子分为轻离子、中离子和重离子三类。轻离子带有一个电荷,带负电荷的称为负离子;带正电荷的称为正离子。城市中由于工业农业各方面的迅速发展,空气污染现象日益严重,造成了大气中轻离子的缺乏。近代医学研究结果表明:空气中的轻离子对人体健康有一定的影响,尤其是负离子对人体有良好的生理作用,具有抑制哮喘、稳定血压、镇静神经系统和消除疲劳的作用。为了改善室内卫生条件,在空调房间中一般要求室内空气具有适当数量的轻离子。产生空气离子的方法有电晕放电法、紫外线照射法和空气电离法。较为实用的是电晕放电法,其工作原理如图 3.3-31 所示,图中左侧的细线与右侧的金属网组成一对电极,细线上接入负的高电压脉冲发生器,其附近空气离子化后产生的正离子被吸收在细线上,而负离子则向金属网电极侧移动,并在风力作用下被送出该装置。

五、空气处理室(空调箱)

空气处理室也称空调箱、空调器,是指能够将空气吸入、加以各种处理、再输送出去的装置,包括风机在内的空气处理室,也称空调机。空气处理室可以采用定型产品,也可以根据具体要求自行设计。

定型生产的空调箱多为卧式,其外壳用钢板制作,由标准构件或标准段组合而成。这种装配式空调箱的分段一般有回风机段、混合段、预热段、过滤段、表冷段、喷水段、蒸汽加湿段、再加热段、送风机段、能量回收段、消声段等,分段越多,其灵活性就越大。图 3.3-32 所示是一个装配式空调

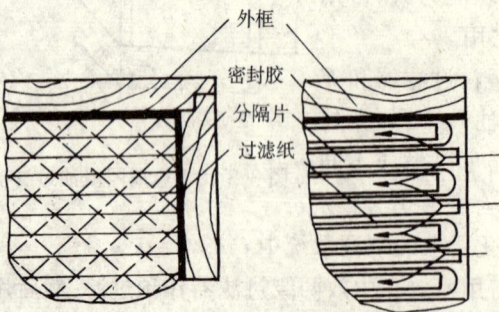

图 3.3-30 高效过滤器构造示意图

276

箱示意图。

目前国内生产的装配式空调箱除了整体分段组合式外,还有框架式、全板式。框架式空调箱由框架和带保温层的板组成,框架的接点可按需要拆卸;全板式空调箱没有框架,是由不同规格的、带有保温层的复合钢板拼装而成。空调箱内各种处理设备的间距,主要考虑各种设备安装、检修、更换时要求的操作距离、空气混合室的必要空间(新、回风的混合)、表冷器的落水距离等因素。对于使用表冷器的空调箱可参考图 3.3-33 和表 3.3-3 所示的尺寸。

装配式空调箱的规格一般是以单位时间内对空气的处理能力来标定。选用时应以实际计算所得的通风量或需要处理的空气量,参照空调箱的处理量来确定型号。

自行设计的空气处理室,其外壳可以是钢板,也可以

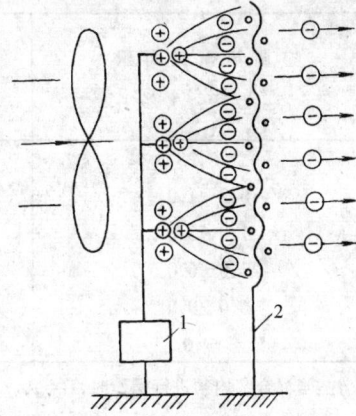

图 3.3-31 空气电离原理图
1—脉冲发生器;2—金属网接地电极

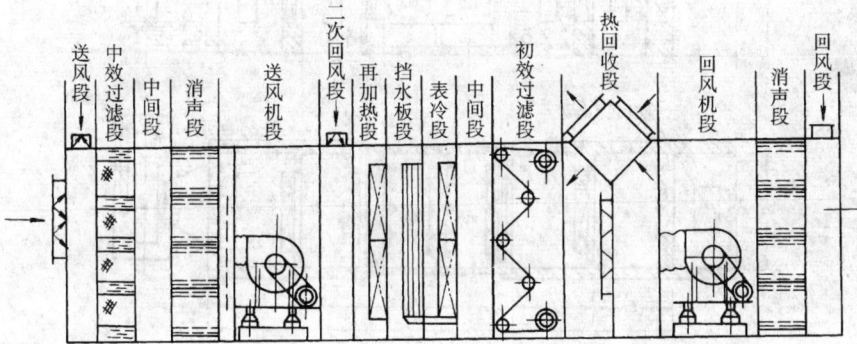

图 3.3-32 装配式空调箱示意图

是非金属材料,非金属空调箱一般是由钢筋混凝土和砖制作而成。大型空调箱常做成卧式、小型空调箱也可以做成立式。非金属空调箱的最大缺点是安装位置固定不变、使用不灵活。图 3.3-34 所示为一个非金属空气处理室的组合示意图,表 3.3-4 列出了其组合长度尺寸。

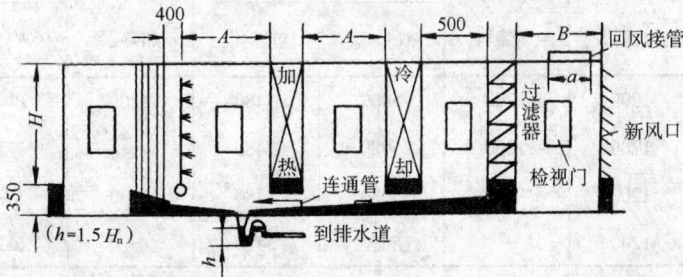

图 3.3-33 使用表冷器的空调箱参考尺寸

空调箱横截面积 (m²)	箱 内 设 备 的 间 隔 尺 寸	
	A(mm)	B(mm)
~0.25	H	a+300
0.2~1.0	500	a+300
1.0~3.0	600	a+300
3.0~6.0	700	a+300
6.0~9.0	800	a+300
>9.0	0.3H 或 900	a+300

注:当混合室内须进行操作时,B=A。

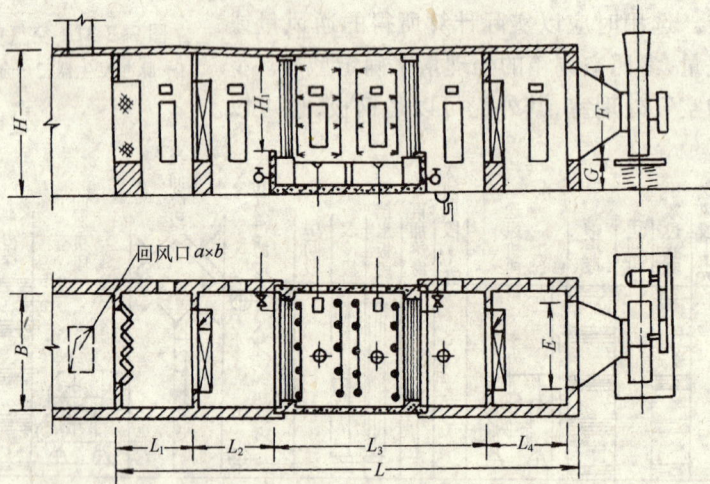

图 3.3-34 非金属空气处理室组合示意

非金属空气处理室组合尺寸 表 3.3-4

组合段代号	甲	乙	丙		丁	L	
尺寸 名称 (mm) 组合型号	空 气 过滤段	一 次 加热段	喷 水 段		二 次 加热段	组 合 总 长 度	
			双 级	单 级		双 级	单 级
Ⅰ	1200	1200	5080	3480	1200	8920	7320
Ⅱ	1200	1200	5080	3480	—	7720	6120
Ⅲ	1200	—	5080	3480	1200	7720	6120
Ⅳ	1200	—	5080	3480	—	6520	4920

注:表中的尺寸是根据如下条件制订的:

1. 空气过滤器(低效)的外形尺寸为 520×520×70mm,并采用人字形安装;

2. 空气加热器为"通惠Ⅰ型"钢制加热器或"SYA型"加热器;

3. 喷水段适合于单级双排、单级三排及双级(每两排对喷)等形式。

3.3.4 空调房间的建筑设计

一、空调房间的设计参数

（一）空调房间的温、湿度设计标准

关于空调房间内空气计算参数（温度、湿度、气流速度、洁净度等）的选取，需要综合考虑舒适性要求、室外气象参数、节能要求、经济状况等多方面的因素。我国关于此方面的研究还不完善，在实际工程中多是参考国外推荐的设计数据，与我国具体情况结合起来选取。附录Ⅲ-22 所列为我国舒适性空调室内设计参数，附录Ⅲ-23 为国家计委在 1986 年制订的各级旅馆空调设计参数。

（二）新风量的确定

1. 舒适性空调系统新风量的确定

确定新风量的原则和取值，当前世界各国趋于接近。概括起来，确定新风量的方法主要有以下三种：(1)根据 CO_2 浓度确定新风量；(2)根据每人所占空调房间的容积大小确定新风量；(3)根据室内吸烟程度轻重确定新风量。一般来讲，新风量越多，就越利于人体健康；但新风量越大，将造成冷、热负荷消耗量越多，能耗越大；如果新风量偏小，会使人们感到气闷、头晕等现象。新风量的大小应取决于人体对有害物质的允许浓度、空调房间的使用功能等。

设置舒适性空调的民用和公共建筑物，其最小新风量与推荐值宜用表 3.3-5 选用。

2. 工业建筑中新风量的确定

工业建筑中的新风量应满足卫生、维持空调房间正压、满足排风量三方面的要求。空调房间的正压值一般 5~10Pa。当空调房间设有局部排风系统时，必须有新风补偿以防室内产生负压。且规定：生产厂房内每人所需的新风量不应小于 $30m^3/h$。

二、空调房间的建筑布置和热工要求

合理周密的建筑布置和措施，对于保证空调系统的运行效果和提高系统的经济性起着重大的作用。在布置空调房间和确定房间围护结构的热工性能时，应尽量满足以下要求。

最小新风量与推荐新风量　　　　　　　　　　　　　　　表 3.3-5

房　间　名　称	最小新风量 ($m^3/(人·h)$)	推荐新风量 ($m^3/(人·h)$)	吸　烟　情　况
影　　剧　　院	8.5	12.6	无
图书馆、博物馆	8.5	12.6	无
体　　育　　馆	8.5	10	无
商　　　　店	8.5	12.6	无
办公室、医院门诊部	17	25.5	无
会议室、餐厅、舞厅	17	34	无
病　　　　房	17	34	无
特　护　病　房	30	42.5	无
高级宾馆客房	30	42.5	吸烟小量

（一）空调房间布置要求

1. 应合理设计建筑平面与体型,空调建筑或空调房间应力求方正,避免狭长、细高和过多的凹凸。

2. 空调房间应尽量集中布置。若建筑物内空调房间的使用功能不尽相同时,应尽量把室内温湿度基数、使用班次和消声要求等相近的空调房间布置成上下对齐或是在平面上相邻的形式。

3. 空调房间应尽量被非空调房间所包围,但空调房间不宜与高温、高湿房间相毗邻。

4. 空调房间的邻近处不宜设有产生大量粉尘或是污染程度严重的气体的房间;否则应把空调房间布置在该污染房间的上风侧。

5. 对噪声和振动有严格要求的空调房间,应远离振源和声源。

6. 为了减少室内外之间的传热和渗透,空调房间的外围应尽量减少。因此,空调房间不宜布置在有两面外墙的转角处和有伸缩缝、沉降缝的地方。否则,不宜在两面外墙上均开设外窗。

7. 空调房间不宜布置在顶层,否则,屋顶必须有良好的隔热措施。

8. 对于洁净度和美观都有严格要求的空调房间,可采用设置技术阁楼或技术层的方法来处理。

9. 空调房间的建筑高度应考虑建筑、生产使用、气流组织和管道布置等方面的要求,在满足使用要求的前提下尽量降低。空调水管、风管所占吊顶内净空高度为:

空调面积(类型)	管道所占净空高度
<1000m²	500mm
大面积空调	600~800mm
客房、办公等空调(风机盘管加新风)	400~600mm

（二）建筑热工要求

1. 空调房间的外墙、外墙朝向及所在层次,均应符合表3.3-6中的要求。

2. 空调房间的外窗、外窗和内窗的层数,宜按表3.3-7中的数据采用。

3. 空调房间的门、门斗的设置应符合表3.3-8中的要求。

4. 空调房间各种围护结构的传热系数和热惰性指标应符合表3.3-9中的要求。

空调房间的外墙、外墙朝向及所在层次 表3.3-6

室温允许波动范围(℃)	外　墙	外　墙　朝　向	所　在　层　次
≥±1	应尽量减少	应尽量北向	应尽量避免顶层
±0.5	不宜有	如有外墙时,宜北向	宜底层
±0.1~0.2	不宜有	如有外墙宜北向,且工作区距外墙不应小于0.8m	宜底层

注:1. 室温允许波动范围小于或等于±0.5℃的空调房间,宜布置在室温允许波动范围较大的各空调房间之中,当在单层建筑物内时,宜设通风屋顶。

　　2. 本表以及下述第2条中的"北向",适用于北纬23°以北的地区;对于北纬23°以南的地区,可相应地采用"南向"。

　　3. 设置舒适性空调的民用建筑,可不受此限。

空调房间的外窗及外窗和内窗的层数 表 3.3-7

室温允许波动范围(℃)	外窗	外 窗 层 数		内 窗 层 数	
		$t_w - t_n$(℃)		$t_{ls} - t_n$(℃)	
		≥7	<7	≥5	<5
≥±1	尽量北向并能部分开启，±1℃ 时不应有东、西向外窗	三层或双层(天然冷源双层)	双层(天然水源可单层)	双层(天然冷源单层)	单层
±0.5	不宜有，如有应北向	三层或双层(天然冷源双层)	双层	双层	单层
±0.1~0.2	不应有	—	—	可有小面积的双层窗	双层

注：t_n——空调房间的夏季室温基数(℃)；

t_w——夏季空调室外计算干球温度(见附录Ⅲ-8)(℃)

t_{ls}——夏季空调房间的邻室温度，$t_{ls} = t_{w·p} + \Delta t_{ls}$；

$t_{w·p}$——夏季空调室外计算日平均温度(见附录Ⅲ-8)(℃)；

Δt_{ls}——邻室温度与夏季空调室外计算日平均温度的差值，若邻室的散热量很少(如办公室、走廊等)，可取 $\Delta t_{ls} = -2~2℃$；邻室的散热量较大时，可取 $\Delta t_{ls} = 3~5℃$

空调房间门和门斗的设置要求 表 3.3-8

室温允许波动范围(℃)	热门和门斗	内门和门斗
≥±1	不宜有外门，如有经常出入的外门时，应设门斗	$(t_{ls} - t_n) ≥7℃$时，宜设门斗
±0.5	不应有外门，如有外门时，必须设门斗	$(t_{ls} - t_n) >3℃$时，宜设门斗
±0.1~0.2	严禁有外门	内门不宜通向室温基数不同或室温允许波动范围大于±1℃的邻室

注：1. 空调房间的外门门缝应严密。当$(t_w - t_n)$或$(t_{ls} - t_n)$大于或等于7℃时，门应保温。

2. t_w、t_n、t_{ls}——与表 3.3-7 相同。

空调房间围护结构的传热系数和热惰性指标 表 3.3-9

室温允许波动范围(℃)	围护结构的传热系数 k(W/(m·℃))	围护结构的热惰性指标 D
≥±1℃	按 经 济 要 求	无 特 殊 要 求
±0.5℃	按经济要求，同时≯0.814	外墙≮4,屋盖及顶棚≮3
±0.1~0.2℃	按经济要求，同时≯0.465	外墙≮5,屋盖及顶棚≮4

表 3.3-9 中的经济要求，是指空调房间的墙、屋盖、楼板等围护结构的经济传热系数。

三、空调房间的气流组织

关于气流组织曾在 3.2 中就提出过，从气流的作用和形式上来讲，工业通风和空调房间中的气流组织基本相同,只是空调房间的气流组织相对而言要求更高一些。由于气流组织直接影响着室内空调效果,关系着房间内的温度、湿度基数及其精度、区域温差、气流速度、洁净度和人们的舒适感觉等,是空调系统设计中的一个重要环节。

目前,国内常用的气流组织形式及其适用的范围可以归纳为以下六种:

1. 侧向送风方式

侧送方式是向空调房间横向送出气流,常采用贴附射流,能使送风射流贴附于顶棚表面流动,以增大射流的流程,避免射流中途下落。图 3.3-35 是侧送方式的几种布置形式。图 3.3-35(a)、(b)、(c)所示为单侧上送上回、单侧上送下回、单侧上送走廊回风形式;图(d)所示为双侧外送上回形式;图(e)、(f)所示分别为双侧内送上回、下回形式;图(g)所示为中部双侧内送上下回或上部排风。

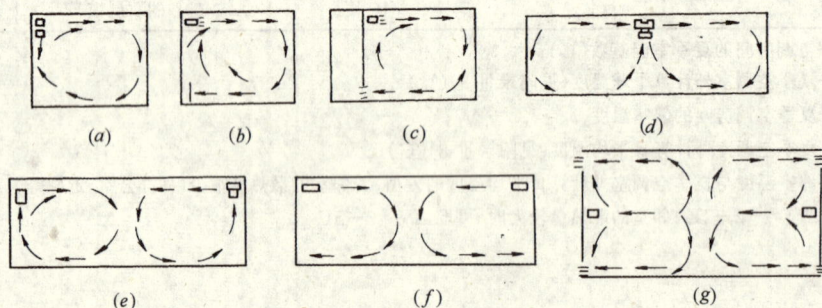

图 3.3-35　侧送方式

侧送方式应用于一般空调,根据空调精度的要求可采用单层、双层和三层百叶送风口。其中单侧送风形式适合于小面积空调房间;双侧送风形式适合于长度大于送风射程(送风射程通常为 3～8m)的空调房间;中部双侧送风回风适用于高大建筑物的空调。

2. 孔板送风方式

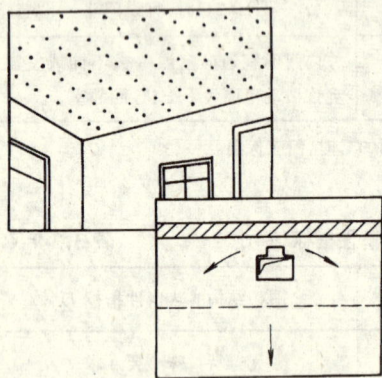

图 3.3-36　孔板送风方式

孔板送风是将空调送风送入顶棚上面的稳压层中,在静压的作用下再通过顶棚上的大量小孔均匀地送进空调房间。稳压层的净高不应小于 0.2m。孔板可用铝板、塑料板、胶合板、木板、硬纤维板、石膏板等材料制作,孔板厚度一般为 4～10mm,孔距为 40～100mm。孔板占据了整个顶棚的称为全面孔板送风,如图 3.3-36 所示;只在顶棚的局部位置布置孔板叫做局部孔板送风。孔板送风的特点是射流的扩散和混合较好,射流的混合过程很短,温度和风速衰减得快,故工作区温度和速度分布均匀。孔板送风方式适用于对区域温差和工作区风速要求严格、有高度净化要求、单位面积风量较大、空调房间层高较低(小于 5m)的空调房间。

3. 散流器送风方式

散流器是装设在顶棚上的一种送风口,可以与顶棚下表面齐平(即平送),也可以安装在顶棚下表面以下(即下送)。散流器送风具有诱导室内空气迅速与送风射流混合的特性。图

3.3-37(a)和(b)所示分别为平送散流器的气流流型和构造示意图,气流不是直接射入工作

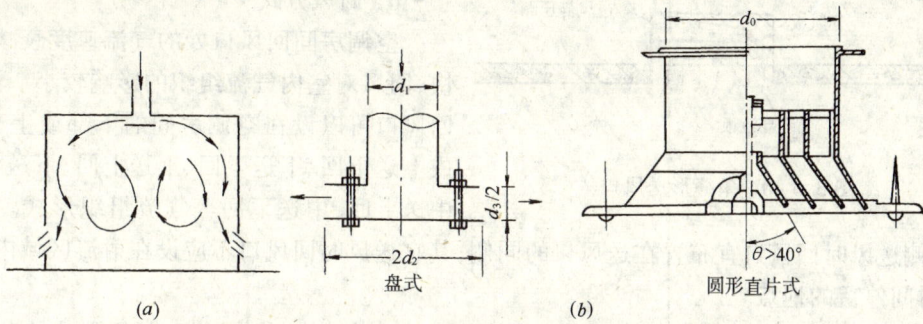

图 3.3-37 散流器平送示意图

区而是形成贴附,缓慢稳定地流入工作区。可用于空调精度≤±0.5℃的空调系统。图 3.3-38 所示为散流器下送的气流流型。这种送风方式使房间中的气流分成混合层和工作区域层两段,下段的工作区域层处于比较稳定的平行气流之中,这种气流组织形式适用于有高度净化要求的空调房间,房间的高度以 3.5～4.0m 为宜,散流器间距不大于 3m。

4. 喷口送风方式

也称为集中送风,它是将送、回风口布置在空调房间的同侧,由喷口高速地送出大量的空气射流带动室内空气进行强烈混合,使得射流流量增至送风量的 3～5 倍。射流行至一定路程后返回,使工作区处于气流的回流之中,保证了大面积工作区中新鲜空气、温度场和速度场的均匀,如图 3.3-39 所示。这种送风方式的特点是:射程远、系统简单、投资节省,可以满足一般舒适性要求。适用于大型体育馆、礼堂、影剧院等高大空间的公共建筑和工业建筑的空调。

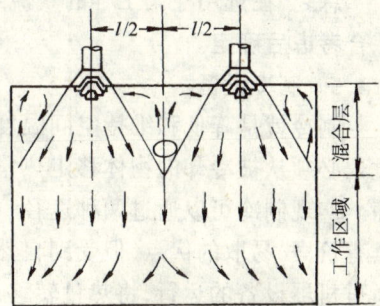

图 3.3-38 散流器下送气流流型

5. 条缝形送风方式

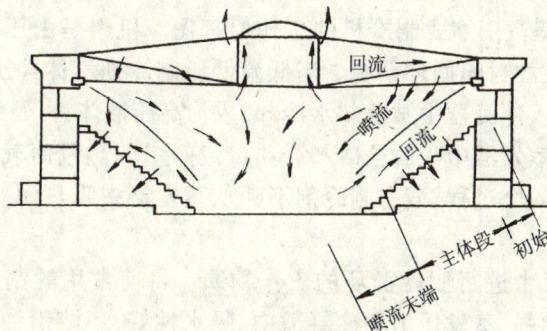

图 3.3-39 喷口送风流型

条缝形送风口是扁平射流,如图 3.3-40 所示,与喷口送风方式相比,射程较短,温度和速度衰减较快。这种送风方式可以用于某些只需降温的或是产热量较大的工业或民用建筑

的空调中。

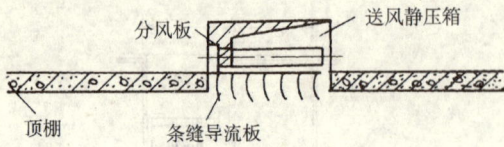

图 3.3-40　条缝形送风口

（左侧图标注：分风板、送风静压箱、顶棚、条缝导流板）

6. 回风方式

空调房间回风口处的气流速度衰减得很快,回风对室内气流组织的影响较小。因此,回风口可以设在空调房间的下部或上部,形成上送下回、下送下回、上送上回、下送上回、中送上回、中送下回等气流组织形式。一般来讲,侧送风时回风口宜布置在送风口的同侧;其它送风时回风口不应设在射流区域内或人员长时间停留的地点。

上送下回方式的送风在进入工作区前就已经与室内空气充分混合,易于形成均匀的温度场和速度场,对于侧送方式、孔板和散流器送风方式,回风口应设在房间的下侧。

对于美观要求较高的建筑,还可在空调房间设置吊顶,将风道暗敷于内,采用上送上回的气流组织形式。

对于高大的厂房,若上部有一定的余热量时,也可在上侧设回风或是用排风口排除余热,条件允许时也可采用集中回风或走廊回风方式。

总之,在选用空调工程的气流组织方式时,应根据舒适要求、建筑条件和生产工艺特点,综合考虑后确定。

3.3.5　制冷设备

制冷就是降低和维持空间温度或降低物质温度,使之低于环境温度的过程。完成制冷过程必须从被冷却的物体移走热量传递给其它物体,被冷却者温度降低,接受热量者温度升高。实现制冷可以通过两种途径:(1)利用天然冷源,如:深井水、地道风、天然冰,天然冷源具有价廉、易取的优点,但受到自然条件的限制。(2)人工制冷,就是依照热力学基本定律,通过机器设备的运行,将热量转移。

一、制冷系统工作原理

（一）蒸汽压缩式制冷

蒸汽压缩式制冷是利用液态制冷剂在一定压力和低温下吸收周围空气或物体的热量气化而达到制冷的目的。该制冷方法在目前应用较为广泛。

图 3.3-41 所示为蒸汽压缩式制冷机的工作原理图。机组是由压缩机、冷凝器、膨胀阀和蒸发器等四部分组成的封闭循环系统。当低温低压制冷剂气体经压缩机被压缩后,成为高压高温气体;接着进入冷凝器中被冷却水冷却,成为高压液体;再经膨胀阀减压后,成为低温低压的液体;最终在蒸发器中吸收被冷却介质(冷冻水)的热量而气化。如此不断地经过压缩、冷凝、膨胀、蒸发 4 个过程,液态制冷剂不断从蒸发器中吸热而获得冷冻水,作为空调系统的冷源。

制冷剂是在制冷机中进行制冷循环的工作物质。目前常用的制冷剂有:氨和氟利昂。氨的单位容积制冷能力强,蒸发压力和冷凝适中,吸水性好,不溶于油,且价格低廉,来源广泛;但氨的毒性较大,且有强烈的刺激气味和爆炸的危险,所以使用受到限制。氨作为制冷剂仅用于工业生产中,不宜在空调系统中应用。与氨相比,氟利昂无毒无味,不燃烧,使用安全,对金属无腐蚀作用,所以一直广泛应用于空调制冷系统中。但是,由于某些氟利昂类制冷剂对大气臭氧层有破坏作用,根据 1990 年 6 月在伦敦召开的《蒙特利尔议定书》第二次缔约国会议的要求,对多种氟利昂制冷剂要逐渐被取代,进而禁止使用。所以研制和应用新的制冷剂已势在必行。

（二）吸收式制冷

吸收式制冷和压缩式制冷的机理相同,都是利用液态制冷剂在一定压力下和低温状态下,吸热气化而制冷。但是在吸收式制冷机组中促使制冷剂循环的方法与前者有所不同。

压缩式制冷是以消耗机械能（即电能）作为补偿;吸收式制冷是以消耗热能作为补偿,它是利用二元溶液在不同压力和温度下能够释放和吸收制冷剂的原理来进行循环的。图 3.3-42 所示为吸收式制冷系统工作原理示意图。在该系统中需要有两种工质:制冷剂和吸收剂。这对工质之间应具备两个基本条件:(1)在相同压力下,制冷剂的沸点应低于吸收剂;(2)在相同温度条件下,吸收剂应能强烈吸收制冷剂。

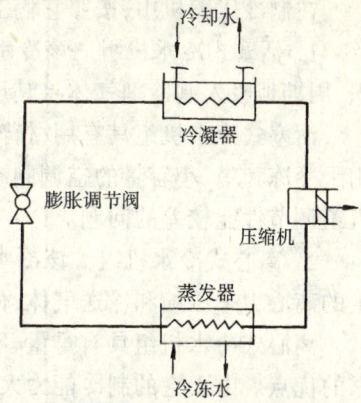

图 3.3-41　蒸汽压缩式制冷原理

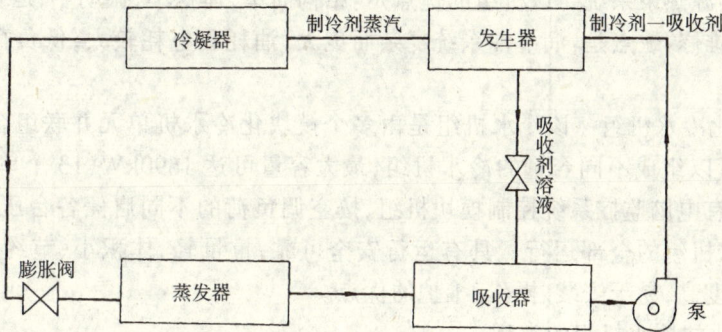

图 3.3-42　吸收式制冷工作原理示意图

目前,实际应用的工质对主要有两种:氨（制冷剂）-水（吸收剂）和水（制冷剂）-溴化锂（吸收剂）。氨吸收式制冷机组,由于其构造复杂、热力系数较低和自身难以克服的物理、化学性质的因素,在空调制冷系统中很少使用,仅适用于合成橡胶、化纤、塑料等有机化学工业中。溴化锂吸收式制冷机组,由于系统简单,热力系数高,且溴化锂无毒无味、性质稳定,在大气中不会变质、分解和挥发,近年来较广泛地应用于我国的高层旅馆、饭店、办公等建筑的空调制冷系统中。

二、冷水机组类型

将制冷系统中部分或全部设备组装成一个整体,就称为制冷机组,也叫做冷水机组。目前广泛应用的冷水机组就是将压缩机、冷凝器、冷水用蒸发器、以及自控元件等组合成一个整体,专用于为空调箱或其他工艺过程提供不同温度的冷水。另外,还有压缩冷凝机组,它是将压缩机、冷凝器组装成一体,为各种类型的蒸发器提供液态制冷剂。

冷水机组具有结构紧凑、使用灵活、管理方便、容易安装、占地面积小等优点,一般设置在专用的制冷机房或空调机房内。

（一）压缩式冷水机组的类型

在制冷压缩机中，按照它们工作原理可以分为容积型和速度型两类。

1. 活塞式冷水机组 该冷水机组中的制冷压缩机属容积型，是依靠改变密闭容器的容积、周期地吸入制冷剂气体将其压缩，从而提高气体的压力。

活塞式冷水机组具有用材普通、制作工艺简单、加工容易、造价低、安装方便等优点。适用于冷冻和中、小容量的空调制冷与热泵系统。但存在着因振动较大、单机容量受到限制和机组调节性能较差的问题。

2. 离心式冷水机组 该冷水机组中的制冷压缩机属速度型，是依靠高速旋转的叶轮产生的离心力来压缩和输送气体，使其获得高压和高温。

离心式冷水机组具有重量轻、占地少，振动小、噪声低，运行平稳，调节性能较好，工作可靠的优点。由于它的制冷能力大，所以适用于空调耗冷量较大的系统。其缺点是用材要求高，低负荷运行时易发生喘振(易损坏机器)。

3. 螺杆式冷水机组 该冷水机组中的制冷压缩机亦属容积型，它是随着压缩机气缸体内转子的旋转，不断地使体内空间容积发生变化，周期地吸进并压缩制冷剂气体。螺杆式冷水机组在制冷量上的应用范围介于活塞式和离心式制冷压缩机之间，适用于中型空调制冷系统和空气热源热泵系统。该机组的优点是：结构简单，体积小，振动小，运行平稳、可靠，调节方便，易于维修；缺点是：润滑油系统复杂而庞大，油耗和电耗较大，低负荷运行时效率较低等。

4. 模块化冷水机组 该冷水机组是由多个模块化冷水机单元并联组合而成。用不同数量的单元可以组成不同容量的冷水机组，最大容量可达 1690kW(13 个单元×130kW/单元)。机组配有电脑监控系统控制模块机组，按空调负荷的不同启停各台压缩机，连续并智能地控制冷水机组的全部运行。具有运行安全可靠，重量轻、体积小、节约建筑空间，噪声小，自动化程度高，易于安装、操作、维护的优点。

(二) 吸收式冷水机组的类型

适用于空调制冷使用的吸收式冷水机组是溴化锂吸收式制冷机。该机组以热源为动力，可以制取 5℃ 以上的冷水的制冷设备。按热能类型分为：热水型、蒸汽型、直燃型。

1. 蒸汽或热水型吸收式冷水机组 这种冷水机组是以蒸汽或热水为动力来驱动制冷系统的循环运行。适用于中、大型容量的空调制冷系统。其优点在于可充分利用余热、废热，节约电力，加工简单，操作方便，调节性能较好，噪声小等；但其使用寿命短(与压缩式比较)，耗热量大，热效率低，机组造价高。

2. 直燃型吸收式冷水机组 这种冷水机组是以油、燃气为动力，应用吸收法的原理，在真空状态下提供冷水。其优点是：热效率高，燃料消耗小(比蒸汽或热水型减小 40%)；可以实现冷、热水机组一机两用；冬季采暖，夏季制冷，替代了锅炉和电动冷冻机，从而节约了占地面积。但该机组需要设置排烟、储油、防火系统；还必须消除结晶的可能性(否则可能导致炉膛烧毁)；和维持高真空度。

三、冷凝器和蒸发器

(一) 冷凝器

冷凝器是制冷系统的主要组成部分。过热的制冷剂蒸气经过冷凝器壁面时将热量传递给环境介质，本身变成了液体。根据冷却介质的不同，冷凝器类型有：空气冷却式；水冷式。

使用最广泛的是水冷式冷凝器，它有立式和卧式两种。立式壳管型用于氨制冷系统；卧式壳管型用于氨或氟利昂制冷系统。两者都是以水作为冷却介质,当高温高压的制冷剂蒸汽被冷却水冷却放出热量后,冷凝成高压的液体。图 3.3-43 所示是冷凝器的外形示意图,冷却水通过圆形外壳内的许多金属管路流动,制冷剂蒸汽在管外的空隙间进行冷凝。

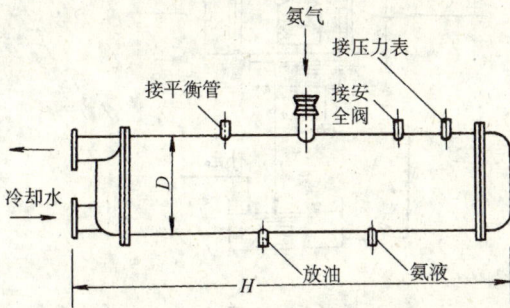

图 3.3-43　冷凝器外形示意图

(二) 蒸发器

蒸发器是使液体制冷剂在其中沸腾成为气体、而使被冷却介质(空气或水)降温制冷的设备。制冷剂每小时吸收被冷却介质的热量,即为冷水机组的制冷量。

蒸发器也有两种类型:

1. 直接蒸发式表冷器(冷却空气的蒸发器),它是直接用来冷却空气的。直接蒸发式表冷器,只能用于无毒无害的氟利昂制冷机组,直接安装在空调机房的空气处理室中。当低压低温的制冷剂液体通过时,吸取被冷却空气的热量,蒸发为气体,同时使得流过蒸发器的空气直接降温。

2. 液体冷却器(冷却液体的蒸发器),它是用于冷却普通水或盐水的。这种蒸发器中的制冷剂是氨或氟利昂,为空调系统提供冷冻水。

3.3.6　空调水系统

空调水系统就是以水为介质,在同一建筑物内或建筑物之间传递冷量(冷冻水或冷却水)或是热量(热水)。正确合理地设计空调水系统是保证整个空调系统正常、节能运行的重要条件。

空调水系统的类型有多种。按水的循环方式来分有开式、闭式两种;按管路布置形式来分有同程式、异程式两种;按供、回水管道数目来分有两管制、三管制、四管制三种;按空调水系统中水泵设置形式有单泵式、复泵式两种;按空调水系统是否分区供水来分则有不分区式和分区式两种。

一、闭式和开式空调水系统

(一) 闭式空调水系统　图 3.3-44 所示为该系统简图。系统不需设回水箱,但在最高点设膨胀水箱。其特点是:循环水不易受污染,因系统不与大气相接触、故管道和设备不易腐蚀;水泵扬程无需克服静水压力、故扬程较小、能耗较低。

闭式空调水系统一般多用于:(1)采用表冷器空调箱或风机盘管的空调冷冻水系统;(2)采用蒸发式冷却塔的冷却水系统。

(二) 开式空调水系统　图 3.3-45 所示为开式空调水系统图。由各空调用户使用过的回水先进回水箱,然后再由回水泵抽吸、加压,送至冷水机组制冷。该系统水中含氧量较高,故管道和设备容易腐蚀;水泵的扬程要求较高,以克服静水压力。

开式空调水系统一般用于:采用喷水室空调箱的冷冻水系统(如图 3.3-46 所示),和采用蓄水池蓄冷的空调冷冻水系

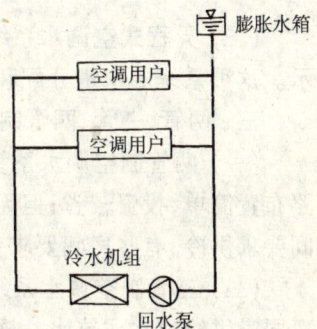

图 3.3-44　闭式空调水系统

统(如图 3.3-47 所示)。

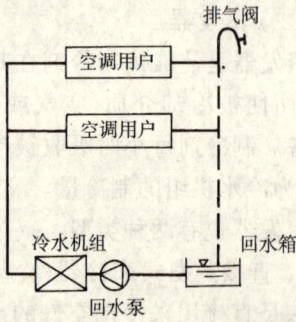

图 3.3-45 开式空调水系统

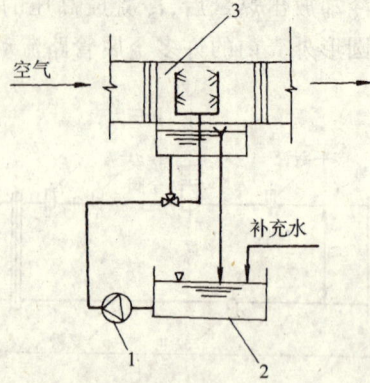

图 3.3-46 喷水室空调箱冷冻水系统
1—循环水泵;2—冷冻水箱;3—喷水室
空调箱

二、同程式和异程式空调水系统

(一) 同程式空调水系统 图 3.3-48 所示为同程式系统。此系统中,冷冻水流经各空调用户的途径路程均相等,所以水量的分配和调节较为方便。但管材用量较大,初次投资较高。

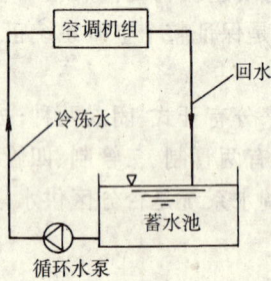

图 3.3-47 具有蓄水池的冷
冻水系统

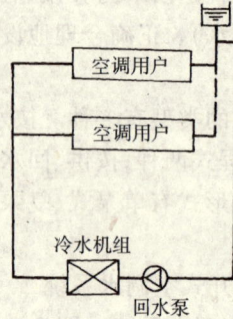

图 3.3-48 同程式空调水系统

(二) 异程式空调水系统 空调水流经每个空调用户的管程均不相同,如图 3.3-44 所示。这种系统的水量分配和调节较为困难。

三、两管、三管、四管制空调水系统

(一) 两管制空调水系统 具有供、回水管各一根,夏季供冷水,冬季供热水。该系统管路布置简单,投资较省;但无法满足同时供应冷水和热水的要求,如:在过渡性季节内有些房间要求供冷,有些房间要求供热的情况。图 3.3-44 所示就是两管制系统。

(二) 三管制空调水系统 图 3.3-49 所示为三管制系统,可以根据空调用户的不同需要同时供给冷水或热水。该系统适应负荷变化的能力强且反应迅速,适用于医院、旅馆、公寓等要求自选温度的场所。但由于冷水、热水共用一根回水管,因此冷、热水存在混合损失,运行效率低;还因为冷、热水环路互相连通,故系统水力工况复杂。

(三)四管制空调水系统　图3.3-50所示为四管制系统。冷水、热水、冷水回水、热水回水等四根管道分别设置。冷、热两套系统完全独立。适用于负荷变化幅度很大的空调房间,多用于舒适要求很高的建筑物中。

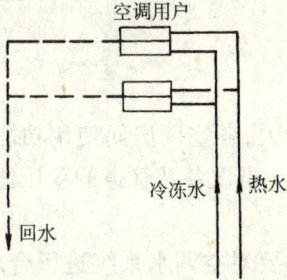

图 3.3-49　三管制空调水系统　　　　图 3.3-50　四管制空调水系统

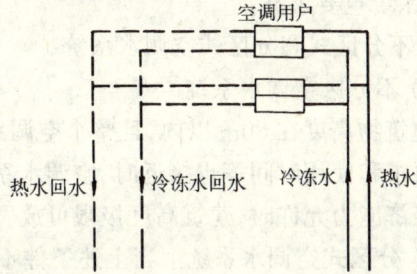

四管制系统完全消除了三管制系统中的冷、热混合损失、运行经济;运转过程中操作简单;但管路系统复杂,初投资高,占用建筑空间大。

四、定流量和变流量空调水系统

(一)定流量空调水系统　是指系统中的循环流量为一定值。依靠改变供、回水温度来调节空调用户的负荷变化。该系统操作简单,自控程度不高,能耗较大。

(二)变流量空调水系统　图3.3-51所示为该系统简图。系统中供、回水温度保持恒定,利用一根旁通管来保证冷水机组流量不变而使空调用户侧处于变流量运行。这种系统比较简单地解决了空调设备要求变流量与冷水机组蒸发器要求定流量的矛盾,但冷冻水回水泵耗电量大。

五、单泵式和复泵式空调水系统

(一)单泵式空调水系统　图3.3-52所示为单泵式空调水系统。冷水机组侧与空调负荷侧同用一组循环水泵。系统简单、初投资省。但水泵流量不能调节,耗电量大、运行不经济。

(二)复泵式空调水系统　图3.3-53所示为复泵式空调水系统。从回水总管经过冷水

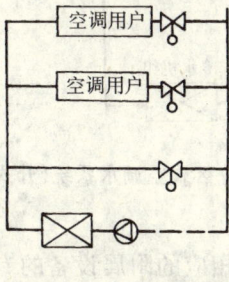

图 3.3-51　变流量空
调水系统

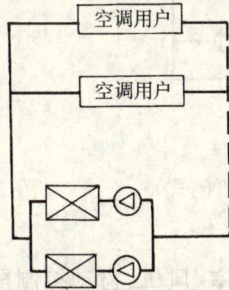

图 3.3-52　单泵式
空调水系统

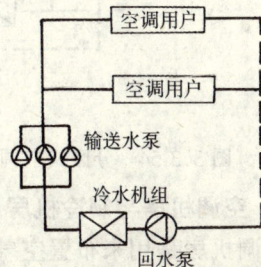

图 3.3-53　复泵式
空调水系统

机组至供水总管这一管段,负责冷冻水的制备工作;从供水总管经过空调用户至回水总管这

一管段,负责冷冻水的输配工作。它是采用两组泵来保持冷水机组定流量和空调用户变流量的运行状态。与单泵式比较,该系统具有明显的节能效果(因为空调负荷侧的输送水泵可以实现变流量调节),能适应供水分区不同的压降,由于整个系统的阻力由串联着的两组水泵来承担,所以系统的总压力低;但该系统的管路结构复杂,水泵初次投资大,机房面积要求大,自控系统也要求高。

六、不分区式和分区式空调水系统

(一) 不分区空调水系统

当建筑物高度在 80m 以内,且整个空调系统容量不很大,各空调房间使用功能相近、空调参数要求和使用时间等也接近时,空调水系统不必分区。当设备及管道的承压能力、安装水平和经济能力允许时,建筑高度极限可放宽到 140m。

(二) 分区式空调水系统　当上述条件不满足时,有必要对空调水系统进行合理的平面或竖向分区。

图 3.3-54 所示为分区式空调水系统示意图。图中所示的方法可以保持闭式循环,运行费用较省;但进入高区空调机组的冷冻水水温高于低区,因为中间的换热器存在有冷量损失。

图 3.3-55 所示也是一种分区式空调水系统,它是应用多级提升方法,在中间层设置中间水箱。冷冻水先从低区的集中冷源打入中间水箱,再由泵提升打入高区。这种系统避免了中间换热器产生的冷量损失问题,但因水系统是开式循环,故高区水泵的扬程较大,运行费用高。

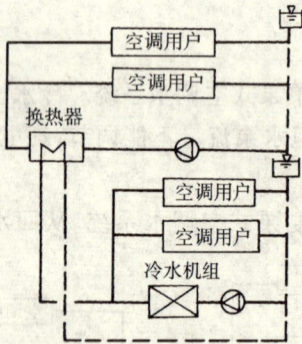

图 3.3-54　分区式空调水系统(闭式)　　图 3.3-55　分区式空调水系统(开式)

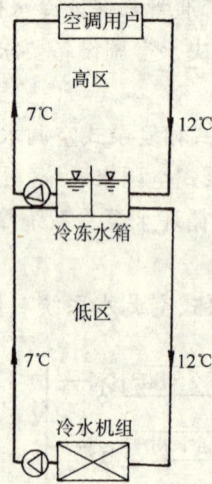

3.3.7　空调机房与制冷机房

空调机房是用来布置空气处理室、风机、自动控制屏、以及相应的附属设备的专用房间;制冷机房是用于设置制冷设备(冷水机组)的专用房间。

氟利昂制冷设备可以与空调机组共同设置在空调机房内;但大规模的制冷机房,尤其是氨制冷机房应单独修建。

空调机房和制冷机房的设计原则是,应在满足使用和运行要求的前提下,尽量减小占地面积和建筑空间,不妨碍管理、操作、安装、检修等工作,不影响周围房间的使用和管道的布置。

一、机房的位置

在确定机房位置时,除了考虑本专业的要求外,还必须与建筑设计相配合。一般来讲,选择机房位置时应遵循下列原则:

1. 空调或制冷机房最好布置在建筑物的地下层,以充分利用地下空间,但必须解决好设备和管道的隔振防噪问题。制冷机房的位置宜与低压配电间或电梯靠近(因为制冷机房设备是主要用电负荷之一);如果是带有裙房的大型高层建筑,且塔楼部分为筒体或剪力墙结构,制冷机房最好设置在裙房的地下层内。

2. 对于高层办公楼、旅馆公共部分(裙房)的空调机房也可以分散设置在各层,且各层的空调机房最好能布置在同一垂直位置上,以缩短冷、热水管的长度和减少管道间的交叉。

各层空调机房的位置不应使风道的作用半径太大,一般以 30~40m 为宜;且各层空调机房不应靠近贵宾室、会议室、报告厅等室内声音要求严格的房间。

3. 空调机房应尽量靠近空调房间或是主风道,但空调系统的作用半径不宜太大,一般为 30~40m,其服务面积以 500m² 左右为宜。

制冷机房的位置应尽量靠近冷负荷中心,以缩短输送空气管路的长度,须防止机房内的振动、噪声、灰尘对周围环境的影响。

4. 空调机房的划分不应穿越防火分区,所以大中型建筑应在每个防火分区内单独设置自身的空调机房;对制冷机房的防火要求应按现行的《建筑设计防火规范》执行。

5. 机房内转动设备应采用减振措施,机房内还应考虑消声措施。对于减振和消声有严格要求的空调房间可以另建空调机房,或者将空调机房和空调房间分别布置在建筑物沉降缝的两侧。

6. 单独修建的氨制冷机房,不宜布置在食堂、托儿所等公共建筑附近,也不应靠近人员密集的、或放有精密贵重设备的房间,以免发生意外事故时造成重大损失。

7. 根据机房面积的大小、系统复杂程度和工作人员的多少,可在机房内设值班间、维修间、贮藏间、卫生间等生活辅助设施。

8. 高层建筑中制冷机房的位置可以有以下几种布置方案,如图 3.3-56 所示。图(a)为冷热源同布置在地下室,这种布置方式的优点是设备集中,对管理、维修和噪声、振动的处理都较为有利,但是层数多于 15~16 层时,地下设备(蒸发器、冷凝器、水泵等)将承受压力过大;图(b)为冷热源同时设置在顶层,冷却塔与冷冻机之间距离很近,锅炉烟囱短,占空间少,但设备的搬运和安装不便,且设备产生的振动、噪音不易解决;图(c)为热源位于地下室,冷源位于顶层,它兼有图(a)、(b)布置方式的特点;图(d)是在图(a)的基础上增设了中间层的冷冻机,它适用于层数较高的建筑,这种布置方式中的中间层冷冻机宜用吸收式,以避免噪声振动的影响,若高层建筑由集中供热系统供热时,可以取消室内锅炉,仅需在建筑物地下层设热力引入口。

二、机房的内部布置

1. 空调机房的面积和高度应根据所选用的空调设备、风机型号、风道及其他附属设备的具体布置位置和尺寸大小,以及各种设备、仪表的操作距离,和管理、检修所要求的空间等因素来确定。

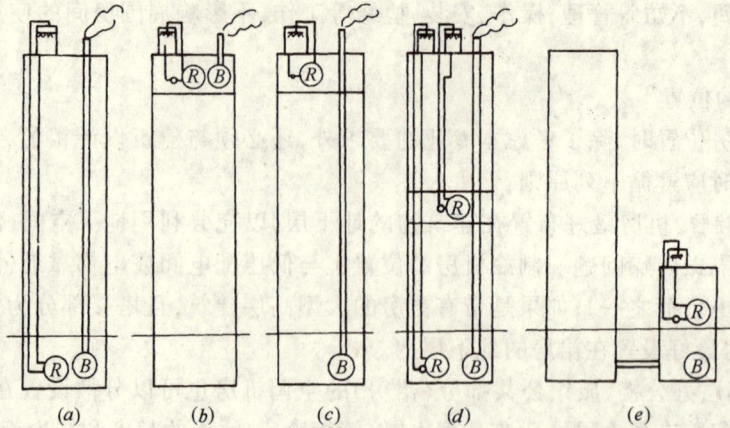

图 3.3-56　高层建筑机房配置的方案

R—制冷机；B—锅炉

表 3.3-10 所示为空调机房面积和层高的估算值。

空 调 机 房 的 面 积 和 层 高　　　　　　　　　表 3.3-10

建筑面积(m²)	机房面积占建筑面积的百分比(%)	层　高　(m)
<10000	7.0~4.5	4.0~4.5
10000~25000	4.5~3.7	5.0~6.0
30000~50000	3.6~3.0	6.5

表 3.3-10 中的空调机房层高估算值是按空调机房内设有冷水机组考虑的,若不设冷水机组则可减少 0.9m 左右。

当空调系统采用各层机组方式时(即每层均设空调机房),空调机房面积一般要大一些,其机房面积占建筑面积的百分比可达到 4.6%~7.5%。

空调机房所需的自动控制屏,一般设置在空调机房内,若有值班室,则应设在值班室内,自动控制屏若设在空调机房内则与机房内其它各种机械转动设备之间应保持有适当距离,以防止机械转动设备所产生的振动干扰自动控制屏工作。

经常操作面应留有 1.0m 的平面距离,需检修的设备周围应至少留有 0.7m 的操作距离。

空调机房最好有单独的出入口,以防止非工作人员的影响。

2. 制冷机房内的设备布置应符合工艺流程,并应考虑安装、操作和检修的要求。压缩机必须设在室内,立式冷凝器一般设在室外,其他设备可酌情设在室外或露天建筑中。氨制冷机房的压缩机间和设备间内应设置有每小时不少于 7 次换气的事故通风设备。

制冷机房面积占空调机房面积的 1/3~1/4 左右。制冷机房的最小净高:

氟利昂压缩式制冷:≮4m;

氨压缩式制冷:≮4.8m;

溴化锂吸收式制冷,设备顶部距屋顶或楼板的距离:≮1.2m。

3. 空调机房和制冷机房的操作面应有充足的光线,最好采用自然采光,需要检修的地点应设置人工照明。

4. 机房的门、以及装拆设备的通道，应按机房内最大构件所需的尺寸来考虑；若构件不能由门搬入，则需预留安装孔洞和通道。

图 3.3-57 和图 3.3-58 所示分别为小型空调制冷机房和单独的氨制冷机房布置实例。

3.3.8 空调系统的控制

空调系统运行的控制对于节约能量、合理使用设备、保证空调质量都具有重大的作用。因为一年中室外空气参数是随季节而变化的，设计计算参数与室外空气参数完全相符的时间是短暂的。所以，只有对空调运行设备进行相应的调节，才能使空调房间内的空气参数稳定在空调精度的范围内，同时降低冷、热消耗、

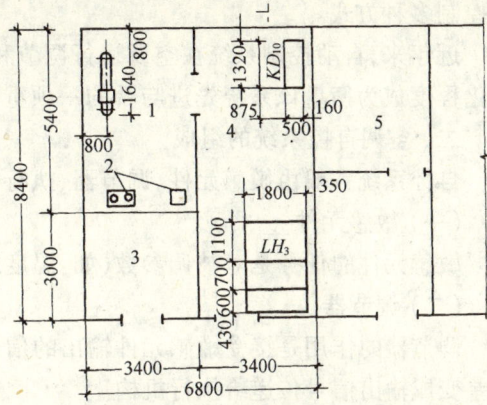

图 3.3-57　小型空调制冷机房

1—压缩机及电源间；2—计算机电源设备；
3—辅助间；4—空调机间；5—贮存间

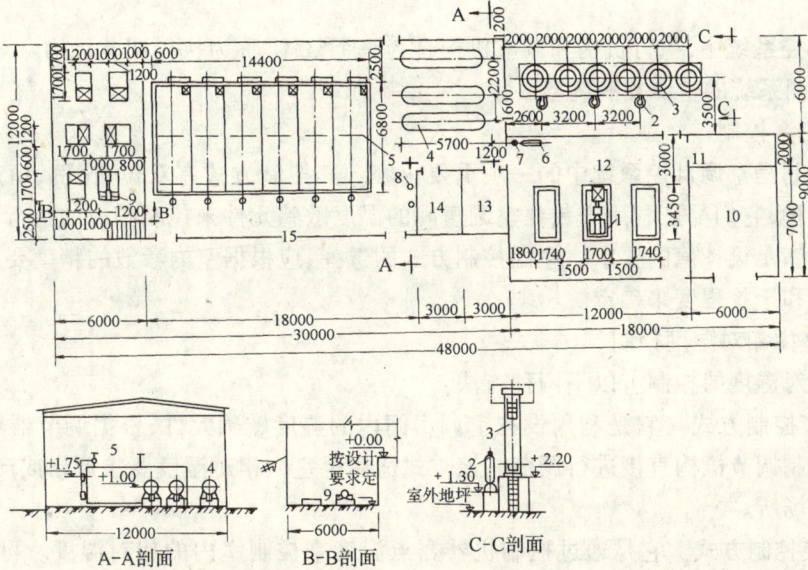

图 3.3-58　单独建筑的氨制冷机房布置图

1—8AS$_{17}$压缩机；2—氨油分离器 YF-125；3—立式冷凝器
LN-150；4—氨贮液器 ZA-5.0；5—立式蒸发器 LZ-240；6—空气
分离器 KF-32；7—水封；8—集油器 JY-300；9—冷冻水泵；
10—变电站；11—贮存室；12—机器间；13—值班室；
14—维修室；15—设备间

节约能量。

一、空调系统的控制方法

（一）手动控制　是指在空调系统中运行设备的各调节环节上采用人工手动控制。

（二）自动控制　是指用专用的仪表和装置组成的自动调节控制系统，有电动、气动、微

293

机控制多种方式。

近年来,自动控制系统在空调运行调节和管理中得到越来越广泛的应用,空调系统的自动化程度成为衡量该系统先进与否的一项重要指标。

二、空调自控系统的组成

自控系统一般由敏感元件、调节器、执行机构、调节机组四个部分组成。

(一)敏感元件

敏感元件的任务是对被调参数(如:温度或湿度)进行实测并向调节器发出检测信号。

(二)调节器

调节器的作用是接受敏感元件输出的信号,与设计要求的基准值进行对照后,将测出的偏差变成输出信号传递给执行机构。

(三)执行机构

执行机构用于接受调节器的输出信号后,启动调节机构。

(四)调节机构

调节机构随执行机构动作而启动,对调节对象的负荷进行调节,使调节参数符合原设计值。

有的自控系统中,执行机构和调节机构合为一个整体,称为执行调节机构。

三、空调系统的主要控制内容

(一)室温控制

室温控制是空调自控系统中的一项重要内容。其控制方式有双位、比例、恒速、比例积分微分等多种,它们都是利用安装在空调房间的温度敏感元件来控制相应的执行调节机构,使送风温度满足设计值的要求。室温控制方式的选择,应根据室内参数的精度要求、房间围护结构情况和干扰程度来确定。

(二)室内相对湿度控制

室内相对湿度的控制有以下两种方法:

1.直接控制方式 它是利用设在空调房间内的湿度敏感元件,根据调节器输出的"偏差信号",控制调节机构直接进行调节。该方式适用于室内相对湿度要求严格或产湿量变化幅度较大的场所。

2.间接控制方式 它是通过控制机器露点温度来控制室内的相对湿度。可以采用由机器露点温度控制新风和回风混合阀门的方法,也可以采用由机器露点温度控制喷水室喷水温度的方法。间接控制方式适用于室内产湿量波动不大的情况下。

(三)变风量空调系统的控制

在3.3.2中已介绍过变风量空调系统,它是通过末端装置减少送风量来保持室温一定。目前用得较多的一种是节流型变风量系统,安装在各空调房间的末端装置根据室内恒温器的指令,控制节流阀动作,通过改变通路面积来调节风量。当送风量减少时,引起干管上的静压控制器动作,调节风机的电机转速,从而减少了总风量,达到节能的目的。

(四)新风量控制

由新风进风管上装设的风量感应器来控制新风、回风和排风的阀门,以保证最小新风量。在过渡季节,还可以根据室外气温、或供水干管温度、或风阀、水阀的终端信号,将进风全部转换成新风,也可以由中心控制室发送转换控制指令来实现。

（五）过滤器的尘满控制

当空调系统的过滤器灰尘积满时，自控系统将发出报警信号，令机组退出运行以待除尘清洗。

（六）冷水机组控制

冷水机组自控系统的被控参数主要有：温度、压力和液位。制冷系统中的执行元件主要是各种自动阀门，如：各式的电磁阀、恒压阀、止回阀、旁通阀等等，它们接受调节器的控制信号后，直接控制工质的流量，以实现对被控参数的调节，保障系统的安全生产和高效运行。

除以上所述内容外，空调系统的自控还包括许多内容，如：各种保护性自控；室内外温度跟踪功能；夜间往返功能等。

总之，随着自动调节技术和电子技术的发展，空调系统的自动控制必将得到更广泛的应用。

3.3.9 建筑设备工程的管道综合与消声减振

一、室内管道综合

室内管道综合 当室内给水、排水管，采暖、燃气管，通风、空调风道，电气、电话、闭路电视的暗敷穿线管等都敷设于建筑房间内，它们彼此之间按其各自工艺布置都有自己的要求，往往会产生相互交叉、挤占同一位置状况。为了使众多功能不同的管道合理布置，充分发挥其功能效果，无论在设计、施工阶段和使用过程，都必须有一个统筹布置的原则要求和便于维修的标志。

设计和施工阶段管道综合布置相互避让原则可参阅表 3.3-11。

管 道 布 置 与 敷 设 避 让 原 则 表 3.3-11

不 宜 避 让	宜 避 让	说 明
大 管	小 管	易施工造价小
重 力 流 管	压 力 流 管	重力流改变坡度遇到问题多
热 水 管	冷 水 管	冷水管多绕比热水管造价小
冷 冻 水 管	热 水 管	冷冻水管短、直则工艺造价均有利
排 水 管	给 水 管	排水管宜短而直地排水到室外不易堵
有 毒 水 管	无 毒 水 管	有毒水管造价高于无毒水管
工业消防水管	生活用水管	消防管要求供水保证率高
非 金 属 管	金 属 管	金属管易弯曲、切割和连接
高 压 管	低 压 管	高压管造价高
水 管	气 管	水管宜短而直，且水管价高
阀件多的管	阀件少的管	易安装和维修

此外，几种功能不同的管道同在一处布置时，宜首先尽可能直线、互相平行、不交错、留有检查、操作距离，支托吊架设置容易，便于阀门安装，留有热膨胀补偿余地，便于支管安装

等等。在施工方面,根据具体情况,安装先后次序一般应先敷地下管,后敷地上管,先装大管后装支管,先装支托吊架后装管道。

在便于维修、检查和管理方面,室内明装管道和地沟内、竖井中各种管道的防腐表层色漆应采用不同颜色或底漆或用色环区分。表 3.3-12 为色环的本身宽度及色环间距,可参照执行。表 3.3-13 为管道及色环涂漆颜色,在设计方面无规范规定时,宜参照执行。

色 环 宽 度 及 间 距 表 3.3-12

DN (mm)	色环宽 (mm)	色环间距 (mm)	DN (mm)	色环宽 (mm)	色环间距 (mm)	DN (mm)	色环宽 (mm)	色环间距 (mm)
<150	30	1.5~2.0	150~300	50	2~2.5	>300	适当加大	适当加大

管 道 涂 漆 及 色 环 颜 色 表 3.3-13

管 道 名 称	颜 色		管 道 名 称	颜 色	
	基本色	色 环		基本色	色 环
过 热 蒸 汽 管	红	黄	低热值燃气管	灰	黄
饱 和 蒸 汽 管	红		天 然 气 管	灰	白
废 蒸 汽 管	红	绿	液化石油气管	灰	红
凝 结 水 管	绿	红	压 缩 空 气 管	浅兰	黄
余压凝结水管	绿	白	净化压缩空气管	浅兰	白
热 水 供 水 管	绿	黄	工 业 用 水 管	绿	
热 水 回 水 管	绿	褐	消 防 用 水 管	绿	红兰
疏 水 管	绿	黑	排 水 管	黑	
高热值燃气管	灰				

二、消声和减振

建筑设备工程中噪声源于各工种管道中流速过大,水泵、风机和压缩机等运转设备产生的振动;通过管道和设备基础沿建筑结构传到各房间。噪声过大(40~100分贝)和传播时间过久,对人体无论听觉、心血管、神经系统和肠胃功能都会产生损伤。因此,降低噪声源,控制噪声传播途径,除了建筑本身合理设计、施工外,就建筑设备工程本身应采取的技术措施,简述如下:

(一) 振动与减振标准

如上所述设备振动是产生噪声原因之一,所以减振就可以降低噪声。衡量减振效果是以振动干扰力通过减振装置有多少传给设备支承结构,即振动传递率 T 表达

$$T = \frac{1}{\left(\dfrac{f}{f_0}\right)^2 - 1} \tag{3.3-1}$$

式中 f——振源振动频率(Hz);$f = \dfrac{n}{60}$,n 为设备转数(r/min);

f_0——抗阻和弹性减振支座所构成系统的固有频率(Hz)。

当 $f = f_0$,则表达振源干扰力与减振系统发生共振,具有极大破坏力,设计工作应避免

296

出现这种工况。

当 $f/f_0 \geqslant \sqrt{2}$，$T \geqslant 1$ 表明减振系统对干扰力起助长作用,产生噪声大。

当 $f/f_0 > \sqrt{2}$ 时,$T < 1$ 工况,减振装置起到减振作用。表 3.3-14 为减振参考标准。

减 振 参 考 标 准 表 3.3-14

建筑物用途	示　　例	允许 T 值	隔振效率 （%）	推荐频率比 f/f_0	隔振评价
要特别注意场所	设备装在播音室、录音室、音乐厅的楼板上；高层建筑上层	0.01～0.05	99～95	15～5	极好
需加以注意场所	设备装在楼层,其下层为办公室、图书馆、会议室及病房等和要求严格隔振的房间	0.05～0.1	95～90	5～3.3	很好
应注意场所	设备装在广播电台、办公室、图书馆及病房一类安静房间附近	0.10～02	90～80	3.3～2.5	好
一 般 场 所	设备装在地下室,而周围为上述以外的一般性房间	0.2～0.4	80～60	2.5～2	较好
只考虑隔声场所	设备装在远离使用地点时或一般工业车间	0.4～0.5	60～50	<2	不良

在工程中一般常选用 $f/f_0 = 0.5～5.0$ 值。

减振设计首先应根据工程性质确定减振标准 T 值,然后经过一定计算即可选定减振设施。

（二）减振设施

减振设施之一是在设备（振源）与支承之间加装减振装置,以减弱振源向外传递。常用减振器种类很多,它是由软木、海绵橡胶、橡胶、金属弹簧等材料制成。图 3.3-59 为一种橡胶、金属减振器,图 3.3-60 为设备基础和减振器的安装示例。

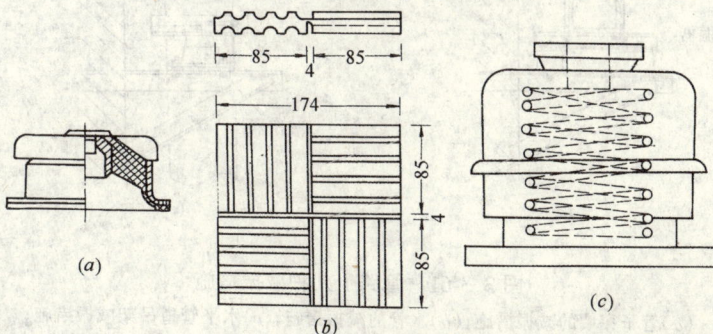

图 3.3-59　几种减振器
（a）JG 型橡胶减振器；（b）SD 型橡胶隔振垫；（c）金属减振器

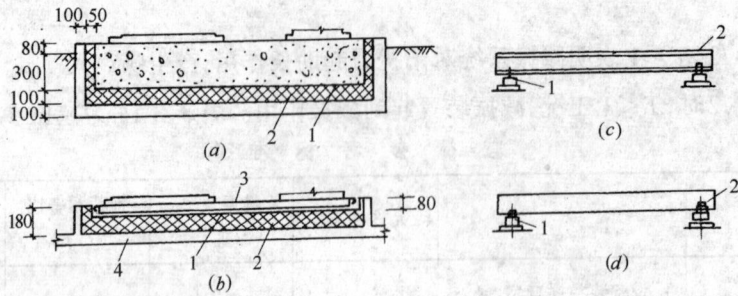

图 3.3-60　软木减振基础及减振器安装

(a)设在底层软木弹性基础；　　　　(c)型钢基座减振器安装；

(b)设在楼层软木弹性基础；　　　　(d)钢筋混凝土板基座减振器安装

1—软木；2—油毡；3—钢筋；　　　　1—型钢；2—钢筋混凝土板

4—楼板；

减振措施之二是由设备接出管道的防振源传递的技术措施(图 3.3-61)。

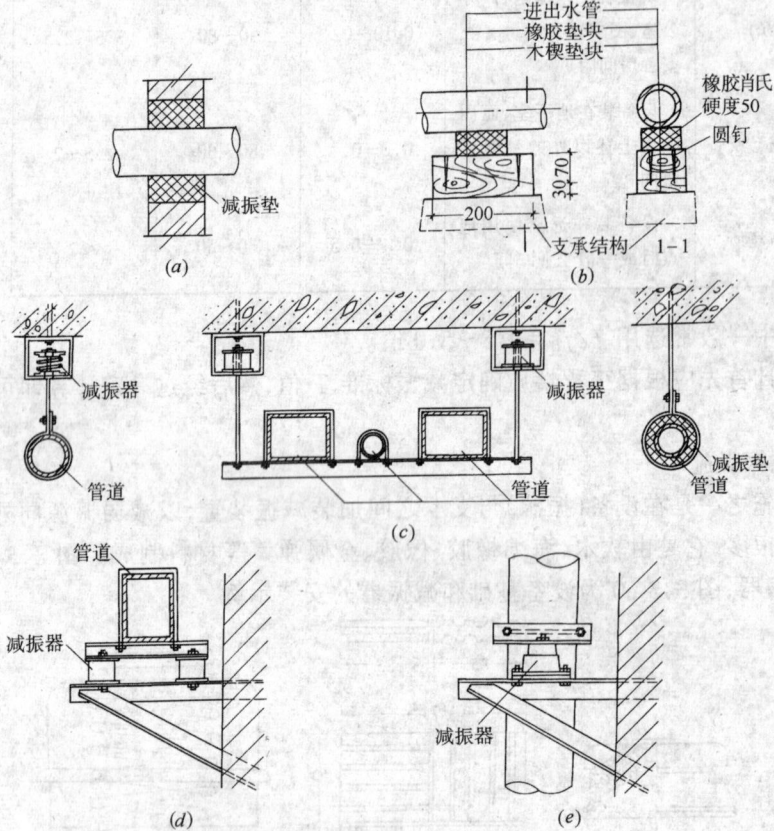

图 3.3-61　管路上几种减振措施

(a)管子穿墙的减振措施；(b)水管的减振措施；(c)水平管道吊架减振措施；

(d)水平管道支座减振措施；(e)垂直管道减振措施

298

（三）消声技术措施可采取：

1. 设计工作中合理限制管道、风道中介质流速，各种介质在管中及风道中允许流速或正常流速已在有关章节中介绍不再赘述。

2. 设计工作中尽量采用低噪声的设备产品，各种设备与电机传动应尽可能采用联轴器连接，避免采用皮带传动，此外设备基础应尽量独立设置，不与建筑基础或结构相接。

3. 通风与空调系统风道宜采用吸声材料制造，采用消声器等。图3.3-62为几种消声器。

图3.2-62（a）所示为消声器外形，其内部应衬吸声材料，其有效过流断面，不能小于连接管道的过流断面。图3.3-62（b）管式消声器适用在较小断面的直管段上（直径或边长 ≯ 400mm），这种消声器吸收中、高频率噪声效果较好。图3.3-62（c）、（d）、（e）均为吸收声波面积增多，可以提高消声能力。

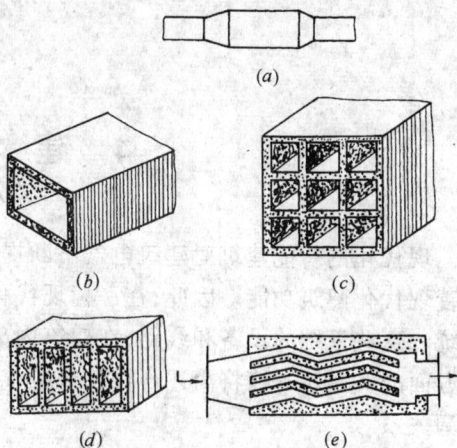

图3.3-62 风道上几种消声器
(a)消声器外形；(b)管式；(c)片式；
(d)格式；(e)折板式

消声器除上述几种外，尚有共振式、膨胀式和复合式等，详细内容可参阅有关空气调节手册。

4 建 筑 电 气

　　现代化的智能建筑对建筑电气不断提出新的要求,而建筑电气技术本身的发展又不断完善现代化建筑功能。因此,在一幢现代化的建筑中,就同时具有多种不同功能的建筑电气系统。这些系统的设备和线路,在建筑内部到处分布、纵横穿插,作好建筑设计,必须处理好这方面的关系。本篇将简述现代建筑电气内容,重点介绍建筑电气与建筑之间技术方面的协调关系。

4.1　建筑与建筑电气

4.1.1　建筑电气的基本作用和种类

一、基本作用

　　建筑电气是建筑物中的基本组成之一,是指在建筑内部,人为创造理想环境,用以充分发挥建筑物功能,所采用的所有电工、电子设备和其系统。

　　在一切建筑电气设备和其系统中,都是各种电气能量和信号的传送或转换。电能由于具有方便使用,清洁、价廉等一系列优点,所以在一般建筑内,都把电能作为照明,动力和信息传送的主要能源。随着高层建筑的不断涌现,电能在建筑物内应用的种类和范围也都在日益增加和扩大。电能在建筑物中所起的作用,大致可分为四个方面:

　　(一)创造良好的声、光、温、气环境。即人为的在相应的建筑空间形成适当的生活和工作环境。在建筑内部对居住者来说直接感受作用最大的环境因素为光、温湿度、空气和声音四个方面。这四方面的条件均可以由建筑电气所提供的电能来创造。

　　(二)追求方便性。即对建筑物内的居住和劳动的人们在生活上和工作上提供尽可能多的方便条件。例如:建筑给水、排水系统所需的水泵、垂直运输的电梯,家用电器等所需的能源,电话通讯、消防、防盗报警系统等等都需要电能供应。

　　(三)增强安全性。如建筑物设置避雷器、避雷针系统可消除雷电危害;设置自动防火门、自动排烟、各种自动化灭火系统和设备、消防电梯、事故照明等建筑电气系统和设备及时消除或控制火灾危害;设置备用电源自投,过电流、欠电压、接地和接零等保护措施,提高电气设备和系统自身的可靠性,避免由于过电流,短路等故障引起对建筑物的危害等。

　　(四)提高控制性能。即根据各种使用要求和随机状况对建筑物内的全部电气设备和系统能适时进行有效的控制和调节,以保证建筑物内保持其所需环境的同时,消耗能量减少,维修管理费用节省,设备使用寿命延长,从而使建筑物的综合控制性能和管理性能提高。例如,各种局部自动控制系统,如消火栓和自动喷水灭火系统中的消防泵自动控制,自动空调系统等。又如中心调度室,把各个局部控制系统通过集中调度合理地协调统一起来,使得综合效果最优。当前,大楼的计算机管理系统已得到越来越多的应用。计算机诸如用在建筑设备监控、通讯与信息传递、火灾报警、消防设备联动控制等。这样,建筑物内的全部设备和系统就处于自动监测,控制和调节的状态下,因而处于最佳运行状态,使得建筑物达到预期作用,延长寿命,减少损耗,降低费用等理想的使用效果和完善的功能。

(五)信息通讯设备系统。这种系统用于建筑物群体内部、外部的各种不同信息的收集处理,存贮、传输、检索和提供决策,为建筑物的管理人员,租用者提供迅速有效的信息服务。

二、建筑电气种类

建筑电气在建筑中的作用和范围是很广的,从电能的输入、分配、输送和使用消耗有变配电系统、动力系统、照明系统、智能工程系统的划分。根据建筑物用电设备和系统所传输的电压高低或电流大小有强电系统和弱电系统提法。

4.1.2 建筑电气的基本组成和特点

建筑内不同的建筑电气系统所包含的建筑电气设备的类型,数量是各不相同的,但从各种电气设备在建筑物内的空间效果来区分,所有建筑电气系统的基本组成都是包括具有不同特点的两类设备。即:

一、占空性设备

指在建筑物内需要占据一定建筑空间的各种电气设备的统称,如用电、控制、保护、计量设备等,以及将这些设备成套组装在一起的配电盘、配电柜等。这些设备一般具有占空性、功能性强、外露性和动作频繁等特点。

二、广延性设备

是指可以在整个建筑物内穿越各个房间,随意延伸的电气设备,如绝缘导线,电缆线等各种导线。广延性设备具有广延性、隐蔽性、故障机率高和易于更换性等特点。

上述建筑电气设备和系统的各个特点,一方面是通过建筑电气设计本身去实施,另一方面就要求从事建筑和其他专业设计的人员,在从事本专业设计时,应正确和全面理解建筑电气的上述特点,并合理而有效的主动相互配合,才能真正完成一项高标准的建筑设计。

4.1.3 建筑电气与建筑关系

建筑电气与建筑关系表现是多方面的:

一、影响建筑项目的审批和建筑规模、等级。供电电源不落实,所申请的建筑项目是不予审批的。供电容量的大小制约着建筑规模的大小。电源的数目和可靠程度,决定着是否有条件兴建一级或二级可靠性的建筑物。

二、影响建筑功能的发挥

许多建筑功能是靠建筑电气设备的功能性来体现的。如电话、报警,有线电视(共用天线电视系统),等。

还有许多建筑功能是靠建筑电气设备渲染和加强的。如肉铺采光宜采用白炽灯就会使商品肉显得新鲜红嫩,而采用荧光灯效果就完全相反了。布店照明若采用白炽灯就会使红布显紫,紫布显黑,而采用荧光灯才能发挥出较好的显色性,使顾客看清布的本色。

三、影响建筑开间的布置

由于各种不同的建筑电气系统,需要设置不同的建筑电气专用房间,这些房间分别有各不相同的,明显的占空性,即不仅对建筑面积和建筑平、立、剖面布置的要求各不相同,甚至连布置位置也各不相同。如变、配电室应布置在首层或地下一层靠外墙部位,而电梯机房,有线电视系统前端控制室等却要求建在顶层。电话站宜建在一、二层楼道顶端比较安静的地方,而消防控制室宜设在建筑物内的首层或地下一层,应采用极限分别不低于 3h 的隔墙和 2h 的楼板,并与其它部位隔开和设置直通室外的安全出口。

四、影响建筑艺术的体现

一个好的建筑物,不仅应有使用的功能性,而且应有观赏的艺术性,起码应做到建筑风格协调,表面整齐美观。建筑电气设备的占空性和外露性对实现以上要求常造成许多困难。如架空进户线的铁横担横在外墙面上,遍布各层的配电盘挂在内墙面上,若在建筑设计中不作妥善处理,必将大大破坏整体效果。漂亮的吊顶图案配上合适的照明灯具,更可使大厅显得富丽堂皇。优美的造型披上节日的彩灯,才能呈现出建筑物在夜色中的魅力。而不得体的电气照明,会使一幢建筑显得不伦不类。

五、影响建筑使用的安全

由于电气设备具有故障机率高和隐蔽性等特点,因而应坚守安全用电的观点。若在设计、施工、使用、维护各个环节都严格按规范和守则办事,则就能保证安全用电。否则就会留下隐患,诱发灾难。

六、影响建筑的管理

各种电气自动控制和自动调节系统,为建筑物的灵活管理提供了很大的方便,应用计算机管理在现代建筑智能工程中,是传统建筑技术的巨大飞跃。

七、影响建筑的维护

建筑物内的所有设备包括电气设备,以及建筑物本身,都有各自的寿命期。一般说来建筑设备的使用年限要比建筑物的使用年限短,因此要定期对建筑设备进行维修。供配电系统能为这些维修提供动力,即提供方便条件。因而在建筑设计中应认真采取有利于电气设备维修更换的技术措施。因为这不仅是方便了电气设备的维修,而且是由此提高了对整个建筑维修的方便性。

综上可知,建筑电气与建筑的关系是十分密切的。因而,作为一个建筑师在从事由建筑方案开始的整个设计阶段和过程中,以及在从事建筑物的维护管理或旧建筑的改造设计过程中,都必须熟悉和掌握一定的电气基本知识、理论技术,将建筑电气作为整个建筑物的必要和重要的组成部分加以统筹考虑和合理安排,使相互之间有机配合,才可以在所设计和改造的建筑物内部真正创造出一个理想的环境并合理地加以保持。

4.2 建筑供配电及防雷

电源将高压 10kV 或低压 380/220V 送入建筑物中称供电。送入建筑物中的电能经配电装置分配给各个用电设备称配电。选用相应的电气设备(导线,开关等)将电源与用电设备联系在一起即组成建筑供配电系统。

电源可泛指城市电网中的任一点,如变电所的一路出线,一台变压器,一根电杆或一个电缆的 π 形结线转接箱。

市网与建筑供配电系统的分界点是个分界开关。分界开关以前部分由供电部门管理,分界开关及以后部分由建筑用电单位管理,应正确确定分界开关的位置。

电源供电应满足设备用电的要求。建筑供配电系统的接线方式、复杂程度和设备选型,应由用电负荷的大小和重要性决定。此外为保证供配电系统可靠的工作,还需要掌握安全用电和建筑防雷知识。

4.2.1 建筑用电负荷等级、类别及电压的选择

一、用电负荷　是对用电设备和内部有用电设备的建、构筑物的统称。是供配电的对象。按照对供电重要性要求的程度划分为不同等级,按照核收电费时的电价标准划分为不同类别。

(一)负荷等级　是衡量建筑物对供电重要程度的一种标志。建筑物的电力负荷应根据其重要性和中断供电在政治上,经济上所造成的损失或影响程度,分为如下三级:

1. 一级负荷　凡中断供电将造成人身伤亡、在政治上造成重大影响、经济上造成重大损失、将会使公共场所秩序严重混乱以及对于某些特等建筑如交通枢纽、国家级及承担重大国事活动的会堂、宾馆、国家级大型体育中心、经常用于重要国际活动有大量人员集中的公共场所等为一级负荷,此外如中断供电将发生爆炸、火灾或严重中毒、影响计算机及计算网络正常工作等亦为一级负荷,即特别重要负荷。

2. 二级负荷　凡中断供电将造成较大政治影响、较大经济损失、公共场所秩序混乱统为二级负荷。

3. 三级负荷　不属于一、二级的电力负荷统为三级负荷。

具体到建筑中的重要常用设备及部位的用电负荷分级见附录Ⅳ-1、Ⅵ-2。

建筑物不同等级的用电负荷,从电源选择方面来说:

一级负荷应采用双路独立电源供电。对一级负荷中特别重要负荷,除双路独立电源外,还应增设第三电源或自备电源,如发电机组、蓄电池。

应急电源接入方式由用电负荷对停电时间的要求确定。蓄电池为不间断电源(UPS),柴油机为自备应急电源,适用于停电时间为毫秒级。当允许中断供电时间为 1.5s 以上时,可采用自动投入装置或专门馈电线路接入,对于允许 15s 以上中断供电时间时,可采用快速自启动柴油发电机组。

一级负荷双路独立电源,是指双路中的任一个电源发生故障或停电检修时,都不致影响另一个电源继续供电。比如取自两个电源点或一个电源点的两段母线,都算独立电源。两路电源的进线方式见图 4.2-1。

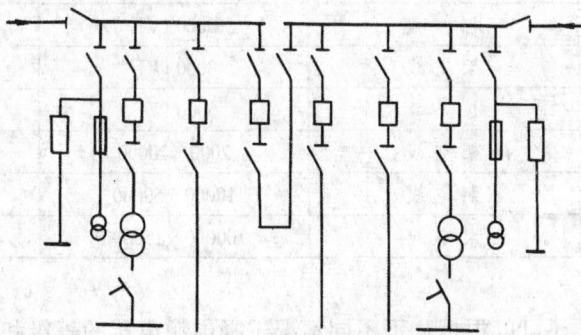

图 4.2-1　双路电源进线

二级负荷一般应作到变压器或线路发生常见故障而中断供电时,能迅速恢复供电。对于供电地区如当地供电条件困难或负荷较小时,可由一路 6kV 以上的专用架空线供电。

三级负荷对供电无特殊要求。

（二）负荷类别 按照核收电费的"电价规定"，将建筑用电负荷分成如下三类：

1．照明和划入照明电价的非工业负荷是指公用、非工业用户和工业用户的生活、生产照明用电。这类范围较广，详细内容可参阅有关电工手册。

2．非工业负荷 如服务行业的炊事电器用电，高层建筑内电梯用电，民用建筑中采暖锅炉房的鼓风机、引风机、上煤机和水泵等用电。

3．普通工业负荷 指总容量不足 320kVA 的工业负荷，如纺织合线设备用电，食品加工设备用电等。

按照不同的负荷类别，将设备用电分组，分别用不同的线路配电，以便单独安装电表，分别计算，按照各类负荷不同的电价标准，核收电费。

二、电源电压及引入方式选择

根据本书 1.5-5 城市供电所介绍的内容，我国 1956 年颁布执行的三类电压标准中有关规定及运行经验，对于整幢建筑物或建筑群，其电源的电压等级和引入方式的选择，应根据当地城市电网的电压等级、建筑用电负荷大小、用电点距电源距离、供电线路的回路数、用电单位的远景规划、当地公共电网现状和其发展规划等因素，经过综合技术经济分析比较后确定。按照用电负荷的功率大小和用电点与电源的距离选择电源电压的等级可以参考表4.2-1。

线路额定电压与输送容量和距离的关系　　　　　　　　　表 4.2-1

额定电压(kV)	线路结构	输送功率(kW)	输送距离(km)
0.22	架空线	50 以下	0.15 以下
0.22	电缆	100 以下	0.20 以下
0.38	架空线	100 以下	0.25 以下
0.38	电缆	175 以下	0.35 以下
6	架空线	2000 以下	10～5
6	电缆	3000 以下	8 以下
10	架空线	3000 以下	15～8
10	电缆	5000 以下	10 以下
35	架空线	2000～10000	50～20
110	架空线	10000～50000	150～50
220	架空线	100000～150000	300～200

对于单幢建筑物，还可以根据如下不同情况选择电源电压的等级和引入方式：

若建筑物较小，或用电设备负荷量较小(6.6kW 及以下)，而且均为单相、低压用电设备时，可由城市电网的 10/0.38/0.22kV 柱上变压器，直接架空引入单相 220V 的电源。

若建筑物较大，或用电设备负荷量较大(250kW 及以下)，或者有三相低压用电设备时，可由城市电网的 10/0.38/0.22kV 的柱上变压器，直接架空引入三相四线 0.38/0.22kV 的电源。

若建筑物很大，或用电设备负荷量很大(250kW 或供电变压器在 160kVA 以上)，或者有 10kV 高压用电设备时，则电源供电电压应采取高压供电。电源引入方式由城市电网的线路敷设方式及要求而定。当市电为架空线路时，宜采用架空引入的方式。但由于安全和美观的要求，架空线不宜设在人流较多的场所，此时可采用将架空线换接为电缆引入方式。当市网为地下电缆线路时，宜采用电缆引入方式。若此引入电缆并非终端，还需装设 π 形接线转接箱，将电源引入建筑物。10kV 电源引入建筑物后，除通过配电设备直接向高压用电设备配电外，还应在建筑物内专设变压器室，装置 10/0.38/0.22kV 的变压器，向照明和低压动力用电设备供电。不能就近获得 10(6)kV 电源，或用电容量和送电距离超过 10(6)kV 供电范围的工业与民用建筑物可采用 35kV 电压供电。

4.2.2 负荷计算及电气设备选择简述

供配电系统在正常工作条件下，电流需要母线(汇流排)、导线和绝缘子等电气装置达到输配；而通断电流需要开关(如刀闸、油断路开关等)；检修线路时需要隔离开关；为随时了解运行参数、检查计量需要电压、电流互感器；为适时进行事故保护，除需要相应的互感器外，一般还需要熔断器，此外，对供配电系统为防止雷电危害需要避雷器；为提高系统的功率因数而并接入电容器；需考虑减小短路电流而串接入电抗器等设备。

上述电气装置及各种电器统称为电气设备。

正确选择电气设备，首先必须进行负荷计算。即用电设备用电量的功率和电流计算。

一、负荷计算

实际用电负荷即功率或电流是随时间而变化的，一般以最大负荷、尖锋负荷和平均负荷表达。

最大负荷是指消耗电能最多的半小时的平均负荷，这是因为一般经过半小时设备发热能达到稳定温升，可依此作为按发热条件选择电气设备的依据，也称之为计算负荷，用 P_{js} (有功功率)、Q_{js}(无功功率)、S_{js}(视在功率)表示。

尖锋负荷是指最大连续 $1\sim2s$ 的平均负荷，作为最大的短历时负荷。电气设备在此短瞬间，虽然发热并不严重，但由于电流过大而造成电压降过大，故可依此来计算电路中的电压损失和电压波动，选择熔断器、自动开关，整定继电保护装置和检验电动机自起动条件等。常用 P_{jf}、Q_{jf} 和 S_{jf} 表示。

对于平均负荷是指用电设备在某段时间内所消耗的电能除以该段时间所得的平均功率值即：

$$P_n = W_t/t \qquad (kW) \tag{4.2-1}$$

式中　P_n——平均功率(kW)；

　　　W_t——用电设备在时间 t 内所消耗的电能(kWh)；

　　　t——实际用电小时(h)，对于年平均负荷，常取 t—8760h。

平均负荷用于计算某段时间内的用电量和确定补偿电容的大小，常用 P_p、Q_p 和 S_p 表示。

平均负荷与最大负荷之比称负荷系数，又称负荷率或负荷曲线填充系数，对于有功和无功负荷系数分别用 α 和 β 表示

$$\alpha = P_p/P_{js} \qquad \beta = Q_p/Q_{js} \tag{4.2-2}$$

该系数可用以反映负荷曲线的不平坦程度，即可表示负荷波动的程度。

负荷计算方法很多,在电气设计中的初步设计阶段可采用单位面积安装功率法,而施工图设计阶段多采用需用系数法。

单位建筑面积安装功率法是根据建筑不同类型、等级、功能、用电设备多少而统计制定的单位建筑面积功率乘以相应建筑面积;而获得该建筑用电负荷,作为初步设计阶段的电气概算,汇总报批和申请电源。表 4.2-2 为部分建筑的单位建筑面积安装功率表供参考应用。

单位建筑面积安装功率 P 表 4.2-2

序　　号	建筑物名称	$p(\mathrm{W/m^2})$	备　　注
1	国内高层住宅	10～35	
2	香港高层住宅	10～60	
3	国内主要旅游,饭店、宾馆	65～79	中国民用建筑电气负荷研究专题组 1984 年 12 月提供
4	国外旅游宾馆	60～70	一般的
		120～140	高级的
5	国外办公大楼	100	其中:照明 25%　动力 37%　空调 38%

需用系数法中需用系数 K_x 是用电设备所需要的计算负荷(最大负荷)P_{js} 与其装置容量的比值,即

$$K_x = P_{js}/P_s \qquad (4.2-3)$$

需用系数 K_x 值不仅与设备台数、效率、运行情况和线路损耗等条件有关,而且与维护管理水平等因素也有关,一般均通过实测确定。表 4.2-3、4.2-4 为各类工厂全厂和各类建筑照明需用系数可供参考使用。

各类工厂的全厂需用系数和功率因数表 表 4.2-3

工　厂　类　别	需用系数 K_x	功率因素 $\cos\varphi$
通用机械厂	0.4	—
橡胶厂	0.5	0.72
铸管厂	0.5	0.78
电气开关制造厂	0.35	0.75
电线电缆制造厂	0.35	0.73
锅炉制造厂	0.27	0.73
重型机械制造厂	0.35	0.79
重型机床制造厂	0.32	0.79
仪器仪表制造厂	0.37	0.81

照明需用系数表 表 4.2-4

建 筑 类 别	K_x	建 筑 类 别	K_x
生产厂房(有天然采光)	0.8～0.9	旅 馆	0.6～0.7
生产厂房(无天然采光)	0.9～1	展 览 馆	0.7～0.8
办公楼	0.7～0.8	学 校	0.6～0.7
设计室	0.9～0.95	商 店	0.9
科研楼	0.8～0.9	医 院	0.5
仓库	0.5～0.7	食 堂	0.9～0.95
锅炉房	0.9	宿 舍 区	0.6～0.8

　　根据建筑物的性质和用电设备类型,确定出需用系数 K_x 值,即可根据(4.2-3)式 $P_{js} = K_x P_s$(kW)求出用电设备组的有功计算负荷。

　　根据电工学中的基本公式,用电设备组的无功计算负荷 Q_j 可由下式确定:

$$Q_{js} = P_{js} \cdot \text{tg}\varphi \text{(kVar)} \tag{4.2-4}$$

视在计算负荷 S_{js} 可由下式确定:

$$\left. \begin{array}{l} S_{js} = \sqrt{P_{js}^2 + Q_{js}^2} \text{(kVA)} \\ S_{js} = P_{js} / \cos\varphi \text{(kVA)} \end{array} \right\} \tag{4.2-5}$$

或

　　根据所求出的计算功率,按照电工学中的基本公式,则可确定各级电路中的计算电流。若为三相负载时可按下式计算:

$$\left. \begin{array}{l} I_{js} = \dfrac{S_{js} \times 1000}{\sqrt{3}\,V_e} \text{(A)} \\ I_{js} = \dfrac{P_{js} \times 1000}{\sqrt{3}\,V_e \cos\varphi} \text{(A)} \end{array} \right\} \tag{4.2-6}$$

或

若为单相负载时,可按下式计算:

$$\left. \begin{array}{l} I_{js} = \dfrac{S_{js} \times 1000}{V_{e\varphi}} \\ I_{js} = \dfrac{P_{js} \times 1000}{V_{e\cdot\varphi} \cdot \cos\varphi} \end{array} \right\} \tag{4.2-7}$$

或

式中　$\cos\varphi$、$\text{tg}\varphi$——用电设备组的功率因数及其对应的正切值;

　　　　V_e——额定线电压(V),(数值上等于三相用电设备的额定电压,在低压配电系统中为 380V);

　　　　$V_{e\cdot\varphi}$——额定相电压(V),(数值上等于单相用电设备的额定电压,在低压配电系统中为 220V)。

　　二、电气设备的选择

　　电气设备按其工作电压可分为高压设备和低压设备(通常以 1000V 为界),按其在系统中的作用和位置可分为一次设备(用电负荷直接通过的各种设备和导线,开关等)。位于主线路中,绘制线路图时以粗实线表示和二次设备(为使一次设备正常工作而增加的设备,如检测,信号,保护设备等)。位于仪用互感器引出的辅助线路中,绘制线路图时以细实线表示)。今结合建筑类专业人员实际工作中接触最多的情况,仅对低压一次设备的有关问题作简要介绍。

(一)导线和电缆的选择

导线和电缆是传送电能的基本通路,选择的原则应保证:在正常工作条件下不能断线;断面大小经济—技术合理;材质适应周围环境和敷设方式。

导线和电缆的选择内容是选型和确定截面面积。选型是指导线的材料和外部绝缘材料的类型及绝缘方式。如 BX 和 BLX 分别代表铜芯和铝芯橡皮绝缘线,BV 和 BLV 分别代表铜芯和铝芯聚氯乙烯绝缘线等。

确定截面面积是导线选择的主要成果,导线根数和截面通常写在其型号后面,如 BLX-3×4+1×2.5 表示 3 根 $4mm^2$ 和 1 根 2.5mm 的铝芯橡皮线。

导线选择的方法,我国当前一般应贯彻"以铝代铜"的原则,具体方法有如下几种:

1. 根据周围环境和使用条件选择导线和电缆的型号,即确定导体和绝缘层的材料。

常用导线的型号和用途如表 4.2-5 所示。

常　用　导　线　　　　　　　　　　　　　　　　　表 4.2-5

型　　号	名　　称	用　　途
BLXF(BXF)	铝(铜)芯氯丁橡皮线	固定敷设,尤其适用于户外
BLX(BX)	铝(铜)橡皮线	固定敷设
BXR	铜芯橡皮线	室内安装,要求电线较柔软时用
BV(BLV)	铜芯(铝芯)聚氯乙烯绝缘电线	适应低压,可明、暗敷
BVV(BLVV)	铜(铝)芯聚氯乙烯绝缘、护套线	室内、电缆沟、隧道、管道埋地
BVR	铜芯聚氯乙烯软电线	同 BV 型,要求导线柔软时用
BV(BLV)-105	铜(铝)芯耐热聚氯乙烯绝缘线	同 BV 型,用于高温场所
RV	铜芯聚氯乙烯绝缘软线	供 250V 以下移动交流电器接线
RV-105	铜芯耐热聚氯乙烯软线	同 RV 型,用于高温场所
RFB	RFB(平型)、RFS(绞型)丁腈	适用于交流 250V 及以下或直流 500V 及以下各种移动电器、照明灯具的接线,具有耐寒、耐热不延燃和保持低温柔软等性能
RFS	聚氯乙烯复合物绝缘软线	

2. 按照发热条件选择导线和电缆的截面。

发热条件由最高允许温升决定。最高允许温升是指最高允许温度与环境温度之差值。

导线和电缆的最高工作(允许)温度由其绝缘材料的性质所限定,一般导线为 65℃,当超过此温度则加速绝缘材料老化和导体材料的性能变化而导致故障。

环境温度取当地最热月份的平均温度。

导线和电缆的实际工作温度是由其发热和散热条件所决定,具体可考虑流过导线电流大小的载流量、影响导线温升的环境温度和影响导线温升和散热的敷设方式等三种因素。

导线载流量与环境的温度关系是环境温度越高,散热越差,则造成发热的长期允许载流量就越小。反之,长期允许载流量就越大。据此,为方便使用和标定产品性能时对环境温度划分了档次,如明敷导线有 25℃、30℃、35℃、40℃ 四种(见表 4.2-6),此外埋地敷设、耐热塑料绝缘线等也有相应规定(见电工手册)。

应用上表当环境温度不同于表中所划分的温度档次数值时,载流量应乘以表 4.2-7 校正系数 K_t(埋地敷设校正系数查有关电工手册)。

橡皮绝缘电线明敷的载流量(A)$\theta_c = 65$℃ 表 4.2-6

截 面 (mm²)	BLX、BLXF				BX、BXF			
	25℃	30℃	35℃	40℃	25℃	30℃	35℃	40℃
1					21	19	18	16
1.5					27	25	23	21
2.5	27	25	23	21	35	32	31	27
4	35	32	30	27	45	42	38	35
6	45	42	38	35	58	54	50	45
10	65	60	56	51	85	79	73	67
16	85	79	73	67	110	102	95	87
25	110	102	95	87	145	135	125	114
35	138	129	119	109	180	168	155	142
50	175	163	151	138	230	215	198	181
70	220	206	190	174	285	266	246	225
95	265	247	229	209	345	322	298	272
120	310	289	268	245	400	374	346	316
150	360	336	311	284	470	439	406	371
185	420	392	363	332	540	504	467	427
240	510	476	441	403	660	617	570	522

注:1. 当前我国 BLXF 型只生产 2.5~185mm² 规格,BXF 型只生产≤95mm² 规格。
　　2. θ_c——为电线或电缆线长期允许工作温度。

不同环境温度时的载流量校正系数 K_t 值 表 4.2-7

线芯工作温度+(℃)	环 境 温 度(℃)(空气中)								
	5	10	15	20	25	30	35	40	45
90	1.14	1.11	1.08	1.03	1.0	0.960	0.920	0.875	0.83
80	1.17	1.13	1.09	1.04	1.0	0.954	0.905	0.853	0.79
70	1.20	1.15	1.10	1.05	1.0	0.940	0.880	0.815	0.74
65	1.22	1.17	1.12	1.06	1.0	0.935	0.865	0.791	0.70
60	1.25	1.20	1.13	1.07	1.0	0.926	0.845	0.756	0.65
50	1.34	1.26	1.18	1.09	1.0	0.895	0.775	0.633	0.44

敷设方式与载流量关系是当导线和电缆多根穿管式并列敷设相距其近时,散热条件恶化,交流邻近效应导致电阻增大,发热加剧,故应对载流量加以修正,修正系数 K_g 见表 4.2-8、表 4.2-9。

穿电线的钢管或塑料管在空气中多根并列敷设时校正系数 K_g 值   表 4.2-8

并列管根数	载流量 K_g 值	并列管根数	载流量 K_g 值
2～4	0.95	>4	0.90

电缆在空气中多根并列敷设时载流量校正系数 K 值   表 4.2-9

电缆中心间距 S(mm)	根 数 及 排 列 方 式						
	1	2	3	4	6	4	6
		单 排	单 排	单 排	单 排	双 排	双 排
D	1.0	0.9	0.85	0.82	0.80	0.8	0.75
$2D$	1.0	1.0	0.98	0.95	0.90	0.9	0.90
$3D$	1.0	1.0	1.0	0.98	0.96	1.0	0.96

注:D 为电缆外径,当外径不同时,可取平均值。

按发热条件选择导线和电缆截面,除应使其计算电流小于或等于所选导线允许载流量外,还应与其保护装置如熔断器、自动开关脱扣器等过电流保护相适应,即导线截面不得小于保护装置所能保护的最小截面。

在三相四线制供电系统中,中性线(零线)的截面必须满足其允许载流量应等于或大于线路中的最大相中负荷电流,此外,还应满足接零保护要求。经验上零线截面常选为相线截面的一半左右,但不得小于按机械强度确定的最小截面。在单相线路,零线与相线截面相同。

3. 按允许电压损失选择导线和电缆截面。

这是考虑到端子电压对用电设备的工作特性和使用寿命有很大影响,为保证用电设备的高效率,对用电设备接线端子电压作了具体规定如表 4.2-10 所示提供的为部分用电设备端子电压偏移允许值。

用电设备端子电压偏移允许值   表 4.2-10

设 备 名 称	电压偏移允许值(%)	设 备 名 称	电压偏移允许值(%)
电 动 机		照明灯视觉要求较高的场所	+5～-2.5
正常情况下	+5～-5	一般工作场所	+5～-5
特殊情况下	+5～-10	事故,道路警卫照明	+5～-10
		其他,无特殊规定	+5～-5

由于导线线路通过电流产生电压损耗,若该损耗值超过用电设备接线端子电压规定的允许值,则应调整导线或电缆的截面。

线路中的电压损失与导线或电缆的导体材料、截面,线路长度、负荷大小及分布情况,配电方式(三相四线、单相等)等许多因素有关,经推导,可采用下列计算式:

$$\Delta U\% = \frac{\Sigma M}{C \cdot S} \qquad (4.2-8)$$

式中　$\Delta U\%$——电压损失的百分数(%);

$\Sigma M = \Sigma pl$——线路上的总负荷矩或称功率矩(kW·m);

S——导线截面(mm^2);

C——系数,与线路电压、配电方式和导体材料等因素有关。

按照上式可制定出不同配电方式、不同型号导线的负荷力矩表(见有关电工手册)。然后按照负荷力矩表和规定的允许电压损失 ΔV 值和计算出总负荷力矩 ΣM 值,可得出所需截面 S。

4. 按经济电流密度校核导线和电缆的截面

导线和电缆的截面越大,电能损耗就越小,但有色金属消耗量却要增加。所以从经济方面考虑,应选择一个合理的截面,既使电能损耗小,又不致过分增加有色金属的耗量。因此,各国根据其具体国情、有色金属价格和电费等规定了适合本国的导线和电缆经济电流密度。我国目前规定的经济电流密度如表 4.2-11 所示。

我国规定的导线和电缆经济电流密度(A/mm^2)　　　　表 4.2-11

线 路 种 类	导 体 材 料	年最大负荷利用小时数		
		3000 以下	3000～5000	5000 以上
架空线路	铝	1.65	1.15	0.9
	铜	3.00	2.25	1.75
电缆线路	铝	1.92	1.73	1.54
	铜	2.5	2.25	2.0

按经济电流密度选择的截面叫经济截面 S_{ji},可由下式求得:

$$S_{ji} = \frac{I_{js}}{j_{ji}} \qquad (4.2-9)$$

式中　j_{ji}——由表 4.2-9,查出的经济电流密度(A/mm^2);

I_{js}——计算电流(A)。

10kV 以下线路,一般不按经济电流密度校验电线电缆。

5. 按机械强度确定导线允许的最小截面

该方法只用于导线。导线允许的最小截面与导线的型号、敷设方式和应用场所等因素有关,如表 4.2-12 所示。

表 4.2-12 为部分资料,对不同场所、不同用途等情况,可查阅有关电工手册。

敷设方式和地点	芯线最小截面(mm²)	
	铜	铝
室外绝缘导线固定敷设		
1. 敷设在遮檐下的绝缘支持件上	1.0	2.5
2. 沿墙敷设在绝缘支持件上	2.5	4.0
3. 其他情况	4.0	10.0
室内绝缘导线敷设于绝缘子上,其间距为:		
1. 2m 以下	1.0	2.5
2. 6m 以下	2.5	4.0
3. 12m 以下	4.0	10.0
室内裸导线		
1kV 以下架空线	6.0	10.0
架空引入线(25m 以下)	4.0	10.0
控制线(包括穿管敷设)	1.5	
移动设备用软线和电缆	1.5	
穿管敷设或木槽板配线	1.5	2.5
室内灯头引接线	0.5	
室外灯头引接线	1.0	

　　用何种方法选择导线截面应由具体情况确定。一般对室内布线可按发热条件选择,按电压损失和机械强度校核;对远距离配电按电压损失选择,按发热条件和机械强度校核;对高压(35kV 以上)线路按经济电流密度选择,按发热条件、电压损失和机械强度校核。各种方法中均以其计算所得的最大截面作为成果。

　　(二) 低压电器的选择:

　　选择低压电器的原则应该是正确合理、安全可靠。根据电器在工作中所处的地位,在选择时应该满足用电设备的要求,即根据用电负荷的大小确定设备的容量和通断能力。满足电源的要求,即根据电源电压确定设备的额定电压。满足相邻设备的要求,即线路中上、下级电器之间的特性应合理配合。满足环境的要求,即电器的型式和构造均应和工作环境相适应。

　　选择低压电器的方法,一般按正常工作状态选择,按短路工作状态校核。但对低压电器选择不必短路状态校核,只有开关类电器选择才进行校核计算。

　　具体选择方法首先按环境先选择电器的型式,其次是根据电压和电流选定型号。电压和电流是所有电气设备的最基本的工作参数,应当使电源接到低压电器上的接线电压低于所选电器的额定电压;使该电器所接电路中全部用电设备的计算电流小于等于所选电器的额定电流。

4.2.3 高、低压供配电线路

仅就供配电线路的接线方案、敷设方式扼要介绍。

一、供配电线路的接线方案

根据电压等级和用电负荷类别、等级的不同,应选用不同的供配电接线方案。下面就高低压供配电接线类型、高压供电方案及低压配电系统作介绍。

1. 高低压供配电线路的接线类型

建筑供配电系统按电源电压等级有低压、高压供配电系统两类。

当引入建筑内部的电源电压为 220V 或 380/220V,则为低压供配电系统。这种系统有两种基本组成情况如图 4.2-2 所示。

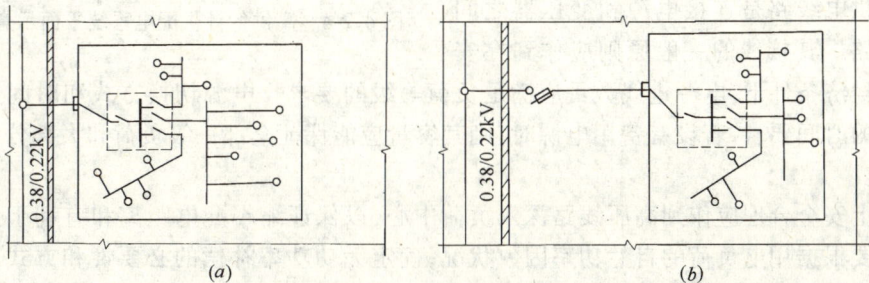

图 4.2-2　低压供配电系统

图中 a 的基本组成为接户线、进户线、分界开关、配电支路系统。接户线指市网电杆至建筑物电源入口铁横担之间的一段线路,一般不应长于 25m。架空进线情况,则在进线处应装避雷器。进户线是指铁横担至建筑物总配电盘之间的室内线路,一般不应长于 15m。系统中分界开关,作为电源供电与用户用电之间的分界点。此处是以建筑总配电盘中的受电主开关兼作分界开关。低压供配电系统中的配电支路系统则是指通过不同开关和支路,分别向各组用电设备配电。这种系统适用于城市电网距建筑物较近情况。

图中 b 的基本组成为引入线—分界开关—接户线—进户线—受电主开关—配电支路。这种系统适于城市电网离建筑物距离较远的情况。其中受电主开关设于用户院墙内的靠墙处的分界开关箱内。架空进线处也要装避雷器。

当引入建筑物内部的电源电压为我国常用的高压 10kV 时,则为高压供配电系统,这种系统有高供高计和高供低计区别。前者是在高压侧进行各种电气参数的检测计量的。其系统平面图示如图 4.2-3 所示。

其基本组成为:电源引入线—分界开关—高压受电—变电—低压受配电。此时,以高压受电柜中的主受电油开关兼作分界开关。

高供高计符合供电部门对用电计量的要求,是一种较完善、合理的供配电系统。

后者高供低计系统则是在变压器之后的

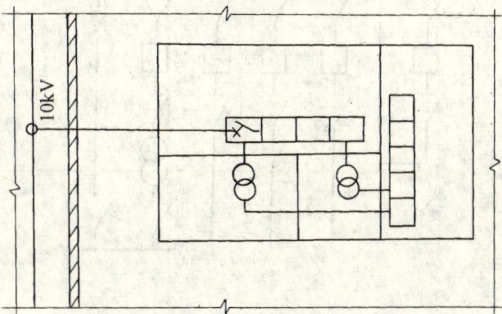

图 4.2-3　高供高计配电系统平面示意图

低压侧进行各种电气参数的检测计量的供配电系统,如图 4.2-4 所示。

其基本组成为,电源引入线—分界开关—变电—低压受配电。此时,以高压跌落式熔断器作为分界开关。

高供低计可省去高压配电柜,无需建高压配电室,因此可简化线路,降低造价。所以,当投资紧缺,工期紧迫,对供电可靠性不是太高的情况下,若供电局同意可考虑采用这种接线类型。

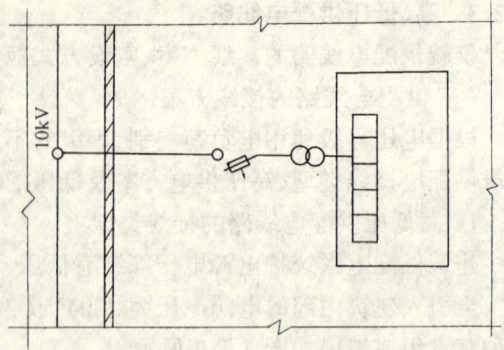

2．高压供电线路的接线方案

高压供电线路是连接电源和变压器之间的电流通路。其接线的一般原则应作到在安全合理与经济条件下,电源进线数目应满足负荷等级的要求。电源切换方式和时间应符合允许断电的时间要求,若设有备用电源时,则其容量应能保证全部一级负荷和大部分二级负荷的需要。

技术上安全合理应作到高压线路深入负荷中心,以保证缩小配电距离和有利于三相负荷平衡。要根据用电负荷的自然功率因数状况,确定无功功率补偿的必要性和方式。应设置完善准确的计量措施。按照操作方便、调度灵活选定操作方式和设备。此外,还应考虑到有发展的余地而作出分期建设的规划。

作到经济是指在条件许可时,尽可能采用架空线路、路线长度短、接线简单、铝代铜、尽量不采用高压开关柜等措施。

上述原则之间是互相制约、相互矛盾的,应全面综合考虑,才能作出最佳供电接线设计方案。

高压供电接线的一般方案有高压供电放射式接线、树干式接线和环式接线之分。

（1）高压供电放射式接线方案如图 4.2-5、4.2-6、4.2-7所示。即由用电点向电源处放射,每一用电点接有两个以上的电源。图 4.2-5 为单回路放射式,一般用于二、三级负荷或专用设备。对二级负荷应有备用电源。如有独立备用电源时可供一级负荷。

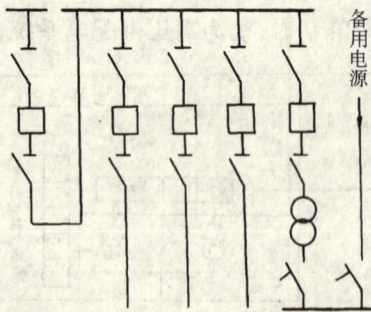

图 4.2-4 高供低计供配电系统平面示意图

图 4.2-5 高压单回路供电放射式

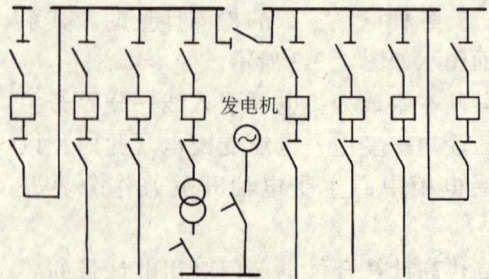

图 4.2-6 高压双回路供电放射式

314

图 4.2-6 为双回路放射式。两电源进线互为备用，可适用于二级负荷。当为独立电源时，可供一级负荷。

图 4.2-7 为公共备用干线放射式，一般适用于二级负荷，如由独立电源供电的备用干线的分支很少时，也可用于一级负荷。

放射式供电方式可靠性高，故障发生后影响范围小，切换操作方便，保护简单，便于自动化，但造价较高。

(2) 高压供电树干式接线方案：由电源引出干线同时给若干个用电负荷供电。这种供电方案，线路最简单，投资最少，但事故影响范围较大，供电可靠性较差。这种供电方案中又有以下几种常用方案。

a. 高压供电单回路树干式接线方案，如图 4.2-8所示。一般适用于三级负荷。每条线路接装的变压器限于五台以内，总容量一般不要超过 2000kVA。

b. 高压供电单侧供电双回路树干式，如图 4.2-9所示。供电可靠性稍低于双回路放射式，但投资较省，一般用于给二、三级负荷配电。

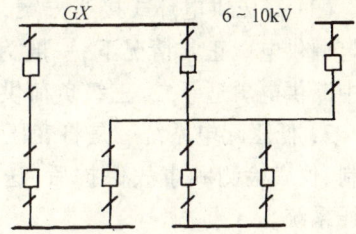

图 4.2-7 高压公共备用干线供电放射式

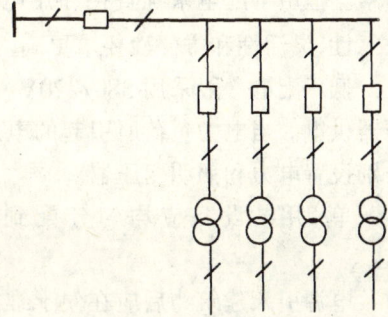

图 4.2-8 高压单回路树干式

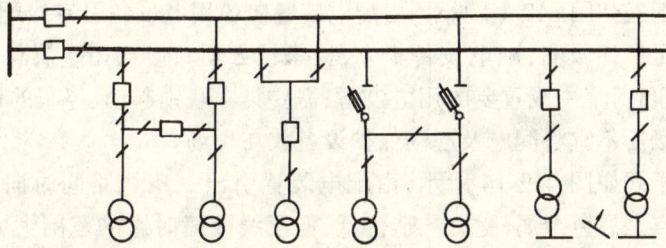

图 4.2-9 高压单侧供电双回路树干式

c. 高压双侧供电单回路树干式，如图 4.2-10 所示。正常运行时由一侧供电或在线路的负荷分界处断开，故障后手动切换。查寻故障时要中断供电。适于对二、三级负荷供电。

d. 高压双侧供电双回路树干式，见图 4.2-11。供电可靠性有所提高，适于二级负荷。

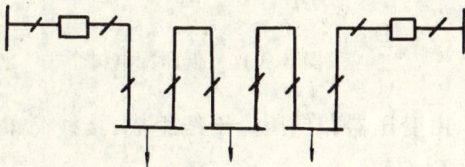

图 4.2-10 高压双侧供电单回路树干式

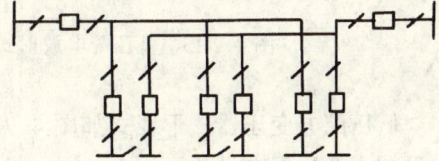

图 4.2-11 高压双侧供电双回路树干式

(3) 高压供电环式接线方案,如图 4.2-12 所示。由同一电源供电。正常情况下,一般为开环运行。寻找故障时要中断供电。适于二、三级负荷供电。

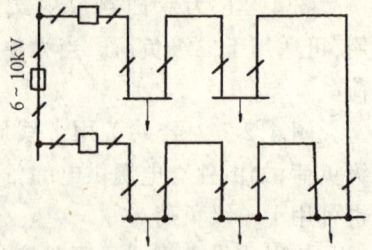

图 4.2-12　环式供电线路

3. **低压配电系统**　是将变压器降压后的电能,经开关控制、仪表检测和事故保护后,送往各个用电设备的电气接线系统。

低压配电的接线一般原则和高压供电系统一样,也应考虑简单、经济、安全、操作方便、调度灵活和有利发展等因素。但由于配电系统直接和用电设备相连,故对接线的可靠性、灵活性和方便性要求更高。

低压配电一般采用 380/220V 中性点直接接地系统。照明和电力设备一般由同一台变压器供电。当电力负荷所引起的电压波动超过照明或其他用电设施的电压质量要求时,可分别设置电力和照明变压器。

单相用电设备应均匀分配到三相电路中,不平衡中性电流应小于规定的允许值。

电源引入建筑物后应在便于维护操作之处,装设配电开关和保护设备,若装于配电装置上时,应尽量按近负荷中心。

低压配电的一般方式有低压配电放射式、低压配电树干式、低压配电变压器—干线式、低压配电链式和低压照明配电系统之分。

低压配电放射式如图 4.2-13 所示,由配电装置向各用电设备引专线配电。这种接线方式的优点是供电可靠性较高,配电设备集中,检修较方便。但耗用金属材料较多,投资大。常应用于容量大、负荷集中或重要的用电设备;需要集中联锁起动、停车的设备;有腐蚀性介质和爆炸危险等场所不宜将配电及起动保护设备放在现场。

低压配电树干式如图 4.2-14 所示,由配电装置引出一条线路同时向若干用电设备配电。这种方式优点是有色金属耗量少、造价低,但干线故障时影响范围大,可靠性较低。故一般用于用电设备的布置比较均匀、容量不大、又无特殊要求的场合。

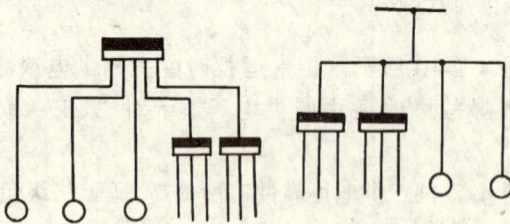

图 4.2-13　低压配电放射式

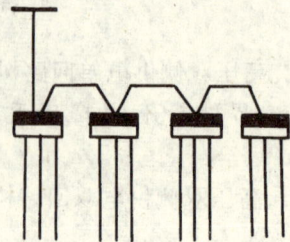

图 4.2-14　低压配电树干式

低压配电变压器—干线式如图 4.2-15 所示,由变压器和低压母干线组成,接线简单、能大量减少低压配电设备。

为了提高母干线的配电可靠性,应适当减少接出的分支回路数,一般不超过 10 个。

316

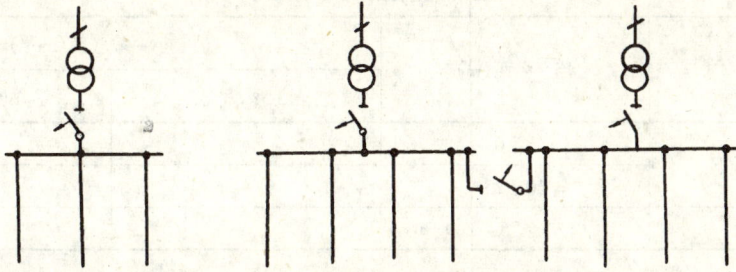

图 4.2-15 低压配电变压器干线式

频繁起动、容量较大的冲击负荷,以及对电压质量要求严格的用电设备,不宜用此方式配电。

低压配电链式方式如图 4.2-16 所示,特点与低压配电树干式相似,适用于距配电装置较远而彼此又相距较近的不重要的小容量用电设备。低压配电链接的设备一般不超过 3 台,其总容量不大于 10kW,其中一台的容量不超过 5kW。

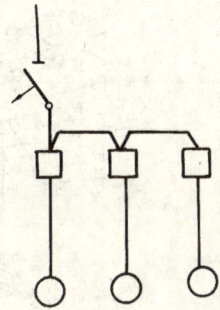

图 4.2-16 低压配电链式接线

二、供配电线路的敷设方式

建筑供配电系统的电源如为常见的 10kV 城市电网,则这种系统的分界开关安装图如图 4.2-17 所示。

此分界开关以后,则为供配电线路。

由前可知,在建筑供配电线路中,接户线在室外,其余线路全在室内敷设。兹对室外接户线和室内线路敷设分别加以扼要说明。

（一）室外接户线敷设

根据城市电网线路形式和现场安全、美观、投资等要求和条件,可采用架空导线和埋地电缆两种方式。

架空接户线,对高压 6～10kV 接户线可采用铝绞线或铜绞线。进户点对地距离不应小于 4.5m。最小截面,铝绞线必需 25mm²,铜绞线需 16mm²。

低压配电 0.38/0.22kV 室外接户线应采用绝缘导线。进户点对地距离不应小于 2.5m。架空导线与路面中心的垂直距离,若跨越通车道路应不小于 6m,若跨越通车困难的道路和人行道不应小于 3.5m。导线截面如按照允许载流量选择时,不应小于表 4.2-13 所列数值。

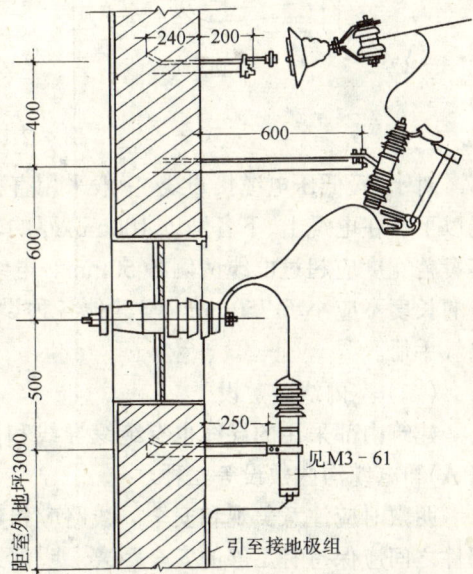

图 4.2-17 10kV 供配电分界开关安装图

低压接户线与建筑物各相关部位应保持足够的安全距离,即导线与下方窗口的垂直距离应保持 300mm;导线与上方窗口或阳台应保持垂直距离为 800mm;导线与窗户或阳台的水平距离应保持 750mm;与墙壁或其它建筑构件距离应保持 50mm。

317

敷 设 方 式	挡　距(m)	最 小 截 面(mm²)	
		绝缘铝线	绝缘铜线
自电杆上引下	＜10	4	2.5
	10～25	6	4
沿墙敷设	≤6	4	2.5

低压接户线的形式如图 4.2-18 所示。

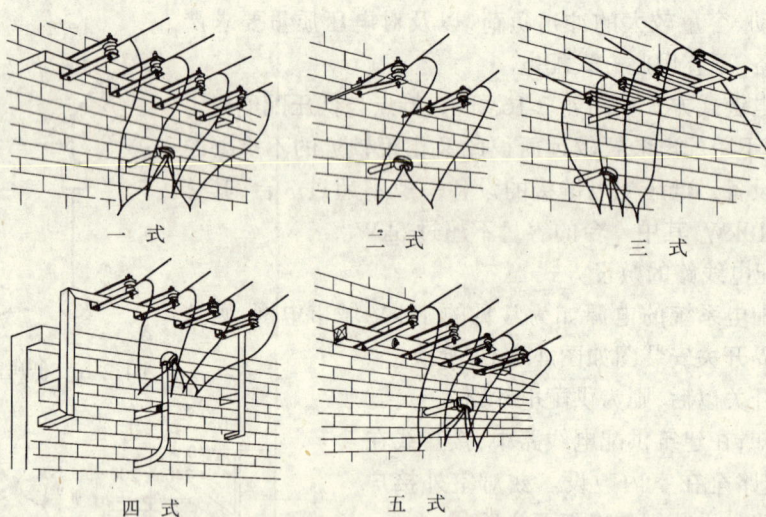

一式　　　　　　二式　　　　　　三式

四式　　　　　　五式

图 4.2-18　低压接户线

对于高、低压电缆接户线,一般采用直接埋地敷设。埋深不应小于 0.7m,并应埋于冰冻线以下。在电缆上、下各铺以 100mm 厚的软土或砂层,再盖混凝土板、石板或砖等保护板。其覆盖宽度应超过电缆两侧各 50mm。电缆穿钢管引入建筑,保护钢管伸出建筑物散水坡外的长度不应小于 250mm。与其他各种设施应保持最小净距。净距尺寸可参阅有关建筑电气手册。

(二) 室内线路敷设

建筑内部采用的导线也有绝缘导线和电缆两类。敷设方式有明敷(记以 M)、暗敷(记以 A)和电缆沟内敷设等三种。

明敷时应注意美观和安全。线路应和建筑物的轴向平行。线路之间及线路与其他相邻部件之间应保持有足够的安全距离。明敷又分为导线明敷及电缆直接明敷或穿管明敷等。穿线管有水煤气钢管(记以 SC)、电线管(记以 TC)、硬聚氯乙烯管(记以 PC)和软聚氯乙烯管(记以 FPC)等多种。应根据使用环境和建筑投资选择配线管的材料。然后根据导线或电缆的截面与根数确定配线管的直径。

导线或电缆穿管后也可以埋在墙内(记以 WC)、楼板内(记以 CC)或地面下(记以 FC)敷设,称为暗敷。暗敷时应考虑到使穿线尽量方便,以利于施工和维修,使线路尽量短,以节省投资。

将线路的敷设方式和部位正确标注在图纸上,就可用于施工。如 BLX-2×2.5/PC15、WC 就表示两根截面为 $2.5mm^2$ 的橡皮绝缘线,穿在外径为 15mm 的硬塑料管中,埋在墙内敷设。

导线的敷设方式可根据使用环境确定,如表 4.2-14 所示。

按导线使用环境选择敷设方式　　　　　　表 4.2-14

导线类别	敷设方式	干燥 生活	干燥 生产	潮湿	特别潮温	高温	震动	多尘	酸碱盐腐蚀	火灾危除场所 H-1	H-2	H-3	爆炸危除场所 Q-1	Q-2	Q-3	G-1	G-2	室外
塑料护套线	直敷布线	○	○	+	×	×	-	+	+	-	-	-	×	×	×	×	×	×
绝缘线	瓷(塑料)夹布线	○	○	×	×	×	○	×	×	×	×	×	×	×	×	×	×	×
	鼓形绝缘子布线	○	○	-	-	○	○	×	×	-	-	-	×	×	×	×	×	+⑤
	针式绝缘子布线	+	○	○	○	○	○	+	+①	×	+①	×	×	×	×	×	×	○
	焊接钢管布线	○	○	+	○	○	○	+②	○	○	○	○	○	○	○	○	○	+
	电线管布线	○	○	+	×	○	○	×	○	×	×	×	×	×	×	×	×	×
	硬塑料管布线	+	+	○	○	×	○	○	○	○	○	○	×	×	×	×	×	+
裸导体	绝缘子明敷	×	○	+	-	○	○③	+	×	+④	+④	+④	×	×	-	×	×	×

注:表中"○"推荐采用,"+"可采用,"-"建议不用,"×"不允许采用。
1. 线路应远离可燃物质,且不应敷设在未抹灰的木天棚或墙壁上以及可燃液体管道栈桥上。
2. 钢管镀锌并刷防腐漆。
3. 不宜用铝导线,因其韧性差、受振动后易断,应用铜线。
4. 不用裸母线,但应采用熔接或钎焊连接,需折卸处用螺栓连接应可靠。在 H-1、H-3 级场所宜有保护罩,当用金属网罩时,网孔直径不大于 12mm。在 H-2 级场所应有防尘罩。
5. 用在不受阳光直接曝晒和雨雪不能淋着场所。

在高低压配电室内,由于导线数量多,截面大,为便于和高、低压配电柜的安装配合,方便维修管理,常把线路敷设在电缆沟中。在多功能的高层建筑中,由于各种线路很多,为便于各层间线路的相互连接,又尽量减少和避免和其他管线和建筑物构件的交叉和矛盾,需要设置电缆竖井,在井内集中敷设各种建筑电气线路。

4.2.4 配电盘、柜及 6～10kV 变配电室

为了集中控制和统一管理供配电系统,常把整个系统中或配电分区中的开关、计量、保护和信号等设备,分路集中布置在一起。于是,在低压系统中,就形成各种配电盘或低压配电柜,在高压系统中,就形成各种高压配电柜。

一、配电盘　是直接向低压用电设备分配电能的控制、计量盘。按照用电设备的种类,配电盘有照明配电盘和照明动力配电盘。配电盘可明装在墙外或暗装镶嵌在墙体内。箱体材料有木制、塑料制和钢板制。有标准定型产品和非标定型产品。

配电盘明装时,应在墙内适当位置予埋木砖或铁件,若不加说明,盘底离地面的高度一律为 1.2m。配电盘暗装时,应在墙面适当部位予留洞口,若不加说明,底口距地面高度则为 1.4m。

配电盘面根据接线方案和所选设备类型、型号和尺寸,结合配电工艺要求确定其尺寸。

配电盘应尽量选适合要求的定型标准配电箱。

配电盘的位置应尽量置于用电负荷中心,以缩短配电线路和减少电压损失。一般规定,单相配电盘的配电半径约 30m,三相配电盘的配电半径约 60～80m。此外,还应注意所选配电盘位置有利于维修、干燥且通风、采光良好,不影响建筑美观和建筑结构的安全等。对层数较多的建筑,为有利于层间配线和日常维护管理,应把各层配电盘的位置布置在相同的平面位置处。

每个照明配电盘的配电电流不应大于 60～100A,其中单相分支线宜 6～9 路,每支路上应有过载、短路保护,支路电流不宜大于 15A。每支路所接用电设备如灯具、插座等总数不宜超过 20 个(最多不超过 25 个),但花灯、彩灯、大面积照明灯等回路除外。此外,还应保证分配电盘的各相负荷之间不均匀程度应小于 30%,在总配电盘配电范围内,各相不均匀程度应小于 10%。

二、配电柜　是用于成套安装供配电系统中受配电设备的定型柜。有高压、低压配电柜两大类。各类柜各有统一的外形尺寸。按照供配电过程中不同功能要求,选用不同标准接线方案。

高压配电柜　按结构型式有固定式、手车式。前者的电气设备为固定安装,安装、维修各种设备,开启柜门后在柜内进行。手车式配电柜内的电气设备装在可用滚轮移动的手车上,手车的种类有断路器车、真空开关车、电流互感器车、避雷器车、电容器车和隔离开关车等。同类手车可互换,可方便、安全拉出手车进行柜外检修。

上述配电柜我国均有定型产品可供选用。

高压配电柜的布置方式有靠墙式和离墙式两种。前者可缩小使用房间的建筑面积,而后者则便于检修。

在高层建筑中,选用高压配电柜时,因高层建筑要求防火标准高,一般应选用少油断路器或真空断路器所组成的高压配电柜。

高压配电柜还有抽屉式配电柜,也具有回路多、占地少、方便检修等优点,但由于结构复杂,加工困难,价格也高,在我国尚未普遍采用。

三、6～10kV 变配电所(室内)　是由高压配电室、变压器室和低压配电室三部分组成,因建筑中引用的高压电在我国多为 6～10kV,只有少数特大型民用建筑,才采用 35kV 供电,故当采用 6～10kV 电压供电的建筑所设置变配电所(室)被称为 6～10kV 变配电所(室)。兹将这种类型变配电所位置选择、形式和布置简要分述于后。

(一)位置的选择

变配电所(室)的位置在其配电范围内应尽量布置在接近电源侧,并位于或接近于用电负荷中心,保证进出线路顺直、方便、最短,变配电所(室)不应选在有剧烈振动的场所,不宜选在多尘、水雾和有腐蚀性气体场所,否则应选在上述污染源的上风侧,变配电所也不应选在贴近厕所、浴室或低洼地可能积水的场地,更不应选在有爆炸、火灾危险场所的正上方或正下方,否则应遵守和符合我国《爆炸和火灾危险场所电力装置设计规范》的规定。

在多层建筑中如该建筑对防火无特殊要求,当设置有可燃性油的电气设备类变配电所(室),可布置在非人员密集场所的该建筑物底层靠外墙侧。

高层建筑的变配电室(所)宜设在该建筑的地下层或首层通风和散热条件较好位置,但不能选在可能积水受淹场所。当建筑高度超过 100m(超高层建筑)时,则其变配电所(室)可设在高层区避难所上部技术层内。此外,一类高层主体建筑内不允许设置装有可燃性油的电气设备的变配电所(室)。二类高层主体建筑则不宜装置上述电气设备,否则应当采用干式变压器并设在该类建筑首层靠外墙侧或地下室,并采取相应的防火技术措施。

(二) 形式和布置

变配电室(所)形式有独立式、附设式、杆架式等多种形式。其中附设式又有内附式和外附设式之分,这是根据变配电所(室)本身有无专门建筑物及该建筑物与用电建筑物间的相互位置关系划分的。

布置原则应遵守:具有可燃性油的高压开关柜,宜单独布置在高压配电装置室内,但当高压开关柜的数量在少于 5 台时,则可和低压配电屏置于同一房间。对于不具有可燃性油的低、高压配电装置和非油浸电力变压器及非可燃性油浸电容器可置于同一房间内。

有人值班的变配电所(室)应单独有值班室,只有具有低压配电室时,值班室可与低压配电室合并,但应保证值班人员工作的一面或一端,低压配电装置到墙的距离不应小于3.0m。

单独值班室与高压配电室应直通或附走廊相通,但值班室要有门直通户外或通向走廊。

独立变配电所宜为单层布置,当采用二层布置时,变压器应设在首层,二层配电室应有吊装设备和吊装平台式吊装孔。

总之变配电所房间内部设备的布置应作到线路顺直、最短、进出线方便,有利于操作、巡视、试验和检修。

(三) 变配电所(室)对建筑的要求

可燃油油浸电力变压器室应按一级耐火等级建筑设计,而非燃或难燃介质的电力变压器室、高压配电室、高压电容器室的耐火等级应等于二级及二级以上耐火等级,低压配电装置室和低压电容器室的建筑耐火等级不应低于三级。

变压器室门窗应具有防火耐燃性能,如变压器室位于高层主体建筑内、位于一般建筑二层或二层以上、位于地下室或变压器室下为地下室、通向配电装置室的门及变压器室之间的门应为防火门。变压器室通风窗应采用非燃材料等。

变压器室及配电室门宽宜大于设备的不可折卸宽度的 0.3m,门高也应高于设备不可折卸高度 0.3m。

变配电所(室)所有门窗,当开启时不应直通具有酸、碱、粉尘、蒸汽和燥声污染严重的相邻建筑物。

高压配电室和电容室窗户下沿距室外地面高度宜大于或等于 1.8m,其临街面不宜开窗。所有自然采光窗不能开启。

变压器室、配电室和装置电容器房间的门应朝外开并装弹簧锁。相邻设置电气设备房间如设门时,应装双向开启门或门向低压方向开。

长度大于 8.0m 的配电室应设有布置在房间两端的两个出口,二层配电室的楼上配电室至少应有一个出口通向室外平台或通道。

所有变配电房间的门、窗、电缆沟等应能防止雨、雪、鼠、蛇类小动物进入屋内。

变配电室对建筑的综合要求见附录Ⅳ-3。

变配电室平面布置及剖面图示例见图 4.2-19。

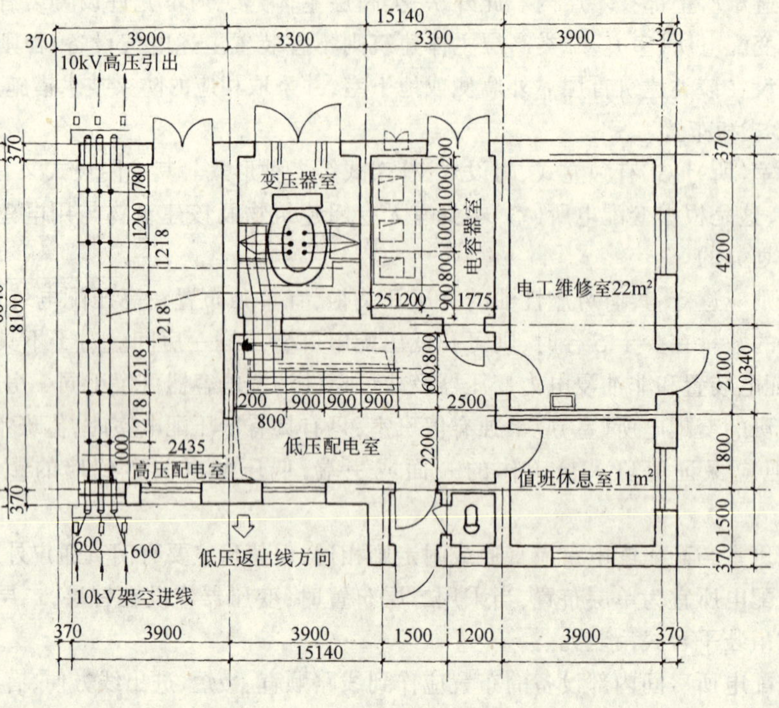

(a) 平面图

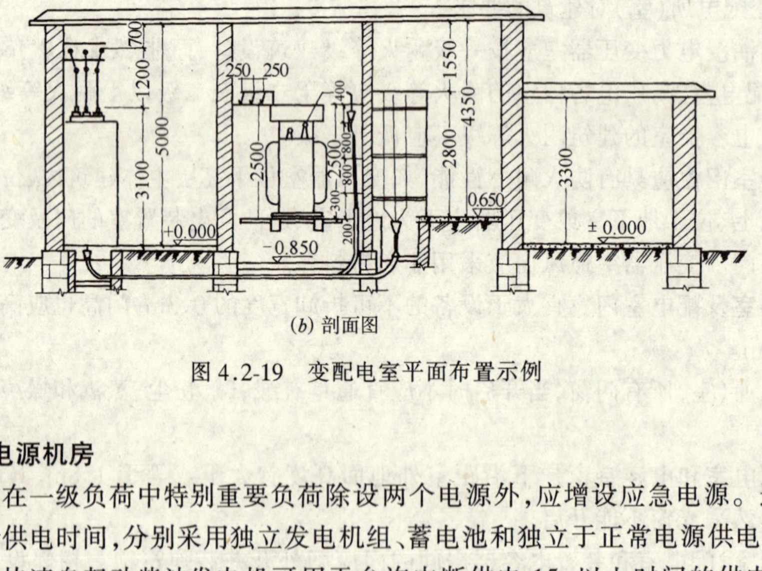

(b) 剖面图

图 4.2-19　变配电室平面布置示例

4.2.5　应急电源机房

　　如前所述在一级负荷中特别重要负荷除设两个电源外,应增设应急电源。这类电源要根据允许中断供电时间,分别采用独立发电机组、蓄电池和独立于正常电源供电网络中的专门馈电线路。快速自起动柴油发电机可用于允许中断供电 15s 以上时间的供电,带有自动投入的专门馈电线路,适用于允许中断 1.5s 时间以上的供电,而蓄电池静止型和柴油机自备应急电源,可用于允许中断供电为毫秒级时间的供电。兹对应急电源设备对建筑的要求简要分述于下:

　　一、柴油发电机房

　　一般由发电机房、控制及配电室、燃油准备及处理房、备品备件存放间等组成。机房各房间耐火等级及火灾危险性类别见表 4.2-15 所示。

机 房 名 称	耐 火 等 级	火灾危险性类别
发电机间	一　级	丙
控制与配电间	二　级	戊
贮油间	一　级	丙

　　机房平面布置应根据设备型号、数量和工艺要求等因素确定。对机房要求通风和采光良好,对单台容量在 200kW 及以上,且发电机间单独设置时,应设天窗。在我国南方炎热地区也宜设普通天窗,当该地区有热带风暴发生时,天窗应设挡风防雨板,或不设天窗而设专用双层百页窗。在我国北方及风沙较大地区窗口应设防风沙侵入的设施。此外机房噪声控制应符合国家标准要求,否则应作隔声、消声处置如机组基础采取减振措施,防止与房屋产生共振等。在机房内管沟和电缆沟内应有一定坡度(0.3%)利于排放沟内油和水。沟边应作挡油排入设施。柴油机基础周边可设置排油污沟槽以防油浸。

　　机房中发电机间应有两个出入口,门的大小;其中一个应能搬运机组出入,否则应预留吊装设备孔口,门应向外开,并有防火、隔声的功能。

　　发电机间与控制及配电室之间的窗和门应能防火和隔音,门应开向发电机间。

　　贮油间与机房如相连布置,则其隔墙上应设防火门,门朝发电机开。

　　发电机、贮油房间地面应防止油、水渗入地面,一般作水泥压光地面。

　　二、蓄电池室　是不间断电源装置的一种类型。蓄电池室要根据其设置蓄电池类型而采取技术措施,如酸性蓄电池室顶棚宜作成平顶对防腐有利,此外对顶棚、墙面、门、窗、通风管道、台架及金属结构等应涂耐酸油漆。此外对地面应有排水设施并用耐酸材料浇注。

　　蓄电池室朝阳窗的玻璃应能防阳光直射,一般可用磨沙玻璃或在普通玻璃上涂漆。门应朝外开。当所在地区为高寒区及可能有风沙侵入时则应采用双层玻璃窗。

　　三、专用不间断电源装置室。

　　这种电源装置室中整流器柜、递变器柜、静态开关柜宜布在底部有电缆沟或电缆夹层板上,其底部四周应有防小动物进入柜内的设施。

4.2.6　建筑防雷与接地

　　一、建筑防雷　为使建筑可靠防雷,必须掌握雷电的生成规律及危害、了解建筑对防雷的要求和熟悉基本防雷措施。

　　近年来的实验研究认为,雷电的形成是由于多种原因并存,是在特定场合和条件下,以某种原因为主导因素而形成的一种自然现象。雷电环境是由于天空中聚集有大量带电的雷云而造成的。所谓雷电现象,就是雷云与雷云之间、雷云与大地之间的一种放电现象。闪电就是放电时产生的强烈的光和热。雷声就是巨大的热量使空气在极短时间内急剧膨胀而产生的爆炸声响。

　　根据雷电现象形成和活动的形式和过程,一般可分为直接雷、间接(感应)雷两大类。直接雷是指雷云对地面的直接放电。间接雷是指雷云的二次作用(静电感应效应和电磁效应等)造成的危害现象。无论是直接雷还是间接雷,都有可能演变成雷电的第三种作用形式——高电位侵入,即诱发很高的电压(可达数十万伏)沿着供电线路或金属管道,高速涌入变配电室、用电户等建筑物内部,引起故障。

各种形式雷电的共同特点是,放电时间短、放电电流大、放电电压高、破坏力极强。其破坏作用主要表现在机械性破坏。即由两种力产生,一种是强大的雷电流通过物体时产生的巨大电动力;另一种是强大的雷电流通过物体时产生的巨大热量,使物体内的水份急剧蒸发而形成的内压力。这种力使物体遭受外部冲击或内部劈裂的热力性破坏,即所产生的巨大热量可造成金属熔化和物体燃烧。绝缘击穿性破坏,即极高的电压使供配电系统中的绝缘材料被击穿,造成相间断路,使破坏的范围和程度迅速扩大和增强,这是电气系统中最普遍、最危险的一种雷电破坏形式。无线干扰性破坏,由于雷电波中夹杂有大量高频杂波,对通讯、广播、电视等电子设备和系统的正常工作有强烈的干扰破坏作用。

为了克服上述雷电的破坏,建筑防雷设计就是要做到:

1. 保护建筑物内部的人身安全;

2. 保护建筑物不遭破环和烧毁;

3. 保护建筑内部存放的危险物品不会损坏、燃烧和爆炸;

4. 保护建筑物内部的电气设备和系统不受损坏。

防雷设计依据:应根据建筑物本身的重要性,结合当地的雷电活动情况和周围环境特点,综合考虑确定是否安装防雷装置及安装何种类型的防雷装置。按我国有关规范规定要求。本书仅对一般民用建筑防雷作概要介绍。

对于民用建筑物的防雷分级,根据建筑重要性、政治影响、容纳人数的多少或文化艺术价值,将民用建筑的防雷分为三级:

一级防雷的民用建筑物,是指具有特别重要用途的大型建筑物,如国家级的会堂、办公建筑、档案馆、大型博展建筑;特大型、大型铁路客站;国际性航空港、通讯枢纽;国宾馆、大型旅游建筑、国际港口客运站;国家级重点文物保护的建筑物和构筑物;高度超过100m的建筑物等。

二级防雷的民用建筑物,是指重要的或人员密集的大型建筑物。如部、省级办公楼;省级会堂、博展、体育、交通、通讯、广播等建筑;大型商店、影剧院;19层以上住宅建筑和高度超过50m的其他民用建筑及省级以上大型计算中心和装有重要电子设备的建筑物等。

三级防雷的民用建筑物是指年雷击次数大于或等于0.05时或通过调查确认需要防雷的建筑物;建筑群中最高或位于建筑群边缘高度超过20m的建筑物;高度为15m及以上的烟囱、水塔等孤立的建筑物或构筑物,在雷电活动较弱地区(年平均雷暴日不超过15)其高度可为20m以上;历史上雷电事故严重地区或雷害事故较多地区的较重要建筑物。

确定民用建筑防雷分级,除按上述三级划分外,在雷电活动频繁地区或强雷区则可适当提高建筑物防雷等级。

对雷区活动情况,可用当地年平均雷暴日数 n、年计算雷击次数 N 等参数反映。

年平均雷暴日数 n 可根据当地气象台、站的资料确定。我国雷电活动从强到弱的分布规律为华南、西南、长江流域、华北、东北、西北。海南澄迈的雷电日达133.4个,而青海省的格松仅0.3个雷电日。我国规定,雷电日小于15个算少雷区,超过40个算多雷区。

年计算雷击次数 N 可用下式计算:

$$N = 0.015nk(l + 5h)(b + 5h) \times 10^{-6} \tag{4.2-10}$$

式中　l、b、h——建筑物的长、宽、高(m)；

　　　　k——校正系数。一般情况取 1。在下列情况下取 1.5~2.0，即位于旷野孤立的建筑物或金属屋面的砖木结构建筑物；位于河边、湖边、山坡下或山地及特别潮湿的建筑物；建筑群中高于 25m、旷野高于 20m 的建筑物。

当地雷电活动情况的作用，已在建筑物防雷等级划分中予以考虑。

最后，对建筑物可能遭雷击周围环境特点应有所考虑。对于建筑物遭雷击选择性的因素首先是地质条件，这是影响落雷的主要因素。即土壤电阻率小处易落雷。土壤电阻率突变地区，在电阻率较小的一方易遭雷击。在山坡与稻田交界处、岩石与土壤交界处，多在稻田与土壤中产生雷击。地下水面积大和地下金属管道多的地点，也易遭雷击。其次是地形和地物条件，即建筑群中的高耸建筑和空旷地区的孤立建筑易遭雷击。山口或风口等雷暴走廊处、铁路枢纽和架空线路转角处也易遭雷击；第三是建筑物的构造及其附属构件条件，即建筑物本身所能积蓄

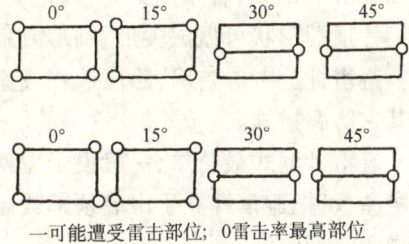

一可能遭受雷击部位；0 雷击率最高部位

图 4.2-20　坡屋顶易遭雷击部位

的电荷越多，越容易接闪雷电。建筑构件(梁、板、柱、基础等)内的钢筋、金属屋顶、电梯间、水箱间、楼顶突出部位(天线、旗杆、烟道、通气管等)均容易接闪雷电；第四是建筑物内外设备的条件，即金属管道设备越多，越易遭雷击。例如坡屋顶建筑易受雷击部位见图 4.2-20。

建筑物防雷保护措施总的来说：一、二级应有防直接雷、感应雷和雷电波侵入措施，三级应有防直接雷和雷电波侵入措施。下面将具体介绍任何一种措施均需作到可靠接地，其保证规定的接地电阻值对一、二级一般应≤10Ω，三级一般≤30Ω。下面扼要介绍建筑防雷技术设施：

防直接雷主要采用接闪器系统。防感应雷主要采用将所有设备的金属外壳可靠接地，以消除感应或电磁火花。防雷波侵入多用避雷器。下面对最常用的接闪器系统作介绍。

常用的接闪器系统是由接闪器、引下线和接地体三部分组成。建筑防雷采用的接闪器有避雷针、避雷带和避雷网三种形式，如图 4.2-21。接闪器是在建筑物顶部人为设立的最突出的金属导体。在天空雷云的感应下，接闪器处形成的电场强度最大，所以最容易与雷云

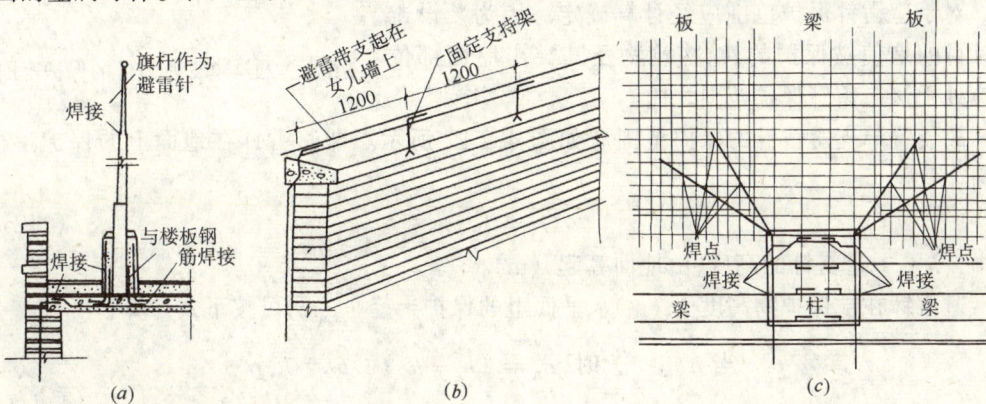

图 4.2-21　避雷针、带、网

间形成导电通路,使巨大的雷电流由接闪器,经引下线、接地装置,疏导于大地之中,从而保护了建筑物及其中人身和设备的安全。因此,所谓接闪就是引雷的作用,而并非为避开雷电的所谓避雷作用。

接闪器的构造形式有以下两种:

1. 避雷针:一般采用镀锌圆钢或焊接钢管作成。避雷针的直径:当针长 1m 以下,若为圆钢取 12mm,钢管 20mm;当针长 1~2m,若为圆钢取 16mm、钢管 25mm;烟囱顶上的针采用 20mm 的圆钢,若采用钢管,则钢管壁厚不得小于 3mm。

针顶端形状可做成尖形、圆形或扁形,没有必要作成分叉形。

避雷针应考虑防腐,除应镀锌或涂漆外,在腐蚀性较强的场所,尚应适当加大截面或采取其它防腐措施。

避雷针型式最简单,一般设于屋顶有高耸部份或弧立的高建、构筑物上。对于砖木结构的房屋,可把避雷针立于山墙顶部或屋脊上。可利用木杆或大树作支撑物,但针尖应高出支撑物 30cm 以上。

2. 避雷网和避雷带

避雷带和避雷网的结构型式大体相同,均分明装和暗装两种。

明装时采用直径 8mm 的圆钢或截面 $12 \times 4mm^2$ 的扁钢做成。为避免接闪部位的振动力,宜将带(网)从屋面支起 10~20cm,支撑点间距取 1~1.5m。应注意美观和胀缩等问题。

暗装时可利用建筑构件内不小于 $\phi 3mm$ 的钢筋。所用的钢筋应焊成一体。

避雷带适用于重点保护方式,由图 4.2-20 可知,在屋顶各部位受雷击的几率并不一样,避雷带就是对建筑物雷击机率高的部位进行重点保护的一种接闪装置。

避雷网适用于屋顶面积较大、坡度不大,又没有高耸的突出部份的高层建筑的屋面保护。若采用明装方式时,则屋顶不便开辟其他活动场所。

对于避雷针保护范围应经计算确定。因为装设避雷针目的是使被保护的建、构筑物及其突出屋面部位均应处于该避雷针保护范围之内。

图 4.2-22 单支避雷针的保护范围

故装置单支避雷针的保护范围应如图 4.2-22 所示。即避雷针在地面上的保护半径 r 应为:

$$r = 1.5h \qquad (4.2\text{-}11)$$

式中 h——避雷针的高度(由地面算起)(m)。

避雷针在被保护物高度 h_x(m)水平面上的保护半径 r_x(m)可按下式计算:

$$\left. \begin{array}{l} \text{当 } h_x \geqslant \dfrac{h}{2} \text{ 时}, r_x = (h - h_x) \cdot p = h_a p \\[2mm] \text{当 } h_x < \dfrac{h}{2} \text{ 时}, r_x = (1.5h - 2h_x)p \end{array} \right\} \qquad (4.2\text{-}12A)$$

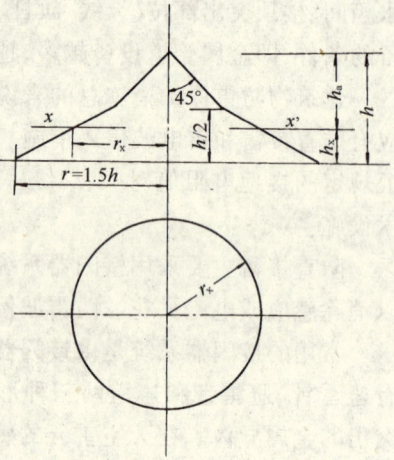

式中　h_a——避雷针的有效高度(m)；

　　p——高度影响系数，当 $h \leqslant 30$m 时，取 $p=1$；当 $30 < h \leqslant 120$m 时，取 $p = \dfrac{5.5}{\sqrt{h}}$。以下各式中 p 值均同此。

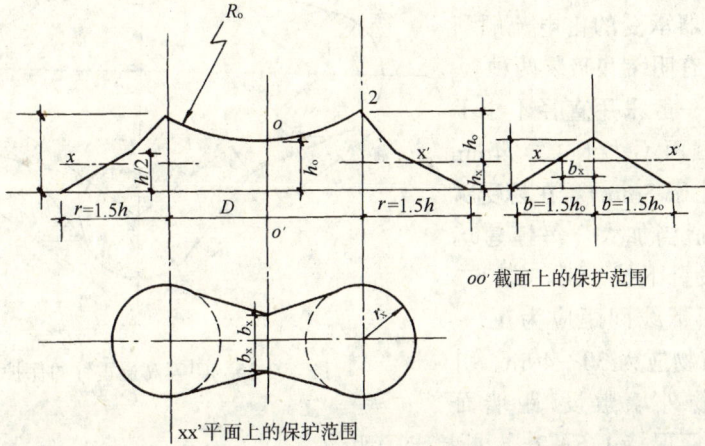

oo' 截面上的保护范围

xx'平面上的保护范围

图 4.2-23　两等高避雷针的保护范围

　　当装设两支等高避雷针的保护范围如图 4.2-23。其两针外侧的保护范围应按单支避雷针的计算方法确定。即两针之间的保护范围应按通过两针顶点及保护范围上部边缘最低点 o 的圆弧确定。圆弧半径为 R_0。o 点为假想避雷针的顶点，其高度可按下式计算：

$$h_0 = h - \frac{D}{7p} \tag{4.2-12}$$

式中　h_0——两针保护范围内上部边缘最低点的高度(m)；
　　　D——两避雷针间的距离(m)。

　　两针间在 h_x 水平面上保护范围的一侧最小宽度可按下式计算：

$$b_x = 1.5(h_0 - h_x) \tag{4.2-13}$$

式中　b_x——保护范围的一侧最小宽度(m)，当 $D = 7hp$ 时，取 $b_x = 0$。

　　求出 b_x 后，就可按图 4.2-23 计算并绘出两针之间的保护范围。

　　两针之间距与针高之比 D/h 不宜大于5。

　　对于装设多支等高避雷针保护范围的确定，当三支等高避雷针时，保护范围如图 4.2-24 所示。

　　装设四支等高避雷针的保护范围如图 4.2-25 所示。

对于装设两支不等高避雷针的保护范围可见图 4.2-26。

　　避雷针下部的固定部分一般应为针长

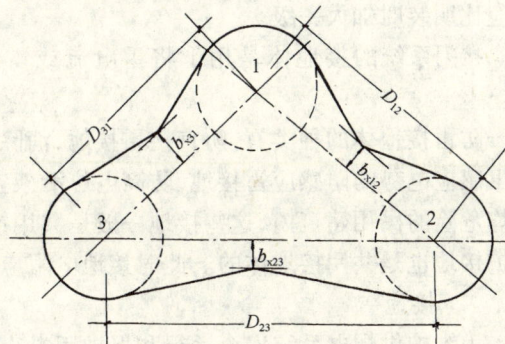

图 4.2-24　三等高避雷针的保护范围

327

的 $\frac{1}{3}$，若插入水泥墙内时可为针长的 $\frac{1}{4} \sim \frac{1}{5}$。

接闪系统的引下线又称引流器，其作用是将接闪器承受的雷电流顺利引到接地装置。有明装和暗装两种。

明装引下线一般采用直径不小于 8mm 的圆钢或截面不小于 $12 \times 4mm$ 的扁钢（厚度不小于 3mm）。在易受腐蚀部位，截面应适当加大。每幢建筑物至少应有两根引下线。对一级、二级防雷建筑物引下线间距应为 12～24m，对三级建筑物应为 30～40m。引下线应沿建筑物外墙敷设，距墙面 15mm，支持卡间距保持 1.5～2m。断接卡子距地面 2m。从地下 0.3m 到地上 1.7m 的一段引下线应采用非金属管（槽）保护，以防接触。引下线的敷设应尽量短而直。若必须弯曲时，弯角应大于 90°。敷设时应保持一定的松紧度。可利用建筑物的金属构件，如消防梯、铁扒梯等作为引下线，但应注意将各部件连成可靠的电气通路。在易受腐蚀部位，截面还应适当加大。

暗装引下线时可利用钢筋混凝土柱中的主筋作为引下线。最少要利用四根柱子，每根柱子中至少有两根直径不小于 16mm 的主筋从上到下焊成一体。引下线应和墙内的其它金属部件保持一定的距离。因柱内钢筋不便断开，故采取由建筑物四角部位的主筋焊接引出接线端子，以测量总接地电阻（不可能也不必要测量某一部分的电阻）。暗装时引下线的截面一般应比明装时加大一级。

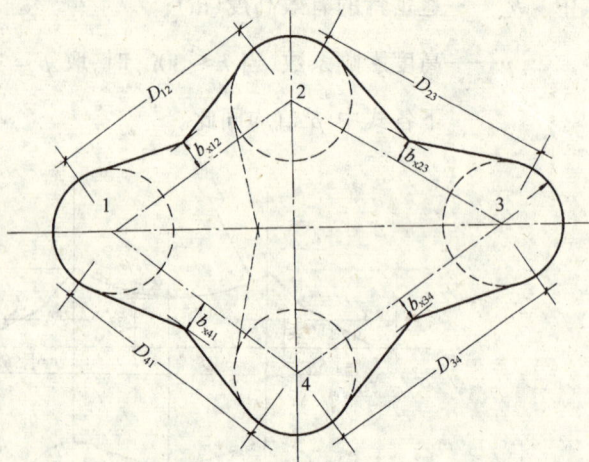

图 4.2-25 四等高避雷针的保护范围

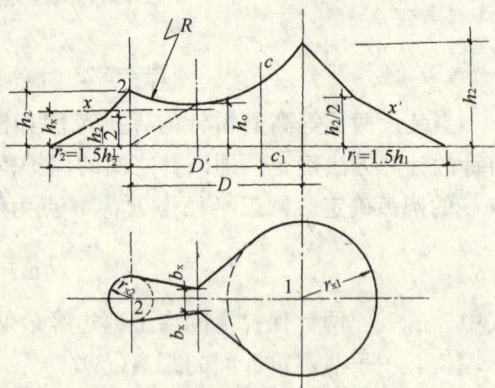

图 4.2-26 两不等高避雷针的保护范围

接闪系统的接地体是用于将雷电流或雷电感应电流迅速疏散到大地中去的导电系统。

防雷接地体的种类有：防直接雷接地，消除在引下线引流过程中对周围大型金属物体产生出感应电势的防感应雷接地，防高电位沿架空线侵入的放电间隙或避雷器接地等。在无爆炸危险的民用建筑内，这些接地一般是共用接地体，而且与电力系统的中性点重复接地及保护接地也是共用接地体的。此时接地电阻应符合各种接地的要求。

二、接地

为维护供配电系统安全运行和保护用电人员的人身安全，必须安全用电。各种安全用电和上述建筑防雷措施中最简单有效技术设施是接地和接零，统称为系统接地。如图 4.2-27。

328

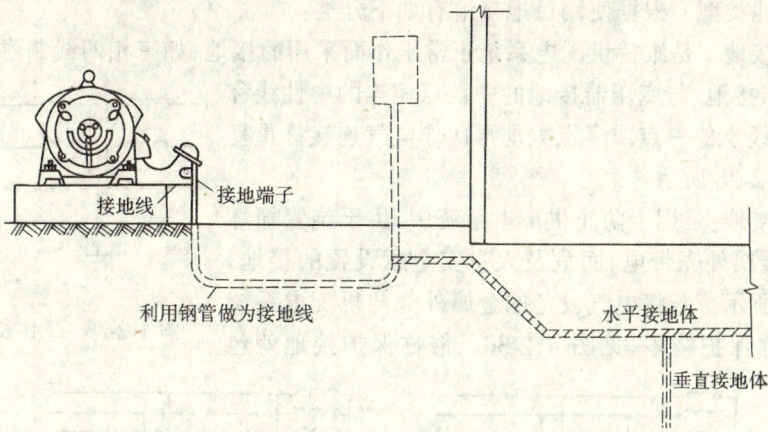

图 4.2-27　接地装置示意

图中所绘与大地直接接触的埋地金属组合体,称接地体或接地极;连接接地体与供配电系统中相应点之间的金属导线,称为接地线;接地线和接地体合称接地装置。

进行安全用电与建筑防雷设计的关键,在于合理选择接地装置的形式和正确进行接地体接地电阻的计算。

兹将接地体、接地类型作扼要介绍:

(一) 接地体

接地体类型有三类

1. 自然接地体　即利用地下的已有其他功能的金属物体作为防雷接地装置,如直埋铠装电缆金属外皮、直埋金属管(如水管等)但不可采用易燃易爆物输送管、钢筋混凝土电杆等。利用这类自然接地体的优点是无需另增设备,造价低。

2. 基础接地体,当混凝土是采用以硅酸盐为基料的水泥(如矿渣水泥、波特兰水泥等),且基础周围土壤的含水量不低于 4% 时,应尽量利用基础中的钢筋作为接地装置,以降低造价。满堂红基础最为理想。若是独立基础,应注意采取必要措施确保电位平衡,消除接触电压和跨步电压的危害。引下线应与基础内直径不小于 16mm 的两根主筋分别焊接在一起。

3. 人工接地体,当以上两种均不能满足设计要求而采用的专用于防雷的接地装置。

垂直接地体可采用直径 20～50mm 的钢管(壁厚 3.5mm、直径 19mm 的圆钢或 20×3mm 到 50×5mm 的扁钢作成。长度为 2～3m 一段。间隔 5m 埋一根。顶端埋深 0.5 ～0.8m。用接地连接条或水平接地体将其连成一体。

水平接地体和接地连接条,可采用截面为 25×4～40×4mm 的扁钢、截面 10×10mm 的方钢或直径 8～14mm 的圆钢做成。埋深 0.5～0.8m。

接地体一般应采用镀锌钢材。土壤有腐蚀性时,应适当加大接地体和连接条的截面,并加厚镀锌层。各焊点必须刷樟丹或沥青,以便防腐。埋接地体时,应将周围填土夯实,不得回填砖石、灰渣之类杂土。为确保接地电阻的数值满足规范要求,有时需采用降低土壤电阻率的相应技术措施,但造价要明显提高。

基础接地体也可列入自然接地体。原则上应充分利用自然接地体。当利用自然、人工两种接地体时,应对其分开设置测量点。

（二）接地类型　根据使用目地接地有如下分类：

1. 工作接地　是维持供配电系统正常工作而采用的接地，如三相四线制供配电系统中变压器中性点接地。与变压器接地的中性点相连的中性线称为零线，将零线上的一点或多点大地再次作电气连接称重复接地，如图4.2-28所示。

2. 保护接地：是用于防止供配电系统中，由于绝缘损坏使电气设备金属外壳带电，而危及人身安全所设置的接地，如图4.2-29所示。若将电气设备的金属外壳与供配电系统的零线连接称保护接零，见图4.2-30。俗称保护接地就包

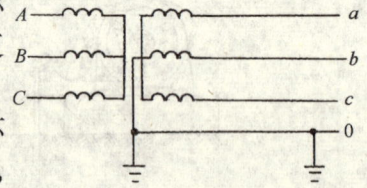

图 4.2-28　工作和重复接地

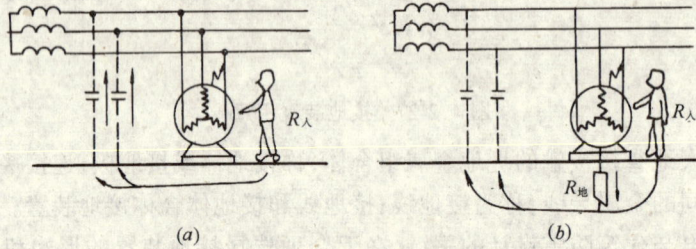

图 4.2-29　保护接地

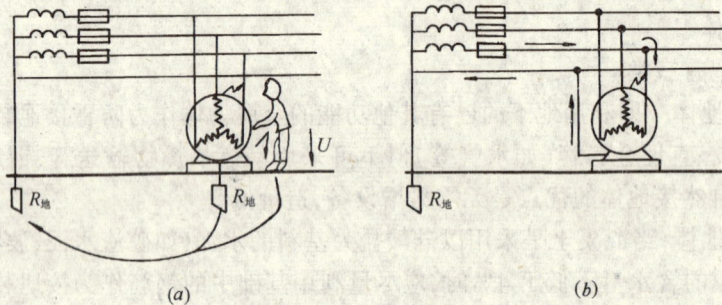

图 4.2-30　保护接零

括保护接地和保护接零。

3. 过电压保护接地：用于防雷或其他原因造成过电压危害而设置的接地。

4. 其它接地：防静电接地、屏蔽接地等。

下面扼要介绍保护接地、保护接零和重复接地。

（1）保护接地可应用于变压器中性点不接地的供配电系统，即小接地电流系统中。由于不接地时用电有危险。若电气设备绝缘良好，外壳不带电，人触及外壳无危险。若绝缘损坏，外壳带电，此时人若触及外壳，则人将通过另外两相对地的漏阻抗形成回路，造成触电事故，如图4.2-29a所示。

若进行了保护接地时则可使用电安全。这是因为人若触及带电的外壳，人体电阻 $R_人$ 和接地电阻 $R_地$ 相互并联，再通过另外两相对地的漏阻抗形成回路。即 $R_地 \approx 4\Omega$ 比 $R_人$ 小的多，将分流绝大部分电流，故通过人体的电流非常小，通常小于安全电流0.01A，从而保证了安全用电，如图4.2-29b所示。

（2）保护接零适用于变压器中性点接地（大接地电流）的供配电系统。

这是因为在变压器中性点接地的三相四线制供配电系统中,相电压一般为220V。若电气设备绝缘损坏,外壳带电时,则绝缘损坏的一相,经过设备外壳和两个接地装置,与零线构成导电回路。两接地装置的接地电阻均为 4Ω,回路中导线的电阻忽略不计,则回路中的电流约为 $I_{地}=\dfrac{220}{4+4}=27.5A$,这么大的电流通常不能将熔断器的熔体熔断,从而使设备外壳形成一个对地的电压,其值为 $V=I_{地}\cdot R_{地}=27.5\times4=110V$,此时,人若触及设备外壳,必将造成触电伤害,如图 4.2-30a 所示。

对上述情况若进行保护接零时则用电安全。这是由于绝缘破坏使设备外壳带电,绝缘破坏的一相将通过设备外壳、接零导线与零线间发生短路,如图 4.2-30b 所示。短路电流数值很大,使短路一相的熔断器迅速熔断,将带电的外壳从电源上切除,从而可靠地保证了人身的安全。

(3) 重复接地,即同时采用保护接地和保护接零。重复接地除作为工作接地的一种措施,可维持三相四线制供配电系统中三相电压平衡外,还可起到如下作用:如图 4.2-31 所示,若不采用重复接地,则用电危险。这是因为仅采用保护接地的设备因绝缘损坏,外壳带电时,由前可知,故障相通过两组接地装置而长期流过 27.5A 的电流(不能使熔断器的熔丝熔断),一方面使该设备的外壳形成约为 110V 的危险电压,另一方面使零线的电压也升高约 110V,使系统内所有接零设备的外壳上,都带上了危险的电压,对人身造成更大范围的危险,故绝不允许采用这种接法。

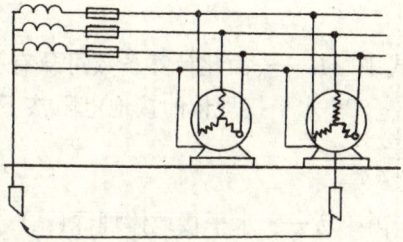

图 4.2-31 三等高避雷针的保护范围

如果采用重复接地,则用电安全。即将采用保护接地的设备外壳再与系统的零线连接起来,这时,接地设备的接地装置上系统的零线接通,形成为系统的重复接地如图 4.2-31。重复接地,一方面可维持系统的三相电压平衡,另一方面当任一相绝缘损坏使外壳带电时,都将造成绝缘相与零线间的短路,如前所述,故障相的熔断器迅速熔断,将带电的设备立即从电源上切除,同时也保证了系统中其他设备的用电安全。

对保护接地和保护接零装置的安装情况应经常检查,使接地电阻值满足规定的要求,以确保安全用电。

三、接地电阻的计算:

接地电阻主要由接地体自身的电阻;接地体表面与其所接触土壤之间的接触电阻;电极周围的土壤所具有的电阻三部分组成。

自然接地体的接地电阻即利用铠装电缆的金属外皮、金属水管或钢筋混凝土电杆中的钢筋做接地体时,其接地电阻值常用表格表示,如表 4.2-16。

直埋金属水管的接地电阻值(Ω)　　　　　　　　表 4.2-16

长　　　　度(m)		20	50	100	150
公称口径	25~50mm	7.5	3.6	2	1.4
	70~100mm	7.0	3.4	1.9	1.4

注:本表编制条件为:土壤电阻率 $P=100\Omega\cdot m$,埋深 0.7m。

人工接地体的接地电阻为

1. 垂直接地体(见图 4.2-32)的接地电阻

当 $l \gg d$ 时：

$$R = \frac{\rho}{2\pi l}\ln\frac{4l}{d} \qquad (4.2\text{-}14)$$

式中　ρ——土壤电阻率($\Omega\cdot$m)；

l——接地体的长度(m)；

d——接地体的直径或等效直径(m)。钢管的等效直径取外径，扁钢取宽度的一半，等边角钢取 $0.84b$，不等边角钢取 $0.71\sqrt{b_1 b_2 (b_1^2 + b_2^2)}$。

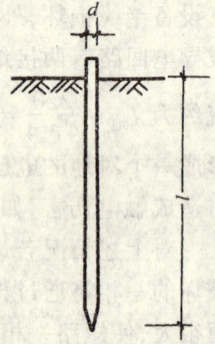

图 4.2-32　垂直接地体

在实用中垂直接地体一般长 2.5m，顶端埋于地面以下 0.5~0.7m。此时单根垂直接地体的接地电阻计算公式可简化为

$$R = K\rho \qquad (4.2\text{-}14A)$$

式中　K——简化计算系数可从有关手册中查到。

2. 水平接地体的接地电阻按下式计算：

$$R = \frac{\rho}{2\pi l}(\ln\frac{l^2}{hd} + A) \qquad (4.2\text{-}15)$$

式中　h——水平接地体埋深(m)；

A——水平接地体的形状系数，可从有关手册中查到。

此外，复合接地体的接地电阻也有专门计算公式，可查阅专门手册兹不赘述。

基础接地体的接地电阻是一种利用建、构筑物中的基础中的金属结构作为接地体，这样做可以节省金属、减少开挖及回填土方的工作量，而且由于其中的金属结构受混凝土保护，使用寿命较长，故维护工作量也较小。但应着重说明，此时所有金属构件和钢筋的连接点必须可靠地绑扎或焊接成电气通路。

基础接地体的接地电阻也有两种情况：

1. 垂直圆柱形钢筋混凝土基础接地体的接地电阻，与周围土壤情况有关。当在匀质土壤中时，可用下式计算接地电阻：

$$R = \frac{1}{2\pi l}(\frac{\rho_1}{k_1}\ln\frac{4l}{d} + \frac{\rho - \rho_1}{k_2}\ln\frac{4l}{d_1})(\Omega) \qquad (4.2\text{-}16)$$

式中　ρ——土壤的电阻率($\Omega\cdot$m)；

ρ_1——混凝土的电阻率($\Omega\cdot$m)；

d_1——圆柱形混凝土体的直径(m)；

d——接地体(基础内钢筋体)的直径(m)；

l——接地体埋于地面下的长度(m)；

k_1、k_2——接地体和混凝土体的计算系数，分别可按 $\frac{d}{2l}$ 和 $\frac{d_1}{2l_1}$ 算出。

当在两层不同土壤中的接地电阻，相当于将一个接地体分成两个假定单元接地体，按并联的公式求总电阻。

2. 水平敷设的圆柱形钢筋混凝土基础接地体的接地电阻

$$R = \frac{\rho_1}{2\pi l}\ln\frac{d_1}{d} + \frac{\rho}{2\pi l}\ln\frac{l^2}{d_1 h}(\Omega) \tag{4.2-17}$$

式中各符号含义见计算式(4.2-16)

3．倒 T 形钢筋混凝土基础的接地电阻可用下式计算：

$$\left.\begin{array}{l} R = \dfrac{R_1 R_2}{0.9(R_1 + R_2)} \\[3mm] R_2 = \dfrac{a k_{\mathrm{h}} \rho}{4 d_\rho} \end{array}\right\} \tag{4.2-18}$$

式中　　R_1——该基础上部垂直圆柱形钢筋混凝土体的接地电阻(Ω)，计算方法见式(11-16)所介绍内容；

　　　　R_2——该基础下部平板形钢筋混凝土体的接地电阻(Ω)；

　　　　d_ρ——平板形钢筋混凝土体中钢筋网的直径或等效直径(m)；

　　　　k_{h}——考虑混凝土层影响的系数，其值一般可取为1；

　　　　a——埋设深度影响系数，可计算确定；其他符号含义见计算式(4.2-16)。

4．水工钢筋混凝土接地体的接地电阻

$$R = \frac{4\rho_{\mathrm{s}}}{S}(\Omega) \tag{4.2-19}$$

式中　　ρ_{s}——水的电阻率($\Omega\cdot m$)；

　　　　S——混凝土与水接触的表面积(m^2)。

上列诸公式清楚地说明基础的构造、形式、尺寸及埋设环境(土壤或水的性质)对接地电阻大小的影响。准确进行计算，还需查阅有关电气设计手册。

降低接地电阻的措施是为了在高土壤电阻率地区，如果单纯靠增加接地体的办法满足接地电阻的要求，往往会大大增加基建投资，或者根本就无法达到技术要求时，应考虑采用降低接地电阻的特殊措施。

降低接地电阻基本途径是降低接地体周围土壤的电阻率。常用作法有：

1．换土。用低电电阻率土壤(如粘土、黑土等)替换原土，做法见图4.2-33。

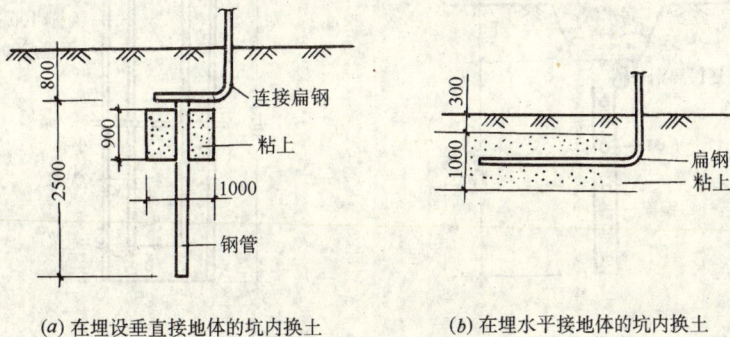

(a) 在埋设垂直接地体的坑内换土　　　　(b) 在埋水平接地体的坑内换土

图 4.2-33　换土的作法

2．改变原土壤的电阻率，可采取掺入化学物质(如炉渣、木炭、氮肥渣、电石渣、石灰、食盐等)和原土壤混合后，填入坑内夯实，做法见图4.2-34。

因所掺入的化学物质往往带有腐蚀性，而且易于流失，需定期进行重新处理，维护费用高，这种措施只是在不得已时才采用。

利用长效降阻剂也可改变原土壤的电阻率。

长效降阻剂是由几种物质配制而成的化学降阻剂，含有导电性能良好的强电解质和水分。这些强电解质和水分被网状胶体所包围，网状胶体的空格又被部分水解的胶体所填充，使它不致于随地下水和雨水而流失，因而能长期保持良好的导电作用，做法见图 4.2-35。

在埋设接地体处可灌入无腐蚀性的污水，也可

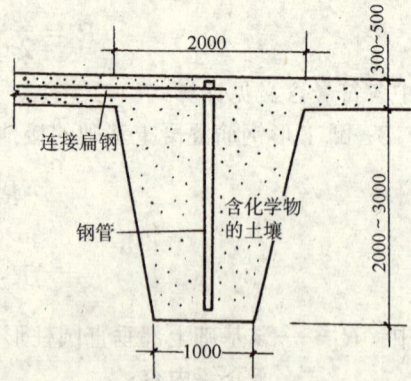

图 4.2-34　土壤化学处理做法

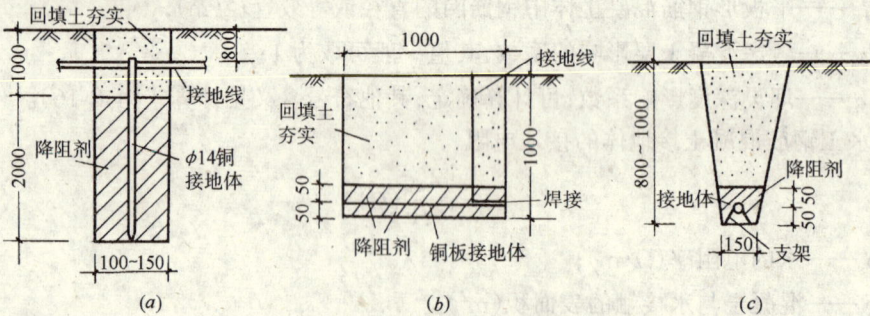

图 4.2-35　长效降阻剂做法

改变原土壤的电阻率。即接地体采用间隔 20cm 有一直径 5mm 小孔的钢管，使污水渗入土壤中，做法见图 4.2-36。

采用深井接地也可改变原土壤的电阻率。即钻井后，将穿孔钢管打入，然后灌满泥浆，做法见图 4.2-37。

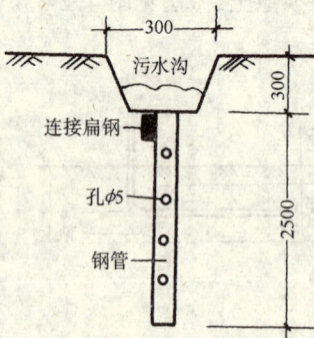

图 4.2-36　灌污水作法

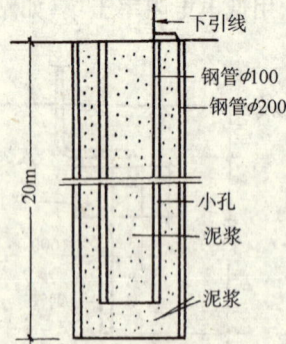

图 4.2-37　深井接地作法

此外，深埋接地体。即在地下深处的土壤或水的电阻率较低时，可将接地体深埋于电阻率较低处，以降低接地电阻值。

4.3 建筑照明

在建筑物的各个空间,创造各种标准光环境的技术,称建筑照明。其中,利用阳光(包括直接光和反射光)实现的建筑照明,称自然照明;利用人为设置的、可以将其它形式的能量转换为光能的光源实现的建筑照明,称人工照明。在人工照明中,利用电能转换为光能的电光源实现的建筑照明,称电气照明。当前世界上采用的人工照明,几乎完全是电气照明。故本章所介绍的内容,仅涉及电气照明。

4.3.1 照明的种类和组成

建筑照明分类:

一、根据照明所起的主要作用,建筑照明分为视觉照明和气氛照明两大类。

视觉照明是为保证生活、工作和生产活动的正常进行,在人眼中必须形成对周围事物的足够视觉,满足人们视觉需要。按照人们活动条件和范围,视觉照明可分为四种,即正常照明、事故照明、障碍照明和警卫、值班照明。

(一)正常照明 是指在建筑内外,在正常情况下需要照明的全部建筑区间所采用的照明,如卧室,办公室等照明。

(二)事故照明是当正常照明因事故而中断时,供暂时维持工作或保证人员安全疏散所采用的照明。又称备用照明或事故应急照明。

(三)障碍照明 这种照明是指装于高大建筑物顶端,防止飞机在航行中与建筑物或构筑物相撞的标志灯,其装置具体位置按当地航空部门要求确定。

(四)警卫值班照明 在重要场所,如警卫室、值班室、门房,以及本部门管辖的警卫范围内装设。电源宜利用正常照明中能单独控制的一部分,或利用备用照明的一部分或全部。

建筑照明中第二大类是气氛照明。这类照明是指在特定的环境和场所,用于创造和渲染某种与人们当时所从事活动相适应的气氛,以满足人们心理和生理上的要求;从而得到美的享受和心理平衡所采用的照明。这类照明又可分为建筑彩灯、专用彩灯和装饰照明等几种。

建筑彩灯又有节日彩灯和泛光照明之分。图 4.3-1 为节日彩灯安装图。一般是以250V、15W 防水彩灯,等距成串布置在建筑物正面轮廓线上来显示建筑物的艺术造型,以增添节日之夜的欢乐气氛。

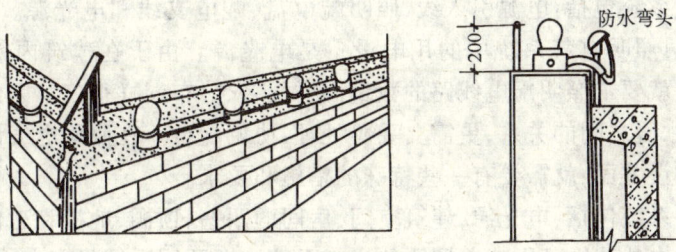

图 4.3-1 节日彩灯安装图

建筑物上安装霓虹灯取代成串的建筑彩灯，装饰效果也好，同时可以节省电能。但需配备灯用变压器，建设费用提高，维护管理也较为复杂。

建筑彩灯中的泛光照明，是一种在邻近的房屋或装置上安装高强度灯，从不同角度照射主建筑，使整个建筑立面被均匀照亮，形成某种色彩，达到对建筑物起装饰效果的一种照明。这种方法比采用节日彩灯艺术效果好、维护管理方便，又可节省电能。但要求建筑立面的反射率必须均匀一致，装饰效果与周围环境的明暗程度有关，还需要具备隐蔽安装泛光灯的条件。

气氛照明中专用彩灯照明，是满足各种专门需要的气氛照明。如声控喷泉照明、音乐舞池照明等。配合环境的特点和节日的内容，不断变换灯光色彩和图案的组合，能加强人们艺术欣赏的效果。

气氛照明中装饰花灯照明，在礼堂、剧院等不同功能的大厅中，配合吊顶的色彩、图案，布置适当的装饰花灯，能起到增强这些建筑物功能的效果。

应该说明，以采光为主要目标的视觉照明，也需要用其灯具的体、型、布置和产生的光和色发挥相应的烘托气氛作用，和周围的环境一致。以创造气氛为主要目的的气氛照明，当然也应当以产生足够的照度，能形成人的视觉为前提。无论那种照明，都应当和整个建筑相互协调、紧密配合。

二、根据灯具的布置方式分类，建筑照明有一般照明、局部一般照明、局部照明和混合照明之分。

一般照明，即灯具均匀布置在整个顶棚上，为照亮整个工作面而设置的照明。

局部一般照明，是根据房间内工作面布置的实际情况，把灯具集中或分组集中设置在工作区上方的照明。可有效地实现节能。

局部照明，是灯具专设在某些特定地点，只照亮一个有限工作区的照明。

混合照明则是由一般照明和局部照明共同组成的照明系统。

以上两种照明的分类方法，是从不同的角度，对客观唯一实现的建筑照明的概括和归纳。当然，从其它角度还可以作出另外的分类。两种分类方法之间是相互关联的。采用不同效能的灯具和灯具布置方式，可以实现不同的照明作用。照明所起的不同主要作用，需要用不同的灯具和灯具布置方式来实现。最终的目的，都是为满足不同建筑功能的需要，满足人们的各种需求。

无论哪一种照明，都是电气照明，都是利用电能，产生光能，实现照明。电能的输入、分配和消耗，是在一个电气系统中完成的。光能的产生、分布与消耗，是在一个光学系统中完成的。因此，任何建筑电气照明系统，都是由照明的电气系统和照明的光学系统两部分组成。

照明的电气系统包括：电源引入线、照明配电盘、配电支线和电光源。和一般低压配电系统相仿，只不过照明电气系统中的用电设备是电光源。由于在建筑内外，电光源数量很多、分布很广，这就要求照明配电线路的数量同样很多、分布同样很广。因此，照明电气系统与建筑、结构及水暖之间的关系，更需要妥善处理，协调配合。在照明电气设备的安装，和照明电气线路的敷设方面，就需要有一些特殊的措施和要求。

照明的光学系统包括：电光源，建筑空间，房间的四壁、顶棚、地板和工作面。因此，建筑本身以及建筑的内外装饰都影响着照明的光学系统。即照明系统只有在特定的建筑中才能发挥出其理想的作用，建筑只有采用合适的照明系统才能体现出其特有的功能。

在照明的电气、光学系统和建筑三者之间，电气系统是为光学系统服务的，而光学系统是为所照的建筑物服务的。因而在实际工作中,应当根据建筑要求进行照明的光学系统设计,然后根据照明光学设计的结果相应完成照明的电气系统设计,从而最终完成建筑电气照明设计。因此,作为建筑学和工民建专业的技术人员,不仅应懂得一定的照明电气方面的知识,而且应该了解一些照明光学方面的知识。

4.3.2 光源、灯具及布置

本节将分光源、灯具、灯具选择、灯具布置和灯具安装扼要介绍。

一、电光源 将电能转换为光能的设备,称为电光源。

电光源是建筑电气照明光学系统中光能的提供者,以其所产生的光通量向周围空间幅射,经四壁、顶棚、地板及室内物体表面的多次反射、折射、最后在工作面上形成足够的照度,以满足人们的视觉要求及其它各种需要。

照明所产生的视觉效果不仅和光源与灯具的类型有关,而且和灯具的布置方式有很大关系。因此,在了解光源与灯具特性的基础上,对光源和灯具进行正确选择和合理布置,是十分必要的。

(一)电光源的分类 按工作原理有热辐射光源、气体放电光源之分。热辐射光源主要是根据电流的热效应,将高熔点、低挥发性的灯丝加热到白炽程度而发出可见光。如白炽灯、卤钨灯等。气体放电光源主要是利用电流通过气体(或蒸气)时,激发气体(或蒸汽)电离、放电而产生可见光。如氙灯、氖灯(气体放电光源)、汞、钠灯(金属蒸汽灯)、霓虹灯(辉光放电灯)、汞灯、荧光灯(弧光放电灯)等。一般情况下,气体放电光源的发光效率、亮度、显色性等指标,随灯泡(管)内蒸汽压的增高而提高。在所有的气体放电光源中,最为成功、应用最广泛的一种是荧光灯。

(二)电光源的主要特性是作为选择和使用光源的基本依据,表达这些特性的参数有:

1. 额定电压(V)、额定电流(A)和额定功率(W);

2. 辐射光通量(lm);

3. 发光效率 是指光源每消耗单位功率所发出的光通量(lm/W);

4. 寿命 指全部使用时间(h)分为:

全寿命,即从开始使用到不能使用的全部使用小时数(h)和有效寿命即从开始使用到光通量降至一定数值(如白炽灯规定为起始值的70%)时的全部使用小时数(h);

5. 光谱能量分布;

6. 光色 指光源的色表和显色性;

7. 频闪效应 光源的辐射光通量随交流电波而强弱变化造成的灯光闪烁现象等;

光源向着电压、功率多样化,光通量、发光效率和寿命提高,光色改善的方向不断发展。光效提高的情况如表 4.3-1 所示。

电光源中的能量分布 表 4.3-1

能量分布的形式(%)	真 空 灯 泡	普通充气灯泡	双螺旋灯丝灯泡	充氪灯	荧光灯
热损耗	7	22	14	11	33
不可见的辐射	86	68	74	76	43.5
可见的辐射	7	10	12	13	22.5
合计	100	100	100	100	100

光源的各特性之间相互制约,如表 4.3-2 所示。

白炽灯的电压、光通量和寿命关系表　　　　　　　　　　表 4.3-2

灯端电压占额定电压的百分数	110	105	100	95	90
灯泡光通量占额定电压时光能量的百分数	135	120	100	82	68
灯泡寿命占额定电压时寿命的百分数	30	55	100	150	360

由表 4.3-2 可见,额定电压是电光源的一个很重要的使用特性。

(三)常用电光源有以下几种

1. 白炽灯　是最重要的热辐射光源,经百余年发展,光效已由 3lm/W 提高到 30lm/W。这种电光源随处可用、价格低廉、显色性好、便于调光和功率多样等优点,因而不可被任何光源所取代,并有其广阔的应用前景。

白炽灯基本构造　如图 4.3-2 所示。

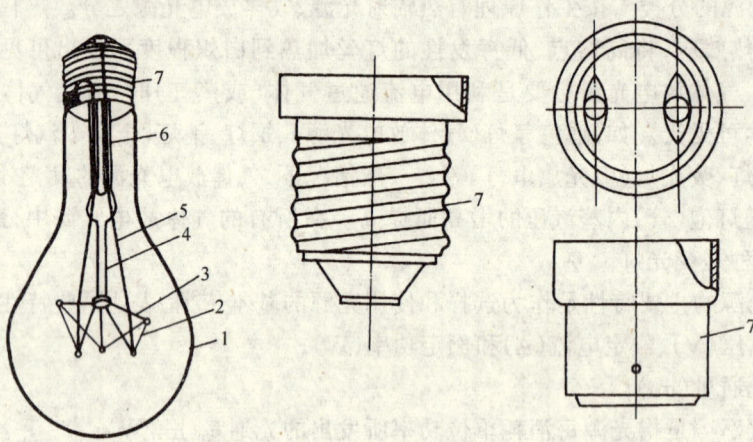

图 4.3-2　白炽灯构造图
1—玻璃壳;2—灯丝;3—钼丝钩支架;4—玻璃杆;5—内导丝;6—外导丝;7—灯头

白炽灯当前有真空灯泡,即玻璃壳中抽成真空,避免钨丝高温氧化,但钨丝蒸发率大,目前仅用于 40W 以下的灯泡和充气灯泡,玻璃壳中充以不对钨丝起化学作用的气体(氩、氮、氪等),用以抑制钨丝的蒸发,因而可增加工作温度,提高发光效率,适用于 60W 以上较大功率的灯泡,但气体对流造成附加热损耗。

下面介绍白炽灯具有的特点及根据这些特点选用上应注意事项:

白炽灯泡的灯丝具有正电阻特性,冷电阻小,启动电流可达额定电流的 12～16 倍。启动冲击电流持续时间可达 0.05～0.23s(灯泡功率愈大,持续时间愈长)。因此一个开关控制的白炽灯数不宜过多。

白炽灯泡中灯丝随蒸发而变细,电阻增大,所以功率不断减小,光通量也逐渐减少。

白炽灯泡可看成纯电阻负载,$\cos\varphi=1$。

白炽灯泡能瞬间起燃,可迅速加热。灯丝有热惰性,随交流电频率、光通量波动不大。电压陡降也不会猝然熄灭。因而可应用于重要场所。

白炽灯应按额定电压选用。因电压超5%,寿命减半。电压降低,输出光通量大大减少。要求电压偏移≤2.5%额定电压。

白炽灯泡发光效率随灯丝温度的升高而提高。在钨丝熔点温度3663K,钨的理论发光效率为54lm/W。应在降低灯泡成本和电费的条件下,提高灯泡的发光效率。

白炽灯泡点燃时,玻璃壳表面温度很高见表4.3-3,应防溅上水而炸裂。

白炽灯玻璃壳表面最高温度近似值 表4.3-3

灯泡功率(W)	15	25	40	60	100	150	200	300	500
玻璃壳最高温度(℃)	42	64	94	111	120	151	147.5	131	178

白炽灯泡的寿命用平均寿命表示,一般为1000小时。尽管灯丝未断,但蒸发的钨粒使玻璃壳变黑,光通量降到一定程度就不能使用了。

2.卤钨灯。卤钨灯是在灯泡内充入少量卤族元素,避免灯泡黑化,使的结构改变,光效和寿命提高。是白炽灯发展中的一个新的里程碑。

卤钨灯中的碘钨灯的基本构造 如图4.3-3所示。

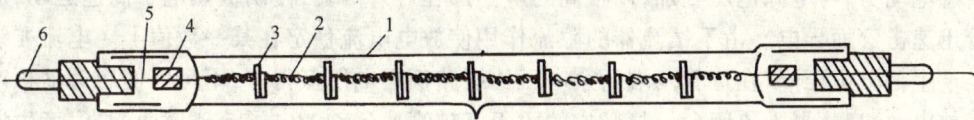

图4.3-3 碘钨灯构造图
1—石英玻璃管;2—螺旋状钨丝;3—石英支架;4—钼箔;5—导丝;6—电极

卤钨灯由灯头(由陶瓷制成)、灯丝(螺旋状钨丝)和灯管(由耐高温石英玻璃、高硅酸玻璃内充氮、氩或氪、氙和少量卤素组成)。

卤钨灯的工作原理,和白炽灯一样,都是热辐射光源。但由于灯管内有少量卤素,在一定温度下,灯管内建立起卤钨再生循环,能防止钨粒沉积在玻壳上。其工作过程是,从钨丝蒸发出来的钨粒在向玻壳迁移过程中与卤素化合成卤化钨,卤化钨扩散到灯丝附近的高温区时被分解成钨和卤素,再生钨不断被卤素运回到灯丝上,卤素又返回灯管内,如此反复形成再生循环,保证灯泡在整个寿命期中不黑化,保持良好的透明度,不造成输出光通量的减少。但是再生钨并不是回到蒸发前的位置,而是向灯丝架附近较冷的区域迁移,造成灯丝损坏的"热点"并未得到优先补充,故卤钨循环并未延长灯泡的全寿命。

根据卤素的种类卤钨灯有碘钨灯、溴钨灯和氟钨灯之分。

卤钨灯中氯和氟钨灯因腐蚀性问题没有很好解决,故尚未得到实际实用。

以下介绍卤钨灯特点及根据这些特点选用上应注意事项:

由于卤钨灯具有再生循环作用,因而灯泡在整个寿命期中保持灯管透明,光效不变。

卤钨灯体积小,500W卤钨灯体积仅为白炽灯的1%,故成本低。

由于卤钨灯泡小而坚,充气压力高,灯丝蒸发慢,故寿命长。

卤钨灯中的碘钨灯安装质量要求高,因灯丝温度高,故辐射紫外线多。

卤钨灯的玻璃壳温度高,故不能和易燃物靠近,也不允许采用任何人工冷却措施(如风吹、水淋等)。

卤钨灯管应及时擦洗,以保持透明度。

卤钨灯电极与灯座应可靠接触,以防高温氧化。

此外卤钨灯的耐振性差,不适于振动场所,也不便作移动式照明。应配装特殊的控照器。

3.荧光灯 是一种气体放电光源。其中充以低汽压汞蒸汽。是各种气体放电光源中最成功、应用最广泛的一种。按阴极的形式分热阴极和冷阴极两种。国内主要是生产和使用热阴极荧光灯。兹将其基本构造、工作原理、特点和使用注意事项分述于后:

荧光灯的基本构造是由灯管和附件两部分组成。主要附件为镇流器和启辉器。

荧光灯工作原理如图4.3-4所示。合上开关 K,电压加到启辉器的动静触点上,产生辉光放电,U 形双金属片动触点受热变形与静触点接触,使电路接通,电流流经灯丝、启辉器和镇流器,使灯丝加热到 $800℃\sim1000℃$,发射出大量热电子。电路接通后辉光放电消失,触点迅速冷却,经 $1\sim3s$ 钟,U 形动触点与静触点分开,突然切断电路,在镇流器上产生很大的自感电动势,与电源电压叠加,以很高的电压加在灯管两端,使阴极热电子高速运动,造成灯管迅速击穿而导电。由于镇流器的限流作用使放电电流稳定在某一数值上。电流在镇流器上产生部分电压降,在灯管两端所余电压比线路额定电压低得多,不足以使启辉器再产生辉光放电,故启辉器不再闭合。灯管中的汞蒸气被高速运动的电子流碰撞而激发,产生出紫外线,紫外线激发管壁的荧光质而产生出可见光辐射。在整个过程中消耗的电能只有 21% 变成可见光,其余 37% 变成红外线,42% 变成热。

启辉器中的并联小电容是为削弱荧光灯对无线电讯号的干扰。

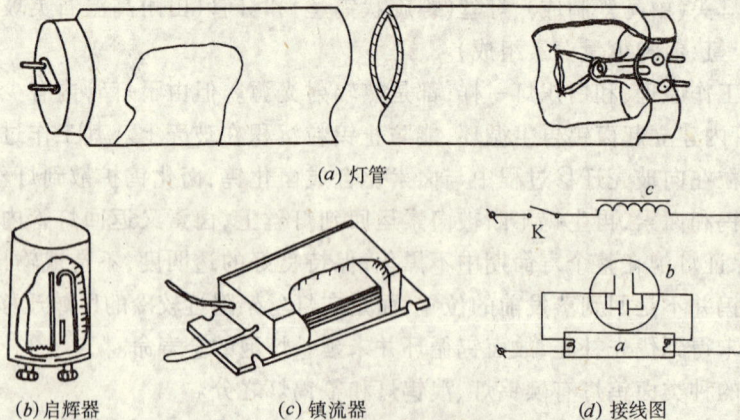

(a) 灯管

(b) 启辉器   (c) 镇流器   (d) 接线图

图 4.3-4　荧光灯的构造和接线

(a) 灯管;(b) 启辉器;(c) 镇流器;(d) 接线图

荧光灯的特点和使用注意事项。

荧光灯具有发光效率高、光色好、可发出不同颜色的光线和寿命长的优点。其寿命与每次连续点燃的时间长短成正比,每次 3h 以上寿命大于 3000h,若每次 6h 以上寿命可增加 25%,寿命随开关次数的增加而缩短。故使用上荧光灯不宜频繁启闭。

荧光灯还具有功率因数低。有频闪效应。电压偏移不宜超过 ±5%V。最适宜环境温度为 18℃~25℃。环境湿度不宜过大,达到 75%~80% 时起燃困难。应防止灯管破损造成汞污染。应注意组成部件的配套使用。

总之,现代电光源发展迅速,新型高效节能灯不断出现。如高压汞灯、高压钠灯、金属卤化物灯,以及号称小太阳的氙灯等。可满足各种不同的使用要求。

二、灯具:

灯具是由控照器(灯罩)和光源配套组成。

(一)控照器即灯罩,是光源的附件。控照器可改变光源的光学指标,可适应不同安装方式的要求,可做成不同的形式、尺寸,可以用不同性质和色彩的材料制造,可以将几个到几十个光源集中在一起组成建筑花灯。控照器虽为光源的附件,但也有自身的主要作用。

控照器的主要作用是重新分配光源发出的光通量、限制光源的眩光作用、减少和防止光源的污染、保护光源免遭机械破坏、安装和固定光源、和光源配合起一定的装饰作用。

控照器的材料,一般为金属、玻璃或塑料制成。

按照控照器的光学性质可分为反射型、折射型和透射型等多种类型。

控照器主要特性,为配光曲线、光效率和保护角。其中配光曲线是指光源向其四周辐射光强大小的曲线。光效率是指由控照器输出的光通量 F_1 与光源的辐射光通量 F 的比值。对于不同类型的控照器,光效率的具体计算公式各不相同。

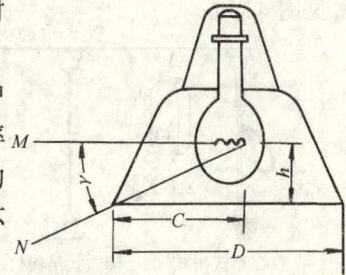

图 4.3-5　保护角

控照器的保护角,指控照器开口边缘与发光体(灯丝)最远边缘的连线与水平线之间的夹角,即控照器遮挡光源的角度,如图 4.3-5 所示。保护角的大小可以用下式确定:

$$\mathrm{tg}\gamma = h/c \qquad\qquad (4.3\text{-}1)$$

式中　h——发光体(灯丝)至控照器下缘高差(mm);

　　　c——控照器下缘与发光体(灯丝)下缘最远边缘水平距离(mm)。

控照器的配光曲线、光效率和保护角三者之间关系是紧密相关;而又相互之间制约。如为改善配光需加罩,为减弱眩光需增大保护角,但都造成光效率降低。为此,需研制一种可建立任意大小的保护角,但不增加尺寸的新型控照器,遮光格栅就是其中的一种。

(二)灯具的类别:

为便于选择和使用,灯具种类可按不同类型分类,如按光源类型灯具可分为白炽灯具、卤钨灯具和荧光灯具等;按光源数目灯具可分为普通灯具、组合花灯灯具(由几个到几十个光源组合而成);按控照器结构的密封程度灯具有开启式灯具(光源和外界环境直接接触);防护式灯具(有封闭的透光罩,但罩内外可以自由流通空气,如走廊吸顶灯等);密闭式灯具(透光罩将内外空气隔绝。如浴室的防水防尘灯)和防爆灯具(严格密封,在任何情况下都不会因灯具而引起爆炸。用于易燃易爆场所);按配光曲线灯具有直射型灯具即控照器由反光性能良好的不透光材料做成,使90%以上的光通量都分配到灯具的下部。按照配光曲线的形状,又可区分为广照型、均匀配照型、配照型、深照型和特深照型五种;半直射型灯具即控照器为下开口型,由半透光材料做成,使60%～90%的光通量分配到灯具的下部。如碗形玻璃罩灯;漫射型灯具即控照器为封闭型,由漫射透光材料做成。如乳白玻璃球灯,有40%～50%的光通量分配到灯具的下部。反射型灯具即控照器为上开口型,有90%以上的光通量向上部分配。半反射型灯具,有60%～90%的光通量向上部分配。

反射型和半反射型灯具,利用顶棚做为二次发光体,使室内光线均匀、柔和、无阴影。

灯具如按材料的光学性能又可分为反射型灯罩、折射型灯罩和透射型灯罩。

反射型灯罩主要由金属材料制成,其中又有漫反射型灯具(由涂瓷釉金属板制成。其中最简单的形式是搪瓷伞形罩);定向反射型灯具(由磨光的或镶有镀水银玻璃的金属板制成);定向漫反射型灯具(由经过酸蚀的,或由涂以银漆的金属板制成)。

折射型灯具,是采用具有棱镜结构的玻璃制成。经折射可使光线在空间任意分布。

透射型灯罩有漫透射型(用乳白玻璃或塑料等漫透射材料制成);定向散射透射型(用磨砂玻璃等材料制成。透过灯罩可隐约看见灯丝)。

灯具可按安装方式,分为自在器线吊式(CP)、固定线吊式(CP$_1$)、防水线吊式(CP$_2$)、人字线吊式(CP$_3$)、杆吊式(P)、链吊式(CH)、座灯式(CL)、吸顶式(S)、壁式(W)和嵌入式(R)等,见图4.3-6。

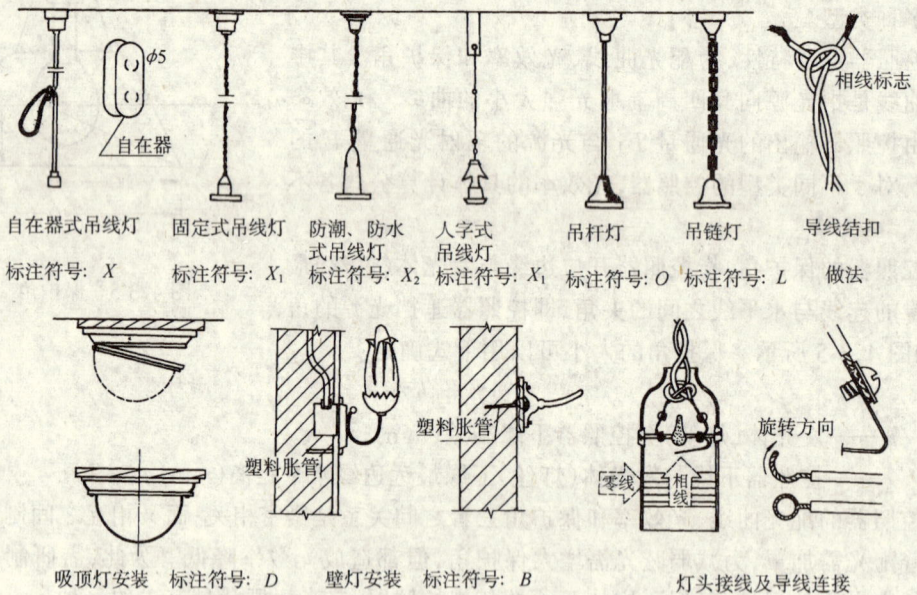

图 4.3-6　灯具安装方式图

(三)发光装置　所谓发光装置是把照明灯具与室内建筑或装饰组合为一体,形成具有照明功能的室内建筑或装饰体。是一种需要与土建工程同时设计、同时施工,形成统一整体的照明设施。

发光装置常是将光源隐蔽于建筑的装饰物(如顶棚)之中,装饰物常用透光材料或格栅做成,形成透光的发光天棚、光带、光梁和光盒等多种形式。若设置于柱顶则形成光柱头。

342

如图4.3-7所示。

发光装置也可将光源隐蔽于建筑的各种暗槽之中,直接照射顶棚,再把光线反射到工作面上,形成光檐和光龛,如图4.3-8所示。

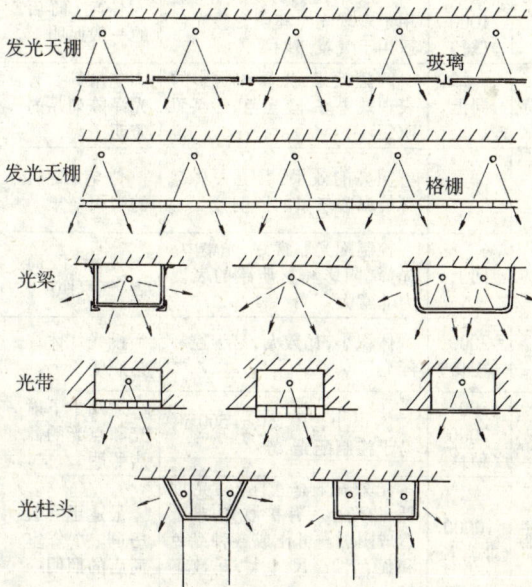

图4.3-7 透光式发光装置

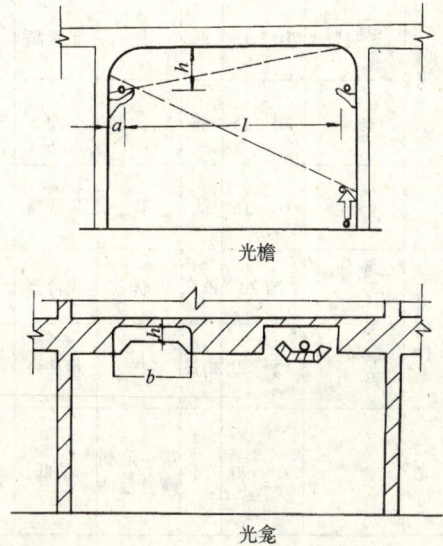

图4.3-8 光檐和光龛

发光装置的特点是将光源的发光表面扩大,使整个受照面照度均匀、阴影淡薄,消除了直接眩光,削弱了反射眩光,使整个建筑空间内形成一种宁静安逸的照明气氛。但是,如果采用不同形式的顶棚配合不同形式的灯具,则可以形成各种不同的照明环境。比如,采用小功率点光源密布于具有镜面反射性能的格栅式反光天棚的各个分格中,则能形成具有众多光源的影像,达到晶莹闪烁、金碧辉映的效果,如图4.3-9所示。

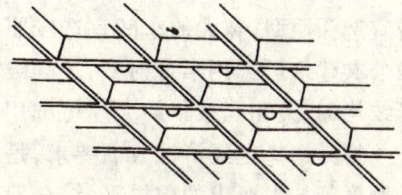

图4.3-9 格栅式发光天棚

三、灯具的选择:是照明设计的基本内容之一,一般要根据建筑物各房间的不同照度标准、对光色和显色性的要求、环境条件(温度、湿度等)、建筑功能和特点、对照明可靠性的要求、设备档次情况、长年运转费用,以及电源电压等因素,确定光源的类型、功率、电压和数量。

如可靠性要求高的场所,需选用宜于起燃的白炽灯;高大的房间宜选用寿命长、效率高的光源;办公室宜选用显色性好、光效高、表面亮度低的荧光灯作光源等。

各种光源在发光效率、光色、显色性和点亮特性方面各有优缺点。分别可适用于不同场所,如表4.3-4所示。

不同光源需配备不同的控照器,从而形成不同的灯具。

此外,灯具的选择还要满足技术、经济、使用、功能方面的要求。

灯名	种类	发光效率 (lm/W)	显色性	亮度	控制配光	寿命(h)	特征	主要用途
白炽灯	普通型	10~15	低 优	高	容易	通常 1000 (短)	一般用途。易于使用,适用于表现光泽和阴影暖光色适用于气氛照明	住宅、商店的一般照明
	透明型	10~15	低 优	非常高	非常容易	同上	闪耀效果,光泽和阴影的表现效果好,暖光色,气氛照明用	花吊灯 有光泽陈列品的照明
	球型	10~15	低 优	高	稍难	同上	明亮的效果,看上去具有辉煌温暖气氛的照明	住宅、商店的吸引效果
	反射型	10~15	低 优	非常高	非常容易	同上	控制配光非常好,光集中。光泽、阴影和材质感的表现力非常大	显示灯、商店、气氛照明
卤钨灯	一般照明用(直管)	约20	稍良 优	非常高	非常容易	2000 (稍良)	体积小,瓦数大,易于控制配光	投光灯体育馆照明
	微型卤钨灯	15~20	稍良 优	非常高	非常容易	1500~2000 (稍良)	体积小,用150~500W,易于控制配光	适用于下射光和点光的商店照明
荧光灯		30~90	高 从一般到高显色性	稍低	非常困难	10000 (非常长)	光效高、显色性好、亮度低、眩光小。有扩散光,难于造成阴影。可作成各种光色和显色性。尺寸大,瓦数不能太大	最适于一般房间、办公室商店的照明

技术性要求,是指满足配光(使工作面上有足够的照度和亮度,在视野中亮度应合理分布)和限制眩光(保证照明的稳定性等)方面的要求。为此应选择合适的灯具。如高大的厂房宜选深照型,宽大的车间宜选广照、配照型灯具,使绝大部分光线直接照到工作面上。一般公共建筑可选用半直射型,较高级建筑可选用漫射型灯具,通过顶棚和墙壁的反射使室内光线均匀、柔和。豪华的大厅可选用半反射型或反射型灯具,以使室内不形成阴影。

灯具选择在经济性方面要求,是指综合一次性投资和年运行管理费用全面考虑。在满足照度等技术要求的前提下,综合费用最省的方案显然应优先选择。为此一般应选用光效高、寿命长的灯具。若考虑灯具与建筑室形的配合情况,可以根据利用系数的大小判断经济性的好坏。

电气照明的一次性(初始)投资和长年运行管理费用,与光源的种类、耗电量的多少、灯具的类别和发光效率、光源的寿命等多种因素直接相关。综合各种因素,当前有好几种经济性比较方法,其中一种为光源的经济性比较法,具体可用下式确定:

$$C = \frac{F_p + C_l}{F \cdot T} \tag{4.3-2}$$

式中　C——光源在寿命期内单位时间、单位光通量所需的费用(元/lm·h);

C_l——灯泡的价格(元);

F——光源的总光通量(lm);

T——灯泡的平均寿命(h);

F_p——灯泡寿命期内耗用的电费(元)。

$$F_p = \frac{(W_1 + W_B)T}{10^3}f \qquad (4.3\text{-}2\text{A})$$

式中 W_1——灯泡的输入功率(W);

W_B——镇流器的损耗功率(W);

f——电费单价(元/kWh)。

灯具的选择满足使用性方面要求是指结合环境条件、建筑结构情况等安装使用中的各种因素加以考虑。

如环境条件为干燥、清洁房间尽量选开启式灯具;潮湿处(如厕所、卫生间)可选保护式防水灯头;特别潮湿处(如厨房、浴室)可选密封式防水防尘灯;有易燃易爆物场所(如化学车间)应选防爆灯;室外应选防雨灯具;易发生碰撞处应选带保护网的灯具;振动处应选卡口灯具。

环境条件中安装条件:应结合建筑结构情况和使用要求,确定灯具的安装方式,选用相应的灯具。如一般房间为线吊,门厅等处为杆吊,门口处宜壁装,走廊等处多为吸顶安装。

最后灯具选择满足功能性要求,是指不同建筑有不同的特点,不同房间有不同的功能,灯具的选择应和这些特点和功能相适应。特别是临街建筑的灯光,应和周围的环境(其它建筑和马路的灯光)相协调,以便创造一个美丽和谐的城市夜景。因而,根据不同功能要求选择灯具,是比较复杂,但对从事建筑设计的人员来说又是十分重要的一项工作。由于建筑的多样性、环境的差异性和功能的复杂性,决定了满足这些要求的灯具选型很难确定一个统一的标准。但一般说来应当考虑到,恰当确定灯具的光、色、型、体和布置,合理运用光照的方向性、光色的多样性、照度的层次性和光点的连续性等技术手段,可起到渲染建筑、烘托环境和满足各种不同的需要及各种要求。如大阅览室中采用三相均匀布置的荧光灯,创造明亮、均匀而无闪烁的光照条件,形成安静的读书环境;宴会厅采用以组合花灯或大吊灯为中心,配上高亮度的无影白炽灯具,产生温暖而明亮的光照条件,形成一种欢快热烈的气氛。工业生产照明应有利于提高生产率、改进产品质量、降低废品、保护职工健康。商店照明应利于招徕顾客、显示商品特色、提高顾客的轻松明快情绪。学校、医院等均有各自不同的功能要求。许多企业提出不同建筑中推荐的灯具,可供照明设计中选择。

四、灯具的布置 包括确定灯具的安装高度(竖向布置)和平面布置两部分内容,即确定灯具在房间内的确切空间位置。灯具空间位置可由灯具的竖向布置和平面布置确定。

灯具的竖向布置如图 4.3-10 所示。图中 h_c 称为垂度;h 称为计算高度;h_p 称为工作面高度;h_s 称为悬挂高度,单位均为 m。

确定灯具的悬挂高度应考虑如下因素:

1. 保证电气安全,对工厂的一般车间应不低于 2.4m,对电气车间可降至 2m。对民用建筑一般无此项限制;

2. 限制直接眩光,要和光源的种类、瓦数及灯具形式相对应,规定出最低悬挂高度可以查表 4.3-5 确定。对于不考虑限制直接眩光的普通住房,悬挂高度可降至 2m。

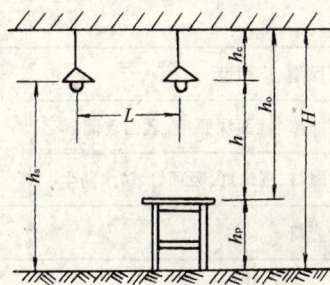

图 4.3-10 灯具竖直布置图

最低悬吊高度 h_s 表 4.3-5

光源种类	灯具形式	保护角	灯泡功率(W)	最低悬挂高度(m)
白炽灯	搪瓷反射罩或镜面反射罩	10°~30°	≤100 150~200 300~500	2.5 3.0 3.5
高压水银荧光灯	搪瓷、镜面深照型	10°~30°	≤250 ≥400	5.0 6.0
碘钨灯	搪瓷或铝抛光反射罩	≥30°	500 1000~2000	6.0 7.0
白炽灯	乳白玻璃漫射罩	—	≤100 150~200 300~500	2.0 2.5 3.0
荧光灯	—	—	≤40	2.0

3. 便于维护管理。用梯子维护时不应超过 6~7m。用升降机维护时,高度由升降机的升降高度确定。有行车时多装于屋架的下弦。

4. 和建筑尺寸配合。如吸顶灯的安装高度即为建筑的层高。

5. 应防止晃动。垂度 h_c 一般取 0.3~1.5m,多数取为 0.7m。

6. 应提高照明的经济性。即应符合表 12-6 中所规定的合理距高比 L/h 值。

对于直射型灯具,查表 4.3-6 求值即可。

对于半直射型灯具,除满足表 4.3-6 的要求外,尚应考虑光源通过顶棚二次配光的均匀性。分别满足如下条件:

半直射型 $L/h_c < 5 \sim 6$

漫射型 $h_c/h_o \approx 0.25$

合理距高比 L/h 值 表 4.3-6

灯具类型	L/h		单行布置时 房间最大宽度
	多行布置	单行布置	
配照型、广照型	1.8~2.5	1.8~2	1.2h
深照型、镜面深照型、乳白玻璃罩	1.6~1.8	1.5~1.8	h
防爆灯、圆球灯、吸顶灯、防水防尘	2.3~3.2	1.9~2.5	1.3h
荧光灯	1.4~1.5		

7. 一些参考数据,如一般灯具的悬吊高度为 2.4~4.0m;配照型灯具悬吊高度为 3.0~6.0m;搪瓷深照型灯具悬吊高度为 5.0~10m;镜面深照型灯具悬吊高度为 8.0~20m;其他灯具的适宜悬挂高度见表 4.3~7。

灯 具 类 型	悬吊高度(m)	灯 具 类 型	悬吊高度(m)
防水防尘灯	2.5～5	软线吊灯	≥2
防潮灯	2.5～5个别可低于2.5m	荧光灯	≥2
配照灯	2.5～5	碘钨灯	7～15,特殊可低于7m
隔爆型、安气灯	2.5～5	镜面磨砂灯泡	≥2.5,(200W以上)
球灯、吸顶灯	2.5～5	裸磨砂灯泡	≥4,(200W以上)
乳白玻璃吊灯	2.5～5	路灯	≥5.5

灯具的平面布置　因为灯具在平面的位置对照明质量有重要的影响,因此应周密考虑光的投射方向、工作面的照度、反射眩光和直射眩光、照明的均匀性、视野内各平面的亮度分布、阴影、照明装置的安装功率和初次投资、用电的安全性、维护管理的方便性等因素而后确定。

灯具的平面布置与照明方式有关。对于一般照明系统采用均匀布灯的方法,对于局部照明系统采用在需照明处选择布灯的方法。对于混合照明系统可同时采用两种布灯方法。

对于均匀布灯的一般照明系统,灯具的平面布置应考虑与建筑结构配合,做到考虑功能、照顾美观、防止阴影、方便施工;并应与室内设备布置情况相配合,即尽量靠近工作面,但不应安装在高大型设备上方;应保证用电安全,即裸露导电部分应保持规定的距离;应考虑经济性。若无单行布置的可能性,则应按表4.3-6中的规定确定灯的间距。对于荧光灯,纵向和横向合理距高比的数值不一样,可查照明设计手册中相应表格确定。

当灯的布置不是矩形时,应当按图4.3-11所示的方法求当量灯距 L。

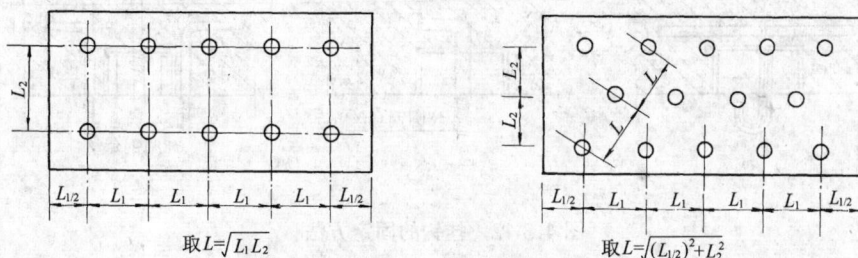

$$取 L=\sqrt{L_1 L_2}$$

$$取 L=\sqrt{(L_{1/2})^2+L_2^2}$$

图4.3-11　当量灯距计算图

当实际布灯距高比等于或略小于相应的合理距高比时,即认为灯具的平面布置合理。

灯距离墙的距离,一般取 $\left(\frac{1}{3}～\frac{1}{2}\right)L$,当靠墙有工作面时取 $\left(\frac{1}{4}～\frac{1}{3}\right)L$。

五、灯具的安装

一般建筑工程中采用的灯具多为成品,其结构仅考虑了一般的安装条件,因此在设计时要注意工程的具体环境,尤其要注意在木结构上、木吊顶内装设灯具时,灯具需能通风散热,灯具与木质材料间垫以石棉布隔热,做好防火处理。普通吊线只适用于灯具重量在1kg以内,超过1kg的灯具需采用吊链。超过3kg的灯具需用预埋螺栓或吊钩固定。安装功率超过100W的带封闭式玻璃灯罩的白炽灯具,吸顶安装时不应采用木底托。荧光灯暗装时,其附件的装设位置应便于维护检修,镇流器应做好隔热防火处理。功率较大的卤钨灯应尽量远离易燃结构和物体,其灯头引线需采用耐热绝缘线或采取其它措施防止引线受热,绝缘损坏。

在吊顶内或吊顶下安装嵌入式或吸顶式灯具时,应在灯位处增加龙骨固定灯具。照明电源线由接线盒引至灯具内的一段线路,需用金属软管或不燃的塑料软管保护,而且其两端均需采用软管套箍分别与接线盒及灯具相连。

在墙壁上固定灯具,要求用胀管螺丝、螺栓或预埋木砖,不能采用木楔固定,以防止脱落。

灯具可采用卡口灯座或螺口灯座。采用螺口灯座时,相线应接至螺灯口的中心弹簧片,零线接于螺口。灯具的各种金属配件均应进行防锈处理。原来未做防锈处理的灯具配件,需涂樟丹油一道、油漆两道。

当采用非定型的灯具或需按建筑装饰意图加工灯具。进行灯具加工时,必须要求灯具的结构合理,吊挂、支撑、联结安全可靠;采用的金属制品,外形应端正无损,无不平、不齐、毛刺、起皱等缺陷,螺纹连接应结实牢固、不易松动,可动部分应有足够的松紧作用,并能灵活调节,与绝缘电线接触的部位应光滑、无尖锐边口及毛刺等缺陷;金属制品的电镀层及氧化表面应光滑细密、色泽均匀,有足够的附着力,不得有色斑、锈蚀、针孔、气泡,多层电镀不应有分层、剥落现象;金属制品的涂漆层表面应光滑、色泽均匀、有足够的附着力和防腐性能,不应有漆块起层、开裂、枯皮、拉痕、流痕、剥落及底漆外露;采用的塑料或陶瓷制品,表面应光洁、色泽均匀、无裂痕或明显的杂质疵点;电气的接线应牢固可靠,在灯具转动范围内调整时不允许发生脱落或短路,电气绝缘电阻应大于 $10M\Omega$,出厂时应作耐压强度试验,即承受 $50Hz$ 交流电压、$1500V$ 历时 $1min$ 而无击穿或闪络现象。

灯具挂钩预埋固定在混凝土结构的天花板内的方式很多,如图 4.3-12 所示。

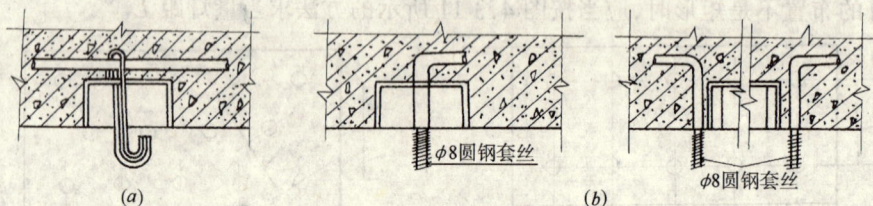

图 4.3-12 挂钩的固定方法
(a) 挂钩的预埋;(b) 螺栓的固定

灯具吊线盒的安装如图 4.3-13 所示。

4.3.3 照度计算

在建筑电气照明设计中,正确选择和合理布置灯具的目的,是为了使建筑内产生足够的光,这种足够的光在人眼中造成足够亮的视觉,以便于人们在该建筑内生活、工作和生产活动中可以看清楚周围所观察的物体。也就是说,需要对照明的程度能做出科学的确定,这种科学的确定,在照明计算中首先是制定照明标准然后再合理的进行照明计算。然而,在工程实践中,在建筑照明设计中的照明计算所采用的基本照

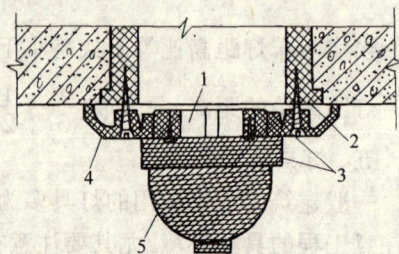

图 4.3-13 塑料吊线盒的安装
1—圆塑料内台;2—塑料接线盒;3—木螺丝;
4—圆塑料外台;5—灯头吊盒

明度量单位是照度，因此，人们就以照度标准作为照明标准，就以照度计算来代替照明计算。

一、照明的度量

照明的度量就是对照明程度进行数量估算。照明的程度应达到使被观察物体或工作面，在人眼中能形成足够的视觉。

视觉是光射入眼睛后产生的视知觉，是光觉（看见明暗）、色觉（看见颜色）、形态觉（看见物体的形状）、动态觉（看见物体的运动）和立体觉（看见物体的远、近、深、浅）等知觉的综合。

被观察物或工作面射入人眼中的光，不仅和光源而且和建筑空间的特性有关。所装电光源将其由电能转换成的光能，以向四周幅射的方式，在建筑空间内直线传播。在传播途中，极少数光线被空气中的尘埃阻挡形成折射、反射或部分光能被吸收。绝大部份光能被分配到工作面（如办公桌面、工作面等）、地面、墙面和顶棚表面。光能在这些物体的表面，除少部分被吸收外，大部分又反射出去，经过建筑物空间照到其他物体的表面上。此后，这种过程不断重复进行。而形成一物体的表面成为其他物体的第二、第三、第四……光源。工作面上得到的照明，是光线多次反射所造成的结果。

只有可见光才可在眼睛中产生视知觉。实验证明，波长小于290nm的电磁波被高空大气层的臭氧所吸收，波长大于1400nm的电磁波被低空大气层中的水蒸气和二氧化碳所吸收。能达到地球表面的电磁波恰好和能在眼中产生视觉的可见光的波长范围相符合。

波长不同的可见光在人眼睛中产生不同的色觉。分解开为由红到紫7种颜色。各种波长的可见光混合射入人眼则产生白色（日光）的视觉。

视觉好坏与射入眼中光的强弱有关。但眼中的感光细胞对光的强弱变化敏感性不算高。因此，造成一定的视觉条件，并不需要将光的强弱准确控制在某个数值上，而只要能维持在一个合理的范围内就行了。

可见光作为具有一定能量的物质运动形式——电磁波中极狭小的一部分（波长在380~760nm之间），和其他任何一种能量一样，其大小强弱是可以被度量的。

照明的度量实际上就是对光的度量。所谓光的度量，就是对光辐射产生的视觉效果的定量衡量。

光的度量方法有两种：一种是主观（视觉）光度学，直接以人眼度量；另一种是客观（物理）光度学，使用物理仪器完成度量。

由于主观光度学能给人以直感，故下面只对主观光度学的基本知识和常用度量单位简要介绍。

（一）相对视度 K_λ

经验和实验都证明，不同波长的可见光，虽然辐射能量一样，但看起来明暗程度不同，即人眼对不同波长的可见光有不同的灵敏度。某一波长的单色光在人眼中能形成视觉的程度称相对视度 K_λ。不同波长的单色光 K_λ 值不同。

在白天（或者在光线充足之处）人眼对于波长为555nm的黄绿光最敏感，定黄绿光的 K_λ 值为1，则其它波长单色光的 K_λ 值均小于1，偏离黄绿光越远则 K_λ 值越小，形成如图4.3-14中实线所示的明视觉相对视度曲线。由图可见，蓝光（460nm）、黄绿光（555nm）和红光（650nm）的 K_λ 值分别为0.06、1和0.107，若都能产生同样的视觉，则蓝光比黄绿光辐射的功率应多15.6倍，红光应为黄绿光的8.35倍。有了相对视度曲线（又称光谱光效率曲线），就可以衡量不同波长光的视觉效果。

在夜晚(或者在光线不足之处)人眼对蓝绿光最敏感,形成的暗视觉光谱光效应曲线如图4.3-14中虚线所示。

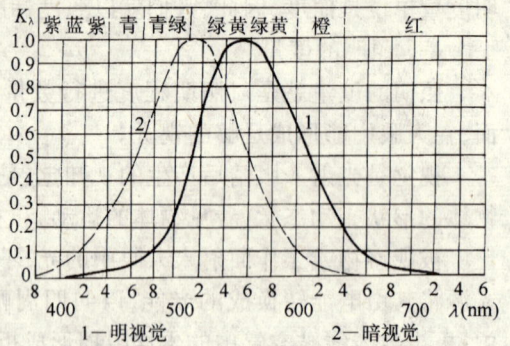

图 4.3-14 光谱光效率曲线(相对视度曲线)
1—明视觉;2—暗视觉

(二)光的度量单位

1. 光通量

是指光源在单位时间内向周围空间辐射出去的、能引起光感的电磁能量大小。

光通量常用符号 F 表示,单位采用流明(lm)。

经验证明,当波长为 555nm 的黄绿光辐射功率为 1W 时,主观感觉光通量为 680lm。当其他波长的辐射功率也为 1W 时,它们的主观感觉光通量都小于 680lm,可按下式计算:

$$F_\lambda = 680 K_\lambda P_\lambda \tag{4.3-3}$$

式中　F_λ——波长为 λ 的光的光通量(lm);

　　　K_λ——波长为 λ 的光的相对视度;

　　　P_λ——波长为 λ 的光的辐射功率(W)。

多色光的光通量为所含各单色光的光通量之和,即:

$$F = F_{\lambda 1} + F_{\lambda 2} + \cdots\cdots + F_{\lambda_n} = 680 \sum_{i=1}^{n} K_{\lambda i} P_{\lambda i} \tag{4.3-4}$$

2. 发光强度

是指光源在某一特定方向上,单位立体角(单位球面度 sr)内的光通量。如图 4.3-15 所示。

发光强度简称光强,常用符号 I 表示,单位为坎德拉(cd)。1cd = 1lm/1sr。

光强有方向性,是光通量的角密度。光强与光通量的关系如下:

(1)对于向各方向均匀发射光通量的发光体

$$I = F/\omega \text{(cd)} \tag{4.3-5}$$

式中　ω 是发光表面形成的立体角(sr)。

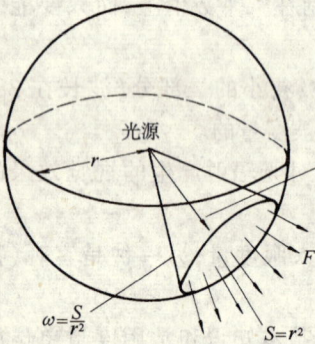

图 4.3-15 光强示意图

(2)对于各种不同形状的均匀发光体:

发光圆球　　　　$I = F/4\pi \text{(cd)}$

单面发光圆盘　　$I = F/\pi \text{(cd)}$

发光圆柱体　　　$I = F/\pi^2 \text{(cd)}$ $\qquad(4.3-6)$

发光半圆球　　　$I = F/2\pi \text{(cd)}$

(3)对于向各方向不均匀发射光通量的发光体,在各方向上的光强不同。为了相互区别,给光强符号带上表示方向的下标,即记成 I_α。如 I_0 表示光轴下方向的光强,I_{90} 表示水平方向的光强。以光源为原点,用极坐标的方式来表示各个方向上的光强,则连接各极坐标的端点形成的曲线称该光源的配光曲线见图 4.3-16。

配光曲线形象直观,是光源的重要特性之一。

350

3．照度

是指物体表面所得到的光通量与该物体表面积的比值叫照度，用"E"表示。其单位为勒克斯（l_x），即 $1lx = 1lm/1m^2$

照度与光通量的关系：

当被照面积 S 上光通量均匀分布时，则

$$E = F/S \qquad (4.3\text{-}6)$$

当被照面积 S 上的光通量分布不均匀时，则

$$E = dF/ds \qquad (4.3\text{-}6a)$$

照度与光强的关系：

例如，如图 4.3-17 所示，有点光源 G（当光源的直径小于光源到被照面之距的 1/10 时，则可看成为点光源），与被照面 S_2 的平均距离为 γ。光线的平均入射角为 α。面积 S_2 对光源形成的立体角为 ω。立体角中心线方向上的光强为 I_α。求在被照面上产生的照度 E 值。

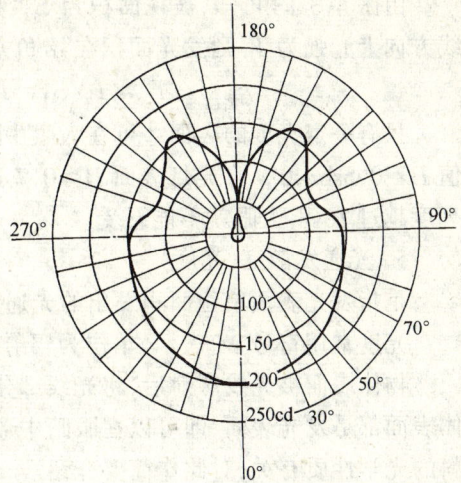

图 4.3-16　光源的配光曲线

假定在立体角 ω 内光通量 F 均匀分布，则 $F = I_\alpha \cdot \omega$。由图 4.3-17 可知 $\omega = S_1/\gamma^2$。

$$S_2 = S_1/\cos\alpha。$$

点光源在被照面 S_2 上产生的照度

$$E = \frac{F}{S_2} = \frac{I_2\omega}{S_1/\cos\alpha} = \frac{I_\alpha\cos\alpha}{S_1} \cdot \omega = \frac{I_\alpha\cos\alpha}{S_1} \cdot \frac{S_1}{\gamma^2} = \frac{I_\alpha\cos\alpha}{\gamma_2} \qquad (4.3\text{-}7)$$

从式(4.3-7)可知：当平面被点光源斜照时，在平面上产生的照度与点光源在此方向上的光强和入射角的余弦成正比，与点光源和被照面之间距的平方成反比。此规律称照明的余弦定律，或称照明的平方反比定律。

4．亮度

是指表面某一视线方向的单位投影面上所发出或反射的发光强度，如图 4.3-18 所示。

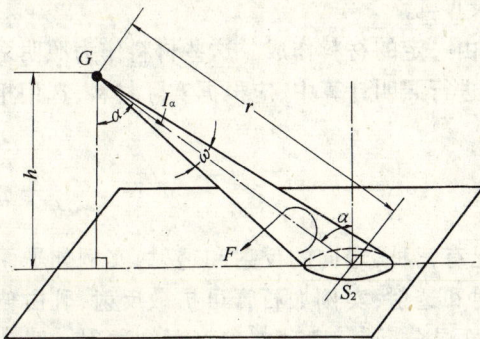

图 4.3-17　点光源斜照平面

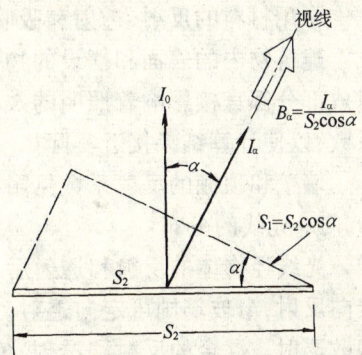

图 4.3-18　发光表面的亮度

因为亮度是有方向性的，常用符号 L 表示，单位为尼脱(nt)和熙提(sb)。

$$1nt = 1cd/1m^2 = 10^{-4}sb。$$

亮度与光强的关系：

由图 4.3-18 可知,被视面积为 S_2,其在照射方向上的投影面积为 S_1、光强为 I_α。在法线方向上光强为 I_0 则发光面积在 α 角方向上的亮度

$$B_\alpha = I_\alpha / S_1 = I_\alpha / S_2 \cdot \cos\alpha \qquad (\text{nt})\text{或}(\text{sb}) \tag{4.3-8}$$

只有一定亮度的表面才可在人眼中形成视觉。几个实测的亮度数据为:无云晴空平均值 $B = 0.5\text{sb}$;40W 日光灯表面 $B = 0.7\text{sb}$;白炽灯的灯丝 $B = 400\text{sb}$;太阳表面 $B = 2 \times 10^5\text{sb}$;亮度越过 16sb,人眼就不能忍受。

5. 光通发散度(光度)

是指发光表面单位面积发出的光通量。

光度常用符号 M 表示,单位为辐射勒克斯(rlx)。

物体表面被光线照射后,将光线部分吸收,其余反射或透射。能够反射和透射光线的物体表面都是发光表面,即可以在眼睛中形成视觉。但吸收、反射和透射的程度与物体表面材料的光学性质有关,对此作简要介绍。

(三)材料的光学性质

材料的光学性质是指对材料所照光线的反射、透射和吸收能力及其光线的分布。

1. 光的反射、透射和吸收

有光通量 F 照射到物体上,其中一部分被反射 (F_ρ)、一部分被吸收 (F_α),其余透射过去如图 4.3-19 所示。根据能量守恒定律三者之间关系为式(4.3-9)。

$$F = F_\rho + F_\alpha + F_\tau \tag{4.3-9}$$

衡量材料对光的反射、吸收和透射能力的尺度即判断标准,可采用如下三个系数:

反射系数(率) $\qquad \rho = F_\rho / F$

吸收系数(率) $\qquad \alpha = F_\alpha / F$

透射系数(率) $\qquad \tau = F_\tau / F$

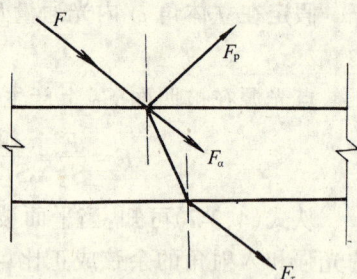

图 4.3-19 光的反射、吸收和透射

因为 $F_\rho + F_\alpha + F_\tau = F$,所以 $\rho + \alpha + \tau = 1$。

常用材料的反射、透射和吸收系数是附录Ⅳ-4。

建筑物内的表面和摆设的物品、家具,都由一定的材料作成。这些材料作为照明系统的组成部分都直接影响着照明的效果。所以在进行照明计算中,应根据实际材料,选用相应的系数,以使计算结果接近实际。

墙壁和顶棚的反射系数见附录Ⅳ-5。

2. 光线的分布:

光线经物体的反射和透射后,分布的情况有三种,定向的反射和透射,实例如平面镜可定向反射,窗玻璃则可定向透射。扩散的反射和透射,实例如石膏可扩散反射,乳白玻璃可扩散透射。混合的反射和透射,实例如瓷釉可混合反射,磨砂玻璃可混合透射。图 4.3-20 为反射、透射光线分布情况。

图中 (a) 均匀扩散亮度分布;(b) 定向扩散亮度分配。

光能被物体吸收后,多数转换成热、电、化学等其它形式的能。

二、人工照明标准

人工照明标准是保证观察者的眼睛能轻松、清晰地把被观察物从背景上分辨出来的数

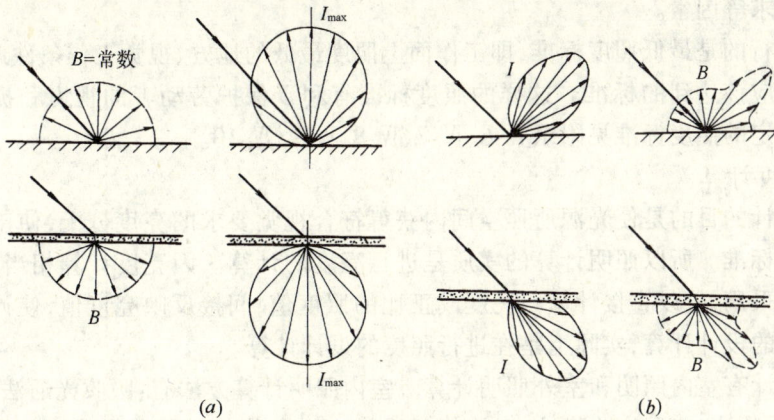

图 4.3-20 反射和透射光线的分布情况

(a)均匀扩散亮度分布;(b)定向扩散亮度分布

量依据。人工照明标准是照明设计基础数据。

制定人工照明标准应首先考虑产生视觉的条件,即被观察物在指向观察者眼睛的方向上具有一定的亮度;在背景的亮度均匀,而背景和所观察的物体颜色相同时,要求背景和被观察物各有不同的亮度。其次应考虑影响视觉的因素即亮度应适当,使眼睛能看清物体,否则亮度过大($>10^5$nt)将产生眩光,反而使视力下降。

由于亮度与物体的 ρ、τ、α 值有关,故实际上亮度很难测定。但照度 E 和材料的性质无关,较容易确定,可作为确定亮度的间接指标。所以在制定人工照明标准时,是用照度代替亮度。

在低照度下,增加亮度对提高视觉作用明显。但在高照度下,提高亮度对比度,则较单纯增加观察物表面亮度对提高视觉作用更有效更经济。亮度对比度(k)可用下式表示:

$$k = \frac{|B_G - B_B|}{B_B|} \tag{4.3-10}$$

式中　B_G——被观察物的表面亮度(nt);

　　　B_B——背景的亮度(nt)。

物体的大小也影响视觉,即根据物体在眼中所形成的视角判断其大小。视觉与视角是成正比例的。视角大小可由下式确定:

$$\beta = a/b \tag{4.3-11}$$

式中　β——视角;

　　　a——物体最细小部分的尺寸(m);

　　　b——物体与眼睛之间的距离(m)。

此外区辨时间的长短也对视觉有影响。保证视角条件下提高亮度可缩短区辨时间,而亮度低则需区辨时间长。

综上所述,可知视觉工作越精细(视角越小)、亮度对比越小,生产条件所限定的允许区辨时间越短,则工作面上所需的照度(亮度)就应选得越大。制定人工照明标准除考虑上述诸因素外还应考虑国家电力供应、电费和设备费影响;要限制眩光,保证工作面上的照度具有一定的均匀性,避免眼睛交替适应明暗条件而疲劳。保证视野内有适当的亮度分配和满足光色的要求等因素。

我国执行的是最低照度标准,即工作面上照度最低的地方、视觉工作条件最差的地方所具有的照度应该达到的标准。这样的照度标准有利于保护劳动者的视力和提高劳动生产率。我国制定的照度标准见附录Ⅳ-6、Ⅳ-7、Ⅳ-8、Ⅳ-9、Ⅳ-10。

三、照度计算

照明设计的目的是使光源所照空间内获得符合视觉要求的亮度分配,使工作面上达到相应的亮度标准。所以照明计算的实质是进行亮度的计算。因亮度计算相当复杂,不便于工程设计中采用,故以直接计算与亮度成正比的照度值,间接反映亮度值,使计算简化。因而所谓照明的设计计算,实际上是在进行照度的设计计算。

照明设计有室内照明和室外照明计算。室内照明计算方法有:吸收光通法、等照度球计算法、利用系数法、三配光曲线法、以及相互反射法等多种。利用这些计算方法的计算程序有两种:

(一)已知照明系统和照度标准,求所需光源的功率和总功率。用以进行照明的设计;

(二)已知照明系统和光源的功率与总功率,求在某点产生的照度。用以进行照明的验算来判断是否合理。

无论那一种方法,都很难做到完全符合照度标准。一般认为工作面上任何一点的照度,相对于照度标准值而言,不低于最低值,不超过20%就算正确,就认为布灯和灯具的选择合理,满足要求。

上述各种计算方法若按计算参数的具体形式划分,可归纳为平均照度计算和点照度计算两种类型。

所谓平均照度的计算,即计算整个工作面上的平均照度,可用于一般均匀照明系统的水平照度计算。多用于一般房间的照明设计。而点照度的计算,即计算工作面上任何一点的照度。因此这种方法可确定工作面上照度的分布情况。多用于进行照明的验算,也可用于有特殊要求的房间照明设计,如展览厅的展品处、绘图室的图板处等。

平均照明度计算法:国内常用的方法本节仅介绍平均照度法。其它照度计算法,可参考有关专门建筑电气设计手册。平均照度法分为单位容量法和利用系数法两种。

1.单位容量法:又称为单位功率法。根据考虑因素的多少又可进一步分为估算法和单位功率法两种。

估算法:根据不同建筑物的估算指标,用下式计算确定建筑总照明用电量:

$$P = \omega \times S \times 10^{-3}$$ (4.3-12)

式中 P——建筑物(或功能相同的所有房间)的照明总用电量(kW);

S——建筑物(或功能相同的所有房间)的总面积(m^2);

ω——单位建筑面积安装功率(估算指标),W/m^2。可参考表4.3-8或参照有关电工手册、有关电气设计技术规程确定。

综合建筑物单位面积安装功率(W/m^2) 表4.3-8

序 号	房 间 名 称	单位功率	序 号	房 间 名 称	单位功率
1	学 校	5	3	住 宅	4
2	办公楼	5	4	单身宿舍	4

序 号	房 间 名 称	单位功率	序 号	房 间 名 称	单位功率
5	食 堂	4	18	炼钢部分	9
6	托 儿 所	5	19	轧钢车间	10
7	浴 室	3	20	金工车间	7
8	商 店	5	21	装配车间	9
9	工厂生活间	8	22	工具车间	8
10	各种仓库	5	23	焊接车间	8
11	汽 车 库	8	24	锻造车间	7
12	锅 炉 房	4	25	木工车间	11
13	总降压变电室	10	26	中心实验室	10
14	水 泵 房	5	27	电缆隧道	4
15	煤 气 站	7	28	露天堆场	0.5
16	高炉部分	5	29	道路照明	4(W/m)
17	铸铁部分	8	30	警卫照明	5(W/m)

进而可根据灯数 n 确定每盏灯的瓦数:

$$p = \frac{P}{n} \times 10^3 (\text{W}) \qquad (4.3\text{-}13)$$

此法仅可用于方案设计或初步设计中估算所需照明用电量,而不能作为施工设计的依据。近年来随着家用电器的普及,生活用电量明显增加,有些地区将住宅用电单位功率提高到 $5 \sim 8\text{W}/\text{m}^2$。故在实际工作中应注意选用相近的实际调查资料。

单位功率法

根据建筑设计所确定的房间面积(m^2)、房间功能所确定的最低照度(lx)、灯具选择布置所确定的灯具形式和计算高度 h,查相应表格即可找出单位建筑面积的安装功率 w,进而采用和估算法相同的公式和步骤,就可求出建筑的总照明用电量 P 和每盏灯的瓦数 p。

单位面积安装功率 w 一般按灯具类型分别编制,如表 4.3-9 所示。

配照型工厂灯单位面积安装功率(W/m²)　　　　　　表 4.3-9

计算高度(m)	房间面积(m²)	白炽灯照度(lx)						计算高度(m)	房间面积(m²)	白炽灯照度(lx)					
		5	10	15	20	30	40			5	10	15	20	30	40
2~3	10~15	3.3	0.2	8.4	10.5	14.3	17.9	3~4	10~15	4.3	7.3	9.6	12.1	16.2	20
	15~25	2.7	5.0	6.8	8.6	11.4	14.3		15~20	3.7	6.4	8.5	10.5	13.8	17.6
	20~50	2.3	4.3	5.9	7.3	9.5	11.9		20~30	3.1	5.5	7.2	8.9	12.4	15.2
	50~150	2.0	3.8	5.3	6.7	8.6	10		30~50	2.5	4.5	6.0	7.3	10	12.4
	150~300	1.8	3.4	4.7	6.0	7.8	9.5		50~120	2.1	3.8	5.1	6.3	8.3	10.3
	300 以上	1.7	3.2	4.5	5.8	7.3	9.0		100~300	1.8	3.3	4.4	5.5	7.3	9.3
									300 以上	1.7	2.9	4.0	5.0	6.8	8.6

计算高度(m)	房间面积(m²)	白炽灯照度(lx)						计算高度(m)	房间面积(m²)	白炽灯照度(lx)					
		5	10	15	20	30	40			5	10	15	20	30	40
4~6	10~17	5.2	8.6	11.4	14.3	20	25.6	6~8	25~35	4.2	6.9	9.1	11.7	16.6	21.7
	17~25	4.1	6.8	9.0	11.4	15.7	20.7		35~50	3.4	5.7	7.9	10.0	14.7	18.4
	25~35	3.4	5.8	7.7	9.5	13.3	17.4		50~65	2.9	4.9	6.8	8.7	12.4	15.7
	35~50	3.0	5.0	6.8	8.3	11.4	14.7		65~90	2.5	4.3	6.2	7.8	10.9	13.8
	50~80	2.4	4.1	5.6	6.8	9.3	11.9		90~135	2.3	3.7	5.1	6.5	8.6	11.2
	80~150	2.0	3.3	4.6	5.8	8.3	10.0		135~250	1.8	3.0	4.2	5.4	7.3	9.3
	150~400	1.7	2.8	3.9	5.0	6.8	8.6		250~500	1.5	2.6	3.6	4.6	6.5	8.3
	400以上	1.5	2.5	3.5	4.5	6.3	8.0		500以上	1.4	2.4	3.2	4.0	5.5	7.3

对于普通房间和公用场所,单位安装功率可按表 4.3-10 和表 4.3-11 查取。

白炽灯和荧光灯在一般房间内的安装功率(W)　　　表 4.3-10

房间面积(m²)	白炽灯照度(lx)						荧光灯照度(lx)		
	5	10	15	20	30	40	50	75	100
2	15	15	15	15	25	25			
4	15	15	25	25	40	60			
6	15	25	40	40	40	75	20	30	40
8	25	40	40	60	60	100	40	30	2×40
3×4	25	60	60	75	100	2×75	40	30	2×40
3×6	40	60	2×40	2×60	2×60	2×100	2×40	2(2×30)	2(2×40)
4×6	40	2×40	2×60	2×75	2×75	2×100	2×40	2(2×30)	2(2×40)
6×6	60	2×60	2×75	4×60	4×60	4×75	4×40	4(2×30)	4(2×40)
8×6	2×40	2×60	4×60	4×60	4×75	4×100	4×40	4(2×30)	4(2×40)
9×6	2×40	2×60	4×60	4×60	4×75	4×100	4×40	4(2×30)	4(2×40)
12×6	2×60	3×60	4×60	6×60	6×60	6×100	6×40	6(2×30)	6(2×40)

一般建筑物公用地点灯泡的安装功率(W)　　　表 4.3-11

灯具形式	5lx			10lx		
	楼梯间	走廊		楼梯间	走廊	
		灯距<10m	灯距>10m		灯距<10m	灯距>10m
乳白玻璃水晶灯				100	100	150
圆球灯	60	60	100	100	100	150
半圆吸顶灯(双灯泡)	2×25	2×25	2×40	2×40	2×40	2×60
半圆吸顶灯(单灯泡)	40	40	60	60	60	10
天棚灯座(带伞)	25	25	40			

2. 利用系数法主要介绍此法计算式中应用的有关参数物理意义和此法计算步骤。

(1) 利用系数 η，是指投射到被照面上的光通量 F 与房间内全部灯具辐射的总光通量 nF_0 之比值（n 为房内的灯具数，F_0 为每盏灯具的辐射光通量）。F 中包括直射光通量和反射光通量两部分。反射光通量在每次反射过程中总要被控照器和建筑内表面吸收一部分，因而利用系数 η 必然是小于 1 的数，即

$$\eta = \frac{F}{nF_0} < 1 \qquad (4.3\text{-}14a)$$

影响利用系数的因素有灯具的光效率。（η 值与灯具光效率成正比）。灯具的配光曲线（向被照面分配的直射光通量比例越大则 η 值越大）。建筑物内装饰的反射系数（墙面和顶棚等颜色越浅，反射系数越大，则 η 值越大）和房间的建筑形状和尺寸等特征。房间的建筑特征可以用室形系数 i 表示。

$$i = \frac{ab}{h(a+b)} = \frac{s}{h(a+b)} \qquad (4.3\text{-}14b)$$

式中　a——房间的长度(m)；

　　　b——房间的宽度(m)；

　　　s——房间的面积(m^2)；

　　　h——灯具的计算高度(m)。

其它条件相同时，i 值越大，则 η 值也越大。当房间面积相同时，长度与宽度越接近，i 值就越大，η 值也越大，照明效果越好。

(2) 利用系数法计算式

根据利用系数的定义，可求出每盏灯具的辐射光通量 $F_0 = \dfrac{F}{n\eta}$

F 值是被照面上实际接受的光通量，可按照下式计算确定：

$$F = ESKZ \qquad (4.3\text{-}14c)$$

式中　E——由房间功能确定的照度标准（最低照度值）(lx)；

　　　S——房间的面积(m^2)；

　　　K——减光补偿系数，是考虑到在使用过程中灯具和建筑内表面被污染，受照面实际接受的光通量将有所下降的情况，为保证确定的照度标准而引入的减光补偿修正系数，可查表 4.3-12 确定；

　　　Z——最小照度系数，为平均照度 E_0 与最低照度之比，即 $Z = \dfrac{E_0}{E}$，其值为大于 1 的数。

故　　　　　　　　　　$$F_0 = \frac{ESKZ}{n \cdot \eta} \qquad (4.3\text{-}14)$$

该式表明当保证工作面上最低照度为 E，并考虑房间的污染及灯具清扫状况对减光程度影响的情况，每一盏灯具应发出的光通量(lm)。当只需保证平均照度时，则不必乘以最小照度系数 Z。但一般是按最低照度计算的。

系数 Z 与灯具的配光曲线类型及灯具布置的距高比 L/h 值有关，可查表 4.3-13、表 4.3-14 确定。

减光补偿系数 K

表 4.3-12

序号	照 明 地 点	较 佳 值			在电力消耗上的允许值		
		灯具的清扫次数	减光补偿系数		灯具的清扫次数	减光补偿系数	
			白炽灯	荧光灯		白炽灯	荧光灯
1	稍有粉尘、烟、灰生产房间	每月二次	1.3	1.4	每月一次	1.4	1.5
2	粉尘、烟、灰较多的生产房间	每月四次	1.3	1.4	每月二次	1.5	1.6
3	有大量粉尘、烟、灰生产房间	每月三次	1.4	1.5	每月四次	1.5	1.5
4	办公室、休息室及其他类似场所	—	—	—	每月二次	1.3	1.4
5	室外　普通照明灯具	—	—	—	每年二次	1.3	—
	投光灯	—	—	—	每年二次	1.5	—

部分灯具的最小照度系数 Z

表 4.3-13

灯 具 类 型	L/h			
	0.8	1.2	1.6	2.0
双罩型工厂灯	1.27	1.22	1.33	1.55
散照型防水防尘灯	1.20	1.15	1.25	1.50
深 照 型 灯	1.15	1.09	1.18	1.44
乳白玻璃罩吊灯	1.00	1.00	1.18	1.18

较佳 L/h 值布置时的最小照度系数 Z

表 4.3-14

灯 具 类 型		深 照 型	防水防尘型	圆 球 型
Z 值	采用最经济的布置方式(L/h 为较佳值时)	1.2	1.2	1.18
	采用使照度最均匀的布置方式	1.11	1.18	1.15
使照度最均匀所采用的 L/h 值		1.5	1.65	2.1

4.3.4　室内电照设计步骤和方法

室内电照设计内容,是根据建筑功能要求,选择光源类型,进行光源布置,确定光源的数目、功率和总功率,选择和确定配电线路和设备的型号规格及安装敷设方法。建筑设计的图纸和要求是进行电照设计的基本资料和依据。电照设计必须以建筑要求为基本出发点,必须以是否满足建筑要求作为衡量其设计优劣的主要标准。

进行电照设计所需的具体的原始资料有如下几个方面:

1. 图面资料:要有建筑和结构设计的平面图、立面图和主要剖面图。图上表示有房间的功能、尺寸、装饰材料、布置情况和结构体系等,因而这些图纸资料集中反映了建筑的功能;以及该建筑功能对于灯具的选型和布置、照度的选择与计算、电气设备的敷设与安装等各方面的要求。

2. **电源条件**:应向有关供电部门调查收集拟建室内电照电源的类型、位置、距离、电压、数目;对计量方式和 $\cos\phi$ 值的要求;收费的分类和标准等。这些资料都是照明配电设计方面的依据。

3．其他资料:如环境条件,发展规划等。

整个电照设计包括,照明的光学系统设计(即照明设计)和照明的电气系统设计两大部分。本节只对照明的光学系统设计作一介绍。

一、照明设计的步骤和方法

照明计算的方法分单位容量法和利用系数法两种。下面仅以利用系数法说明照明设计的一般步骤和方法。关于单位容量法的步骤和方法,将通过例题加以说明。

采用利用系数法进行照明设计步骤和方法为

1．根据房间功能、选择灯型;

2．根据房间功能、尺寸、建筑物结构特点,进行布灯。

3．根据布灯结果,确定灯数 n 及实际的距高比 L/h 值;

4．根据灯具的计算高度 h 及房间的面积 S 及长宽尺寸 A 和 B,计算确定室形指数 i 值,$i = \dfrac{A \cdot B}{h(A+B)}$。$i$ 值也可以查表确定。

5．根据所选灯具型号和墙壁、天花板与地面的反射系数(见附录Ⅳ-5)以及室形指数 i,可求出光通量利用系数 η 值。

乳白玻璃圆白罩灯的发光强度和利用系数 表 4.3-15

发 光 强 度 值(cd)		利 用 系 数 η					
		ρ_t		50		70	
$\alpha°$	I_α	ρ_q	30	50		30	50	
0	100	ρ_α	10	10	30	10	10	30
10	98	i			$\eta(\%)$			
20	90							
30	85	0.6	17	21	22	18	23	23
40	80	0.7	19	24	25	21	26	27
50	76	0.8	22	27	28	24	29	31
60	72	0.9	24	29	30	26	31	32
70	65	1.0	25	30	31	27	32	35
80	53	1.1	27	31	33	29	34	37
90	45	1.25	28	33	35	31	36	39
100	40	1.5	31	36	38	34	39	42
110	40	1.75	33	38	40	36	42	45
120	45	2.0	35	40	42	38	44	49
130	48	2.25	38	41	44	42	46	51
140	50	2.5	39	43	46	43	48	53
150	55	3.0	41	45	48	46	50	56
160	60	3.5	44	46	50	49	52	58
170	63	4.0	46	49	52	51	55	62
180	0	5.0	47	50	54	53	56	64

6. 根据房间污染及灯具清扫情况,查表 4.3-12 确定减光补偿系数 K 值;

7. 根据灯具的类型和距高比,查表 4.3-13 或 4.3-14 确定最小照度系数 z 值;

8. 按公式 4.3-13 计算确定每盏灯具所必须的光通量;

9. 根据 F_0 值查灯具样本确定灯泡的功率;

10. 最后按公式 $E=\dfrac{F_0 n\eta}{SKZ}$ 验算实际的最低照度是否满足照度标准,以判断设计是否完成。

需要说明的是,照明计算虽然有一定的方法,但计算的步骤和程序却并非固定不变,而应根据实际问题提供的条件,确定从那一方面入手进行计算。照明计算时只能保证主要因素,兼顾其它因素,使计算结果基本正确,而达不到完全正确。关于这两方面的问题,只有通过计算实践,才可以灵活掌握。

二、照明设计举例:

【例】某办公室的面积为 $7\times 10m^2$,高 3.8m。工作面高度 $h_p=0.8m$。顶棚、墙壁和地面的反射系数分别为 $\rho_t=0.7$,$\rho_q=0.5$ 和 $\rho_d=0.3$。试进行照明设计。

【解】(一)选择灯型:办公室可选用乳白玻璃罩灯,为漫射型,光线均匀柔和。

(二)布置灯具:

1. 确定悬吊高度 h_s。

(1)由经济性考虑:由于漫射型灯具,需考虑通过顶棚二次配光的均匀性。

工作面与顶棚之距 $h_0=H-h_p=3.8-0.8=3.0m$ 悬垂高度 $h_c=0.25h_0=0.75m$,取为 0.75m。

∴ $h_s=3.8-0.75=3.05m$。

(2)由眩光校核 查表 4.3-5 可取得低悬吊高度值:≤100W 为 2.0m;150~200W 为 2.5m;300~500W 为 3.0m。

因为 3.05m>3.0m,说明可安装 300W 及以上白炽灯泡。

(3)由防晃动校验:$h_c=0.75m$,在 0.3~1.5m 范围之内,满足要求。

故最后确定 $h_s=3.05m$。

2. 平面布置:

(1)计算高度 $h=h_s-h_p=3.05-0.8=2.25m$

(2)判断能否单行布置:查表 4.3-6 可得

最大允许宽度 $=h=2.25m<7.0m$,所以不可能单行布置。

(3)确定多行布置的合理间距 L:

查表 4.3-8 得合理距高比 $(L/h)=1.6$,故合理间距 $L=\left(\dfrac{L}{h}\right)\cdot h=1.6\times 2.25=3.6m$。

(4)平面布置和确定灯数 n:

宽(A)向:$\dfrac{A}{L}=\dfrac{7.0}{3.6}=1.94$(盏),取为 2 盏,

长(B)向:$\dfrac{B}{L}=\dfrac{10.0}{3.6}=2.78$(盏)取为 3 盏,

靠墙处有工作面,灯具与墙之距取为 $l=0.3L$,则,宽度 $A=L_a+2l_a=L_a+2\times 0.3L_a=1.6L_a$

360

$$\therefore L_a = \frac{A}{1.6} = \frac{7.0}{1.6} = 4.38\text{m},\ 取为\ 4.4\text{m},$$

$$\therefore l_a = \frac{7.0 - 4.4}{2} = 1.30\text{m}。$$

长度 $B = 2L_b + 2L_b = 2.6L_b$

$$\therefore L_b = \frac{B}{2.6} = \frac{10.0}{2.6} = 3.84\text{m},\ 取为\ 3.8\text{m}$$

$$\therefore l_b = \frac{10.0 - 2l_b}{2} = \frac{10.0 - 2 \times 3.8}{2} = 1.20\text{m}$$

校核：当量灯距 $\sqrt{L_a L_b} = \sqrt{4.4 \times 3.8} = 4.00\text{m}$

当量距高比 $\dfrac{4.00}{2.25} = 1.78$，在 $1.5 \sim 1.8$ 范围内。

所以，所作的平面布置是合理的。确定灯数为 6 盏，平面布置如图 4.3-21 所示。

（三）确定灯具的安装功率及总功率

1. 计算室形系数 i

$$i = \frac{A \times B}{h(A+B)} = \frac{7.0 \times 10.0}{2(7.0 \times 10.0)} = 2.05$$

2. 查取利用系数 η 值：根据灯型为乳白玻璃罩灯，和 ρ_t、ρ_q、ρ_d 和 i 的数值，查表 4.3-16 可得 $\eta = 49\%$

3. 根据房间特征查表 4.3-12 取减光补偿系数 $K = 1.3$

4. 据灯型和距高比，查表 4.3-14，取最小照度系数 $Z = 1.18$

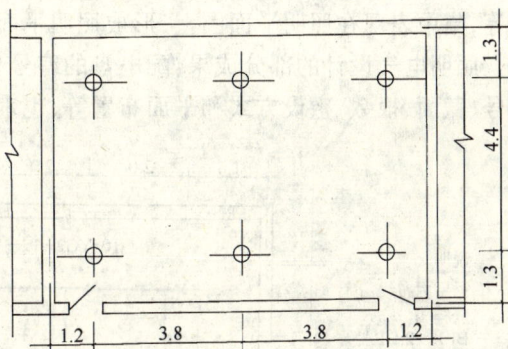

图 4.3-21　办公室布灯图

5. 据房间类型查附录 Ⅳ-8，得照度标准 $E = 50\text{lx}$，

6. 计算每盏灯具所需的光通量。

$$F_0 = \frac{E \cdot (A \times B)KZ}{n \cdot \eta} = \frac{50 \times 7.0 \times 10 \times 1.3 \times 1.18}{6 \times 0.49} = \frac{5369}{2.94} = 1826.19\text{lm}$$

7. 查白炽灯样本，可选出 $PZ220 - 150$ 型白炽灯，其参数为 220V、150W、额定光通量 $F_0' = 2090\text{lm}$。

8. 校核：实际照度为

$$E' = \frac{F_0' n \cdot \eta}{A \times B \times KZ} = \frac{2090 \times 6 \times 0.49}{7 \times 10 \times 1.3 \times 1.18} = \frac{6144.6}{107.38} = 57.2\text{lx}$$

$$\frac{57.2 - 50}{50} \times 100\% = 14.4\% < 20\%$$

故能满足照度标准要求，并在允许误差范围之内。

若采用单位容量法计算时，第（一）、（二）两步和利用系数法一样。只是从第（三）步开始，根据灯型、计算高度、房间面积和照度等数据，查表选取单位容量值 ω，如本例得 $\omega = 12.5\text{W/m}^2$，则按如下方法步骤计算：

1. 求总安装功率 P

$$P = \omega \times (A \times B) = 875\text{W}$$

2. 求每灯功率 p

$$p = \frac{P}{n} = \frac{875\text{W}}{6} = 145.8\text{W}$$

3. 选灯泡：选 220V、150W 白炽灯 6 个。

实际总安装功率为 900W

4. 校核：$\frac{875 - 900}{875} \times 100\% = -2.85\%$ 满足要求。

4.3.5 建筑电照设计成果及对照明要求

电照设计成果，主要是电照平面图及电照系统图。前者集中表达电照光学系统的设计成果，而电照系统图则表达电照电气系统。由于各类建筑的功能有别，故对电气照明要达到的功效也不尽相同。

一、电照平面图

照明设计的主要成果为灯具的型号、瓦数、数量、平面和高度布置、安装方式以及设计照度等，集中表现在照明平面图上，形成照明平面图的基本组成部分。

照明电气设计的部分成果：配电盘的编号、安装方式、个数和平面布置，室内布线的导线型号、截面、根数、敷设方式和平面布置等，也表示在照明平面图上，如图 4.3-22 所示。

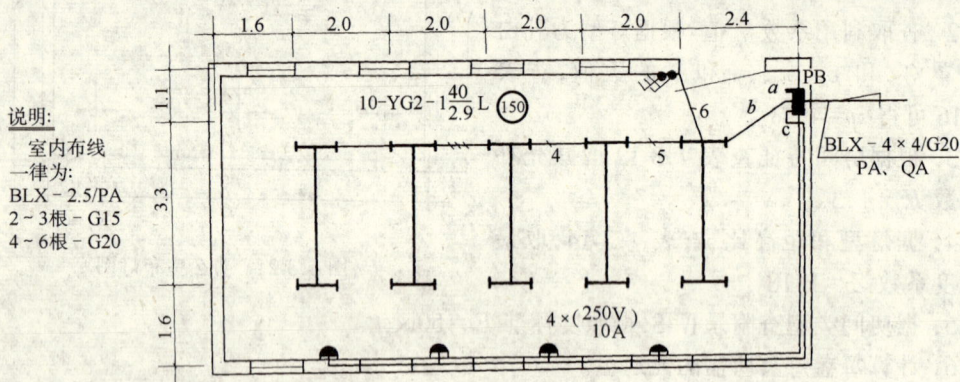

图 4.3-22 照明平面图

在照明平面图的图面内容中，土建和生产设备工艺布置可用细实线表示。照明设计的主要成果，用粗实线表示。

二、关于图面中的图例及说明扼要介绍

1. 灯具图例 我国有关部门参照了国际电工委员会（IEC）图型符号技术委员会（TC₃）的系列国际标准制定出《电气制图及图形符号国家标准汇编》，以做为我国电气及各有关行业在科研、设计以及编制各种技术文件、对外技术交流等活动中统一的技术规定，也是国际电气技术通用技术语言。这些标准的规定，不仅适用于手工制图，同时也适用于计算机制图的需要，为计算机技术的开发与应用增添了新的内容。

国家标准局 1987 年发出在全国电气领域：全面推行、宣传、贯彻电气制图及图形符号国家标准的通知，要求自 1990 年元月 1 日起，所有电气技术文件和图纸一律使用新的国家标准。电气图用的部分图形符号如图 4.3-23 所示，详见有关电工设计手册。图中所列除一般灯具外，还列有导线、开关、配电盘、插座、调光器及照明系统中常用的其他附件。

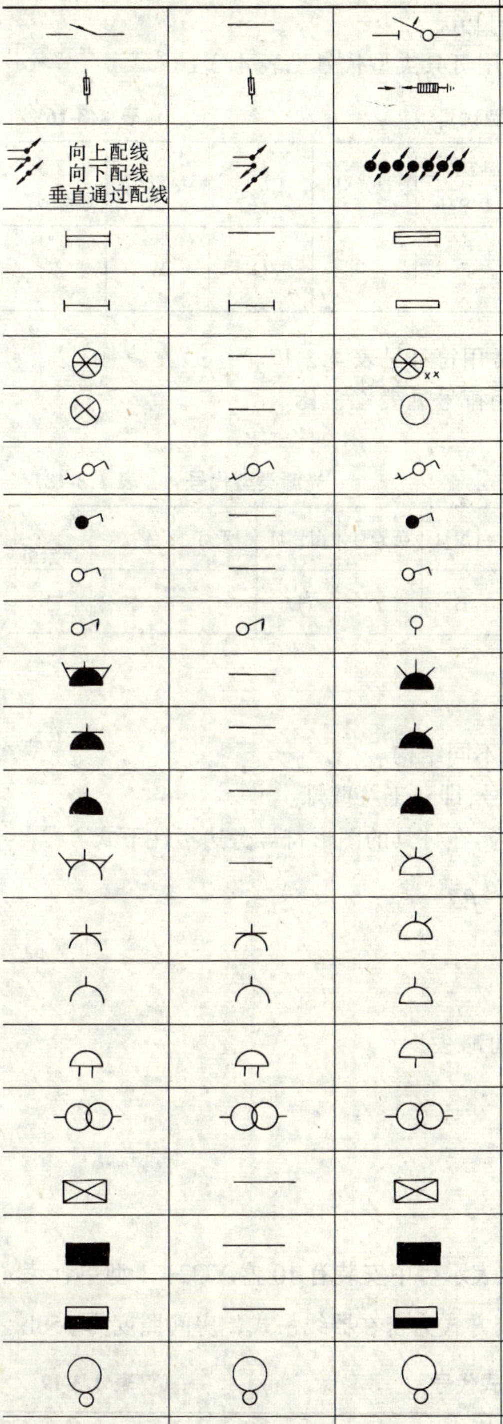

图 形 符 号 对 照			名 称 和 说 明	
			三相自动开关	规格型号详见工程图注
			避雷器	—
向上配线 向下配线 垂直通过配线			管线引向符号	引上,引下,由上引来,由下引来,引上并引下,由上引来再引下,由下引来再引上
			双管荧光灯	规格、容量、型号、数量按工程设计图集要求施工中一般均应采用高效节能型荧光灯灯具及与其配套的高可靠、高功率因数(>0.95)的交流电子镇流器
			单管荧光灯	
			花 灯	符号下面数字,为选用本图集中待定型灯具的设计编号
			各种灯具一般符号	
			明装双控开关(单极三线)	跷板式开关,250V-6A
			暗装单极开关(单极二线)	跷板式开关,250V-6A
			明装单极开关(单板二线)	跷板式开关,250V-6A
			拉线开关(单极二线)	250V-3A
			暗装三相四极插座(带接地)	380V-15A、25A,距地0.3m,容量选用见设计图
			暗装单相三板插座(带接地)	250V-10A,距地0.3m,居民住宅及儿童活动场所应采用安全插座,如采用普通插座时,应距地1.8m
			暗装单相二板插座	
			明装三相四极插座(带接地)	380V-15A、75A 距地0.3m
			明装单相三极插座(带接地)	250V-10A,距地0.3m,居民住宅及儿童活动场所应采用安全插座,如采用普通插座时,应距地1.8m
			明装单相二极插座	
			电 铃	除注明外,距地0.3m
			变压器	
			事故照明配电箱(盘)	
			照明配电箱(盘)	画于 墙外为明装 下沿距地$\frac{2.0}{1.4}$m 墙内为暗装
			电力配电箱(盘)	画于 墙外为明装 下沿距地$\frac{1.2}{1.4}$m 墙内为暗装
			杆上变电所	
国标[1]	IEC[2]	《图集》[3]	名称	型号、规格、做法说明

图 4.3-23　电气图用部分图形符号

(1) 国标采用 GB 4728.1～13—85。(2)IEC 代表国际电工委员会。

(3)《图集》指《建筑电气安装工程图集·设计·施工·材料》

2. 灯具的说明:为指明灯具的具体型号,需在灯具的图形符号上加注灯具的文字型号。灯具型号的编制形式可以表示为 ① ② ③ ④ ⑤。

其中 ① 是大写拼音文字,表示类型代号。常用灯具类型代号见表 4.3-16。

常用灯具类型代号　　　　　　　　　　　　　　　表 4.3-16

普通吊灯	壁灯	花灯	吸顶灯	柱灯	卤钨灯(控照)	防水防尘灯	投光灯	工厂灯	摄影灯	信号标志灯
P	B	H	D	Z	L	F	T	G	W	X

② 是大写拼音文字,表示控照器性能代号,常用符号见表 4.3-17。

③ 是大写拼音文字,表示光源类型代号,常用符号见表 4.3-18。

控照器性能代号　　表 4.3-17

开启式	防护式	密闭式	安全式	隔爆型
K	B	M	A	专用型号

光源类型代号　　表 4.3-18

白炽灯	荧光灯	卤钨灯	汞灯	钠灯	金属卤素灯
B	Y	L	G	N	J

④ 是数字,表示设计选型代号。

⑤ 是小写拼音文字,用于区别同类型灯具的不同结构。

例如:BBB102,表示壁装防护式白炽灯 102 号,即双玉兰壁灯。

照明设计成果在照明平面图上的标注方式为:在灯具的图形符号旁边标注下式:

$$a - b\frac{c \times d}{e}fG$$

式中　　a——同一类型灯具的盏数;

　　　　b——灯具的型号或代号;

　　　　c——每盏灯具的灯泡数目,若为 1 个时可略去;

　　　　d——每个灯泡的功率(W);

　　　　e——灯具的安装高度(m);

　　　　f——灯具的安装方式,见表 4.3-19;

　　　　G——房间照度值(lx)。

例如图 4.3-22 中 $10—YG2—1\frac{40}{2.9}CP150$,表示房中安装有 10 盏 YG2—1 型单管荧光灯,灯管功率为 40W,安装高度为 2.9m,安装方式为自在器线吊式,房间照度为 150lx。

灯具安装方式代号　　　　　　　　　　　　　　　表 4.3-19

安装方式	自在器线吊式	固定线吊式	防水线吊式	吊线式	链吊式	管吊式	壁装式	吸顶式	台上安装式	顶棚内安装	墙壁嵌入式	支架安装式	柱上安装式	座装式
代号	CP	CP₁	CP₃	CP₂	Ch	P	W	S	T	CR	WR	SP	CL	HM

照明电气设计的成果，也用粗实线表示。

关于图面中线路的图例，如图 4.3-24 所示。

图 4.3-24　单线图中导线根数表示法

配电盘一般无需布置在专门的房间中，而是利用走道、门厅或某些功能房间的墙面和边角位置。配电盘若为明装，则画在墙面外，若为暗装，则将一半画在墙面之内。

室内布线一律用单线图表示，即不论每路有几根导线，在照明平面图上一律画成一根粗实线。导线的具体根数由附加细线条或数字加以说明，可参阅图 4.3-24 所标。图中所介绍的两种标法，工程图中只按一种标法即可。

照明室内明布线的方法有：瓷卡、铝片卡、塑料线夹、瓷珠、木槽板、塑料槽板、塑料线槽、钢板线槽、穿塑料管、穿钢管等。凡是明敷线路，在图上一律用 M 表示。

照明室内暗布线的方法有：钢管、电线管、硬塑料管、软塑料管、波纹塑料管和镀锌铁皮线槽等。凡是暗敷线路，在图上一律用 A 表示。

线路的敷设位置，可以用不同的字母表示。如：墙用 WC、顶棚用 CC、地面用 FC等。

在照明平面图上，一般是将线路的敷设位置和敷设方式结合在一起表示。如 WC 为暗设在墙内、FC 为暗设在地面或地板内、CC 为暗设在屋内或顶板内等。

对管材（穿线管材）也是用符号表达，如 SC 为钢穿线管、TC 为电线管、PC 为硬塑料管、PPC 为软塑料管等。

如图 4.3-22 中 $\dfrac{\text{BLX}-4\times 4/\text{SC20}}{\text{CC}\cdot\text{WC}}$ 中 CC、WC 表示室内布线为顶棚、墙内暗敷，BLX $-4\times 4/\text{SC20}$ 表示用 4 根截面为 4mm^2 的橡皮绝缘导线，穿在内径为 20mm 的钢管内。照明配电盘装于室内墙体（规格型号可查材料表）、暗装、底口距地面 1.4m。灯具由板把开关控制，开关装于门口，距地面 1.4m。开关方向为向上"合"、向下"断"。

电照平面图虽然主要是表示某一楼层内照明和部分电气设计的成果，反映某一楼层内灯具和电气设备的平面布置情况，但也能反映出该楼层和上下相邻层间相互联系的电气通路的位置和电能传递的方向。电能的引上、引下及由上引来、由下引来的图例见图 4.3-23。

三、电照系统图

电照电气设计的主要成果：接户线、进户线的数目、型号规格、敷设方式；配电盘的个数、型号规格、安装方式、盘内设备的型号规格、盘之间的接线方式；配电支路的编号、负荷量、导线的型号规格、敷设方式等全部反映在照明系统图中，如图 4.3-25 所示。

电照系统图是在照明平面图完成后，在电源数目和位置、灯具等用电设备的型号规格和平面布置均确定以后，通过确定配电盘位置和盘间的接线方式、划分配电范围和设备组、确定每个配电盘中配电支路的编号和负荷状况、进行负荷计算、选择确定系统中全部

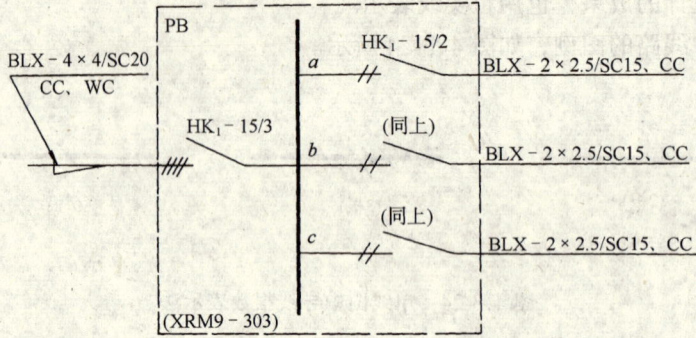

图 4.3-25 电照系统图

电气设备的型号规格等步骤完成的。以上内容虽和一般供配电系统的设计有相似之处，但也有许多特殊点。下面就将电照电气设计中一些特殊问题，作一介绍：

（一）照明负荷计算

照明负荷一般采用需用系数法计算。需用系数是根据建筑物的功能、对灯具的使用状况等因数而确定的一个小于或等于 1 的系数。计算时可采用如下公式：

$$P_j = K_x \cdot P_s \qquad\qquad (4.3\text{-}15)$$

式中　P_j——照明计算负荷（kW）；

　　　P_s——灯具的总装置容量（kW）；

　　　K_x——需用系数，查表 4.3-20、4.3-21 确定。

照明负荷需用系数 K_x　　　　　　　　　　　　　　表 4.3-20

建筑物类型	K_x	建筑物类型	K_x	建筑物类型	K_x
小车间	1.0	外部照明	1.0	变电所、仓库	0.6
由几个大跨度组成的车间	0.95	由很多房间组成的车间	0.85		
公用设施	0.9	实验室、办公楼及其它生活建筑	0.8		

建筑照明负荷需用系数　　　　　　　　　　　　表 4.3-21

建筑类别	需用系数 K_x	备　　　注
住宅楼	0.4～0.6	单位住宅，每户两室，6～8 个插座、户装电表
单宿楼	0.6～0.7	标准单间，1～2 盏灯，2～3 个插座
办公楼	0.7～0.8	标准单间，2 盏灯，2～3 个插座
科研楼	0.8～0.9	标准单间，2 盏灯，1～2 个插座
教学楼	0.8～0.9	标准教室，6～8 盏灯，1～2 个插座

建筑类别	需用系数 K_x	备　　注
商　店	0.85～0.95	有举办展销会可能时
餐　厅	0.8～0.9	
社会旅馆	{0.7～0.8 {0.8～0.9	标准客房,1盏灯,2～3个插座 附有对外餐厅时
门诊楼	0.6～0.7	
病房楼	0.5～0.6	
影　院	0.7～0.8	
剧　场	0.6～0.7	
体育馆	0.65～0.75	

对于高层住宅,若按一般用电水平,干线的需用系数可由接在同一相电源上的户数范围选取:

20 户以下——取 0.6 以上;

20 户～50 户——取 0.5～0.6;

50 户～100 户——取 0.4～0.5;

100 户以上——取 0.4 以下。

采用荧光灯时,其配件镇流器将产生功率损耗,并由于镇流器的基本构造是铁芯线圈,作为电感性负载还将使功率因数降低。此时照明负荷的功率因数和镇流器功耗可查表4.3-22确定。

照明负荷的功率因数和镇流器功率损耗 　　　　　　表 4.3-22

光　源　种　类	功　率　因　数	镇流器功率损耗为灯管功率的%
荧光灯有镇流器无补偿电容器	0.5	20
高压水银荧光灯(配件如上)	0.6	10
荧光灯有镇流器和补偿电容器	0.9	20

为简化计算,采用荧光灯时,其镇流器的附加功率损耗可按每盏灯具为10W考虑。照明负荷(包括生活用电插座)的功率因数,可按使用的光源和插座的数量在0.6～0.9范围内选取。每个插座可按100W考虑。

(二)接户线:是引入电源的电能供电光源使用的线路。引入的方式有两种:架空线引入和电缆埋地引入。

1. 架空接户线:是指从室外最近的一根架空线路电杆引到建筑物第一个支撑点(铁横担)处的一段架空导线。

架空接户线适用于低层和普通建筑物的电源引入。

设置架空接户线应根据安全、经济和建筑美观等因素,由电源位置、建筑物类型和大小、用电设备布置情况等因素综合考虑确定。为此安全性方面应作到:

引线电杆到建筑物铁横担两处支撑绝缘子之间,接线长度不宜大于25m。当挡距超过

367

25m时,应加接户杆。接户杆最多为一根,可采用钢筋混凝土杆或梢径不小于80mm的木杆。

接户线不应采用裸导线。所采用绝缘线一般为BLXF型,其截面除满足允许载流量的条件外,尚应满足机械强度所决定的最小允许截面,如表4.3-23所示。

低压接户线最小允许截面(mm²)

表 4.3-23

低压接户线类型	档距(m)	铜导线	铝导线
沿墙敷设	6 及以下	2.5	4.0
自电杆引出	10～25	4.0	6.0

接户线在最大弧垂时,跨越高度对通车的街道大于6m;不通车的街道、人行道大于3.5m;偏辟街道、胡同(巷、里、弄)大于3m;建筑物顶大于2.5m;进户点(引入口)距地不小于2.7m。

接户线与其它架空线或金属管道交叉时相互间的最小允许距离,当与架空管道、金属体交叉时为500mm;在最大风偏时,与烟囱、拉线、电杆的接近距离为200mm;与弱电线路的水平距离为600mm;此外接户线应位于弱电线路的下方敷设,垂距应保证600mm,否则应套瓷管相隔;在接户线档距内接户线应无接头,更不允许将不同材料、不同截面的接户线相接。当跨越道路和建筑物时,也应尽量无接头;接户线与进户线(由铁横担引入室内连接总配电箱的导线)相接处须用绝缘布包好。

在重雷区(每年40个雷电日以上的地区),自电杆引出的接户线第一个支撑点(铁横担或接户杆)的绝缘子铁脚应接地。

经济性方面应作到:尽量缩短接户线和进户线的长度,即合理确定进户点的位置,减少接户线的数目,当建筑物的长度在60m以内时只考虑一处进户。当建筑物的长度在60m以上时才考虑两处进户。

建筑美观方面应作到:架空线宜选在建筑物的侧面或背面进户。

对于高压架空进户线来说,若为铜导线,截面不应小于16mm²,若为铝导线,截面不应小于25mm²。在引入口处的最小对地距离不应当小于4.5m。

2. 电缆接户线:是指从室外最近的一根架空线路电杆,或从室外电缆线路最近的一个分接头,到建筑物穿墙进户点之间的一段电缆。电缆线一般埋地敷设。

电缆接户线不影响建筑美观和地面交通,供电可靠性较高,但价格较架空线贵。故一般适用于高层和高级建筑物的电源引入。

电缆接户线一般采用380/220V三相四线电力电缆埋地引入,电缆保护管可采用φ100mm钢管。当采用电缆干线供电时,可在高层建筑的地下设备层设置电缆室。电缆在室内应留有裕度,电缆室中安装有电缆终端箱或电缆分段控制箱。装设电缆控制箱时,室高需在1.8m以上,且不得有上下水管及煤气管穿过,当必须穿过热力管道时,管道应无接口并需保温。

(三) 进户线:是指从进户点到总配电装置之间的一段导线。

对于架空进户线宜选用橡胶绝缘线(BLX型),穿墙时必须用瓷套管(内高外低防止雨水流入室内),外套钢管保护。进户后仍穿在钢套管内沿墙(WC)、沿地(FC)和沿顶棚(CC)暗敷,就近接向总配电盘。

对于电缆进户线进户后,仍和接户线一样穿在钢保护套管内WC、FC、CC或设于电缆井内,就近引至总配电装置。

当钢保护套管外露时,在容易被人接触之处应接地。

（四）配电箱:照明配电箱常无需布置在专门的房间中,而是利用走道、门厅或其他功能房间的墙面或边角布置。

照明配电箱虽有推荐的型号提供选择,如:XXM、XRM、PXT 等型号,但由于建筑照明的情况十分复杂,故多数为根据所需设备情况专门设计、加工定制。

配电箱一般采用木质。盘面制作应根据电气设计确定的配电回路数及电器设备布置来决定。各电器间的最小间距如表 4.3-24 所列。盘面电器排列尺寸见图 4.3-26。盘面的设计方案是多种多样的,具体形式也可灵活应用。

箱体的制作取决于盘面的形状和尺寸。由于盘面的多样性,箱体同样也是多种多样的。但归纳起来不外乎明装和暗装两大类。明装配电盘的作法见图 4.3-27,暗装配电盘的作法见图 4.3-28。

盘面电器排列间距表　　　表 4.3-24

间　距	最　小　尺　寸(mm)	
A	60 以上	
B	50 以上	
C	30 以上	
D	20 以上	
E	电器规格	10～15A　20 以上
		20～30A　30 以上
		60A　50 以上
F	80 以上	

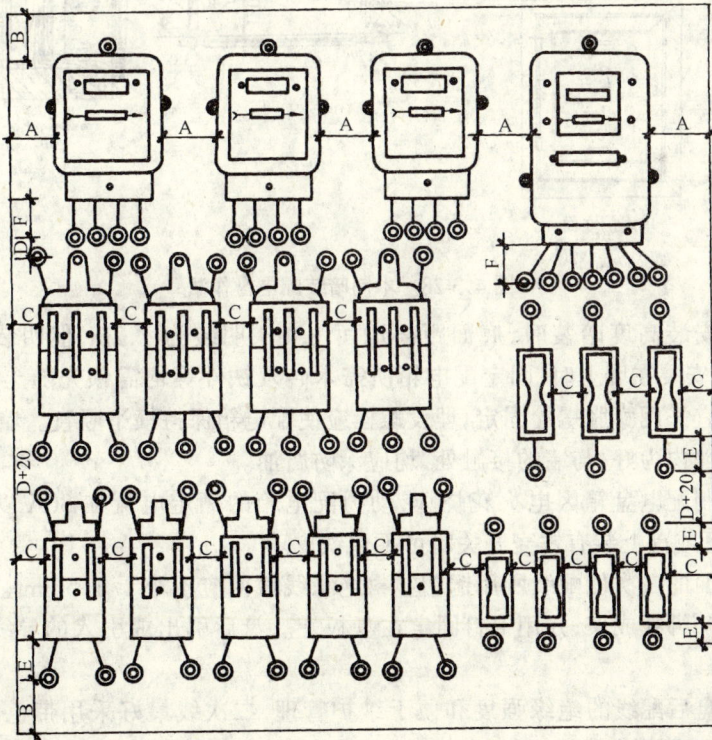

图 4.3-26　配电盘盘面电器排列尺寸图

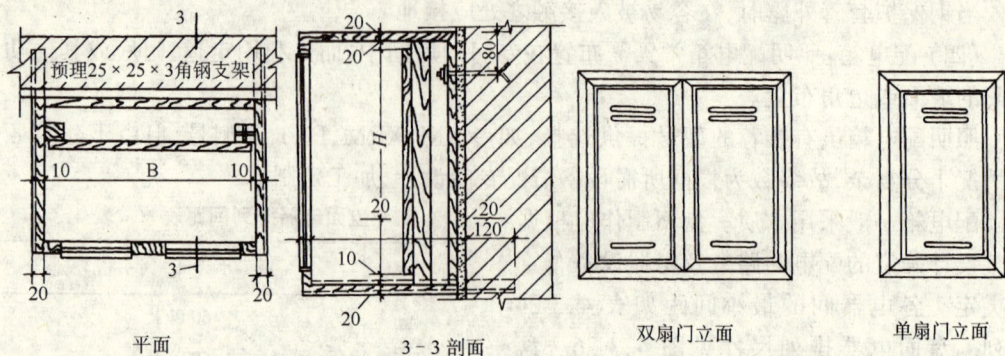

图 4.3-27　木制明装配电盘作法

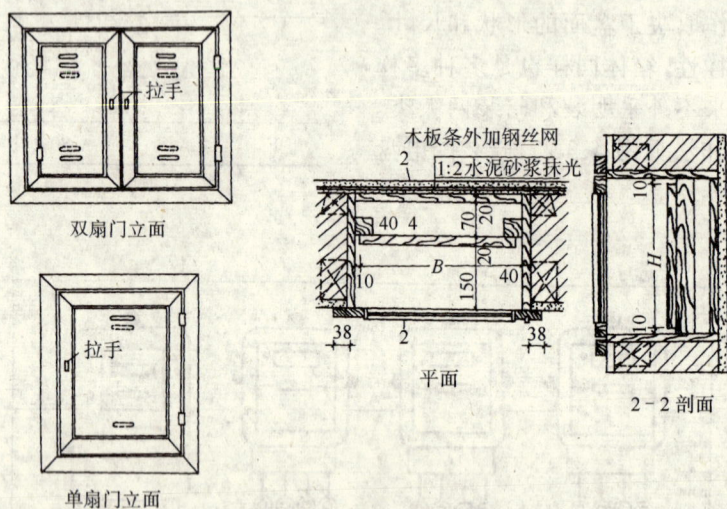

图 4.3-28　木制暗装配电盘作法

配电箱的安装高度暗装时,底面距离地面 1.4m;明装为 1.2m,但明装电度表板应为 1.8m。配电箱安装在墙上时,固定配电箱所需木砖及铁件等均需预先随土建时埋入墙内。悬挂式配电箱宜采用膨胀螺栓固定,埋设螺栓应使配电箱保持横平竖直。墙内暗装配电箱,宜随土建砌入墙内为好,与墙的接触处,均应涂防腐油。

为防止木制配电盘箱因电火花烧坏,动力配电箱的额定电流在 30A 以上者要加包铁皮,在 30A 以下或盘上装有铁壳开关时可不包铁皮。

配电盘后面的二次侧配线所用铜芯塑料绝缘线截面应不小于 1.5mm^2。配线时须排列整齐,横平竖直,绑扎成束,并用卡钉固定在盘板上。盘后引出或引入的导线应留出适当的余量,以利检修。

为了加强盘后配线的绝缘强度和便于维护管理,二次线最好采用带色的铜芯塑料线。A 相同黄色,B 相同绿色,C 相同红色,零线用黑色。

垂直装设的刀闸开关及熔断器等设备,上端接电源,下端接负荷。横装者左侧(面对盘面)接电源,右侧接负荷。

导线穿过木板时,应套以瓷管;穿过铁盘时,需装橡皮护圈。零线系统中的重复接地应

370

做在引入线处,在配电盘末端上也应做重复接地。配电箱(盘)的金属构架,铁盘面及电器的金属外壳均应有良好接地。

配电盘上装有计量表、互感器时,二次侧的导线应使用截面不小于 $1.5mm^2$ 的铜芯绝缘导线。零母线在配电盘上不得串接。零线端子板上分支路的排列应与插保险对应。面对配电盘从左到右编排。

(五)室内配线:室内配线是为了将电能从配电盘安全、合理、经济、方便地引向各盏灯具和插座等所有用电设备。当配电盘和灯具的数量、位置确定后,尚需确定插座等用电设备的数量和布置。

插座的选择应根据建筑物的性质和用电设备的特点考虑确定。例如高层住宅大居室宜设置插座两组(其中一组为一个单组二极插座及一个单相带接地三极插座;另一组为一个单相二极插座)。小居室、方厅宜设置插座一组(一个单相二极插座及一个单相带接地三极插座)。厨房、卫生间根据需要设置一个单相带接地三极插座。

二极插座需采用扁、圆插孔两用型。

供洗衣机的单相三极带接地插座,宜带电源开关。

插座的安装有明装和暗装两种形式。插座的安装高度,当为暗装安全型一般距地 0.3～0.5m,对于明、暗装普通型一般距地 1.4～1.8m。

插座的接线孔位置应按规定排列。对于单相二眼插座,当水平排列时"左零右火",当垂直排列时"上火下零"。对于单相三眼插座,应保持接地线在上,左零右火。

明插座安装时,应先固定木台,再在木台上安装插座。暗插座安装时,应先将插座箱按图纸要求的位置预埋在墙内,应用水泥沙浆填充保证埋设平整,箱口面应和墙的粉刷层面一致,待穿完配电导线后即可接线,最后装上面板。明暗开关的安装和插座一样,见图 4.3-29。

前已述及,室内照明配线分明敷、暗敷两大类,有瓷卡固定、穿管等十余种,每种都有不同的施工方法和要求,此处不予列述。室内明配线示例见图 4.3-30,室内暗配线的组成示例见图 4.3-31。

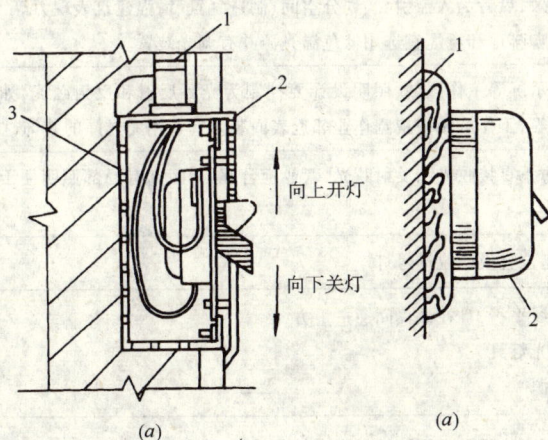

图 4.3-29 明、暗开关的安装

(a)1—电线管;2—开关面板;3—开关箱 (b)1—木台;2—开关

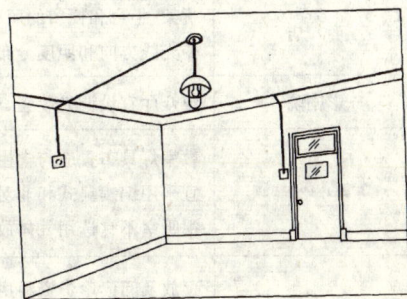

图 4.3-30 室内明配线示例

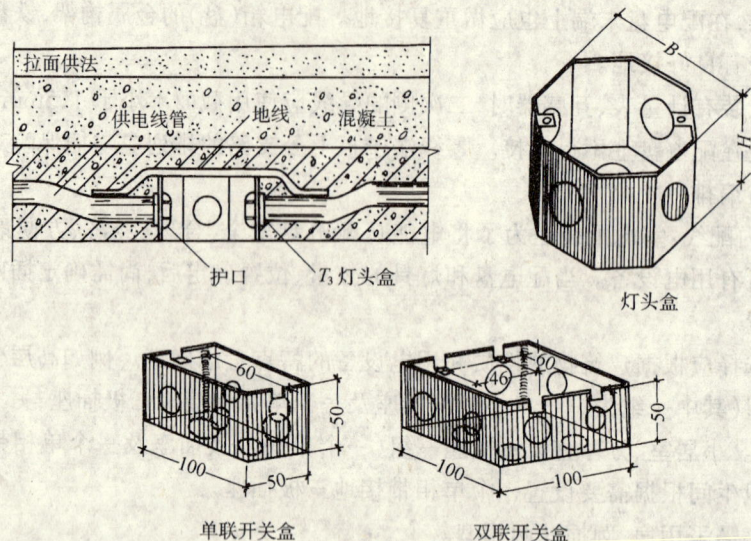

图 4.3-31 钢管暗配线的组成示例

四、各种建筑对电气照明要求

各类建筑的功能是根据使用要求而有别,因此,各类建筑要求电照达到的功效也不尽相同。由于建筑装修影响电照效果,因此作好建筑设计,应具有建筑与建筑电照设计相协调方面知识。表 4.3-25 列出 10 种建筑对建筑电气照明设计要求及对建筑装修的要求。

10 种建筑对电照设计及装修的要求 表 4.3-25

建 筑 类 别	要 求 内 容
住 宅	应使光环境实用、舒适。卧室、餐厅宜选低色温光源 卧室宜有局部照明。楼梯间宜采用双控或定时开关
旅 馆	照明应满足视觉和非视觉功效,后者为人流引导、划分空间、制造气氛、增强建筑表现力等 客房、餐厅、休息厅、酒吧间、咖啡厅和舞厅宜选用低色温光源并有调光装置
办公楼	对办公室、阅览室、计算机显示屏等工作区域,照明设计要控制为光幕反射和反射眩光,如顶棚灯具宜设在工作区的两侧等,工作区域中视觉作业邻近表面装修宜选用无光泽的装饰材料
商 店	货架、柜台和橱窗的照明应防止直接眩光和反射眩光,营业柜台、陈列区宜有局部照明便于改变光线方向和照度分布
影剧院	观众厅宜设调光装置,观众座位宜设座位排号灯
学 校	教室灯具布置应与学生主视线平行,且在课桌间通道上方 宜采用蝙蝠翼式和非对称配光灯具 视听室不宜选用气体放电光源
图书馆	存放及阅读珍贵资料房间,不宜选用具有短波辐射光源如紫外光、紫光和蓝光灯具 书库灯具与书架位置应配合好,配光适当 一般阅览室、研究室、装裱修整等房间,除一般照明外,宜有局部照明。对老年读者阅览室、善本、缩微阅览室宜有可调光的局部照明

372

建 筑 类 别	要 求 内 容
医疗建筑	手术室为与手术无影灯光源相协调的一般照明光源,其水平照度不宜小于 500lx,垂直照度不宜小于水平照度的 1/2 候诊室、传染病院的诊室、厕所、呼吸器科、血库、穿刺、妇科清洗和手术室等应设紫外线杀菌灯
体育建筑	游泳竞赛和训练馆照明灯具宜沿泳池长边两侧布置 花样游泳池应增设水下照明装置,其照明灯具光通量 1000lm 水面光通量不宜低于 1000lm 摔跤、拳击比赛和训练场地,各类棋类比赛场地宜有局部照明
铁路、港口 旅客站	候车、船室、站台、行李存放场所,应采用高光强气体放电灯的显色性好的灯具,不宜采用白炽灯和荧光灯 检票处、售票台、柜、海关检验处,结账交接班台,票据存放库宜增设有局部照明。较大站台宜选用高杆照明

4.4 建筑电气中几种电子技术系统

电子技术用电系统是指由电子元件组成的用电系统。

建筑电气中电子技术用电系统的种类有信息通讯、火灾自动报警与消防设备联动控制、安全管理、设备监控、综合布线等。设置这些技术装置在建筑物中,可使人们能及时、迅速进行信息交流,安全科学的管理。装置上述电子技术设施的建筑,往往被人们称为智能建筑。

因此,作为一名建筑工程技术人员,必须对常用的建筑电气中电子技术用电系统有关知识有所了解。

4.4.1 有线电话

电话是电气通信的一种形式。

电气通信按信号传输的媒介可分为有线通信(明线、电缆、波导通信等)和无线通信(微波、短波、中波、长波及光通信等)两大类。

电气通信按其传送的信号形式可分为电话、电报、传真和电视电话等。

以下仅对近年来迅速发展和普及应用的有线电话作一介绍。

一、有线电话系统的基本组成和分类

电话通信的任务是传递话音。一般话音的频率范围是 80Hz 到 8000Hz。试验证明,在语音频带内,高频有利于提高清晰度,从 500Hz 到 2000Hz 之间的频段对清晰度影响最大。但 500Hz 以下频率的声音对话音音量的大小影响较大。为兼顾清晰度和音量要求,并尽量提高话音的真实感,我国各种程式的电话机都采用 300Hz 到 3400Hz 的工作频带。目前世界上已出现了最高频率达 7000Hz 的宽带电话,通话声音更感到真实、自然。

有线电话系统是实现两地之间电话通信的最基本和最重要的方式。城市有线电话系统由市话发送系统、中继电路和市话接收系统三部分组成。

市话发送系统包括电话机的送话器、电话机发送电路、用户线和馈电桥。送话器将说话人的话音转换成相应电信号,完成声与电转换,并通过发送线路和二线线路的用户线,将此相应电信号送到馈电桥,然后输入中继电路。

市话接收系统包括电话机的受话器、电话机接收电路、用户线和馈电桥。由中继电路送到馈电桥的电信号,经二线线路的用户线和电话机接收电路,输入电话机受话器,受话器将电信号还原成相应话音,完成电与声转换。

馈电桥是电话交换机内的一个组成部分,由直流电源(电池)、馈电线圈(或其它器件)、隔直流电容器组成。用以将用户线中与话音相应的电信号,尽量不失真地传输入中继电路。馈电桥的形式规定了电话机的形式、馈电连接和使用方式。电话机应当和交换机配套,这是用户选择电话机的基本出发点。

连接电话机与交换机之间的二线线路称用户线。电话机的用户线一般为 $\phi0.5mm$ 或 $\phi0.4mm$ 的纸包或塑包铅皮电缆。磁石电话机使用的老式用户线为 $\phi0.3mm$ 或 $\phi0.4mm$ 的钢线。用户线是一种具有分布参数的传输网络。完整地表达用户线特性比较困难,一般用集中参数的四端网络代表某一确定长度、直径、线距和材料的用户线,称用户仿真线。例如 1000m 长的用户线可用图 4.4-1 表示。

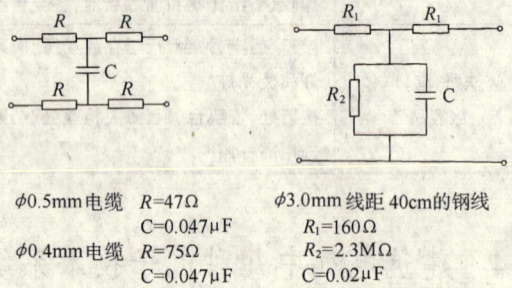

图中,$4\times R$ 和 $2\times R_1$ 为 1000m 长用户线的环路电阻,C 为二线间的电容,R_2 为二线间的绝缘电阻的表达符号。

$\phi0.5mm$电缆　$R=47\Omega$
$\qquad\qquad\quad C=0.047\mu F$
$\phi0.4mm$电缆　$R=75\Omega$
$\qquad\qquad\quad C=0.047\mu F$

$\phi3.0mm$ 线距 40cm 的钢线
$\qquad R_1=160\Omega$
$\qquad R_2=2.3M\Omega$
$\qquad C=0.02\mu F$

图 4.4-1　1000m 长的用户仿真线

图 4.4-1 所示的画法比较繁琐,在实际绘制电路图时,应采用统一规定的图形符号和文字符号,如表 4.4-1 所示。

电话机电路常用图形、文字符号　　　　　　　　　　　　　　表 4.4-1

名　称	图　形　符　号	文　字　符　号	备　注
电话机			电话机一般符号
磁石电话机			
共电电话机			
拨号盘式自动电话机			
按键电话机			
投币式电话机			
带扬声器的电话机			

374

名 称	图 形 符 号	文 字 符 号	备 注
电视电话机	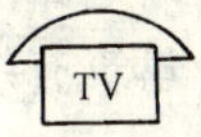 TV		
录放电话机			
送 话 器	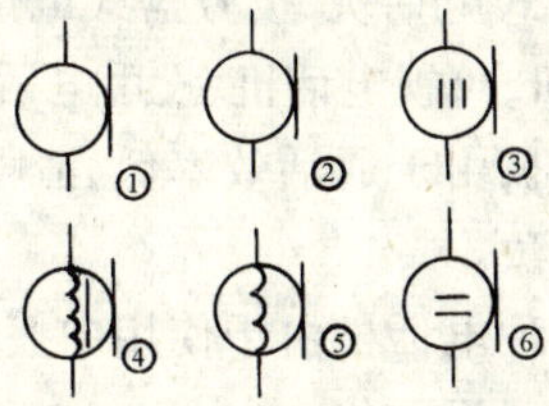 ① ② ③ ④ ⑤ ⑥	BM	① 一般符号 ② 碳精式 ③ 压电式 ④ 电磁式 ⑤ 动圈式 ⑥ 驻极体式
受 话 器	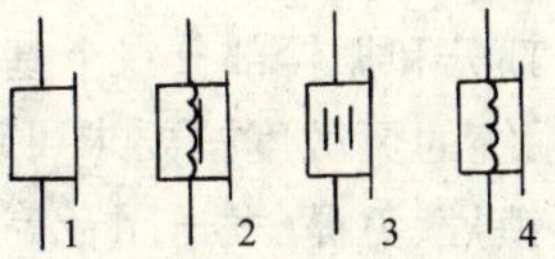 1 2 3 4	BE	① 一般符号 ② 电磁式 ③ 压电式 ④ 动圈式
手持送受话器	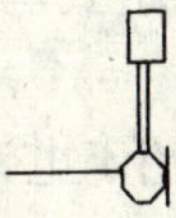		
电 铃	1 2		① 一般符号 ② 交流铃
馈 电 桥			
仿真用户线 仿真中继线	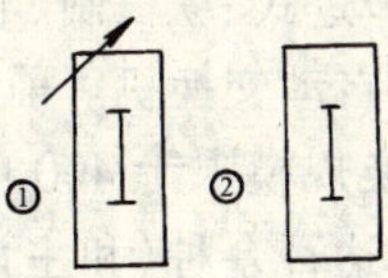 ① ②		① 可调 ② 固定

为表示用户线的长度可以改变,图例中规定了可调用户仿真线。两部电话机进行市内通话的电话连接图,见图 4.4-2。

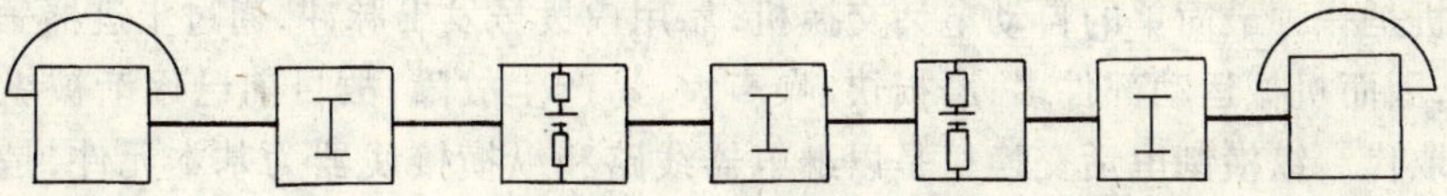

电话机　　用户线　　馈电桥　　二线实线　　馈电桥　　用户线　　电话机
　　　　　　　　　　　　　　　中继线

图 4.4-2　市内电话连接图

375

中继电路是市话发送系统和市话接收系统之间的话音信号通路,该通路根据实际通话的需求,在电信局内实现人工或自动切换。由于通话的情况比较复杂,在不同情况下(如市内通话或长途通话,国内长途或国际长途等)中继电路不仅在长度上,而且在传输手段和方式上均有较大差别。故对本来就不包括在一般建筑有线电话系统中的中继电路问题,不作介绍。

由图 4.4-2 可见,在一般大型建筑和较大单位的有线电话系统中,包括电话机、用户线和交换机三大基本组成。分别简述于下:

电话机的类型有:磁石电话机、共电式电话机、拨号盘式电话机、按键式电话机、扬声电话机、免提电话机、无绳电话机、录音电话机、可视电话机、投币电话机和磁卡电话机等十余种。

磁石电话机是一种老式人工电话机,由于通话效率低、清晰度差已被淘汰。共电式电话机也是人工式电话机,在我国正逐步淘汰。

拨号盘式电话机是自动电话机,这种电话机由于使用中拨号动作多,其机械号盘控制的脉冲参数易发生变化,而正被按键式电话机取代。

按键式电话机是由通话部分、发号部分和振铃部分三个基本部分组成。具有脉冲稳定,按键简单,话音失真度小,发送和接收系统的灵敏度按要求可调,此外还可号码重发、存贮、缩位拨号、插入等待、脉冲与音频兼容、锁号、免提、发送闭音等多种附属功能。因此,目前国内广泛应用按键式电话机。这种电话机可和步进式电话交换机、纵横式电话交换机、电子式电话交换机及程控交换机配合使用。

其它各种电话机为扬声电话机只听不讲,用于电话会议。免提电话机适于手中进行工作时通话。无绳电话机可作为室内移动电话,随处可用,非常方便。录音电话机可解决人不在时的通话问题。可视电话机能在通话过程中展示文件、图表、实物等静物。投币和磁卡电话机可解决公用电话的无人收费问题。

电话交换机是根据用户通话的要求,交换通断相应电话机通路的设备。内部用户通话,可由交换机直接接通。内部话机与外部通话,需经交换机换接至中继电路,通过电信局接通对方交换机的中继电路,再经对方交换机接通所要通话的电话机。

电话交换机的类型有:磁石、共电式、步进式、纵横制、电子式和程控电话交换机等多种。其中,前两种属于人工交换机,后四种属于自动交换机。前五种是靠设计好的电气线路实现通话交换,称布控方式,通信功能较少,交换规模限于 400 门以下。最后一种是靠软件的程序实现通信交换,称程控方式,通信功能可达百余种(和主计算机、个人电脑、文字处理机等设备建成一个系统,形成综合性业务网),交换规模可达到数千门电脑电话。程控交换机具有功能全、占用建筑面积小,在我国已推广应用。

在建筑用电话系统中,磁石和共电式电话交换机将被程控电话交换机所取代。步进式电话交换机是一种最简单的自动电话交换机,靠用户拨号发出脉冲,通过步进器一步一步地选择通路,因而机械运动部件多、磨损快、噪声大、易产生故障,故目前已逐渐被纵横制电话交换机所取代。纵横制电话交换机是以继电器线路和纵横接线器为基本元件,是靠继电器触点通断纵横接线,选通通话电路。无旋转部分、动作快、噪声低、体积小、寿命长,因而目前是在建筑中应用最广泛的一种自动电话交换机。内部电话可由用户拨号或按键自动接续。内部用户和外面用户通话时,先由用户拨、按本交换机代号"0"或"9",利用交换机的空闲中继线,出机自动挂接对方电话。纵横制交换机以单元为基础成倍扩展门数。工作电压 60V,

一般由蓄电池组供电。电子式电话交换机的功能与纵横制电话交换机的功能相同。只是用电子元器件组成逻辑控制电路,替代了继电器控制电路,使体积减小、动作加快、重量减轻、寿命延长、通话杂音减少。但价格比纵横制高约 1.5～2 倍。对工作环境要求较严格,一般要求温度为 +10℃～+30℃、湿度为 40%～80%。故目前不如纵横制应用的普遍。工作电压为 220V 交流电。程控式电话交换机又称电脑电话交换机,是利用数字交换技术和软件程序控制实现自动交换,具有丰富的功能,在国内建筑中将会逐步得到广泛应用。

用户线是连接电话机和交换机之间的电气信号通路。由于通话电气信号数值不大,所以用户线截面较细,一般仅为 $\phi 0.3mm～\phi 0.5mm$。由于需要保证通话的清晰度,所以应对其采取必要的抗干扰措施。交换机和每部电话机之间都应有两根连线,即交换机是以放射式接通每部电话机,这一点是和照明灯具布线不一样的。

二、电话交换站:

布置安装电话交换机及其附属、配套设备的房间称电话交换站,也称总机室,用于为一个单位或几个业务关系密切的单位内部的通话服务。

根据交换机的类型有人工电话站(安装磁石或共电式交换机)和自动电话站(安装步进式或纵横制电话交换机)等类电话交换站。

电话站中的工艺设备分通话设备和电源设备两大类。通话设备包括交换机、用户进出线、配线架、用户测试设备等。电源设备包括配电屏(交、直流)、蓄电池组(一般现在采用碱性蓄电池或免维护蓄电池。这些设备分别置于配电室和电池室内)。

一个完备的电话站包括以下一些房间,即:交换机室、测量室、转接台室、电缆进线室、电池室、贮酸室、配电室、空调室(或通风机室)、线务候工室、办公室和值班休息室等。对于小容量的电话室,因设备较少,有些设备可以合并布置在一个房间内,或者取消一些辅助性房间,对于日常维护和节省建筑面积都是有利的。

电话站各种房间的面积,决定于设备的制式、数量和平面布置方式,如表 4.4-2 所示。

自动电话站房间面积参考表　　　　　　　　表 4.4-2

制式及容量（门）		房间面积(m²)							总面积(m²)
		交换机室	测量室	配电室	转接台室	蓄电池室	线工室	库房修理	办公休息	
纵横制	200	15	20	20	10	12	—	12	12	81
	400	25	25	25	10	16	12	16	12	116
	600	40	25	25	10	30	16	20	20	161
	800	45	20	20	10	30	16	25	25	191
步进制	200	25	16	16	10	16	12	12	12	103
	300～400	35	16	16	10	25	12	25	12	135
	500～600	45	25	25	10	25	16	25	25	171
	700～900	55	20	20	10	30	16	40	25	216

注:数字程控电话机房比表中所列面积小,如 1000 门交换机房(带话务室)为 18～24m²。

电话站的平面布置应考虑各房间工艺联系的关系、外线走向等因素,使线路顺直、最短,具体说明如下:

1. 交换机室　它是整个电话站的中心。主要安装电话交换机等设备。应与配电室相邻(多为叠层相邻,即配电室在下层,交换机室在上层),使电源配电线最短。其次,还应与测量室相邻,使两室间电话电缆线最短。

2．测量室　安装总配线架、测量台等设备。电话电缆在进线室成端后进入测量室,然后再由此进入交换机室。

测量室可以和交换机室同层相邻,也可以在交换机室的下层,上下相邻,以前者为宜。因为在设备容量较小的情况下,利于兼顾两室的维护工作。多数建筑电话站的容量在1000门以下,交换机和测量设备都是同设在一个房间中。测量室还应和进线室相邻。

3．转接台室　是值班人员的工作室。应紧靠测量室和交换机室,以节省电缆,方便维护。

4．电缆进线室　用户线电缆引入电话站后,首先在电缆进线室成端(通过电缆接头变成站内电缆),然后由此引至测量室的总配线架。因此,进线室应与测量室相邻(同层相邻或不同层上下相邻),以便节省电缆。

5．电池室与贮酸室　放置蓄电池的电池室应紧靠配电室,以节省配电线,方便维护。在小型电话站内,硫酸和蒸馏水可以放入电池室,不必单独设置贮酸室。因蓄电池重量较大,所以电池室一般布置在底层。

6．配电室　安装布置电源配电设备,应紧靠电池室和交换机室,以节省配电导线。因设备重量较大,一般宜布置在底层。

电话站内各房间的功能相互关系如图4.4-3所示。

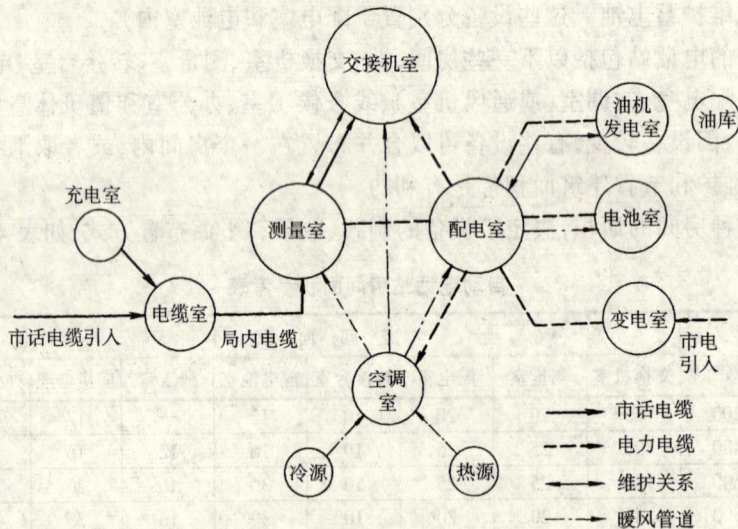

图4.4-3　电话站的功能关系图

电话站位置的选择,应在保证可靠、不间断通信的基本要求的前提下,在电话设备本身可靠和电源质量稳定的条件下,尽量选择在一个具有良好室内外环境的符合特定要求的空间。这些要求可以归纳为:

1．有一个安全、清洁、较少干扰的环境。原则上应选在振动小、灰尘少、安静、无腐蚀性气体的场所。

2．各房间应有一定的抗灾能力和耐久性。耐火等级一般不低于二级。地震设计烈度也应比当地的基本设计烈度适当提高。应提高房屋的耐久性,以免某些部位的破坏导致通信事故发生。

3. 各房间平面布置和层次安排应考虑到工艺关系的合理性。工艺关系沿着通话线、配电线和维护关系线(值班人员工作路线)三种线进行。应按节省各种线路和方便维护的原则考虑各房间的平面布置和层次安排。

4. 保证室内具有一定的温度、湿度和含尘量等环境条件,以延长设备寿命,保证长期可靠有效地工作。如交换机室相对湿度过低,容易产生静电效应,而湿度太高,又易引起机器的金属部件锈蚀。再如,电池室的温度过高(长期在 30℃ 以上),将会大大影响电池的寿命,如果太低(5℃ 以下),又会使电池的效率降低。为此,室内应采取必要的采暖、通风或空调措施。

电话站的建造方式一般有三种情况:

1. 附建在其它房屋内。例如建在办公楼尽端的一、二层或工厂的生活房间内。这是普通采用的一种方式。

2. 单独建造。当电话站设备容量较大(800 门以上),需用的面积较大或没有适合的房屋可以利用时,可以单独建造。单独建造时应按通信要求选择具有一定环境条件的站址。

3. 利用原有房屋改建。此时,应由相关人员根据工艺要求对房间楼(地)面的负荷能力、耐久程度等进行详细的鉴定,对房屋开间和平面布置作统一规划设计。

各房间内设备的布置方式和间距均有相应的规范要求。如纵横制交换机,机列正面一般与机房的窗户成垂直布置,机列间净距一般为 1~1.2m,机列与墙净距作为主要通道时取 1.2~1.5m,作为次要通道时取 0.6~0.8m。在进行电话站建筑设计时,务必和电话工艺要求紧密配合。

三、用户线:

用户线的作用是在电话机和交换机之间传输电话信号。电话信号在传输中应保证线路电阻不超过限制值和传输衰耗小于规定值。

共电式小交换机的用户线路电阻(包括话机)限制为 600Ω。步进制、纵横制交换机的用户线路电阻一般限制为 1000Ω。市话系统全程衰耗限制为 2.8N(奈伯)。N(奈伯)是表示传输增益或衰减的单位。

电话线路的配线,按传统做法分直接配线、交接箱配线和混合配线 3 种方式。

直接配线 是由总机配线架直接引出主干电缆,再由主干电缆上分支引到各用户电话组线箱(电话端子箱),从组线箱向各用户电话机配线,如图 4.4-4 所示。其优点是系统简单、投资节省、施工方便、容易维护。缺点是主干线如发生故障,影响全部线路通话。

交接箱配线 是将全部用户电话按区分成若干组,每组共用一个交接箱。由主机配线架向各交接箱各引一条 100 对、200 对主干电缆。在各交接箱之间用 50~100 对联络电缆相互连通,如图 4.4-5 所示。当某条主干电缆发生故障,尚能保证重要用户的通话和其它用户的调整,使可靠性提高。但系统复杂。

用户电话组线箱是电话干线电缆与用户电话机配线之间的换接箱。向用户电话机配线采用普通电话线,在电话线末端通过电话接线盒直接与用户电话机接通。

电话电缆有 HQ、HQ$_{12}$、HYQ、HPVQ、HYV、HYY、HYVC 和 HPVV 等多种型号,具有不同的绝缘材料,线芯材料、直径和对数,可适用于不同的敷设环境和条件。

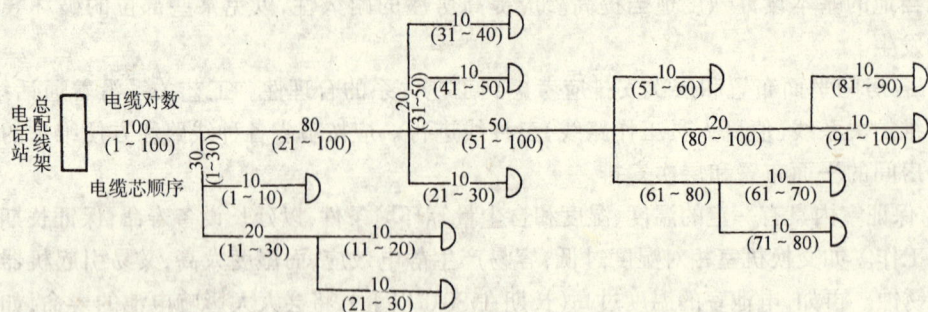

图 4.4-4　直接配线系统

电话线有 HPY、HVR、RVB 和 RVS 等型号,均为铜芯聚氯乙烯绝缘导线,有单芯、双芯和多芯之分,可分别适用于明敷、穿管敷设或电话机与接线盒之间的连线。

电话线路的敷设　室外电话电缆有吊挂于钢丝下;架空明敷和埋地暗敷两种方式,因与建筑结构关系不大,此处不作介绍。室内电话配线的敷设方式和照明灯具配线基本相同,分为明敷和暗敷两种方式。明敷是用卡钉固定敷设于墙

图 4.4-5　交接箱配线系统

角等不显眼处。暗敷是穿于钢管或塑料管内,埋设于墙体或楼板中。配线导线一般采用 RVB 或 RVS 型 $2×0.2mm^2$ 铜芯塑料绝缘软线。管内电话线不宜超过 5 对,以便于维护。穿线管的直径应根据电话线的对数查表确定。塑料管内径 $\phi15mm$ 的可穿 3 对线,$\phi20mm$ 的可穿 5 对线。薄壁电线管内径为 $\phi15mm$ 的可穿 2 对线,$\phi20mm$ 的可穿 4 对线。暗敷时,应在施工过程中,按照图纸,把相应规格的管子预埋在指定位置,待工程完成后,再把相应型号和规格的导线穿于管中。

对于现代智能建筑,因为建筑电气中电子技术装置种类齐全,各种信息传输线路种类繁多,纵横交错敷设复杂,需要科学的综合布线。综合布线系统不但可以保持诸如语言、图象、监控等系统中信息传输的要求,而且线路插座均可互换。本书限于篇幅不再深入介绍。关于综合布线规范可阅读我国有关部门颁布的"建筑与建筑群综合布线系统工程设计规范"(CECS 72:95)。

4.4.2　有线电视及节目制作系统

一、共用天线电视系统

共用天线电视系统(CATV 系统)包括闭路电视系统的作用和功能是向建筑内各用户集中提供本地的电视节目和闭路电视节目(自制)以及连通卫星通讯系统,可向用户提供国内、外不加密或加密的电视节目和数据通讯。这种系统可克服多台电视台信号可能产生的互相干扰,提高收视效果,在多雷地区还可起到避雷安全效果。可以克服建筑群家家屋顶设置电视天线而美化环境。

兹把有线电视系统的分类、基本组成、接收天线位置选定原则等简介如下:

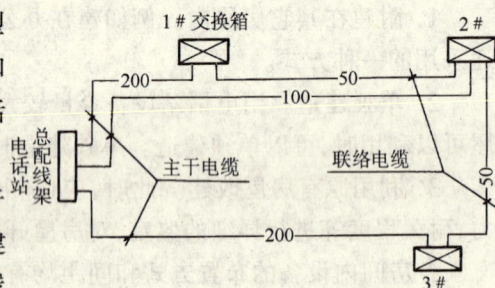

1. 系统分类 按照电视天线用户数量分为四类,如表 4.4-3 所示。

有线电视系统分类 表 4.4-3

类　　别	用 户 数 量	类　　别	用 户 数 量
A 类	≥1000	C 类	301～2000
B 类	2001～10000	D 类	≤300
B₁ 类	5001～10000		
B₂ 类	2001～5000		

2. 系统的基本组成

　　有线电视系统的组成,与接收地区的场强、楼房密集程度和分布、配接电视机的多少、接收和传送电视频道的数目等因素有关。其基本组成有天线及前端设备、信号传输分配网络和用户终端三部分,如图 4.4-6 所示。此外,尚有附属设备如电源设备和避雷设备等。

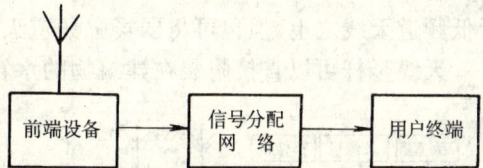

图 4.4-6　有线电视基本组成框图

　　由天线接收下来的电视信号,经同轴电缆送至前端设备。前端设备的组成形式根据天线输出电平的大小有多种,本节仅介绍一种形式,即前端设备将信号进行放大、混合(放大一混合),使其符合质量要求,再由一根同轴电缆将高质量的电视信号,经信号传输分配网络,传送到系统内所有的终端插座上,供用户电视机接用。图 4.4-7 所示为一种简单的小型共用天线电视系统。系统中有两副宽频带天线Ⅰ和Ⅱ,宽频带天线Ⅰ能够接收 1～5 频道的电视信号,宽频带天线Ⅱ能接收 6～12 频道的电视信号。接收的 1～5 和 6～12 频道的两路信号经混合器混合在一起送往宽频带放大器放大,后再送入信号分配网络。在网络中,通过 1 个二分配器将宽带放大器送来的电视信号平均分成两路,每路串接 4 个二分支器,每个二分支器有两个分支输出端,因而该系统共可接用 16 台电视机。

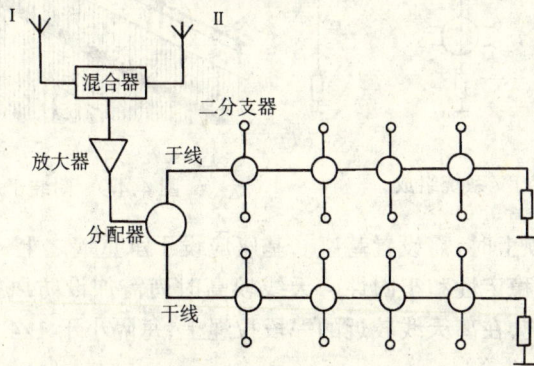

图 4.4-7　小型 CATV 系统的组成图示

　　图 4.4-8 为一大型有线电视系统图示。该系统的前端设备有开路和闭路两套系统。开路系统有 VHF(甚高频电视广播用)、UHF(特高频电视广播用)、SHF(超高频卫星广播电视用)和 FM(调频广播用)等频段的天线接收设备。在前端设备中把 UHF 和 SHF 信号先转

381

换成 VHF 信号,然后再送入分配网络中,这样处理后,用户才能用普通的 VHF 电视接收机,收看 UHF 和 SHF 频段的电视信号。

闭路系统当配备摄像机、录放机和电影电视设备等称为闭路应用电视系统,此系统多用于闭路监视、医疗手术、教学。若配备小型演播室就可以播出自制节目,形成节目制作系统。

3. 接收天线位置的确定

有线电视系统的天线宜架设在空间电视信号场强较强、电磁波传输路径单一处,避开朝向发射台的阻挡物和可能产生信号反射,远离汽车频繁运行公路、电气化铁路和高压电力线等,对群体建筑如住宅小区等,接收天线宜位于建筑群中心范围内较高建筑物上。

对多频道天线当共用架杆时,各天线上下间距不得小于 1.5~2m,并应将高频道天线置于低频道天线之上,但也可将弱场强频道天线安装在上部。

天线竖杆可以直接附装在建筑物的水箱间、电梯间的外墙面上,如图 4.4-9 所示。

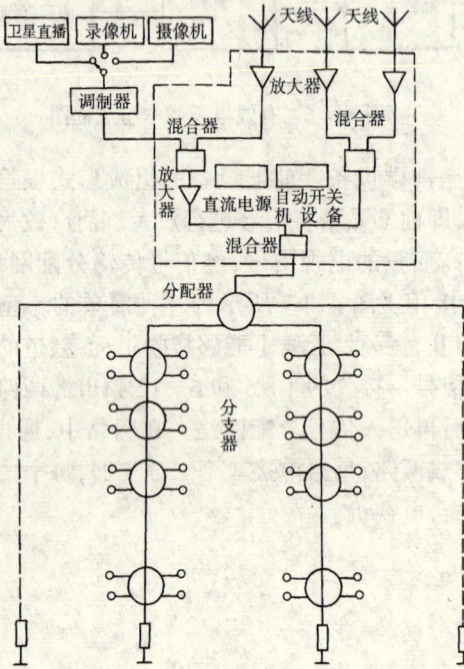

图 4.4-8　大型 CATV 系统组成

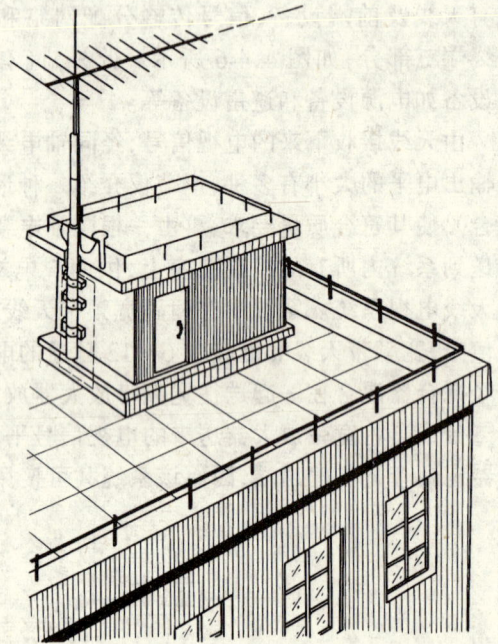

图 4.4-9　附装于水箱间的天线

若天线需竖装在楼顶上时,需设置基座。基座应设于承重墙之上,并应使其钢筋与楼顶的钢筋建成一体,以增强稳定性和牢固性。天线较高时尚需加设防风拉绳。为减小金属拉绳对天线接收信号的影响,在离天线较近的一段拉绳上,每隔小于 1/4 中心波长的距离内串1 个瓷绝缘子,共串入 2~3 个。

天线避雷的问题应十分重视。天线横杆之顶部应设避雷针保护,接闪器、天线振子零电位点与竖杆应可靠连接。从接闪器至接地装置的引下线宜用两根,从不同的方位以最短的距离沿建筑物引下。当建筑物有防雷接地系统时,避雷针的接地应与建筑物防雷接地系统实行共地连接,当建筑物无专门防雷接地系统可利用时,要设置专门的接地装置,接地电阻不应大于 4Ω。此外还应做到:(1) 沿天线竖杆架引下的同轴电缆应采用双屏蔽电缆,其外层应与竖杆有良好的电气连接。(2)天线放大器用单独的电源线馈电时,电源线应单独穿金属管敷设,禁止架空明敷。(3)进入前端的天线馈线,应加装避雷保护器。(4)电缆线路在引入、引出建筑物处应有过雷压保护措施。(5)不得在两建筑物之间架设电缆。确需架设时,应将电缆沿墙降至防雷保护区内,其吊线应作接地处理。(6)室外线路防雷及系统防雷电波侵入措施都应符合有关防雷规范的规定。

二、节目制作系统

在我国有节目制作系统的电视、培训、电教中心等。节目制作系统有三类,如表4.4-4所示。

电视节目制作系统分类 表4.4-4

类 别	内 容 范 围	系 统 组 成
Ⅰ类	参与省(部)级以上台(站)节目交流	宜由高级业务级彩色电视设备组成
Ⅱ类	参与地市级大专院校台(站)节目交流	宜由业务级彩色电视设备组成
Ⅲ类	自制自用或参与地方或本行业节目交流	宜由普及级彩色电视设备组成

三、系统设备及工艺用房对建筑的要求

有线电视系统的设备及工艺用房因用户多少和应用要求不同而有差别,但对建筑设计均有一定的要求,详细、完整内容可参照我国广播电影电视部有关标准和规范规定。兹对系统技术用房对建筑设计要求简单介绍如下:

1. 建筑的位置应尽量靠近播放网络的负荷中心。所有技术用房在满足系统工艺流程的条件下宜集中布置,但要远离具有噪声、污染、腐蚀、振动和较强电磁场干扰的场所。

2. 演播室、播音室等建筑设计要求

各类节目制作系统用房使用面积可参考表4.4-5确定。其中电视演播室的室型可按表4.4-6选用。对录、配音播音室的室型长、宽、高比宜为1.6:1.25:1。其他建筑物理、空调基数、通风要求达到的参数等方面要求见表4.4-7。

各类节目制作系统用房使用面积参考指标(m²) 表4.4-5

序号	系统分类 用房名称	Ⅰ	Ⅱ	Ⅲ	备 注
1	电视录像演播室	120~200	80~120	50~80	
2	电视录像控制室	25~40	20~25	15~20	
3	录配音播音室	20~25	15~20	10~15	
4	录配音控制室	12~15	8~12	5~8	
5	初加工及外景工作室	20~25	15~20	10~15	
6	节目转换室	20~25	15~20	10~15	
7	整修及编辑室	20~25	15~20	10~15	
8	资料及成品复制室	25~30	20~25	15~20	
9	收、转及播放机房	20~25	15~20	10~15	
10	资料及成品库	40~60	30~50	20~40	

序号	系统分类 用房名称	Ⅰ	Ⅱ	Ⅲ	备注
11	设备维修间、器材库	30～40	25～35	20～30	
12	美工室及洗印间	30～40	20～30	—	
13	道具制作及存放间	20～30	15～25	—	
14	化妆及待播室	20～25	15～20	10～15	
15	空调及配电用房	35～50	30～40	25～35	
16	编审及技术办公用房	40～60	30～50	20～40	
17	行政办公及接待用房	40～50	30～40	20～30	
18	其它辅助用房	100～150	80～100	50～80	包括楼道及卫生间

演播室的室型参考表　　　　　　　　表 4.4-6

使用面积(m²)		50	60	80	90	100	120	150	200
轴线 (m)	长	9.00	9.90	12.00	12.60	13.80	15.00	16.50	18.00
	宽	6.00	6.60	7.20	7.50	7.80	8.40	9.60	12.00
轴线面积(m²)		54.00	65.34	86.40	94.50	107.64	126.00	158.30	216.00
棚下净高(m²)		3.90	4.20	5.10	5.30	5.50	5.80	6.60	8.00

系统技术用房计算荷载等建筑设计要求一览表　　　　　　　　表 4.4-7

项目　　用房	演播室	控制室	编辑室	复制转换室	维修间器材库	资料、成品库	其他
计算荷载(N/m²)	2500	4500	3000	3000	3000	按书库计算	2000
声学 NR 值	20/15	20	20	30	30	—	
温度(℃)	18～28	18～28	18～28	18～28	15～30	15～25	—
相对湿度(%)	50～70	50～70	50～70	50～70	45～75	40～50	—
换气次数(次/h)	3～5	2	2	2	1	1	—
控制风速(m/s)	≤1.0	1～2	1～2	1～2	1～2	—	—
风道口噪声(dB)	≤25	≤35	≤35	≤35	≤35	—	—
门窗	隔音防尘	隔音防尘	隔音防尘	隔音防尘	隔音防尘	防尘	
顶棚、墙壁、装修	扩散声场	无光漆	无光漆	无光漆	无光漆	防尘	
地面	簇绒地毯 静电导出	防静电地板 或木地板	木地板或 菱苦土地面	木地板或 菱苦土地面	木地板或 菱苦土地面	菱苦土或水 磨石地面	
一般照明照度(lx)	50/100	75	75	75	100	50	150/30

注：1. 分子用于电视演播室，分母用于录配音室，其他栏分子为办公室。

　　2. 接收无线为集中静荷载。卫星天线：网状—1～1.5t/处，极状—2～3t/处地面天线 0.5t/处。

此外，演播室及播音室出入口应设两层的隔音门(声闸)，其间距≤1.5m，与控制室相邻墙壁应开设三层不等距的玻璃观察窗，在控制室侧第一层要内倾 5°～6°，使每个门、窗口隔声量低于 60dB。当建筑长度超过 15m 的电视演播室还应有备用出口门，出口门应为外开双层。控制室地面标高宜高于演播室地面 0.3m。空调机等设备基础还应有隔振和防固体传声的技术措施。

4.4.3 有线广播、扩声及同声传译

一、有线广播　根据各类公共建筑功能要求、建筑规模大小和标准的高低,有线广播分为服务性、业务性和火灾事故广播系统。

服务性广播系统多以播欣赏音乐为主,多设于大型公共场所、1~3级旅馆中。

业务性广播系统以满足业务及行政管理需要,以语言广播为主,多设于办公楼、商业楼、学校、车站、客运码头、航空港等场所。

火灾事故广播系统则设于建筑中有火灾控制中心系统中,在有集中报警系统的建筑也宜设置火灾事故广播。

各类广播系统组成的主要部分为设备控制室。只有规模较大或录、播音质量要求高时,可设置机房、录播室、办公室、仓库等用房。将广播控室对建筑设计要求简述于后。

1. 广播控制室的位置

根据公共建筑类别可按表 4.4-8 所列的原则选定。表中消防控制室有关建筑设计要求可参见本书 4.4-4 中有关内容。

各类公共建筑广播控制室位置确定原则　　　　　　　　　　　表 4.4-8

建　筑　类　别	确　定　位　置　原　则
办　公　楼	宜靠近业务主管部门。当与消防值班合用时, 尚应符合消防控制室的有关规定
旅　馆	宜与电视播放合并设置控制室
航空港、铁路旅客站、港口码头	宜靠近港、站各自调度室设置
有塔钟并自动报时的扩音系统建筑	扩音控制室宜设在楼房顶层

2. 广播控制室对建筑设计要求,见表 4.4-9。

广播控制室对建筑设计要求一览表　　　　　　　　　　　表 4.4-9

房间名称	室内最低净高(m)	楼板、地面等效均匀静荷载(N/m²)	要求地面类别	室内墙顶面 墙面	室内墙顶面 顶棚	窗洞面积 地面面积	门	外窗	照明	空调设备	备注
1	2	3	4	5	6	7	8	9	10	11	12
录播室	≥2.8	2000	木地板或塑料地板	根据吸声处理要求选用材料和布置	根据吸声处理要求选用材料和布置	1/6(要求高时不应开窗)	要满足隔音要求	选:窗洞面积:地面面积为1:6	宜选用白炽灯照度150lx	独立式噪声应符合限制要求	1. 第三栏荷载应按工程实际校核 2. 配线较多时机房宜采用活动地板 3. 机房设备周围可铺塑料垫等绝缘材料
机　房		3000	水泥石灰砂浆抹面后刷浅色油漆	表面刷浅色油漆	1/6(不宜开窗)	门宽不小于1m	要求良好防尘	照度150lx	在三级以上旅馆和有值班要求机房宜设独立式	

385

3．其他要求　如录播室与机房应设观察窗和联络信号,其隔音量、房间面积及噪声限制应符合我国现行《有线广播录音(播音)室声学设计规范和技术房间的技术要求》的有关规定。对有接收无线电台信号的广播控制室,当接收处电台信号较弱(小于1mV/m)或受附近建筑物屏蔽影响(如钢筋混凝土结构等),则其室外应装置室外接收天线等。

二、扩声系统

1．分类及技术指标

扩声系统根据使用要求有语言、音乐和语言音乐兼用三种类系统。一般建筑的视听场所多设置语言音乐兼用的扩声系统,只有音乐厅、剧院、会议厅、大型舞厅、娱乐厅等设置专用语言或音乐扩声系统。各类扩声系统主要组成部分为扩声控制室。扩声系统的技术及声学指标如表4.4-10所列。要达到表中所列指标,扩声系统技术设计应与建筑设计(包括建筑声学设计)同步进行。

扩声系统技术及声学指标　　　　　　　表 4.4-10

声学特性 ＼ 扩声系统类别分级	音乐扩声系统一级	音乐扩声系统二级	语言、音乐兼用扩声系统一级	语言和音乐兼用扩声系统二级	语言扩声系统一级	语言、音乐兼用扩声系统三级	语言扩声系统二级
最大声压级(空场稳态准峰值声压级)(dB)	0.1~6.3kHz 范围内平均声压级≥100dB	0.125~4.000kHz 范围内平均声压级≥95dB		0.25~4.00kHz 范围内平均声压级≥90dB		0.25~4.00kHz 范围内平均声压级≥85dB	
传输频率特性	0.05~10.00kHz,以0.10~6.3kHz 的平均声压级为0dB,允许+4~-12dB,且在0.10~6.30kHz 内允许≤±4dB	0.063~8.000kHz,以0.125~4.000kHz 的平均声压级为0dB,允许+4~-12dB,且在0.125~4.000kHz 内允许≤±4dB		0.1~6.3kHz,以0.25~4.00kHz 的平均声压级为0dB,允许+4~-10dB,且在0.25~4.00kHz 内允许±4~-6dB		0.25~4.00kHz,以其平均声压级为0dB,允许+4~-10dB	
传声增益(dB)	0.1~6.3kHz 的平均值≥-4dB(戏剧演出)≥-8dB(音乐演出)	0.125~4.000kHz 的平均值≥-8dB		0.25~4.00kHz 的平均值≥-12dB		0.25~4.00kHz 的平均值≥-14dB	
声场不均匀度(dB)	0.1kHz≤10dB 6.3kHz≤8dB	1.0~4.0kHz≤8dB		1.0~4.0kHz≤10dB	1.0~4.0kHz≤8dB	1.0~4.0kHz≤10dB	

2．扩声控制室位置的确定,原则上应能通过其观察窗看到舞台、主席台和大部分观众席,但不应与电气设备房间或灯光控制室相邻或上、下层布置,避免电磁波的干扰。具体位置见表4.4-11。

对于扩声控制室的建筑设计要求可参阅表4.4-9广播控制室对建筑设计要求一览表。

扩声控制室具体位置　　表 4.4-11

建筑类别	位　　置	备　注
剧院类建筑	宜在观众厅后部	
体育场、馆类建筑	宜在主席台侧	
会议厅、报告厅类建筑	宜在厅的后部	设有电视监视系统不受此限

三、同声传译系统

当一些会议厅、堂建筑当其使用,经常需将一种语言译成两种或两种以上语言并同声传译时,应设同声传译系统。按厅、堂等要求有固定和不固定两种同声传译系统。按传译内容是否保密,同声传译系统分为有线、无线和有线无线混合式三类。即当选用固定同声传译系统要求语言传译保密时,采用有线式。不设固定座席场所,信号输出宜采用无线式,即采用感应式同声传译设备,这种设备天线宜沿厅、堂吊顶、装修墙内敷设或地面下或无抗静电措施地毯下敷设。无特殊要求的同声传译系统宜采用有线、无线混合方式。

对同声传译系统中专用译音室的建筑设计要求和规定应作到:

1. 位置靠近会议大厅或观众厅,藉观察窗可清楚看到主席台或观众席主要部分。
2. 译音室应作声学处置,设置有声锁的双层隔声门。
3. 译音室应设空调设施,空调设备的消声措施应满足译音室要求。
4. 译音室与机房之间应有电讯号联络,其室外应设译音工作指示信号灯。
5. 译音员之间设隔音板或隔音间。

4.4.4 火灾自动报警系统及消防联动控制内容

一、火灾自动报警系统

在建筑物内是用于探测火灾初起并发出警报以便及时诸如疏散人员、起动灭火系统、操作防火卷帘、防火门、防排烟系统、向消防队报警等,其构成见图 4.4-10 所示。图中实线表示系统中必须具备的设备和元件,而虚线则表示当要求完善程度高时可以设置的设备和元件。

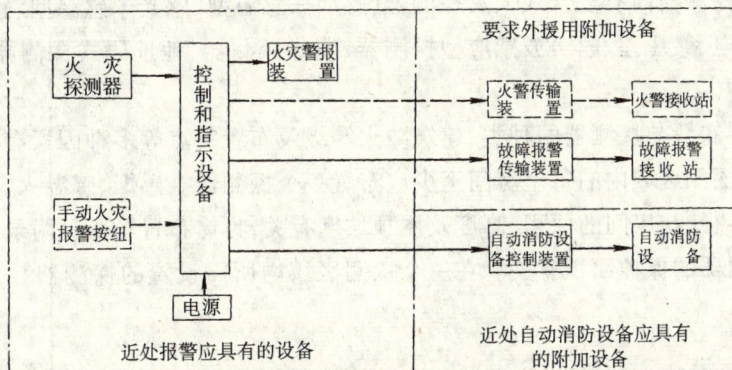

图 4.4-10 火灾自动报警系统

图中所示以近处报警和要求外援所具设备构成的系统在建筑中应用较多,其基本形式有区域、集中和控制中心三种报警系统。各种形式报警系统组成部分如表 4.4-12 所示。

火灾自动报警系统的组成部分 表 4.4-12

系 统 名 称	组 成 部 分		适 用 范 围
区域报警系统		火灾探测器 手动火灾报警按纽 }→区域火灾报警控制器	较小建筑(范围)
集中报警系统	多个	火灾探测器 手动火灾报警按纽 }→区域火灾报警控制器→集中火灾报警控制器	较大建筑(范围)内的多个区域
控制中心报警系统	多个	火灾探测器 手动火灾报警按纽 }→区域火灾报警控制器→集中火灾报警控制器 消防控制设备	大型建筑保护

1. 火灾探测器是一种能够自动发出火情信号的器件。根据火灾发生与发展过程的现象而制成感烟式、感温式和感光式火灾探测器和可燃气体探测器等。

感烟探测器具有较好的报警功能，适用于火灾的前期和早期报警。但是在正常情况下多烟或多尘的场所、存放火药或汽油等发火迅速的场所、安装场所高度大于 20m 烟不易到达的场所，以及维护管理十分困难的场所，不适宜采用感烟探测器。这种感烟探测器有离子感烟探测器和光电感烟探测器两种。

感光探测器可以在一定程度上克服感烟探测器的上述缺点，但报警时已造成一定的物质损失。而且当附近有过强的红外或紫外光源时，可导致探测器工作不稳定。故只适宜于在特定场合下选用。感光探测器也称火焰探测器，有红外火焰型和紫外火焰型之分。

感温探测器也不受非火灾性烟尘雾气等干扰，当火灾形成一定温度时工作比较稳定，但火灾已引起物质上的损失，故适于火灾早期、中期报警。凡是不可能采用感烟探测器、非爆炸性的，并允许产生一定损失的场所，都可应用这种探测器，感温火灾探测器有点型和线型之分。点型有定温、差温和定差温型而线型则只有定温和差温型。

可燃气体火灾探测器主要用于易燃易爆场合的可能泄漏的可燃气体检测，这种探测器有铂丝型、铂钯型和半导体型之分。

此外，火灾探测器尚有复合式火灾探测器（感烟—感温型、感光—感温型、感光—感烟型等）、漏电流、静电、微压差、超声波感应型探测器、缆式探测器、地址码式探测器和智能化探测器等多种类型。

火灾探测器布置与探测器的种类、建筑防火等级及布置特点等多种因素有关。

一般规定，探测区域内的每个房间至少应布置一个探测器。感烟、感温火灾探测器的保护面积和保护半径，与房间的面积、高度及屋顶坡度有关，具体布置场所见附录Ⅳ—11，最大安装间距与探测器的保护面积有关。在一个探测区域内所需设置的探测器数量，可按照下式计算确定：

$$N \geqslant \frac{S}{KA} \tag{4.4-1}$$

式中　　N——一个探测区域内所需设置的探测器数量（只）；

　　　　S——一个探测区域的面积（m²）；

　　　　A——一个探测器的保护面积（m²）；

　　　　K——修正系数，重点保护建筑取 0.7～0.9，普通保护建筑取 1.0。

探测器宜水平安装，如必须倾斜安装时，倾斜角不应大于 45°。

2. 火灾报警控制器功能是为火灾探测器提供稳定的工作电源；接受、转换和处理火灾探测器输出的报警信号；指示报警位置、时间；声、光报警；监视探测器及系统本身状况；执行相应辅助控制等。

火灾报警控制器有多种多样，国内当前各类火灾报警控制器如表 4.4-13 所示。

表中有阈值是指有阈值火灾探测器，处理探测信号为阶跃开关量信号，报警信号不能进一步处理，火灾报警只取决于探测器。无阈值是指处理的探测信号是连续模拟量信号，报警在控制器。多线、总（少）线式是指探测器与控制器连接，多线为一一对应方式，总（少）线则为所有探测器并联或串联在总(少)线上,一般总线仅为 $2\sim4$ 根。单、多路是指控制器处理一个、多个回路的探测器工作信号。

火灾报警控制器分类　　　　　表 4.4-13

划　分　标　准										
按使用环境		按技术性能		按设计使用			按　结　构			
陆用型	船用型	普通型	微机型	区域	集中	通用	壁挂式	台式	柜台
防 非防　爆型	防 非防　爆型	多 总　线式	多 总　线式	单 多　路	单 多　路	单 多　路			
		有 无　阈值	有 无　阈值						

二、火灾自动报警系统的设置及保护等级

关于系统设置和保护等级我国已制定这方面技术规范、规程等,兹综合其内容见附录 IV-12、IV-13。

三、关于火灾事故广播及消防专用电话的设置

设置有控制中心报警系统的建筑,应设置火灾事故广播,只设有集中报警系统建筑,宜设置火灾事故广播。

对火灾事故广播中扬声器应设置在建筑内走道和大厅,数量按本楼层内任何点至最近一个扬声器人行距离 $\geqslant 25m$ 确定。每个扬声器的额定功率应 $>3W$。

消防专用电话的设置位置和要求见表 4.4-14。

消防专用电话应为独立的消防通信网络系统。

消防专用电话设置要求和位置　　　　　表 4.4-14

要　　　求	设　置　位　置
对消防控制室、值班室或消防站应设"119"专用城市电话线	民用建筑内宜在下列部位 设电话分机 消防水泵房、电梯机房,变、配电室值班室、自备柴油发电机房,排烟机房、通风、空调机房,电话站话务员室,超高层建筑中各避难层主要出入口,火灾报警控制器、消火栓按钮及手动按钮装设处,卤代烷灭火系统的操作装置室及钢瓶室、控制室
消防控制室应设消防专用电话总机	

四、消防控制室对建筑设计要求

消防控制室位置宜设在建筑物底层或地下一层,应设耐火极限 $\leqslant 3.00h$ 的隔墙和 $\leqslant 2.00h$ 耐火极限的楼板与其邻间隔开。房间应设直通室外疏散走道安全出口,并有明显标志。最小建筑面积应大于 $30m^2$。

五、消防用应急照明及配电系统

消防用应急照明属于事故照明类型。即当发生火灾时打开备用照明灯具供人员疏散。

建筑内火灾应急照明部位可参阅表 4.4-15。

389

建　筑　类　别	设　置　部　位
设有消防给水的建筑	1. 封闭楼梯间、防烟楼梯间及其前室、消防电梯及其前室 2. 配电室、消防控制室、自备发电机房、消防水泵房、防烟排烟机房、供消防用电的蓄电池房、电话总机房、发生火灾仍需坚持工作的其他房间 3. 观众厅，每层面积超过 1500m² 的展览厅、营业厅、建筑面积超过 200m² 演播室，人员密集且建筑面积超过 300m² 的地下室 4. 公共建筑内的疏散走道和长度超过 20m 的内走道
高　层　建　筑	1. 疏散楼梯及其前室、消防电梯及其前室 2. 同上 2 3. 观众厅、展览厅、多功能厅、餐厅和商业营业厅等人员密集场所 4. 同上 4

消防用电是指设有消防控制室、消防水泵、消防电梯、防烟排烟设施、火灾自动报警、自动灭火装置、应急照明、电动防火门窗、卷帘、阀门等高层建筑内用电。按我国有关规定，属一类建筑应按一级负荷的两路电源要求供电，二类建筑应按二级负荷两回路供电。

两个电源或两回路电源中配电屏(箱)在消防控制室、消防泵房、消防电梯机房、各层或共用(最多不超过 3~4 层)设置的专用消防配电屏(箱)、应急照明配电箱以及电源最末一级配电箱处应设置自动切换装置。

六、消防联动控制的内容是由消火栓给水系统，自动喷水、卤代烷、二氧化碳、泡沫、干粉等固定灭火系统，防、排烟系统，电动防火门、防火卷帘，电梯，疏散照明、紧急广播、非消防电源等组成。

4.4.5　建筑的计算机经营管理与控制

随着现代高层建筑的大型化和多功能化，营业范围不断扩大，服务项目不断增加，业务工作已非人力或机械方法所能应付，需要采用自动化的方法与手段。电子计算机(电脑)技术是最先进，最完善并已成为现代高层建筑最重要的管理与控制手段。

以现代高层旅游建筑为例，电子计算机的应用一般包括三个方面：业务管理(包括办公室自动化)、机电设备控制和客房服务。

兹按上述三个方面扼要介绍如下：

一、业务管理电脑系统

就系统内容有三部分：业务管理内容、业务管理电脑软件和业务管理电脑中心位置的选择。兹简要介绍如下：

(一)业务管理内容：一般可分为前台管理和后台管理两大部分。前台管理主要是负责接待、登记、订房、预约、查询、定票等面对旅客的各种服务项目。后台管理主要是负责各种统计、成本核算、库存管理、财务报表等繁杂的业务工作。

以上工作采用电脑管理后，不但可提高工作效率，提高工作质量，节省人力开支，还能减少差错,减少遗漏预约和超员登记,提高客房出租率,缩短入住登记等候时间,实现管理自动化和科学化,提高经济效益。

前后台管理可以分开两套电脑分工进行,也可用一台较大型电脑进行综合管理,前者比较落后,后者是新系统。在国外已出现全自动化的旅馆,客人从电脑接待处取得入住电脑卡后,凭卡可在宾馆内通行无阻,消费自如,电脑结账,十分方便。

(二) 电脑的软件:应用电子计算机完成大楼内的大量繁杂业务工作,需采用大量软件。国内、外应用较普遍的旅馆管理应用软件列举如下:订房资料处理软件;旅客入住登记派房软件;旅客账务处理、旅客退房结账处理、晚间核数处理、客房管理、旅行社及其客户资料处理、应付账处理、应收账处理、总账资料处理、存货账处理、文字处理、汉字处理、电子邮递等软件;保密程式软件和操作员身份软件等。

分散在各处的终端机,用穿管暗敷的同轴电缆连向电脑中心,组成电脑数据传输系统。

(三) 电脑中心位置的选择

电脑中心位置应尽量靠近负荷中心,以减少管线长度。电脑房应尽量远离变电所、电梯机房以及会产生电磁波干扰的地方,必要时应采取屏蔽措施。电脑房应有专用的互为备用的两套空调设备,依据厂家提供的参数进行恒温恒湿设计。但有的电脑对温湿度要求并不严格,这时可用中央空调,再选一台柜式空调机作备用即可。电脑房的地板应抬高、一般是采用铝合金骨架用防静电塑料板铺设。电脑房的防火应采用由感烟器启动的 BTM 气体喷射灭火装置。电脑房的供电不应中断。不间断电源装置的容量,应根据电脑的负载及终端机的数量选择,可与设备控制电脑共用一套。不间断电源由交流稳压器、逆变器、静态转换开关和镉镍电池组组成,因其运行噪声较大,应与空调设备一起放在与电脑房相邻的房间内,并应作好隔音消音措施。

二、楼宇自动化系统(BAS)

现代高层建筑的机电设备种类繁多、布置分散、技术复杂,依靠人力管理很难兼顾,往往不能及时发现故障,因而造成严重损失。采用电脑技术进行管理,不但能及时发现和消除故障,而且能使所有系统运行于最佳工况,实现遥测、遥控、遥信,达到节省人力、节约能源、提高经济效益的目的。所增加的基建投资仅为总基建投资的 1% ~2%,在 3~5 年内就可从所获经济效益中得到回收。

国内外现代高层建筑的电脑管理,基本上是把业务管理和设备控制分成两个独立系统进行设计的。但有的也采用一套大型电脑进行综合管理。此外还有楼群电脑管理系统,负责一群小型高层建筑机电设备的控制。一般说来,建筑的规模越大,楼群的数量越多,采用电脑系统的经济技术效果就越显著。分电脑系统组成和设备控制软件介绍如下:

(一) 电脑系统的组成

大型旅游宾馆的设备控制电脑系统,对整座建筑物的给水排水、供配电、供热、空调、照明、电梯、消防、音响、闭路电视、通讯、防盗等系统和设备,能进行全面的监控。

设备控制电脑系统,一般由探测元件、数据收集箱、传输网络和电脑中心四部分组成。

探测元件中的传感器安装于各监控设备处,用于将反映生产设备工作状况和生产过程运行情况的各种工艺参数,送往电脑中心。

传感器的种类很多,按工艺参数的类型分,有温度、压力、水流量、蒸汽流量、液位、压差、相对湿度等非电量传感器和电流、电压等电量传感器;按构造原理分,有气动式、电动式和电子式3类;按所传送参数的特征分为模拟式(传送流量、压力、温度等模拟量)和数字式(传送位置状态、故障信号等数字量)。

应对整幢建筑物分层分区分类列出所监控设备的一览表,作为选配数据收集箱(DGP)的原始依据。

电脑系统中的数据收集箱(DGP)是电脑中心与其所监控设备之间的枢纽装置,本身包括微处理器和存贮器等部件。DGP分散安装在所监控设备附近,其作用是采样收集由传感器送来的数字量和模拟量,并进行加工处理后存入存贮器,待电脑中心查询时再转送给设备控制电脑中心,还可将电脑中心发出的有关操作指令,传送给设备的执行装置。

DGP的容量大小随产品而异。DGP的数量,应根据监控设备总表、DGP的容量和建筑平面图进行编排确定,最后应绘出DGP的布置图。根据DGP布置图就可进行线路的布置和系统的设计。

电脑系统的传输网络是电脑中心与DGP间,DGP与传感器间,用导线连接形成的传输网络系统。传输导线可用塑料绞线、同轴电缆或光导纤维电缆,视厂家的产品要求而定。

电脑系统的设备控制电脑中心的主要设备有中央处理机和相应外围设备。主要外围设备包括:终端机(显示屏和键盘)、磁盘机、磁带机、打印机、报警显示器、记录仪和对讲机等。

电脑中心以1~5min的周期对整幢宾馆的被监控设备通过DGP进行连续不断的扫描,检测各设备的即时运行状态,收集各设备的实时工作参数,进行分析比较判断,然后按预定的程序发出指令,对所监控设备进行遥控。所有设备的工艺参数和遥控指令均能在彩色荧光屏上显示出来,并进行自动打印记录。发现故障时,除即时报警外,还能自动打印故障时间、地点和类型等内容。

(二)设备控制电脑的软件

各厂家产品的设备控制电脑软件的类型大同小异,一般都是按照使用功能开发的,实际工作中可具体查阅厂家的产品说明书,此处不予列举。设计时,应根据具体条件反复进行技术经济比较,合理选择软件和硬件,以求达到最大的技术经济效益。

设备控制电脑中心位置的选择,空调、消防及不间断电源等要求,基本上与经营管理电脑中心的要求相同。

三、客房服务电脑设备

客房服务的项目很多,而且日趋合理与完善,使客人能得心应手地得到各项高级服务和生活享受,如多功能床头电脑控制柜可实现音响、电视选控,定时叫醒,请勿打扰,留言显示,天气预报,电子游戏等多种功能。客房冰箱可自动计费,电脑结账。窗帘可根据光线强弱自动调节。

高级客房中常设有电脑集中控制柜,客人正常照明点亮,房内全部服务于客人的设备,根据需要按键操作即能工作。如图 4.4-11 所示。

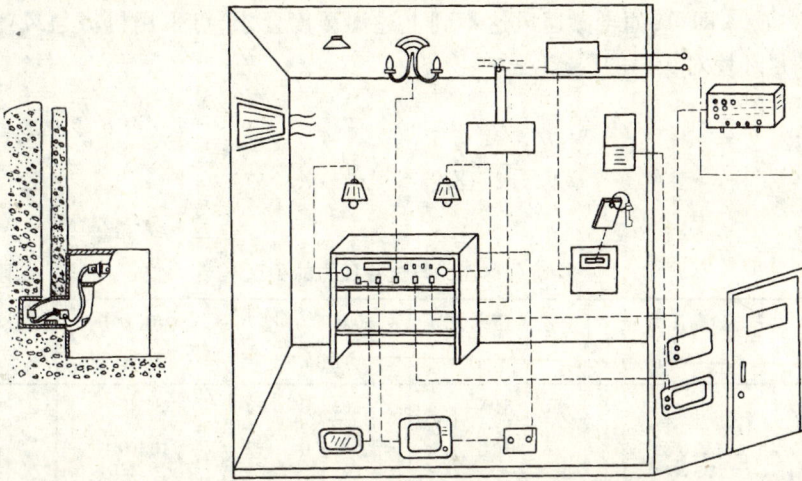

图 4.4-11　客房服务电脑控制设备

呼应信号与安全防范系统类型主要设备和设置场所　　　　　　　　　　　表 4.4-16

系统和装置	名　称	主　要　设　备	设备设置场所
安全防范系统	防盗报警系统	防盗探测器 防盗报警控制器	存放枪支、弹药、爆炸物品、剧毒、菌种、贵重药品、放射性物质的场所
	闭路监视电视系统	摄像机、监视器、控制器	保管政治、军事、经济、技术等机密资料、档案、贵重文献的保密、档案室
	出入口、周边控制及其联动设备	出入口控制设备、周边控制设备	金融机构贮存室、陈列展出贵重文物、生产、贮存稀有金属、尖端仪器、存储高档商品、超市营业厅等
呼应信号装置	医院呼应信号		电话总机房与护士、医生、患者之间
	旅馆呼应信号	无线呼叫设备(袖珍铃)	旅客与服务员之间、电话总机房与旅客、服务员之间
	高层住宅公寓对讲系统		
	大型公共建筑无线呼叫系统		根据指挥、调度、服务等方面需设置

公共信号显号装置根据建筑功能要求而设置,如体育馆(场)应设置计时计分装置,民用机场、中等规模以上火车站、大城市港口码头、长途汽车客运站应设置交通班次动态显示牌,大型商业、金融营业厅可设置信息显示牌,此外,对有统一计时要求的建筑可分别设置时钟系统、世界钟系统。这些时钟系统中母钟站可与电话机房、广播电视机房合并设置。

对于安全技术防范系统中的控制室对建筑设计要求要根据系统机密程度、警戒管理方式设专用监控室,如无特殊要求时,可与火灾报警系统组成综合监控室。系统的监控室宜选在众多被监视目标的附近,且受环境噪声影响最小,受电磁干扰最弱的处所。监控室使用面积根据系统的设备数量确定,一般为 $12\sim50\text{m}^2$。室内温度要求保持在 $16\sim30℃$,相对湿度保持在 $40\%\sim65\%$ 即可,如自然通风达不到上述温湿度要求,可采用机械通风或空气调节设备,但要满足环境对噪声的要求。

附 录

钢管公称压力与试验压力的关系 附录Ⅰ-1

公称压力 P_n (MPa)	试验压力 P_s (MPa)	公称压力 P_n (MPa)	试验压力 P_s (MPa)	公称压力 P_n (MPa)	试验压力 P_s (MPa)
0.5	—	(8.0)	(12.0)	80.0	110.0
0.1	0.2	10.0	15.0	100.0	130.0
0.25	0.4	(13.0)	19.5	125.0	160.0
0.4	0.6	16.0	24.0	160.0	200.0
0.6	0.9	20.0	30.0	200.0	250.0
1.0	1.5	25.0	38.0	250.0	320.0
1.6	2.4	32.0	48.0		
2.5	3.8	40.0	56.0		
4.0	6.0	50.0	70.0		
6.4	9.6	64.0	90.0		

钢管工作压力与公称压力关系 附录Ⅰ-2

温度范围	最大工作压力	温度范围	最大工作压力	温度范围	最大工作压力
0~200℃	P_n	301~325℃	$0.71P_n$	426~435℃	$0.5P_n$
201~250℃	$0.92P_n$	351~375℃	$0.67P_n$	436~410℃	$0.45P_n$
250~275℃	$0.86P_n$	376~400℃	$0.64P_n$		
276~300℃	$0.81P_n$	401~425℃	$0.55P_n$		

住宅生活用水定额及小时变化系数 附录Ⅱ-1

住宅类别和卫生器具设置标准		每人每日生活用水定额(最高日) (L)	小时变化系数	使用时间 (h)
住宅	有大便器、洗涤盆、无沐浴设备	100~150	3.0~2.5	24
	有大便器、洗涤盆和沐浴设备	150~220	2.8~2.3	24
	有大便器、洗涤盆、沐浴设备和热水供应	220~300	2.5~2.0	24
	别　墅	300~400	2.3~1.8	24

注:1.定时供水时,生活用水定额可适当降低。
　　2.无分户水表或装设分户水表但不计量收费时,生活用水定额可适当增加。

序号	建筑物名称	单位	生活用水定额（最高日）(L)	小时变化系数	使用时间（h）
1	集体宿舍				
	有盥洗室	每人每日	50～100	2.5	24
	有盥洗室和浴室	每人每日	100～200	2.5	24
2	旅馆、招待所				
	有集中盥洗室	每床每日	50～100	2.5～2.0	24
	有盥洗室和浴室	每床每日	100～200	2.0	24
	设有浴盆的客房	每床每日	200～300	2.0	24
3	宾馆				
	客房	每床每日	400～500	2.0	24
4	医院、疗养院、休养所				
	有集中盥洗室	每病床每日	50～100	2.5～2.0	24
	有盥洗室和浴室	每病床每日	100～200	2.5～2.0	24
	设有浴盆的病房	每病床每日	250～400	2.0	24
5	门诊部、诊疗所	每病人每次	15～25	2.5	实际工作时间
6	公共浴室				
	有淋浴器	每顾客每次	100～150	2.0～1.5	实际工作时间
	设有浴池、淋浴器、浴盆及理发室	每顾客每次	80～170	2.0～1.5	
7	理发室	每顾客每次	10～25	2.0～1.5	实际工作时间
8	洗衣房	每公斤干衣	40～80	1.5～1.0	实际工作时间
9	餐饮业				
	营业餐厅	每顾客每次	15～20	2.0～1.5	12～16
	工业企业、机关、学校食堂	每顾客每次	10～15	2.5～2.0	12
10	幼儿园、托儿所				
	有住宿	每儿童每日	50～100	2.5～2.0	24
	无住宿	每儿童每日	25～50	2.5～2.0	24
11	商场	每顾客每次	1～3	2.5～2.0	12
12	菜市场	每平方米每次	2～3	2.5～2.0	
13	办公楼	每人每班	30～60	2.5～2.0	10
14	中小学校（无住宿）	每学生每日	30～50	2.5～2.0	10
15	高等院校（有住宿）	每学生每日	100～200	2.0～1.5	24
16	电影院	每观众每场	3～8	2.5～2.0	2～4
17	剧院	每观众每场	10～20	2.5～2.0	6

序 号	建筑物名称	单 位	生活用水定额（最高日）(L)	小时变化系数	使用时间（h）
18	体育场				
	运动员淋浴	每人每次	50	2.0	4～6
	观众	每人每场	3	2.0	
19	游泳池				
	游泳池补充水	每日占水池容积	10%～15%		
	运动员淋浴	每人每场	60	2.0	4～6
	观众	每人每场	3	2.0	

注：1. 高等学校、幼儿园、托儿所为生活用水综合指标。

2. 集体宿舍、旅馆、招待所、医院、疗养院、休养所、办公楼、中小学校生活用水定额均不包括食堂、洗衣房的用水量。医院、疗养院、休养所指病房生活用水。

3. 菜市场用水指地面冲洗用水。

4. 生活用水定额除包括主要用水对象的用水外，还包括工作人员的用水。其中旅馆、招待所、宾馆生活用水定额包括客房服务员生活用水，不包括其他服务人员生活用水量。

5. 理发室包括洗毛巾用水。

6. 生活用水定额包括生活用热水用水定额和饮水定额。

工业企业建筑淋浴用水量定额　　　　　　　　附录Ⅱ-3

车 间 卫 生 特 征		其 它	用水量（L/(人·班))
有 毒 物 质	生产性粉尘		
极易经皮肤吸收引起中毒的剧毒物质（如有机磷、三硝基甲苯、四乙基铅等）		处理传染性材料、动物原料（如皮毛等）	60
易经皮肤吸收或有恶臭的物质，或高毒物质（如丙烯腈、吡啶、苯酚等）	严重污染全身或对皮肤有刺激的粉尘（如炭黑、玻璃棉等）	高温作业、井下作业	
其他毒物	一般粉尘（如棉尘）	重作业	40
不接触有毒物质及粉尘，不污染或轻度污染身体（如仪表、金属冷加工，机械加工等）			

有洗车台的汽车库内汽车冲洗用水定额　　　　　　　　附录Ⅱ-4

汽 车 类 型	每日每辆汽车冲洗用水量定额(L)
小 轿 车	250～400
公共汽车、载重汽车	400～600

注：1. 每辆汽车冲洗时间为 10min，同时冲洗的汽车数应按洗车台的数量确定。

2. 汽车库内存放汽车在 25 辆及 25 辆以下时，应按全部汽车每日冲洗一次计算，存放汽车在 25 辆以上时，每日冲洗数，一般按全部汽车的 70%～90% 计算。

3. 无汽车台的车库可不考虑汽车冲洗用水。

4. 汽车库地面冲洗用水定额应按 3～5L/m² 确定。

给水钢管（水煤气管）水力计算表

（流量 q_g 为 L/s，管径 DN 为 mm，流速 v 为 m/s，单位管长的水头损失 i 为 kPa/m）

q_g	DN15 v	DN15 i	DN20 v	DN20 i	DN25 v	DN25 i	DN32 v	DN32 i	DN40 v	DN40 i	DN50 v	DN50 i	DN70 v	DN70 i	DN80 v	DN80 i	DN100 v	DN100 i
0.05	0.29	0.284																
0.07	0.41	0.518	0.22	0.111														
0.10	0.58	0.985	0.31	0.208														
0.12	0.70	1.37	0.37	0.288	0.23	0.086												
0.14	0.82	1.82	0.43	0.38	0.26	0.113												
0.16	0.94	2.34	0.50	0.485	0.30	0.143												
0.18	1.05	2.91	0.56	0.601	0.34	0.176												
0.20	1.17	3.54	0.62	0.727	0.38	0.213	0.21	0.052										
0.25	1.46	5.51	0.78	1.09	0.47	0.318	0.26	0.077	0.20	0.039								
0.30	1.76	7.93	0.93	1.53	0.56	0.442	0.32	0.107	0.24	0.054								
0.35			1.09	2.04	0.66	0.586	0.37	0.141	0.28	0.080								
0.40			1.24	2.63	0.75	0.748	0.42	0.179	0.32	0.089								
0.45			1.40	3.33	0.85	0.932	0.47	0.221	0.36	0.111	0.21	0.0312						
0.50			1.55	4.11	0.94	1.13	0.53	0.267	0.40	0.134	0.23	0.0374						
0.55			1.71	4.97	1.04	1.35	0.58	0.318	0.44	0.159	0.26	0.0444						
0.60			1.86	5.91	1.13	1.59	0.63	0.373	0.48	0.184	0.28	0.0516						
0.65			2.02	6.94	1.22	1.85	0.68	0.431	0.52	0.215	0.31	0.0597						
0.70					1.32	2.14	0.74	0.495	0.56	0.246	0.33	0.0683	0.20	0.020				
0.75					1.41	2.46	0.79	0.562	0.60	0.283	0.35	0.0770	0.21	0.023				
0.80					1.51	2.79	0.84	0.632	0.64	0.314	0.38	0.0852	0.23	0.025				
0.85					1.60	3.16	0.90	0.707	0.68	0.351	0.40	0.0963	0.24	0.028				
0.90					1.69	3.54	0.95	0.787	0.72	0.390	0.42	0.107	0.25	0.0311				
0.95					1.79	3.94	1.00	0.869	0.76	0.431	0.45	0.118	0.27	0.0342				
1.00					1.88	4.37	1.05	0.957	0.80	0.473	0.47	0.129	0.28	0.0376	0.20	0.0164		
1.10					2.07	5.28	1.16	1.14	0.87	0.564	0.52	0.153	0.31	0.0444	0.22	0.0195		
1.20							1.27	1.35	0.95	0.663	0.56	0.18	0.34	0.0518	0.24	0.0227		
1.30							1.37	1.59	1.03	0.769	0.61	0.208	0.37	0.0599	0.26	0.0261		
1.40							1.48	1.84	1.11	0.884	0.66	0.237	0.40	0.0683	0.28	0.0297		
1.50							1.58	2.11	1.19	1.01	0.71	0.27	0.42	0.0772	0.30	0.0336		
1.60							1.69	2.40	1.27	1.14	0.75	0.304	0.45	0.0870	0.32	0.0376		
1.70							1.79	2.71	1.35	1.29	0.80	0.340	0.48	0.0969	0.34	0.0419		
1.80							1.90	3.04	1.43	1.44	0.85	0.378	0.51	0.107	0.36	0.0466		
1.90							2.00	3.39	1.51	1.61	0.89	0.418	0.54	0.119	0.38	0.0513		
2.0									1.59	1.78	0.94	0.460	0.57	0.13	0.40	0.0562	0.23	0.0147
2.2									1.75	2.16	1.04	0.549	0.62	0.155	0.44	0.0666	0.25	0.0172
2.4									1.91	2.56	1.13	0.645	0.68	0.182	0.48	0.0779	0.28	0.0200
2.6									2.07	3.01	1.22	0.749	0.74	0.21	0.52	0.0903	0.30	0.0231

q_g	DN15		DN20		DN25		DN32		DN40		DN50		DN70		DN80		DN100	
	v	i	v	i	v	i	v	i	v	i	v	i	v	i	v	i	v	i
2.8											1.32	0.869	0.79	0.241	0.56	0.103	0.32	0.0263
3.0											1.41	0.998	0.85	0.274	0.60	0.117	0.35	0.0298
3.5											1.65	1.36	0.99	0.365	0.70	0.155	0.40	0.0393
4.0											1.88	1.77	1.13	0.468	0.81	0.198	0.46	0.0501
4.5											2.12	2.24	1.28	0.586	0.91	0.246	0.52	0.0620
5.0											2.35	2.77	1.42	0.723	1.01	0.30	0.58	0.0749
5.5											2.59	3.35	1.56	0.875	1.11	0.358	0.63	0.0892
6.0													1.70	1.04	1.21	0.421	0.69	0.105
6.5													1.84	1.22	1.31	0.494	0.75	0.121
7.0													1.99	1.42	1.41	0.573	0.81	0.139
7.5													2.13	1.63	1.51	0.657	0.87	0.158
8.0													2.27	1.85	1.61	0.748	0.92	0.178
8.5													2.41	2.09	1.71	0.844	0.98	0.199
9.0													2.55	2.34	1.81	0.946	1.04	0.221
9.5															1.91	1.05	1.10	0.245
10.0															2.01	1.17	1.15	0.269
10.5															2.11	1.29	1.21	0.295
11.0															2.21	1.41	1.27	0.324
11.5															2.32	1.55	1.33	0.354
12.0															2.42	1.68	1.39	0.385
12.5															2.52	1.83	1.44	0.418
13.0																	1.50	0.452
14.0																	1.62	0.524
15.0																	1.73	0.602
16.0																	1.85	0.685
17.0																	1.96	0.773
20.0																	2.31	1.07

注:DN100mm 以上的给水管道水力计算,可参见《给水排水设计手册》第 1 册。

流量 Q 以 L/s 计,管径 DN 以 mm 计,流速 v 以 m/s 计,压力损失 i 以 kPa/m 计

Q	DN = 50		DN = 75		DN = 100		DN = 150	
	v	i	v	i	v	i	v	i
1.0	0.53	0.173	0.23	0.0231				
1.2	0.64	0.241	0.28	0.0320				
1.4	0.74	0.320	0.33	0.0422				
1.6	0.85	0.409	0.37	0.0534				
1.8	0.95	0.508	0.42	0.0659				
2.0	1.06	0.619	0.46	0.0798				
2.5	1.33	0.949	0.58	0.119	0.32	0.0288		
3.0	1.59	1.37	0.70	0.167	0.39	0.0398		
3.5	1.86	1.86	0.81	0.222	0.45	0.0526		
4.0	2.12	2.43	0.93	0.284	0.52	0.0669		
4.5			1.05	0.353	0.58	0.0829		
5.0			1.16	0.430	0.65	0.100		
5.5			1.28	0.517	0.72	0.120		
6.0			1.39	0.615	0.78	0.140		
7.0			1.63	0.837	0.91	0.186	0.40	0.0246
8.0			1.86	1.09	1.04	0.239	0.46	0.0314
9.0			2.09	1.38	1.17	0.299	0.52	0.0391
10.0					1.30	0.365	0.57	0.0469
11					1.43	0.442	0.63	0.0559
12					1.56	0.526	0.69	0.0655
13					1.69	0.617	0.75	0.0760
14					1.82	0.716	0.80	0.0871
15					1.95	0.822	0.86	0.0988
16					2.08	0.935	0.92	0.111
17							0.97	0.125
18							1.03	0.139
19							1.09	0.153
20							1.15	0.169
22							1.26	0.202
24							1.38	0.241
26							1.49	0.283
28							1.61	0.328
30							1.72	0.377

注:DN150mm 以上的给水管道水力计算,可参见《给排水设计手册》第 1 册。

1. 等于或大于 50000 纱锭的棉纺厂的开包、清花车间；等于或大于 5000 锭的麻纺厂的分级、梳麻车间；服装、针织高层厂房；面积超过 1500m² 木器厂房；火柴厂的烤梗、筛选部位；泡沫塑料厂的预发、成型、切片、压花部位

2. 每座占地面积超过 1000m² 的棉、毛、丝、麻、化纤、毛皮及其制品库房；每座占地面积超过 600m² 的火柴库房；建筑面积超过 500m² 的可燃物品的地下库房；可燃难燃物品的高架库房和高层库房(冷库除外)

3. 省级以上或藏书量超过 100 万册图书馆的书库

4. 超过 1500 个座位的剧院观众厅、舞台上部、化妆室、道具室、储藏室、贵宾室；超过 2000 个座位的会堂或礼堂的观众厅、舞台上部、储藏室、贵贵室；超过 3000 个座位的体育馆、观众厅的吊顶上部、贵宾室、器材间、运动员休息室

5. 省级邮政楼的信函和包裹分检间、邮袋库；飞机发动机试验台的准备部位

6. 每层面积超过 3000m² 或建筑面积超过 9000m² 的百货商场、展览大厅

7. 设有空气调节系统的旅馆、综合办公楼及一类高层建筑(教学楼、普通的住宅和办公楼除外)的走道、办公室、舞厅、餐厅、多功能厅、展览厅、商场营业厅、库房及无楼层服务台的客房；一类高层建筑的汽车停车库、自动扶梯底部和垃圾道顶部

8. 建筑高度超过 100m 的建筑(面积小于 5m² 的卫生间、厕所和不宜用水扑救的部位除外)的所有部位

9. 国家级文物保护单位的重点砖木或木结构建筑

10. Ⅰ、Ⅱ、Ⅲ类地下停车库、多层停车库和底层停车库

应设开式自动喷水灭火系统的部位	附录Ⅱ-8
下列部位应设雨淋喷水灭火设备	**下列部位应设水幕设备**
火柴厂的氯酸钾压碾厂房；建筑面积超过 100m² 生产、使用硝化棉、喷漆棉、火胶棉、赛璐珞胶片、硝化纤维的厂房；建筑面积超过 60m² 或储存量超过 2t 的硝化棉、喷漆棉、火胶棉、赛璐珞胶片、硝化纤维库房；建筑面积超过 400m² 的演播室；建筑面积超过 500m² 的电影摄影棚；超过 1500 个座位的剧院和超过 2000 个座位的会堂舞台的葡萄架下部；日装瓶数量超过 3000 瓶的液化石油气储配站的罐瓶间、实瓶间	超过 1500 个座位的剧院和超过 2000 个座位的会堂、礼堂的舞台口，以及与舞台相连的侧台、后台的门窗洞口；应设防火墙等防火分隔物而无法设置的开口部位；防火卷帘或防火幕的上部

自动喷水灭火系统喷头的最大间距　　　　　　　附录Ⅱ-9

项目 ／ 建、构筑物的危险等级		设计喷水强度 (L/(min·m²))	作用面积 (m²)	当最不利点处喷头压力为下值时(Pa)			
				每只喷头最大保护面积 (m²)		喷头最大水平间距 (m)	
				$9.8×10^4$	$4.9×10^4$	$9.8×10^4$	$4.9×10^4$
严重危险级	生产建筑物	10.0	300	8.0	5.66	2.80	2.38
	储存建筑物	15.0	300	5.4	3.77	2.30	1.94
中危险级		6.0	200	12.5	9.43	3.60	3.07
轻危险级		3.0	180	21.0	18.86	4.60	4.34

注：喷头与墙面、柱面的最大间距取表中"喷头最大水平间距"的一半。

喷 头 布 置 场 所	布 置 要 求
除吊顶型喷头外喷头与吊顶、楼板间距	不宜小于 7.5cm、不宜大于 15cm
喷头布置在坡屋顶或吊顶下面	喷头应垂直于其斜面,间距按水平投影确定。但当屋面坡>1:3,而且在距屋脊 75cm 范围内无喷头时,应在屋脊处增设一排喷头。 对有过梁的屋顶或吊顶,喷头一般沿梁跨度方向布置在两梁之间。梁距大时,可布置成两排。
喷头布置在梁、柱附近	当喷头与梁边的距离为 20～180cm 时,喷头溅水盘与梁底距离 (cm)对直立型喷头为 1.7～34cm;下垂型喷头为 4～46cm(尽量减小梁对喷头喷洒面积的阻挡)
喷头布置在门窗口处	喷头距洞口上表面的距离≯15cm;距墙面的距离宜为 7.5～15cm
在输送可燃物的管道内布置喷头时	沿管道全长间距≯3m 均匀布置
输送易燃而有爆炸危险的管道	喷头应布置在该种管道外部的上方
生产设备上方布置喷头	当生产设备并列或重选而出现隐蔽空间时 当其宽度>1m 时,应在隐蔽空间增设喷头
仓库中布置喷头	喷头溅水盘距下方可燃物品堆垛不应小于 90cm;距难燃物品堆垛,不应小于 45cm 在可燃物品或难燃物品堆垛之间应设一排喷头,且堆垛边与喷头的垂线水平距离不应小于 30cm
货架高度>7m 的自动控制货架库房内布置喷头时	屋顶下面喷头间距不应大于 2m 货架内应分层布置喷头,分层垂直高度,当储存可燃物品时≯4m,当储存难燃物品时≯6m 此束喷头上应设集热板
舞台部位喷头布置	舞台葡萄架下应采用雨淋喷头。 葡萄棚以上为钢屋架时,应在屋面板下布置闭式喷头 舞台口和舞台与侧台、后台的隔墙上洞口处应设水幕系统
大型体育馆、剧院、食堂等净空高度>8m 时	吊顶或顶板下可不设喷头
闷顶或技术夹层净高>80cm,且有可燃气体管道、电缆电线等	其内应设喷头
装有自动喷水灭火系统的建筑物、构筑物,与其相连的专用铁路线月台、通廊	应布置喷头
装有自动喷水灭火系统的建筑物、构筑物内:宽度>80cm 挑廊下;宽度>80cm 矩形风道或 D>1m 圆形风道下面	应布置喷头
自动扶梯或螺旋梯穿楼板部位	应设喷头或采用水幕分隔
吊顶、屋面板、楼板下安装边墙喷头时	要求在其两则 1m 和墙面垂直方向 2m 范围内不应设有障碍物 喷头与吊顶、楼板、屋面板的距离应为 10～15cm,距边墙距离应为 5～10cm

喷 头 布 置 场 所	布 置 要 求
沿墙布置边墙型喷头	沿墙布置为中危险级时,每个喷头最大保护面积为8m²;轻危险级为14m²。中危险级时喷头最大间距为3.6m;轻危险级为4.6m 房间宽度≥3.6可沿房间长向布置一排喷头;3.6～7.2m时应沿房间长向的两侧各布置一排喷头;>7.2m房间除两侧各布置一排边墙型喷头外,还应按附录Ⅱ-9要求布置标准喷头

一个雨水斗最大允许汇水面积(m²)　　　　　附录Ⅱ-11

类 型	雨水斗型式	雨水斗直径(mm)	降 雨 厚 度(mm/h)											
			50	60	70	80	90	100	110	120	140	160	180	200
单斗系统	79型	75	684	570	489	428	380	342	311	285	244	214	190	171
		100	1116	930	797	698	620	558	507	465	399	349	310	279
		150	2268	1890	1620	1418	1260	1134	1031	945	810	709	630	567
		200	3708	3090	2647	2318	2060	1854	1685	1545	1324	1159	1030	927
	65型	100	1116	930	797	698	620	558	507	465	399	349	310	279
多斗系统	79型	75	569	474	406	356	316	284	259	237	203	178	158	142
		100	929	774	663	581	516	464	422	387	332	290	258	232
		150	1865	1554	1331	1166	1036	932	847	777	666	583	518	466
		200	2822	2352	2016	1764	1568	1411	1283	1176	1008	882	784	706
	65型	100	929	774	663	581	516	464	422	387	332	290	258	232

多斗悬吊管最大允许汇水面积(m²)　　　　　附录Ⅱ-12

管径 DN (mm) / 坡度(i)	75	100	150	200	250	300
0.005	60	129	379	817	1480	2408
0.006	65	141	415	896	1621	2638
0.007	71	152	449	967	1751	2849
0.008	75	163	480	1034	1872	3046
0.009	80	172	509	1097	1986	3231
0.010	84	182	536	1156	2093	3406
0.012	92	199	587	1266	2293	3731
0.014	100	215	634	1368	2477	4030
0.016	107	230	678	1462	2648	4308
0.018	113	244	719	1551	2800	4569
0.020	119	257	758	1635	2960	4816
0.022	125	270	795	1715	3105	5052
0.024	131	281	831	1791	3243	5276
0.026	136	293	865	1864	3375	5492
0.028	141	304	897	1935	3503	5699
0.030	146	315	929	2002	3626	5899

项　目	空　调　冷　却　用	水　　景　　用
浊　度　（度）	10 以下	20 以下
色　度　（度）	—	30 以下
臭　味	无不快感	无不快感
COD_{Mn}	60 以下	60 以下
BOD_5	—	8 以下
大肠菌群(个/L)	—	—
一　般　细　菌	—	—
pH	5.8～8.6	5.8～8.6
MABS	1 以下	1 以下
蒸发残留物	300 以下	800 以下
Fe + Mn	0.5 以下	0.5 以下

注:表中单位除注明者外均为 mg/L。

在自然循环上供下回双管热水供暖系统中，
由于水在管路内冷却而产生的附加压力(Pa)　　　　附录Ⅲ-1

系统的水平距离 (m)	锅炉到散热器 的高度(m)	自总立管至计算立管之间的水平距离(m)					
		<10	10～20	20～30	30～50	50～75	75～90
1	2	3	4	5	6	7	8
未保温的明装立管							
(1)1 层或 2 层的房屋							
25 以下	7 以下	100	100	150	—	—	—
25～50	7 以下	100	100	150	200	—	—
50～75	7 以下	100	100	150	150	200	—
75～100	7 以下	100	100	150	150	200	250
(2)3 层或 4 层的房屋							
25 以下	15 以下	250	250	250	—	—	—
25～50	15 以下	250	250	300	350	—	—
50～75	15 以下	250	250	250	300	350	—
75～100	15 以下	250	250	250	300	350	400
(3)高于 4 层的房屋							
25 以下	7 以下	450	500	550	—	—	—
25 以下	大于 7	300	350	450	—	—	—
25～50	7 以下	550	600	650	750	—	—
25～50	大于 7	400	450	500	550	—	—
50～75	7 以下	550	550	600	650	750	—
50～75	大于 7	400	400	450	500	550	—
75～100	7 以下	550	550	550	600	650	700
75～100	大于 7	400	400	400	450	500	650

未保温的暗装立管

(1)1 层或 2 层的房屋

25 以下	7 以下	80	100	130	—	—	—
25～50	7 以下	80	80	130	150	—	—
50～75	7 以下	80	80	100	130	180	—
75～100	7 以下	80	80	80	130	180	230

(2)3 层或 4 层的房屋

25 以下	15 以下	180	200	280	—	—	—
25～50	15 以下	180	200	250	300	—	—
50～75	15 以下	150	180	200	250	300	—
75～100	15 以下	150	150	180	230	280	330

(3)高于 4 层的房屋

25 以下	7 以下	300	350	380	—	—	—
25 以下	大于 7	200	250	300	—	—	—
25～50	7 以下	350	400	430	530	—	—
25～50	大于 7	250	300	330	380	—	—
50～75	7 以下	350	350	400	430	530	—
50～75	大于 7	250	250	300	330	380	—
75～100	7 以下	350	350	380	400	480	530
75～100	大于 7	250	260	280	300	350	450

注:1. 在下供下回系统中,不计算水在管路中冷却而产生的附加压力值。

2. 在单管式系统中,附加值采用本附录所示的相应值的 50%。

锅炉本体型式代号　附录Ⅲ-2

火管锅炉		水管锅炉	
锅炉本体型式	代号	锅炉本体型式	代号
立式水管	LS(立、水)	单锅筒立式 单锅筒纵置式	DL(单、立) DZ(单、纵)
立式火管	LH(立、火)	单锅筒横置式 双锅筒纵置式	DH(单、横) SZ(双、纵)
卧式内燃	WN(卧、内)	双锅筒横置式 纵横锅筒式 强制循环式	SH(双、横) ZH(纵、横) QX(强、循)

燃烧方式代号　附录Ⅲ-3

燃烧方式	代号	燃烧方式	代号
固定炉排	G(固)	下饲式炉排	A(下)
活动手摇炉排	H(活)	往复推饲炉排	W(往)
链条炉排	L(链)	沸腾炉	F(沸)
抛煤机	P(抛)	半沸腾炉	B(半)
倒转炉排加抛煤机	D(倒)	室燃炉	S(室)
振动炉排	Z(振)	旋风炉	X(旋)

燃料品种代号

燃 料 品 种	代 号	燃 料 品 种	代 号
无烟煤	W(无)	油	Y(油)
贫 煤	P(贫)	气	Q(气)
烟 煤	A(烟)	木 柴	M(木)
劣质烟煤	L(劣)	甘蔗渣	G(甘)
褐 煤	H(褐)	煤矸石	S(石)

北京地区建筑物单位体积供暖热指标

建筑物名称	建筑物体积 (m²)	单位体积供暖热指标(W/m²·℃)	
		一 层 玻 璃	北面及西面两层玻璃
住宅 1～2 层	700～1200	1.396	1.163
住宅 4～5 层	9000～12000	0.64	0.58
行政办公楼 4～5 层	18000～22000	0.58	0.52
高等学校及中学 3～4 层	～22000	0.58	0.52
小学、幼儿园、托儿所等 2 层	～3500	0.814	0.76
医院 4～5 层	～10000	0.64	0.58

注：墙厚为 36cm。

某些民用建筑及工业企业辅助用室的冬季室内计算温度 t_n（℃）

房 间 名 称	一般室温	上下范围	房 间 名 称	一般室温	上下范围
一、居住建筑：			门厅、走廊	14	14～18
饭店宾馆的卧室及起居室	20	18～22	办公室	18	16～18
住 宅	18	16～20	厕 所	16	14～16
厨 房	10	5～15	三、工业企业辅助用室：		
厨房的储藏室	5	可不采暖	厕所、盥洗室	12	12～14
浴 室	25	21～25	食 堂	14	14～15
盥 洗 室	18	16～20	办公室	18	16～18
厕 所	15	14～16	技术资料室	16	
门厅,走廊	16	14～16	存 衣 室	16	
楼 梯 间	14	12～14	哺 乳 室	20	20～22
二、公共建筑：			淋浴室	25	
影剧院观众厅	16	14～18	淋浴室的换衣室	23	
商店营业室	15	14～16	女工卫生室	23	

工业企业工作地点温度 t_g（℃）

车 间 性 质	作 业 分 类	工作地点温度
仪表、机械加工、印刷、针织等（能量消耗在 140W 以下的工种）	轻作业	15～18
木工、钣金工、焊接等（能量消耗在 140～220W 的工种）	中作业	12～15
大型包装、人力运输（能量消耗在 220～290W 的工种）	重作业	10～12

室 外 气 象 参 数

地名	室外计算(干球)温度(℃)						夏季室外平均每年不保证50小时的湿球温度(℃)	室外计算相对湿度(%)			室外风速(m/s)		主要风向及其频率				年主导风向及其频率		大气压力(mmHg)	
	采暖	冬季通风	夏季通风	冬季空调	夏季空调	夏季空调日平均		冬季空调	最热月月平均	夏季通风	冬季	夏季	冬季 风向	频率(%)	夏季 风向	频率(%)	风向	频率(%)	冬季	夏季
哈尔滨	-26	-20	26	-20	30.3	25	23.9	72	78	63	3.4	3.3	SSW	15	S	14	S	14	751	739
沈阳	-20	-13	28	-23	31.3	27	25.3	63	78	64	3.2	3.0	N S	13 11	S SSW	18 15	S	14	765	750
北京	-9	-5	30	-12	33.8	29	26.5	41	77	62	3.0	1.9	C N NNW	22 13 13	C S N	27 10 10	C N	23 10	767	751
太原	-12	-7	28	-15	31.8	26	23.3	46	74	51	2.7	2.1	C	21	C NNW	26 14	C N	23 14	700	689
西安	-5	-1	31	-9	35.6	31	26.6	63	71	46	1.9	2.2	C NE SW	27 13 9	C NE SW	20 18 10	C NE	25 16	734	719
济南	-7	-1	31	-10	35.5	31	26.8	49	73	51	3.0	2.5	C SSW NE	22 15 12	C SSW NE	25 15 10	C SSW	22 16	765	749
南京	-3	2	32	-6	35.2	32	28.5	71	81	62	2.5	2.3	C NE	27 11	C SE	21 13	C NE	24 10	769	753
上海	-2	3	32	-4	34.0	30	28.3	73	83	67	2.5	3.0	NW	14	SE	17	ESE SE	10 10	769	754
杭州	-1	4	33	-4	35.7	32	28.6	77	80	62	3.2	1.7	C NNW N NNE	31 10 8 8	C E ESE SSE	35 8 7 7	C E	32 7	769	754
福州	5	10	33	4	35.3	30	28.0	72	77	61	2.1	2.7	C NW	19 13	SE C	26 25	C SE	19 15	760	748
武汉	-2	3	33	-5	35.2	32	28.2	75	80	62	2.8	2.6	NNE NE C N	19 12 9	C SE S	13 13 13	NNE	14	768	751
桂林	2	8	32	0	33.9	30	26.9	68	79	60	3.3	1.6	NNE C N	53 21 10	C NNE S	39 13 9	NNE	37	752	739
广州	7	13	33	5	33.6	30	28.0	68	84	66	2.4	1.9	N	33	SE	28	C N	27 19	765	754
重庆	4	8	33	3	36.0	32	27.4	81	76	57	1.3	1.6	C N	36 15	C N	31 10	C N	33 13	744	780
昆明	3	8	24	1	26.8	22	19.7	69	65	48	2.4	1.7	C SW WSW	36 26 10	C SW S	38 15 12	C SW	36 19	609	606

注:本表摘自《工业企业采暖通风和空气调节设计规范》(TJ19—75)。

民用建筑的单位面积供暖热指标

建筑物名称	单位面积供暖热指标（W/m²）	建筑物名称	单位面积供暖热指标（W/m²）
住　宅	46.5～70	商　店	64～87
办公楼、学校	58～81.5	单层住宅	81.5～104.5
医院、幼儿园	64～81.5	食堂、餐厅	116～139.6
旅　馆	58～70	影剧院	93～116
图书馆	46.5～75.6	大礼堂、体育馆	116～163

计算散热器面积时，考虑水在未保温暗装管道内的冷却应乘的修正系数 β_2

房屋层数	散热器所在的楼层						备　注
	一	二	三	四	五	六	
单管式系统（上给式）							1. 本表适用于机械循环热水供暖系统，对自然循环系统应再各乘以1.4的系数
2	1.04	1.00	—				2. 本表适用于暗装情况，若为明装 $\beta_2=1.0$
3	1.05	1.00	1.00				3. 热媒为蒸汽时 $\beta_2=1.0$
4	1.05	1.04	1.00	1.00	—		4. 上给式指的是热水自上端给入立管。下给式指的是热水自下端给入立管
5	1.05	1.04	1.00	1.00	1.00	—	
6	1.06	1.05	1.04	1.00	1.00	1.00	
双管式系统（上给式）							
2	1.05	1.00					
3	1.05	1.05	1.00	—			
4	1.05	1.05	1.03	—			
5	1.04	1.04	1.03	1.00	1.00	—	
6	1.04	1.04	1.03	1.00	1.00	1.00	
双管式系统（下给式）							
2	1.00	1.03					
3	1.00	1.00	1.03	—			
4	1.00	1.00	1.03	1.05	—		
5	1.00	1.00	1.03	1.03	1.05	—	
6	1.00	1.00	1.00	1.03	1.03	1.05	

散热器安装方式不同的修正系数 β_3

序号	装置示意图	说　明	系　数	序号	装置示意图	说　明	系　数
1		敞开装置	$\beta_3=1.0$	2		上加盖板	$A=40mm$ $\beta_3=1.05$ $A=80mm$ $\beta_3=1.03$ $A=100mm$ $\beta_3=1.02$

序号	装置示意图	说明	系数	序号	装置示意图	说明	系数
3		装在壁龛内	$A=40mm$ $\beta_3=1.11$ $A=80mm$ $\beta_3=1.07$ $A=100mm$ $\beta_3=1.06$	6		外加网格罩,在罩子顶部开孔,宽度 c 不小于散热器宽度,罩子前面下端开孔 A 不小于100mm	$A\geqslant 100mm$ $\beta_3=1.15$
4		外加围罩,有罩子顶部和罩子前面下端开孔	$A=150mm$ $\beta_3=1.25$ $A=180mm$ $\beta_3=1.19$ $A=220mm$ $\beta_3=1.13$ $A=260mm$ $\beta_3=1.12$	7		外加围罩,在罩子前面上下两端开孔	$\beta_3=1.0$
5		外加围罩,在罩子前面上下端开孔	$A=130mm$ 孔是敞开的 $\beta_3=1.2$ 孔带有格网的 $\beta_3=1.4$	8		加挡板	$\beta_3=0.9$

每供给 1kW 热量系统设备的水容积(L/kW)

附录Ⅲ-12

设 备 名 称	水容积 (L/kW)	设 备 名 称	水容积 (L/kW)
柱型散热器	8.6	单板带对流片钢制扁管散热器 520×1000 型	5.26
M−132 型散热器	11.2	单板钢制扁管散热器 624×1000 型	8.0
(60)大长翼型散热器	16.1	单板带对流片钢制扁管散热器 624×1000 型	5.6
(60)小长翼型散热器	9.46	RSL250−7/95−A 型热水锅炉	0.8
圆翼型散热器(ϕ51)	4.0	SH、DZ、SZ 型热水锅炉	2.6
圆翼型散热器(ϕ71)	5.16	RSD、RSG、RSZ 型立式水管锅炉	1.0
空气加热器或暖风机	0.43	热交换器	5.16
陶瓷散热器(三联)	12.0	考克兰锅炉(LH型)	9.46
单板钢制扁管散热器 416×1000 型	6.45	M 型、火焰式锅炉	2.75~5.16
单板带对流片钢制扁管散热器 416 ×1000 型	4.7	机械循环 室外采暖管网 室内采暖管网	5.16 6.9
单板钢制扁管散热器 520×1000 型	7.4	自然循环室内管网	13.8

热媒管道水力计算表(水温 $t=70\sim95℃$ $k=0.2mm$)

附录Ⅲ-13

公称直径(mm)				15		20		25		32		40	
内 径(mm)				15.75		21.25							
Q (kJ/h)	G (kg/h)	R (mm/m)	v (m/s)	R	v	R	v	R	v	R	v	R	v
1047	10	0.05	0.016										

408

公称直径(mm)		15		20		25		32		40	
内 径(mm)		15.75		21.25							
Q (kJ/h)	G (kg/h)	R (mm/m)	v (m/s)	R	v	R	v	R	v	R	v
1570	15	0.11	0.032								
2093	20	0.19	0.030								
2303	22	0.22	0.034								
2512	24	0.26	0.037	0.06	0.020						
2721	26	0.30	0.040	0.07	0.022						
2931	28	0.35	0.043	0.08	0.024						
3140	30	0.39	0.046	0.09	0.025						
3350	32	0.44	0.049	0.10	0.027						
3559	34	0.49	0.052	0.11	0.029						
3768	36	0.55	0.056	0.12	0.031						
3978	38	0.60	0.059	0.13	0.032						
4187	40	0.67	0.062	0.145	0.034						
4396	42	0.73	0.065	0.160	0.035						
4606	44	0.79	0.069	0.175	0.037						
4815	46	0.86	0.071	0.19	0.039						
5024	48	0.93	0.074	0.205	0.040	0.06	0.025				
5234	50	1.00	0.077	0.22	0.042	0.065	0.026				
5443	52	1.08	0.080	0.235	0.044	0.07	0.027				
5652	54	1.16	0.083	0.250	0.046	0.075	0.028				
6071	56	1.24	0.087	0.27	0.047	0.08	0.029				
6280	60	1.40	0.093	0.31	0.051	0.09	0.031				
7536	72	1.96	0.112	0.43	0.061	0.12	0.037				
10467	100	3.59	0.154	0.79	0.084	0.23	0.051	0.055	0.029		
14654	140	6.68	0.216	1.46	0.118	0.42	0.072	0.101	0.041	0.051	0.031

蒸汽管道管径计算表($\delta = 0.2$mm)　　　　　附录Ⅲ-14

DN (mm)	v (m/s)	P (表压) (kPa)												
		6.9		9.8		19.6		29.4		39.2		49		59	
		G (kg/h)　R (mmH₂O/m)												
		G	R	G	R	G	R	G	R	G	R	G	R	G	R
15	10	6.7	11.4	7.8	13.4	11.3	19.3	14.9	25.6	18.4	31.7	21.8	37.4	25.3	43.5
	15	10.0	25.6	11.7	30.0	17.0	43.7	22.4	57.7	27.6	66.3	32.4	82.5	37.6	95.8
	20	13.4	44.6	15.0	53.5	22.7	78.0	29.8	102.0	30.8	126.0	43.7	150.0	50.5	173.0

DN (mm)	v (m/s)	P (表压) (kPa)												
		6.9		9.8		19.6		29.4		39.2		49		59	
		G (kg/h) R (mmH$_2$O/m)													
		G	R	G	R	G	R	G	R	G	R	G	R	G	R
20	10	12.2	7.8	14.1	8.0	20.7	18.4	27.1	17.4	33.5	21.6	39.8	25.6	46.0	29.5
	15	18.2	17.5	21.1	20.2	31.1	30.2	38.6	35.3	50.3	48.6	57.7	53.8	69.0	66.5
	20	24.3	31.0	28.2	36.9	41.4	53.5	54.2	69.5	67.0	86.2	79.6	102.4	92.0	118.0
25	15	29.4	13.1	34.4	15.4	50.2	32.5	65.8	29.4	81.2	36.2	96.2	43.9	111.0	49.7
	20	39.2	23.0	45.8	27.4	66.7	40.1	87.8	52.3	108.0	65.5	128.0	76.2	149.0	88.2
	25	49.0	35.6	57.3	42.6	83.3	61.8	110.0	81.7	136.0	102.0	161.0	119.0	186.0	138.0
32	15	51.6	9.2	60.2	10.8	88.0	15.8	115.0	20.6	142.0	24.8	169.0	27.0	195.0	35.7
	20	67.7	15.8	80.2	19.1	117.0	27.1	154.0	36.7	190.0	44.7	226.0	54.8	260.0	61.7
	25	85.6	25.0	100.0	29.6	147.0	44.3	193.0	57.4	238.0	69.7	282.0	83.2	325.0	96.4
	30	103.0	35.6	120.0	43.0	176.0	65.3	230.0	82.3	284.0	103.0	338.0	121.0	390.0	138.0
40	20	90.6	13.8	105.0	16.0	154.0	23.3	202.0	30.8	249.0	35.9	283.0	41.5	343.0	52.4
	25	113.0	21.4	132.0	25.2	194.0	36.8	258.0	48.4	311.0	59.2	354.0	64.7	428.0	81.6
	30	136.0	31.2	158.0	36.1	232.0	53.0	306.0	68.0	374.0	85.5	444.0	102.0	514.0	118.0
	35	157.0	41.5	185.0	49.5	268.0	71.5	354.0	94.7	437.0	117.0	521.0	140.0	594.0	157.0
50	20	134.0	10.7	157.0	12.8	229.0	18.5	301.0	24.2	371.0	30.0	443.0	35.8	508.0	40.5
	25	168.0	16.9	197.0	19.7	287.0	28.7	377.0	37.0	465.0	47.0	554.0	56.1	636.0	63.7
	30	202.0	24.1	236.0	28.6	344.0	41.4	452.0	53.8	558.0	67.6	664.0	80.5	764.0	92.0
	35	234.0	32.7	270.0	39.0	400.0	56.5	530.0	93.9	650.0	93.0	776.0	110.0	885.0	124.0
70	20	257.0	7.1	299.0	8.5	437.0	12.3	572.0	16.2	706.0	19.6	838.0	23.6	970.0	27.1
	25	317.0	11.0	374.0	13.1	542.0	18.9	715.0	25.1	880.0	30.6	1052.0	37.0	1200.0	41.5
	30	380.0	15.7	448.0	18.8	650.0	27.4	858.0	36.0	1060.0	44.6	1262.0	53.2	1440.0	54.7
	35	445.0	21.6	525.0	25.8	762.0	37.4	1005.0	49.5	1240.0	60.7	1478.0	73.0	1685.0	81.6
80	25	454	9.1	528	10.6	773	15.5	1012	20.4	1297	27.0	1480	29.6	1713	34.2
	30	556	13.5	630	15.2	926	22.3	1213	29.1	1498	36.0	1776	42.5	2053	48.4
	35	634	17.7	738	20.6	1082	30.4	1415	39.6	1749	49.0	2074	58.0	2400	67.1
	40	726	23.2	844	27.0	1237	39.8	1620	52.0	1978	64.0	2370	75.7	2740	86.5
100	25	673	7.0	784	8.2	1149	12.1	1502	15.7	1856	18.5	2201	23.1	2547	26.7
	30	808	10.2	940	11.8	1377	17.4	1801	22.6	2220	28.0	2640	33.1	3058	38.4
	35	944	13.9	1099	16.1	1608	23.7	2108	31.0	2600	38.2	3083	45.2	3568	52.4
	40	1034	16.6	1250	20.8	1832	30.7	2396	40.0	2980	50.0	3514	58.7	4030	66.7

由加热器至疏水器间不同管径通过的小时耗热量(kJ/h)　　　　　　附录Ⅲ-15

| DN (mm) | 15 | 20 | 25 | 32 | 40 | 50 | 70 | 80 | 100 | 125 | 150 |
| 热 量 (kJ/h) | 33494 | 108857 | 167472 | 355300 | 460548 | 887602 | 2101774 | 3089232 | 4814820 | 7871184 | 17835768 |

P(kPa)(绝对大气压)	管　径　DN　(mm)											
17.7	15	20	25	32	40	50	70	125	150	159×5	219×6	219×6
19.6	15	20	25	32	50	70	100	125	159×5	219×6	219×6	219×6
24.5~29.4	20	25	32	40	50	70	100	150	159×5	219×6	219×6	219×6
>29.4	20	25	32	40	50	70	100	150	219×6	219×6	219×6	273×7
R　mm H₂O/m	按上述管通过热量(kJ/h)											
5	39147	87090	174171	253301	571498	1084381	2369728	3307572	6615144	12895344	13774572	21436416
10	43543	131047	283028	357971	803866	1532369	3257330	4689216	9294696	18212580	19468620	30228696
20	65314	185057	370532	506603	1138810	2168762	4605480	6615144	13146552	25748820	31526604	42705306
30	82899	217714	477295	619640	1394204	2553948	5652180	8122392	16077312	10467000	33703740	52335000
40	108852	251208	544284	715943	1607731	3077298	6531408	9378432	18599392	36425160	39146580	6028990
50	152400	283865	611273	799679	1800324	3416429	7285032	10467000	20766528	39565260	43542720	67826160

R mm H₂O/m — 按上述管通过热量(kJ/h)

流量 (L/h)	(L/s)	$DN=15$ (mm) R	v	$DN=20$ R	v	$DN=25$ R	v	$DN=32$ R	v	$DN=40$ R	v	$DN=50$ R	v	$DN=70$ R	v	$DN=80$ R	v	$DN=100$ R	v
360	0.10	169	0.75	22.4	0.35	5.18	0.2	1.18	0.12	0.484	0.084	0.129	0.051	0.032	0.03	0.011	0.02	0.003	0.012
540	0.15	381	1.13	50.4	0.53	11.7	0.31	2.65	0.17	1.09	0.125	0.29	0.076	0.072	0.045	0.025	0.031	0.006	0.018
720	0.20	678	1.51	89.7	0.7	20.7	0.41	4.72	0.23	1.94	0.17	0.515	0.1	0.127	0.06	0.045	0.041	0.011	0.024
1080	0.30	1526	2.26	202	1.06	46.6	0.61	10.6	0.35	4.26	0.25	1.16	0.15	0.287	0.09	0.101	0.061	0.025	0.036
1440	0.40	2713	3.01	359	1.41	82.9	0.81	18.9	0.47	7.74	0.33	2.06	0.2	0.51	0.12	0.179	0.082	0.045	0.048
1800	0.50	4239	3.77	560	1.76	129	1.02	29.5	0.53	12.1	0.42	3.22	0.25	0.796	0.15	0.28	0.1	0.058	0.06
2160	0.60	—	—	807	2.21	186	1.22	42.5	0.7	17.4	0.5	4.64	0.31	1.15	0.18	0.403	0.12	0.098	0.072
2520	0.70	—	—	1099	2.47	254	1.43	57.8	0.82	23.7	0.59	6.31	0.36	1.56	0.21	0.549	0.14	0.133	0.084
2880	0.80	—	—	1435	2.82	332	1.63	75.5	0.93	31	0.67	8.24	0.41	2.04	0.24	0.717	0.16	0.174	0.096
3600	1.0	—	—	2242	3.53	518	2.04	118	1.17	48.4	0.84	12.9	0.51	3.18	0.3	1.12	0.2	0.272	0.12
4320	1.2	—	—	—	—	746	2.44	170	1.4	69.7	1.00	18.5	0.61	4.59	0.36	1.61	0.24	0.393	0.14
5040	1.4	—	—	—	—	1016	2.85	231	1.64	94.9	1.17	25.2	0.71	6.24	0.42	2.19	0.29	0.534	0.17
5760	1.6	—	—	—	—	1326	3.26	302	1.87	124	1.34	32.9	0.81	8.15	0.48	2.87	0.33	0.698	0.19
6480	1.8	—	—	—	—	—	—	382	2.1	157	1.51	41.7	0.92	10.3	0.54	3.63	0.37	0.883	0.22
7200	2.0	—	—	—	—	—	—	472	2.34	194	1.67	51.5	1.02	12.7	0.6	4.48	0.41	1.09	0.24
7920	2.2	—	—	—	—	—	—	520	2.45	213	1.71	56.8	1.07	14	0.63	4.94	0.43	1.2	0.25
8280	2.4	—	—	—	—	—	—	680	2.81	279	2.01	74.2	1.22	18.3	0.72	6.45	0.49	1.57	0.29
9360	2.6	—	—	—	—	—	—	798	3.04	327	2.18	87	1.32	21.5	0.78	7.57	0.53	1.84	0.31
10080	2.8	—	—	—	—	—	—	925	3.27	379	2.34	101	1.43	25	0.84	8.78	0.57	2.14	0.34
10800	3.0	—	—	—	—	—	—	—	—	436	2.51	116	1.53	28.7	0.9	10.1	0.61	2.45	0.36
11520	3.2	—	—	—	—	—	—	—	—	496	2.68	132	1.63	32.6	0.96	11.5	0.65	2.79	0.38
12240	3.4	—	—	—	—	—	—	—	—	559	2.85	149	1.73	36.8	1.02	13	0.69	3.15	0.41

流量		DN=15 (mm)		DN=20		DN=25		DN=32		DN=40		DN=50		DN=70		DN=80		DN=100	
(L/h)	(L/s)	R	v	R	v	R	v	R	v	R	v	R	v	R	v	R	v	R	v
12960	3.6	—	—	—	—	—	—	—	—	627	3.01	167	1.83	41.3	1.08	14.5	0.73	3.53	0.43
13680	3.8	—	—	—	—	—	—	—	—	736	3.26	196	1.99	48.4	1.17	17	0.8	4.15	0.47
14400	4.0	—	—	—	—	—	—	—	—	774	3.35	206	2.04	50.9	1.2	17.9	0.82	4.36	0.48
15120	4.2	—	—	—	—	—	—	—	—	—	—	227	2.14	56.2	1.26	19.8	0.81	4.81	0.5
15840	4.4	—	—	—	—	—	—	—	—	—	—	250	2.24	61.7	1.33	21.7	0.9	5.28	0.53
16560	4.6	—	—	—	—	—	—	—	—	—	—	273	2.34	67.4	1.38	23.7	0.94	5.97	0.55
17280	4.8	—	—	—	—	—	—	—	—	—	—	297	2.44	73.4	1.44	25.8	0.98	6.28	0.58
18000	5.0	—	—	—	—	—	—	—	—	—	—	322	2.55	79.6	1.51	28	1.02	6.81	0.6
18720	5.2	—	—	—	—	—	—	—	—	—	—	348	2.65	86.1	1.57	30.3	1.06	7.37	0.62
19440	5.4	—	—	—	—	—	—	—	—	—	—	376	2.75	92.9	1.63	32.7	1.1	7.95	0.65
20160	5.6	—	—	—	—	—	—	—	—	—	—	404	2.85	99.9	1.69	35.1	1.14	8.55	0.67
20880	5.8	—	—	—	—	—	—	—	—	—	—	434	2.95	107	1.75	37.7	1.18	9.17	0.7
21600	6.0	—	—	—	—	—	—	—	—	—	—	464	3.06	115	1.81	40.3	1.22	9.81	0.72
22320	6.2	—	—	—	—	—	—	—	—	—	—	495	3.16	122	1.87	43	1.26	10.5	0.74
23040	6.4	—	—	—	—	—	—	—	—	—	—	528	3.26	130	1.93	45.9	1.3	11.2	0.77
24480	6.8	—	—	—	—	—	—	—	—	—	—	596	3.46	147	2.05	51.8	1.39	12.6	0.82
25200	7.0	—	—	—	—	—	—	—	—	—	—	632	3.56	156	2.11	54.9	1.43	13.4	0.84
25920	7.2	—	—	—	—	—	—	—	—	—	—	—	—	165	2.17	58.1	1.47	14.1	0.86
26640	7.4	—	—	—	—	—	—	—	—	—	—	—	—	174	2.23	61.3	1.51	14.9	0.89
27360	7.6	—	—	—	—	—	—	—	—	—	—	—	—	184	2.29	64.7	1.55	15.7	0.91
28080	7.8	—	—	—	—	—	—	—	—	—	—	—	—	194	2.35	68.1	1.59	16.6	0.94
28800	8.0	—	—	—	—	—	—	—	—	—	—	—	—	204	2.41	71.7	1.63	17.5	0.96
29520	8.2	—	—	—	—	—	—	—	—	—	—	—	—	214	2.47	75.3	1.67	18.3	0.98

注: R——单位管长水头损失(mm/m); v——流速(m/s)。

居住区大气中有害物质的最高容许浓度(摘录)　附录Ⅲ-18

编号	物质名称	最高容许浓度 (mg/m³) 一次	最高容许浓度 (mg/m³) 日平均	编号	物质名称	最高容许浓度 (mg/m³) 一次	最高容许浓度 (mg/m³) 日平均	编号	物质名称	最高容许浓度 (mg/m³) 一次	最高容许浓度 (mg/m³) 日平均
1	一氧化碳	3.00	1.00	15	苯	2.40	0.80	26	硫酸	0.30	0.10
2	乙醛	0.01		16	苯乙烯	0.01		27	硝基苯	0.01	
3	二甲苯	0.30		17	苯胺	0.1	0.03	28	铅及其无机化合		
4	二氧化硫	0.50	0.15	18	环氧氯丙烷	0.20			物(换算成		0.0007
5	二硫化碳	0.04		19	氟化物	0.02	0.007		Pb)		
6	五氧化二磷	0.15	0.05		(换算成 F)			29	氯	0.10	0.03
7	丙烯酯		0.05	20	氨	0.20		30	氯丁二烯	0.10	
8	丙烯醛	0.10		21	氧化氮	0.15		31	氯化氢	0.05	0.015
9	丙酮	0.80			(换算成 NO_2)			32	铬(六价)	0.0015	
10	甲基对硫磷	0.01		22	砷化物		0.003	33	锰及其化合物		
11	甲醇	3.00	1.00		(换算成 As)				(换算成		0.01
12	甲醛	0.05		23	敌百虫	0.10			MnO_2)		
13	汞		0.0003	24	酚	0.02		34	飘尘	0.50	0.15
14	吡啶	0.08		25	硫化氢	0.01					

注:1.一次最高容许浓度,指任何一次测定结果的最大容许值。

　　2.日平均最高容许浓度,指任何一日的平均浓度的最大容许值。

　　3.本表所列各项有害物质的检验方法。应按现行的《大气监测检验方法》执行。

　　4.灰尘自然沉降量,可在当地清洁区实测数值的基础上增加 3～5t/km²/月。

車间空气中有害物质的最高容许浓度（摘录）　　　　附录Ⅲ-19

编号	物质名称	最高容许浓度 (mg/m³)	编号	物质名称	最高容许浓度 (mg/m³)	编号	物质名称	最高容许浓度 (mg/m³)
			28	丙烯醛	0.3		硝基甲苯等)(皮)	5
	(一)有毒物质		29	丙烯醇(皮)	2	54	苯及其同系的二级	
1	一氧化碳①	30	30	甲苯	100		三硝基化合物(二硝基	
2	一甲胺	5	31	甲醛	3		苯、三硝基甲苯等)(皮)	
3	乙醚	500	32	光气	0.5	55	苯的硝基及二硝基氯	
4	乙酯	3		有机磷化合物：			化物(一硝基氯苯、	
5	二甲胺	10	33	内吸磷(E059)(皮)	0.02		二硝基氯苯等)(皮)	1
6	二甲苯	100	34	对硫磷(E605)(皮)	0.05	56	苯胺、甲苯胺、二	5
7	二甲基甲酰胺(皮)	10	35	甲拌磷(3911)(皮)	0.01		甲苯胺(皮)	
8	二甲基二氯硅烷	2	36	马拉硫磷(4049)(皮)	2	57	苯乙烯	40
9	二氧化硫	15	37	甲基内吸磷	0.2		钒及其化合物：	
10	二氧化硒	0.1		(甲基 E059)(皮)		58	五氧化二钒烟	0.1
11	二氯丙醇(皮)	5	38	甲基对硫磷	0.1	59	五氧化二钒粉尘	0.5
12	二硫化碳(皮)	10		(甲基 E605)(皮)		60	钒铁合金	1
13	二异氰酸甲苯酯	0.2	39	乐戈(乐果)(皮)	1	61	苛性碱(换算成	0.5
14	丁烯	100	40	敌百虫(皮)	1		NaOH)	
15	丁二烯	100	41	敌敌畏(皮)	0.3	62	氟化氢及氟化物	1
16	丁醛	10	42	吡啶	4		(换算成 F)	
17	三乙基氯化锡(皮)	0.01		汞及其化合物：		63	氨	30
18	三氧化二砷及五氧化	0.3	43	金属汞	0.01	64	臭氧	0.3
	二砷		44	升汞	0.1	65	氧化氮(换算成 NO₂)	5
19	三氧化铬、铬酸盐、重铬	0.05	45	有机汞化合物(皮)	0.005	66	氧化锌	5
	酸盐(换算成 CrO₃)		46	松节油	300	67	氧化镉	0.1
20	三氯氢硅	3	47	环氧氯丙烷(皮)	1	68	砷化氢	0.3
21	己内酰胺	10	48	环氧乙烷	5		铅及其化合物：	
22	五氧化二磷	1	49	环己酮	50	69	铅烟	0.03
23	五氯酚及其钠盐	0.3	50	环己醇	50	70	铅尘	0.05
24	六六六	0.1	51	环己烷	100	71	四乙基铅(皮)	0.005
25	丙体六六六	0.05	52	苯(皮)	40	72	硫化铅	0.5
26	丙酮	400	53	苯及其同系物的一硝		73	铍及其化合物	0.001
27	丙烯腈(皮)	2		基化合物(硝基苯及		74	钼(可溶性化合物)	4

413

编号	物质名称	最高容许浓度(mg/m³)	编号	物质名称	最高容许浓度(mg/m³)	编号	物质名称	最高容许浓度(mg/m³)
75	钼(不可溶性化合物)	6	92	四氯化碳(皮)	25	110	糠醛	10
76	黄磷	0.03	93	氯乙烯	30	111	磷化氢	0.3
77	酚(皮)	5	94	氯丁二烯(皮)	2		(二)生产性粉尘	
78	萘烷、四氢化萘	100	95	溴甲烷(皮)	1	1	含有10%以上游离二	
79	氰化氢及氢氰酸盐	0.3	96	碘甲烷(皮)	1		氧化硅的粉尘(石	
	(换算成HCN)(皮)		97	溶剂汽油	350		英、石英岩等)②	2
80	联苯-联苯醚	7	98	滴滴涕	0.3	2	石棉粉尘及含有10%	
81	硫化氢	10	99	羰基镍	0.001		以上石棉的粉尘	2
82	硫酸及三氧化硫	2	100	钨及碳化钨	6	3	含有10%以下游离二	
83	锆及其化合物	5		醋酸脂:			氧化硅的滑石粉尘	4
84	锰及其化合物	0.2	101	醋酸甲脂	100	4	含有10%以下游离二	
	(换算成MnO₂)		102	醋酸乙脂	300		氧化硅的水泥粉尘	6
85	氯	1	103	醋酸丙脂	300	5	含有10%以下游离二	
86	氯化氢及盐酸	15	104	醋酸丁脂	300		氧化硅的煤尘	10
87	氯苯	50	105	醋酸戊脂	100	6	铅、氧化铝、铝合金	
88	氯萘及氯联苯(皮)	1		醇:			粉尘	4
89	氯化苦	1	106	甲醇	50	7	玻璃棉和矿渣棉粉尘	5
	氯化烃:		107	丙醇	200	8	烟草及茶叶粉尘	3
90	二氯乙烷	25	108	丁醇	200	9	其他粉尘③	10
91	三氯乙烯	30	109	戊醇	100			

注:1. 表中最高容许浓度,是工人工作地点空气中有害物质所不应超过的数值。工作地点系指工人为观察和管理生产过程而经常或定时停留的地点,如生产操作在车间内许多不同地点进行,则整个车间均算为工作地点。

2. 有(皮)标记者为除经呼吸道吸收外,尚易经皮肤吸收的有毒物质。

3. 工人在车间内停留的时间短暂,经采取措施仍不能达到上表规定的浓度时,可与省、市、自治区卫生主管部门协商解决。

①一氧化碳的最高容许浓度在作业时间短暂时可予放宽:作业时间1h以内,一氧化碳浓度可达到50mg/m³,0.5h以内可达到100mg/m³;15~20min可达到200mg/m³。在上述条件下反复作业时,两次作业之间须间隔2h以上。

②含有80%以上游离二氧化硅的生产性粉尘,宜不超过1mg/m³。

③其他粉尘系指游离二氧化硅含量在10%以下,不含有毒物质的矿物性和动植物性粉尘。

4. 本表所列各项有毒物质的检验方法,应按现行的《车间空气监测检验方法》执行。

外径 D (mm)	钢板制风管 外径允许偏差(mm)	壁厚(mm)	塑料制风管 外径允许偏差(mm)	壁厚(mm)	外径 D (mm)	除尘风管 外径允许偏差(mm)	壁厚(mm)	气密性风管 外径允许偏差(mm)	壁厚(mm)
100					80 90 100				
120					110 120				
140		0.5		3.0	(130) 140				
160					(150) 160				
180					(170) 180				
200					(190) 200				
220			±1		(210) 220		1.5		2.0
250					(240) 250				
280					(260) 280				
320					(300) 320				
360		0.75		4.0	(340) 360				
400					(380) 400				
450	±1				(420) 450	±1		±1	
500					(480) 500				
560					(530) 560				
630					(600) 630				
700					(670) 700				
800		1.0		5.0	(750) 800				
900					(850) 900		2.0		3.0~4.0
1000			±1.5		(950) 1000				
1120					(1060) 1120				
1250					(1180) 1250				
1400					(1320) 1400				
1600		1.2~1.5		6.0	(1500) 1600				
1800					(1700) 1800		3.0		4.0~6.0
2000					(1900) 2000				

外边长 A×B (mm)	钢板制风管 外边长允许偏差 (mm)	钢板制风管 壁厚 (mm)	塑料制风管 外边长允许偏差 (mm)	塑料制风管 壁厚 (mm)	外边长 A×B (mm)	钢板制风管 外边长允许偏差 (mm)	钢板制风管 壁厚 (mm)	塑料制风管 外边长允许偏差 (mm)	塑料制风管 壁厚 (mm)
120×120					630×500				
160×120					630×630				
160×160		0.5			800×320				
220×120					800×400				5.0
200×160					800×500				
200×200					800×630				
250×120					800×800				
250×160					1000×320		1.0		
250×200				3.0	1000×400				
250×250					1000×500				
320×160					1000×630				
320×200			−2		1000×800				
320×250	−2				1000×1000	−2		−3	6.0
320×320					1250×400				
400×200		0.75			1250×500				
400×250					1250×630				
400×320					1250×800				
400×400					1250×1000				
500×200				4.0	1600×500				
500×250					1600×630				
500×320					1600×800		1.2		
500×400					1600×1000				8.0
500×500					1600×1250				
630×250					2000×800				
630×320		1.0	−3.0	5.0	2000×1000				
630×400					2000×1250				

注：1.本通风管道统一规格系统"通风管道定型化"审查会议通过，作为通用规格在全国使用。

　　2.除尘、气密性风管规格中分基本系列和辅助系列，应优先采用基本系列(即不加括号数字)。

我国舒适性空调室内设计参数　　　　　　　　　　　　　附录Ⅲ-22

建筑类别	夏　季			冬　季		
	高　级	一　般	气流平均进度 (m/s)	高　级	一　般	气流平均进度 (m/s)
1．宾馆、办公楼 医院、学校	25～27℃ 60%～50%	26～28℃ 65%～45%	0.2～0.4	20～22℃ ≥35%	18～20℃ 不规定	0.15～0.25
2．人短期停留场 所：影剧院、展 览馆、车站、机 场、百货楼等	26～28℃ 65%～55%	27～29℃ 65%～55%	0.3～0.5	18～20℃ ≥35%	16～18℃ 不规定	0.2～0.3
3．显热少，潜热多 的场所：会堂、 体育馆	25～27℃ 60%～50%	26～28℃ 65%～55%	0.2～0.4	18～20℃ ≥35%	18～20℃ 不规定	0.2～0.3
4．显热多，潜热少 的场所：电视演 播室，电子计算 机房，广播通讯 机房等	24～26℃ 50%～40%	26～27℃ 55%～45%	0.3～0.5	18～20℃ ≥35%	18～20℃ ≥35%	0.2～0.3

各级旅游旅馆空调设计参数　　　　　　　　　　　　　附录Ⅲ-23

参数	旅馆等级 地　区	一　级		二、三级		四　级	
		夏　季	冬　季	夏　季	冬　季	夏　季	冬　季
温 度	客　房	26℃～24℃	20℃～24℃	26℃～24℃	20℃～24℃	28℃～25℃	20℃～24℃
	餐厅、宴会厅	26℃～24℃	20℃～24℃	26℃～24℃	20℃～24℃	28℃～25℃	20℃～24℃
	门厅、走廊	28℃～26℃	18℃～22℃	28℃～26℃	18℃～22℃	29℃～26℃	18℃～22℃
相 对 湿 度	客　房	50%～60%	40%～50%	65%	30%		
	餐厅、宴会厅	55%～65%	40%～50%	65%	30%		
	门厅、走廊	55%～65%	30%～40%	65%	30%		
噪 声	客　房	NC30		NC35		NC50	
	餐厅、宴会厅	NC35		NC40		NC50	
	门厅、走廊	NC40		NC45		NC50	
新 风 量	客　房	50m³/(h·人)		30m³/(h·人)			
	餐厅、宴会厅	25m³/(h·人)		20m³/(h·人)			
	门厅、走廊	7m³/(h·人)		5m³/(h·人)			
居 住 停 留 区 区 风 速	客　房	0.20m/s		0.25m/s			
	餐厅、宴会厅	0.25m/s		0.3m/s			
	门厅、走廊						

序	建筑类别	建筑物名称	用电设备及部位名称	负荷级别	备注
1	住宅建筑	高层普通住宅	客梯电力,楼梯照明	二级	
2	宿舍建筑	高层宿舍	客梯电力,主要通道照明	二级	
3	旅馆建筑	一、二级旅游旅馆	经营管理用电子计算机及其外部设备电源、宴会厅电声、新闻摄影、录象电源、餐厅、高级客房、厨房、主要通道照明、客梯电力	一级	
		高层普通旅馆	客梯电力、主要通道照明	二级	
		省、市、自治区及部级办公楼	客梯电力,主要办公室、会议室、总值班室、档案室及主要通道照明	二级	
4	办公建筑	银行	主要业务用电子计算机及外部设备电源、防盗信号电源	一级	注3
			客梯电力	二级	注1
5	教学建筑	高等学校教学楼	客梯电力,主要通道照明	二级	注1
		高等学校的重要实验室		一级	注1
6	科教建筑	科研院所的重要实验室		一级	注2
		计算中心	主要业务用电子计算机及其外部设备电源	一级	
			客梯电力	二级	注1
7	文娱建筑	大型剧院	舞台、贵宾室、演员化妆室照明电声、广播及电视转播,新闻摄影电源	一级	
8	博览建筑	省、市、自治区及以上的博物馆、展览馆	珍贵展品展室的照明,防盗信号电源	一级	
			商品展览用电	二级	
9	体育建筑	省、市、自治区级及以上的体育馆、体育场	比赛厅(场)主席台、贵宾室、接待室,广场照明、计时计分、电声、广播及电视转播,新闻摄影电源	一级	
10	医疗建筑	县(区)级及以上的医院	手术室、分娩室、婴儿室、急诊室、监护病房,高压氧仓、病理切片分析、区域性中心血库的电力及照明	一级	
			细菌培养、电子显微镜、电子计算机、X线断层扫描装置、放射性同位素加速器电源、客梯电力	二级	注1
11	商业建筑	省辖市及以上重点百货大楼	营业厅部分照明	一级	
			自动扶梯电力	二级	
12	商业仓库建筑	冷库	大型冷库,有特殊要求的冷库的一台氨压缩机及其附属设备电力,电梯、电力、库内照明	二级	
13	司法建筑	监狱	警卫照明	一级	
14	公用附属建筑	区域采暖锅炉		二级	

注:1. 仅当建筑物为高层建筑时,其载客电梯电力、楼梯照明为二级负荷。

　　2. 此处系指高等学校、科研院所中一旦中断供电将造成人身伤亡或重大政治影响、重大经济损失的实验室,例如生物制品实验室等。

　　3. 在面积较大的银行营业厅中,供暂时继续工作用的事故照明为一级负荷。

序	厂房或车间名称	用电设备名称	负荷级别	备　注
1	热煤气站	鼓风机,发生炉传动机构	二级	
2	冷煤气站	鼓风机、排风机、冷却通风机发生炉传动机构、中央仪表室计器屏,冷却塔风扇、高压整流器、双皮等系统的机械化输煤系统	二级	
3	部定重点企业中总蒸发量超过 10t/h 的锅炉房	给水泵、软化水泵、鼓风机、引风机、二次鼓风机、炉篦机构	二级	
4	部定重点企业中总排气量超过 40m³/min 的压缩空气站	压缩机、独立励磁机	二级	
5	铸钢车间	平炉气化冷却水泵、平炉循环冷却水泵、平炉加料起重机,平炉用的 >5t 及以上浇铸起重机、平炉鼓风机等	二级	
6	铸铁车间	30t 及以上的浇铸起重机,部定重点企业冲天炉鼓风机	二级	
7	热处理车间	井式炉专用淬火起重机,井式炉油槽抽油泵	二级	
8	300t 及以下的水压机车间	锻造专用设备:起重机、水压机高压水泵	二级	
9	水泵房	供二级负荷用电设备的水泵	二级	
10	大型电机试验站	主要机组、辅助机组	二级	2×10⁴KW 及以上发电机的试验站
11	刚玉冶炼车间	刚玉冶炼电炉变压器,低压用电设备(循环冷却水泵,电极提升机构,电炉传动机构,卷扬机构)	二级	
12	磨具成型车间	隧道窑鼓风机、卷扬机构	二级	
13	油漆树脂车间	反应釜及其供热锅炉	二级	2500L 及以上
14	层压制品车间	压机及其供热锅炉	二级	
15	动平衡试验站	动平衡试验装置的润滑油等	二级	

注:事故停电将在经济上造成重大损失的多台大型电热装置,应属一级负荷。

房间名称	高压配电室(有充油设备)	高压电容器室	油浸变压器室	低压配电室	控制室	值班室
建筑物耐火等级	二　级	二　级(油浸式)	一　级	二　级		
屋　面	应有保温、隔热层及良好的防水和排水措施					
顶　棚	刷　白					
屋　檐	防止屋面的雨水沿墙面流下					
内 墙 面	邻近带电部分的内墙面只刷白,其他部分抹灰刷白		勾缝并刷白,墙基应防止油浸蚀,与有爆炸危险场所相邻墙壁内侧应抹灰并刷白	抹灰并刷白		

房间名称	高压配电室（有充油设备）	高压电容器室	油浸变压器室	低压配电室	控制室	值班室
地坪	水泥压光	抬高地坪改善通风水泥压光	低式：铺厚 250mm 的卵石或碎石层，高式：水泥地坪，向中间通风及排油孔 2% 坡度	水泥压光	水磨石或水泥压光	水泥压光
采光和采光窗	宜自然采光，可用木窗，可开窗加设纱窗、外开窗应加保护网，窗台高≤1.8m。近电部分应为固定窗，空气污秽或风沙大处，不宜设可开启的窗	要求同高压配电室	不设采光窗	可用木窗		可用木窗、可开窗应加纱窗、在寒冷或风沙大的地区采用双层玻璃窗
通风窗	可用木制百叶窗加保护网（网孔不大于 10×10mm），防止小动物进入	同左	车间内变压器室之窗应用非燃烧材料制成，其它类型可用木制，出风窗应防雨雪进入，进风窗应防小动物进入，门上的进风窗采用百叶窗内设孔不大于 10mm×10mm 的铁丝网，或只装铁丝网			
门	向外开，当相邻房间均有电气设备时，应能双向开或开向电压较低的房间					
门	通往室外的门，一般为非防火门，当室内总油量≥60Kg，且门开向建筑物内时，门应采用非燃烧体或难燃烧体做成	同左	采用铁门或木门内包铁皮单扇门宽≥1.5m 时，应开设小门（装弹簧锁）。大小门均应向外开，开启角 180°，应尽量降低小门门槛高度，以方便出入	可用木制		可用木制，在南方炎热地区经常开启的通向室外的门内，还应设纱门
电缆沟	水泥抹光，并采取防水排水措施，若采用钢筋混凝土盖板，应平整光洁，重量不大于 50Kg			水泥抹光，并采取防水、排水措施		

常用材料的反射、透射和吸收系数表　　　　　　附录Ⅳ-4

	材 料 名 称	$\rho(\%)$	$\tau(\%)$	$\alpha(\%)$	备 注
玻璃及塑料	普通玻璃 2~6mm	8~10	84~90		光对平滑面
	磨砂玻璃 3mm		76.5		光对磨砂面
			79.5		光对平滑面
	乳白玻璃 1.5mm		64		
	有机玻璃 1~6mm		91~92		
	聚氯乙烯		75~83		

材　料　名　称		$\rho(\%)$	$\tau(\%)$	$\alpha(\%)$	备　注
玻璃及塑料	聚碳酸脂		74~81		
	聚苯乙烯		75~83		
	塑料安全夹层玻璃		78		(3+3)mm
	双层中空隔热玻璃		64		(3+3)mm
	兰色吸热玻璃		64		3mm
			52		5mm
	压花玻璃 3mm		57		花纹较密
			71		花纹浅稀
金属	普通铝(抛光)	71~76		24~29	
	高纯铝(电化抛光)	84~86		14~16	
	镀汞玻璃镜	83		17	
	不锈钢	55~60		40~45	
饰面材料	大白粉刷	75			
	白色乳胶漆	84			
	乳黄色调和漆	70			
	白水泥	75			
	水泥砂浆抹面	35			
	红砖	30			
	灰砖	24			
	浅色瓷砖	78			
	白色水磨石	70			
	塑料贴面板	30			深色
	混凝土地面	32			
	沥青地面	13			
	石膏	90~92		8~10	
	白亮木材	<40			
	暗色木材	>10			
	白色棉织物	35	57	8	
	深色大理石	40			
搪瓷类	白搪瓷	80			
	涂釉瓷器	60~90			

注:双层中空玻璃中间的空隙为 5mm。

墙壁和顶棚的反射系数表　　　　　　　　　　附录Ⅳ-5

反　射　面　的　性　质	$\rho(\%)$
刷白的顶棚和墙壁(挂白布窗帘)	70
刷白的墙(未装窗帘),潮湿房间内刷白的顶棚、干净的混凝土顶棚或光亮的木顶棚	50
有窗的混凝土墙,贴有亮色壁纸的墙,木顶棚污秽室内的混凝土顶棚	30
有大量暗色灰尘的房间内的墙壁和顶棚、无窗帘的玻璃窗、红砖墙、贴暗色壁纸的墙	10

生产车间工作面上的照度标准

视觉工作精细程度特征	识别物件细节的尺寸 d（mm）	视觉工作分类 等	视觉工作分类 级	与背景的亮度对比	最低照度(lx) 混合照明	最低照度(lx) 单独使用一般照明
特别精细	$d \leqslant 0.15$	Ⅰ	甲	小	1000	—
特别精细	$d \leqslant 0.15$	Ⅰ	乙	大	1500	—
高度精细	$0.15 < d \leqslant 0.3$	Ⅱ	甲	小	750	200
高度精细	$0.15 < d \leqslant 0.3$	Ⅱ	乙	大	500	150
精细	$0.3 < d \leqslant 0.6$	Ⅲ	甲	小	500	150
精细	$0.3 < d \leqslant 0.6$	Ⅲ	乙	大	300	100
稍精细	$0.6 < d \leqslant 1.0$	Ⅳ	甲	小	300	100
稍精细	$0.6 < d \leqslant 1.0$	Ⅳ	乙	大	200	75
稍粗糙	$1 < d \leqslant 2.0$	Ⅴ	—	—	150	50
很粗糙	$2.0 < d \leqslant 5$	Ⅵ	—	—	—	30
特别粗糙	$d > 5$	Ⅶ	—	—	—	20
一般观察生产过程	—	Ⅷ	—	—	—	10
大件贮存	—	Ⅸ	—	—	—	5
有自行发光材料的车间	—	Ⅹ	—	—	—	30

通用生产车间和工作场所工作面上的照度标准

序号	车间和工作场所的名称	视觉工作分类等级	混合照明	混合照明中的一般照明	单独使用一般照明	序号	车间和工作场所的名称	视觉工作分类等级	混合照明	混合照明中的一般照明	单独使用一般照明
1	金属机械加工车间					6	冲压剪切车间	Ⅳ乙	300	30	—
1	一般	Ⅱ乙	500	30	—	7	锻工车间	Ⅹ	—	—	30
1	精密	Ⅰ乙	1000	75	—	8	热处理车间	Ⅵ	—	—	30
2	机电装配车间						铸工车间				
2	大件装配	Ⅱ乙	500	50	—	9	溶化、浇铸	Ⅹ	—	—	30
2	精密小件装配	Ⅰ乙	1000	75	—	9	型沙处理、清理	Ⅶ	—	—	20
3	机电设备试车					9	造型	Ⅵ	—	—	50
3	地面	Ⅳ	—	—	30		木工车间				
3	试车台	Ⅱ乙	500	50	—	10	机床区	乙	300	30	—
4	焊接车间					10	锯木区	Ⅴ	—	—	50
4	弧焊	Ⅴ	—	—	50	10	木模区	Ⅳ甲	300	30	—
4	接触焊	Ⅴ	—	—	50		表面处理车间				
4	一般划线	Ⅳ乙	—	—	75	11	电镀槽区	Ⅴ	—	—	50
4	精密划线	甲	750	50	—	11	酸洗间	Ⅵ	—	—	30
5	金工车间	Ⅴ	—	—	50	11	抛光间	甲	500	30	—

序号	车间和工作场所的名称	视觉工作分类等级	最低照度(lx) 混合照明	混合照明中的一般照明	单独使用一般照明	序号	车间和工作场所的名称	视觉工作分类等级	最低照度(lx) 混合照明	混合照明中的一般照明	单独使用一般照明
11	电源(整流器室)	Ⅵ	—	—	30	17	高低压配电室	Ⅵ	—	—	30
12	喷砂车间	Ⅵ	—	—	30		一般控制室	Ⅳ乙	—	—	75
13	喷漆车间	Ⅴ	—	—	50		主控制室	Ⅱ乙	—	—	150
14	电修车间					18	热工仪表控制室	Ⅲ乙	—	—	100
	一般	Ⅳ甲	300	30	—	19	电话站				
	精密	Ⅲ甲	500	50	—		人工交换站,转换台	Ⅴ	—	—	50
15	理化实验室 计量室	Ⅲ乙	—	—	100		蓄电池室	Ⅶ	—	—	20
16	动力站房						配线室、自动机房	Ⅴ	—	—	50
	压缩机房	Ⅵ	—	—	30	20	广播站(室)	Ⅳ乙	—	—	75
	泵房	Ⅶ	—	—	20	21	仓库				
	风机房	Ⅶ	—	—	20		大件贮存	Ⅸ	—	—	5
	锅炉房	Ⅶ	—	—	20		中小件贮存	Ⅷ	—	—	10
	乙炔发生器房	Ⅶ	—	—	20		精细件贮存	Ⅶ	—	—	20
	充分烫阵间	Ⅶ	—	—	20	22	工具库	Ⅵ	—	—	30
	设备操作层	Ⅶ	—	—	20	23	乙炔瓶库 氧气瓶库 电石库	Ⅷ	—	—	10
	设备维护层	Ⅷ	—	—	10	24	汽车库				
	维护通道	—	—	—	5		停车间	Ⅷ	—	—	10
	燃料准备间	Ⅷ	—	—	10		充电间	Ⅶ	—	—	20
	灰渣清理间	Ⅷ	—	—	10		检修间	Ⅵ	—	—	30
17	降压站、配、变电所变压器室	Ⅶ	—	—	20						

办公室、生活用室的照度标准

附录Ⅳ-8

车间名称	单独使用一般照明的最低最度(lx)	工作面高度(m)
设计室、打字室	100	0.8
阅览室	75	0.8
办公室、资料室 医务室、会议室	50	0.8
托儿所、幼儿园	30	0.4~0.5
车间休息室、单身宿舍		
食堂	30	0.8
更衣室、浴室、厕所	10	0
通道、楼梯间	5	0

厂区露天工作场所和交通运输线照明标准

附录Ⅳ-9

工作场所及特点	最低规定照度lx	的平面
1. 露天工作场所		
视觉工作要求较高的工作	20	工作面
用眼检查质量的金属焊接	10	工作面
用仪表检查质量的金属焊接	5	工作面
间断观察的仪表	5	工作面
装卸工作	3	地面
2. 露天堆场	0.2	地面
3. 道路		
主要道路	0.5	地面
一般道路	0.2	地面
4. 站台		
视觉作业要求较高的站台	3	地面
一般站台	0.5	地面
5. 码头	3	地面

房 间 名 称		平均照度 lx	房 间 名 称		平均照度 lx
居住建筑	厕所、浴洗室	5～10	体育建筑	厕所、库房	10～15
	卧室、婴儿哺乳室	10～15		衣帽间、浴室、主楼梯间	20～30
	餐室、厨房、起居室、单身宿舍	15～20		办公室、运动员休息室、更衣室	50～75
	活动室、医务室	30～50		观众大厅、灯光控制室、播音室	
科教办公建筑	厕所、浴洗室、楼梯间	5～10		运动员餐厅、观众休息厅	50～100
	通道、小门厅	10～20		健身房、大会议室、大门厅、田径室内游泳池	100～200
	中频机室、空调室、调压室	30			
	食堂、厨房、大门厅、图书馆书库	30～50		室内羽毛球、篮、排球、手球、乒乓球、体操、剑术、冰球等比赛场地	300～500
	办公室、教研室、会议室、录象编辑外台接收	50～75			
	教室、实验室、阅览室、礼堂、报告厅	75～100		拳击、摔跤	500～1000
	色谱室、电镜室			综合性正式比赛大厅	750～1000
	设计室、制图室、打字室	100～150		室外游泳池、室外篮排球场	150～200
	磁带磁盘间、穿孔间	100～200		室外足球、棒球、网球、冰球场地	150～3000
	电子计算机房、室内体育馆(非体育专业院校)	150～300	商业建筑	厕所、更衣室、热水间	5～10
				楼梯间、冷库、库房	10～20
医疗建筑	厕所、浴洗室、楼梯间	5～10		浴池、售票室、社会旅店的客房、照象大门厅、副食店、厨房制作间、小吃店	15～30
	眼科病房、观察室夜间守护照明	5			
	污物处理间、更衣室、通道	10～15		理发室、大餐厅、修理店、菜市场	30～75
	病房、健身房	20～30		银行、邮电营业厅、出纳厅	50～100
	太平间	20		字画商店	100～200
	动物房、血库、保健室、恢复室	30～50		百货商店、书店、服装商店等大售货厅	75～200
	诊室、治疗室、化疗室、理疗室、X线室	50～75	宾馆(饭店)建筑	厕所、贮藏室、楼梯间	10～15
	候诊室、门诊挂号室、办公室、麻醉室、药房、同位素扫描室			客房通道、库房、冷库	15～20
				衣帽间、车库	20～30
	解剖室、化验室、教室、手术室、制剂室加速器治疗室、电子计算机室、X线扫描室	75～100		客房、电梯厅、台球房	30～50
				厨房制作间、客房卫生室、邮电、办公室、电影厅	50～75
影剧院礼堂建筑	卫生间、通道、楼梯间	10～15			
	倒片室	15～30		酒吧间、咖啡厅、游艺厅、外币兑换室、会议厅	75～100
	放映室、衣帽厅、电梯厅	20～50			
	转播室、化妆室、录音室影剧院观众厅	50～75		餐厅、小卖部、休息厅、网球房	100～200
				大门厅、大宴会厅	150～300
	展览厅、排练厅、休息厅、会议厅	75～150		多功能大厅、总服务台	300～500
	报告厅、接待厅、小宴会厅、大门厅	100～200	机电用房	变压器间、泵房、电池室	15～20
	大宴会厅	200～300		高低压配电间、电力室、锅炉房、冷冻机房、通风机房	30～75
	大会堂、国际会议厅	300～500			
汽车库	加油亭、停车库	5～10		控制室、话务室、电话机房、广播室、配线架室	50～75
	充电间、气泵间	20			
	检修间、休息室	30～50	火车站	站台	2～5
	调度室	75～100		地道跨线	10～20
室外设施	庭园照明、停车场	2～10		一般候车室、售票厅	30～75
	住宅小区路灯	2～5		行李托运、行李提出、检查大厅	30～100
	广场照明	10～15		国际候车厅	100～200
	建筑物立面照明	15～50			

建筑保护级别	设 置 场 所
一级	除 5m² 以下厕所、卫生间和不适合装设火灾探测器的部位外,均应设置火灾探测器
二级	除普通住宅单元外应在下列部位设置火灾探测器 (1) 财贸金融楼的办公室、营业厅、票证库 (2) 电信楼、邮政楼的重要机房和重要房间 (3) 商业楼的营业厅、展览楼的展览厅 (4) 高级旅馆的客房和公共活动用房 (5) 电力调度楼、防火指挥调度楼的微波机房、计算机房、控制机房、重要的动力机房 (6) 广播电视楼的演播室、播音、录音室、节目播出技术用房、道具布景、可燃物品库房 (7) 图书馆的书库、阅览室、办公室、珍藏车、微缩用房 (8) 档案楼的档案库、阅览室、办公室 (9) 办公楼的办公室、会议室、档案资料室 (10) 医院病房楼的病房、贵重医疗设备室、病历档案室、药品库 (11) 科研楼的资料室、贵重设备室、可燃物较多的和火灾危险性较大的实验室 (12) 教学楼的电化教室、阶梯教室、理化演示、实验室、贵重设备、仪器室 (13) 甲、乙类生产厂房及其控制室 (14) 甲、乙类物品库房 (15) 设在地下室的丙类生产厂房及使用面积超过 1000m² 的丁类生产厂房 (16) 设在地下室的丙类物品库房及使用面积超过 1000m² 的丁类物品库房 (17) 地下铁道的地铁站、控制室、通讯室、通风机房 (18) 超过 1500 座位的影剧院、会堂、礼堂及设在地下的影剧院、礼堂的舞台、化妆室、道具室、放映室、观众厅、休息厅、及其附设的一切娱乐场所 (19) 走道、门厅、楼梯间、前室(包括消防电梯、防烟楼梯的前室及合用前室) (20) 可燃物品库房、空调机房、配电室、变压器室、柴油发电机房、电梯机房 (21) 污衣道前室、垃圾道前室、净高超过 0.8m 的具有可燃物的闷顶,净高超过 2.6m 的可燃物较多的技术夹层(设有自动喷淋设施的可不装) (22) 敷设具有可延燃绝缘层和外护层电缆的电缆竖井,电缆夹层、电缆沟、电缆隧道 (23) 贵重设备间和火灾危险性较大的房间 (24) 电子计算机的主机房、控制房、纸库、磁带库 (25) 经常有人停留或可燃物较多的地下室 (26) 根据火灾危险程度及消防功能要求需要设置火灾探测器的其它场所 (27) 地面上应设置火灾探测器的部位如建在地下室内时必须设置火灾探测器 (28) 商业娱乐场所、卡拉 OK 厅房、歌舞厅、多功能表演厅、电子游戏机房等 (29) 汽车库、商业餐厅、商业用或公共厨房(设有自动喷淋设施的可不装) (30) 以可燃气为燃料的公共厨房(商业、企、事业单位)及燃气表房应装可燃气体探测器
三级	3. 三级保护对象(普通住宅单元除外)应在下列部位设置火灾探测器: (1) 重要或高级办公室、指挥调度室、资料档案室、票证库 (2) 演播室、播音室、摄、录室、舞台、放映室 (3) 电子计算机房的主机房、控制室、纸库、磁带库 (4) 贵重物品、仪器室、可燃物品库房、空调机房、配电房、变压器室、柴油发电机房、电梯机房 (5) 餐厅、歌舞厅、卡拉 OK 厅房、营业厅、观众厅、展览厅等公共活动用房及旅馆的客房、公共厨房(商业、企、事业单位)

建筑保护级别	设 置 场 所
三级	(6) 丙类生产场所、丙类物品贮存场所 (7) 设在地下室的丁类生产场所、丁类物品贮存场所 (8) 停车 26 辆以上的地下停车库、多层停车库、底层停车库 (9) 有可燃物装修的走道、门厅、楼梯间 (10) 净高超过 0.8m 的具有可燃物的闷顶,净高超过 2.6m 的可燃物较多的技术夹层 (11) 敷设具有可燃绝缘层和外护层电缆的电缆竖井、电缆夹层、电缆沟、电缆隧道 (12) 经常有人停留或可燃物较多的地下室 (13) 以可燃气体为燃料的公共厨房(商业、企、事业单位)及其燃气表房应装可燃气体探测器 (14) 长度超过 500m 的地下车道、隧道 (15) 地面上应设置火灾探测器的部位如建在地下室内时必须设置火灾探测器 (16) 根据火灾危险程度及消防功能要求需要设置火灾探测器的其他场所

火灾自动报警系统的设置范围 附录Ⅳ-12

建 筑 类 型	设 置 范 围
高层民用建筑	≥10 层住宅建筑(包括底层设置商业服务网点的住宅)的公用部分
低层建筑	高度≥24m 重要民用建筑及高度＞24m 单层公共建筑。单层、多层和高层工业建筑及仓库。人民防空工程、地下铁道、地下建筑和城市道路隧道、铁路隧道

建筑物保护等级划分 附录Ⅳ-13

保 护 等 级	建 筑 物 分 类	建 筑 物 名 称
一级	地面高度超过 100m 的高层建筑	各种建筑物
二级	地面高度 24～100m 的高层建筑	1. 高级住宅;2.19 层及 19 层以上的普通住宅的公用部位;3. 医院病房楼;4. 高级旅馆;5. 建筑高度超过 50m 或每层建筑面积超过 1000m² 的商业楼、展览楼、综合楼、电信楼、财贸金融楼;6. 省级(含计划单列市)的邮政楼、防灾指挥调度楼;7. 中央级和省级(含计划单列市)广播电视楼;8. 大区级和省级(含计划单列市)电力调度楼;9. 建筑高度超过 50m 或每层建筑面积超过 1500m² 的商住楼;10. 藏书超过 100 万册的图书馆、书库;11. 重要的办公楼、科研楼、档案楼;12. 建筑高度超过 50m 的教学楼和普通的旅馆、办公楼、科研楼等
	＜24m 的建筑	1. 地、市级医院 200 床以上的病房楼,每层建筑面积 1000m² 以上的门诊楼;2. 每层建筑面积超过 3000m² 的百货楼、商场、展览楼、高级旅馆、财贸金融楼、电信楼、高级办公楼;3. 藏书超过 100 万册的图书馆、书库;4. 超过 3000 座位的体育馆;5. 重要的科研楼、资料档案楼;6. 省级(含计划单列市)的邮政楼、广播电视楼、电力调度楼、防灾指挥调度楼;7. 重点文物保护场所;8. 超过 1500 座位的影剧院、会堂、礼堂

保 护 等 级	建 筑 物 分 类	建 筑 物 名 称
二级	工业建筑和库房	甲、乙类生产场所;甲、乙类物品贮存场所;每座占地面积超过1000m²的丙类物品库房
	地下工业建筑和库房	丙类生产场所;使用面积超过1000m²的丁类生产场所;丙类物品贮存场所;使用面积超过1000m²的丁类物品贮存场所
	地下民用建筑	1.地下铁道、车站;2.地下电影院、礼堂;3.使用面积超过1000m²的地下商场、医院、旅馆、展览厅及其它商业或公共活动场所;4.重要的实验室、图书资料、档案库;5.贵重设备、仪器房、通信机房;6.柴油发电机房、变压器房、高、低压配电房
三级	地面高度24～100m的高层建筑	1.10层至18层普通住宅的公用部位;2.除一、二级以外的商业楼、展览楼、综合楼、财贸金融楼、电信楼、商业楼、书库、档案楼;3.省级以下的邮政楼、地、市级防灾指挥调度楼;4.地、市级、县级广播电视楼;5.地、市级电力调度楼;6.建筑高度不超过50m的教学楼和普通的旅馆、办公楼、科研楼等
	≤24m的建筑	1.设有空气调节系统的或每层建筑面积超过2000m²的商业楼、财贸金融楼、电信楼、展览楼、旅馆、办公楼、车站、海、河客运站、航空港等公共建筑及其他商业或公共活动场所;2.市、县级的邮政楼、广播电视楼、电力调度楼、防灾指挥调度楼;3.影剧院(1500座位以下);4.26辆及以上的汽车库;5.高级住宅
	工业建筑和库房	丙类生产场所;每座建筑面积1000m²以下的丙类物品贮存场所
	地下工业建筑和库房	丁类生产场所;丁类物品贮存场所
	地下民用建筑	1.26辆以上的地下汽车库;2.长度超过500m的隧道;3.除一类建筑以外的地下商业场所和公共活动场所

主 要 参 考 文 献

1. 高明远、杜一民等．建筑设备工程．(第二版)．北京:中国建筑工业出版社,1989 年
2. 王继明、王敬威、宝志雯．建筑设备与电气工程．北京:地震出版社,1990 年
3. 刘锦梁等．简明建筑设备设计手册．北京:中国建筑工业出版社,1991 年
4. 魏学孟等．建筑设备工程．北京:中央广播电视大学出版社,1994 年
5. 萧正辉、高明远．建筑卫生技术设备．北京:中国建筑工业出版社,1990 年
6. 陈耀宗、姜文源、胡鹤钧、张延灿、张森等．建筑给水排水设计手册．北京:中国建筑工业出版社,
   1994 年
7. 太原工业大学、哈尔滨建筑工程学院、湖南大学．建筑给水排水工程。(新一版)。中国建筑工业出
   版社,1993 年
8. 哈尔滨建筑工程学院等．供热工程．北京:中国建筑工业出版社,1985 年
9. 采暖通风设计经验交流会．采暖通风设计手册．北京:中国建筑工业出版社,1973 年
10. 哈尔滨建筑工程学院等．燃气输配．北京:中国建筑工业出版社,1988 年
11. 同济大学等．锅炉及锅炉房设备．北京:中国建筑工业出版社,1995 年
12. (英)DJ 克鲁姆·B·M 罗伯茨．陈在康等译。建筑物空气调节与通风．北京:中国建筑工业出版
    社,1986 年
13. 清华大学等．空气调节．北京:中国建筑工业出版社,1994 年
14. 钱以明．高层建筑空调与节能．上海:同济大学出版社
15. 李育才、杜先智．建筑电气技术．上海:同济大学出版社,1988 年
16. 朱庆元、商文怡．建筑电气设计基础知识．北京:中国建筑工业出版社,1993 年
17. 陈一才．高层建筑电气设计手册．北京:中国建筑工业出版社,1990 年
18. 郭可志．城市公用设施规划．重庆:重庆建筑工程学院建筑系
19. 姚雨霖等．城市给水排水．(第二版)．北京:中国建筑工业出版社,1988 年
20. 蔡吉安主编．建筑设计资料集．(第二版)．北京:中国建筑工业出版社,1994 年
21. 辽宁省注册建筑师管理委员会编．全国一级注册建筑师资格考试复习参考资料．1995 年
22. 中华人民共和国公安部消防局编．防火手册．上海:上海科学技术出版社,1992 年